회로이론

Principles of Electric Circuits

김종겸, 오상광, 조정호, 김명생 지음

光文閣
www.kwangmoonkag.co.kr

머리말

전기 및 전자 분야는 한마디로 우리가 일상생활에서 사용하는 모든 장비에 활용되고 있다. 어떤 제품이든지 전기전자 특성을 바탕으로 하지 않는 것이 없다. 마치 산소가 모든 생명체에 필요한 것처럼 전기전자 시스템은 현대 사회의 많은 분야에 걸쳐 없어서는 안 될 생존의 요소로 자리 잡고 있기 때문이다. 더욱이 새로운 소재를 개발하여 그 전기전자적 특성을 나타낼 수 없다면 상품으로 활용될 수 없다는 것이다. 따라서 신제품 개발 및 기존 제품의 활용 면에서 도입되는 전기전자 분야의 기본적인 지식을 반드시 학습해야 한다. 이러한 추세에 발맞추어 교육기관 혹은 자기 학습을 하는 초심자 입장인 학생들의 수준에 맞게 구성된 서적이 요구되어 왔으며, 수년에 걸쳐 교육받고 강의한 경험들을 바탕으로 본 학습 자료를 만들게 되었다.

전기전자 분야를 포함하는 공학은 반복의 학문이며 결코 정지하지 않는 학문이다. 즉 기존의 제품 혹은 장비를 잘 분석하고 반복하여 익혀야 이들의 문제점을 파악하여 더욱 개선된 성능을 가진 제품을 만들 수 있기 때문이다. 한 유명한 철학자 Rene Decarte는 문제를 해결하기 위해 다음과 같이 네 가지 기법들을 제시하였다. 먼저 어떤 것이 본인의 마음으로부터 모든 의문점을 배제할 수 있을 만큼 명백하지 않고 분명하지 않으면 절대 어느 것이라도 사실로 받아들이지 말고, 둘째로 한 해결책에 도달하기 위해 필요한 만큼 해당 문제를 나누며, 셋째로 나눈 내용들 중에서 가장 간단한 것부터 시작하여 복잡한 부분 쪽으로 단계적으로 나아가며, 마지막으로 어떤 것도 빼먹지 않았다고 확신할 정도로 그 해결책을 아주 완전하게 그리고 일반적으로 검토한다. 이와 더불어 물리학과 수학이 결합되면 더욱 효과적으로 학습할 수 있을 것이다.

본 교재는 모두 11개의 장들로 구성되며, 한 한기용 또는 두 학기용 교재로 활용할 수 있다. 전기전자 분야를 처음으로 공부하는 학생이라면 반드시 손으로 직접 문제를 풀어보며 생각하는 기회를 많이 가지길 바란다. 각종 회로해석을 위해 관련 소프트웨어를 이용하지만, 직접 답을 구하는 경험을 통하여 더욱 효율적인 방법을 터득하길 권한다. 어떤 경우에등 기초학습을 충실히 하고 문제가 제시되면 거침없이 풀어나갈 정도로 준비하여, 분석 능력을 배양하고 자신에게 확고한 지식으로 만들기를 기대한다.

PREFACE

먼저 전류, 전압 및 저항의 기본적인 개념으로부터 시작하여 이들을 식들로 표현한다. 각종 소자들의 측정 방법을 익히고 Ohm 법칙을 활용하여 기본 개념을 학습한다. 전압원과 전류원의 의미를 학습하고 이를 바탕으로 회로해석에 필요한 여러 가지 유용한 규칙을 활용한다. 또한, 저항과 다른 수동 소자로써 인덕터와 커패시터를 학습하여 직류 특성, 교류 특성 및 과도 특성을 학습한다. 특히 교류 분야에서 전압과 전류의 위상차로 발생하는 역률의 의미를 그래픽을 통하여 명확히 하고자 했다.

두 번째로 교류 회로해석을 쉽게 하도록 복소평면과 페이저를 도입하여 전력 문제에 초점을 두고 관련 문제를 나열하였다. 특히 Fourier 급수를 이용하여 기본파와 고조파를 처리하여 실효치, 왜곡률의 전력 활용에 연결되도록 하였다. RC, RL 및 RLC 회로에 앞서 배운 각종 이론을 접목하여 전기 및 전자공학 분야의 기본적인 회로해석을 바탕으로 응용 분야에 활용토록 하였다. 또한, 자기회로는 변압기, 발전기 및 전동기 등의 전기기기에 광범위하게 활용되므로 비교적 자세히 다루었고, 자기회로로부터 전자 유도를 바탕으로 변압기에 대해 임피던스 변환 및 전력 전송 문제를 비교적 상세히 다루었다. 단상 변압기를 바탕으로 3상 교류 발전기의 결선법 및 전압과 전류 관계, 유효 전력, 무효 전력 및 역률 그리고 대칭 좌표법을 학습한다. Laplace 변환의 개념 및 변환쌍을 기반으로 주파수 영역에서 회로해석을 수행하여 특성방정식과 제어 시스템의 연결이 되도록 하였다. 특히 앞에서 학습한 R C회로, RL 회로, RLC 회로, 변압기회로 등에 대해 Laplace 변환을 활용한 처리 기법을 도입하였다. 마지막으로 전력 및 통신 분야에서 자주 활용되는 전송 파라미터를 비롯한 4단자 회로망에 대해 학습한다.

이 서적이 독자들에게 도움이 되길 바라며 필요한 내용을 더욱 보충하고 개선하고자 할 것입니다. 이 원고 편집과 출판에 정성을 다하신 광문각출판사 박정태 대표님, 원고 정리 및 번역에 도움을 가족들에게 감사의 마음을 전합니다. 끝으로 오랫동안 원고를 읽고 수정하여 주신 김형우, 김한준, 오재영 님께 감사를 드리며 그들과의 가치있는 상담 그리고 끝없이 불어 넣어준 용기는 너무나도 값진 것이었습니다.

저자 일동

CONTENTS

차 례

CONTENTS

※ 각 장별 [연습문제]는 광문각 홈페이지(http://www.kwangmoonkag.co.kr) 자료실에서 다운로드 할 수 있습니다.

제1장 전압, 전류 및 저항 개요

전기 전자분야에서 가장 기본적인 개념은 전압, 전류 및 저항이다. 모든 물체는 원자로써 이루어져 있으며, 모든 원자는 전자(electron), 양성자(proton) 및 중성자(neutron)로 구성되어 있다. 모든 물질은 원자번호에 따라 주기율표에 배열되어 있다. 평상시 원자번호는 핵 주위를 도는 전자의 수와 같다. 핵 속에는 같은 수의 양성자가 있으며 전기적으로 평형을 이룬다. 즉 양전하와 음전하가 상쇄되어 전체적으로 0이 되는 전자의 개수를 가진다. 수소(H: hydrogen)는 원자번호가 1이며, 힐리엄(He: helium)은 원자번호가 2이다.

Niels Bohr(1885~1962): Scoffed at and ridiculed by some colleagues for suggesting electrons orbit the nucleus, he later received the Nobel prize for his imaginative model of the atom. Although no longer satisfactory to the atomic physicists, the Bohr model is still a useful approximation for the atom.

Bohr developed his model of the atom, in which he proposed that energy levels of electrons are discrete, and that the electrons revolve in stable orbits around the atomic nucleus, but can jump from one energy level to another. He adapted Rutherford's nuclear structure to Max Planck's quantum theory and so created his Bohr model of the atom. He introduced the idea that an electron could drop from a higher-energy orbit to a lower one, in the process emitting a quantum of discrete energy. This became a basis for what is now known as the old quantum theory.

The rise of Nazism in Germany prompted many scholars to flee to their countries. Most of the refugees were Jewish. In April 1940, early in the Second World War, Nazi Germany invaded and occupied Denmark. To prevent the Germans from discovering Max von Laue's and James Franck's gold Nobel medals, Bohr had de Hevesy dissolve them in aqua regia. In this form, they were stored on a shelf at the Institute until after the war.

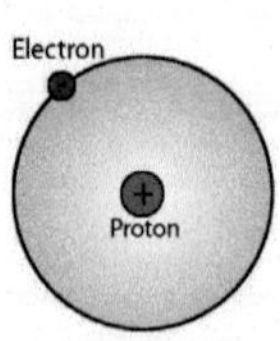

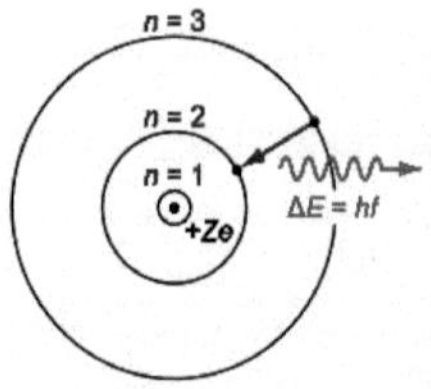

1-1 원자 모형(atomic model)

1-1-1 가전자(valence electron)

전자는 원자핵으로부터 거리를 두고 자신의 궤도를 그리면서 회전하고 있다. 이 거리는 궤도에 묶여져 띠를 형성하고 있으며 전자는 핵에 가까울수록 단단히 결합되어 있다. 이는 양으로 된 핵과 음으로 된 전자 간의 거리에 반비례하기 때문이다. 따라서 최외각전자는 상대적으로 느슨하게 결합되어 있다.

가장 중요한 사항은 최고 바깥쪽 궤도 껍질에 존재하는 전자(최외각전자)들 혹은 가전자이다. 이 최외각전자들이 해당물질의 전기적 특성을 결정한다.

먼저 전기회로, 항공기 배선의 도선으로 많이 사용되는 구리(Cu: copper)의 구조를 익혀보자. 구리 원자는 4개의 원자 껍질(원자각)에서 핵 주위를 돌고 있는 29개의 전자로 구성되어 있다. 각 원자각의 전자 수는 N번째 원자각이면 각 원자각마다 $2N^2$의 전자들을 수용할 수 있다. 첫 번째 원자각은 2개의 전자, 두 번째 각은 8개, 세 번째 각은 18개 그리고 네 번째 각은 32개의 전자들을 수용할 수 있다. 구리는 원자번호가 29이므로 맨 바깥쪽의 궤도(shell)에서 1개의 전자가 돌고 있어 1가 원소라 한다.

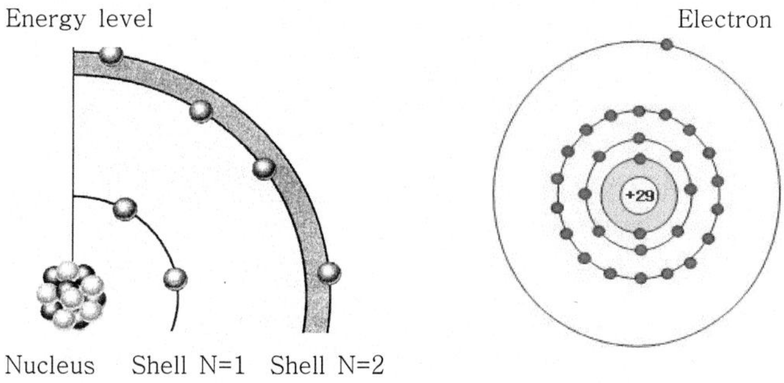

[그림 1-1] 구리(원자번호:29)의 원자 모형

1-1-2 자유전자(free electrons)

어느 한 원자가 열이나 빛으로부터 에너지를 흡수하면 이 최외각전자들이 에너지를 받아 쉽게 궤도를 벗어난다. 즉, 핵으로부터 거리가 멀면 멀수록 결합 에너지가 작아 쉽게 궤도를 이탈할 수 있다. 이와 같이 회전하는 최외각전자가 이 궤도(shell)를 이탈하는 과정을 이온화(ionization)라 하며, 이탈되어 자유스런 이 전자들을 자유전자들이라 부른다.

수소 모형에 따른 전자(electron)와 양성자(proton)사이에 작용하는 에너지는 다음과 같다.

- 전자기적 관점: $E_r[J] = -k\frac{qQ}{r}$ (r: 전하들 사이의 거리)

- 양자역학 관점: $E_n[eV] = -13.6\frac{1}{n^2}$ (n: 해당 번째의 궤도)

에너지 식에서 볼 수 있듯이, 가전자들은 핵에서 멀어질수록 결합에너지가 약하므로 외부로부터 자극인 열에너지 혹은 빛에너지와 같은 외부적 요인에 의해 쉽게 궤도를 벗어나 자유전자가 될 수 있다.

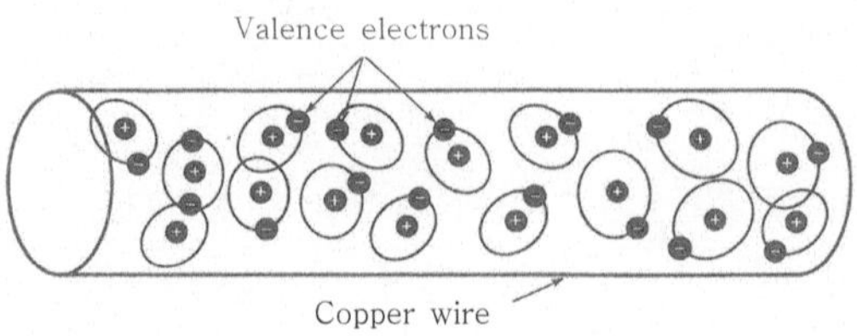

[그림 1-2] 구리 도선에서 에너지를 받아 가전자가 자유전자로 된다.

1-1-3 물질의 분류

전기전자공학에는 물질을 도체(conductor), 반도체(semiconductor), 절연체(insulator)로 분류한다. 이들의 구분은 상온에서 자유전자들(free electrons)의 수에 관계한다.

그림 1-3에서 도체는 전도대(conduction band)와 가전자대(valence band)의 폭, 즉 에너지 갭(energy gap: E_G)이 아주 작거나 서로 겹쳐져 있어서 실온(300K)에서 전자가 쉽게 이동할 수 있으므로 전류를 잘 흘린다. 도체는 금속에 해당한다.

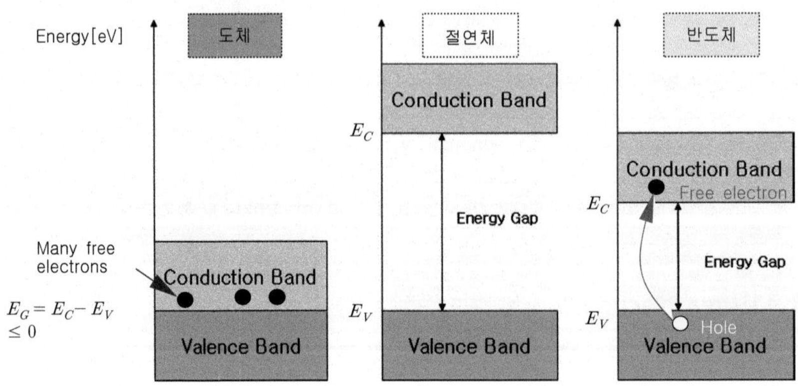

[그림 1-3] 에너지 간격(E_G)의 범위에 따라 구분한 물질 분류

이 구조는 최외각전자가 주로 1~3개이다. 이들은 많은 수의 자유전자들을 가지고 있으며 은(Ag: silver)이 가장 양호한 도체이다. 그 다음으로 구리(Cu), 금(Au: gold)이며, 그 다음으로 구리보다 전도도는 작지만 알루미늄(Al: aluminum)은 가볍기 때문에 많이 사용되고 있다.

절연체는 전도대와 가전자대 사이의 폭인 에너지 폭(E_G: energy gap)이 실온에서 너무 커서 온도나 열을 가하더라도 가전자대의 전자들이 전도대로 쉽게 이동할 수 없으므로 자유전자가 발생하지 못한다. 이와 같이 절연체(SiO_2, Si_3N_4)는 전류를 잘 전도시키지 못하는 물질이다. 절연체는 전류가 필요하지 않는 곳에 전류의 흐름을 막기 위해 사용한다.

반도체는 도체만큼 자유전자를 갖지 못해 전류를 흐르게 하는 능력이 도체보다 떨어진다. 이 원자 구조는 4개의 최외각전자들을 가진다. 그러나 반도체는 조건에 따라 절연체와 도체에 걸쳐 다양하고 독특한 성질로 다이오드(diode), 트랜지스터(Tr: transistor), 집적회로(IC: integrated circuits) 및 컴퓨터와 같은 현대 전기전자 혁명을 이룰 수 있었다.

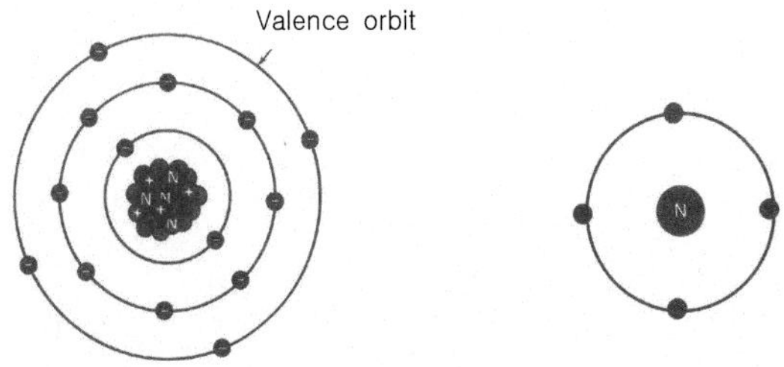

[그림 1-4] 실리콘(Si)은 원자번호 14번으로서 4개의 가전자들을 가진다.

1-2 전하(electric charges)

전기적으로 (+) 또는 (-) 극성을 띤 입자를 전하(electric charges or charges)라 한다.

전하는 기호 q 또는 Q로 나타내며 전자의 전하와 양성자의 전하는 크기가 같고 부호가 반대이다. 정전기는 물체 전체에 포함된 양 혹은 음전하의 집합이다.

만약 여러분들이 딱딱한 고무 막대, 에보나이트 또는 빗을 모피에 마찰시키면 정전하(static electric charges)를 발생시킬 수 있다. 정전기는 금속 표면이나 다른 사람과 닿을 때, 건조기에 옷들이 서로 달라붙을 때 또는 겨울철에 자동차의 문을 열 때 등 일상생활에서 종종 경험해왔다.

전자는 음전하를 대표하는 가장 작은 입자이다. 어떤 물질 안에 여분의 전자가 존재하면 전체 물질은 음전하를 띠게 되고 전자가 부족하면 전체적으로 양전하를 띠게 된다. 그림 1-5(a)와 같이 고무와 모피는 마찰에 의해 내부의 양성자와 전자를 분리시켜 고무 표면에는 과잉 전자를 가지므로 (-)로 대전(전기를 띰)되고 모피는 전자를 잃게 되므로 (+)로 대전된다. 그림 1-5(b)는 유리 막대와 실크인 경우이다. 유리 막대에서 실크로 전자가 이동하기 때문에 유리 막대는 (+)로 대전되고 실크는 (-)로 대전된다. 중요한 점은 이런 대전 현상은 원자에서 이탈되는 전자에 의한 것이고 결코 핵 속에 결합되어 있는 양성자는 관련이 없다.

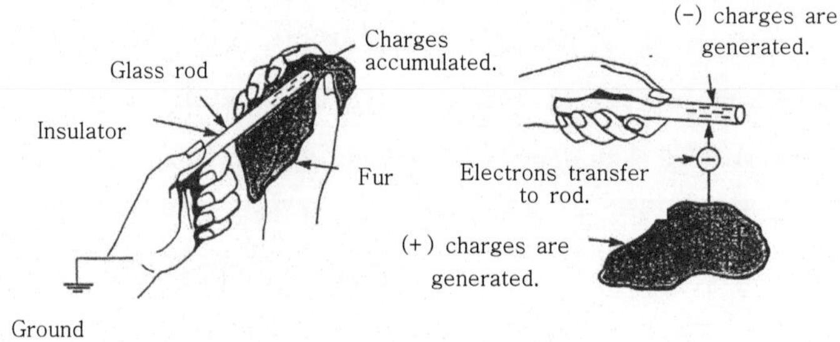

(a) 유리막대와 모피사이의 전하발생

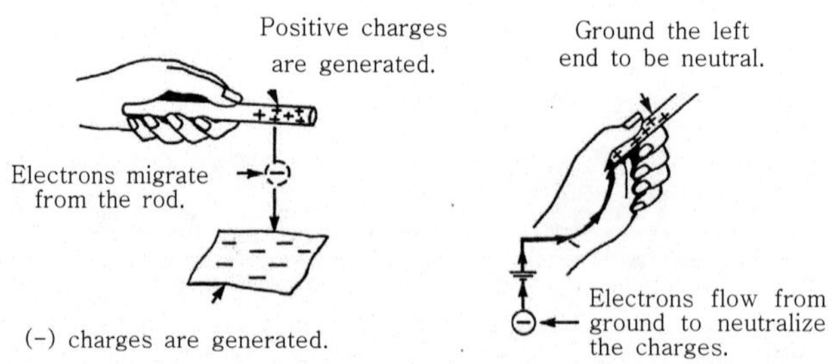

(b) 유리막대와 실크사이의 전하발생 및 중성화

[그림 1-5] 마찰에 의한 정전기 발생 및 전하의 분리

1-2-1 인력 및 척력(attraction force and repulsion force)

그림 1-6과 같이 반대 극성의 전하를 가진 물질끼리는 서로 당기고, 같은 극성의 전하를 가진 물질끼리는 서로 민다. 인력과 척력이 증명하듯이 전하 간에는 같은 힘이 작용한다. 이 힘을 프랑스의 물리학자 Charles Coulomb이 실험적으로 구한 것으로서 전기장의 쿨롱의 힘(Coulomb's force)이라고 부른다. 힘은 벡터양으로서 Q_1, Q_2는 전하량, r은 전하간 거리, k는 비례상수, ϵ은 전기력이 작용하는 공간의 물질에 따라 정해지는 유전율이다.

$$\dot{F} = k\frac{Q_1 Q_2}{r^2}\hat{r}, \quad k = \frac{1}{4\pi\epsilon}, \quad \epsilon_o = \text{진공에서 유전율} = 8.854 \times 10^{-12}[F/m]$$

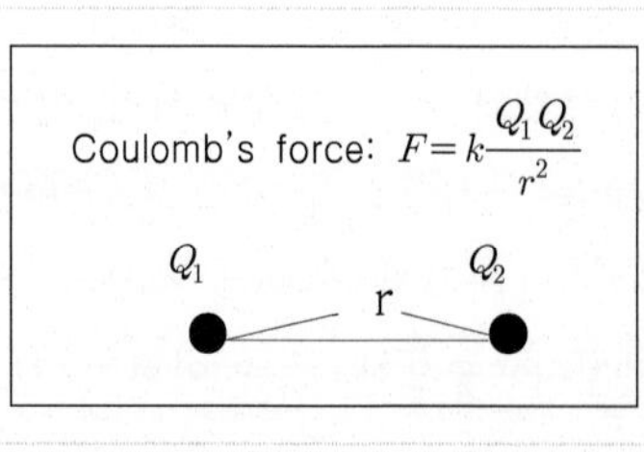

전하구분		힘
$Q_1 > 0$	$Q_2 > 0$	척력
$Q_1 < 0$	$Q_2 > 0$	인력
$Q_1 > 0$	$Q_2 < 0$	인력
$Q_1 < 0$	$Q_2 < 0$	척력

(a) 전하들 간의 Coulomb의 힘은 거리의 제곱에 반비례한다.

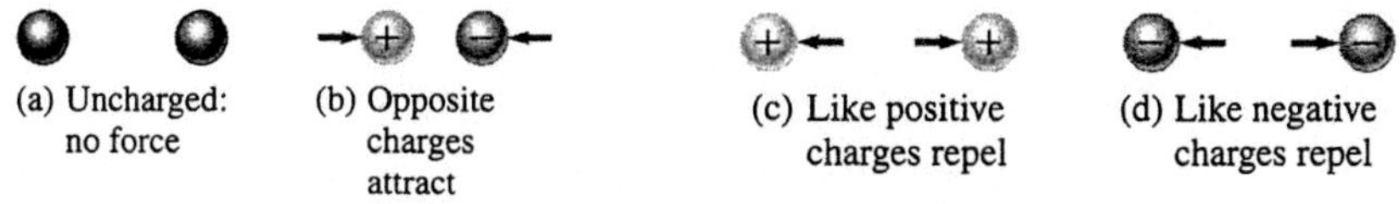

(b) 인력 혹은 척력이 작용한다.

[그림 1-6] 두 전하들 사이의 미치는 힘

1-2-2 전하의 단위(unit of charge)

전하(Q)의 단위는 $[C]$로 표기되는 coulomb으로 측정된다. $1[C]$의 정의는 6.25×10^{18}개의 전자들에 의해 가지는 총 전하량이다. 따라서 전자 1개는 $-1.6\times10^{-19}[C]$의 전하를 가진다는 것을 알 수 있다. 전하의 단위는 프랑스 과학자 Charles Coulomb(1736~1806)의 업적을 기념하여 이름을 붙인 것이다.

정의에 의해서 주어진 개수의 전자 안에 포함된 총 전하량을 구해 보자. 다음과 같은 비례관계식을 이용하여 정리하면 알 수 있다.

$$1 \text{ electron} : -1.6\times10^{-19}[C] = x(\text{numbers of electrons}) : y[C]$$

복습문제

[1] 어떤 유전체가 25×10^{18}개의 전자들을 갖고 있다. 전하량은 몇 $[C]$인가?

[해]

[2] $4[C]$의 전하량을 갖는 $+Q$ 유전체에 25×10^{18}개의 전자들을 더한다면 전하량은 몇 $[C]$인가?

[해]

1-2-3 정전하의 전기장(electric field of static charges)

그림 1-7은 어떤 전하들 사이에 전기적인 인력 혹은 척력이 작용할 때의 효과를 나타낸다. 모든 선들이 힘을 나타내며, 힘이 나타내는 공간을 전기장이라 부른다. 선으로 표시된 전기력선이나 전기장은 볼 수 없고 다만 측정 장비를 이용하여 그 값을 구할 수 있는데, 중력과 마찬가지로 전기장의 세기가 존재한다. 즉, 전계 내의 한 지점에 전하(q)를 두면 이 전하에 힘이 작용하며 $\dot{F}=q\dot{E}$가 성립한다.

• 점전하의 전기장($\dot{E}$)

전기력이 미치는 공간을 전계 또는 전기장이라 한다. 그림 1-7과 같이 정지하고 있는 경우에는 정전계라고 한다. 전계의 세기(전계강도)는 벡터이므로 보통 $\vec{E}$ 또는 $\dot{E}$로 나타내며 단위는 $[V/m]$이다. 이는 단위면적당 통과하는 전기력선의 수와 일치한다. 1개의 점전하의 경우에 그림과 같이 구면의 방향으로 전기력선이 퍼져 나간다.

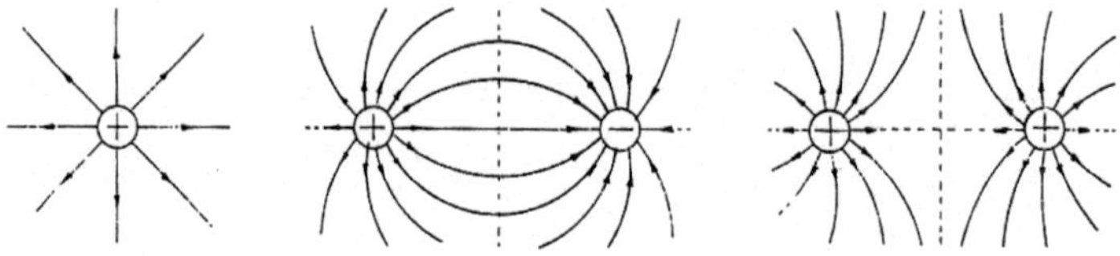

$$\dot{E} = \frac{\dot{F}}{q}$$

(a) 1개의 점전하 (b) 서로 다른 전하 한 쌍 (c) 같은 전하 한 쌍

[그림 1-7] 점전하(point charges)의 전기력선 및 전계

• 극판에서 면전하의 전기장($\dot{E}$)

그림 1-8과 같이 두 평행판들의 간격이 단면적에 비해 작으면 두 평행판들 사이에는 같은 전계 $E=\sigma_s/\epsilon_o$가 걸리고 외부공간의 전계는 0이다. 간격 d인 두 평행판들 사이의 전계는 $E=V/d$이며 이러한 구조로 전하를 저장하는 장치를 커패시터(capacitor)라 부른다.

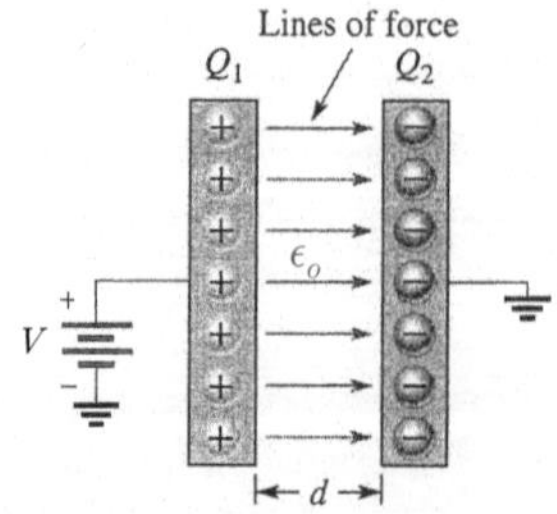

[전계: Electric field]

- $E=\sigma_s/\epsilon_o = V/d$

  V: 전위차

  σ_s : 전하량/면적 = 면전하밀도

  ϵ_o : 진공에서 유전율

[그림 1-8] 면 전하(sheet charges)에서 전기력선 및 전계

1-3 전위차(전압: voltage)

앞에서 보았듯이 인력은 양전하와 음전하 사이에 존재한다. 이 힘을 이겨내고 어떤 전하를 특정한 위치로 이동하는 데는 특정량의 에너지(energy) 또는 일(work) 형태로 소비된다. 모든 전하는 전하사이가 떨어져 있기 때문에 특정한 위치에너지를 갖는다. 전하당 위치에너지의 차를 전기 위치에너지 차(전위차) 또는 전압이라 한다. 전압은 전기전자회로를 구동하는 원천이며 전류(current)를 흐르게 하는 요소인 것이다.

전력(power)은 여러 가지 방식 중에서 수력, 화력, 원자력 등을 이용한 발전기에서 만든다. 그림 1-9는 부하(load)에 교류 정현파 전압을 출력하는 기본 발전기(generator)로서 Fleming의 오른손법칙을 활용하면 흐르는 전류방향 i를 알 수 있다. 또한 직류전압은 교류전압에서 정류기(rectifier)를 이용하든지 직류발전기를 이용하여 구현할 수 있다.

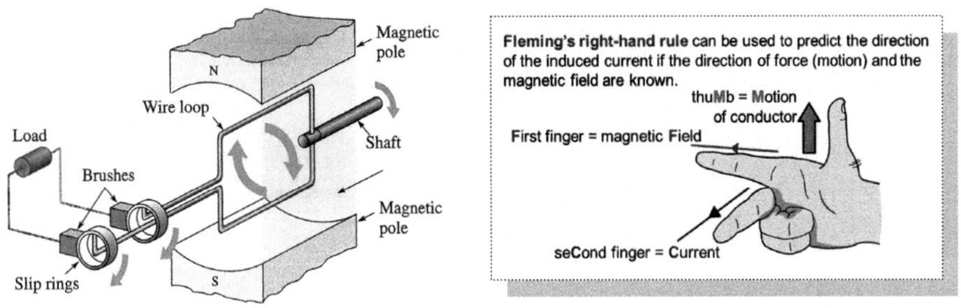

[그림 1-9] 자기장 내에서 도체선의 회전으로 교류전압이 발생된다.

1-3-1 전위차(전압)의 단위

전하 당 위치에너지 차를 전압이라 하고 단위전하 당 에너지 또는 일로 나타낸다. 전위차의 단위는 volt, $[V]$가 사용되며 다음과 같이 정의한다.

$$V[V] = \frac{W}{Q}\frac{[J]}{[C]} = \frac{\Delta W}{\Delta Q} \quad (1\text{-}1)$$

이것은 Alessandro Volta(1745~1827)의 이름을 딴 것으로 전하를 움직이는데 필요한 일을 나타낸다. 예를 들면 어떤 물을 저장하는 수조(water tank)를 생각해 보자. 수조에 물이 차면 그에 해당하는 위치에너지를 가진다. 그 다음 물을 흘러 내보냄으로서 이 에너지로 물레방아(waterwheel)를 구동시키는 일을 할 수 있다.

1-3-2 회로결선

그림 1-10은 1.5$[V]$ 건전지를 전구에 연결한 경우를 나타낸다. 여기서 1.5$[V]$ 출력은 두 단자들 사이의 전위차를 나타낸다. 회로에서 전구를 부하(load)라고 한다.

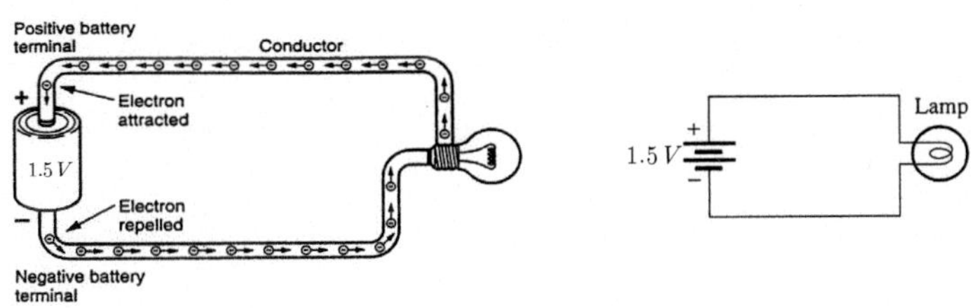

[그림 1-10] 직류전원(건전지)에 도체로 연결된 전구

전하는 어떠한 경로를 통해서 이동하는가? 흐르는 방향은 오직 두 가지 경우만 존재한다. (+)에서 (-)로 혹은 (-)에서 (+)로 흐른다. 전기의 유체이론을 제안함으로서 획기적인 공헌을 한 Benjamin Franklin(1706~1790)은 전기를 보이지 않은 유체로 보았다. 유체이론(fluid theory)을 근거로 전기유체를 +로부터 -로 흘러간다고 결정지었다. 유체이론은 형상화하기 쉽고 그 당시 모든 실험의 결과가 이 유체이론과 일치했기 때문에 모든 사람들은 전하의 흐름이 +에서 -로 흐른다는 개념을 받아들이게 되었다.

사실 구리에서 흘러가는 전하는 자유전자뿐이다. 전기장의 영향아래서 지유전자들은 건전지의 -단자에서 출발하여 구리도선을 통해 +단자로 이동한다. 이것은 관습적인 전류흐름(유체원리)과 반대이다. 그러나 어느 것을 선택하든지 수학적으로 해석하는 데 전혀 문제가 되지 않으며 같은 해답을 얻는다. 우리는 전류방향을 보통 +단자에서 나와 -단자로 흐른다고 하여 모든 계산을 수행한다.

복습문제

[1] 크기가 동일한 전하사이에는 얼마의 전위차가 발생하는가?

[2] 1.5[V]와 9[V] 건전지(dry cell)중 어느 것이 더 큰 전위차를 갖는가?

[3] 전자(electron)는 전압원의 어느 극에서 흘러나오는가?

[4] 보통 우리가 사용하는 관습적인 전류는 전압원의 어느 극에서 흘러나오는가?

1-3-3 직류 전압원(dc voltage source) 과 교류 전압원(ac voltage source)

일반적으로 전기전자에서 전류를 흐르게 하기 위해 전압원을 사용한다. 일반적으로 전압원는 부하에 전력을 공급하는 장치이다. 부하는 전압원(전원공급기)와 연결된 전기소자이며, 공급기로부터 전류를 공급받는다. 전원공급기는 두 출력단들에서 전압을 만들어 내며 부하에 전류를 제공한다. 그림 1-11은 각 전압원 기호를 나타내며 다음과 같이 표시한다.

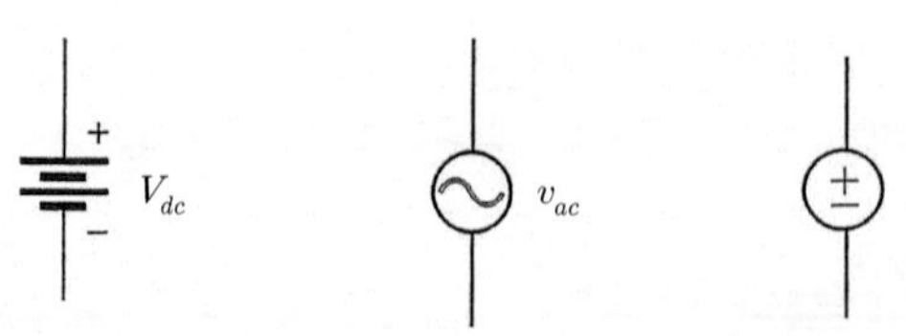

(a) 직류 전압원 (b) 교류 전압원 (c) 직류 또는 교류(선택적용)

[그림 1-11] 직류 전압원 및 교류전압원의 그림기호

1-4 전류(current: I)

전압은 전자들(electrons)이 회로를 통해 이동할 수 있도록 한다. 이러한 전자의 흐름을 전류라 하고 이것이 전기전자회로를 작동하게 한다. 그림 1-10에 표시한 것처럼 전압원을 구리도선의 양단에 연결하고 전자를 이동시키도록 전압을 인가하면 한쪽 끝의 음(-)단자에서 전자가 출발하여 도선을 통해 다른 쪽 양(+)단자로 이동한다.

1-4-1 전류가 흐르기 위해서는 반드시 전위차가 필요하다.

먼저 구리도선이 아무런 전압원에도 연결되어 있지 않다고 가정하자. 도선의 양단에는 아무런 전위차가 존재하지 않는다. 도선에 포함된 자유전자는 원자와 원자사이를 이동하게 되는데 이런 운동은 그림 1-12(a)와 같이 도선을 통하여 불규칙하게 발생하게 된다. 도선전체를 고려하면 전류는 0[A]가 된다. 또 다른 예로서 도선의 양 끝에 인가된 전압의 크기가 같은 경우로 도선의 양끝이 동일한 전원이므로 자유전자는 어느 곳으로도 이동할 수 없으므로 결국 전류는 흐를 수 없게 된다. 한편 그림 (b)와 같이 전압이 인가되면 일정한 방향으로 자유전자들이 이동하게 된다. 즉 이동하는 자유전자들은 전류를 형성한다.

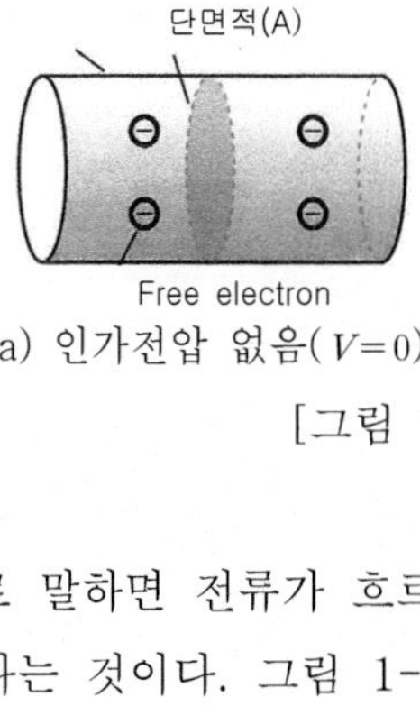

(a) 인가전압 없음($V=0$)

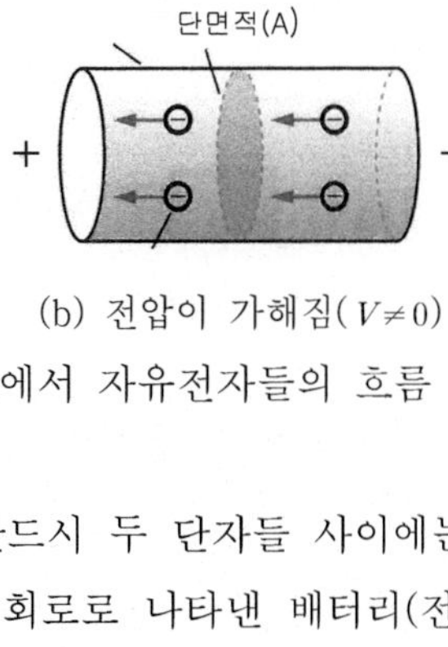

(b) 전압이 가해짐($V\neq 0$)

[그림 1-12] 구리도선에서 자유전자들의 흐름

결론적으로 말하면 전류가 흐르기 위해서는 반드시 두 단자들 사이에는 전위차(전압)가 존재해야 한다는 것이다. 그림 1-13에서 도식적 회로로 나타낸 배터리(전압원)는 V_S로 필라멘트는 저항(부하) R로 표시되며 전류 I는 도선을 따라 흐른다는 것을 나타낸다.

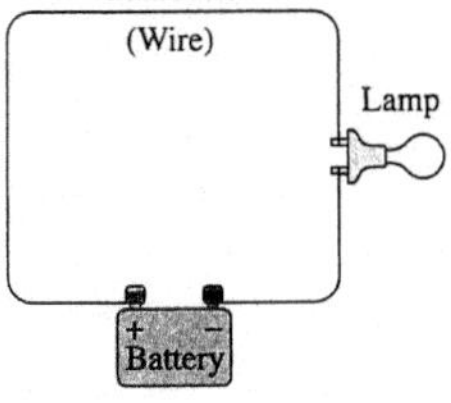

(a) 전압원이 도체를 통해 램프에 연결

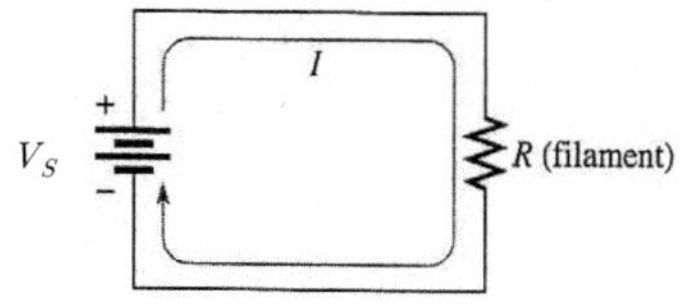

(b) 전압원과 부하 R로 나타낸 회로

[그림 1-13] 전류는 전하의 흐름이다.

1-4-2 전류의 단위(A: ampere)

전류는 전하의 이동를 나타내며, 이의 단위는 Andre Marie Ampere(1775~1836)의 이름을 따서 ampere, $[A]$를 사용한다. 전하(자유전자)의 이동비율이 전류의 세기를 나타내므로 기호로 I(intensity)로 표기한다.

1-4-3 전하와 전류의 차이점

고정전하는 유전체에 축적되는 전기적인 양을 나타내며 운동하지 않는 정적(static) 전기이다. 반면 전류는 도체 내에서 전하(자유전자)가 이동할 때 전기적인 운동의 세기를 나타낸다. 따라서 전류의 세기 $1[A]$는 $1[C]$의 전하량을 $1[\mathrm{sec}]$ 동안 이동할 때 발생하는 양이다. 식으로 표현하면 단위시간당 전하량의 변화로서 다음과 같다.

$$I[A] = \frac{Q}{t}\frac{[C]}{[\mathrm{sec}]} = \frac{\Delta Q[C]}{\Delta t[\mathrm{sec}]} \qquad (1\text{-}2)$$

복습문제

[1] 2초 동안 $12[C]$의 전하(자유전자)가 이동한다면 전류의 세기 I는?

[2] 도선에서 전류 $2[A]$가 $8[\mathrm{sec}]$ 동안 흐른다면 이것은 몇 $[C]$인가?

사실 전류보다 더욱 실질적인 의미를 가지는 것은 전류밀도(current density)이며 단위면적당 전류세기를 나타낸다. 그림 1-12을 참고하면 간단히 구할 수 있다.

$$J = \frac{I}{A} = \frac{(Q/t)}{A} = \frac{Q}{At} = \frac{qN}{At}\frac{l}{l} = \frac{qN}{V}\frac{l}{t} = qnv[A/m^2] \qquad (1\text{-}3)$$

여기서 q는 전자 1개의 전하량($-1.6\times10^{-19}[C]$), n은 전자밀도(전자수$/m^3$), v는 전자속도(m/sec)를 나타낸다. 전류밀도가 정격을 초과하면 모든 전기사고 및 고장의 원인이 된다.

1-5 저항(resistance: R)

도체에 전류가 흐르면, 전자는 도체 내를 운동하다가 자주 원자들과 부딪히게 된다. 이러한 충돌들로 전자는 약간의 에너지를 잃게 되고, 그 결과 전자들의 운동에 제한을 받는다. 충돌이 많아질수록 전자의 운동은 더욱 제한된다. 도체의 종류에 따라 그 제한 정도가 달라진다. 전자의 흐름을 방해하는(제한하는) 이러한 도체의 특성을 저항이라 한다. 도체는 자유전자들이 많아 저항이 작은 데 비하여 절연체는 아주 큰 저항값을 가진다.

1-5-1 저항의 단위(Ω: ohm)

저항(R: resistance)은 Georg Simon Ohm(1787~1854)의 이름을 따서 단위로 그리스문자 오메가[Ω]로 표시한다. 저항은 전류의 흐름을 방해하며 도체에 전류가 흐르면, 이동에 따라 자유전자들과 원자들 사이의 충돌에 의해 열이 발생된다.

저항의 역수는 G로 표기되는 컨덕턴스(conductance)이다. 이는 전류흐름의 쉬운 정도를 나타낸다. $G=1/R$, 여기서 단위는 simens 이며 [S]로 표기한다.

[도선의 저항]

구리선은 양호한 도체이지만 저항성질을 가지고 있으며, 다른 도체들도 마찬가지로 도선의 저항(R)은 (1) 물질의 종류, (2) 도선의 길이, (3) 단면적 및 (4) 온도라는 네 가지 양들에 의해 결정된다.

"도체의 저항은 길이에 비례하고 단면적에 반비례"한다. 길이가 일정한 경우 단면적이 작은 도선일수록 큰 저항을 갖는다. 따라서 전압이 일정하면, 굵은 도선일수록 더 많은 전류를 흘릴 수 있다. 구리와 같은 도체의 저항은 가정용 배선이나 일반적인 전기설비에서는 아주 작다. 처음 세 가지((1), (2) 및 (3))는 $T=20℃$를 기준으로 결정한다. 모든 도체는 ρ로 나타내는 저항률을 가진다. 각 물체의 저항률(ρ)은 지정온도에서 일정한 값을 갖는다.

[표 1-1] 대표적인 물체의 저항률

material	$[\Omega \cdot m]$
Ag(silver)	1.62×10^{-8}
Cu(copper)	1.72×10^{-8}
Au(gold)	2.44×10^{-8}
Al(aluminum)	2.62×10^{-8}
carbon*	1.40×10^{-5}

길이 l, 단면적이 A인 도선의 저항은 다음과 같이 수식화할 수 있다. 여기서 비례상수에 해당하는 것이 저항률 ρ이다.

$$R \propto \frac{l}{A} \qquad \text{정리하면} \qquad R=\rho\frac{l}{A}=\rho\frac{l}{\pi(d/2)^2} \qquad (1\text{-}4)$$

마지막으로 도선의 저항을 결정하는 저항의 온도의존성에 대해 학습해 보자. 대부분의 도전체에서 온도가 증가하면 전선내의 원자운동이 증가하여 캐리어가 통과하기 어려우므로 저항은 증가한다.

만약 온도 T_1에서 저항 R_1을 안다면 온도 T_2에서 저항 R_2을 알 수 있다. 여기서 α는 저항에 대한 온도계수를 나타내며 통상 20℃를 기준으로 한다. 즉 사용하는 물질의 온도변화에 따른 저항변화율을 나타낸다. 참고로 구리는 $\alpha = 0.00393[\Omega/℃] \simeq 4 \times 10^{-3}[\Omega/℃]$이다.

$$R_2 = R_1 + R_1\alpha(T_2 - T_1) = R_1[1 + \alpha(T_2 - T_1)] \qquad (1\text{-}5)$$

그림 1-14는 직선 근사화 방법을 사용하여 다른 어떤 온도에서 저항을 알 경우, 특정온도에서 도체의 저항을 결정하는 기법을 제공한다. 그림에서 절대온도 −273℃에서 저항이 0이지만 곡선에 대해 직선 근사화를 이용하면 구리는 −234.5℃에서 만나며 이 지점이 근사화된 절대온도(T_o)이다.

그림으로부터 두 삼각형들 $\triangle T_oT_1R_1, \triangle T_oT_2R_2$ 의 기울기를 구하면 다음과 같다.

$$\frac{R_1}{T_1 - T_o} = \frac{R_2}{T_2 - T_o} \qquad (1\text{-}6)$$

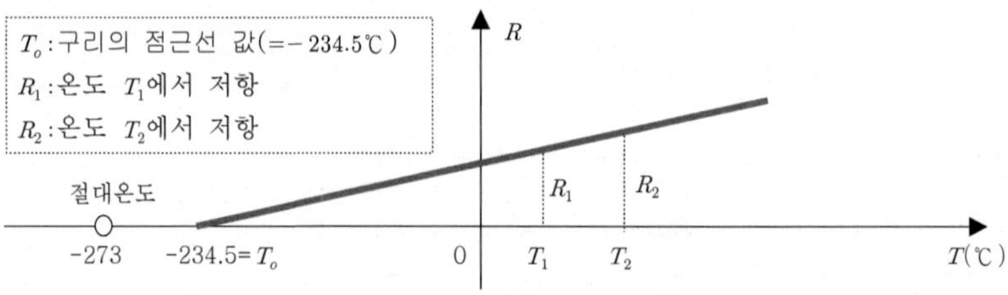

[그림 1-14] 구리(Cu)의 온도변화에 따른 저항변화

예제

T=0℃에서 0.6Ω의 저항을 갖는 구리 도전체가 1Ω저항을 가지는 온도를 구하시오.

[해]

식 (1-6)에서 $T_2 - T_o = \frac{R_2}{R_1}(T_1 - T_o)$

$$T_2 = \frac{R_2}{R_1}(T_1 - T_o) + T_o = \frac{1\Omega}{0.6\Omega}(0℃ + 234.5℃) - 234.5℃ = 156.3℃$$

우리는 초전도체(superconductor)에 대해 들은 적이 있다. 온도가 낮아져 어떤 물질에 따라 임계온도가 되면 저항이 0이 되는 지점이 있다. 이를 이용한 자기부상열차(MAGLEV: magnetic levitation)에 관한 자료를 읽어보길 바란다.

통상 전선저항은 그 단면을 전류가 균등하게 흐르고 있을 경우에 저항, 다시 말해 직류에 대한 저항이다. 그러나 전선에 교류가 흐를 경우에는 전선 내의 전류밀도 분포는 균일하지 않고 중심부보다는 주변부에 가까워질수록 전류밀도가 커진다.

그림 1-15에서 도선에 전류 $\dot{I}$가 흐르면 파란색 원으로 표현한 자기장 $\dot{H}$가 생긴다. 자기장이 시간적으로 변화하면 Faraday의 전자기유도 법칙에 의해 이 자기장의 변화를 방해하는 방향으로 기전력이 생긴다. 이 기전력에 의해 생기는 빨간색 원으로 표현한 전류 $\dot{I}_e$를 맴돌이 전류(eddy current)라 한다. 빨간색 원 전류가 만드는 자기장은 파란색의 원래 자기장과 정확히 반대방향이다. 따라서 빨간색 원이 만드는 전류를 원래 전류와 더하면 중심에서는 감소하고 표면에서는 증가한다. 따라서 도선 내부의 자기장은 급속도로 작아지고 표면부근에 전류밀도가 증가하는데 이를 표피효과(skin effect)라고 한다.

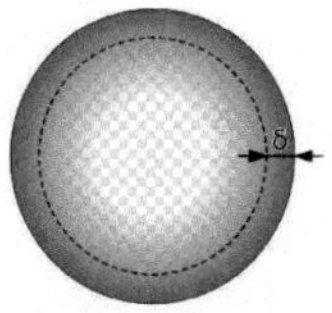

(a) 표피깊이(skin depth: δ_k)

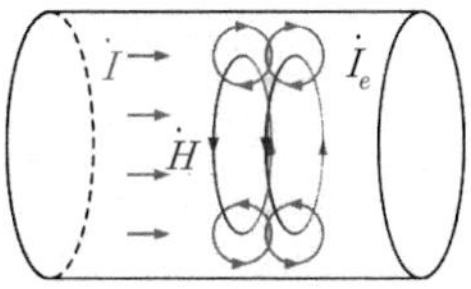

(b) 전자기적인 접근

[그림 1-15] 표피효과로 전류는 표면부근을 흐른다.

전기자기학분야에서 학습하지만 이는 전선 중앙부를 흐르는 전류가 자력선(ψ)의 교차가 커서 인덕턴스(L)가 커지기 때문이다. 그 결과 전선의 중심부는 리엑턴스($X_L[\Omega]$)가 커져서 전류가 흐르기 어렵고 표면으로 갈수록 전류가 많이 흐르게 되는 경향을 가진다.

표피효과로 인한 표피깊이(skin depth: δ_k)는 주파수(f)가 높을수록, 전도도(σ)가 클수록, 투자율(μ)이 클수록 작아진다. 따라서 표피효과는 전선의 단면적이 클수록 훨씬 더 영향이 커진다.

$$\delta_k = \frac{1}{\sqrt{\pi f \mu \sigma}} \tag{1-7}$$

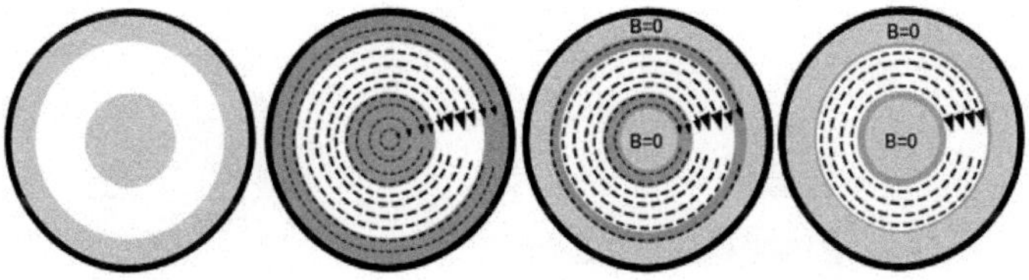

(a) 동축케이블 (b) 직류(도체전체분포) (c) 주파수증가에 따른 전류표면 쏠림

[그림 1-16] 동축선 구조에서 직류와 교류에서 표피효과

1-5-3 저항의 종류

전력전송에서 송배전용 전력선은 철탑 또는 철근콘크리트 기둥에 매단 가공선로로 되어 있다. 송전선로는 3상 교류회로이며 각 상마다 저항, 인덕턴스, 커패시턴스가 선로를 따라 분포된 전기회로이다. 또한 배전선로는 3상, 단상으로 공급된다. 추후 여러분은 장거리, 중거리, 단거리에 따라 적절한 선로모형을 도입하여 회로해석을 할 필요가 있을 것이다.

지금부터는 전기회로에서 관점을 도체연결선이 아닌 부품저항에 초점을 맞추어 검토해 보자. 앞서 배운 구리도선으로 사용된 도체(conductor)가 수 m 또는 수십 km정도로 길지 않다면 저항이 매우 작다.

통상 회로에 기호로 표시된 저항기는 특정한 큰 저항값을 가지도록 제작된 소자이다. 즉 그림 1-17에서 전압원 V_S와 부하(저항소자) R을 연결하는 도선은 아주 작은 저항을 가지지만, 회로에서 저항소자인 R값보다 너무 작다. 따라서 짧은 도선은 저항을 무시한다. 저항기는 크기와 모양이 다양하지만 크게 분류하면 고정저항과 가변저항으로 구분된다.

[고정 저항기]

다음 회로에서 표시된 저항은 고정 저항기(fixed resistor)이다. 고정저항은 제작할 때 그 값이 정해져 바뀌지 않는 저항으로서 다양한 물질과 방법으로 만들어 진다.

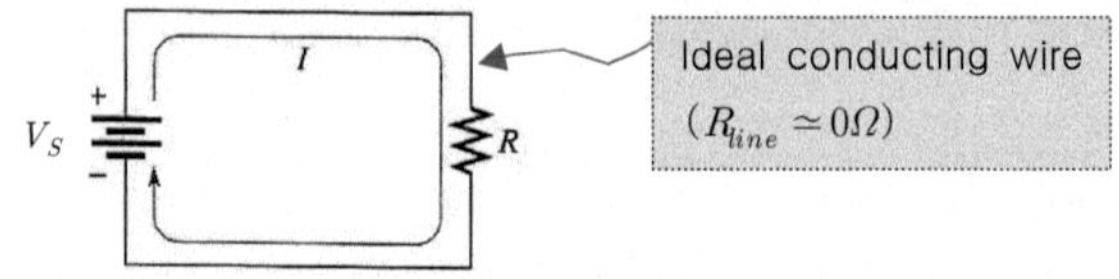

[그림 1-17] 회로에서 부하인 저항 R은 고정저항이다.

일반적인 고정저항의 하나는 탄소 합성형(carbon composition type)이다. 이것은 곱게 갈아 만든 탄소, 절연물, 접합제를 혼합하여 제작되는데, 탄소와 절연물의 비율로 저항값이 정해진다. 이 혼합물이 막대 형태로 제작되고 최종적으로 도체 리드선을 통해 연결된다. 칩 형태의 저항기는 SMT(surface mount technology: 표면장착기술)로 크기가 작고 빽빽하게 할 수 있어서 널리 사용되고 있다.

(a) 탄소 합성형 (b) 금속 막형 (c) SMT로 구현된 저항

[그림 1-18] 각종 저항의 외관

[가변 저항기]

가변저항이란 사용자가 임의로 저항값을 조절하여 사용할 수 있도록 만들어진 저항이다. 가변저항기(variable resistors)의 두 가지 기본적인 역할은 전압을 분배하거나, 전류량을 조절하는 것이다. 그림 1-19 회로에서 저항 R은 가변저항이다.

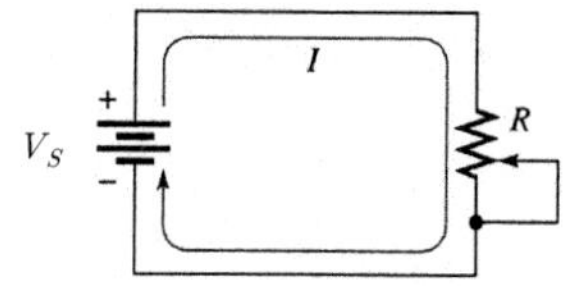

[그림 1-19] 회로에서 저항 R은 가변저항이다.

그림 1-20은 전위차계(potentiometer)를 이용하여 전압분배 및 저항으로 활용하는 기법을 나타낸다. 먼저 전압을 분배하는 데 사용되는 가변저항을 전위차계라고 한다. 실제적으로 전위차계는 그림 (d)와 같이 와이퍼(wiper)의 이동으로 단자 1과 2사이를 왕복하면서 원하는 출력을 얻도록 단자 3에 연결되어 있다.

먼저 전위차계는 그림 (b)와 같이 3개의 단자들(terminals)를 가진 장치로서 단자 1, 2는 고정된 저항값을 가진다. 단자 3이 움직일 수 있도록 되어 있으므로 이를 사용하여 원하는 전압값을 분배하는 기능을 하는 전압분배기 혹은 저항기로 사용될 수 있다.

반면 그림 (a)와 같이 회로에 흐르는 전류량을 조절하기 위해 사용되는 가변저항을 가감저항기(rheostat)라고 한다. 이 가감저항기는 그림 (c)와 같이 전위차계의 단자 3을 이용하여 단자 1 또는 단자 2와 연결하여 만든다. 그림에서 단자 2, 3이 연결되어 있으므로 실제적으로 2개의 단자를 갖는다고 할 수 있다.

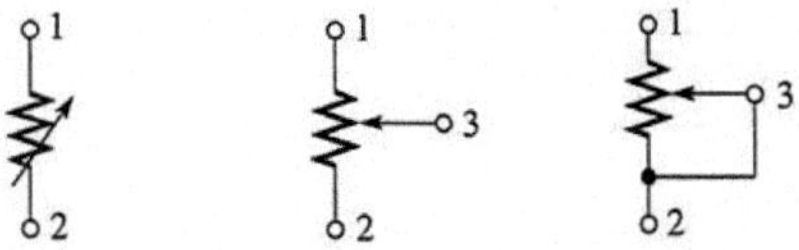

(a) 가감저항기　(b) 전위차계　(c) 전위차계로 구현된 가감저항기

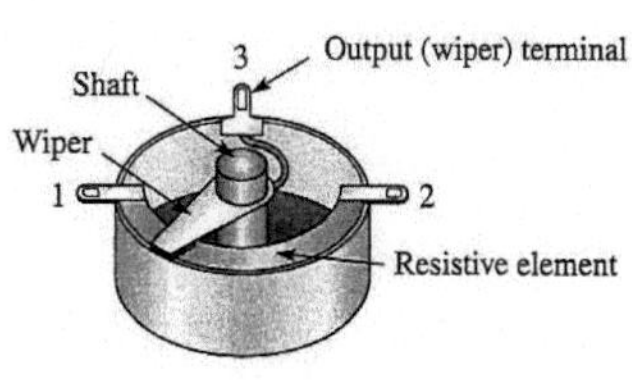

(d) 전위차계의 내부 구조

[그림 1-20] 가변저항의 기호, 구현 방법 및 구조

[저항기의 색띠 표시법]

가장 많이 사용되는 소자 가운데 하나인 저항은 고정저항과 가변저항이 있으며, 주로 고정저항의 값을 나타내는 데는 컬러코드(color code) 표시법을 사용하고 있다. 컬러코드표시는 원래 미국의 EIA(Electronic Industrial Association: 전자산업협회)에서 고안한 것으로서 매우 편리하기 때문에 세계적으로 사용하게 되었다.

저항의 물리적인 크기는 그 저항이 열 형태로 소모할 수 있는 전력량과 관계가 있다. 즉 저항에 전류가 흐르면 열이 발생한다. 단위시간당 소모되는 열의 양은 와트(watt)로 측정되며, 각 저항은 그 자체의 정격전력을 가진다. 이 정격전력은 저항을 연속적으로 안전하게 다룰 수 있는 최대전력이며 저항의 물리적인 크기가 클수록 많은 열을 소모할 수 있다. 고정저항의 크기를 컬러코드로 나타내는 방법을 표 1-3과 그림 1-21에 나타내었으며, 4개의 컬러코드를 갖는 저항은 ±5% 이내의 오차를 갖는 일반 용도의 저항이며, 5개의 컬러코드를 갖는 저항은 ±2% 이내의 오차를 갖는 정밀저항이다.

[표 1-3] 각 색띠 부호가 나타내는 숫자, 배수 및 허용오차

Color code band	Color	Digit	Multiplier	Tolerance
Resistance value : Four or five bands	Black	0	10^0	-
	Brown	1	10^1	±1%
	Red	2	10^2	±2%
	Orange	3	10^3	-
	Yellow	4	10^4	-
	Green	5	10^5	±0.5%
	Blue	6	10^6	±0.25%
	Violet	7	10^7	±0.1%
	Gray	8	10^8	±0.05%
	White	9	10^9	
	Gold	-	10^{-1}	±5%
	Silver	-	10^{-2}	±10%
	No band	-	-	±20%

저항에서 색띠를 읽는 방법은 한쪽 끝부분의 가까이 있는 것부터 시작하며 다음과 같다.

- 첫 번째 띠는 저항값의 첫 번째 숫자를 나타낸다. 어느 쪽이 시작위치인지 명확하지 않으면 금색 혹은 은색이 아닌 띠부터 시작한다.
- 두 번째 띠는 저항값의 두 번째 숫자이다.

- 세 번째 띠는 두 번째 수의 뒤에 붙을 0의 개수를 나타낸다.
- 네 번째 띠는 허용오차를 나타내며 주로 금색 혹은 은색이다.

일반저항	정밀저항
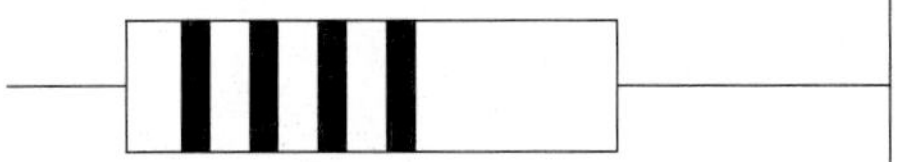 (1)(2)(3)(4)	 (1)(2)(3)(4)(5)
(1) 1st band : 1st digit (2) 2nd band : 2nd digit (3) 3rd band : multiplier (4) 4th band : percent tolerance - Gold : ±5[%] - Silver : ±10[%] - None : ±20[%]	(1) 1st band (2) 2nd band (3) 3rd band (4) 4th band : multiplier (5) 5th band : percent tolerance - Brown : ±1[%] - Red : ±2[%]
Reading : $(1)(2)\times10^{(3)}\pm(4)$	Reading : $(1)(2)(3)\times10^{(4)}\pm(5)$

[그림 1-21] 일반저항 및 정밀저항의 색 표시 방법

예를 들어, 5%의 허용오차란 실제 저항값이 색띠로 표현된 저항값의 ±5% 이내임을 의미한다. 따라서 100Ω의 저항은 낮게는 95Ω에서 높게는 105Ω사이의 저항값을 가진다.

예제

다음과 같은 색띠들을 가진 저항값을 구하시오.

1>

Gray	Red	Brown	Silver

⇒ R: $82\times10^{1}[\Omega]$ = 820Ω

허용오차가 10%이므로 $\pm82[\Omega]$

따라서 저항의 범위는 $820[\Omega]-82[\Omega]\le R\le 820[\Omega]+82[\Omega]$이다.

2>

Red	Red	Orange	Gold

⇒ R: $22\times10^{3}[\Omega]$ = $22{,}000[\Omega]$

허용오차가 5%이므로 $\pm1{,}100[\Omega]$

따라서 저항의 범위는 $22{,}000[\Omega]-1{,}100[\Omega]\le R\le 22{,}000[\Omega]+1{,}100[\Omega]$ 이다.

1-6 전기전자의 용어(terminology)

진기진자공학에서는 측정 가능한 물리량을 처리하고 표현할 수 있어야 한다. 예를 들면, 회로상의 어느 지점에서 측정된 전압이 얼마인지, 도선이나 소자를 통해 흐르는 전류가 얼마인지, 어떤 소자가 공급하는 전력이 얼마인지 등을 다룰 수 있어야 한다.

1-6-1 전기전자공학의 기호 및 단위

일반적으로 전기전자공학에서 전기적인 양의 표시 단위는 주로 길이를 나타내는 미터(meter), 질량을 나타내는 킬로그램(kilogram), 시간을 나타내는 초(second)를 기본으로 MKS 단위계에 필요한 이차적인 단위를 부가하여 표 1-4와 같이 사용하고 있다.

[표 1-4] 주요 기호 및 단위

Quantity	Symbol	Unit		Quantity	Symbol	Unit	
전 하	Q	[C]	coulomb	전 력	P	[W]	watt
전 류	I	[A]	ampere	에 너 지	W	[J]	joule
전 압	V	[V]	volt	정전용량	C	[F]	farad
저 항	R	[Ω]	ohm	인덕턴스	L	[H]	henry
컨덕턴스	G	[S]	simens	주 파 수	f	[Hz]	hertz

문자기호는 물리량과 단위를 나타내는 데 사용된다. 하나는 물리량의 이름을 나타내고, 또 하나는 측정된 물리량의 단위를 나타낸다. 예를 들면, P는 전력을 나타내고, [W]는 전력의 단위인 watt를 나타낸다. 어떤 경우엔 문자와 단위가 같을 경우도 있다. 그 예로서 V는 전압을 나타내고 또한 전압의 단위인 [V]는 volt를 나타낸다. 특히 전하의 단위는 [C]로 나타내지만 커패시턴스(정전용량)의 기호가 C임을 명심하자.

1-6-2 단위 표기 및 상호변환

전기전자 분야에서는 아주 크거나 아주 작은 양을 접한다. 전류의 단위는 1/2,000[A]이거나 1/50,000,000[A]가 되는 경우가 있다. 반면에 저항값은 35,000[Ω] 혹은 30,000,000[Ω]을 자주 사용한다. 이런 이유로 십의 거듭제곱으로 표기된 단위를 사용한다. 즉 150,000[Ω]를 적절한 표기법으로 바꾸면 1.5×10^5[Ω]으로 표현할 수 있다. 그러나 주로 아래와 같이 1,000배 단위로 표현이 가능하도록 숫자의 배수를 나타내는 표준 접두기호를 표 1-5에 나타내었다.

[표 1-5] 표준 접두기호

Metric Prefix	Metric Symbol	Power of Ten	Value
peta	P	10^{15}	one quadrillion
tera	T	10^{12}	one trillion
giga	G	10^{9}	one billion
mega	M	10^{6}	one million
kilo	k	10^{3}	one thousand
milli	m	10^{-3}	one-thousandth
micro	μ	10^{-6}	one-millionth
nano	n	10^{-9}	one-billionth
pico	p	10^{-12}	one-trillionth
femto	f	10^{-15}	one-quadrillionth

미터법 접두기호를 사용하는 예를 살펴보자. 어떤 전압이 1,500[V]는 1.5×10^{3}[V]이므로 접두기호 $kilo(k)$를 10^{3} 대신에 사용하여 1.5[kV]로 표기한다. 또한, 전류 0.015[A]는 15×10^{-3}[A]이고 10^{-3} 대신에 $milli(m)$를 사용하여 15[mA]로 나타낸다.

mA를 μA로 변환해 보자. 접두기호는 소수점을 1,000배씩 왼쪽 혹은 오른쪽으로 이동시켜 바꾼다. mA를 μA로 바꾸는 경우 소수점을 오른쪽으로 3자리 이동시키면 된다. 또한, 5,000[nA]를 μA로 바꾸면 5m[μA]가 된다.

마지막으로 어떤 저항이 2,200,000[Ω]이 있다고 하자. 이것은 2.2×10^{6}[Ω]이므로 접두기호 $mega(M)$를 10^{6} 대신에 사용하면 2.2[$M\Omega$]으로 나타낸다. 이를 $k\Omega$으로 바꾸려면 소수점을 오른쪽으로 3자리 이동시키면 2,200[$k\Omega$]가 된다.

복습문제

전기전자공학에 사용되는 기본적인 단위 변환을 익히고자 한다. 미터법의 접두기호를 참고하여 아래 표를 단위에 맞게 변환하시오.

10 [$k\Omega$]	[Ω]	10 [V]	[mV]
1 [$M\Omega$]	[$k\Omega$]	1 [mV]	[μV]
100 [μA]	[mA]	1 [kHz]	[Hz]
10 [mA]	[μA]	10 [MHz]	[kHz]

1-7 고장 진단(troubleshooting)

고장 진단(troubleshooting)이란 회로상에서 고장 문제를 해결하여 정상적인 동작을 하도록 하는 것이다. 회로에서는 주로 개방(open)과 단락(short) 문제가 가장 많이 발생한다. 이러한 신속한 고장 진단을 수행하기 위해 기본적인 이론 및 측정에 어느 정도 익숙해지도록 해야 한다. 우리는 회로상에서 측정을 할 때, 예기치 못한 현상으로 측정값이 오차의 범위를 벗어나는 것을 종종 경험한다.

과도한 전력 소모는 보통 저항을 단락시키기보다는 개방시킨다. 그러나 회로상에서 저항을 단락시키는 것은 많은 경우에 땜납(solder)이 튀겨져 다른 소자와 연결되는 solder bridge가 될 수 있다.

1-7-1 개방(open)회로

전기회로의 일부분이 끊어지면 더 이상 전류가 흐르지 못하게 되므로 이 상태를 개방(open)이라고 한다. 개방회로는 저항이 무한대(∞[Ω])로 크다는 것을 의미한다. 다음 그림 1-22(a)에서 저항 R_1과 R_2를 흐르는 전류가 모두 $0A$이며 그림 (b)에서는 개방된 저항 R_3를 흐르는 전류가 $0A$이다.

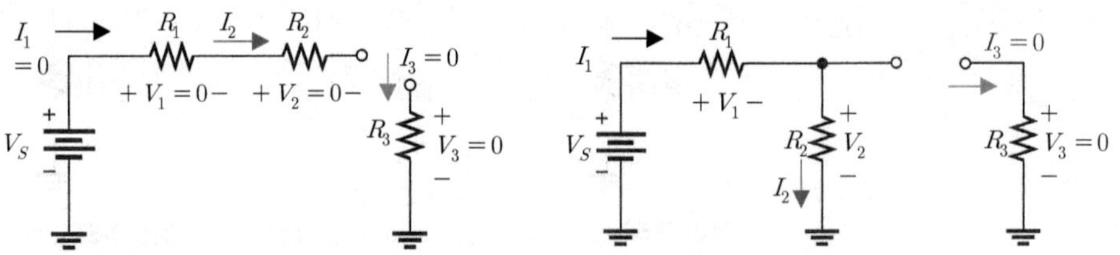

(a) $I_1 = I_2 = I_3 = 0$ (b) $I_1 = I_2$, $I_3 = 0$

[그림 1-22] 개방회로를 흐르는 전류는 $0A$이다.

1-7-2 단락(short)회로

단락회로는 회로의 일부가 바이패스(bypass)되어 저항값이 0Ω인 가지를 가진 경로이다. 그림 1-23에서 두 회로를 비교함으로서 단락의 의미를 익혀 보자. 그림 (a)에서 회로를 흐르는 전류는 $1A$이다. 이 전류는 저항 10Ω, 30Ω, 20Ω 및 40Ω 모두를 통해 흐른다. 그러나 그림 (b)를 보면 흐르는 전류가 $2.5A$이다. 그 이유는 무엇일까? 그림을 살펴보면 이 회로에서 저항 20Ω과 40Ω 두 개를 가로질러 단락(short)되어 있다. 이로 인해 전류는 저항 20Ω과 40Ω 두 개의 저항을 통하여 흐르지 않고 모두 단락된 도선부분으로 흐른다. 결과적으로 전류는 10Ω과 30Ω저항만으로 흐른다.

이와 같이 저항이 감소하면 전류가 증가한다. 제2장에서는 이 실험적 사실에 근거하여

Ohm 법칙으로 계산을 수행한다.

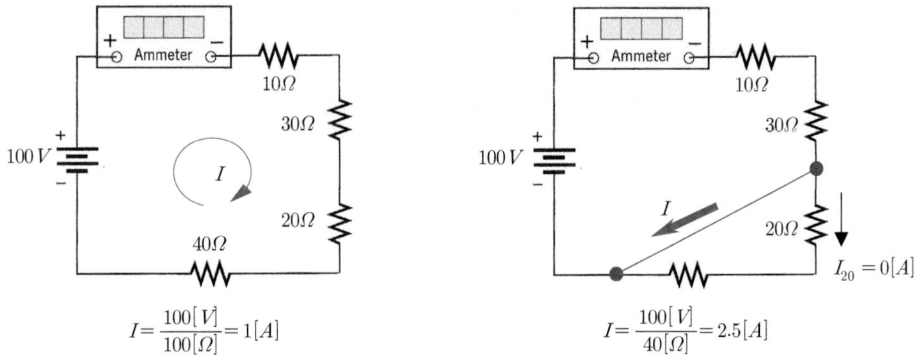

(a) Before short (b) After short

[그림 1-23] 임의의 저항이 단락전과 단락후의 전류의 흐름비교

그림 1-24와 같은 회로는 모든 저항들이 없는 것과 마찬가지이다. 따라서 모든 전류는 단락된 도선으로 흐르며 그 값은 아주 크다($\infty[A]$). 그러나 저항은 전류의 흐름을 방해하므로 통상 안전을 위해 존재한다. 예를 들면 전구(일종의 저항)에 단락회로가 형성되면 전구의 필라멘트는 저항을 가지므로 전류가 흐르지 않지만 저항이 $0[\Omega]$인 단락회로를 통해 과도한 전류가 흐르게 되고 도선은 과도한 열로 인해 파괴된다. 이러한 안전사고 위험에 대비해서 저압용 회로차단기(circuit breaker)나 퓨즈(fuse)를 이용하여 사용자를 보호한다.

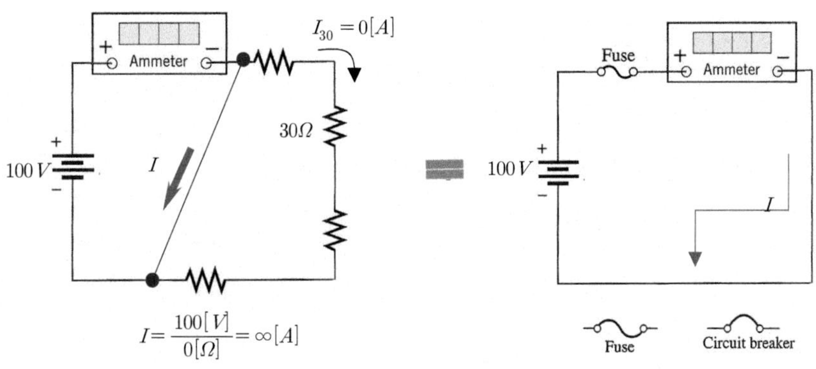

(a) 큰 단락전류가 흐른다. (b) 회로보호장치가 필요하다.

[그림 1-24] 아주 큰 전류가 흘러 큰 사고가 발생한다.

여기서 도선에 흐르는 전류에 따라 발생하는 에너지인 열량은 $H[cal] = 0.24I^2Rt$이고, 전류 밀도는 $J[A/m^2] = I/A$으로서 도선의 단면적(전선굵기) A도 검토되어야 한다.

1-7-3 전기 충격(electric shock)

전기 작업을 수행할 때는 안전성을 우선적으로 고려해야 한다. 신체에 전류가 흐르면 전기에 충격을 받을 가능성은 항상 존재한다. 저항(R)인 사람의 몸으로 전류가 흐른다면 충격과 함께 여러 가지 현상을 발생시킨다.

사람 몸의 두 지점을 통해 전압이 인가되면 몸은 전류가 흐르는 통로 역할을 하게 된다. 전류를 만드는 것은 전압(V)이지만 신체에 해를 주는 것은 바로 전류(I)이다.

사람의 몸은 $10\mu A$의 작은 전류도 느낄 수 있다. $10mA$ 정도의 전류는 신체에 치명적이다. 측정하는 방식에 따라 조금씩 다르지만 일반적인 신체의 저항은 $10k\Omega \sim 50k\Omega$이다. 만약 사람의 신체 저항이 $10k\Omega$이라면 $220V$ 전압이 인가되어도 $22mA$가 흐른다. $10mA$에서 $50mA$ 사이의 전류가 신체를 통해 흐르면 일시적 마비 혹은 신체적 충격, 호흡 곤란 등으로 목숨을 잃어버릴 수도 있다. $100mA$ 이상의 전류가 신체를 통해 흐르면 대부분 목숨을 잃는다.

전기 쇼크에 대한 등가 모형을 만들어 보자. 전기 쇼크로 주변의 많은 사람이 사망하고 있다. 어떤 사람의 손이 전기회로와 접촉되면 많은 실험과 경험을 회로로 구체화시킨 그림과 같은 등가회로 모형을 만들 수 있다고 하자.

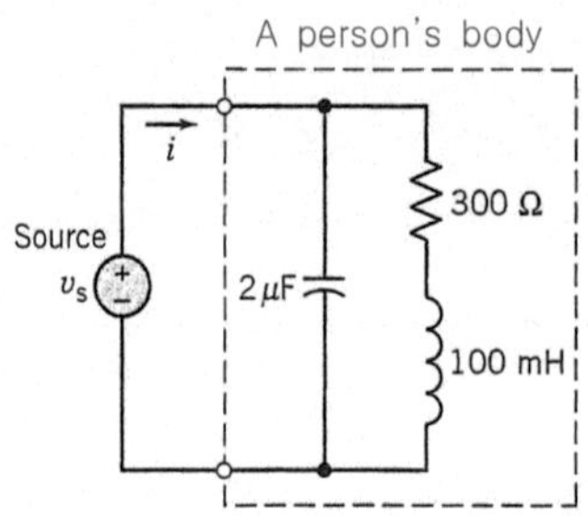

[그림 1-25] 전기 충격에서 사람의 대한 전기적 등가 모형

뒤에 이 등가 모형을 해석하는 학습을 하지만, 우선 사람의 인체는 저항(R), 인덕턴스(L) 및 커패시터(C)로 구현된다. 이를 바탕으로 전류를 구하여 인체에 미치는 영향을 알아보는데 그 목적이 있다. 제9장에서 동작 주파수에 따른 전류의 크기를 계산할 것이다.

우리는 종종 전봇대의 고압전선 위에 참새들이 앉아 있는 모습을 보았을 것이다. 특고압인 154,000[V] 전선에서 참새들이 어떻게 감전되지 않는가라는 의문을 품을 수 있다. 감전이란 신체에 전류가 흐르는 것으로서 몸에 전류가 흐르려면 반드시 전압차가 있어야 한다. 만약 전압이 같으면 전류는 흐르지 않는다. 참새의 경우, 고압전선에 있는 두 발들이 모두 같은 전압값이므로 전류가 흐르지 않아 감전되지 않는다.

1-8 접지(ground) 및 전력 계통

접지라는 용어는 그림 1-26의 교류전력 배전에서 전력선의 한쪽 끝에 쇠막대(metal rod)를 연결하여 땅속에 묻음으로써 중성화시킨다는 말에서 이름지어졌다. 이런 방식의 접지를 대지접지(earth ground)라고 한다. 높은 빌딩에서 낙뢰로 인한 전기기기 등의 피해 방지를 위해 사용되는 피뢰침(lightning rod), 피뢰기(LA: lightning arrester)는 대지접지를 이용한다. 접지는 송배전 및 배선과 같은 전력 분야에서 아주 중요한 부분이다.

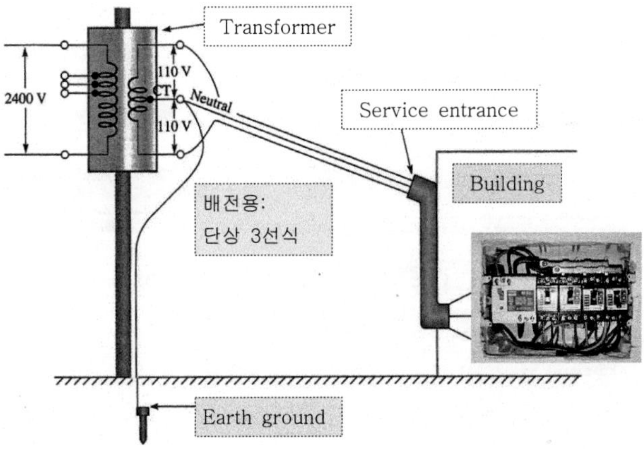

[그림 1-26] 주상변압기에서 대지접지(earth ground)

접지는 전기회로의 기준점 역할을 하며, 회로의 다른 점과 비교하여 0[V]전압을 가진다. 회로의 모든 접지점은 전기적으로 같은 기능을 하며, 공통점이 된다.

1-8-1 대지접지(earth ground)와 회로접지(circuit ground)

그림 1-27은 접지기호 및 스위치와 전구를 사용한 간단한 회로에서 접지를 표시하여 나타낸 것이다. 통상적으로 접지는 그림 (a)와 같이 표시하고 앞서 그림 1-26에서 설명한 대지접지는 그림 (b)와 같이 나타낸다. 마지막으로 나타낸 그림 (c)와 같은 접지는 회로접지라고 부르며 이후에 설명토록 한다. 즉, 접지는 대지접지 또는 회로접지가 된다.

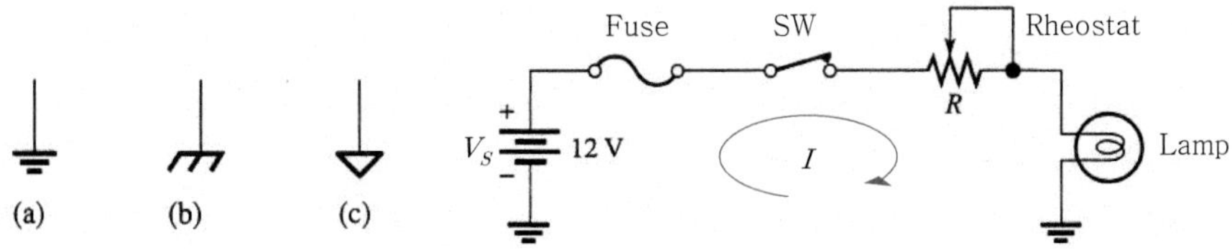

[그림 1-27] 접지기호 및 회로에서 접지 표시

그림 1-27에 나타낸 전기전자 시스템에서 회로를 둘러싸고 있는 금속 새시(chassis)나 인쇄회로기판(PCB: printed circuit board)의 넓은 도체 부분을 기준점으로 사용한, 이런 접지를 새시접지(chassis ground) 혹은 회로접지(circuit ground)라고 한다. 점선으로 나타낸 부분이 접지이다. 이와 같이 회로접지는 대지접지와 연결될 수도 있고 아닐 수도 있다. 대부분의 자동차나 항공기에서 전지의 음극과 모든 전기회로의 한쪽은 금속 새시와 연결된다. 항공기의 전력 공급 방식의 하나는 3상 4선식에서는 중성선이 항공기 동체와 연결된다.

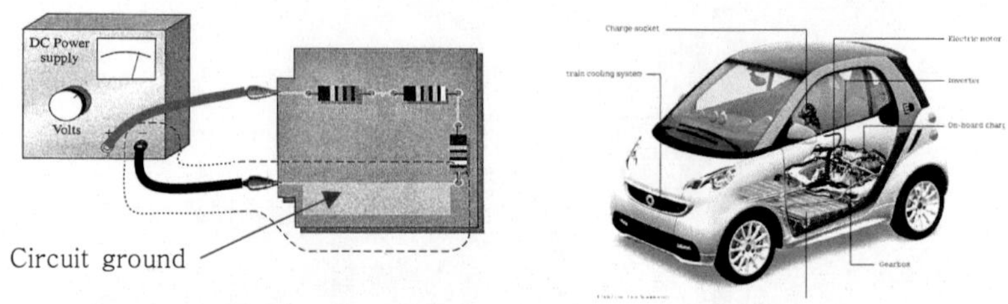

[그림 1-28] 회로접지 또는 chassis접지

최근에 지어진 주택에는 GFCI(Ground Fault Circuit Interrupter)라는 단락보호회로가 의무적으로 설치되어 있다. 그림 1-28에서 GFCI의 기능은 수신부에 들어오고 나가는 전류를 관찰하여, 정상적인 전류가 흐르지 않으면 1/40초 내에 전류를 차단시키는 것이다. 이것은 단락된 가전제품을 사용하여 몸에 전류가 흐르는 상황을 만들므로 보호장비로써 매우 중요하다.

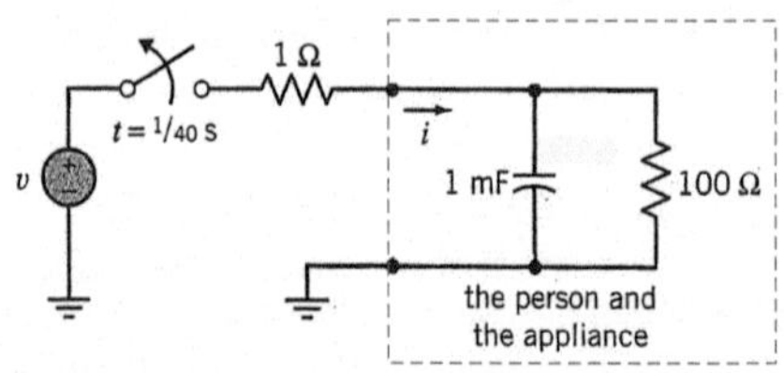

[그림 1-29] GFCI를 이용한 감지회로 모형

1-8-2 전력 선로 계통

전기에너지는 전력회사의 전력전송 시스템을 거쳐 전기를 필요로 하는 수용가(consumer)에게 전달된다. 전기에너지는 다른 에너지에 비해 효율이 높고, 합리적인 비용으로 수용가까지 전달할 수 있다. 그림 1-29는 전력전송 시스템의 구성을 나타낸 것이다. 먼저 비전기적인 에너지를 전기에너지로 변환하는 과정이 발전(power generation)이다. 여기서 비전기적이란 것은 수력, 화력, 원자력, 풍력 등과 같은 에너지이다. 전압을 적절한 크기로 조절하는 것이 변압(power transformation)이다. 또한, 전기를 전달하는 과정으로 구분하면 송전(power transmission)과 배전(power distribution)이다. 수용가로 전달된 전기에너지는 각종 부하를 이용하여 빛, 열, 동력 등의 다른 형태의 에너지로 변환하여 사용하는 것이다.

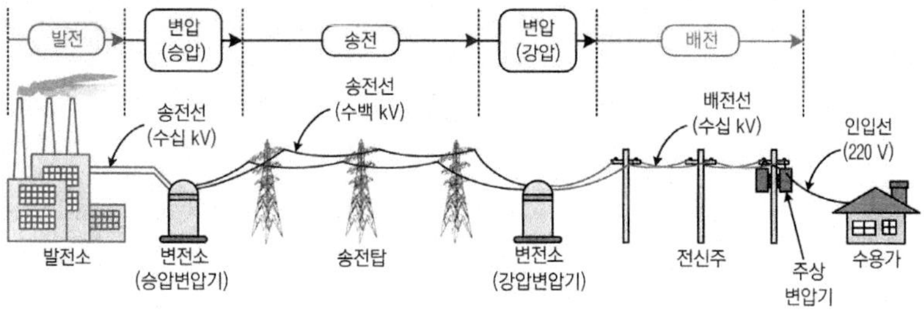

[그림 1-30] 전력전송 시스템

발전소(power plant)에서 변전소(substation)까지 전기를 보내는 것을 송전이라 하고, 이러한 송전을 위해 사용하는 전선을 송전선이라 부른다. 주거지 근처에 위치한 전신주의 배전선에는 여전히 높은 전압(수십 kV의 특고압 또는 고압)이 걸려 있으므로, 주상변압기(pole-mounted transformer)를 설치하여 교류전압 $220V$까지 낮추어 가정에 공급한다. 주상변압기에서 수용가까지는 인입선(lead-in wire)으로 불리는 전선을 통해 전기를 전달하고 수용가에서는 조명, 전동기 등의 옥내 배선으로 사용한다. 따라서 전기에너지의 발생 및 전달과정을 잘 알기 위해서는 발전, 변압, 송전 및 배전 원리에 대한 이해가 필요하다.

교류전압의 승압(step-up) 및 강압(step-down)은 변압기를 통해 이루어진다. 코일 간의 상호 유도의 원리를 이용하여 교류 입력전압에 대해 부하에서 출력되는 교류전압의 크기를 필요에 따라 올리거나 내리는 역할을 수행하는 전자기 유도장치를 변압기라 한다. 역사적으로 Lucien Gaulard와 John Dixon Gibbs가 전자기 상호 유도작용을 이용한 변압기를 발명하여 전압을 쉽게 올리고 내릴 수 있게 되었으며, Nikola Tesla가 고압 교류 전송 방식의 상용화에 성공함으로써 전력전송을 효율적으로 해결할 수 있는 실마리가 되었다. 이후부터 지금까지 고전압 교류 송전 방식을 이용하고 있다. 제8장에서는 변압기회로를 다루며, 이후 제9장에서는 3상 회로에 대해 학습한다.

일반적으로 전력을 전송하는 송배전선로는 취급하는 전압값에 따라 저압, 고압 및 특고압으로 나눌 수 있다. 전기설비 기술기준 제3조에는 다음과 같이 규정하고 있다.

- 저압: 직류(dc)에서는 $750V$ 이하, 교류(ac)에서는 $600V$ 이하의 전압
- 특고압: 직류(dc)와 교류(ac)에 대해서 공통적으로 $7kV$ 이상의 전압
- 고압: 저압과 특고압 사이의 전압

제2장 Kirchhoff 법칙 및 Ohm 법칙

Ohm 법칙(Ohm's law)은 회로의 전압(V), 전류(I) 및 저항(R)이 수학적으로 어떻게 연관되어 있는가를 보여준다. Ohm 법칙은 어떤 물리량을 구하느냐에 따라 3가지 형태의 식을 제시한다. Ohm 법칙을 이해하고, 회로에서 Kirchhoff 전압 및 전류 법칙(KVL, KCL)을 익힌다. 또한, 저항의 직렬회로, 병렬회로 및 직병렬회로에서 합성저항을 구하는 방법을 익힌다. 이를 바탕으로 여러 가지 회로에 대한 해석을 실시한다.

Georg Simon Ohm(1789~1854): His studies had stood him in good position for his receiving a doctorate from Erlangen in 1811 and he immediately joined the staff as a mathematics lecturer. After three semesters Ohm gave up his university post because of unpromising prospects while he couldn't make both ends meet with the lecturing post. Feeling unhappy with his job, Georg devoted himself to writing an elementary book on geometry as a way to prove his true ability. Ohm found himself required to teach physics as well as mathematics.

He struggled for years to gain recognition for his work in formulating the relationship of current, voltage and resistance. This was because many scholars scoffed at the relationship, saying it could be accepted as just his own opinion, not a law.

Finally, in 1826 the relationship, $V=IR$, was accepted as the Ohm's law. In 1852 he became professor of experimental physics in the university of Munich, where he later died. Ohm's law states that the current through a conductor between two points is directly proportional to the potential difference across the two points.

The unit of resistance, the ohm(Ω), is named in honor of Ohm.

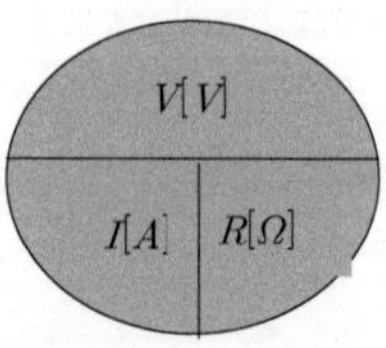

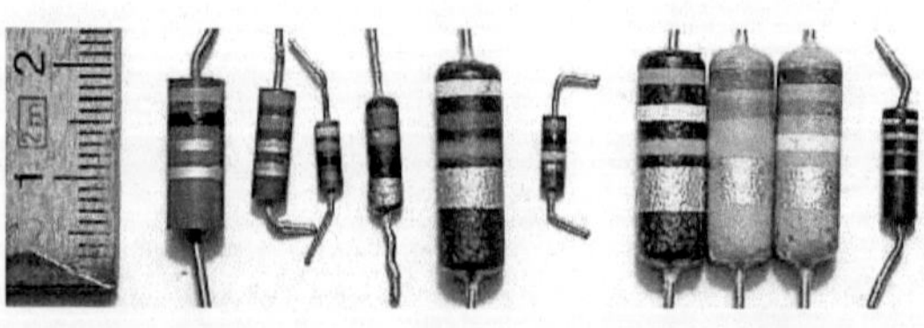

Their resistance, in ohms, is indicated by a color code.

2-1 기본 회로 개념

2-1-1 전압과 전류의 선형성(linearity)

그림 2-1은 전압(V), 전류(I), 저항(R) 사이에 관계를 알기 위한 측정 시스템이다. 전원 전압(V_S)을 변화시키면서 회로에 흐르는 전류와 전압을 각각 전류계(ammeter)와 전압계(voltmeter)를 이용하여 측정하며, 이때 전류계는 직렬로 전압계는 병렬로 연결한다. 여기서 전압원의 화살표는 전압값을 변화시키면서 실험을 수행한다는 것을 나타낸다.

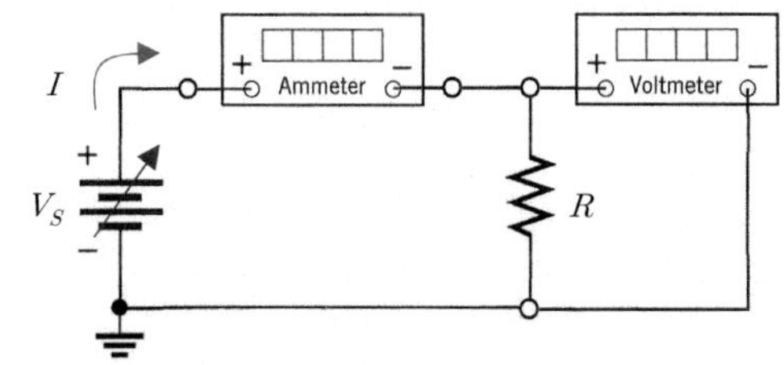

[그림 2-1] 계측기를 활용한 전류 및 전압 측정

즉 전압과 전류를 그림 2-1과 같이 측정하여 다음과 같은 데이터를 작성하고 이를 바탕으로 그래프를 그리면 전압 대 전류(voltage to current)의 기울기(slope)를 구할 수 있다.

V[V]	I[mA]
0	0
2	2
4	4
6	6
8	8
10	10
12	12
14	14

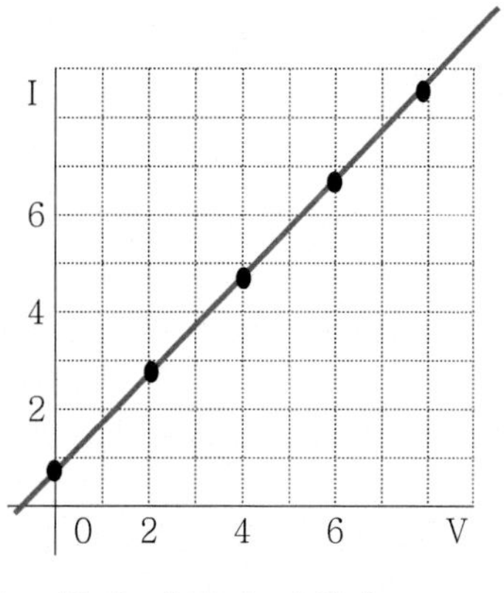

[그림 2-2] 전압-전류 특성으로부터 저항의 선형성

Ohm은 실험에 의해 저항의 양단에 인가하는 전압이 증가하면 저항에 흐르는 전류가 증가하고, 전압이 감소하면 전류가 감소한다는 것을 알았다. 이로부터 전압을 일정하게 유지하면, 저항이 적을수록 전류가 커지고, 저항이 클수록 전류가 작아진다는 것을 의미한다. 예를 들면 저항이 반으로 줄면 전류는 2배로 커진다. 그는 이러한 개념을 1824년 실험적으로 증명하였다.

기울기가 일정한 직선인 1차 함수 $y=ax$ 형태이다. 기울기는 이 그래프로부터 관계로부터 구하며 식으로 나타내면 다음과 같다.

$$R=\frac{\Delta V}{\Delta I} \quad \text{또는} \quad R=\frac{V}{I} \qquad (2\text{-}1)$$

위 식으로부터 3개의 값 중에서 2개를 알면 나머지 1개의 값을 알 수 있다. 이 식이 Ohm법칙으로 불린다.

Ohm 법칙은 전기회로를 분석하는 데 필요한 유일하면서도 중요한 수단이다. 이 외에도 많은 법칙과 규칙들이 있으나 이들 모두를 알 필요는 없지만 Ohm 법칙은 반드시 알고 있어야 한다.

복습문제

[1] 그림 2-2로부터 측정된 저항값은 얼마인가? 그래프에 그림을 그려 구하시오.

답: $1k\Omega$

[2] 회중전등(flash light) 전구에 흐르는 전류가 $20mA$이고 전지의 총 전압이 $6V$이다. 전구의 저항은 얼마인가?

답: 300Ω

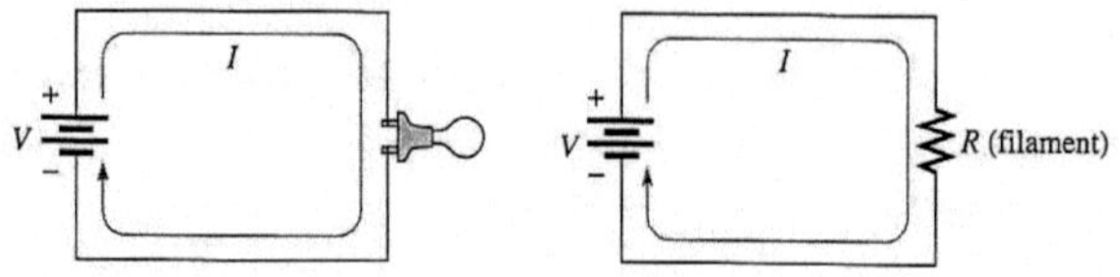

[3] 어떤 저항기의 색띠들이 Orange, Yellow, Red, Gold이다. 공급전압이 $24V$일 때, 회로를 그려 저항을 흐르는 최대 전류값과 최소 전류값을 구하시오.

답: 최대전류 $7.4mA$, 최소전류 $6.7mA$

2-1-2 전력(P: power)

전류(I)가 저항(R)을 통해 흐르면 전기에너지는 열(heat)이나 빛(light)과 같은 다른 에너지의 형태로 변환된다. 이런 현상을 잘 보여주는 사례로서 전구(lamp)가 손을 댈 수 없을 정도로 뜨거워지는 것을 여러분은 경험하였을 것이다. 전구의 필라멘트(filament)를 통과하는 전류는 빛과 함께 원치 않는 열도 발생한다. 이 이유는 필라멘트가 저항이기 때문이다.

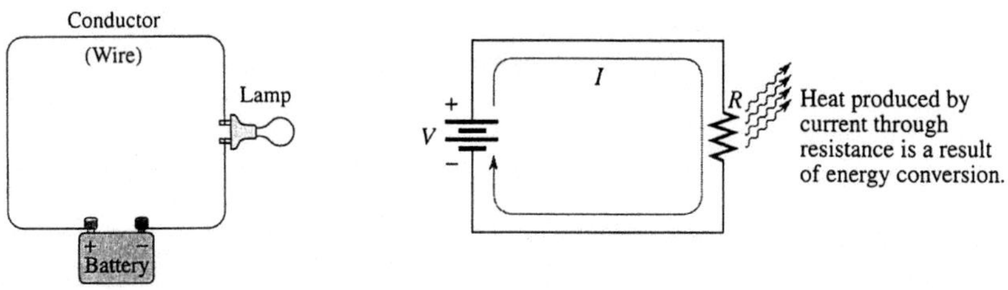

[그림 2-3] 부하(load)인 전구는 저항의 일종이며 전류로 인해 열을 발생한다.

에너지가 일을 할 수 있는 능력이라면 전력(P:$power$)은 에너지를 사용하는 속도이다. 전류는 회로를 흐르면서 에너지를 실어 나른다. 자유전자들이 회로의 저항 성분을 통과할 때, 저항 물질 속의 원자와 충돌하면서 에너지를 내놓는다. 이 전자가 내놓는 에너지는 열에너지로 변환된다. 이와 같이 전기회로에서 전력은 저항에서 열을 발생시킨다. 전력의 단위는 영국의 James Watt(1736~1819)의 이름을 따서 [W]를 사용한다.

위의 정의를 바탕으로 전력을 구해보자.

$$P[W] = \frac{W[J]}{t[\text{sec}]} = \frac{W}{Q} \cdot \frac{Q}{t} = V \cdot I \qquad (2\text{-}2)$$

다른 표현을 익혀보자. Ohm 법칙에서 $V = IR$이므로 전류와 저항만으로 표현하면

$$P = VI = (IR)I = I^2R \qquad (2\text{-}3)$$

마지막으로 전압과 저항으로만 표현해 보자.

$$P = I^2R = \left(\frac{V}{R}\right)^2 R = \frac{V^2}{R} \qquad (2\text{-}4)$$

1[W]의 전력은 1[C] 전하를 1[V] 전위차에 의해 1sec 동안 이동시킨 일의 양이다. 저항에서 소비되는 전력을 구하려면 위의 세 개의 식 중에서 제공된 정보를 활용하여 맞는 것을 선택하여 사용하면 된다. 특히 전동기의 출력을 다룰 때, 마력(HP: horse power)이란 단위

가 종종 상용되기도 하는데 이것을 전력으로 바꾸면 약 746[W]에 해당한다.

전력정격(power rating)

모든 부품은 정격(rating)을 가진다. 정격이란 안전하게 사용할 수 있는 범위를 나타낸 것으로서 모든 전기전자제품에 표기되어 있다. 이 정격을 벗어나면 문제를 야기할 수 있으며, 극한의 경우에는 부품이 타버리게 되며 탄 부품은 주로 회로를 개방(open)시킨다.

이러한 이유로 저항의 경우도 회로에서 예상되는 최대전력보다 더 큰 전력정격을 가져야 한다. 그렇지 않으면 장기간 사용으로 저항이 타버려 회로가 개방되고 이로 인해 회로가 정상적으로 동작하지 못하게 된다.

> **복습문제**
>
> [1] 100W의 전구가 220V에서 동작한다. 전구에 흐르는 전류와 저항값을 구하시오.
>
> 답: $I = 454mA$, $R = 484\Omega$
>
> [2] 전력정격이 0.25W인 1$k\Omega$의 한 저항이 있다. 전원으로 12V의 전지가 이 저항에 연결되어 있다. 이 회로에서 저항의 정격이 적당한지를 구하시오. 답: 정격 범위 이내

2-1-3 단위 kWh는 전력량이라 부르며 에너지를 나타낸다.

전력(P)은 에너지가 사용되는 속도이므로, 임의의 시간 동안 사용된 전력은 에너지 소비를 나타낸다. 즉 전력에 시간을 곱하면 에너지를 얻을 수 있다. 에너지의 단위는 *Joule*[J]임을 우리는 알고 있다. 이 단위는 영국의 물리학자 James Prescott Joule (1818~1889)의 업적을 기려서 만든 것으로서 그는 다음 식 '에너지 = 전력 × 시간'을 수식화하였다. 에너지는 일(work)이므로 문자기호 W로 나타낸다.

$$W[J] = P \cdot t \tag{2-5}$$

전기요금은 전력이 아닌 사용한 에너지에 기준하여 부과한다. 전력공급회사에서는 매우 큰 에너지를 다루므로 대부분 kWh 단위가 사용된다. 예로서 100[W]의 전구를 10 *hours*를 사용한다면, 1kWh의 에너지를 사용하는 것이다.

마이크로웨이브 오븐(microwave oven)

우리들 대부분은 가정에 마이크로웨이브 오븐을 가지고 있다. 자주 사용하지만 우리는 이 마이크로웨이브 오븐의 동작 및 효율에 대해서는 큰 관심을 기울이지 않는다. 마이크로웨이브 오븐은 주파수 $2.45GHz$에서 정격전력은 $500W \sim 1,200W$이다. 음식에 있는 물(water) 분자는 이러한 높은 주파수로 진동하며 인접 분자와의 마찰로 발열 효과를 나타낸다. 그러나 어떤 금속물질이 오븐 내에 존재하면 이것이 안테나(antenna)와 같이 동작하여 초고주파 에너지를 끌어당겨 매우 높은 온도에 도달하여 사고를 유발하므로 조심해야 한다.

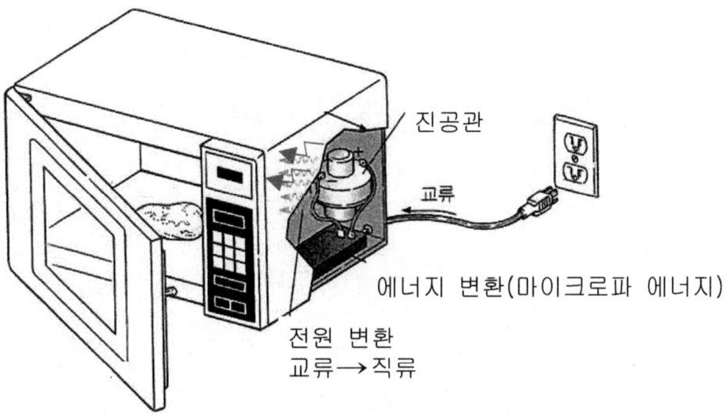

[그림 2-4] 마이크로웨이브 오븐에서의 전력 효율

마이크로웨이브 오븐의 조리 시간은 음식량과 관련이 있다. 두 컵의 물은 한 컵의 물을 가열하는 데 걸리는 시간이 75~90% 정도 더 필요하다. 결론적으로 오븐에 적당한 양의 음식물을 넣고 조리 시간이 증가했다면 한계점에 도달한 것으로 해석되며, 상황에 따라 일반 오븐을 사용하는 것이 더 현명하다.

$220V$ 교류진압을 사용하며 고진압 변압기를 사용하여 약 $5,000V$를 갖도록 변환된다. 이를 정류하여 직류전압으로 변환되어 마그네트론에 가해져 출력으로 $2.45GHz$의 마이크로파를 출력한다. $2.45GHz$ 신호는 음식을 가열하는 데 사용되지만 방열판을 통해 흡수되거나 분산되는 것을 고려하면 마이크로웨이브 오븐의 효율은 $50 \sim 60\%$이다. 효율은 입력전력에 대한 출력전력의 비를 퍼센트로 나타낸다.

$$\text{효율}(\eta) = \frac{\text{출력}}{\text{입력}} \times 100\% = \frac{P_{out}}{P_{in}} \times 100\% \quad \text{또는} \quad \frac{\text{출력}}{\text{출력}+\text{손실}} \times 100\% = \frac{P_{out}}{P_{out}+P_{loss}} \times 100\%$$

따라서 효율이 높은 회로는 낮은 회로보다 손실되는 전력이 적다. 전체적인 관점은 편리성에 큰 비중을 두어야 한다.

예를 들어 $1kg$의 고구마를 평균 효율 55%로 하여 $1,200W$ 오븐에서 5분 동안 굽는다고 하자. 먼저 1,200W 정격을 이해하자. 이러한 전력정격은 전선을 통해 조리 과정에서 소모되는 양이다. 만약 마이크로웨이브 오븐이 220V에 연결되어 있다면 소비되는 전류는 다음과 같다.

$$I=\frac{P}{V}=\frac{1,200[W]}{220[V]}=5.45[A]$$

그다음으로 고구마의 조리 과정에서 소모되는 전력의 양은 다음과 같다.

$$P_{out}=\eta P_{in}=0.55\times 1,200[W]=660[W]$$

이 전력을 사용하여 5분 동안 고구마로 전달된 에너지는 다음과 같다.

$$W=Pt=(660\,W)(300\mathrm{sec})=198,000[J]=4.74[kcal]=55[Wh]$$

이 마이크로웨이브 오븐에 의해 5분 동안 소모되는 에너지[kWh]로 바꾸면 다음과 같다.

$$W=\frac{Pt}{1,000}=\frac{(1,200\,W)(5/60h)}{1,000}=0.1[kWh]=100[Wh]$$

10[kW] 정격의 경우, 이 고구마를 조리하기 위해서는 비용이 비교적 싸다. 그러나 일반적인 1,500[W]의 토우스트 오븐을 사용한다면 같은 고구마를 가열하기 위해 1시간 정도 필요하다. 결과적으로 토우스트 오븐이 1.5[kWh]를 소모하여 비용이 더 든다. 요리에 대한 맛의 여부를 떠나서 어느 것을 선택할지는 여러분 자신들의 몫이다.

복습문제

[1] 입력전력이 1[kW]인 마이크로웨이브 오븐이 있다. 이의 출력은 600[W]이다. 전력 손실(P_{loss})과 효율(η)을 구하시오. 답: $P_{loss}=400\,W,\ \eta=60\%$

[2] 220[V], 전류 (　　)[A]로 동작하는 전동기가 있다. 이것의 출력이 5[HP]이고 효율은 90%라고 한다. 전력 손실 및 동작 전류를 구하시오. 답: $P_{loss}=414.44\,W,\ I=18.84A$

2-2 Kirchhoff 전압 법칙(KVL) 및 전류 법칙(KCL)

2-2-1 Kirchhoff 전압 법칙(KVL: Kirchhoff's voltage law)

그림 2-5에서 전류는 전원의 양극에서 나와 저항들을 거쳐 음극으로 흐른다. 회로가 제시되면 항상 전류 방향 및 전압 극성을 반드시 표시한다. 표시된 전류 방향에 대해 각 저항 양단의 전압 강하는 그림에서 표시된 극성과 같다. 즉 에너지 소비는 전류의 방향에서 볼 때 (+)에서 (-)극성으로의 전위차, 또는 전압 강하(voltage drop)를 만든다.

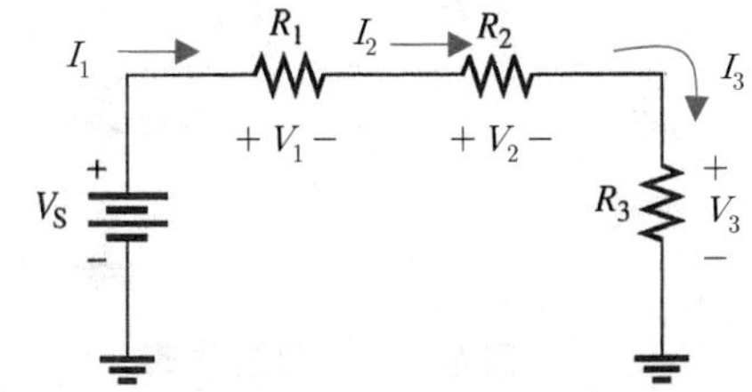

[그림 2-5] 직렬회로에서 Kirchhoff 전압법칙

$$V_S = V_1 + V_2 + V_3, \qquad V_S = \sum_{j=1}^{n} V_j \quad \text{또는}$$

$$-V_S + V_1 + V_2 + V_3 = 0, \qquad \sum_{j=1}^{n} V_j = 0 \tag{2-6}$$

Kirchhoff 전압 법칙은 기본 회로해석 법칙으로 '**폐회로(closed loop circuit)에서 모든 전압의 대수적 합은 0이다.**' 즉, '소자에 걸리는 전압 강하의 합은 공급된 전원전압의 합과 같다.' 라는 의미이다.

2-2-2 Kirchhoff 전류 법칙(KCL: Kirchhoff's current law)

Kirchhoff 전류 법칙은 기본 회로해석 법칙으로 '**회로에서 임의의 접합점으로 유입되는 전류의 총합은 이 접합점에서 유출되는 전류의 총합과 같다.**' 여기서 접합점이란 두 개 이상의 소자가 연결된 회로 내의 임의의 한 점이다. 따라서 병렬회로에서 접합점은 병렬로 가지가 모이는 점이다.

그림 2-6에서 점Ⓐ와 점Ⓑ는 접합점이다. 전원의 양의 단자에서 출발하여 전류의 흐름을 따라가 보자. 전원으로부터 흘러나가는 전류 I_s는 접합점 Ⓐ로 유입된다. 이 점에서 전류는 세 개의 가지 전류 I_1, I_2 및 I_3로 나누어진다. 세 가지 전류는 접합점 Ⓐ에서 유출된 것이다. Kirchhoff 전류 법칙은 이 접합점 Ⓐ로 유입되는 총 전류 I_s가 유출되는 총 전류와 같다는 의미이다. 또한, 세 전류를 따라가면 접합점 Ⓑ에 도달한다. 여기 점Ⓑ에서 세 전류 I_1, I_2 및 I_3는 유입되고 I_s는 유출되는 전류이다.

$$I_s = I_1 + I_2 + I_3, \quad \text{또는} \quad \sum I_{entering} = \sum I_{leaving}$$

$$I_s - I_1 - I_2 - I_3 = 0, \quad \sum_{j=1}^{n} I_j = 0 \tag{2-7}$$

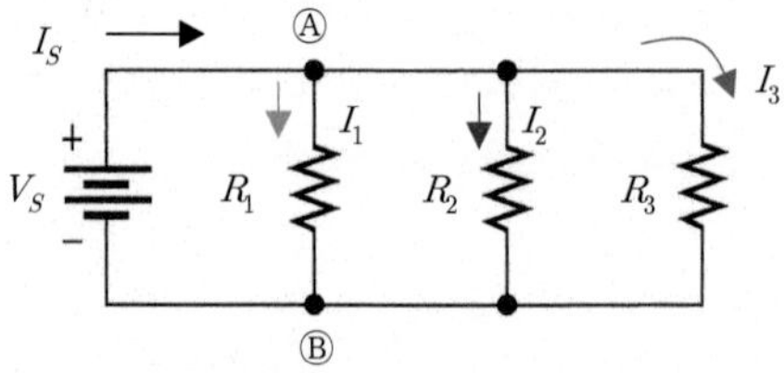

[그림 2-6] 병렬회로에서 Kirchhoff 전류 법칙

2-2-3 회로에서 Kirchhoff 법칙의 적용

먼저 회로에서 관습적으로 전류는 전압원의 양(+)극에서 나온다고 정하였으므로 방향을 그린다. 그 후 전류가 들어가는 방향으로 저항 양단에 전압 극성을 표시한다. 물론 임의로 방향을 정해도 최종적으로 같은 결과를 가지지만 초심자의 입장에서는 위의 규칙을 따르는 것이 좋다. 그림 2-7을 활용해 보자.

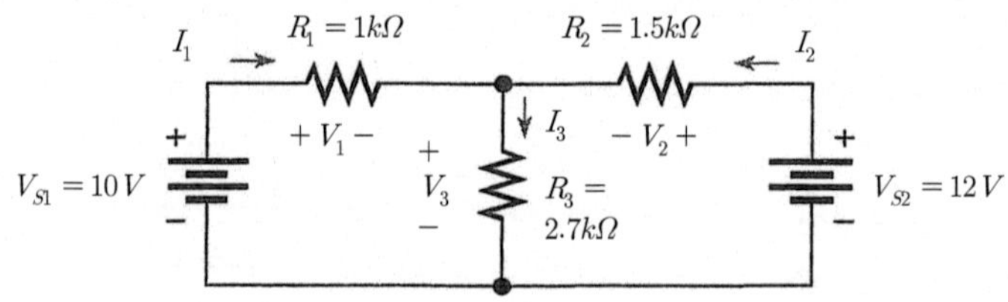

[그림 2-7] 어떤 회로에서 Kirchhoff 법칙의 적용 방법

위와 같이 전압 및 전류가 표기된 회로에 대해, 먼저 주어진 폐회로에 대해 KVL을 적용해 보자. 세 개의 폐회로(루프)가 존재하므로 각 루프에 적용하면 다음과 같다.

- 왼쪽 루프(loop): $-10[V] + V_1 + V_3 = 0$
- 오른쪽 루프: $-12[V] + V_2 + V_3 = 0$
- 바깥쪽 루프: $-10[V] + V_1 - V_2 + 12[V] = 0$

다음으로 두 개의 마디에 대해 KCL을 적용하면 다음과 같다.

- 위 마디(node): $I_1 + I_2 = I_3$
- 아래 마디(node): $I_3 = I_1 + I_2$

복습문제

[1] 다음 회로에서 전압 V_L은 얼마인가?

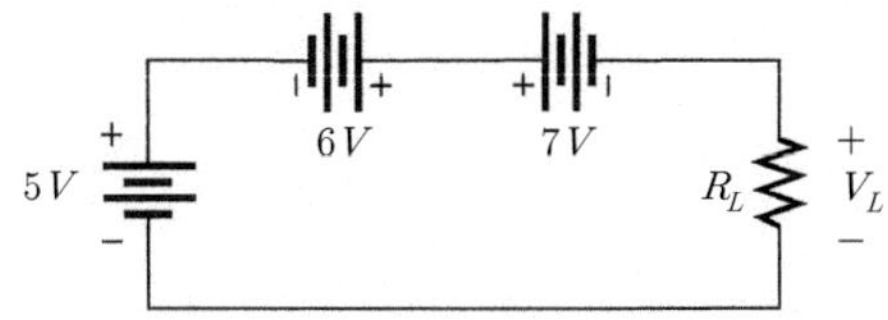

[2] 다음 회로에서 전류 I_L은 얼마인가?

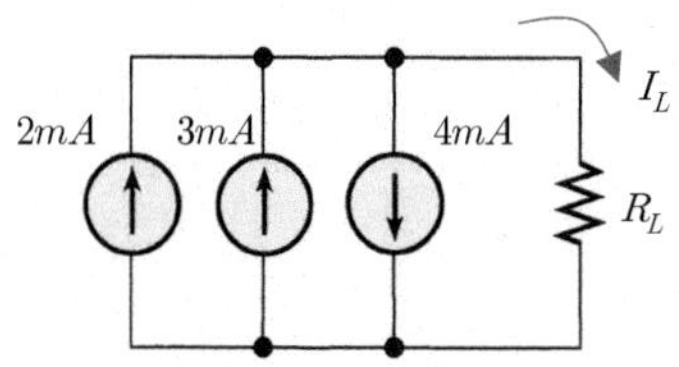

[3] 다음 회로에서 V_3 및 I_3는 얼마인가? 또한, 저항 R_1, R_2 및 R_3 값을 구하시오.

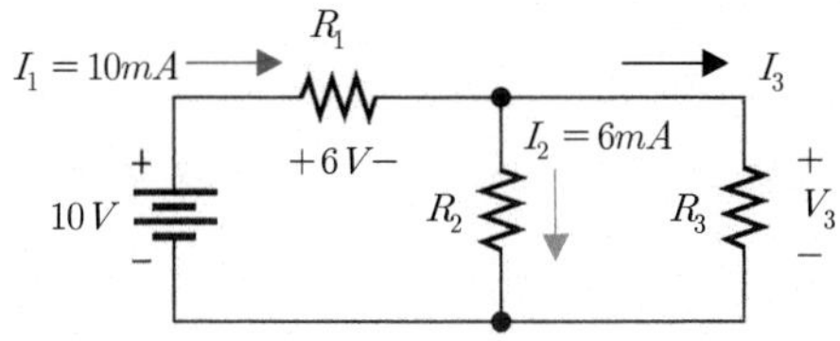

[4] 다음 회로에서 I_1은 얼마인가? 이로부터 저항 R_1, R_2값을 구하시오.

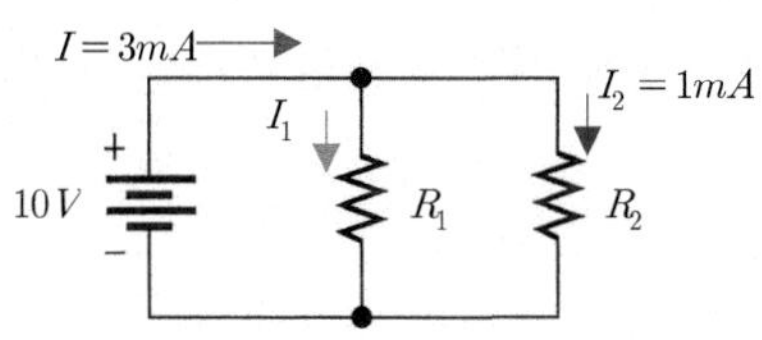

2-3 Ohm 법칙(Ohm's law)

Ohm 법칙은 전기회로에서의 전압, 전류 및 저항과의 관계를 나타내는 것으로 저항체를 흐르는 전류는 그 저항체에 가해진 전압에 비례하고 저항체가 가진 저항에 반비례한다는 것이다. 그는 1826년 이 사실을 실험적으로 증명하고 법칙으로서 인정받았다.

2-3-1 전류 및 저항 측정

인가전압 V_S가 일정할 때, 저항 R이 감소하면 전류 I가 증가하고 저항이 증가하면 전류는 감소한다. 그림 2-8과 같이 부하저항에 흐르는 전류는 직렬로 전류계로 연결하고 부하저항에 걸리는 양단전압은 저항과 병렬로 전압계를 연결한다.

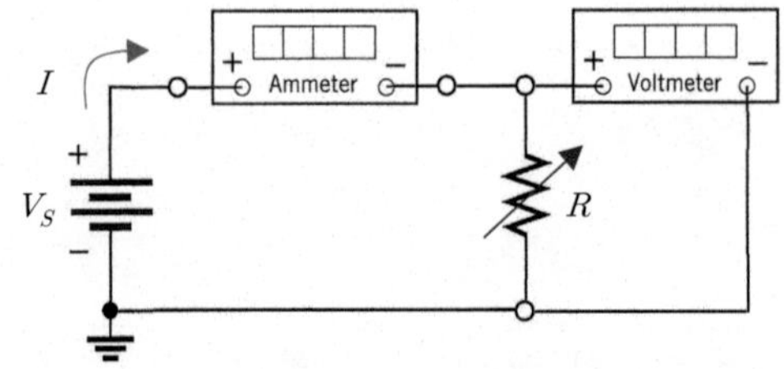

[그림 2-8] 계측기를 활용한 전류 및 저항측정

즉 전류 대 저항(current to resistance)의 기울기(slope)가 반비례 관계를 가진다. 이 그래프로부터 관계를 식으로 나타내면 다음과 같다.

$$I = \frac{V}{R} \tag{2-8}$$

$R[k\Omega]$	$I[mA]$
10	1.00
20	0.50
30	0.33
40	0.25
50	0.20
60	0.17
70	0.14
80	0.12

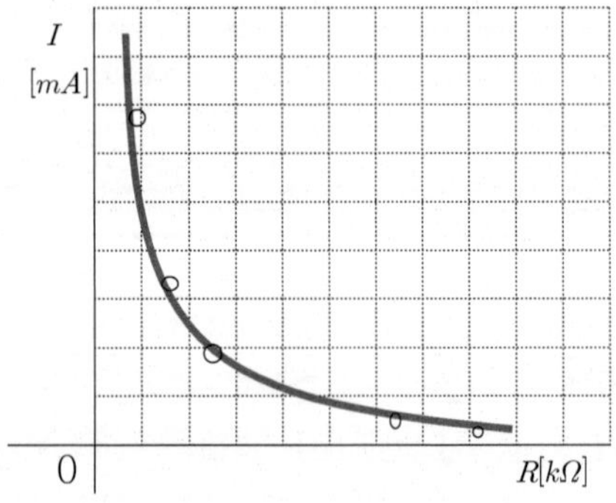

[그림 2-9] 전류는 저항에 반비례한다.

Ohm 법칙은 모든 전기회로에 적용되는 기본 법칙으로서 어느 회로에서든지 적용되는 법칙이다. 또한, 전원으로부터 전류가 흐를 수 있는 경로를 회로로 구성하는데, 구성 방법에 따라 직렬회로(series circuit), 병렬회로(parallel circuit), 직・병렬(series-parallel)회로로 나눌 수 있다. 회로해석의 기본은 먼저 회로에 전류 방향 및 전압 극성을 나타내는 것이다.

2-3-2 직렬회로(series circuit)

1> 회로해석

그림 2-10과 같은 회로를 직렬회로라고 하며, 직렬회로의 중요한 특성은 다음과 같다.

- 직렬회로의 각 경로에는 동일한 전류(I)가 흐른다.
- Kirchhoff 전압 법칙(KVL)과 Ohm 법칙을 적용하면 직렬회로의 합성저항은 각 저항의 합과 같다.

그림에서 각 저항에 걸리는 전압에 대해 KVL과 Ohm 법칙을 사용하자.

$$V_1 = I_1R_1, \quad V_2 = I_2R_2, \quad V_3 = I_3R_3 \tag{2-9}$$

KVL로부터

$$-V_s + V_1 + V_2 + V_3 = 0, \quad V_S = I(R_1 + R_2 + R_3) \tag{2-10}$$

Ohm 법칙으로부터 전체 합성저항은 다음과 같다.

$$R_T = R_1 + R_2 + R_3 + ... + R_n \tag{2-11}$$

- 회로가 어느 한 점에서 끊어지면 전류는 흐르지 않는다.

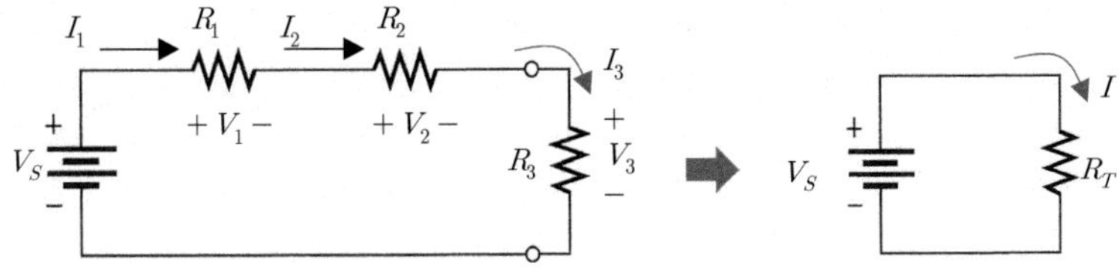

(a) 원래 회로 (b) 간략화된 회로

[그림 2-10] 직렬회로 및 저항합성

2> 직렬회로는 전압분배기(voltage divider)이다.

직렬회로에서 각 저항을 흐르는 전류 I는 동일하다. 따라서 각 저항에 걸리는 전압은 Ohm 법칙에 의하여 각 전압은 다음과 같다.

$$V_1 = IR_1 \qquad V_2 = IR_2 \qquad V_3 = IR_3$$

여기서 전류는 $I = \frac{V_S}{R_T} = \frac{V_S}{R_1 + R_2 + R_3}$ 이다. 이것을 직렬(in series)연결된 각 저항에 걸리는 전압을 구하면 저항에 크기에 비례하여 분배됨을 알 수 있다.

$$V_1 = I_1 R_1 = IR_1 = \frac{V_S}{R_1 + R_2 + R_3} \times R_1 = V_S \times \frac{R_1}{R_1 + R_2 + R_3} \quad (2\text{-}12)$$

$$V_2 = I_2 R_2 = IR_2 = V_S \times \frac{R_2}{R_1 + R_2 + R_3} \quad (2\text{-}13)$$

$$V_3 = I_3 R_3 = IR_3 = V_S \times \frac{R_3}{R_1 + R_2 + R_3} \quad (2\text{-}14)$$

이는 Ohm 법칙을 각 저항에 걸리는 전압을 전원전압(V_S)과 저항의 관계를 달리 표현한 것에 불과하다. 즉, 직렬회로는 전압분배기 역할을 한다.

복습문제

다음 회로에서 총 합성저항과 각 저항에 걸리는 전압값 V_1, V_2 및 V_3를 구하시오.

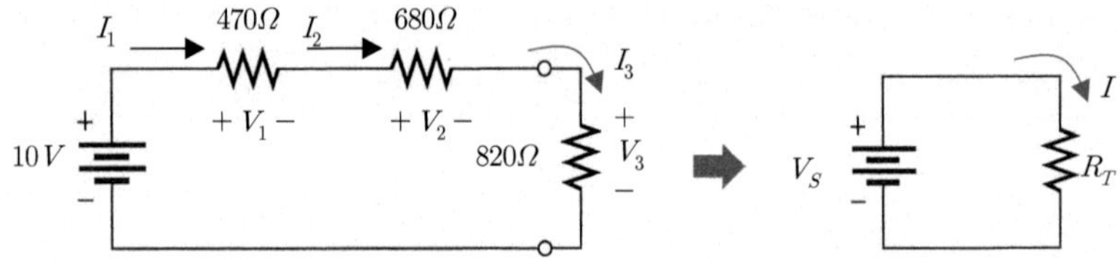

[해]

연료탱크에서 센서로 사용되는 전위차계(potentiometer)

우리는 제1장에서 전위차계는 3단자 소자임을 학습하였다. 이를 이용하여 자동차의 연료 탱크에서 연료 또는 화장실의 물의 현재 수위를 알려주는 센서로 사용될 수 있다. 먼저 전압분배기(voltage divider)로 사용될 수 있는 전위차계를 활용에 대해 익힌다.

양쪽의 두 단자는 1과 2로 표시되어 있으며 조정 가능한 단자는 3으로 표시되어 있다. 전압계를 단자 3에 연결하고 3번 단자를 움직이면 그에 비례하는 전압을 측정할 수 있다.

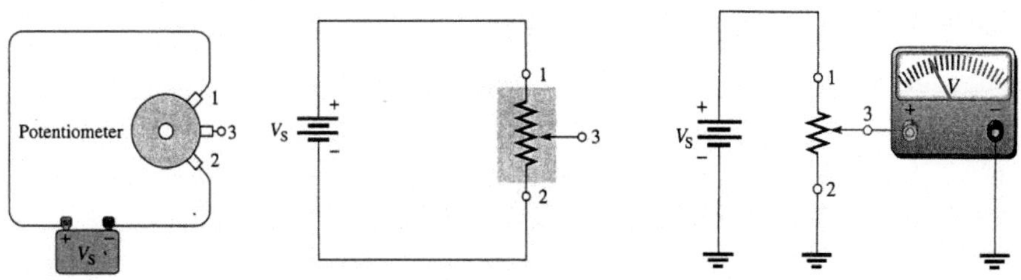

(a) 전위차계 연결 (b) 회로적 표현 (c) 전압분배에 활용

[그림 2-11] 전위차계는 전압분배기로 사용한다.

그림 2-12는 자동차의 연료량을 측정하는 센서를 전압분배기로 구현한 것이다. 플로우트(float)가 위쪽으로 이동하면 연료가 증가하는 것이고 아래로 이동하면 연료량이 감소하는 것이다. 연료량의 변화에 따라 비례하는 출력전압을 가지며, 그 출력을 계기판에 전달하여 그 값을 나타내면 운전자는 현재의 연료 상태를 알 수 있다.

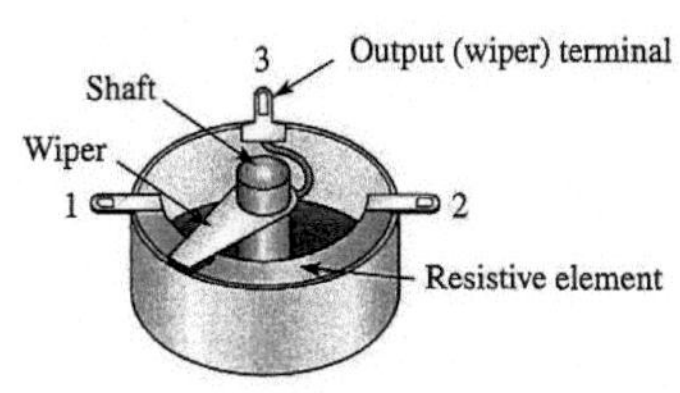

(a) 전위차계의 내부 구성

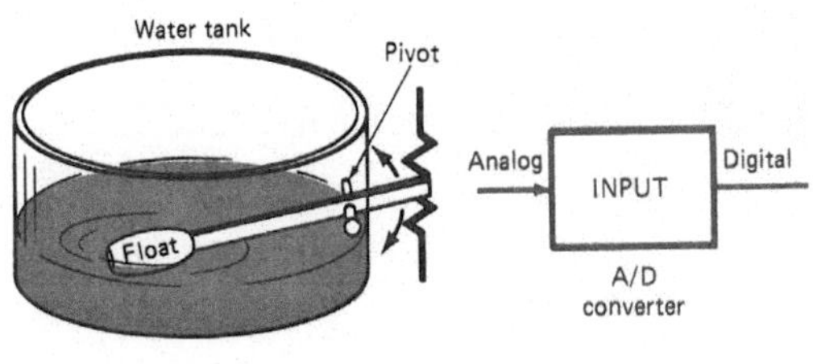

(b) 연료가 줄어들면 전압은 0 V에 가까워진다.

[그림 2-12] 연료센서로 활용되는 전위차계

복습문제1

[1] 다음 회로에서 선형 특성을 가지는 전위차계(potentiometer)가 연결되어 있다.

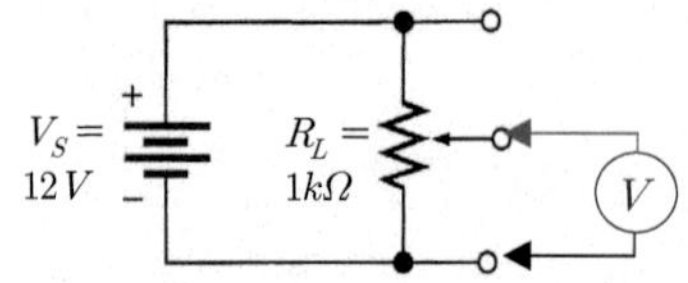

1> Wiper 단자가 중앙에 위치하면 출력전압은 얼마인가? 이때 출력전력은?

2> Wiper 단자가 3/4에 위치하면 출력전압은 얼마인가? 이때 출력전력은?

3> 직렬회로에서 전력 계산

직렬회로에서 각 저항을 흐르는 전류 I는 동일하다. KVL을 바탕으로 식을 전개하여 전력과의 관계를 구해 보자.

$$-V_S + V_1 + V_2 + V_3 = 0 \tag{2-15}$$

$$-IV_S + IV_1 + IV_2 + IV_3 = 0$$

$$-P_S + P_1 + P_2 + P_3 = 0 \tag{2-16}$$

$-P_S$는 값이 음(-)으로서 전력 공급을 나타내며 P_1, P_2, P_3는 값이 양(+)으로서 전력 소비를 나타낸다. 한편 공급전력과 소비전력으로 구분하면 다음과 같다.

$$P_S = V_1 I_1 + V_2 I_2 + V_3 I_3 = (V_1 + V_2 + V_3) I = V_S I [W] \tag{2-17}$$

에너지 보존 법칙에 따라 공급된 전력은 각 소자에 소비된 전력의 합과 같다.

$$P_S = P_1 + P_2 + P_3 \tag{2-18}$$

복습문제2

각 저항에 소비되는 전력 P_1, P_2 및 P_3 을 구하고 공급전력 P_S과 일치하는 지를 계산하시오.

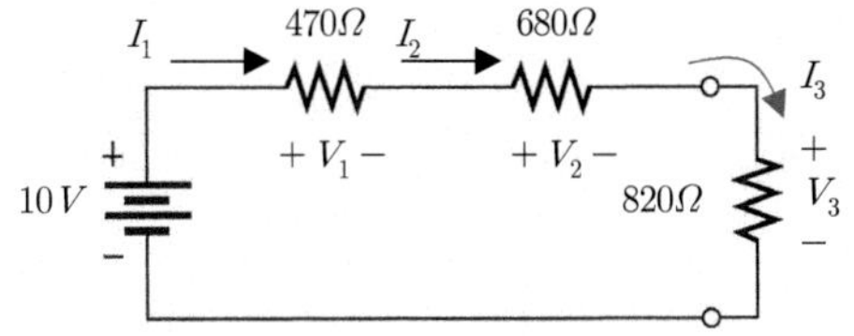

[해]

4> 직렬회로에서 개방 혹은 단락

직렬회로에서 개방(open)과 단락(short)이 발생할 경우, 회로의 전류 및 전압은 어떻게 구하는지를 어떤 하나의 회로를 참고하여 익혀보자. 회로에서 부하(load)란 전류가 유출되는 회로의 출력단자에 연결된 소자를 의미한다.

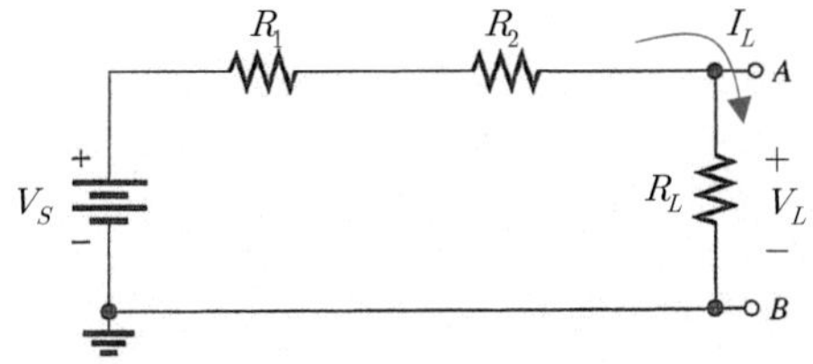

[그림 2-13] 직렬회로에서 부하가 개방 및 단락의 경우 비교

<1> 부하(R_L)가 개방되면 출력전압(V_L)은 얼마의 값을 가지는가?

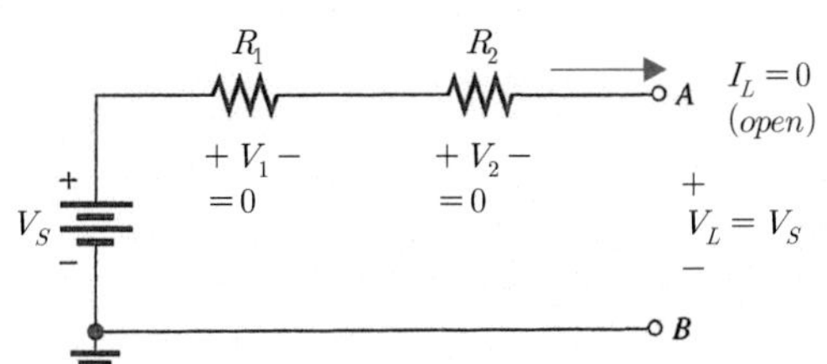

KVL과 Ohm 법칙을 적용시키면

$-V_S+V_1+V_2+V_L=0$

$-V_S+I_1R_1+I_2R_2+V_L=0$이 되고 개방 시에는 흐르는 전류가 $I=0$이므로

개방된 부하전압 양단전압은 $V_L=V_S$이며 이는 공급된 전원전압(V_S)과 같다.

<2> 만약 부하(R_L)가 단락되면 출력전류(I_L)는 얼마인가?

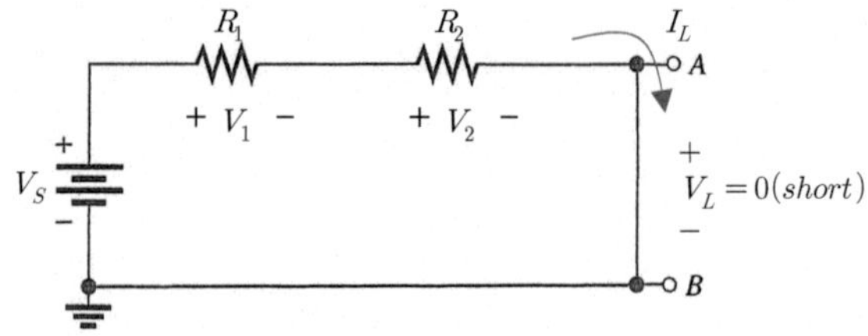

같은 방식으로 위 회로에 KVL과 Ohm 법칙을 적용시키면

$-V_S+V_1+V_2+V_L=0$에서

$-V_S+I_1R_1+I_2R_2=0$이고 직렬이므로 흐르는 전류는 동일하므로 단락된 부하를 흐르는 전류는 이 식으로부터 $I_L=\frac{V_S}{R_1+R_2}$이고 총 합성저항은 $R_T=R_1+R_2$이다.

복습문제

다음과 같이 간단한 조명회로에 대해 전기설비 기술기준에 근거하여 답하시오.

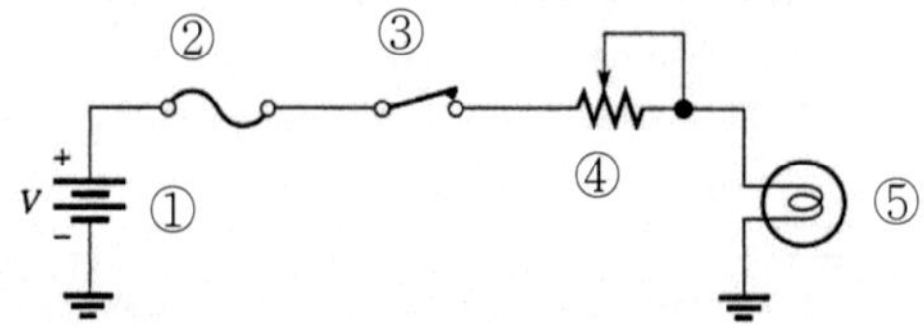

1> 위의 회로에서 번호로 나타낸 각 부품의 명칭을 쓰시오.

2> ①은 $24V$, ⑤는 5Ω이다. 이 회로에서 ②의 정격전류는 $1A$이다. 정상 동작을 하려면 ④의 최소치는 얼마인가? 답: 19Ω

3> ②는 전류가 $1.6A$이면 (   )분 이내에, $2A$이면 (   ) 이내에 녹아 개방되어야 한다.

2-3-3 병렬회로(parallel circuit)

그림 2-14와 같은 회로를 병렬회로라고 하며, 주변에서 쉽게 접할 수 있는 일반적인 회로인 자동차 외부 조명 시스템에 대해 살펴보자. 자동차의 전등에서 어느 하나가 고장 난다 할지라도 다른 전등들은 정상적인 동작을 한다. 이것은 전등들이 서로 병렬로 연결되어 있기 때문이다. 브레이크등(brake light)은 미등(taillight)과 전조등(beam headlight)에 관계없이 독립적으로 작동한다. 브레이크 등은 운전자가 브레이크 페달을 밟아서 스위치가 닫힐 때 점등된다.

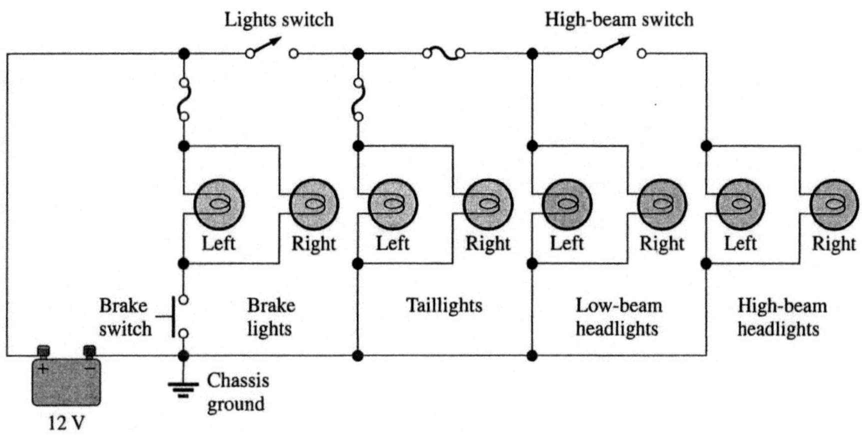

[그림 2-14] 병렬회로로 구성된 자동차 조명 시스템

1> 회로해석

위의 자동차 조명 시스템을 회로로 표현하면 그림 2-15와 같다. 이 병렬회로의 중요한 특성은 다음과 같다.

- 병렬회로의 각 소자 양단의 전압(V)은 동일하다.

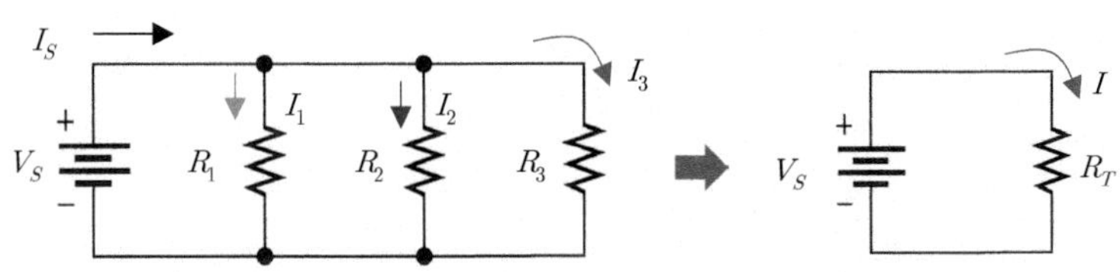

(a) 원래 회로 (b) 간략화된 회로

[그림 2-15] 여러 개의 저항이 병렬로 연결된 회로

- Kirchhoff 전류 법칙(KCL)과 Ohm 법칙을 적용하면 병렬회로의 합성저항은 다음과 같다. 그림에서 각 저항을 흐르는 전류에 대해 KCL과 Ohm 법칙을 사용하자.

각 저항에 Ohm 법칙을 적용하면 다음과 같다.

$$I_1 = \frac{V_1}{R_1}, \quad I_2 = \frac{V_2}{R_2}, \quad I_3 = \frac{V_3}{R_3}, \ \dots \ I_n = \frac{V_n}{R_n} \tag{2-19}$$

KCL로부터 어느 지점에서 유입되는 전류는 유출되는 전류의 합과 같다.

$$I = I_1 + I_2 + I_3 + \dots + I_n,$$

$$I = V \times \left(\frac{1}{R_1} + \frac{1}{R_2} + \frac{1}{R_3} \dots + \frac{1}{R_n}\right) \tag{2-20}$$

Ohm 법칙으로부터 총 합성저항은 다음과 같다.

$I = V \times \frac{1}{R_T}$ 로부터

$$\frac{1}{R_T} = \frac{1}{R_1} + \frac{1}{R_2} + \frac{1}{R_3} + \dots + \frac{1}{R_n} \tag{2-21}$$

병렬로 연결된 경로 가운데 어느 하나가 끊어져도 다른 경로를 통해 전류는 계속 흐른다.

그림 2-16은 우리가 많이 접하고 활용도가 높은 두 개의 저항(R_1, R_2)이 병렬로 연결되어 있을 경우이다. 이 병렬회로의 합성저항은 식 (2-21)로부터 다음과 같다.

$$\frac{1}{R_T} = \frac{1}{R_1} + \frac{1}{R_2} \tag{2-22}$$

이를 정리하면 합성저항은 다음과 같다. 앞으로 병렬기호는 ∥ 로 표기한다.

$$R_T = \frac{R_1 R_2}{R_1 + R_2} [\Omega] \quad \text{또는} \quad R_T = R_1 \parallel R_2 \tag{2-23}$$

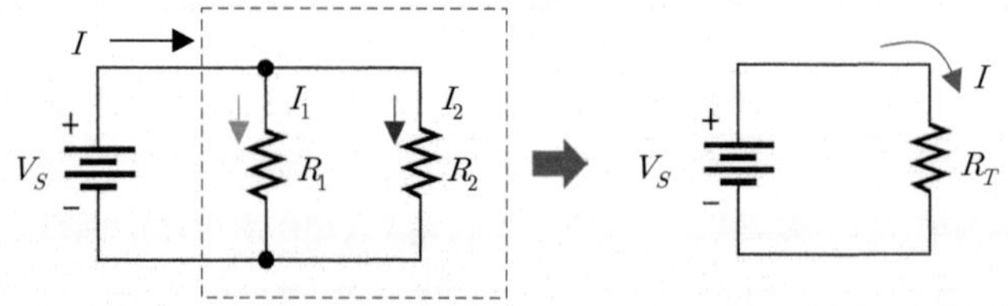

(a) 원래 회로 (b) 간략화된 회로

[그림 2-16] 두 개의 저항을 가진 병렬회로

복습문제

[1] 다음에 나타낸 각 병렬회로에 대해 합성저항을 구하시오.

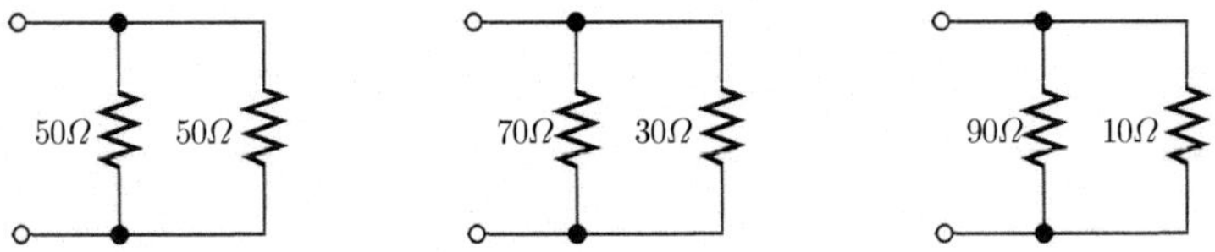

(a)　　(b)　　(c)

[해]

[2] 위의 예제를 참고하여 병렬회로에서 저항을 합성하면

1> 총 저항값은 각 저항의 최솟값보다 증가 혹은 감소하는가?

2> 어떤 조건일 때 최대 저항값을 가지는가?

2> 병렬회로는 전류분배기(current divider)이다.

병렬회로에서 각 저항에 걸리는 전압 V는 동일하다. 따라서 각 저항에 흐르는 전류는 Ohm 법칙에 의하여

$$I_1 = \frac{V_S}{R_1} \qquad I_2 = \frac{V_S}{R_2} \qquad I_3 = \frac{V_S}{R_3} \tag{2-24}$$

여기서 전원전압은 저항을 합성하여 표현하면 다음과 같다.

$$V_S = IR_T \tag{2-25}$$

이와 같이 병렬로 연결된 각 저항에 흐르는 각 전류는 저항의 크기에 반비례하여 분배됨

을 알 수 있다. 따라서 병렬회로는 전류분배기로서 각 전류는 다음과 같은 비를 가진다.

$$I_1 : I_2 : I_3 = \frac{1}{R_1} : \frac{1}{R_2} : \frac{1}{R_3}$$

이를 이용하여 각 가지 전류(branch current)를 유입되는 전류와 각 저항으로 다시 정리하여 표현하면 다음과 같다.

$$I_1 = \frac{V_S}{R_1} = I \times \frac{R_T}{R_1} \tag{2-26}$$

$$I_2 = \frac{V_S}{R_2} = I \times \frac{R_T}{R_2} \tag{2-27}$$

$$I_3 = \frac{V_S}{R_3} = I \times \frac{R_T}{R_3} \tag{2-28}$$

그림 2-17과 같이 두 개 저항이 병렬로 연결되어 있을 때, 각 가지(저항 R_1 및 R_2)에 흐르는 전류는 구해 보자. 학생들이 병렬회로에서 저항과 전류에 대한 개념을 종종 잘못 적용하여 착각할 경우가 많다. 기호 ∥는 병렬 연결을 나타낸다.

$$\frac{1}{R_T} = \frac{1}{R_1} + \frac{1}{R_2} \text{ 으로부터 } R_T = \frac{R_1 R_2}{R_1 + R_2} = R_1 \parallel R_2 \tag{2-29}$$

$$I_1 = \frac{V_S}{R_1} = I \times \frac{R_T}{R_1} = I \times \frac{R_2}{R_1 + R_2} \tag{2-30}$$

$$I_2 = \frac{V_S}{R_2} = I \times \frac{R_T}{R_2} = I \times \frac{R_1}{R_1 + R_2} \tag{2-31}$$

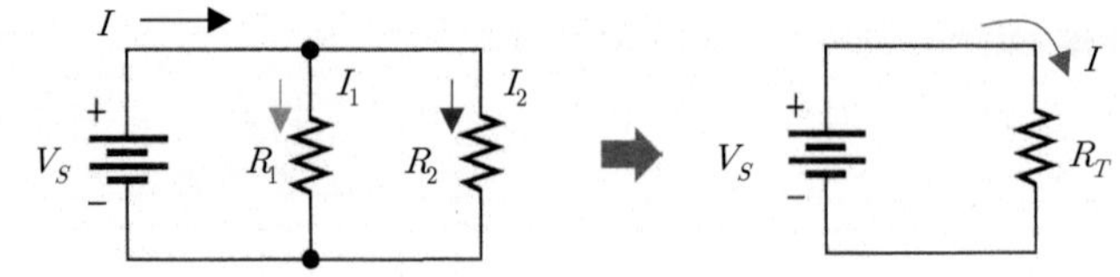

[그림 2-17] 두 개의 병렬저항을 갖는 전류분배회로

이는 Ohm 법칙을 달리 표현한 것에 불과하며 각 저항에 흐르는 전류를 구하기 위해 유입전류와 저항의 관계를 나타낸 것이다. 병렬회로는 전류분배기 역할을 한다. 그 이유는 병렬로 된 접합 지점에 전류가 유입되면 몇 개의 가지(branch) 전류로 나누어지기 때문이다.

복습문제

다음 회로에서 가지(branch) 전류와 전원을 흐르는 총 전류를 구하시오.

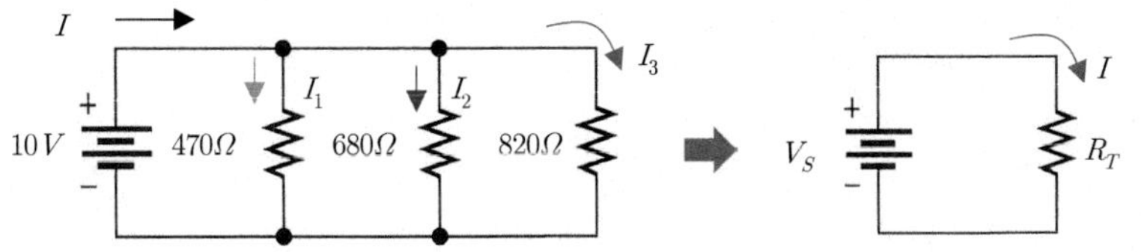

[해]

예제

다음 두 극단적($R=0$, $R=\infty$)인 경우, 병렬회로의 합성저항(R_T)을 구하시오.

[1] 저항 R_2가 단락(short)되어 0[Ω]일 경우

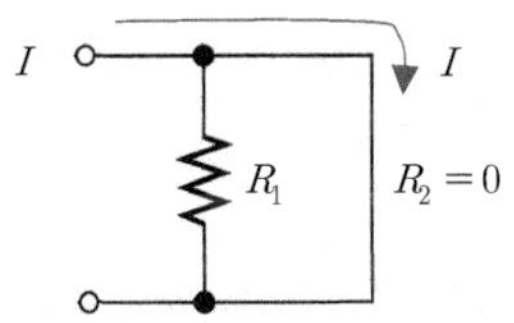

$$\frac{1}{R_T}=\frac{1}{R_1}+\frac{1}{R_2}$$

$$R_T=\lim_{R_1\to 0}\frac{R_1 \cdot R_2}{R_1+R_2}=\frac{R_1 \cdot 0}{R_1+0}=0\Omega$$

전류는 모두 단락된 저항(R_2)을 통해 흐른다. 합성저항R_T는 R_1이 없는 단락회로와 같다.

[2] 저항 R_2가 개방(open)되어 ∞[Ω]일 경우

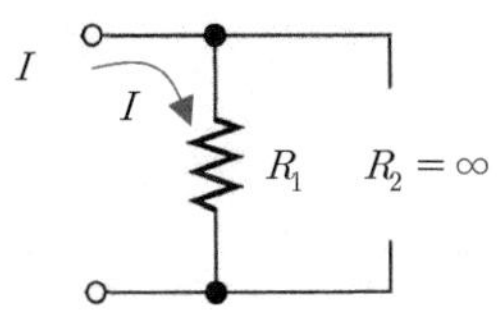

$$\frac{1}{R_T}=\frac{1}{R_1}+\frac{1}{R_2}$$

$$R_T=\lim_{R_2\to\infty}\frac{R_1 \cdot R_2}{R_1+R_2}=R_1$$

전류는 모두 저항(R_1)을 통해 흐른다. 즉 합성저항 R_T는 R_1만 있는 회로와 같다.

그림 2-17에서 저항의 역수(reciprocal)인 컨덕턴스(conductance: $G=1/R$)를 활용하여 회로해석을 수행해 보자.

저항 R_1을 흐르는 전류 I_1와 저항 R_2을 흐르는 전류 I_2는 각각 다음과 같다.

$$I_1 = \frac{V_1}{R_1} = \frac{V_S}{R_1}, \qquad I_2 = \frac{V_2}{R_2} = \frac{V_S}{R_2}$$

이를 컨덕턴스로 나타내 보자.

$$I_1 = \frac{V_1}{R_1} = V_1 G_1 = \frac{V_S}{R_1} = V_S G_1, \qquad I_2 = \frac{V_2}{R_2} = V_2 G_2 = \frac{V_S}{R_2} = V_S G_2$$

위와 같은 병렬회로에서 KCL을 적용하면 다음과 같이 간단히 할 수 있다.

$$I = I_1 + I_2 = V_1 G_1 + V_2 G_2 = V_S G_1 + V_S G_2 = V_S (G_1 + G_2)$$
$$= V_S G_T$$

위의 결과로부터 병렬연결에서 합성 컨덕턴스는 각 컨덕턴스의 합과 같다는 사실이다. 또한 I_1 및 I_2는 다음과 같다.

$$I_1 = I \times \frac{G_1}{G_1 + G_2}, \qquad I_2 = I \times \frac{G_2}{G_1 + G_2}$$

복습문제

위 복습 문제에서 각 가지 전류 및 총 전류를 컨덕턴스(G)를 이용하여 구하시오.

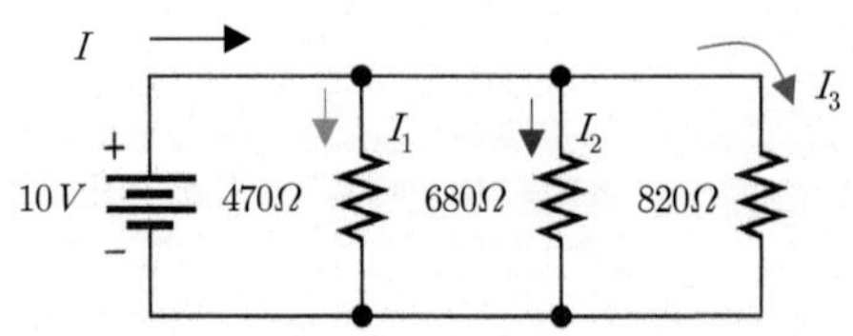

[해]

3> 병렬회로에서 전력

병렬회로에서 각 저항에 걸리는 양단전압은 일정하다. 따라서 각 저항에 소비된 전력은

$$P_1 = V_1 I_1 = V_S I_1, \quad P_2 = V_2 I_2 = V_S I_2, \quad P_3 = V_3 I_3 = V_S I_3$$

위 식에서 Ohm 법칙을 각각 적용하면 다음과 같다.

$$P_1 = \frac{V_1^2}{R_1} = \frac{V_S^2}{R_1}, \quad P_2 = \frac{V_2^2}{R_2} = \frac{V_S^2}{R_2}, \quad P_3 = \frac{V_3^2}{R_3} = \frac{V_S^2}{R_3}$$

상황에 맞게 적절한 수식을 사용하여 전력을 구하면 된다. 전원을 흐르는 전류는 KCL에 의하면 병렬회로에서 $I = I_1 + I_2 + I_3$이며 전원에서 공급되는 전력은 다음과 같다.

$$P_S = V_1 I_1 + V_2 I_2 + V_3 I_3 = V_S (I_1 + I_2 + I_3) = V_S I [W]$$

에너지 보존 법칙에 따르면 공급된 전력은 소비된 전력의 합과 같다. 즉 병렬회로에서 총 전력은 병렬회로를 구성하는 저항들에 대한 각각의 소비전력의 합과 같다.

$$P_S = P_1 + P_2 + P_3$$

복습문제

다음 회로의 각 저항에서 소비전력을 구하고 공급전력과 일치하는지를 계산하시오.

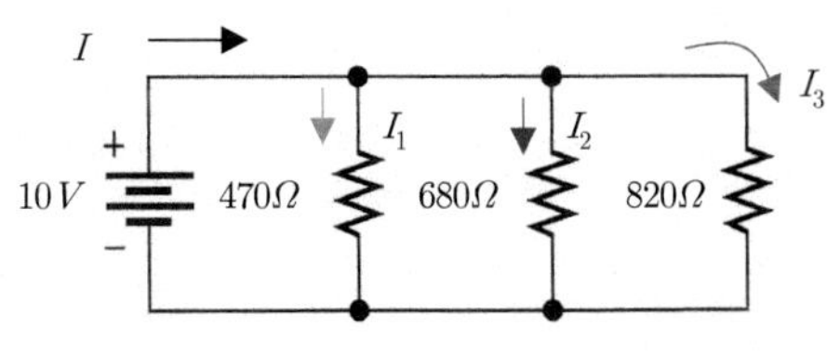

[해]

4> 병렬회로에서 개방(open)된 단자의 고장 진단

우리는 앞 자료의 병렬회로에서 한 개 이상의 전구가 꺼지더라도 다른 전구들에 영향을 주지 않으므로 조명 시스템에서 직렬보다 병렬회로가 잇점이 있다는 것을 알고 있다. 고장 진단(troubleshooting)의 한 방법인 전류 측정을 통해 개방된 가지(branch)를 찾아보자.

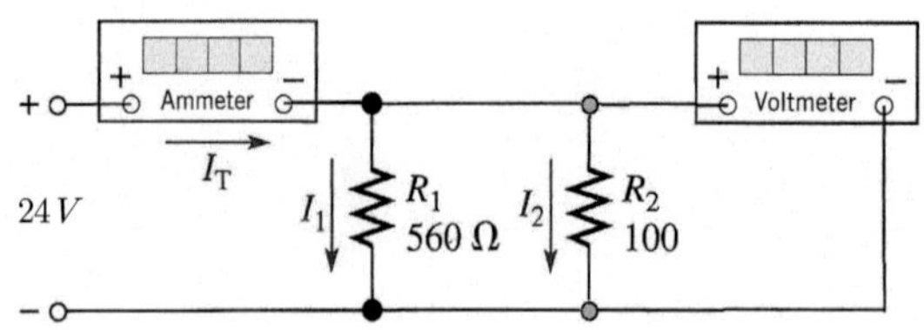

$$V = V_S = 24\,V$$
$$I_1 = \frac{V_1}{R_1} = \frac{V_S}{R_1} = \frac{24\,V}{560\Omega} = 42.8mA$$
$$I_2 = \frac{V_2}{R_2} = \frac{V_S}{R_2} = \frac{24\,V}{100\Omega} = 240mA$$
$$I_T = I_1 + I_2 = 282.8mA$$

(a) 정상회로의 전류전압측정

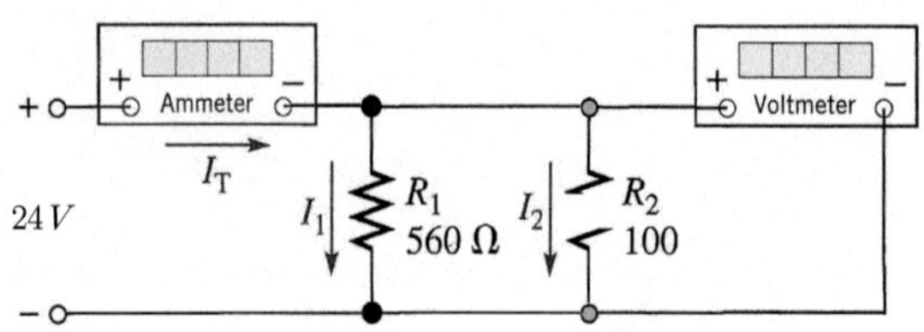

$$V = V_S = 24\,V$$
$$I_1 = \frac{V_1}{R_1} = \frac{V_S}{R_1} = \frac{24\,V}{560\Omega} = 42.8mA$$
$$I_2 = 0$$
$$I_T = I_1 + I_2 = 42.8mA$$

(b) 저항 R_2가 개방(open)일 경우

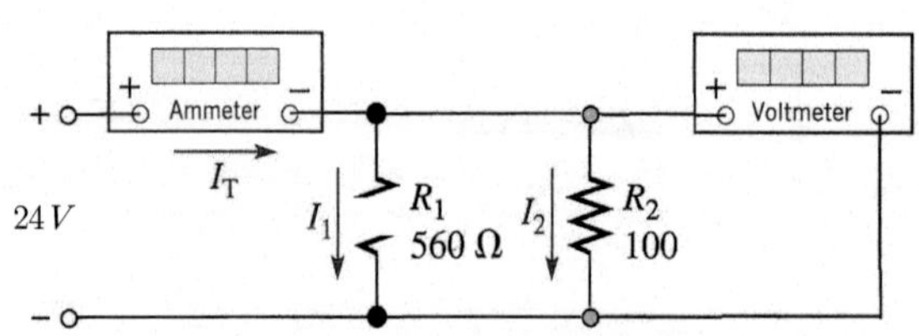

$$V = V_S = 24\,V$$
$$I_2 = \frac{V_2}{R_2} = \frac{V_S}{R_2} = \frac{24\,V}{100\Omega} = 240mA$$
$$I_1 = 0$$
$$I_T = I_1 + I_2 = 240mA$$

(c) 저항 R_1가 개방(open)일 경우

[그림 2-18] 정상 및 가지개방에 따른 병렬회로 전류

위의 세 개의 경우를 서로 비교하면 다음과 같은 결론을 얻을 수 있다. 첫 번째로 병렬 가지 중에서 어느 한 가지가 개방되어도 나머지 가지를 통하여 흐르는 전류는 변화가 없다. 두 번째로 각 저항양단의 전압은 변화가 없다. 마지막으로 병렬회로에서 어느 한 가지가 개방되면 합성저항은 증가하고 따라서 총 전류는 감소한다.

만약 병렬회로에서 가지가 단락(short)되면 전류는 과도하게 증가하여 저항이 타버리고 회로 개방이 되든지 또는 퓨즈(fuse)나 회로 차단기(circuit breaker)가 작동할 수도 있다. 이 경우에는 단락된 가지를 찾아내기란 어렵다.

복습문제1

[1] 다음 회로에서 스위치(SW)를 닫을 경우에 틀리는 것은?

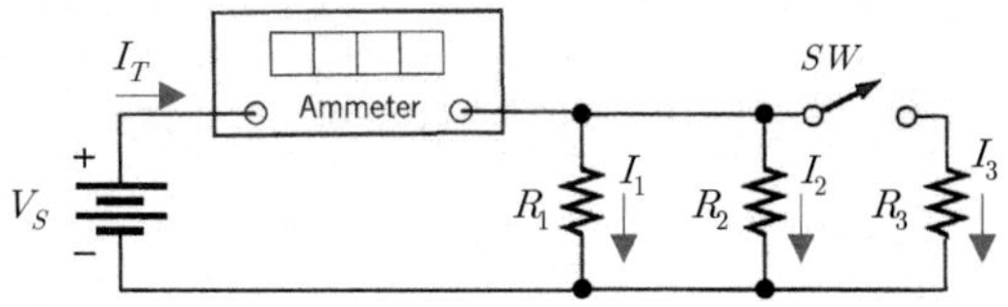

㉮ I_2는 변화 없다.
㉯ 합성저항이 감소한다.
㉰ I_1은 변화 없다.
㉱ I_T가 감소한다.

[해]

[2] 과전류란 ( ) 혹은 ( )로 인하여 회로에 과도한 전류가 흐르는 것이다.

복습문제2

다음 회로에서 전압계와 전류계의 측정으로부터 고장난(개방된) 저항은 어느 것인가?

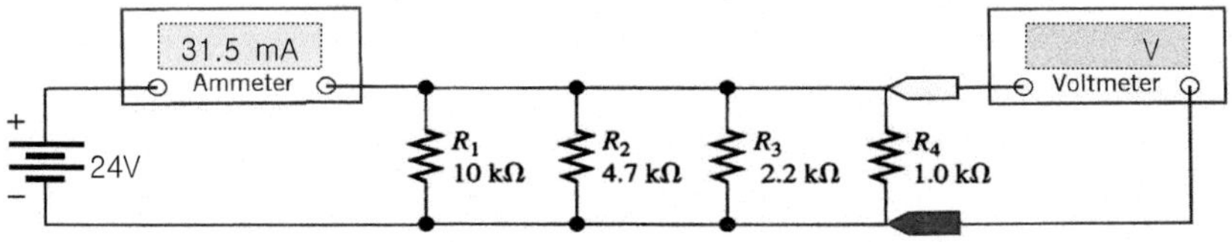

[해]

복습문제3

다음 회로는 간략화된 자동차 외부의 조명 시스템이다. 물음에 답하시오. 단 전조등(head lights)의 저항은 10Ω이며 다른 전구들의 저항은 100Ω이다.

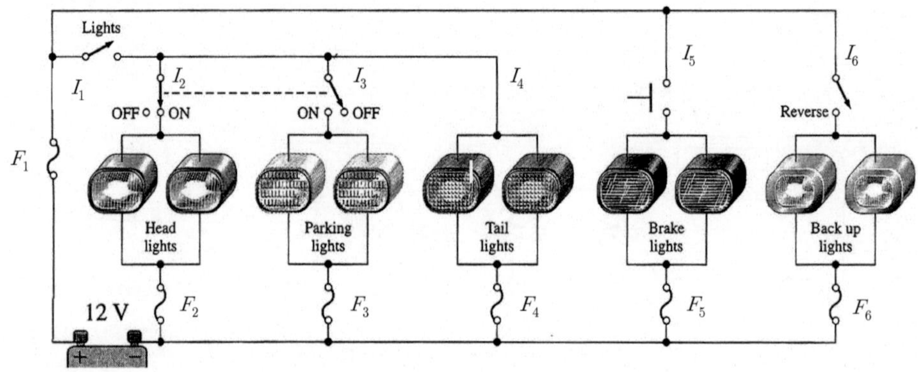

[1] 브레이크 스위치를 밟을 경우 흐르는 전류를 구하시오.

[2] 그림에 표시된 Lights 스위치를 Turn-on 할 경우 흐르는 전류를 구하시오.

[3] 모든 스위치들이 Turn-on 될 경우 전원을 흐르는 전류는?

[4] Fuse들 F_1, F_2, F_3, F_4, F_5, F_6의 최대 허용전류는 얼마로 하면 되는가?

[5] Head lights와 Parking lights를 제어하는 스위치 명은?

2-3-4 직 · 병렬회로(series-parallel circuit)

1> 회로해석

그림 2-19와 같이 직렬회로와 병렬회로가 혼합된 회로를 직 · 병렬회로라고 하며, 이러한 회로의 문제는 다음과 같이 해결할 수 있다.

- 회로의 합성저항을 구하기 위하여 회로를 직렬 부분과 병렬 부분으로 나누어 합성시킨다.
- 회로에 흐르는 총 전류를 구한다.
- 회로의 각 단자 사이의 전압을 구한다.
- 회로의 각 저항을 통하여 흐르는 전류를 구한다.

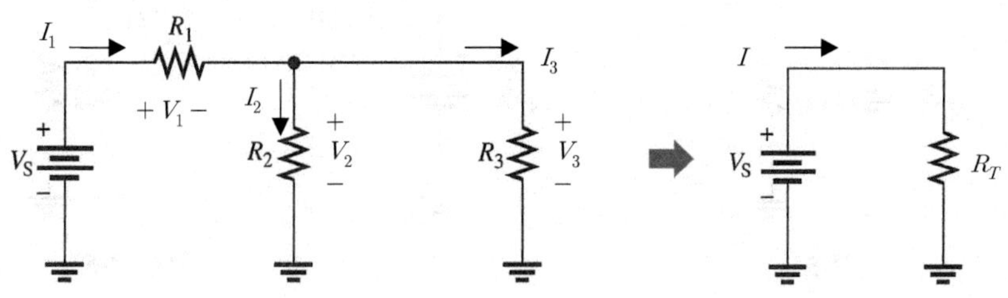

(a) 원래 회로　　　　　　　(b) 간략화된 회로

[그림 2-19] 직렬과 병렬이 조합된 직 • 병렬회로

그림으로부터 총 저항은 직렬과 병렬로 구성되어 있다. 전원을 기준으로 하여 먼 곳으로부터 저항을 합성시키면 R_2와 R_3는 병렬이고 이후 R_1과 직렬로 합성한다.

$$R_T = R_1 + (R_2 \parallel R_3) \qquad (\parallel \text{ 은 병렬을 나타냄}) \qquad (2\text{-}32)$$

따라서 전원을 흐르는 전류 I는 저항 R_1을 흐르는 전류와 동일하므로 I_1은 Ohm 법칙을 사용하면 쉽게 구할 수 있다.

$$I = \frac{V_S}{R_T}, \quad I_1 = \frac{V_1}{R_1} \quad \text{그리고} \quad I = I_1 \qquad (2\text{-}33)$$

또한, Ohm 법칙에 따라 저항의 전압을 각각 구하면 다음과 같다.

$$V_2 = I_2 R_2, \qquad V_3 = I_3 R_3 \qquad (2\text{-}34)$$

두 저항 R_2 및 R_3의 양단전압은 병렬이므로 동일하다.

$$V_2 = V_3 \qquad (2\text{-}35)$$

또한, 회로에서부터 R_2저항 양단전압을 다음과 같이 구할 수도 있다.

$$V_2 = V_3 = I_1 \cdot (R_2 \parallel R_3) \tag{2-36}$$

복습문제1

다음 회로에 대해 구성을 간략화하면서 물음에 답하시오.

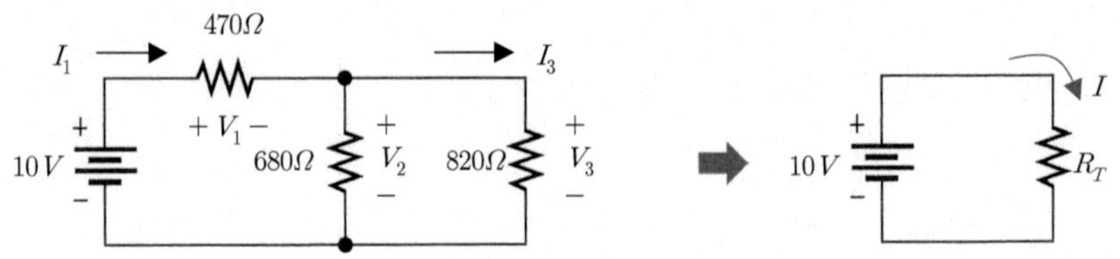

1> 합성 저항 R_T를 구하시오.

2> 각 소자를 흐르는 전류 I_1 및 I_2를 구하시오.

복습문제2

그림과 같이 저항계로 측정된 합성저항이 $R_T = 9\Omega$이면 R값을 구하시오. 답: 15Ω

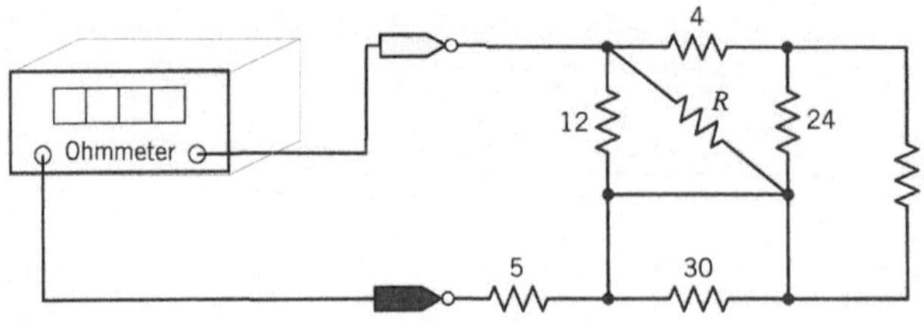

[해]

예제1

아래에 주어진 회로에 대해 간략화하면서 저항 R_4의 양단전압을 구하시오.

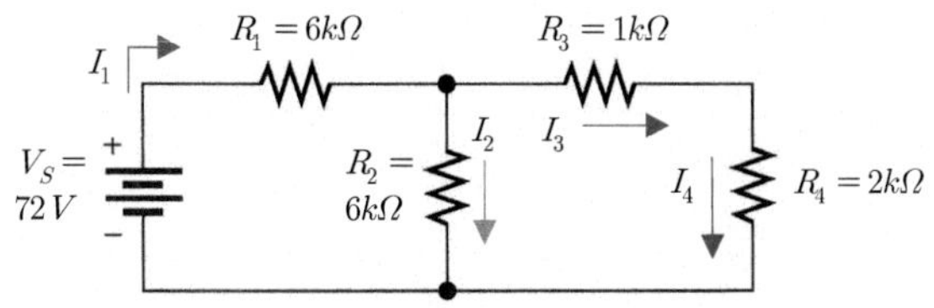

[해] 해석 방식은 화살표 방향으로 아래로 내려갔다가 다시 위로 올라오는 방법이다. 즉,회로를 아래쪽으로 단계적으로 간략화하고 그림 우측에 회로해석 규칙을 적용한다.

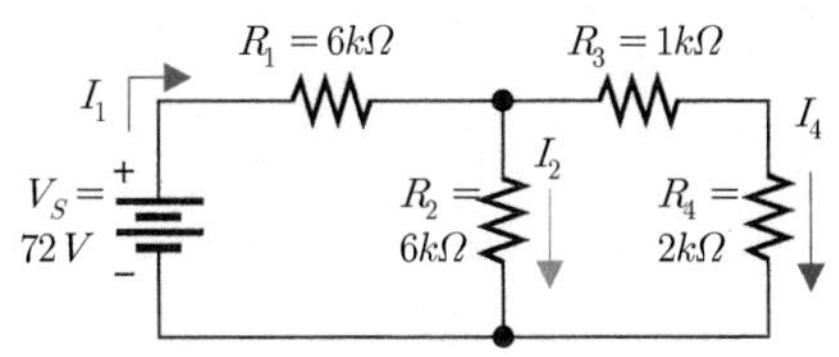

저항 R_4의 양단전압은 전압분배 법칙 또는 Ohm 법칙으로부터 $I_A = I_4$이므로

$$V_4 = V_B \times \frac{R_4}{R_3 + R_4} = \frac{(18\,V)(2k\Omega)}{3k\Omega} = 12\,V$$

$$V_4 = I_4 R_4 = (6mA)(2k\Omega) = 12\,V$$

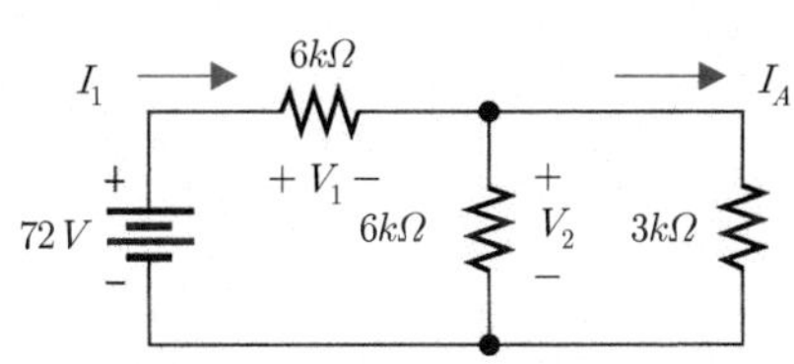

저항 R_A를 흐르는 전류는 전류분배 법칙으로부터

$$I_A = I_1 \times \frac{R_2}{R_2 + R_A} = \frac{(9mA)(6k\Omega)}{9k\Omega} = 6mA$$

$$I_2 = I_1 - I_A = 9mA - 6mA = 3mA$$

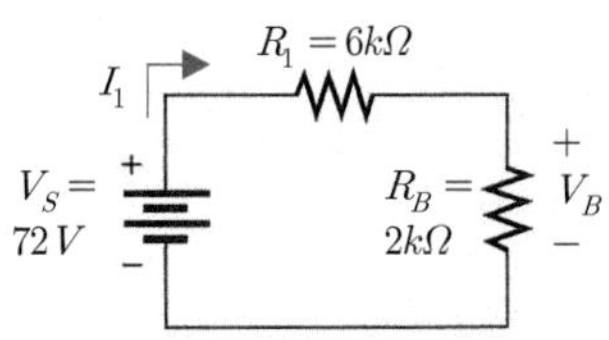

저항 R_B 양단전압은 전압분배 법칙 또는 Ohm 법칙으로부터

$$V_B = V_S \times \frac{R_B}{R_1 + R_B} = \frac{(72\,V)(2k\Omega)}{8k\Omega} = 18\,V$$

또는 $V_B = I_1 R_1 = (9mA)(2k\Omega) = 18\,V$

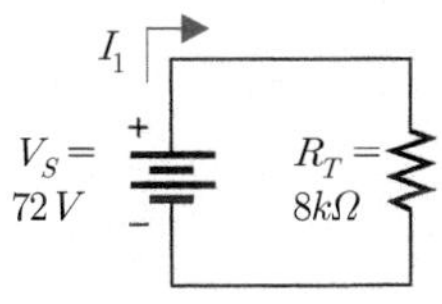

전압원에서 흘러나가는 전류는

Ohm 법칙으로부터 $I_1 = \dfrac{72\,V}{8k\Omega} = 9mA$

예제2

아래에 주어진 회로에 대해 간략화하면서 각 저항을 흐르는 전류를 구하시오.

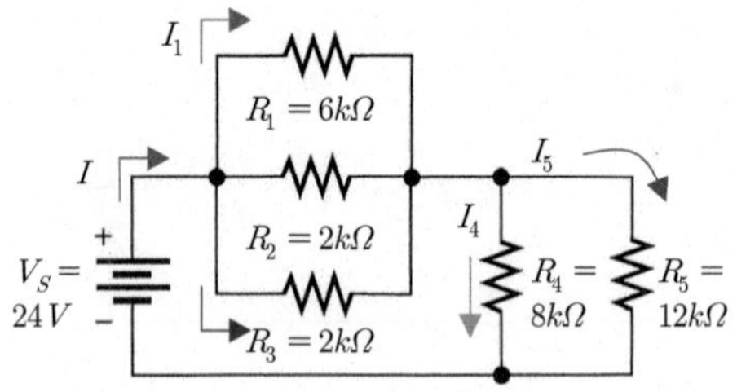

[해] 주어진 회로를 간략화하기 위해 저항 합성을 수행하면서 Kirchhoff 법칙과 Ohm 법칙을 적용한다.

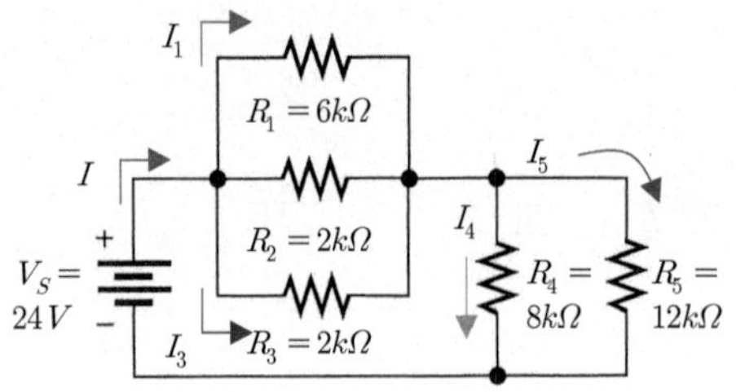

저항 R_4의 양단전압은 전압분배 법칙 또는 Ohm 법칙으로부터

$$I_1 = \frac{4.8\,V}{6k\Omega} = 0.8mA,\quad I_2 = \frac{4.8\,V}{6k\Omega} = 0.8mA$$

$$I_3 = \frac{4.8\,V}{2k\Omega} = 2.4mA,$$

$$I_4 = \frac{19.2\,V}{8k\Omega} = 2.4mA$$

$$I_5 = \frac{19.2\,V}{12k\Omega} = 1.6mA$$

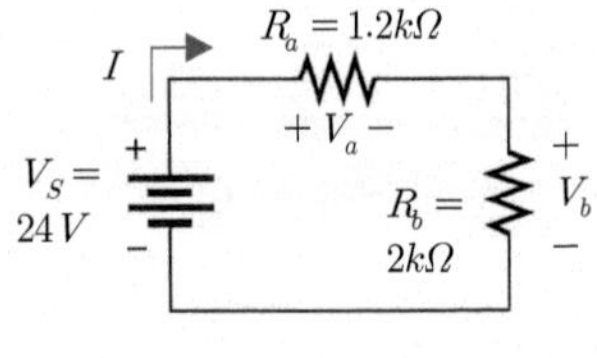

저항 R_a와 R_b에 걸리는 양단전압은

$$V_a = 24\,V \times \frac{(1.2k\Omega)}{(1.2k\Omega + 4.8k\Omega)} = 4.8\,V$$

$$V_a = I_a R_a = (4mA)(1.2k\Omega) = 4.8\,V$$

$$V_b = 24\,V - 4.8\,V = 19.2\,V$$

$$V_b = I_b R_b = (4mA)(4.8k\Omega) = 19.2\,V$$

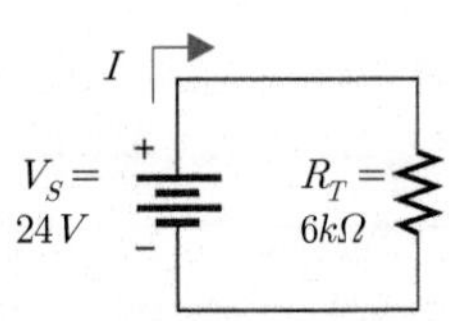

전압원에서 흘러나가는 전류는

Ohm 법칙으로부터 $I = \frac{24\,V}{6k\Omega} = 4mA$

예제3

아래에 주어진 회로에 대해 간략화하면서 전원을 흐르는 전류 I 및 두 단자 간 전압 V_{ab} 을 구하시오.

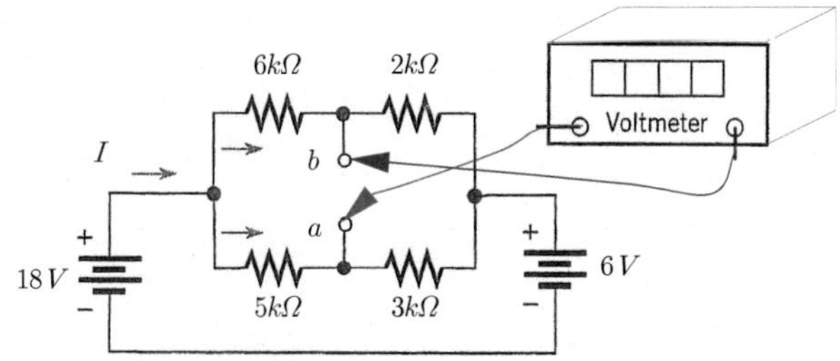

[해] 우선 전압원 18V와 6V가 그림과 같이 직렬로 연결되어 있으므로 실제적인 효과는 12V이다.

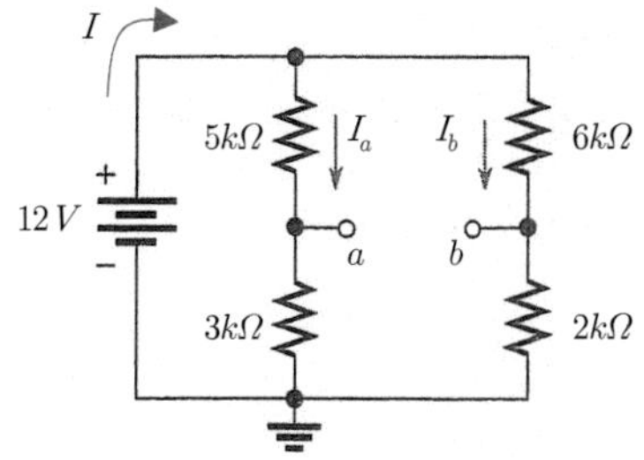

단자 a와 b간의 양단전압은 전압분배 법칙 또는 Ohm 법칙으로부터

$$V_a = 12\,V \times \frac{(3k\Omega)}{(3k\Omega + 5k\Omega)} = 4.5\,V$$

또는 $V_a = I_a(3k\Omega) = (1.5mA)(3k\Omega) = 4.5\,V$

$$V_b = 12\,V \times \frac{(2k\Omega)}{(6k\Omega + 2k\Omega)} = 3\,V$$

따라서

$$V_{ab} = V_a - V_b = 4.5\,V - 3\,V = 1.5\,V$$

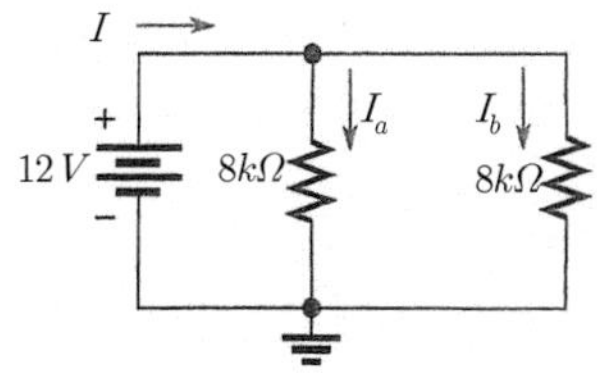

저항 R_a를 흐르는 전류는 전류분배 법칙으로부터

$$I_a = I \times \frac{R_b}{R_a + R_b} = \frac{(3mA)(8k\Omega)}{16k\Omega} = 1.5mA$$

$$I_b = I - I_a = 3mA - 1.5mA = 1.5mA$$

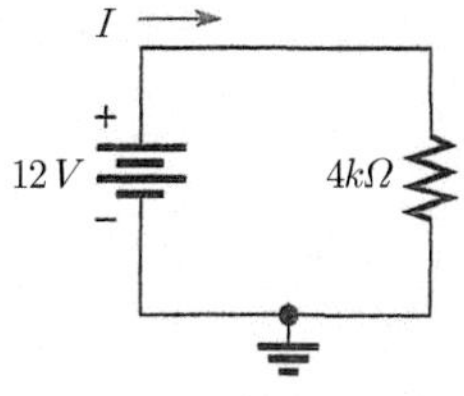

전압원에서 흘러나가는 전류는

Ohm 법칙으로부터 $I = \dfrac{12\,V}{4k\Omega} = 3mA$

2> 직병렬회로에서 전력

직병렬회로에서 전력(power)을 구해 보자. 직렬에서는 같은 전류가 흐르고 병렬부에서는 전압이 동일하다. 각 저항 소자는 전력을 소비하므로 각각을 계산하기에 앞서 저항을 합성하고 총 저항으로부터 전원을 흐르는 전류를 구한다. 회로해석에서 가능하면 전류 방향 및 전압 극성을 표기하는 것이 도움이 되며 실수가 발생하지 않는다.

$$P_1 = V_1 I_1 = I_1^2 R_1 = \frac{V_1^2}{R_1}$$

$$P_2 = V_2 I_2 = I_2^2 R_2 = \frac{V_2^2}{R_2}$$

$$P_3 = V_3 I_3 = I_3^2 R_3 = \frac{V_3^2}{R_3}$$

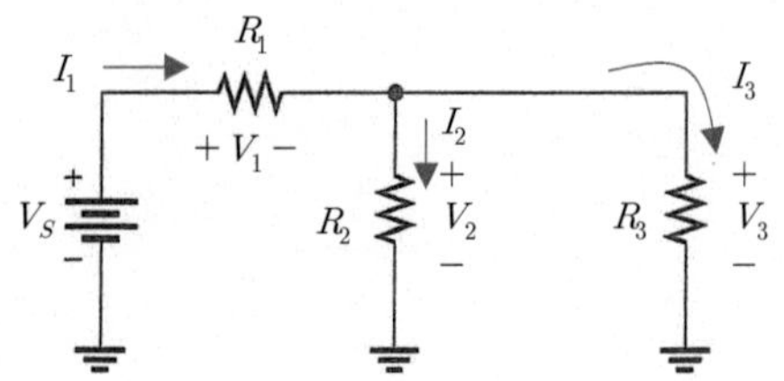

전원에서 공급되는 전력은 다음과 같다.

$$P_S = V_S I = V_S I_1$$

에너지 보존에 따르면 공급전력은 소비되는 전력과 동일하다.

$$P_S = P_1 + P_2 + P_3$$

복습문제

각 저항에서 소비되는 전력을 구하고 전원이 공급하는 공급전력과 일치하는지를 계산하시오.

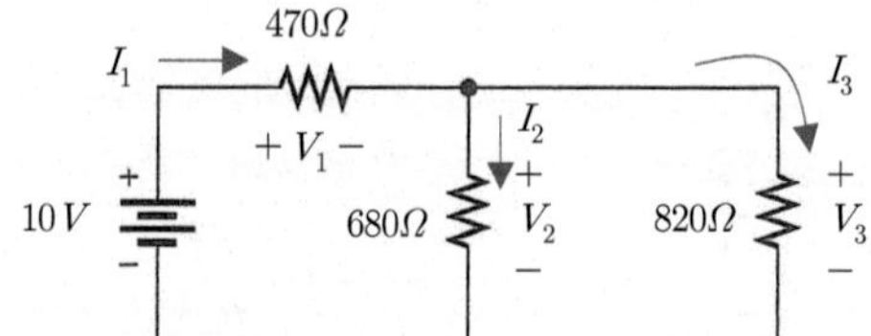

[해]

3> 직병렬회로에서 개방과 단락

직병렬회로에서 개방과 단락될 경우, 회로가 어떻게 동작되는지를 살펴보자. 회로의 개방(open)과 단락(short)은 가장 대표적인 회로상의 고장 원인이 된다. 저항이 타버리는 경우, 그 저항은 보통 개방된다.

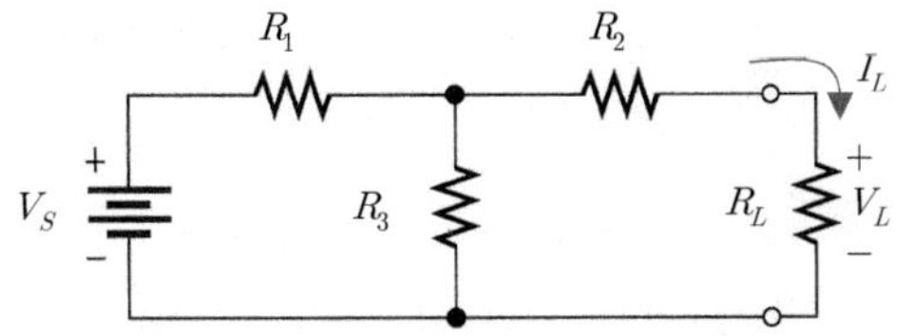

[그림 2-20] 직병렬회로에서 고장진단

<1> 부하저항(R_L)의 개방

부하가 개방된 소자의 양단전압은 다음과 같다.

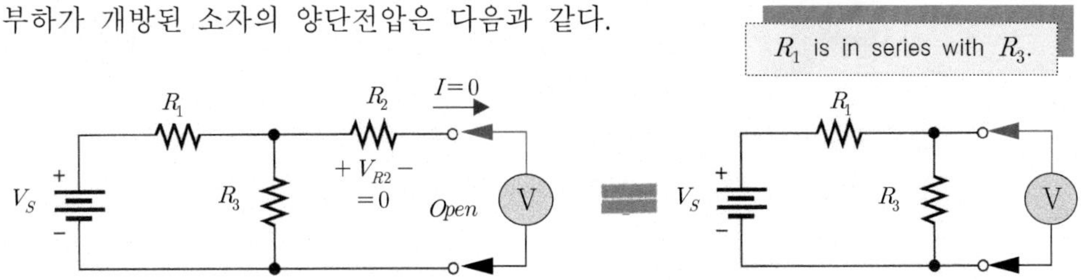

이 회로에서 부하가 개방(open)이므로 저항 R_2를 통해 전류가 흐르지 못한다. 따라서 이 저항 R_2의 양단전압은 $V_{R2}=0\,V$이다. 즉 개방된 부하양단전압은 Ohm 법칙이나 전압분배 법칙을 적용하면 다음과 같다.

$$V_L = V_S \times \frac{R_3}{R_1 + R_3}$$

<2> 부하저항(R_L)의 단락

부하저항이 단락되면 다음과 같이 간략화된다. 전압 및 전류는 복습문제1과 같다.

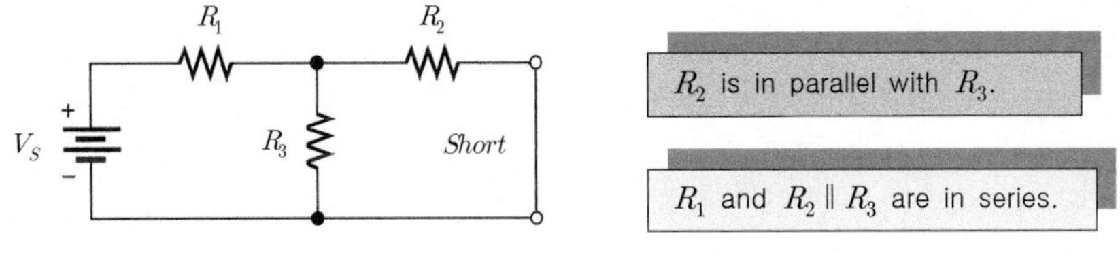

2-4 오디오 시스템 활용

직렬과 병렬을 활용한 오디오 시스템에서 어떻게 하면 공급전력이 효과적으로 부하(R_L)에 분배되는지를 구해보자. 그림 2-21(a)는 오디오 시스템의 등가회로로서 전압원(V_S)과 직렬저항(R_o)으로 나타내었다. 또한, 스피커는 통상 그림 (b)와 같이 저항 8Ω을 가지고 있다. 여기서 부하로 작용하는 오디오 시스템에 좌우 두 개의 스피커들을 연결하여 분석해 보자.

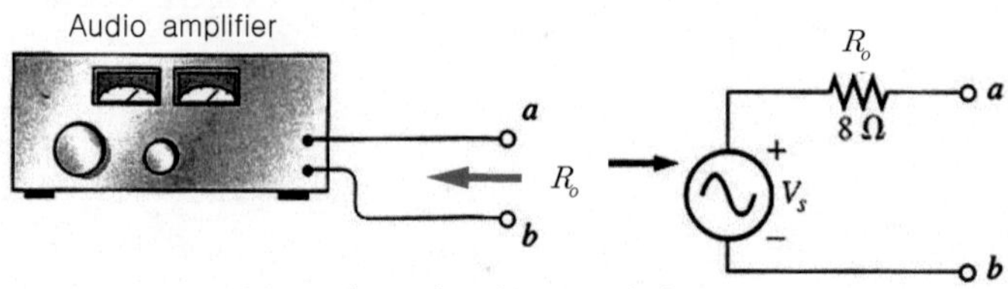

(a) 오디오 앰프와 그 등가회로

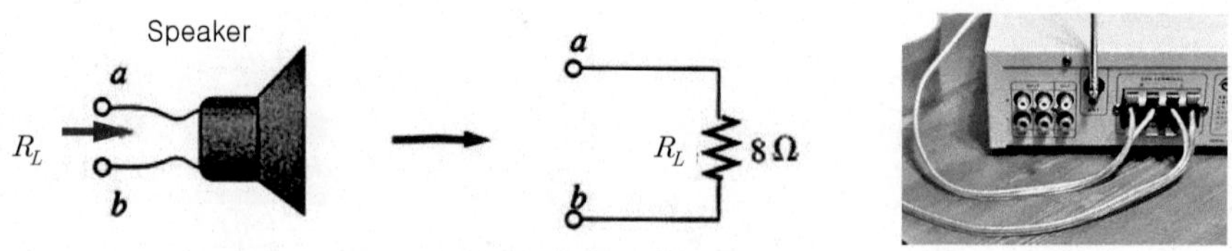

(b) 스피커와 그 등가회로

[그림 2-21] 오디오시스템에서 증폭기와 스피커 등가회로

그림 2-22는 두 개의 스피커들을 각각 직렬 및 병렬로 오디오 앰프에 연결한 경우이다. 이에 대해 Kirchhoff 법칙과 Ohm 법칙을 적용하여 스피커들에 전달되는 전력을 구해보자.

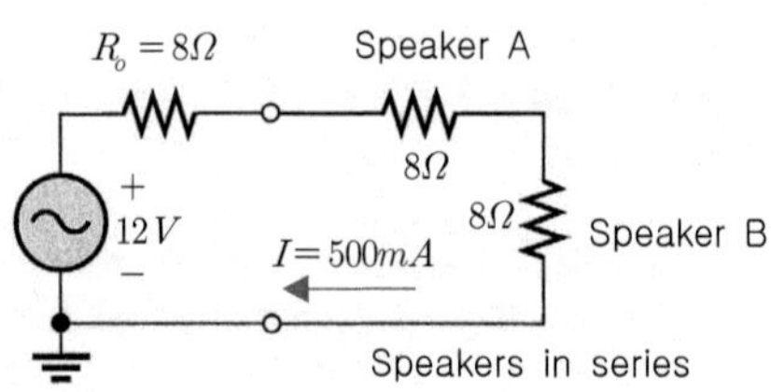

$$v_L = v_S \times \frac{(R_1 + R_2)}{R_o + (R_1 + R_2)}$$
$$= (12\,V) \times (16\Omega)/24\Omega = 8\,V$$
$$P_L = \frac{v_L^2}{R_L} = \frac{(8\,V)^2}{16\Omega} = 4\,W$$

(a) 스피커들의 직렬연결, $R_L = 16\Omega$

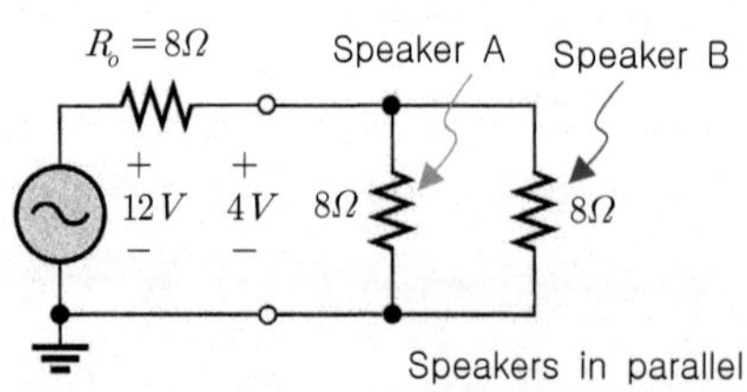

$$v_L = v_S \times \frac{(R_1 \parallel R_2)}{R_o + (R_1 \parallel R_2)}$$
$$= (12\,V) \times (4\Omega)/12\Omega = 4\,V$$
$$P_L = \frac{v_L^2}{R_L} = \frac{(4\,V)^2}{4\Omega} = 4\,W$$

(b) 스피커들의 병렬연결, $R_L = 4\Omega$

[그림 2-22] 부하(스피커)에 전달된 전력

두 경우 스피커들에 전달된 전력은 각각 $2W$이다. 직렬이나 병렬이나 각 스피커에 전달되는 전력은 같다. 그러나 여러 가지 이유로 병렬 구성을 선택한다.

먼저 스피커에서 소리가 발산하면서 생기는 진동에 의해 전선이 한 스피커로부터 연결이 끊어지면 다른 스피커는 최대 효율은 아니지만 정상적으로 동작하기 때문에 스피커를 병렬로 연결한다. 직렬로 연결할 경우, 모든 스피커가 정상적으로 동작하지 않는다.

두 번째 이유는 스피커의 배선 문제이다. 모든 스피커를 병렬로 연결하면 실내에서 여러 부분의 모든 빨간 전선과 검은 전선들을 각각 함께 사용할 수 있다. 만약 스피커가 직렬로 연결되어 있는 경우, 어느 전선이 어느 것들과 연결되어 있는지 혼돈을 주어 잘못된 연결을 할 수도 있다. 반면 병렬연결은 이런 배선 오류가 생길 가능성이 적다.

그림 2-23은 부하저항에 따라 이 부하에서 소비되는 전력은 얼마인가를 구하고 그림 2-22와 비교를 위한 것이다. 전원의 내부저항 R_o가 고정된 경우, 어떤 조건에서 즉 부하 R_L이 얼마의 값을 가지면 최대전력이 전달될까?

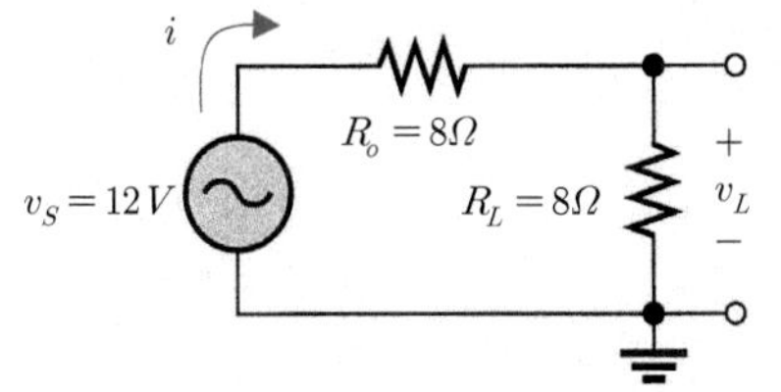

$$v_L = v_S \times \frac{R_L}{R_o + R_L}$$
$$= (12V) \times (8\Omega)/16\Omega = 6V$$
$$P_L = \frac{v_L^2}{R_L} = \frac{(6V)^2}{8\Omega} = 4.5W$$

[그림 2-23] 부하저항(R_L)이 내부저항(R_o)과 같을 경우 부하전력은 최대이다.

그림 2-22(a)에서 두 스피커들이 직렬로 연결된 부하저항 $R_L = 16\Omega$인 경우, 전달된 부하전력은 $P_L = 4W$이며, 병렬로 연결된 (b)와 같이 부하저항 $R_L = 4\Omega$인 경우, 전달된 부하전력은 $P_L = 4W$이다. 만약 $R_L = 2\Omega$인 경우를 고려해 보자. 이때 전달된 부하전력은 $P_L = 2.88W$이다.

그러나 그림 2-23과 같이 부하저항이 $R_L = 8\Omega$인 경우에 전달된 부하전력은 $P_L = 4.5W$이 된다. 이와 같이 전원의 내부저항 R_o와 부하저항 R_L이 동일하면 부하에 최대전력이 전달된다는 것을 알 수 있다. 이 원리는 제5장에서 다룬다.

2-5 역사와 전통의 Wheatstone bridge

현재 온도 측정 및 압력 측정과 같은 각종 센서 등으로써 많이 사용되는 Wheatstone 브리지 회로를 익힌다.

2-5-1 Wheatstone 브리지란?

Wheatstone bridge는 비교 측정을 통하여 미지의 저항값을 정밀하게 측정하기 위해 사용되는 계측기이다. 브리지 회로는 주로 제어회로에 많이 사용된다. 브리지 회로는 그림 2-26과 같이 네 개의 저항과 두 개의 병렬로 된 저항 가지를 가진다. 이 회로는 1847년 Charles Wheatstone이 만들었다. 이 계측기는 어느 전기계측기보다 더 오랫동안 사용되어 왔다. 이것은 아직도 정확하고 신뢰성이 있는 계측기이며 산업체에서 많이 사용되고 있다.

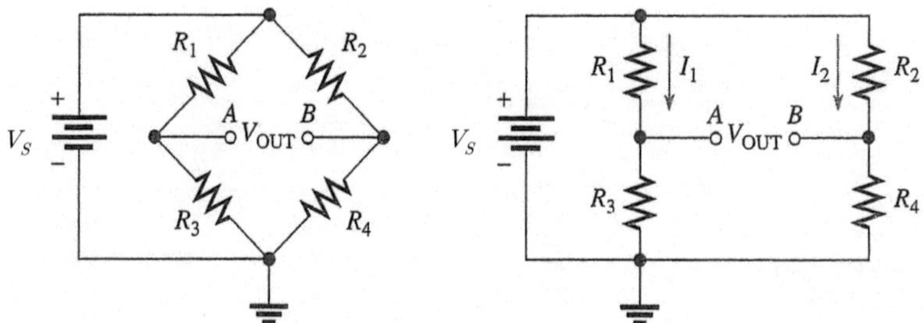

[그림 2-26] Wheatstone 브리지 회로는 평형을 활용한다.

2-5-2 브리지 회로해석

먼저 이 회로는 R_1, R_2, R_3 및 R_4로 구성된 직병렬회로이다. 이 회로 그림에 표시된 두 지점의 전압 V_3와 V_4를 구해보자.

Ohm 법칙을 이용하면 다음과 같다.

$$I_1 = \frac{V_S}{R_1 + R_3}, \qquad I_2 = \frac{V_S}{R_2 + R_4} \tag{2-37}$$

또한, 전압분배 법칙 또는 Ohm 법칙을 접지를 기준으로 하여 저항 R_3 및 R_4 양단전압을 구하면 다음과 같다.

$$V_3 = V_A = I_1 R_3 = V_S \times \frac{R_3}{R_1 + R_3}, \qquad V_4 = V_B = I_2 R_4 = V_S \times \frac{R_4}{R_2 + R_4} \tag{2-38}$$

만약 이 두 전압들이 같다면 어떤 결과가 발생하는가? 전위차가 없으므로 비록 두 단자 사이에 저항을 연결하더라도 전류는 흐르지 않는다. 따라서 두 단자에 전구를 연결하더라도 빛이 발생하지 않을 것이다. 즉 $V_3 = V_4$이면 $V_{AB} = V_3 - V_4 = 0\,V$이며 다음과 같이 정리된다.

이때 우리는 회로가 '**평형 상태(in balance)**' 에 있다고 한다.

$$\frac{R_1}{R_3}=\frac{R_2}{R_4} \quad \text{또는} \quad R_1R_4 = R_2R_3 \tag{2-39}$$

이것을 바탕으로 평형이 일어날 때, 만약 3개의 저항값들을 알고 있으면 미지의 한 저항값을 간략히 구할 수 있다.

이 브리지 회로는 미지의 저항값 측정 이외에도 여러 측정회로에 이 평형 특성을 이용하여 각종 센서들이 제작되고 있다. 한 예로서 정밀한 온도측정기로 사용될 수 있다. 서미스터(thermistor)는 온도 변화에 따라 저항이 변하는 저항으로 상용화되어 산업계에 활용되고 있다. 이 서미스터를 저항 R_3 대신에 사용하고 온도가 변하면 이에 비례하여 평형이 깨진다. 그 결과 출력전압도 변하므로 이 값을 표시하면 된다.

복습문제

다음 회로에서 $R_1 = 200\Omega, R_2 = 300\Omega,\ R_3 = 400\Omega$ 이다. 여기서 검류계(G: galvanometer)를 흐르는 전류가 0[A]라고 한다.

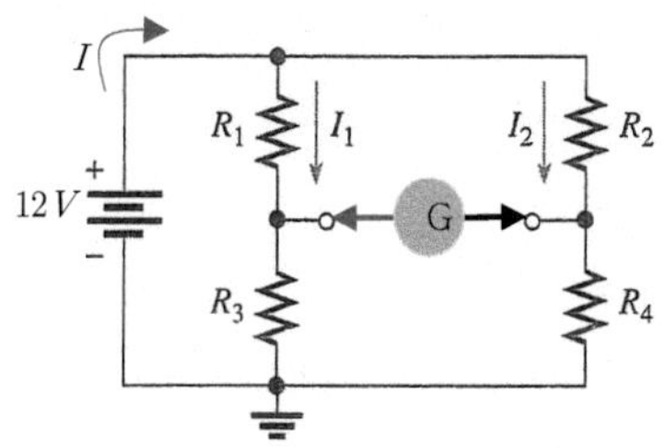

1> 미지의 저항 R_4 값은?

2> 전류 I_1를 구하시오.

3> 전류 I_2를 구하시오.

4> 전원전류 I를 구하시오.

[해]

만약 평형이 일어나지 않은 상태에서 이 두 단자를 사이에 어떤 저항(R_5)을 연결하면 전류가 저항을 통해 흐르게 된다. 지금까지 익힌 직렬 합성, 병렬 합성 혹은 직병렬 합성과 같은 방식으로 저항을 합성하여 쉽게 전류값(I_5)을 구할 수 있을까?

2-6 Δ결선과 Y결선

우리는 앞으로 자주 Δ결선과 Y결선이란 용어를 많이 접할 것이다. 특히 3상 교류회로에서 전원으로 작용하는 발전기(generator)와 부하로 사용되는 전동기(motor)의 구성에서 그 전원과 부하의 결합 방식에 따라 $\Delta-\Delta$, $\Delta-Y$, $Y-\Delta$ 및 $Y-Y$와 같은 구성을 가진다. 우선 모터로 사용되는 부하의 경우에만 국한하여 해석해 보자. 근본적으로 Ohm 법칙과 저항합성을 이용하여 회로 내부의 상태에는 관계없이 단자 쪽에 발생하는 영향을 고려하는 것이다. Δ결선과 Y결선의 상호변환에 익숙해지도록 하자.

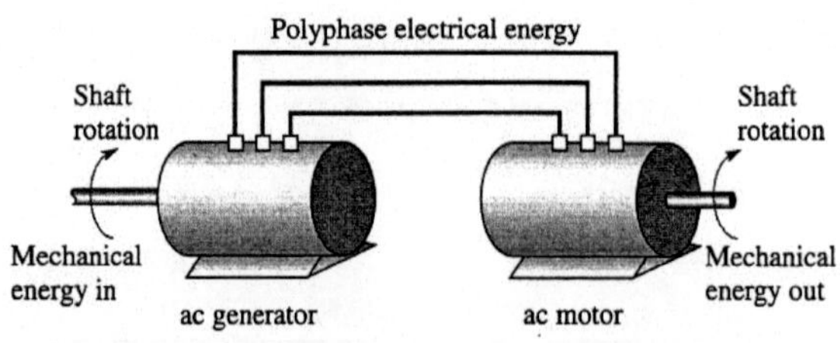

[그림 2-27] Δ결선과 Y결선의 3상 회로로 구성된 발전기-전동기 시스템

발전기는 기계적 에너지를 전기에너지로, 전동기는 전기에너지를 기계적 에너지로 변환시킨다. 이와 같이 응용 분야가 다양한 Δ결선과 Y결선에 대해 반드시 익힐 필요가 있다.

2-6-1 Δ결선을 Y결선으로 바꿔 보자.

복습문제의 Wheatstone bridge 회로에서 전류계(또는 전압계)를 제거하고 이 대신에 어떤 저항 R_5로 바꾸면 우리는 저항 R_3, R_4 및 R_5로 구성된 회로를 가진다. 이 회로에서 직관적으로 저항의 직렬 혹은 병렬 구분이 어려워 해당 전류 및 전압을 구하는 것이 쉽지 않다. 왜냐하면, 저항 R_5로 인하여 합성저항의 구성이 직렬(in series) 혹은 병렬(in parallel)인지 쉽게 구분이 되지 않기 때문이다. 물론 뒤에 학습할 마디 전압법 또는 메시 전류법으로 풀 수 있다.

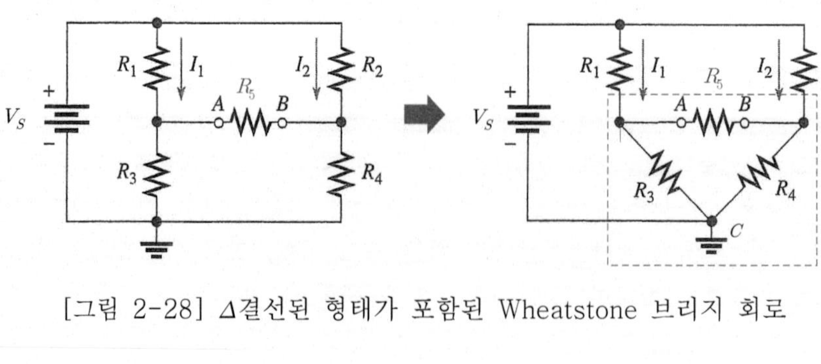

[그림 2-28] Δ결선된 형태가 포함된 Wheatstone 브리지 회로

그림 2-29(a)는 2-28을 변형하여 Δ 형태 구조를 갖는 회로를 만든 것이다. 그리고 그림 (b)와 같이 이 Delta(Δ)결선을 Y결선으로 바꾼다면 직병렬 구조가 눈에 직관적으로 확 들어올 것이다. 즉 그림 (b) 회로를 이용하면 저항을 쉽게 합성할 수 있다. 그 기법을 배우도록 하자.

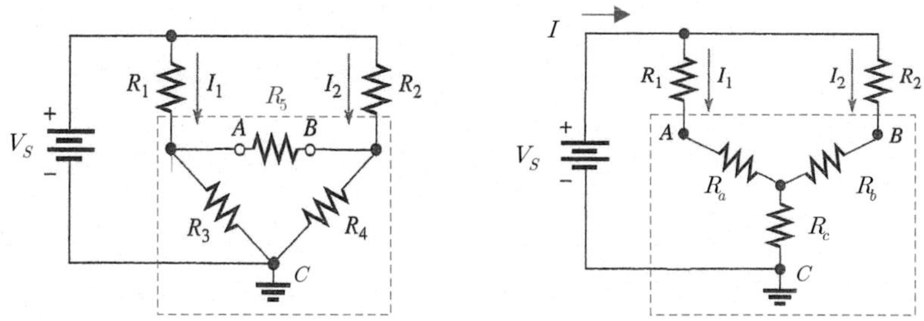

(a) 변환 전의 Δ결선 (b) 변환 후의 Y결선

[그림 2-29] △결선에서 Y결선으로 변환

Δ결선과 Y결선의 상관관계를 알아내기 위해 단자 A, B 간의 저항에 대해 살펴보자.

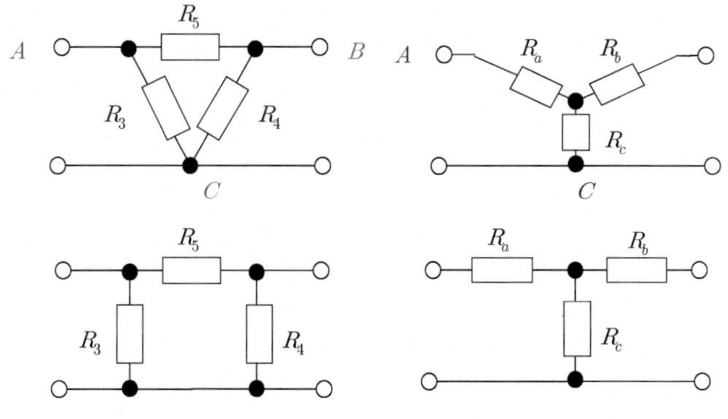

[그림 2-30] 저항의 연결형태로 본 $\Delta(\Pi)$결선 및 Y(T)결선

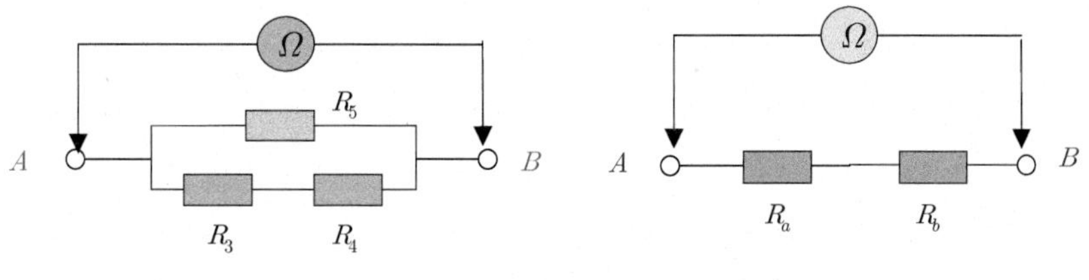

[그림 2-31] 변환을 위해 두 단자 A와 B의 합성저항은 같아야 한다.

먼저 그림 2-31로부터 단자 A와 B 간의 합성저항을 구할 수 있다.

$$R_a + R_b = R_5 \parallel (R_3 + R_4) = \frac{R_3R_5 + R_4R_5}{R_3 + R_4 + R_5} \tag{2-40}$$

같은 방법으로 단자 B와 C 간에 대해 그림 2-30을 그림 2-31와 같이 그려서 적용하면

$$R_b + R_c = R_4 \parallel (R_3 + R_5) = \frac{R_4R_3 + R_4R_5}{R_3 + R_4 + R_5} \tag{2-41}$$

같은 방법으로 단자 C와 A 간에 대해 그림 2-31와 같이 그려서 적용하면 다음과 같다.

$$R_c + R_a = R_3 \parallel (R_4 + R_5) = \frac{R_3R_4 + R_3R_5}{R_3 + R_4 + R_5} \tag{2-42}$$

위의 세 식 (2-40), (2-41) 및 (2-42)을 합하면 다음과 같이 된다.

$$2(R_a + R_b + R_c) = \frac{2(R_3R_5 + R_4R_5 + R_3R_4)}{R_3 + R_4 + R_5}$$

$$R_a + R_b + R_c = \frac{R_3R_5 + R_4R_5 + R_3R_4}{R_3 + R_4 + R_5} \tag{2-43}$$

식 (2-43)로부터 식 (2-40), (2-41) 및 (2-42)를 빼면 다음과 같은 세 식을 얻을 수 있다.

$$R_a = \frac{R_3R_5}{R_3 + R_4 + R_5} \tag{2-44}$$

$$R_b = \frac{R_4R_5}{R_3 + R_4 + R_5} \tag{2-45}$$

$$R_c = \frac{R_3R_4}{R_3 + R_4 + R_5} \tag{2-46}$$

만약 $R_3 = R_4 = R_5$이면 즉 R이라고 하면, $R_a = R_b = R_c = R/3$이 되므로 Y결선의 각 저항값이 Δ결선의 각 저항값의 1/3로 감소함을 알 수 있다.

$$R_Y = \frac{R_\Delta}{3} \tag{2-47}$$

따라서 그림 2-29(b)로부터 저항들을 쉽게 합성할 수 있으며 전압원을 흐르는 전류를 구할 수 있다. 이로부터 전류분배 법칙을 이용하여 가지 전류 I_1과 I_2를 구하며, Kirchhoff 법칙과 Ohm 법칙을 적용하면 두 지점들 A와 B의 전압 V_A, V_B를 구할 수 있다.

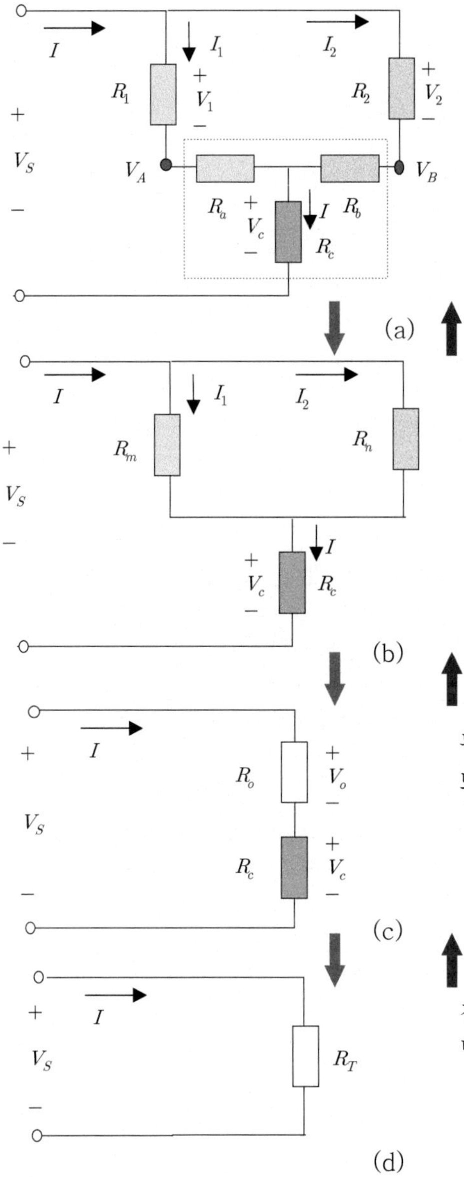

각 전류로 인해 두 저항 R_1과 R_2의 양단전압을 구하면

$V_1 = I_1 R_1, \quad V_2 = I_2 R_2$

KVL과 Ohm 법칙을 적용하면

$V_A = V_S - V_1 = V_S - I_1 R_1 = I_1 R_a + V_c$

$V_B = V_S - V_2 = V_S - I_2 R_2 = I_2 R_b + V_c$

두 저항을 흐르는 전류는 전류분배 법칙 또는 Ohm 법칙으로 구한다.

$R_m = R_1 + R_a, \quad R_n = R_2 + R_b$

$I_1 = I \times \dfrac{R_n}{R_m + R_n}$ 또는 $I_1 = \dfrac{V_o}{R_m}$

$I_2 = I - I_1$ 또는 $I_2 = \dfrac{V_o}{R_n}$

두 저항에 걸리는 전압은 Ohm 법칙 또는 전압분배 법칙으로 구한다.

$V_o = IR_o$ 또는 $V_o = V_S \times \dfrac{R_o}{R_o + R_c}$

$V_c = IR_c$ 또는 $V_c = V_S - V_o$

전원을 흘러나오는 전체 전류는 Ohm 법칙으로 구한다.

$I = \dfrac{V_S}{R_T}$

[그림 2-32] 간략화 과정을 통한 회로해석

따라서 단자 A와 B간의 양단전압차는 다음과 같다.

$$V_{AB} = V_A - V_B \qquad (2\text{-}48)$$

이로부터 그림 2-29(a)에서 두 단자를 연결한 저항 R_5를 흐르는 전류를 구할 수 있다.

$$I_{AB}=\frac{V_{AB}}{R_5} \tag{2-49}$$

2-6-2 Y결선을 Δ결선으로 바꿔 보자.

참고적으로 식 (2-44)로부터 식을 간략히 변형하면 $R_a=\dfrac{R_5}{1+R_4/R_3+R_5/R_3}$이 되며 이 값에 식 (2-45) 및 식 (2-46)을 이용하여 조합하여 대입하면 다음과 같이 쓸 수 있다.

$$R_5=\frac{R_aR_b+R_bR_c+R_cR_a}{R_c} \tag{2-50}$$

$$R_4=\frac{R_aR_b+R_bR_c+R_cR_a}{R_a} \tag{2-51}$$

$$R_3=\frac{R_aR_b+R_bR_c+R_cR_a}{R_b} \tag{2-52}$$

만약 각 저항값이 $R_a=R_b=R_c$이면 즉 모두 R이라 하면 $R_3=R_4=R_5=3R$이 되므로 Δ결선의 각 가지 저항값은 Y결선의 각 가지(branch) 저항값의 3배로 증가한다.

$$R_{\triangle}=3R_Y \tag{2-53}$$

$\Delta-Y$결선에 대해 상호변환하는 방법을 제시하면 다음과 같다. 회로해석을 수행할 때, 필요에 따라 편리하게 사용할 수 있도록 상호변환에 익숙해져야 한다.

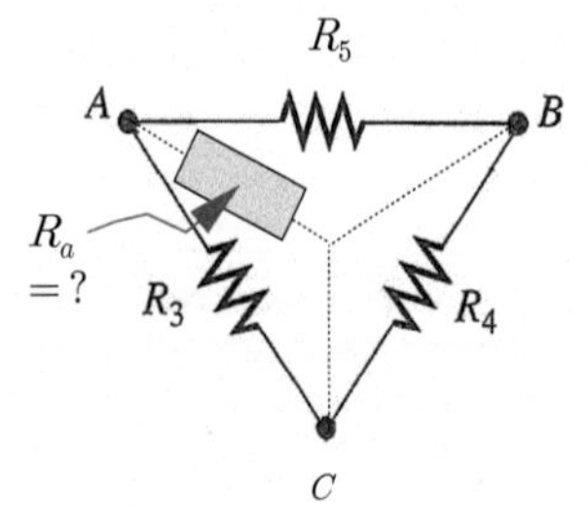	▶ Δ→Y $\dfrac{R_3R_5}{R_3+R_4+R_5}=R_a$ …
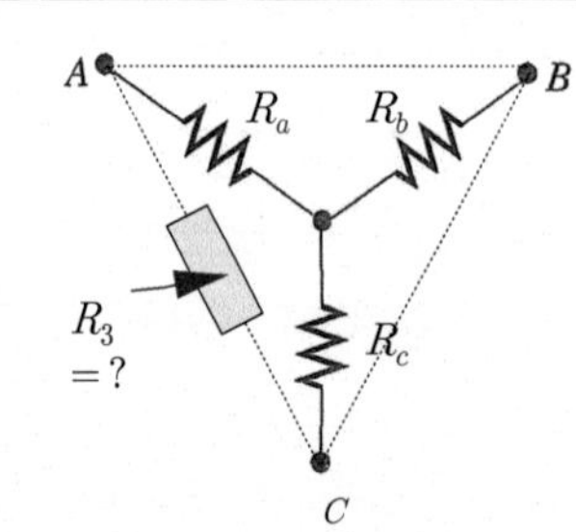	▶ Y→Δ $\dfrac{R_aR_b+R_bR_c+R_cR_a}{R_b}=R_3$ …

복습문제

다음 $\Delta - Y$결선에 대해 그림을 그려서 물음에 답하시오.

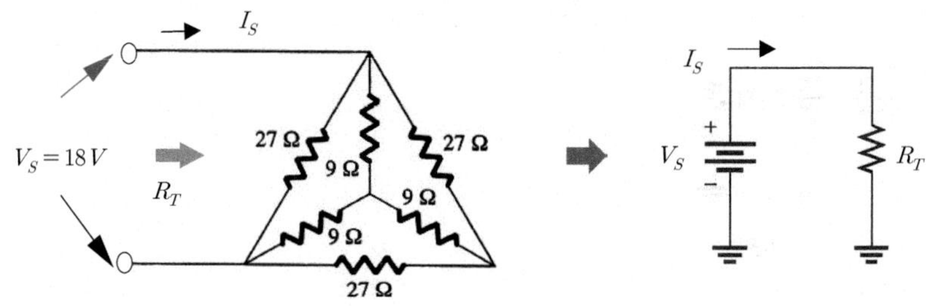

1> $Y \rightarrow \Delta$결선 변환으로 총 합성저항(R_T)을 구하시오. 답: 9Ω

2> $\Delta \rightarrow Y$결선 변환으로 총 합성저항(R_T)을 구하시오.

3> 전압원 $V_S = 18V$이면 이 전원으로부터 흐르는 전류 I_S를 1>과 2>에서 각각 구하고 이들 값이 동일한지를 검토하시오.

4> 위의 결과로부터 $\Delta - Y$변환은 타당한가?

제3장 유용한 회로이론

3-1 선형 시스템

3-2 중첩 정리

3-3 Thevenin 정리

3-4 Norton 정리

3-5 최대전력전달 정리

많은 전기전자회로는 한 개 이상의 전압원 및 전류원을 필요로 하는 경우가 있다. 어떤 주어진 회로에 두 개 이상의 전원이 포함되어 있을 경우, 회로해석에 편리한 중첩 정리(superposition theorem)의 적용 기법을 이해하고 해당 소자의 전류 및 전압을 구하는 방법을 익힌다. 또한, 아무리 복잡한 회로에 대해서도 전압원 1개와 저항 1개로서 직렬로 구성되는 회로로 표현하는 방법을 Thévenin이 개발했다. 즉 회로의 복잡도와 관계없이 그 회로를 단순화하는 기법을 제시했다.

Thévenin(1857~1926): Born in Meaux, France, he graduated from the École Polytechnique in Paris in 1876. He was a talented violin player. Another favorite pastime of his was angling. He remained single but shared his home with a widowed cousin of his mother's and her two children whom he later adopted.

Appointed as a teaching inspector at the École Supérieure de Télégraphie in 1882, he became increasingly interested in the problems of measurement in electrical circuits. As a result of studying Kirchhoff's circuit laws and Ohm's law, he developed his famous theorem, Thévenin's theorem, which made it possible to calculate currents in more complex electrical circuits and allowing people to reduce complex circuits into simpler circuits called Thévenin's equivalent circuits. Thévenin consulted several scholars well known at that time, and controversy arose as to whether his law was consistent with the facts or not. Shortly before his death he was visited by a friend of his, J. B. Pomey, and was surprised to hear that his theorem had been accepted all over the world.

In 1926, he was taken to Paris for treatment. He left a formal request that no one should accompany him to the cemetery except his family and that nothing be placed on his coffin but a rose from his garden. This is how he was buried at Meaux.

Thévenin is remembered as a model engineer and employee of scrupulous morality, strict in his principles but kind at heart.

3-1 선형 시스템(linear system)

3-1-1 선형성 및 선형회로

선형 시스템이란 출력이 입력에 대해 직접적으로 비례하는 직선적인 관계를 가지는 것이다. 어떤 선형 시스템의 여부를 판단하려면 두 가지 조건, 즉 균등성(homogeneity)과 부가성(additivity)이다. 균등성이란 입력이 증가하거나 감소하면 출력도 동일한 비율로 증가하거나 감소하는 것을 말한다. 또한, 부가성이란 만약 두 개의 입력 x_1, x_2의 합이 입력으로 들어가면 각각의 출력에 대한 합이 출력으로 나오는 것을 의미한다. 이 두 가지를 만족하는 시스템을 선형 시스템이라 한다. 저항회로는 Ohm 법칙에 의해 $V=IR$이 되며 균등성과 부가성을 만족하므로 선형 시스템이다.

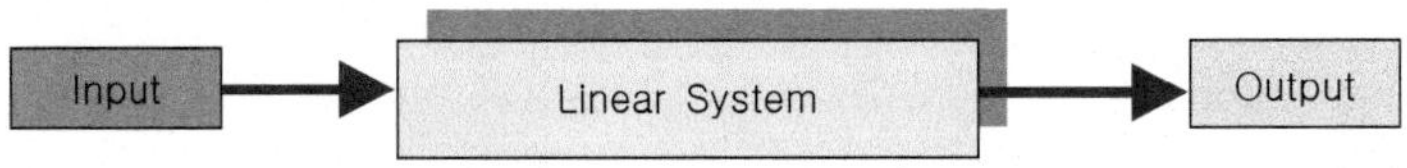

- 균등성: $T(ax)=ay$
- 부가성: $T(x_1)=y_1$이고 $T(x_2)=y_2$이면 $T(x_1+x_2)=y_1+y_2$

[그림 3-1] 선형 시스템의 개념

선형회로

선형회로란 출력이 입력에 대해 직접적으로 비례하는 직선적인 관계를 가진다. 저항은 전류-전압 관계에서 선형 조건을 만족하는 선형 시스템이다.

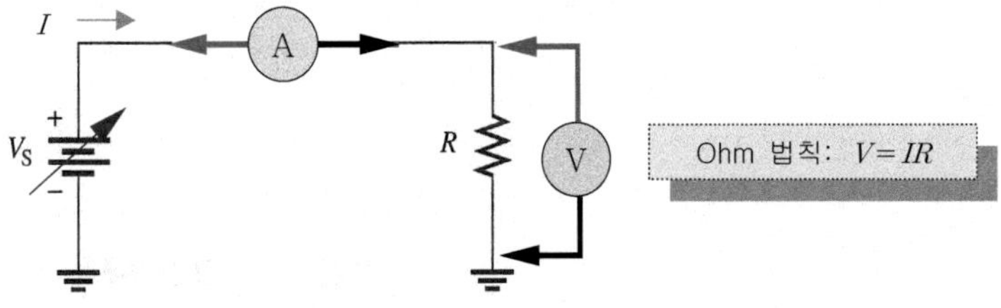

[그림 3-2] 간단한 선형회로

- 균등성: $a(IR)=a(V)$
- 부가성: $V_1=I_1R_1$, $V_2=I_2R_2$ 에서

  $(I_1+I_2)R=I_1R+I_2R=V_1+V_2$

3-1-2 전압원과 전류원에 대한 비활성화의 의미

중첩 정리, 등가회로 등의 회로해석을 하고자 할 경우, '전원을 0(zero)화한다' 또는 '전원을 비활성화한다(deactivate)'라고 하는 용어가 자주 등장한다. 이 의미는 그림과 같이 전압원의 경우는 단락(short)이며 전류원의 경우는 개방(open)이다.

[그림 3-3] 전압원과 전류원의 비활성화 개념

3-2 중첩 정리(superposition theorem)

중첩 정리는 여러 개의 전원이 있는 회로에서 한 번에 1개씩의 전원에 의한 전압과 전류값을 구하는 방법이다. 즉 한 개 이상의 전원을 포함하는 회로에서 각 단자에 걸리는 전압과 각 경로를 흐르는 전류를 구하고자 할 때, 각 전원이 단독으로 존재한다고 가정하였을 경우에 각 단자에 걸리는 전압과 각 경로를 흐르는 전류를 구하고 나중에 각각을 대수적으로 합한 것과 동일하다. 즉 중첩 정리는 회로의 선형성을 이용한 것이다.

3-2-1 회로에 적용하기

어떤 회로에 한 개 이상의 전원이 포함되어 있을 경우, **중첩 정리**의 적용 기법을 이해하고 실험을 통해 해당 소자의 전류 및 전압을 구하는 방법을 익힌다.

그림 3-4는 두 개의 전압원이 있는 직병렬회로를 나타낸 것이다. 이를 통해 중첩 원리를 적용하는 방법을 익혀 보자. 선형 시스템의 특성인 균등성과 부가성이 적용되어 선형성이 성립하는지를 살펴보자.

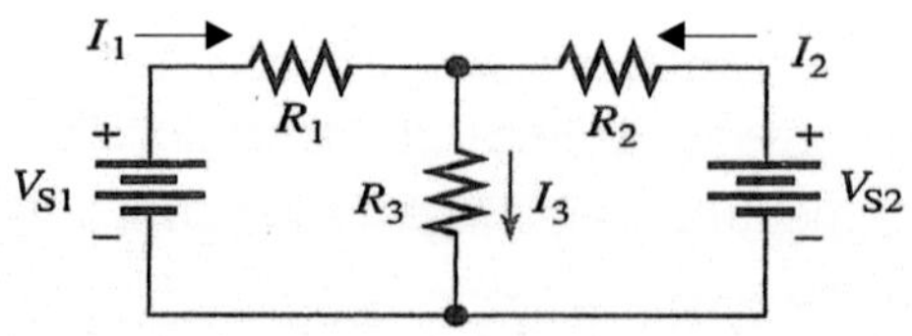

[그림 3-4] 중첩 정리 적용회로

중첩 원리를 적용시키는 단계는 다음과 같다.

[단계1]: 하나의 전원은 활성화시키고 나머지는 비활성화시킨다. 즉 한 번에 한 개의 전압원(또는 전류원)을 취하고 다른 전압원(또는 전류원)들은 단락(개방)시키다. 여기서 단락(short)은 내부 저항이 0이며 개방(open)은 내부 저항이 무한대이다.

[단계2]: 회로에 전원이 한 개만 있는 것으로 생각하여 전류 혹은 전압을 구한다. Kirchhoff 법칙과 Ohm 법칙을 이용하여 주어진 회로에서 구하고자 하는 값을 계산한다.

[단계3]: 앞에 전원을 제외한 다음 전원을 취하여 단계1, 2를 반복한다.

[단계4]: 주어진 가지에서 실제 전류을 구하기 위해 각 개별 전원에 의한 각각의 전류값을 대수적으로 합한다. 원래 회로와 같은 방향은 더하고 다른 방향은 뺀다. 해당 전류를 구하면 원하는 지점의 전압도 구할 수 있다.

그림 3-5는 그림 3-4를 각각의 전원별로 두 개로 나누어 다시 그린 것이다. 그림 (b)와 (c)에서 각 전압원의 극성에 부응하여 각 저항에 걸리는 전압 극성과 전류 방향을 표시하였으며, 이를 바탕으로 해석에 활용한다.

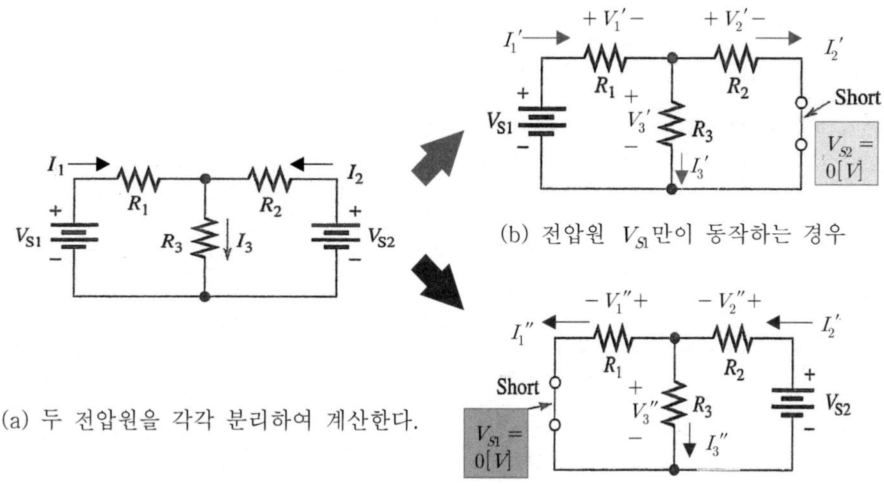

(a) 두 전압원을 각각 분리하여 계산한다.

(b) 전압원 V_{S1}만이 동작하는 경우

(c) 전압원 V_{S2}만이 동작하는 경우

[그림 3-5] 각 전원별로 분리하여 적용된 회로

이들 각각의 회로로부터 Kirchhoff 전압 법칙 및 전류 법칙 그리고 Ohm 법칙을 이용하여 각 값을 계산한다.

그림 3-5(b)로부터 저항을 합성하면

$$R_T = R_1 + (R_2 \parallel R_3) \tag{3-1}$$

전원으로부터 흘러나가는 총 전류는

$$I_T = \frac{V_{S1}}{R_T} = I_1' \tag{3-2}$$

전류분배 법칙에 의해 저항 R_2와 R_3를 흐르는 전류를 구하면 다음과 같다.

$$I_2' = I_1' \times \frac{R_3}{R_2 + R_3} \tag{3-3}$$

$$I_3' = I_1' \times \frac{R_2}{R_2 + R_3}$$

또한, 각 전압은 전류가 구해졌으므로 Ohm 법칙을 사용하면 구할 수 있다.

또한, 그림 3-5(c)로부터 저항을 합성하면

$$R_T = R_2 + (R_1 \parallel R_3) \tag{3-4}$$

전원으로부터 흘러나가는 총 전류는

$$I_T = \frac{V_{S2}}{R_T} = I_2'' \tag{3-5}$$

전류분배 법칙에 의해 저항 R_2와 R_3를 흐르는 전류를 구하면 다음과 같다.

$$I_1'' = I_2'' \times \frac{R_3}{R_1 + R_3} \tag{3-6}$$

$$I_3'' = I_2'' \times \frac{R_1}{R_1 + R_3}$$

또한, 각 전압은 전류가 구해졌으므로 Ohm 법칙을 사용하면 구할 수 있다.

최종적으로 여기서 전압과 전류를 합하는 경우에 더해지는 전압의 극성과 전류의 방향을 고려하여야 한다. 즉 그림 3-5(a)의 경우와 비교하여 원래 회로와 분리시켜 측정한 전압의 극성이 동일한 경우에는 더하고 반대인 경우에는 빼며, 전류도 흐르는 방향이 동일한 경우에는 더하고 반대인 경우에는 뺀다. 따라서 최종적인 전압 극성과 전류 방향은 원래 회로에 나타낸 대로 전압 극성 및 전류 방향과 동일하게 맞추는 것이다.

이로부터 전원의 전류 방향 및 전압 극성에 유의하여 정리하면 다음과 같다.

$$V_1 = V_1' + (-V_1'') \qquad V_2 = (-V_2') + V_2'' \qquad V_3 = V_3' + V_3'' \tag{3-7}$$

$$I_1 = I_1' + (-I_1'') \qquad I_2 = (-I_2') + I_2'' \qquad I_3 = I_3' + I_3'' \tag{3-8}$$

복습문제

다음 회로에서 중첩 원리를 이용하여 부하 저항 R_L을 흐르는 전류 I를 구하시오.

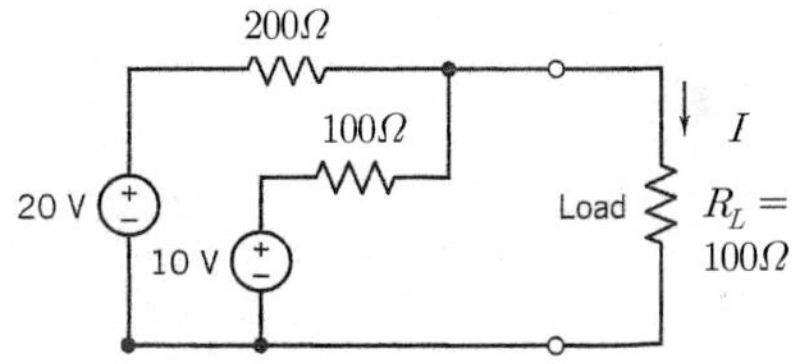

[해]

3-2-2 여러 해석법 및 행렬(matrix)의 적용

어떤 회로해석 방법을 체계화시키는 방법에 대해 익혀 보자. 두 개 이상의 전압원 혹은 전류원이 있는 경우, 조직적으로 회로를 해석하는데 용이하다. 여기에서 소개하는 해석 방법을 자신에게 맞는 방식을 기본으로 하고 다른 방식을 접목시킨다면 어떤 회로라도 강력하고 정확하게 구할 수 있다.

본격적인 회로해석에 앞서 사용될 용어들을 정의해 보자. 그 세 개는 마디(node), 가지(branch) 및 망(mesh)이다. 마디는 두 개 이상의 접합 지점을, 가지(branch)는 두 마디를 연결하는 하나의 전류가 흐르는 경로를, 그리고 망(또는 폐루프)은 회로에서 전류가 흐르는 닫힌 경로를 나타낸다. 폐루프(closed loop) 중에서 그 루프 안에 또 다른 폐루프가 없는 가장 작은 단위의 폐루프를 일반적인 폐루프와 구별하여 메시(mesh)라고 부른다.

다음 그림에서 노드(node)와 폐루프(closed loop)는 무엇이며 각각 몇 개가 있는지를 검토해 보자. 그림 3-6(a)에서 노드는 숫자 1, 2, 3, ...으로 표시한 점들을 말한다. 숫자 4는 노드처럼 보이지만 노드 2와 노드 4 사이에는 아무런 소자가 없으므로 이 두 노드들은 같은 노드이다.

회로해석을 체계적으로 하려면 주어진 회로로부터 무엇이 노드이고 몇 개의 노드들이 있는지를 구하는 것이 중요하다. 좀 더 간략화된 그림 (b)에서 폐회로가 몇 개가 있는지 구해보자. 폐루프들은 영문자 a, b, c, ...로 표시된 것들이다. 이 중에서 메시는 몇 개가 있는지 구해보자. 메시는 그 안에 다른 폐루프가 존재하지 않아야 하므로 루프 a와 루프 b가 메시들이다. 루프 c는 그 안에 두 개의 폐루프들 a, b가 존재하므로 메시가 될 수 없다. 그림 (c)는 노드와 메시로 구분된 간략화된 회로망을 나타낸다. 일반적으로 회로해석에서는 노드와 메시의 수를 구하는 것이 아주 중요하다.

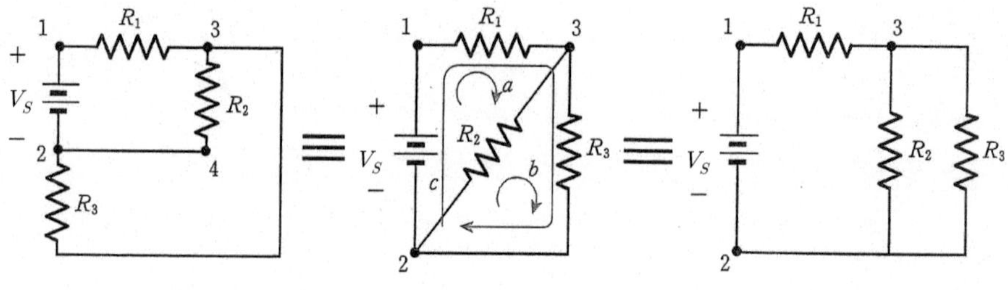

[그림 3-6] 어떤 회로에서 노드(node)와 메시(mesh) 구분 및 간략화 과정

우리가 앞서 배운 Kirchhoff의 전류 법칙(KCL)은 노드(node)를 기반으로 회로를 해석하는 것이며, Kirchhoff의 전압 법칙(KVL)은 폐루프(loop)를 기반으로 한 해석이다.

1> 가지 전류법

각 가지(branch)에 흐르는 전류를 구하기 위해 Kirchhoff 전압 법칙 및 전류 법칙이 사용된다. 그림 3-7의 회로에서 두 전류 I_1 및 I_2를 구하기 위해, 우리가 앞에서 배운 KVL, KCL 및 Ohm 법칙을 적용하여 연립방정식을 만들어 보자.

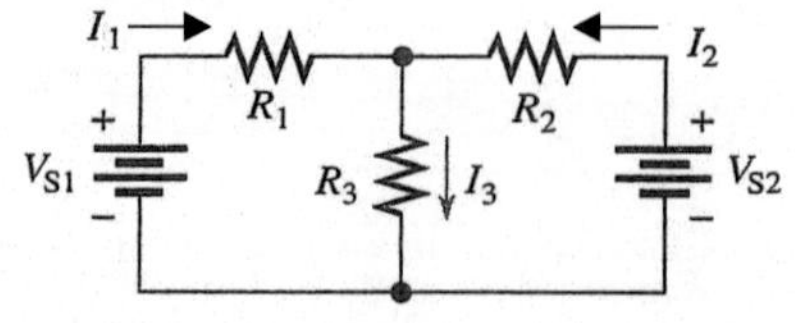

[그림 3-7] 가지 전류법을 해석하기 위한 회로

- KVL 및 Ohm 법칙: $V_{S1} = V_1 + V_3 = R_1 I_1 + R_3 I_3$ (3-9)

  $V_{S2} = V_2 + V_3 = R_2 I_2 + R_3 I_3$ (3-10)
- KCL : $I_1 + I_2 = I_3$ (3-11)

식 (3-11)을 식 (3-9), 식 (3-10)에 대입하고 미지수 I_1, I_2로 하여 정리하면 다음과 같다.

$$V_{S1} = (R_1 + R_3)I_1 + R_3 I_2 = aI_1 + bI_2 \quad (3\text{-}12)$$

$$V_{S2} = R_3 I_1 + (R_2 + R_3)I_2 = cI_1 + dI_2 \quad (3\text{-}13)$$

위 연립방정식에서 구체적인 수치를 이용하여 미지의 값을 구하는 법인 Cramer 계산법을 익히도록 하자. 만약 두 연립방정식들이 다음과 같다고 하자.

$$15 = 10I_1 + 5I_2$$

$$8 = 2I_1 + 4I_2$$

1> 주어진 식으로부터 먼저 **특성 행렬식**(characteristic equation)을 구한다.

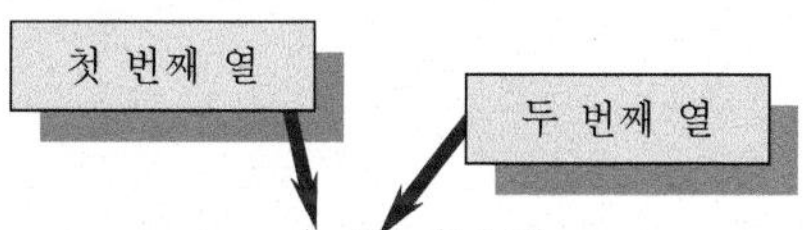

특성 행렬식(D): $D = \begin{vmatrix} a & b \\ c & d \end{vmatrix} = \begin{vmatrix} 10 & 5 \\ 2 & 4 \end{vmatrix}$

2> I_1를 구하기 위해 첫 번째 열의 □에 상숫값(V_{S1}, V_{S2})을 대입하고 계산한다.

$$I_1 = \frac{\begin{vmatrix} \square & 5 \\ \square & 4 \end{vmatrix}}{D} = \frac{\begin{vmatrix} 15 & 5 \\ 8 & 4 \end{vmatrix}}{\begin{vmatrix} 10 & 5 \\ 2 & 4 \end{vmatrix}} = \frac{(15)(4) - (5)(8)}{(10)(4) - (5)(2)} = \frac{20}{30}[A] \quad (3\text{-}14)$$

3> I_2를 구하기 위해 두 번째 열의 □에 상숫값(V_{S1}, V_{S2})을 대입하고 계산한다.

$$I_2 = \frac{\begin{vmatrix} 10 & \square \\ 2 & \square \end{vmatrix}}{D} = \frac{\begin{vmatrix} 10 & 15 \\ 2 & 8 \end{vmatrix}}{\begin{vmatrix} 10 & 5 \\ 2 & 4 \end{vmatrix}} = \frac{(10)(8) - (15)(2)}{(10)(4) - (5)(2)} = \frac{50}{30}[A] \quad (3\text{-}15)$$

어떤 회로에 대해 식 (3-12), 식 (3-13)과 같이 해당 방정식을 세우면, 그 연립방정식의 해는 행렬식을 이용하여 체계적으로 구할 수 있다.

만약 어떤 전류값이 음(-)이 된다면 실제로 흐르는 전류는 처음에 표기한 전류의 방향과 반대 방향으로 흐른다는 것을 의미한다.

복습문제

다음 회로에서 가지 전류법을 이용하여 전류 I_1, I_2 및 I_3를 구하시오.

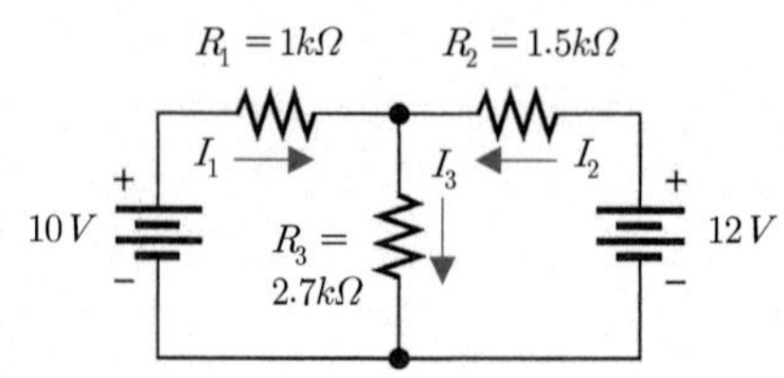

[해]

2> 메시 전류법

메시 전류법은 가지 전류 대신에 루프(loop) 전류를 사용한다. 여기서 망이란 단어는 회로를 그렸을 때, 그물과 같이 보여서 지어진 이름이다. 또한, 루프는 회로에서 전류가 흐르는 닫힌 회로를 의미한다. Kirchhoff 전압 법칙은 폐 루프를 기반으로 한 해석이다.

루프 전류의 방향은 어느 쪽으로 해도 문제가 없다. 그러나 일관성을 유지하기 위해 시계방향으로 정한다. 루프 전류는 회로해석에서 사용되는 수학적인 양으로 표현한 것으로서 앞에서 배운 가지 전류와는 다르다. 가지 전류는 전류계를 달면 그 부분의 전류를 측정할 수 있다. 이것은 루프 전류와는 다르다. 이 전류 방향은 실제로 전류가 흐르는 방향은 아닐지라도 전혀 문제가 되지 않는다. 이와 같이 설정된 전류 방향에 따라 전압 강하를 회로에 극성을 표시한다. 이에 기준하여 KVL를 적용하면 폐 루프당 한 개의 방정식이 만들어진다.

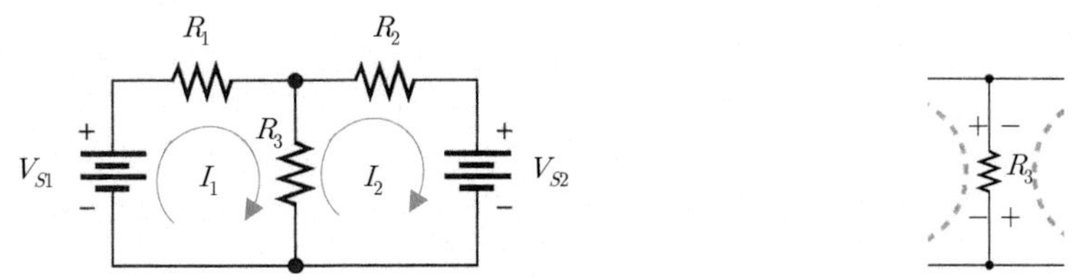

(a) 전류 방향으로 망당 1개의 방정식을 갖는다. (b) R_3는 두 전류가 흐르는 공통 소자이다.

[그림 3-8] 망 해석법

각 저항에서 발생하는 전압 극성은 루프 전류의 방향에 따라 결정된다. 저항 R_3는 두 루프전류가 흐르는 공통 소자이다. 따라서 R_3에서 전류 I_1, I_2는 서로 반대 방향임에 유의한다. 이러한 이유로 루프 전류에 따른 전압 극성을 별도로 표기하였다.

두 개의 루프들에 대해 KVL을 적용해 보자.

전류 I_1 입장: $R_1I_1 + R_3(I_1 - I_2) = V_{S1}$ (3-16)

전류 I_2 입장: $R_2I_2 + R_3(I_2 - I_1) = -V_{S2}$ (3-17)

행렬식을 적용하기 위해 변수를 정리하고 계산하면 다음과 같다.

$$(R_1 + R_3)I_1 - R_3I_2 = V_{S1} \quad (3\text{-}18)$$

$$-R_3I_1 + (R_2 + R_3)I_2 = -V_{S2} \quad (3\text{-}19)$$

미지수인 두 전류값들을 구하기 위해 Cramer 계산법을 활용한다.

식 (3-18)과 (3-19)로부터 망 전류법의 규칙성을 살펴보자. 루프 1에 대한 방정식에서 루프의 총 저항($R_1 + R_3$)을 루프 전류 I_1와 곱한다. 두 루프의 공통된 부분인 저항 R_3는 다른 루프 전류 I_2와 곱하여 첫 번째 항으로부터 뺀다. 루프 2에 대해서도 같은 원칙을 적용한다.

동일한 회로의 전류를 해석하는데 있어서 두 개의 방정식들이 필요하지만 가지 전류법은 세 개를 필요로 하였다. 자신에게 맞는 방법을 선택하면 된다.

복습문제

다음 회로에서 망(또는 루프) 전류법을 이용하여 전류 I_1, I_2 를 구하시오.

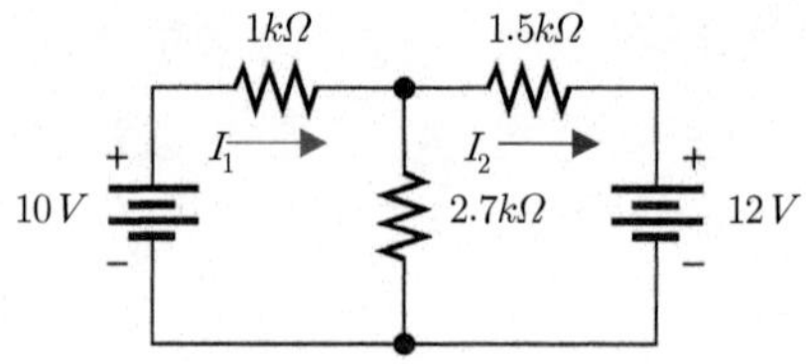

[해]

메시 해석법은 회로의 메시를 중심으로 KVL을 적용하여 회로를 해석하는 기법이다. 각 메시에 흐르는 전류를 계산하여 각 소자의 전류를 구하는 것이다. 전류변수는 모든 메시 개수만큼 존재하므로 해를 구할 때, 필요한 연립방정식의 수도 메시 개수만큼 존재한다.

그림 3-9의 회로에서 일반적인 이 해석 방식을 확장하여 세 개의 메시들(meshes)을 사용하는 경우를 검토해 보자. 이 회로해석에서는 일관성을 가지도록 하기 위해 동일한 회로를 사용하여 다른 방법과 비교토록 하였다.

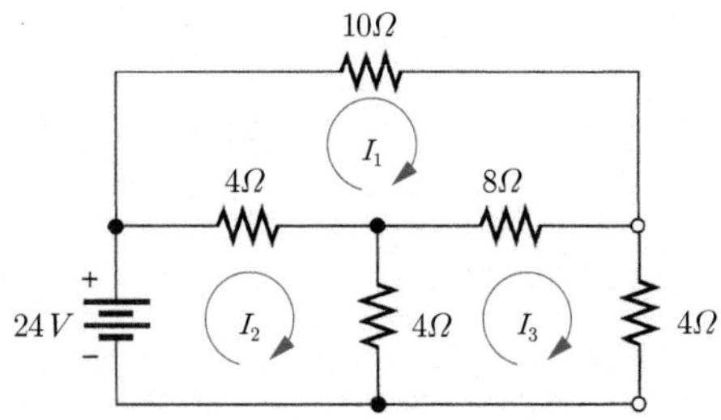

[그림 3-9] 세 개의 메시들을 가지는 회로해석

먼저 Kirchhoff 법칙과 Ohm 법칙에 근거하여 각 전류에 대해 세 개의 방정식을 세운다. 각 전류 방향을 기준으로 폐 루프를 작용하면 다음과 같다.

메시 1: $10I_1+8(I_1-I_3)+4(I_1-I_2)=0$

메시 2: $-24+4(I_2-I_1)+4(I_2-I_3)=0$

메시 3: $4(I_3-I_2)+8(I_3-I_1)+4I_3=0$

미지수인 전류 I_1, I_2 및 I_3에 대해 다시 쓰면 다음과 같다.
Cramer의 규칙을 활용하기 위해 위식들을 정리한다.

메시 1: $22I_1-4I_2-8I_3=0$

메시 2: $-4I_1+8I_2-4I_3=24$

메시 3: $-8I_1-4I_2+16I_3=0$

각 전류를 구하기 위해 우선 행렬식을 처리하자. 이로부터 전류 I_1은 다음과 같다.

$$D=\begin{vmatrix}22 & -4 & -8\\ -4 & 8 & -4\\ -8 & -4 & 16\end{vmatrix}=22\begin{vmatrix}8 & -4\\ -4 & 16\end{vmatrix}+4\begin{vmatrix}-4 & -4\\ -8 & 16\end{vmatrix}-8\begin{vmatrix}-4 & 8\\ -8 & -4\end{vmatrix}=1440$$

$$I_1=\frac{\begin{vmatrix}0 & -4 & -8\\ 24 & 8 & -4\\ 0 & -4 & 16\end{vmatrix}}{D}=\frac{1}{1440}\left\{0\begin{vmatrix}8 & -4\\ -4 & 16\end{vmatrix}+4\begin{vmatrix}24 & -4\\ 0 & 16\end{vmatrix}-8\begin{vmatrix}24 & 8\\ 0 & -4\end{vmatrix}\right\}=1.6A \quad ,$$

같은 방식으로 다음 두 전류들을 구한다.

$$I_2 = \frac{\begin{vmatrix} 22 & 0 & -8 \\ -4 & 24 & -4 \\ -8 & 0 & 16 \end{vmatrix}}{D} = 4.8A \quad , \qquad I_3 = \frac{\begin{vmatrix} 22 & -4 & 0 \\ -4 & 8 & 24 \\ -8 & -4 & 0 \end{vmatrix}}{D} = 2A$$

메시 3에 있는 두 저항 8Ω과 4Ω 양단의 전압은 어떻게 구할 수 있는가? 메시 3의 전류 I_3를 기준으로 표시하면 저항 4Ω의 양단전압은 $I_3(4\Omega) = 8V$이고, 저항 8Ω의 양단전압은 왼쪽을 (+)극성으로 나타내면 $(I_3 - I_1)(8\Omega) = (2A - 1.6A)(8\Omega) = 3.2V$가 된다는 것을 알 수 있다.

3> 마디 전압법

또 하나의 회로해석법이 있다. 마디 전압법으로 부르는데, KCL을 기본으로 하여 각 마디의 전압을 구하는 방법이다. 여기서 마디(node)란 두 개 이상의 소자가 모이는 접합점이다. 그림 3-10은 일반적인 해석 방법을 나타낸다.

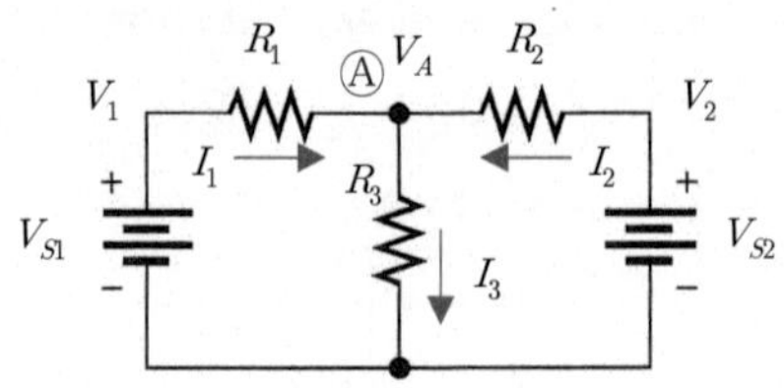

[그림 3-10] 회로해석을 위한 마디 해석법

먼저 마디를 결정한다. 이 회로에는 네 개의 마디들이 존재하며 그중에서 접지(ground)를 기준 마디로 잡는다. 여기서 관심의 대상은 마디 Ⓐ에 있으며 그 이유는 이 마디 전압 V_A을 알면 모든 회로의 전류를 구할 수 있기 때문이다. 이를 바탕으로 전류의 방향을 표기한다.

마디 Ⓐ에서 KCL을 적용시키면 다음과 같다.

$$I_1 + I_2 - I_3 = 0 \tag{3-20}$$

Ohm 법칙을 이용하여 각 전류를 미지의 전압(V_A)항의 조합으로 바꾼다.

$$I_1 = \frac{V_{S1} - V_A}{R_1}, \quad I_2 = \frac{V_{S2} - V_A}{R_2}, \quad I_3 = \frac{V_A - 0}{R_3} \tag{3-21}$$

대입하면 다음과 같은 식이 만들어진다. 이 식으로부터 마디 Ⓐ의 전압(V_A)을 구하면 된다.

$$\frac{V_{S1} - V_A}{R_1} + \frac{V_{S2} - V_A}{R_2} - \frac{V_A}{R_3} = 0 \tag{3-22}$$

이 전압값을 알면 다른 모든 가지 전류들(branch currents)을 구할 수 있다.

노드 해석법은 해를 구하기 위한 연립방정식의 수가 노드 개수-1이 된다. 노드 해석법의 이점은 임의의 노드에서 KCL을 적용할 수 없는 경우에도 접지전원의 변숫값을 계산하기 위해 '노드 개수-1개'의 독립방정식을 얻는다는 것이다.

복습문제

다음 회로에서 마디 전압법을 이용하여 V_A전압을 구하고 전류 I_1, I_2 및 I_3를 구하시오.

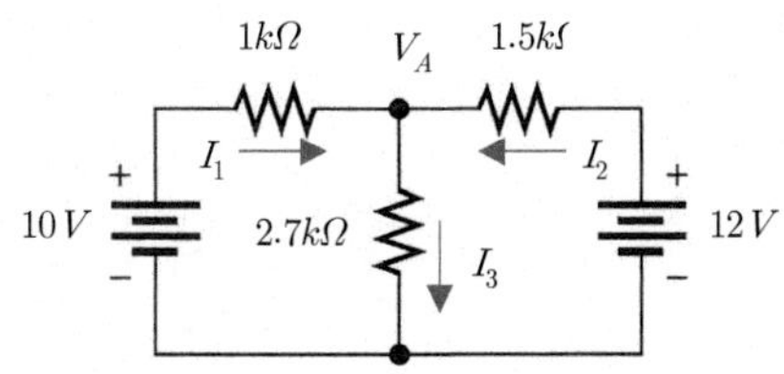

[해]

앞서 메시(망) 전류법으로 활용하였던 동일한 회로를 마디 전압법에 적용해 보자.

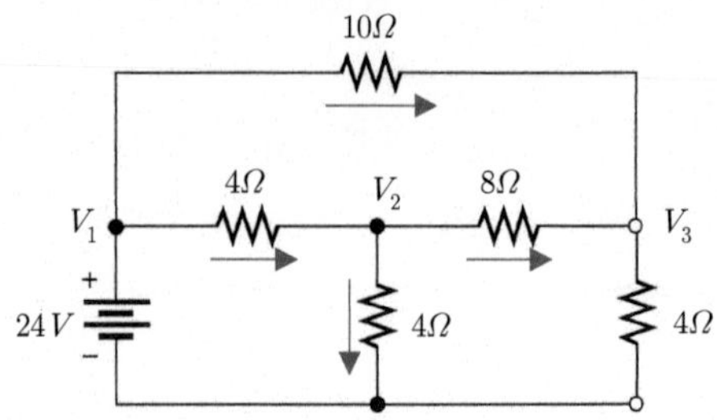

[그림 3-11] 세 개의 마디들을 갖는 회로해석

먼저 노드 개수가 'N-1=3'개이지만 $V_1 = 24V$로 지정되었으므로 각 전압에 대해 두 개의 방정식이 필요하다. Kirchhoff 법칙과 Ohm 법칙에 근거한 노드방정식은 다음과 같다.

• 노드 2: $\frac{V_1 - V_2}{4} = \frac{V_2}{4} + \frac{V_2 - V_3}{8}$, • 노드 3: $\frac{V_2 - V_3}{8} + \frac{V_1 - V_3}{10} = \frac{V_3}{4}$

여기서 $V_1 = 24V$이므로 미지수인 전압 V_2 및 V_3에 대해 정리하면 다음과 같다.

• 노드 2: $\frac{24 - V_2}{4} = \frac{V_2}{4} + \frac{V_2 - V_3}{8}$으로부터 $6 = 0.625V_2 - 0.125V_3$

• 노드 3: $\frac{V_2 - V_3}{8} + \frac{24 - V_3}{10} = \frac{V_3}{4}$으로부터 $2.4 = -0.125V_2 + 0.475V_3$

Cramer의 규칙을 활용하여 각 전압을 구한다. 우선 행렬식(D: *determinant*)을 처리하자.

$$D = \begin{vmatrix} 0.625 & 6 \\ -0.125 & 2.4 \end{vmatrix} \simeq 0.28$$

$$V_2 = \frac{\begin{vmatrix} 6 & -0.125 \\ 2.4 & 0.475 \end{vmatrix}}{D} \simeq 11.2 \ , \quad V_3 = \frac{\begin{vmatrix} 0.625 & 6 \\ -0.125 & 2.4 \end{vmatrix}}{D} \simeq 8$$

노드전압을 모두 구하였으므로 각 저항을 흐르는 전류값을 Ohm 법칙으로 간단히 구할 수 있다. 저항 8Ω의 양단전압은 $V_2 - V_3 = 11.2 - 8 = 3.2V$가 되며 노드전압 V_3에 연결된 저항 4Ω를 흐르는 전류는 양단전압이 $8V$이므로 $8V/4\Omega = 2A$가 된다. 이는 앞의 메시 전류법에 의한 결과와 일치한다. 또한, 전압원 $24V$를 흐르는 전류는 $I_S = (V_2/4) + (V_3/4) = 2.8A + 2A = 4.8A$ 또는 $I_S = \frac{24 - V_3}{10} + \frac{24 - V_2}{4} = 1.6A + 3.2A = 4.8A$가 된다.

그림 3-12에서 전압계가 나타내는 값을 구해 보자. 여러 가지 방법 중에서 메시 전류법과 중첩 원리를 이용하여 해결해 보자. 전압계는 내부저항이 무한대이므로 개방과 같다.

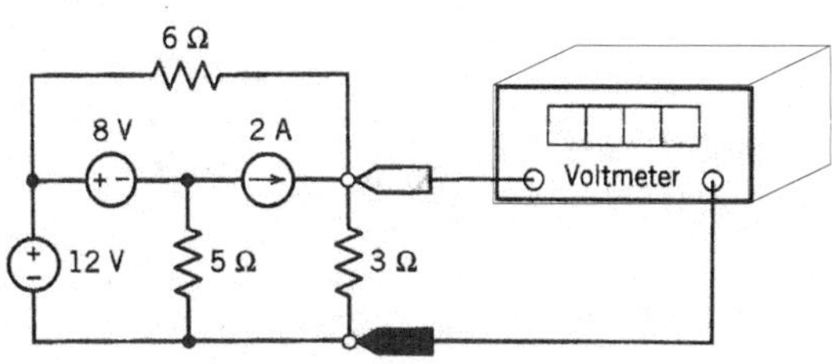

(a) 전압계가 포함된 회로

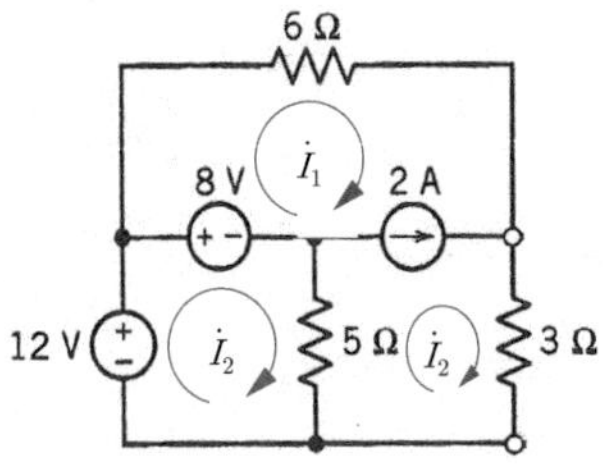

(b) 간략화된 회로

[그림 3-12] 두 전압원과 한 개의 전류원이 포함된 회로에서 전압계의 전압을 구한다.

먼저 메시 전류법을 적용하자. 그림과 같이 각 메시를 흐르는 전류를 I_1, I_2, I_3로 하고 메시 2 및 메시 1, 3(전류원 $2A$가 사이에 끼인)에 대해 각각 KVL을 적용한다.

- 메시 2 : $-12+8+5(I_2-I_3)=0,\quad 5I_2-5I_3=4$
- 메시 1,3: $5(I_3-I_2)-8+6I_1+3I_3=0,\quad 6I_1-5I_2+8I_3=8$

그리고 수퍼메시(supermesh: 전류원이 두 메시에 공통적으로 포함된 경우)라고 부르는 지점에 KCL을 적용하면 $2=I_3-I_1$이 되고 이를 위식에 대입하면 다음과 같이 나타낼 수 있다.

$5I_2-5I_3=4$

$6(I_3-2)-5I_2+8I_3=8$에서 $-5I_2+14I_3=20$

Cramer 규칙을 적용하여 전류 I_3를 구하면 다음과 같다.

$$I_3=\frac{\begin{vmatrix}5 & 4\\-5 & 20\end{vmatrix}}{\begin{vmatrix}5 & -5\\-5 & 14\end{vmatrix}}=\frac{100+20}{70-25}=\frac{120}{45}=\frac{8}{3}A$$

따라서 전압계에 표시되는 전압은 Ohm 법칙을 적용하면 $V_3=I_3(3\Omega)=8V$가 된다.

다른 전류를 위 식 $2=I_3-I_1$, $5I_2-5I_3=4$으로부터 각각 구하면 다음과 같다.

$I_1=I_3-2A=2/3A$

$I_2=I_3+4/5=52/15A$

또 하나의 예로서 다음과 같은 회로에 대해 중첩 원리를 적용해 보자. 전원이 3개가 있으므로 3개 경우로 나누어 회로적으로 그린다.

- 경우 1: 전압원 $8V$와 전류원 $2A$를 비활성화(deactivate)한다.

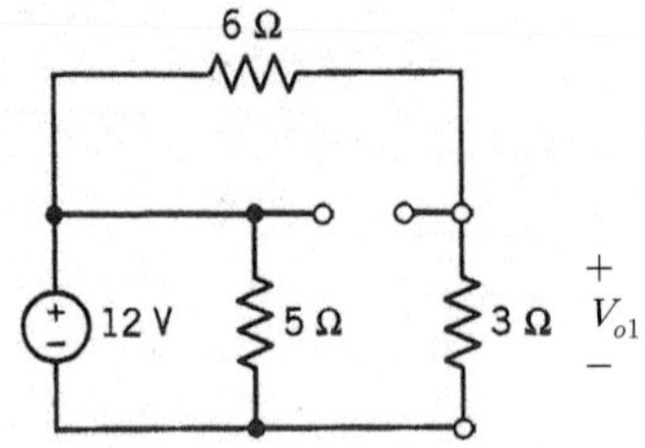

5Ω은 전압원 $12V$와 병렬로 되므로 영향이 없고, 출력전압은 다음과 같다.

$$V_{o1} = 12\,V \times \frac{3}{6+3} = 4\,V$$

- 경우 2: 전압원 $12V$와 전류원 $2A$를 비활성화한다.

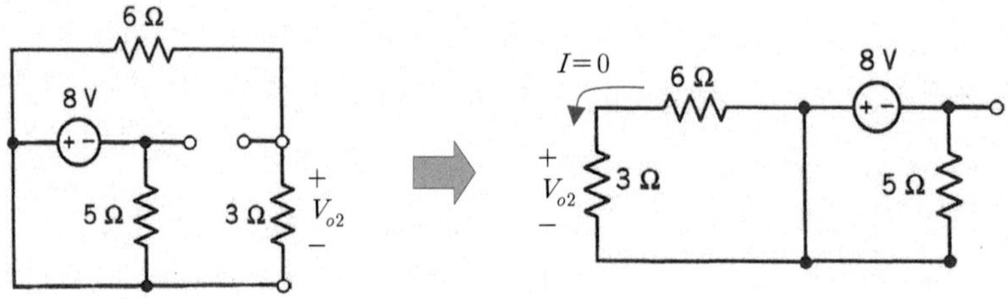

전압원 $8V$와 저항 5Ω은 단락된 선을 통해 전류가 모두 흐르므로 3Ω 쪽으로 흐르는 전류는 $0A$이다. 따라서 전압계의 출력전압은 $V_{o2} = I(3\Omega) = 0A(3\Omega) = 0\,V$이다.

- 경우 3: 전압원 $12V$와 전압원 $8V$를 비활성화한다.

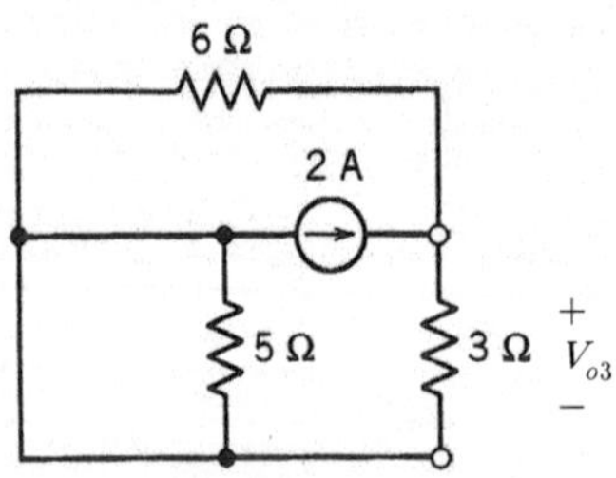

전류원 $2A$와 저항 $R = (3\Omega) \parallel (6\Omega) = 2\Omega$이므로 측정된 출력전압은 $V_{o3} = (2A)(2\Omega) = 4\,V$이다. 이로부터 3개의 출력전압을 합하면 $V_o = V_{o1} + V_{o2} + V_{o3} = 4\,V + 0\,V + 4\,V = 8\,V$로서 메시 전류법과 동일한 값을 가진다.

다음 그림 3-13 회로에서 전류계의 값을 구해 보자. 각 노드를 그림과 같이 V_1, V_2, V_3로 하고 접지를 나타내고, 노드전압법을 적용한다. 전류계는 내부저항이 0Ω이므로 단락이다.

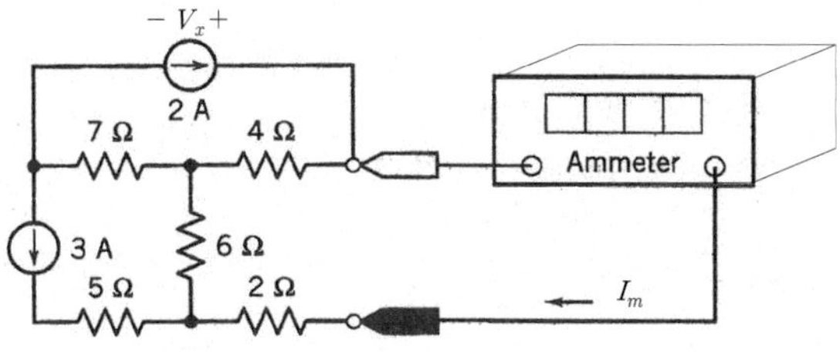

(a) 전류계가 포함된 회로

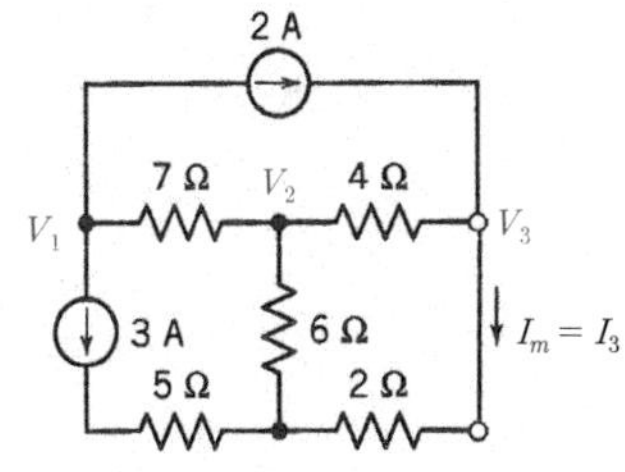

(b) 간략화된 회로

[그림 3-13] 두 전류원들이 포함된 회로에서 전류계를 흐르는 전류를 구한다.

각 노드에 대해 KCL을 적용하면 다음과 같다.

- 노드 1: $2A+3A+\frac{V_1-V_2}{7}=0$,
- 노드 2: $\frac{V_1-V_2}{7}=\frac{V_2-V_3}{4}+\frac{V_3}{6}$
- 노드 3: $\frac{V_3}{2}+\frac{V_2}{6}+3=0$

노드 1과 노드 2를 결합하고 정리하면 다음과 같다.

- 노드 1, 2: $-5=\frac{V_2-V_3}{4}+\frac{V_3}{6}$에서 $-60=3(V_2-V_3)+2V_2$
- 노드 3 : $\frac{V_3}{2}+\frac{V_2}{6}+3=0$에서 $18+V_2+3V_3=0$

행렬식을 이용하기 위해 위 식에서 변수를 정리하면 다음과 같다.

$$5V_2-3V_3=-60$$
$$V_2+3V_3=-18$$

Cramer 규칙을 적용하여 전압 V_3를 구하고 V_2, V_1은 각각 다음과 같다.

$$V_3=\frac{\begin{vmatrix}5 & -60\\1 & -18\end{vmatrix}}{\begin{vmatrix}5 & -3\\1 & 3\end{vmatrix}}=\frac{-30}{18}V=(\frac{-5}{3})V, \quad V_2=-13V, \quad V_1=-48V$$

따라서 전류계에 표시되는 전류는 Ohm 법칙을 적용하면 $I_3=V_3/(2\Omega)=(-5/6)A$가 된다. 다음으로 두 개의 전류원에 대해 중첩 원리를 적용해 보자. 전원이 2개가 있으므로 2개 경우로 나누어 회로적으로 그린다.

• 경우 1: 전류원 $2A$를 비활성화한다.

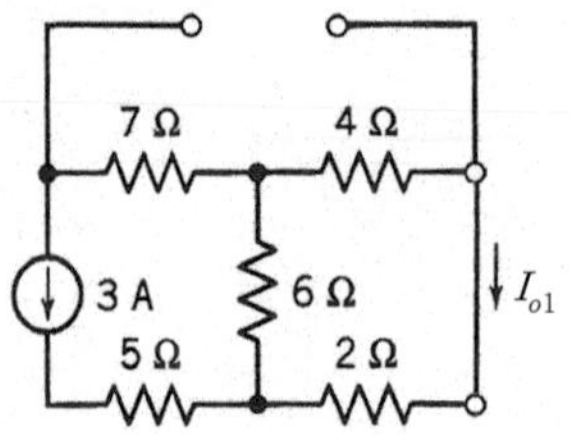

출력전류 I_{o1}은 전류원 $3A$가 둘로 나눠지고 구하고자 하는 전류 방향과 반대이므로 전류분배 법칙을 적용하면 다음과 같다. 여기서 7Ω과 5Ω은 전류 I_{o1}에 영향이 없다.

$$I_{o1} = (-3A) \times \frac{6}{6+6} = -1.5A$$

• 경우 2: 전류원 $3A$를 비활성화한다. 7Ω은 전류 I_{o2}에 영향이 없다.

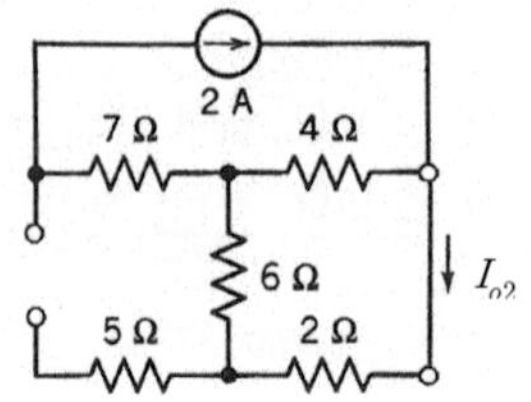

출력전류 I_{o2}은 전류원 $2A$가 둘로 나눠지므로 전류분배 법칙을 적용하면 다음과 같다.

$$I_{o2} = 2A \times \frac{4}{4+8} = \frac{2}{3}A$$

따라서 두 전류를 중첩시키면 $I_o = I_{o1} + I_{o2} = -1.5A + (2/3)A = (-5/6)A$로 되며 이는 노드전압법과 동일하다. 참고로 저항 7Ω과 6Ω을 흐르는 전류를 구해 보자. 각 지점에 KCL을 적용하면 다음과 같다.

$I_{7\Omega} = -5A$ (from left to right)

$I_{6\Omega} = -(3A) - (I_o) = -3A + 5/6A = -13/6A$ (from top to bottom)

마지막으로 문제 회로에서 전류원 $2A$ 양단의 전압은 어떻게 되는지 알아보자. 전류원 양단의 전압은 $V_3 - V_1$이다.

$V_3 - V_1 = (-5/3)V - (-48)V = 46.3V$

3-3 Thevenin 정리(Thevenin's theorem)

두 개의 단자를 가진 아주 복잡한 저항회로가 있다고 하자. 아무리 복잡한 회로에 대해서도 전압원(voltage source) 1개와 저항 1개를 직렬(in series)로 연결하여 회로를 간략히 표현하는 방법을 Thévenin이 개발했다. 즉 회로의 복잡도와 관계없이 그 회로를 단순화하는 기법을 제시했다. 한편 Norton은 전류원(current source)의 관점에서 등가회로 모형을 만들어 회로를 간략히 하는 방법을 제시하였다. 이를 바탕으로 어떠한 조건에서 부하에 최대전력을 전달하는지를 쉽게 판별할 수 있다.

3-3-1 왜 등가(equivalent)라는 용어를 사용하는가?

Thevenin 등가회로는 원 회로와는 내부는 동일하지는 않지만 출력전압(V_{out})과 출력전류(I_{out})에 관한 한 동일한 기능을 가지면 같은 효과를 가진다고 말할 수 있다.

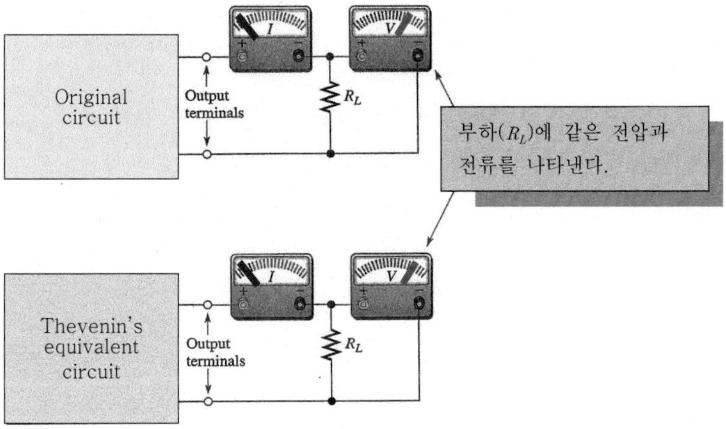

[그림 3-16] 등가회로는 관심부인 R_L에 같은 전압과 같은 전류를 가진다.

즉 회로가 어떻게 구성되든지 간에 구하고자 하는 관심 부분 R_L에 전압과 전류가 같다면 동일한 기능을 가짐을 의미한다. 위의 그림에서 어느 상자에 원 회로가 들어 있는지 또한 어느 상자에 등가회로가 들어 있는지를 계측기로 봐서는 알 수 없다.

우리는 앞장에서 전압원을 전류원으로 전류원을 전압원으로 바꾸는 전원변환 기법을 익혔다. Thevenin 정리는 이와 유사하다. 복잡한 회로를 간단한 회로로 표현할 수 있는 기법인 **Thevenin 정리**는 어떤 회로를 표준 등가회로로 단순화시키는 방법이다. 즉 복잡한 회로해석을 간단히 하는 데 사용된다. 두 개의 단자를 가진 Thevenin 등가회로는 전압원과 직렬로 연결된 저항으로 구성된다. 이 두 값은 원 회로의 구성에 따라 결정된다.

3-3-2 등가전압 및 등가저항

그림 3-17은 회로에서 같은 전압과 전류를 가지므로 등가인 회로를 나타낸다. 지금부터는 상자 안에 있는 회로를 간략화해 보자. 두 개의 단자를 가진 Thevenin 등가회로는 전압원과 직렬(in series)로 연결된 저항으로 구성된다. 전압원의 입장에서 만든 등가회로이다.

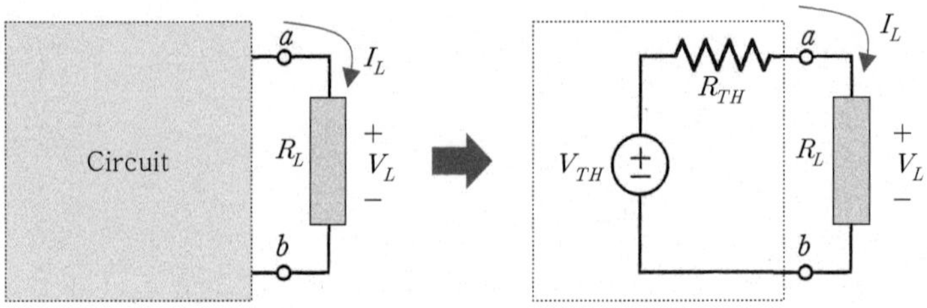

(a) 원 회로 (b) 등가회로

[그림 3-17] Thevenin 회로의 구성

그림 3-17(a)의 회로에서 부하저항 R_L을 중심으로 단자 a, b에서 왼쪽으로 본 복잡한 회로망을 그림 (b)와 같이 하나의 전압원 V_{TH}와 하나의 등가저항 R_{TH}가 직렬로 연결된 간단한 회로로 바꿀 수 있다. 이를 Thevenin 정리라고 하며, V_{TH}를 Thevenin 전압, R_{TH}를 Thevenin 저항이라고 한다. 이때 두 단자들 사이에 연결된 부하저항 R_L에 걸리는 전압 V_L과 흐르는 전류 I_L은 각각 다음과 같다.

$$V_L = V_{TH} \times \frac{R_L}{R_{TH}+R_L} \tag{3-23}$$

$$I_L = \frac{V_{TH}}{R_{TH}+R_L} \tag{3-24}$$

Thevenin 정리는 회로 전체의 전압 및 전류 상태를 몰라도 회로 중에 관심 있는 임의의 가지에서 일어나는 전류, 전압을 구할 수 있는 대단히 중요한 정리이다.

복잡한 저항회로를 임의의 상자에 넣고 단지 출력단자만 노출시킨다. 그런 다음 그 회로의 Thevenin 등가회로를 똑같은 상자에 넣고 출력단자만 노출시킨다. 각 상자의 출력단자 양단에 동일한 부하저항을 연결한다. 그리고 그림과 같이 전류계와 전압계로 부하의 전류 및 전압을 측정한다.

위에서 전류 및 전압의 측정값이 동일하면 원래 회로가 들어 있는 상자와 Thevenin 등가회로가 들어 있는 상자를 구분할 수 없다. 즉 전기 측정을 바탕으로 한 실험 결과를 보면 두 회로는 동일하므로 이를 등가(equivalent)라고 한다. 이는 외부에 미치는 영향이 동일하다는 것이지 회로 내부가 동일하다는 것을 의미하진 않는다.

3-3-3 회로에서 구하는 방법

회로의 Thevenin 등가회로를 구하려면 등가전압 V_{TH}, 등가저항 R_{TH}을 구해야 한다. 그림에서 우선 관심이 있는(전압 및 전류를 구하고자 하는) 부하저항 R_L의 개방을 전제로 한다.

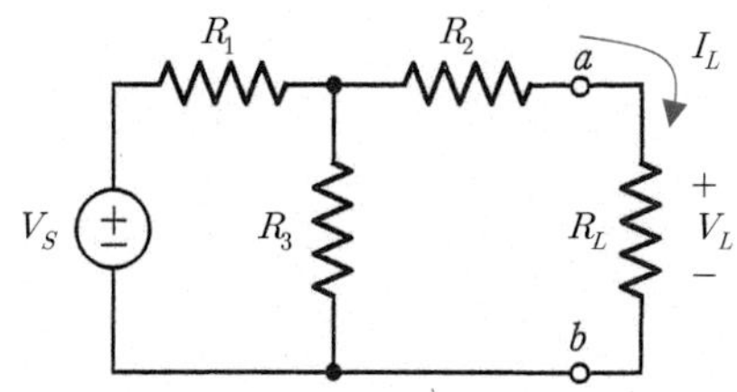

[그림 3-18] Thevenin 정리를 적용한 회로

1> Thevenin 등가전압

부하저항을 제거한 후, 단자 a, b를 개방하였을 때 두 단자 사이에 걸리는 개방회로의 전압(V_{OC})이다. 이 점 a와 점 b사이의 개방 전압이 바로 Thevenin 등가전압이다. 다음 그림에서 부하를 개방 시, 회로의 R_2에 전류가 흐르지 않으므로 a와 b 사이의 전압은 R_3 양단 전압과 같다.

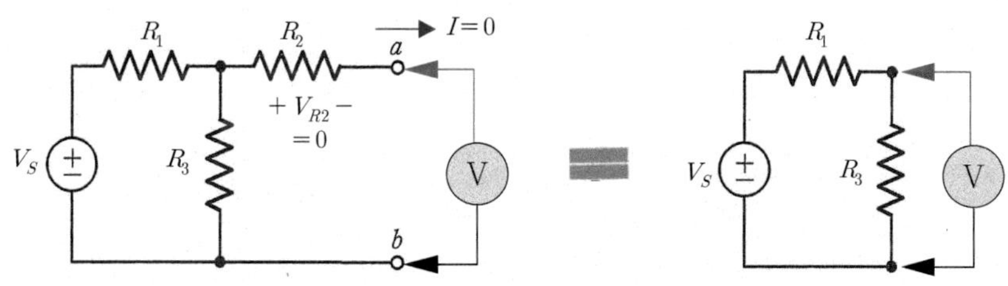

[그림 3-19] Thevenin 등가전압 구하기

$$V_{TH} = V_S \times \frac{R_3}{R_1 + R_3} \tag{3-25}$$

2> Thevenin 등가저항

Thevenin 저항(R_{TH})는 그림 3-20은 그림 3-18에서 부하저항(R_L)을 개방한 후에 회로망의 전원(source)을 모두 비활성화하고 개방 단자 a, b에서 측정한 저항이다. 이때 전원(source)을 제거하는 방법으로서 전압원(voltage source)인 경우에는 단락시키고, 전류원인 경우에는 개방시킨다. 달리 표현하면, 전원은 이상적 전원의 내부저항으로 바꾼다.

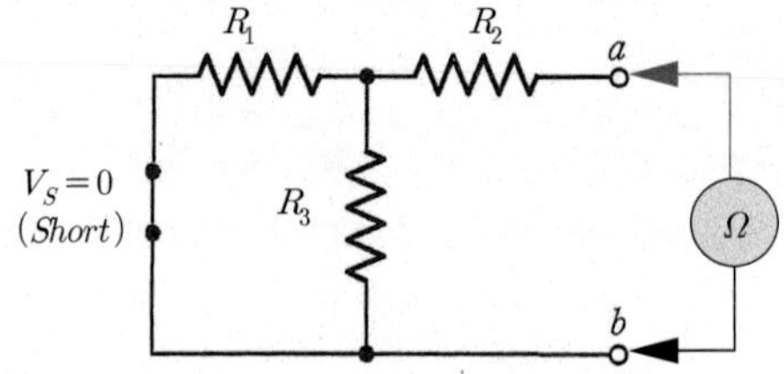

[그림 3-20] Thevenin 등가저항 구하기

위의 회로로부터 등가저항을 구하면 다음과 같다.

$$R_{TH} = (R_1 \parallel R_3) + R_2 \tag{3-26}$$

복습문제

부하(R_L)를 개방하였을 경우, 왼쪽 부분을 Thevenin 등가회로로 나타내시오.

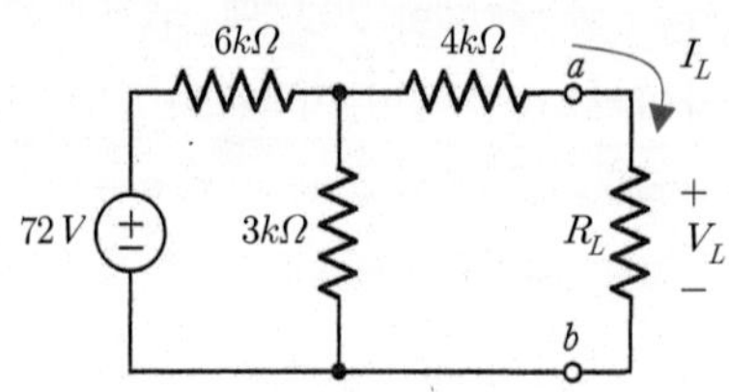

[해]

3-3-4 왜 등가회로를 구하고자 하는가?

다음 그림 3-21 회로에서 등가회로의 유용성을 검토해 보자. 우리의 주된 관심은 오로지 부하저항 R_L 양단의 전압 V_L에 있다고 하자.

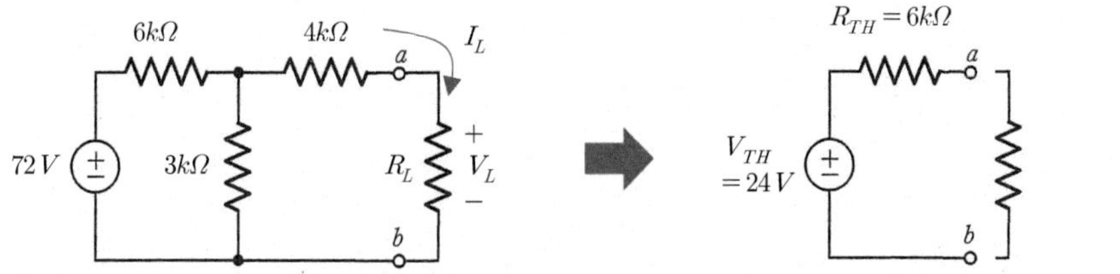

(a) 원 회로 (b) 간략화된 Thevenin 등가회로

[그림 3-21] 회로 및 그 등가회로

1> 고전적 방식

그림 (a)에서 고전적인 방식으로 전압 및 전류를 구해 보자.

<1> $R_L=2k\Omega$인 경우

저항을 합성하면 총 저항은 $R_T=6k\Omega+(3k\Omega//6k\Omega)=8k\Omega$이 된다. 따라서 전원을 흐르는 전류는 $I=9mA$가 된다. 따라서 부하를 흐르는 전류 및 부하전압은 각각 다음과 같다.

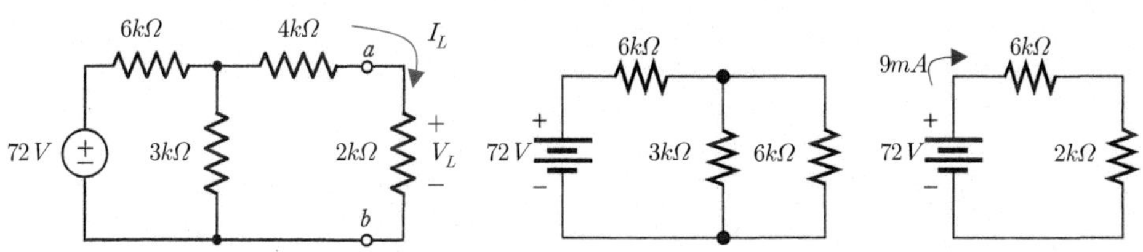

[그림 3-22] 회로 및 그 등가회로

$$I_L=9mA\times\frac{3k\Omega}{3k\Omega+6k\Omega}=3mA$$

$$V_L=I_LR_L=(3mA)(2k\Omega)=6V$$

<2> 부하저항이 $R_L=10k\Omega$인 경우

또 다시 위의 계산 과정을 반복해야 한다. 즉 부하저항 R_L이 $10k\Omega$이면 또 다시 총 저항값은 $R_T=6k\Omega+(3k\Omega//14k\Omega)=8.47k\Omega$이 되고, 전원을 흐르는 전류는 $I=8.5mA$가 된다.

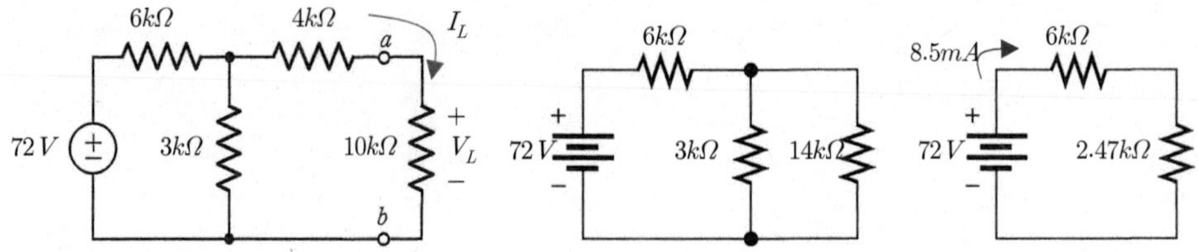

[그림 3-23] 회로 및 그 등가회로

$$I_L = 8.5mA \times \frac{3k\Omega}{3k\Omega + 14k\Omega} = 1.5mA$$

$$V_L = I_L R_L = (1.5mA)(10k\Omega) = 15\,V$$

이와 같이 Kirchhoff 법칙 및 Ohm 법칙과 같은 풀이 과정을 지루하게 반복해야 할 것이다.

2> Thevenin 등가회로 방식

그러나 그림 (b)의 등가회로를 이용하여 구한다면 어떤 부하 저항값을 가지더라고 간단히 부하전류 및 부하전압을 구할 수 있다.

<1> $R_L = 2k\Omega$이면 그림 (a)에서 구한 부하전압은 다음과 같다.

$$V_L = 24\,V \times \frac{2k\Omega}{6k\Omega + 2k\Omega} = 6\,V$$

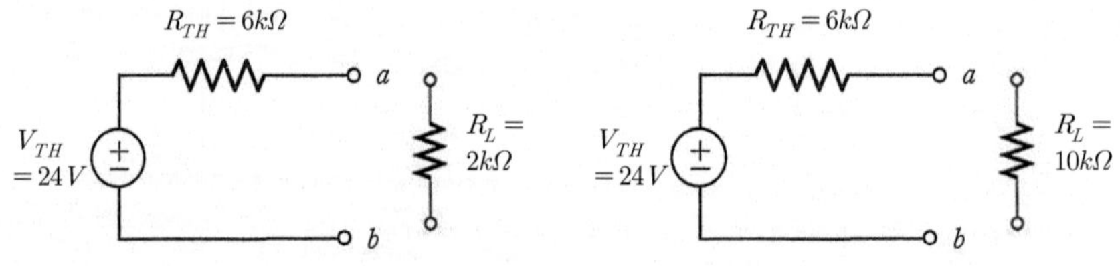

(a) $R_L = 2k\Omega$ (b) $R_L = 10k\Omega$

[그림 3-24] 회로 및 그 등가회로

<2> $R_L = 10k\Omega$이면 그림 (b)와 같이 간단히 등가회로를 이용하여 구할 수 있다.

$$V_L = 24\,V \times \frac{10k\Omega}{6k\Omega + 10k\Omega} = 15\,V$$

따라서 Thevenin 등가회로를 구하면 부하저항이 어떤 값으로 바뀌더라도 쉽게 부하를 흐르는 전류와 전압값을 쉽게 구할 수 있을 것이다. 등가회로의 유용성이 바로 여기에 있다.

3-3-5 측정 실험으로 V_{TH} 및 R_{TH} 구하기

만약 회로망의 내부는 공개되지 않고 출력단자만 노출되어 있다고 하자. 이 경우는 등가전압은 쉽게 구할 수 있지만, 특히 등가저항을 구하기 위해 전원(전압원, 전류원)을 제거할 수 없으므로 대안을 생각해야 한다. 다음 그림들의 순서에 따라 측정하는 방법이 있다.

[단계1]: 회로의 출력단자로부터 부하를 제거하여 개방(open)시킨다.

[단계2]: 개방된 단자전압을 측정한다.($V_{OC} = V_{TH}$)

[단계3]: 이 개방된 두 단자에 가감저항기(가변 부하저항)를 연결한다.

[단계4]: 가변저항을 조절하여 단자전압이 Thevenin 전압의 반(1/2)이 되도록 한다.
즉 $R_L = R_{TH}$ 이면 부하전압은 $V_L = V_{TH}/2$이다.

[단계5]: 가감저항을 회로에서 분리하여 저항계(ohmmeter)로 저항값을 측정한다.

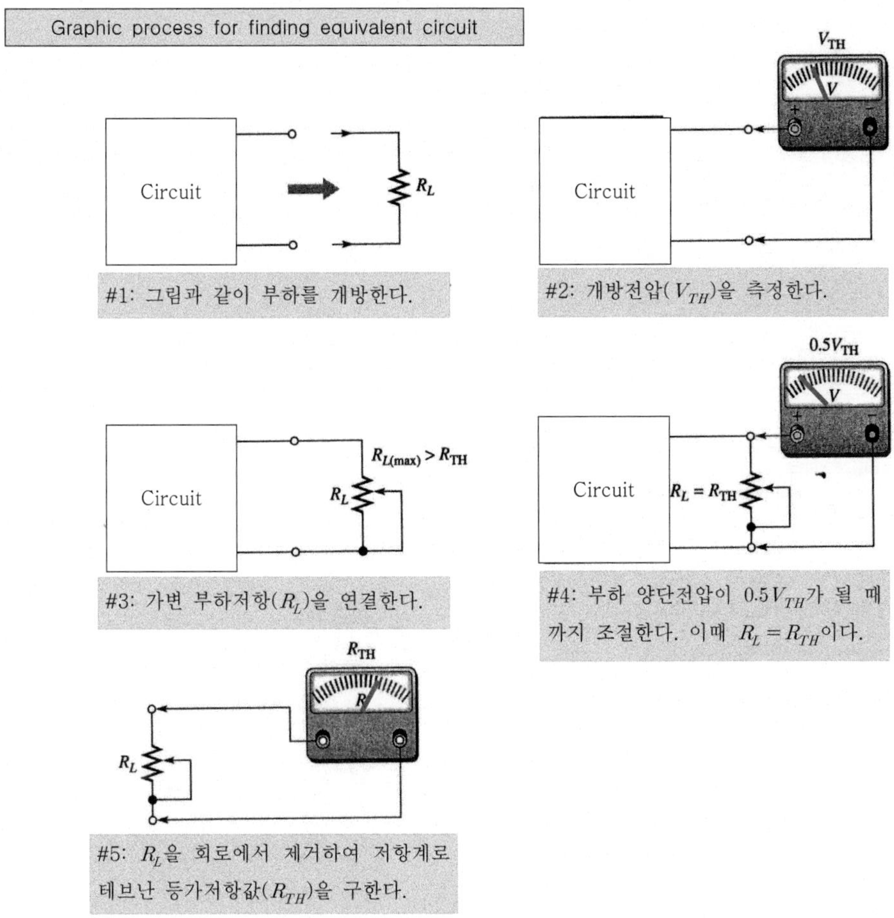

[그림 3-22] 가감저항을 활용한 Thevenin 등가회로 구하기

그림 3-23회로에 대해 구체적인 수치를 적용하여 Thevenin 등가회로를 구해 보자.

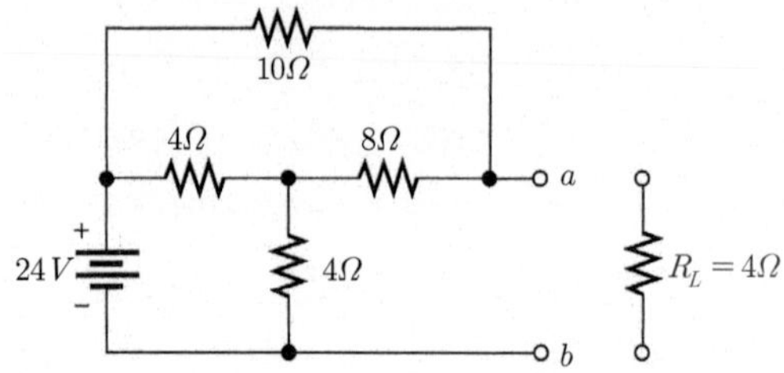

[그림 3-23] Thevenin 등가회로 해석

Thevenin 등가회로는 부하저항의 개방(open)을 기반으로 한다. 따라서 그림 3-23에서 관심부인 부하저항 R_L이 개방되어 있다. 이 상태에서 지금부터 등가전압과 등가저항을 구해 보자. 먼저 Y형 결선(4Ω, 4Ω, 8Ω)을 Δ결선으로 변환하면 그림 3-24와 같이 된다.

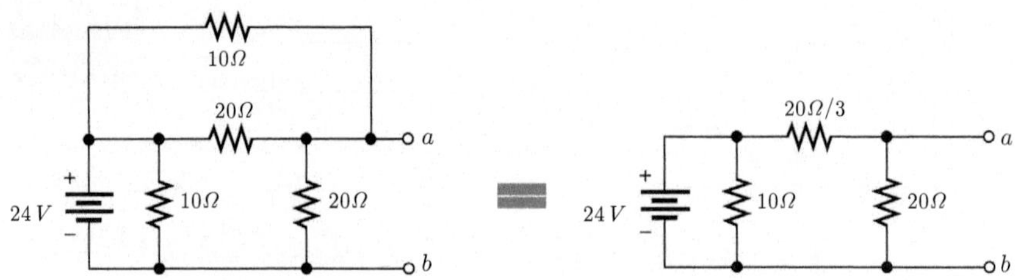

[그림 3-24] $Y-\Delta$ 변환을 활용한 회로 간략화

회로로부터 등가전압(개방전압)은 전압분배 법칙으로 구할 수 있다. 10Ω은 영향이 없다.

$$V_{TH} = V_{ab} = 24\,V \times \frac{20}{(20/3)+20} = 18\,V$$

또한 등가저항은 전원(전압원, 전류원)을 비활성화하고 개방된 부하 양단에서 저항계로 저항을 측정하면 다음과 같다.

$$R_{TH} = ((4Ω \parallel 4Ω) + 8Ω) \parallel 10Ω = 5Ω$$

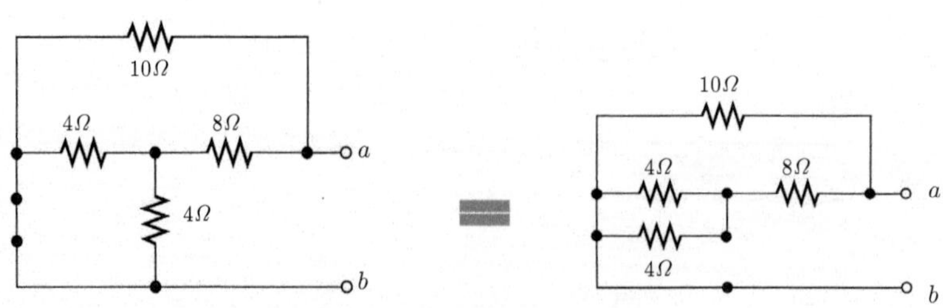

[그림 3-25] 등가저항회로

마지막으로 개방해 두었던 단자에 부하저항을 연결하면 부하전류와 전압은 다음과 같다.

$$I_L = \frac{18V}{5\Omega+4\Omega} = 2A, \quad V_L = 18V \times \frac{4\Omega}{5\Omega+4\Omega} = 8V$$

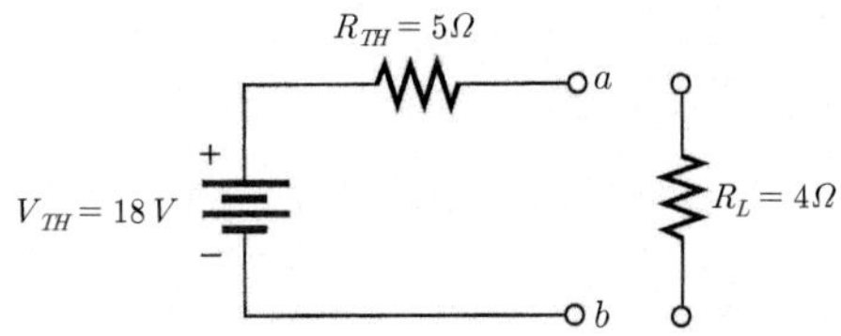

[그림 3-26] Thevenin 등가회로에 부하저항을 연결하여 전압과 전류를 구한다.

복습문제

[1] 다음 회로에서 부하저항 $R_L = 2.7k\Omega$을 개방할 때, Thevenin 등가회로를 구하시오.

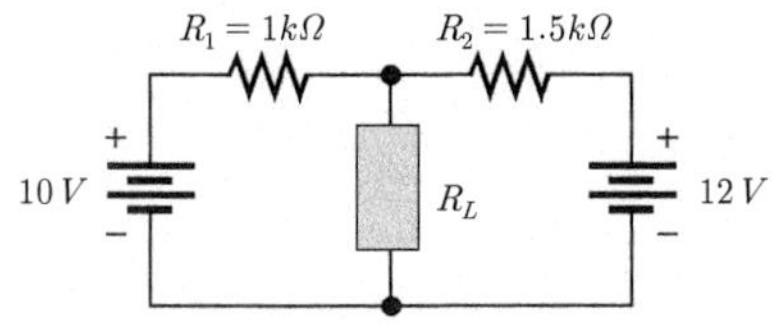

[해]

[2] 만약 부하저항이 $R_L = 2.7k\Omega$이라면 부하전압을 구하시오. 앞의 중첩 정리에서 구한 해와 동일한지를 검토하시오.

3-3-6 부하저항이 있는 Wheatstone bridge는 단순한 직병렬회로가 아니다.

Thevenin 정리의 효용성은 Wheatstone bridge 회로를 해석할 때 그 강력한 의미를 이해할 수 있다. 그림과 같이 부하저항이 두 출력단자 A, B에 연결되어 있을 때, 이 회로는 간단한 직병렬회로가 아니므로 해석하기가 아주 어렵다. 이는 저항 간의 결선이 직렬 혹은 병렬인지를 판단하기가 대단히 어렵다는 것이다.

우리는 제3장에서 $\Delta - Y$결선의 변환을 통해 해석을 시행해 보았다. 그러나 여기서는 강력한 해석 기법인 Thevenin 정리를 이용하여 구해 보도록 하자. 반드시 회로를 그려 점차적으로 간략화한다는 것을 명심하고 두 가지 방법으로 익히도록 하자.

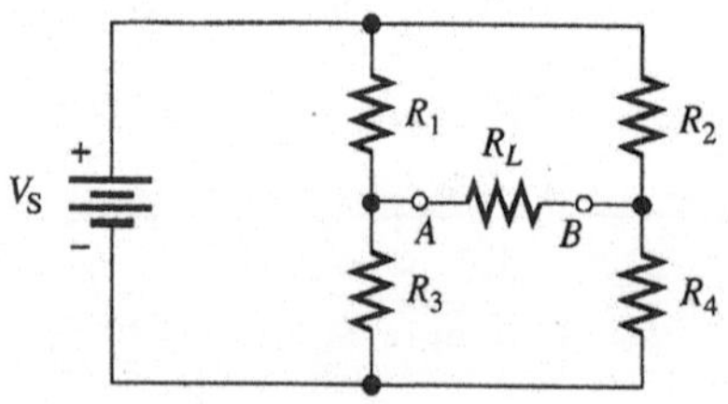

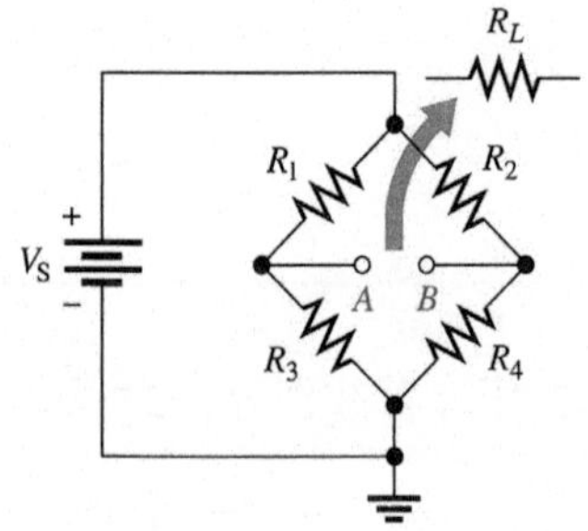

[그림 3-27] Wheatstone 회로를 Thevenin 등가회로로 만들자.

1> 방법 1

#1. 관심이 있는 부하저항을 개방(open)하자.

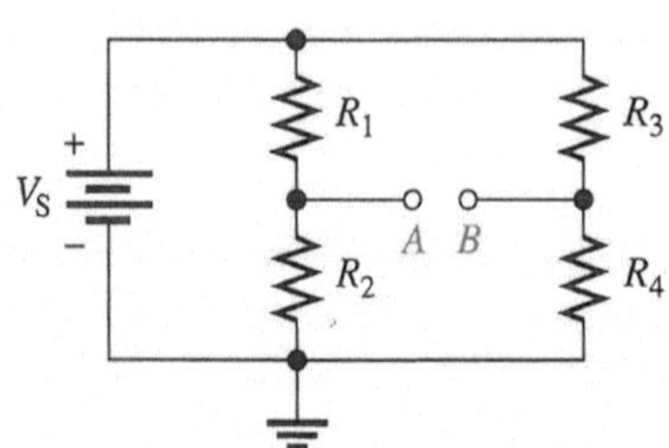

저항 R_3 양단전압이 V_A이고 저항 R_4 양단전압이 V_B이다.

$$V_A = V_S \times \frac{R_3}{R_1 + R_3}$$

$$V_B = V_S \times \frac{R_4}{R_2 + R_4}$$

#2. 개방된 지점의 전압을 구하자. 이것이 Thevenin 전압이 된다.

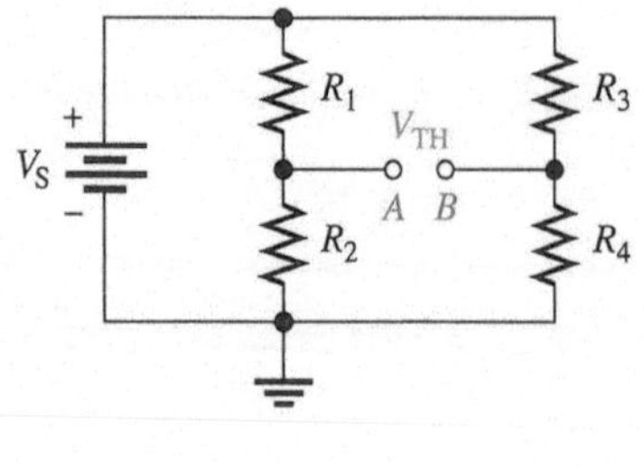

Kirchhoff 전압 법칙을 적용하면

$$V_{TH} = V_{AB} = V_A - V_B$$

$$= V_S(\frac{R_3}{R_1 + R_3}) - V_S(\frac{R_4}{R_2 + R_4})$$

#3. 전압원 V_S를 비활성화(zero화)하여 등가저항을 구하자. 전압원을 비활성화하면 단락 상태로 되며 이를 그림으로 나타내면 다음과 같이 간략화된다.

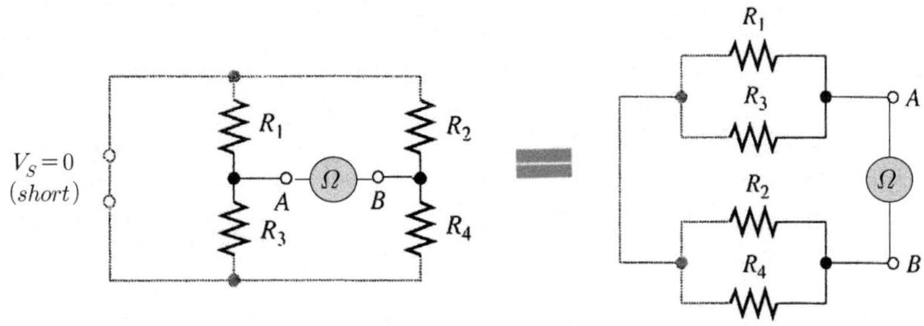

$$R_{TH}=(R_1 \parallel R_3)+(R_2 \parallel R_4)$$

#4. 등가회로를 전원과 등가저항을 직렬로 하여 그린다. 마지막으로 부하를 연결하여 우리가 구하고자 하는 부하전압과 부하전류를 간단히 구할 수 있다.

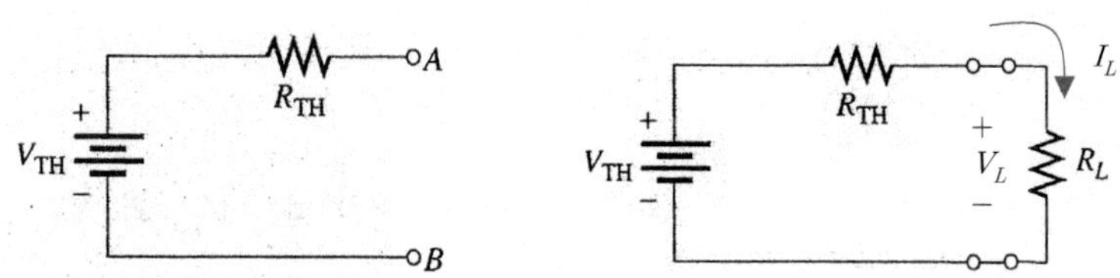

$$V_L = V_{TH}\times\frac{R_L}{R_{TH}+R_L}, \qquad I_L=\frac{V_{TH}}{R_{TH}+R_L}$$

2> 방법 2

#1. 개방된 지점의 전압을 구하자. 여기서는 전원전압을 2개로 분리시켜 다시 그린다. 여기서 전원은 동일하므로 그림과 같이 두 개의 부분으로 나눠보자. 즉 전압원 V_S, R_1, R_3와 또 하나의 전압원 V_S, R_2, R_4로 독립적으로 구한다.

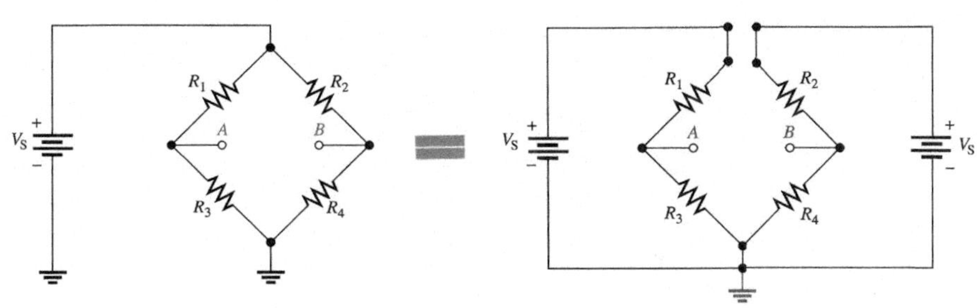

#2. 두 개의 회로를 서로 연결한다.

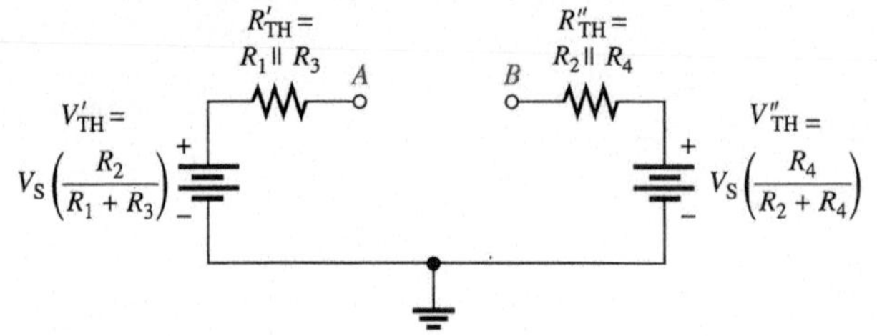

#3. 각 전압원과 각 저항을 합성한다. 결과적으로 동일한 결과를 얻는다.

개방된 단자 A, B 양단 등가전압: $V_{TH} = V'_{TH} - V''_{TH}$

개방된 단자 A, B 양단 등가저항: $R_{TH} = R'_{TH} + R''_{TH}$

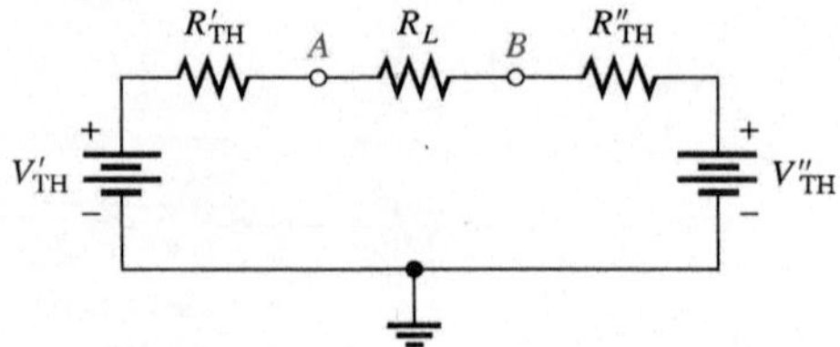

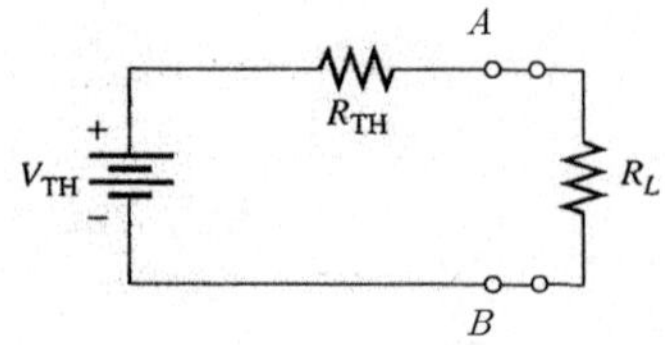

이와 같이 브리지 회로는 Thevenin 등가회로로 변환하는 것이 쉬워 보이지만 주의하지 않으면 오류를 범하기 쉽다.

그러면 등가회로의 이점은 무엇인가? 만약 위의 브리지 회로에서 부하저항이 서로 다른 여러 가지 경우를 생각해 보자. 고전적인 저항합성법을 이용하면 저항값이 달라질 때마다 같은 과정을 반복하므로 시간적인 제약 및 지겨움을 느낄 수 있다. 그러나 일단 등가회로를 구하면 어떠한 부하저항이 연결되더라도 해당 전압과 전류를 쉽게 구할 수 있는 장점을 가진다.

한 예로서 그림 3-27의 Wheatstone 브리지 회로에서 부하 R_L의 양단을 단락시키면 이 단락된 도선을 흐르는 전류를 구하려면 직관적으로 잘 떠오르지 않는다. 그러나 등가회로를 활용하면 다음과 같이 간단히 해결할 수 있다.

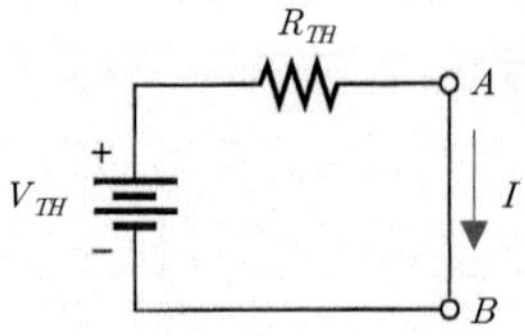

- A, B 단자의 단락전류

$$I = \frac{V_{TH}}{R_{TH}}$$

3-4 Norton 정리

Thevenin이 세상을 떠난 후 1926년에 미국인 전기기술자인 Norton(1898~1983)은 전류원(current source)과 등가저항이 병렬로 구성되는 등가회로를 발표하였다. Norton 등가회로는 Thevenin 등가회로에 대한 전원 변환이라 할 수 있다.

Norton 정리는 Thevenin 정리와 마찬가지로 복잡한 회로를 간단한 등가회로로 만드는 방법을 제공해 준다. Thevenin 정리와의 차이점은 등가 전류원(I_N)이 등가저항(R_N)에 병렬로(in parallel) 연결된다는 것이다. 즉 전류원의 입장에서 등가회로를 만든 것이다.

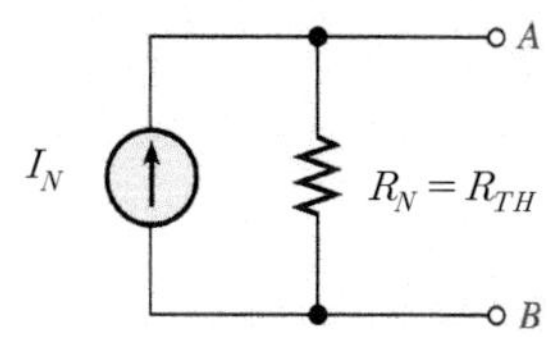

[그림 3-28] Norton 등가회로

어떤 주어진 회로에 대해 두 값을 알면 부하를 연결함으로써 해당 전류 및 전압값을 간단하게 구할 수 있다. Norton 등가전류(I_N)는 회로의 두 단자를 단락(short)한 경우 흐르는 전류로 정의한다.

3-4-1 회로에서 구하는 방법

회로의 Thevenin 등가회로를 구하려면 등가전류 I_N와 등가저항 R_N을 구해야 한다. 그림에서 우선 관심이 있는(전압 및 전류를 구하고자 하는) 부하저항 R_L의 단락을 전제로 한다.

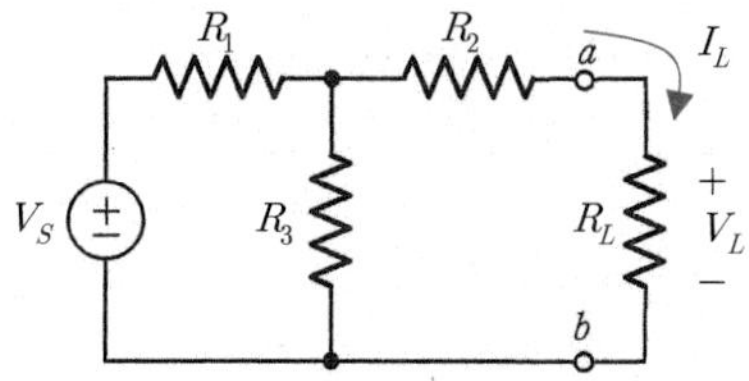

[그림 3-29] Norton 설명회로

1> 등가전류원

부하저항(R_L)을 단락시킨 후, 두 단락된 단자를 흐르는 전류(I_{SC})이다. 이 점 a, b를 흐르는 단락 전류가 바로 Norton 등가전류(I_N)이다. 다음 그림에서 부하를 단락 시, 회로의 R_2에 흐르는 전류이다.

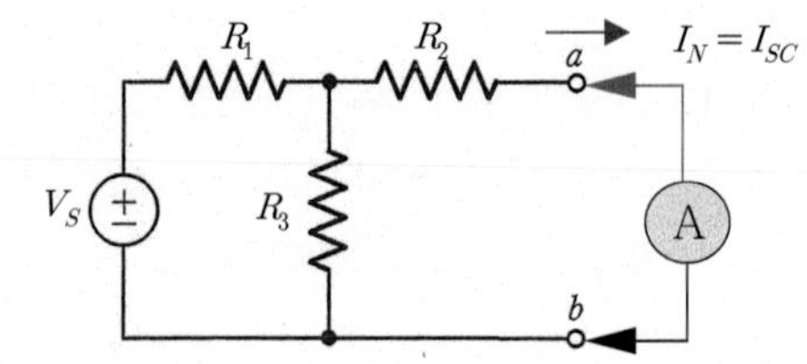

[그림 3-30] Norton 등가전류 구하기

$$R_T = (R_2 \parallel R_3) + R_1, \tag{3-27}$$

$$I = V_S / R_T \tag{3-28}$$

$$I_N = I \times \frac{R_3}{R_2 + R_3} \tag{3-29}$$

2> 등가저항

Norton 저항(R_N)은 Thevenin 저항(R_{TH})과 같다. 즉 그림 3-29에서 부하저항(R_L)을 개방한 후에 회로망의 전원(source)을 모두 비활성화하고 개방 단자 a, b에서 측정한 저항이다. 이때 전원(source)을 제거하는 방법으로써 전압원(voltage source)인 경우에는 단락시키고, 전류원인 경우에는 개방시킨다. 달리 표현하면, 전원은 이상적 전원의 내부저항으로 바꾼다.

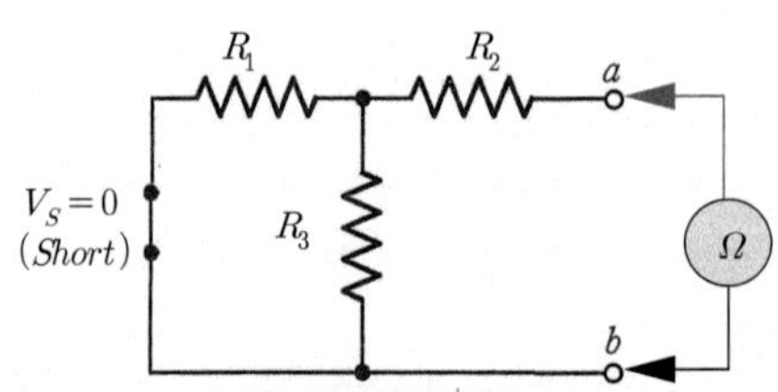

[그림 3-31] Norton 등가저항 구하기

위의 회로로부터 등가저항을 구하면 다음과 같다.

$$R_{TH} = (R_1 \parallel R_3) + R_2 \tag{3-30}$$

추후 알게 될 것이지만 등가저항은 개방회로전압 V_{OC}에 대한 단락전류 I_{SC}의 비를 나타낸다. 경우에 따라 활용하길 바란다.

우리는 앞서 Thevenin 회로에서 학습한 동일한 문제를 Norton 등가회로에 적용해 보자. 우리의 관심은 부하저항 R_L을 흐르는 전류를 구하는 것이다.

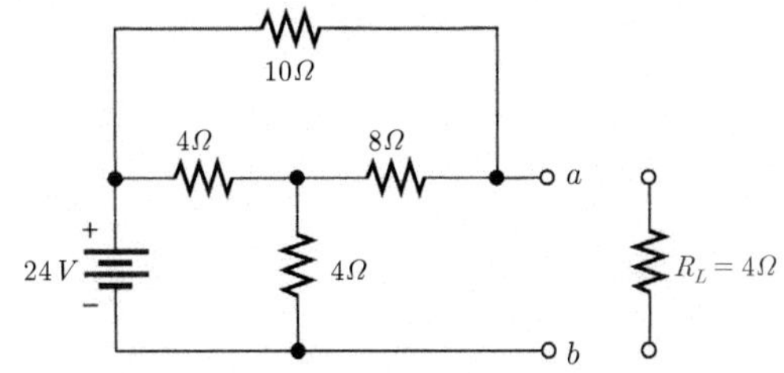

[그림 3-32] Norton 등가회로 해석

먼저 단락 전류(Norton 전류)는 단자 a와 b를 단락시켰을 때, 흐르는 전류이므로 이 단락전류 I_{SC}를 구해 보자.

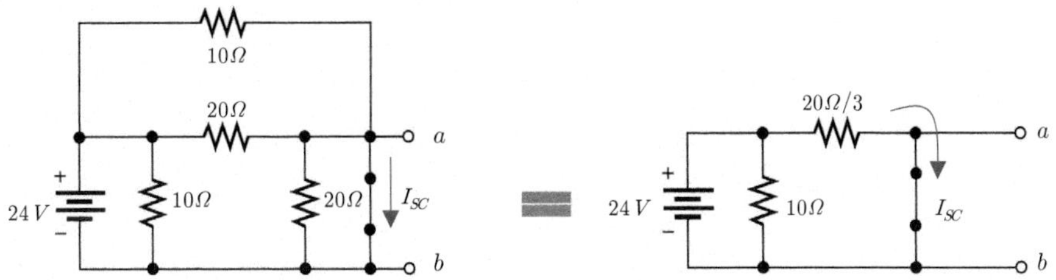

[그림 3-33] $Y-\Delta$ 변환을 활용한 회로 간략화

$$I_{SC} = \frac{24V}{20/3Ω} = 3.6A$$

또한, Norton 등가저항(R_N)은 Thevenin 등가저항(R_{TH})과 동일하므로 $R_N = R_{TH} = 5Ω$이 된다는 것을 알고 있다. 여기서는 등가저항을 구하는 또 하나의 방법으로서 다음과 같이 앞에서 구한 개방 전압 V_{TH}에 대한 단락 전류 I_{SC}로 구하면 $V_{OC}/I_{SC} = 18V/3.6A = 5Ω$가 된다.

Norton 등가회로를 그린 후, 부하저항을 연결하여 부하전류와 부하전압을 구해 보자.

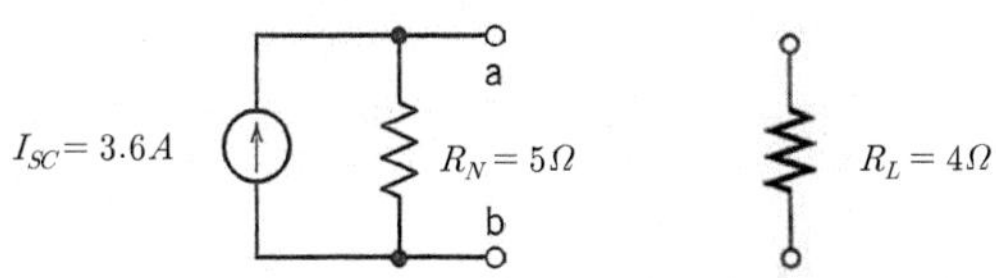

[그림 3-34] Norton 등가회로를 이용한 부하전류 및 전압

그림 3-34 회로에서 등가회로에 부하를 연결하면 부하전류 및 부하전압은 다음과 같다.

$$I_L = \frac{18V}{5\Omega+4\Omega} = 2A, \qquad V_L = 18V \times \frac{4\Omega}{5\Omega+4\Omega} = 8V$$

이것은 Thevenin 등가회로에서 구한 값과 동일하다.

복습문제

다음 회로에서 부하(R_L)의 좌측부에 대해 Norton 등가회로를 구하시오.

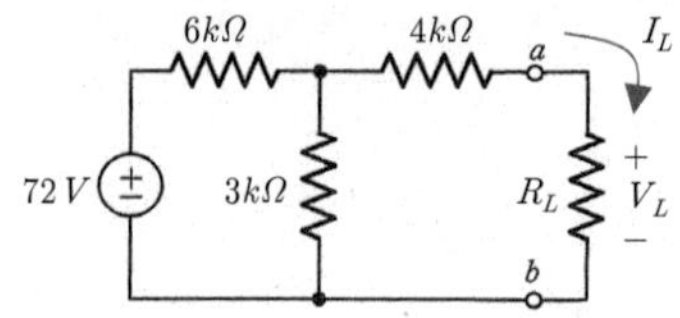

[해]

3-4-2 Thevenin 회로와 Norton 회로의 상호 전원변환

회로에서 Norton 등가회로를 구하고자 할 때, 위와 같이 구해도 되지만 Thevenin 등가회로를 알고 있다면 다음과 같이 전원변환 기법을 활용하여 구할 수 있다.

그림 3-35를 비교하면 다음과 같은 관계를 가지고 등가회로들을 상호 변환할 수 있다.

$$I_S = \frac{V_S}{R_s} \quad 또는 \quad V_S = I_S R_s \qquad (3\text{-}31)$$

Thevenin 등가회로와 Norton 등가회로는 서로 쌍대이므로 $R_{TH} = R_N$이고 $V_{OC} = R_{TH} I_{SC}$이다. 이들은 상호 전원변환의 결과물이다.

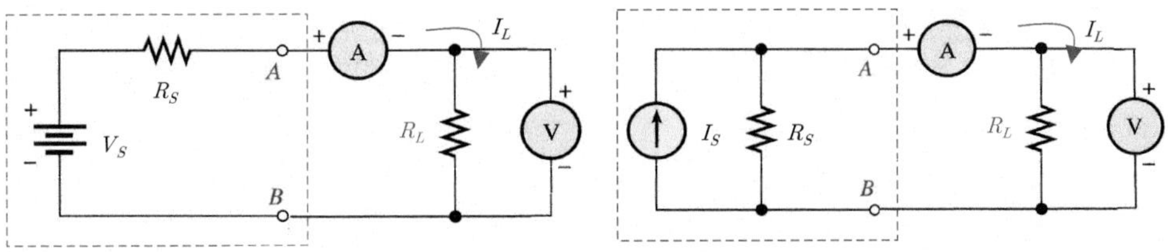

(a) Thevenin 회로 (b) Norton 회로

[그림 3-35] 전압원과 전류원의 상호 전원변환

그림 3-36은 앞의 두 회로들에 대해 같은 회로에 대해 풀이한 그림 3-26과 그림 3-34의 등가회로를 비교한 것이다. 부하를 연결할 경우 각 부하전류 및 부하전압을 구해 보자.

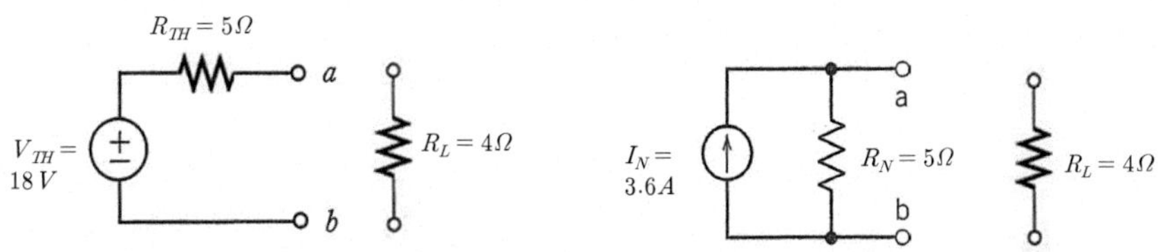

(a) Thevenin 등가회로 (b) Norton 등가회로

[그림 3-36] 위 등가회로는 전원변환의 일종이다.

먼저 그림 (a)의 Thevenin 등가회로에서 부하전류 및 부하전압은 다음과 같다.

$$I_L = \frac{V_{TH}}{R_{TH} + R_L} = \frac{18\,V}{5\Omega + 4\Omega} = 2A$$

$$V_L = V_{TH} \times \frac{R_L}{R_{TH} + R_L} = 18\,V \times \frac{4\Omega}{5\Omega + 4\Omega} = 8\,V, \text{ 또는 } V_L = I_L R_L = 2A \times 4\Omega = 8\,V$$

다음으로 그림 (b)의 Norton 등가회로에서 부하전류 및 부하전압은 다음과 같다.

$$I_L = I_N \times \frac{R_N}{R_N + R_L} = 3.6A \times \frac{5\Omega}{5\Omega + 4\Omega} = 2A$$

$$V_L = I_L R_L = 2A \times 4\Omega = 8\,V$$

이와 같이 동일한 부하전류 및 부하전압을 구할 수 있어서 상호변환은 타당하다.

3-5 최대전력 전달 정리

우리는 일상생활에서 '어떻게 하면 원하는 지점에 최대전력을 전달할 수 있을까?' 라고 그 방법을 찾고자 고민한 적이 있을 수 있다. 그림과 같이 안테나에서 받아들인 신호를 어떤 조건이 되면 TV 모니터에 전력을 전달하는 문제가 발생할 것이다. 이 문제를 해결하기 위해 접근하는 것이 최대전력 전송(maximum power transfer)이다.

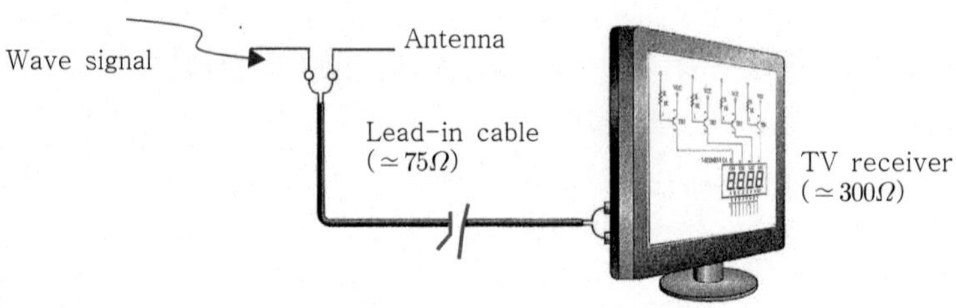

[그림 3-37] 어떻게 안테나 신호를 TV 모니터에 최대로 전달하는가?

부하저항이 회로망의 내부저항과 같을 때, 부하기 회로에 정합(matching)되어 있다고 말한다. 부하저항 R_L에 전력(power)을 공급하는 문제에서 부하저항이 어떤 값을 가질 때, 이 부하에 전력이 최대로 전달되는 조건을 이론적 및 실험적으로 증명한다.

3-5-1 최대전력 전달 조건

우리는 아무리 복잡한 회로라도 Thevenin 정리를 이용하여 그림 3-38과 같은 간단한 회로로 만들 수 있었다. 여기서는 부하에 전달되는 전력을 구하기 위해 부하저항 R_L에 걸리는 전압부터 구해 보자.

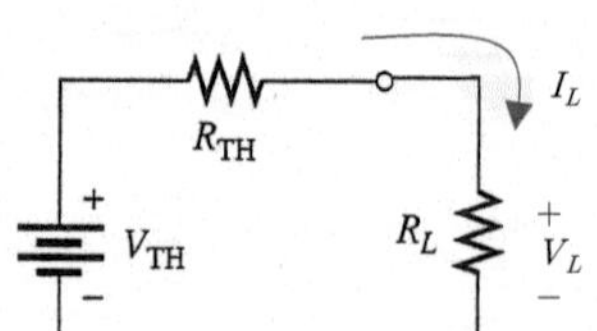

[그림 3-38] 간단한 직렬회로

전압분배 법칙 또는 Ohm 법칙에 의하여

$$V_L = V_{TH} \times \frac{R_L}{R_{TH}+R_L} \tag{3-32}$$

이며, 부하 R_L에 흐르는 전류 I_L은 다음과 같다.

$$I_L = \frac{V_L}{R_L} = \frac{V_{TH}}{R_{TH}+R_L} \tag{3-33}$$

따라서 부하에 전달된 전력은 Ohm 법칙을 이용하면 다음과 같다.

$$P_L = V_L I_L = \frac{V_L^2}{R_L} = I_L^2 R_L \tag{3-34}$$

부하에 전력이 최대로 전달되는 조건을 구해 보자.

식 (3-33)을 식 (3-34)에 대입하면 다음과 같다.

$$P_L = I_L^2 R_L = (\frac{V_{TH}}{R_{TH}+R_L})^2 R_L = V_{TH}^2 \frac{R_L}{(R_{TH}+R_L)^2} \tag{3-35}$$

여기서 최댓값에서는 기울기가 0이므로 부하저항 R_L에 대하여 부하전력 P_L의 최댓값을 구하기 위하여 P_L을 미지의 값(변수) R_L에 대하여 1차 미분한 후에 0으로 놓으면 다음과 같다. 부가하여 최댓값이 되려면 다음 조건 $\frac{d^2P_L}{dR_L^2} < 0$도 만족해야 한다.

$$(\frac{f}{g})' = \frac{f'g - fg'}{g^2}$$

$$\begin{aligned} \frac{dP_L}{dR_L} &= V_{TH}^2 \cdot \frac{(R_{TH}+R_L)^2 - 2(R_{TH}+R_L)R_L}{(R_{TH}+R_L)^4} = 0 \\ &= V_{TH}^2 \cdot (R_{TH}+R_L) \cdot \frac{(R_{TH}+R_L) - 2R_L}{(R_{TH}+R_L)^4} = 0 \\ &= V_{TH}^2 \cdot \frac{R_{TH} - R_L}{(R_{TH}+R_L)^3} = 0 \end{aligned} \tag{3-36}$$

이것으로부터

$$R_L = R_{TH} \tag{3-37}$$

이다. 즉 부하저항이 전원저항(Thevenin 등가저항)과 같을 때, 부하에 전력이 최대로 전달됨을 알 수 있다. 이 경우 회로를 다시 그려 부하전압 및 부하전류를 구하면 부하전력의 최댓값은 다음과 같다. 이 전력은 부하를 아무리 조절하여도 이 이상의 전력을 얻을 수 없으므로 가용 전력(available power)이라 부르기도 한다.

$$P_{L(\max)} = V_L I_L = \frac{V_L^2}{R_L} = \frac{(V_{TH}/2)^2}{R_L} = \frac{V_{TH}^2}{4R_L} \tag{3-38}$$

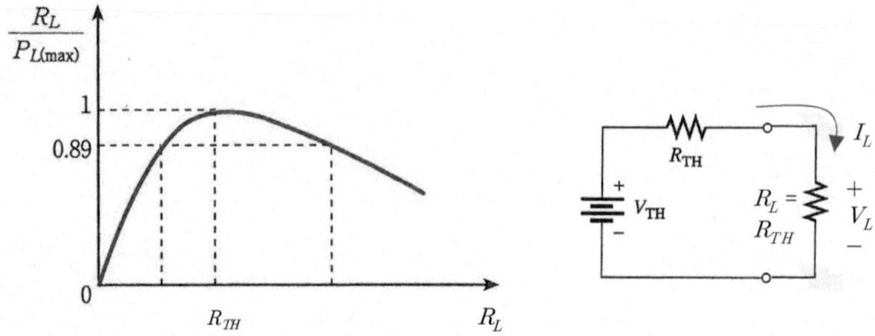

[그림 3-39] 부하저항(R_L)에 따른 부하전력 특성

또한, 최대전력 조건의 경우, 전원으로부터 공급되는 전력은 다음과 같다.

$$P_{S(\max)} = V_{TH} I_L = V_{TH}\left(\frac{V_{TH}}{R_{TH}+R_L}\right) = \frac{V_{TH}^2}{2R_L} \tag{3-39}$$

그림 3-40은 부하저항(R_L)에 따른 효율을 나타낸 것이다. 부하에 최대전력이 전달될 때, 회로의 %효율 η는 다음과 같다.

$$\eta = \frac{\text{부하전력}}{\text{공급전력}} \times 100\% = \frac{P_L}{P_S} \times 100\% = 50\% \tag{3-40}$$

이 경우 %효율은 식 (3-40)에 의하면 50%가 된다. 즉 부하저항에 전력이 최대로 전달되더라도 효율은 단지 50%이다. 즉 최대전력을 얻기 위해서는 효율을 희생시킬 수밖에 없다. 이것은 효율과 최대전력(maximum power)이란 두 가지 변수들의 상황에 따라 타협점(trade-off)을 찾아야 하는 재미있는 사실이다.

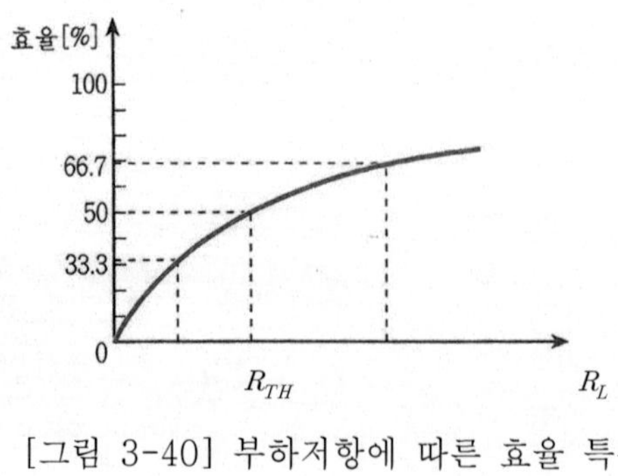

[그림 3-40] 부하저항에 따른 효율 특성

그림으로부터 $R_L > R_{TH}$이면 부하전력 P_L은 감소하지만 효율 η는 증가한다는 현상은 주목되는 사실이다.

전력(power)은 단위시간에 기기나 장치에서 발생 또는 소모되는 전기에너지로 정의하는 것은 우리 모두가 아는 사실이다.

$$P[W] = \frac{W[J]}{t[\sec]} = \frac{Q[C] \cdot V[V]}{t[\sec]} = IV \tag{3-41}$$

특히 라디오 송신기나 오디오 시스템과 같은 여러 가지 전기전자회로에서는 회로로부터 부하에, 예를 들면 안테나(antenna) 혹은 스피커(speaker)에 최대전력(maximum power)을 공급하는 것이 아주 중요하다. 따라서 최대전력을 전달하는 조건을 분명히 알고 있어야 한다. 부하저항(R_L)이 전원의 내부저항(R_{int})과 같을 경우, 부하에 최대전력이 전달된다는 사실을 알고 있다. 그렇지 않으면 최대전력이 전달될 수 없다.

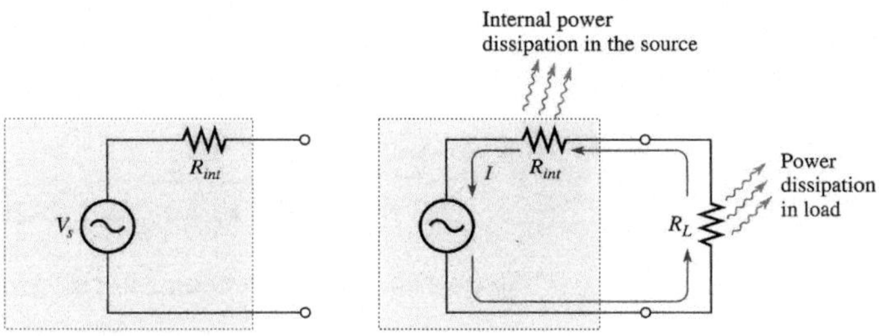

(a) 내부저항을 가지는 등가회로　(b) 내부저항에서도 전력이 소비된다.

[그림 3-41] 최대전력전달 조건 $R_{int} = R_L$

부하저항이 회로망의 내부저항과 같을 때, 부하기 회로에 **정합**(matching)되어 있다고 말한다. 이 정합기술은 전원과 부하가 고정되어 있을 때, 그 사이에 적당한 회로를 삽입하여 부하에 최대전력이 공급될 수 있도록 회로의 임피던스($Z[\Omega]$)를 조정하는 것을 말한다. 이것은 나중에 변압기 회로에서 다룬다. 간단히 그 구현방법은 다음과 같다.

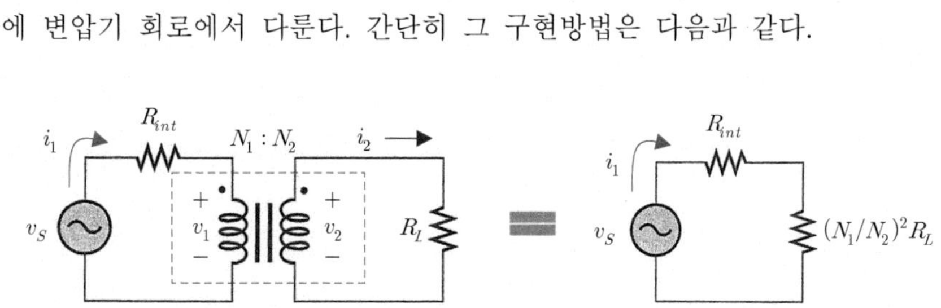

(a) 변압기를 사용할 경우　(b) 최대전력전달 조건 $R_{int} = n^2 R_L$

[그림 3-42] $R_{int} \neq R_L$인 경우에 변압기의 활용한 임피던스 정합

3-5-2 오디오 전력의 분배에 있어서 효과적인 접근법은?

최대전력 전달 이론을 가장 일반적으로 적용한 것은 스피커 시스템이다. 그림 3-43와 같이 8Ω의 출력 임피던스를 갖는 오디오 증폭기 시스템을 나타내었다. 오디오 증폭기란 일반적으로 주파수 영역을 사람들의 귀에 맞춘 증폭기를 나타낸다. 모든 스피커는 내부저항을 가지고 있으며 표준인 8Ω 스피커의 경우도 동시에 나타내었다. 가장 큰 목적은 어떻게 오디오 전력이 분배되는지 그리고 가장 효과적인 해결책은 무엇인가에 대한 것이다.

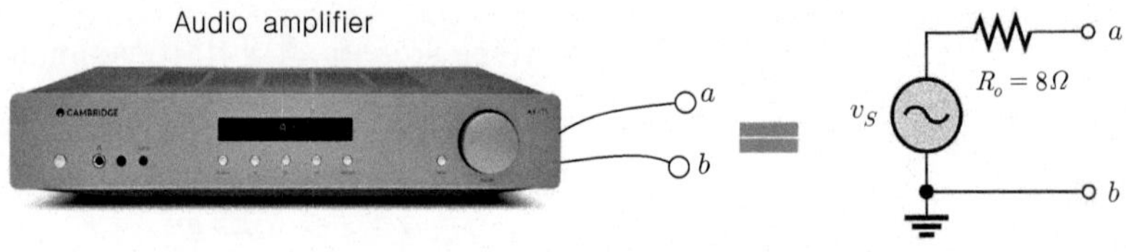

(a) 오디오 앰프의 등가회로는 신호전원과 내부저항을 가진다.

(b) 스피커 등가회로

[그림 3-43] 스피커 시스템에서 증폭기와 스피커 특성

최대전력 이론에 따르면 부하 임피던스가 전원 임피던스가 정합(match)되어야 한다. 이에 대한 회로가 그림 3-44(a)에 나타나 있다. 만약 두 개의 스피커들이 합성저항을 8Ω을 가진다면 스피커 양단전압은 $V_L = V_S \times R_L/(R_L + R_s) = 12\,V \cdot 8\Omega/(8\Omega + 8\Omega) = 6\,V$이고 따라서 스피커에 전달되는 전력은 $P_L = (6\,V)^2/8\Omega = 4.5[W]$이다.

문제는 보통 8Ω인 스피커가 2개가 있다는 것이다. 직렬이나 병렬이나 각 스피커에 전달되는 전력은 같다. 그러나 여러 가지 이유로 병렬 구성을 선택한다. 먼저 첫 번째 이유로서 스피커에서 소리가 발산하면서 생기는 진동에 의해 전선이 한 스피커로부터 연결이 끊어지면 다른 스피커는 최대전력은 아니지만 정상적으로 동작하기 때문에 스피커를 병렬로 연결한다. 직렬로 연결할 경우, 하나가 끊어지면 다른 스피커가 동작하지 않는다. 두 번째 이유는 배선의 문제이다. 모든 스피커를 병렬로 연결하면 실내 여러 부분의 모든 빨간 전선과 검은 전선들을 각각 함께 사용할 수 있다. 만약 스피커가 직렬로 연결되어 있는 경우, 어느 전선이 어느 것들과 연결되어 있는지 잘못된 연결을 할 수 있다.

다음으로 (b)와 (c)의 회로에서 부하에서 소비되는 전력은 얼마인가를 구해 보자.

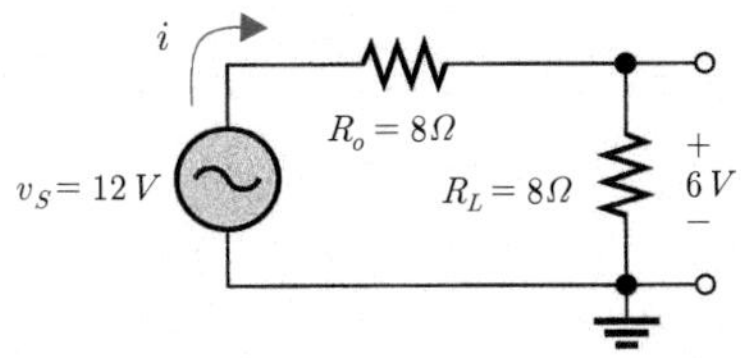

(a) 최대전력 전송의 경우는 부하가 내부저항과 동일한 경우이다.

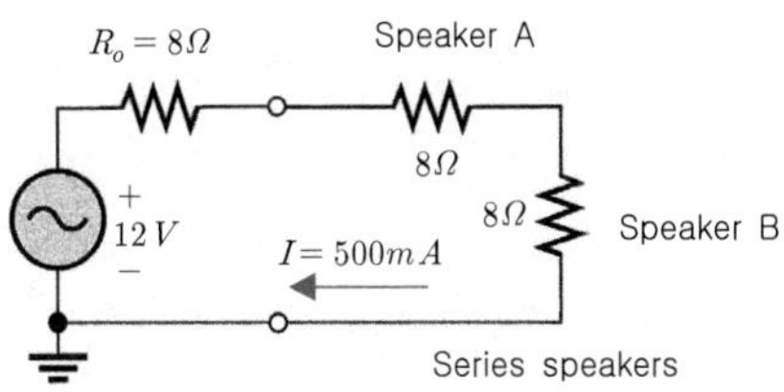

(b) 직렬연결

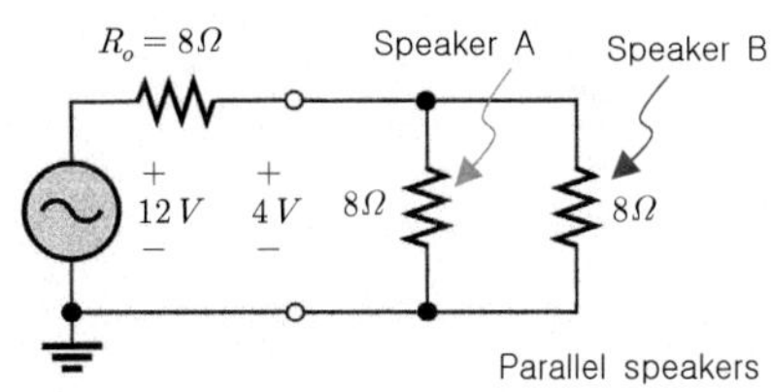

(c) 병렬연결

[그림 3-44] 스피커 시스템의 연결

직렬연결인 경우, 전류는 $I = V_S/R_T = 12\,V/24\Omega = 500mA$이며 각각의 스피커에 전달되는 전력은 $P_1 = I^2R_1 = 2\,W$, $P_2 = I^2R_2 = 2\,W$이고 $P_L = P_1 + P_2 = 4\,W$이므로 최댓값 $4.5\,W$에 비해 감소된 값이다.

병렬연결의 경우, 스피커에 걸리는 전압은 $V_L = V_S \times R_L/(R_o + R_L) = 12 \times 4\Omega/12\Omega = 4\,V$이다. 각 스피커에 전달되는 전력은 $P_1 = V_L^2/R_1 = (4\,V)^2/8\Omega = 2\,W$, $P_2 = V_L^2/R_2 = (4\,V)^2/8\Omega = 2\,W$이므로 $P_L = P_1 + P_2 = 4\,W$이다.

직렬 혹은 병렬연결에서 두 가지의 경우에 각 스피커에 전달되는 전력은 같다. 스피커는 합성저항이 16Ω 혹은 4Ω이다. 따라서 위와 같은 구성으로는 부하에 최대전력이 전달될 수 없다.

전원의 내부저항이 고정된 경우 어떻게 하면 즉 부하가 얼마의 값을 가지면 최대전력이 전달될까? 그림 3-44(a)와 같이 전원의 내부저항(R_0)과 부하저항(R_L)이 동일하면 부하에 최대전력이 전달된다. 즉 정합(match)을 시키는 방법은 아주 중요한 개념이다. 이를 구현하기 위한 간단한 방법은 변압기를 활용하여 맞추며 상세한 해석은 제10장에서 다룰 것이다.

복습문제

다음 회로에 대해 부하전류 I_L, 부하전압 V_L 및 부하전력 P_L을 구하시오.

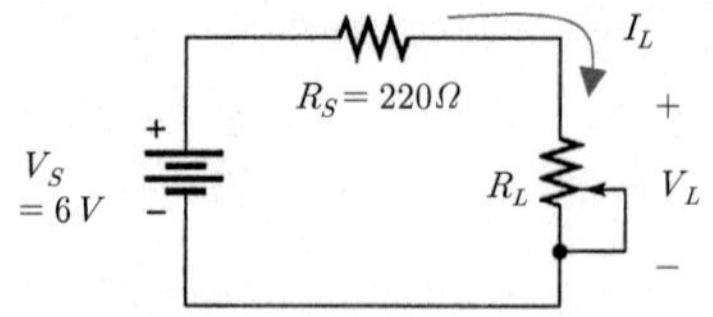

1> $R_L = 100\Omega$일 때

2> $R_L = 200\Omega$

3> $R_L = 220\Omega$

4> $R_L = 300\Omega$

5> $R_L = 500\Omega$

6> 어떤 경우 최대전력이 부하에 전달되는지를 그래프를 그려 구하시오.

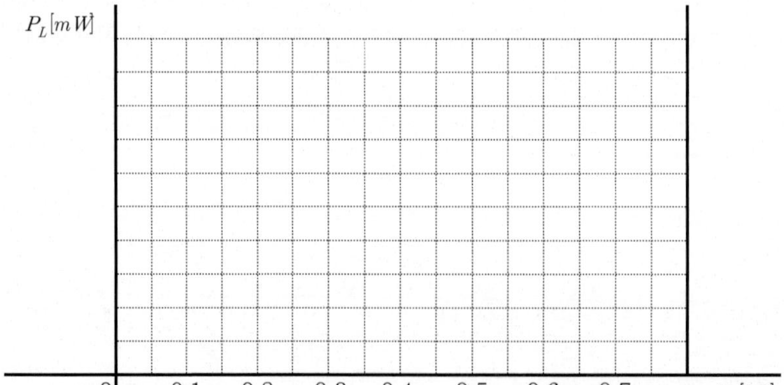

제4장 정현파, 페이저 및 복소전력

4-1 교류란 무엇인가?

4-2 위상 또는 위상각

4-3 복소평면 및 페이저

4-4 정현파에서 페이저 표기법

4-5 교류회로의 전력

4-6 비정현파

우리들의 가정에서는 $220V$, $60Hz$의 교류전압을 사용하고 있다. 이 장에서는 교류신호를 정의하고, 교류발전기(ac generator)나 신호발생기에서 출력되는 교류신호인 정현파의 주기(T), 주파수(f) 특성을 익힌다. 또한, 복소수(complex number)를 바탕으로 페이저(phasor)를 교류해석에 활용한다.

Charles Proteus Steinmetz(1865~1923): A hunchback from birth, he took the middle name "Proteus," a Greek god who could change his appearance at will. Steinmetz was the one who introduced complex numbers to solve ac problems. On one occasion he was hired to troubleshoot a large system no one else could fix. After a brief study of the schematics, he climbed a few ladders and chalked an X on a metal plate. "There, look there," he said and left. The trouble was there. A few days later, the company was jolted by his $1,000 bill and demanded an itemized statement. Steinmetz sent this reply: $1 for marking plate; $999 for knowing where to make mark.

He is known for his contribution in three major fields of alternating current (AC) systems theory: hysteresis, steady-state analysis, and transients. He systematized the use of complex number phasor representation in electrical engineering education texts, whereby the letter j is used to designate the 90 degree rotation operator in AC system analysis.

He was on the verge of finishing his doctorate in 1888 when he came under investigation by the German police for activities on behalf of a socialist university group and articles he had written for a local socialist newspaper. As socialist meetings and press had been banned in Germany, Steinmetz fled to Zürich in 1888 to escape possible arrest. Faced with an expiring visa, he emigrated to the United States in 1889. He changed his first name to Charles in order to sound more American and chose the middle name Proteus after a childhood taunt given to him by classmates.

$x+jy$

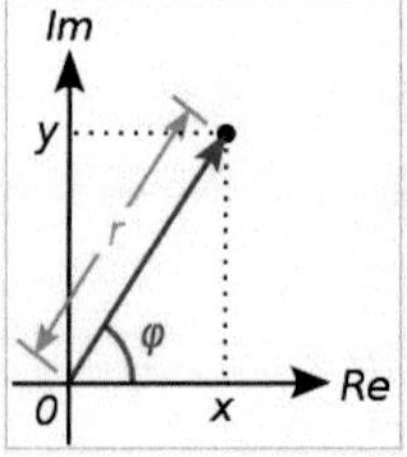

The argument ϕ and modulus r locate a point on a diagram: $r(\cos\phi+j\sin\phi)$ and $re^{j\phi}$ are polar expressions of the point.

4-1 교류(ac: alternating current)란 무엇인가?

한마디로 한 번은 (+), 또 한 번은 (-)로 교대로 신호의 극성이 바뀐다. 그림 4-1은 우리가 흔히 사용하는 여러 가지 파형 중에서 정현파(sinusoidal wave), 사각파(square wave) 및 삼각파(triangular wave)를 나타낸 것이다.

그중에서 가장 대표적인 파형이 정현파이다. 정현파는 교류전압 및 전류의 일반적인 형태로서 그림 4-1(a)와 같이 진압은 0[V]에서 출발하여 양(+)의 최대치까지 증가하고 다시 0[V]로 되돌아온다. 연속하여 음(-)의 최대치까지 증가 후 다시 0[V]로 돌아온다. 이 장에서는 주로 정현파에 대해 논의한다.

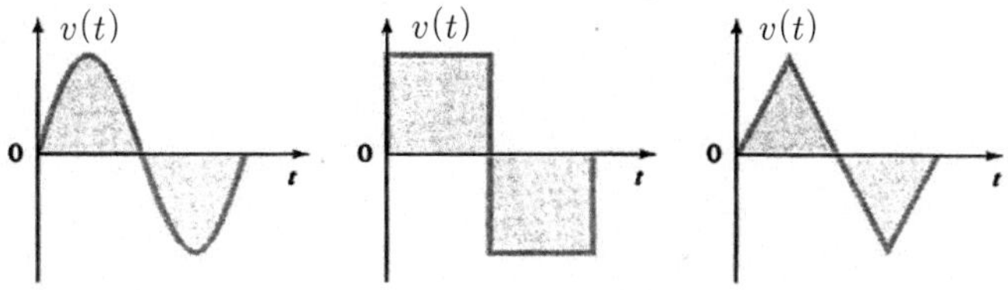

(a) 정현파 (b) 사각파(구형파) (c) 삼각파

[그림 4-1] 여러 가지 교류신호로서 사각파와 삼각파는 비정현파이다.

4-1-1 교류발전기

그림 4-2는 자기장을 만드는 영구자석과 단일도선 루프로 구성된 교류발전기를 나타낸 것이다. N극과 S극 사이에 도선 루프가 회전함으로써 브러시들(brushes)을 통해 부하에 정현파가 출력된다. 여기서 슬립링들(slip rings)은 도선 루프에 연결되어 같이 회전한다.

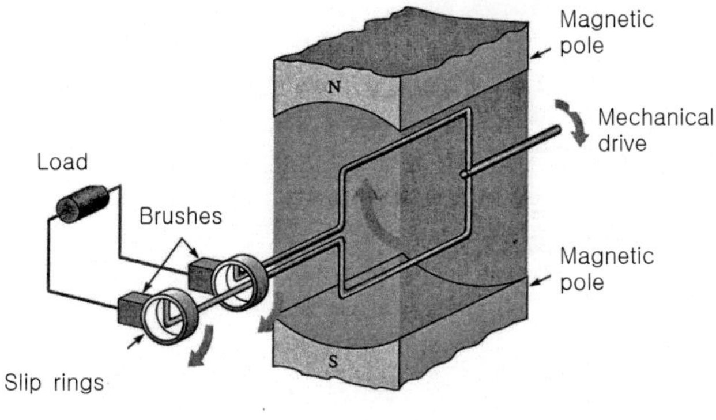

[그림 4-2] 교류발전기에서 부하에 출력되는 파형은 정현파이다.

자기장 속에서 도체가 움직이면 유도전압(induced voltage)이 발생한다. 이는 Faraday 법칙으로서 식으로 나타내면 $e_{ind} = N\frac{\Delta\phi}{\Delta t} = NBlv$이다. 도체 루프가 수평 상태로부터 처음 1/4

을 회전하는 동안에 이 자속(magnetic flux)을 자르는 비율이 증가하여 루프가 수직이 되는 위치에서 자속을 자르는 비율이 최대가 된다. 이 후 서서히 자속 비율이 감소하여 0으로 돌아온다. 1/2 회전이 지나면 방향이 반대로 된다. 그림 4-3에서 유도전압은 그림 (a)와 같은 지점에서 최대치(V_m)을 가지며 그림 (b)와 같은 지점에서 0을 가진다. 이는 각각 자속의 시간적 변화율이 최대이고 최소이기 때문이다.

발전기에서 Fleming의 오른손 법칙을 이용하면 흐르는 유도전압에 의한 전류 i의 방향을 알 수 있다. 이에 관한 상세한 것은 코일을 학습하는 발전기와 전동기에서 다룬다.

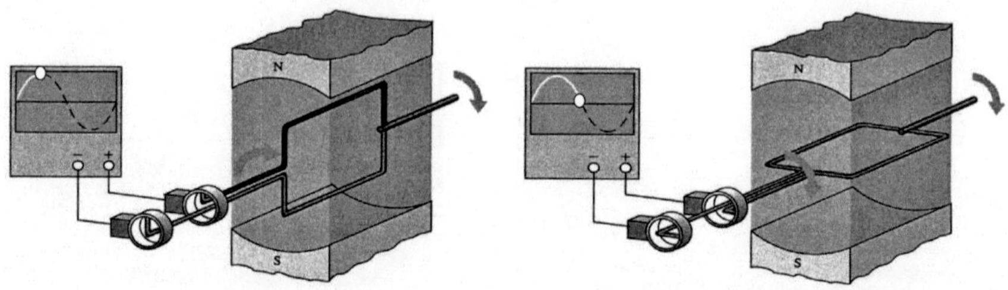

(a) 유도전압 V_m, $d\phi/dt = \max$　　(b) 유도전압 0, $d\phi/dt = 0$

[그림 4-3] 출력파형은 오실로스코프로 측정하면 정현파이다.

정현파는 수평축을 시간으로 두고 전압 또는 전류값을 측정할 수 있다. 그러나 완전한 한 사이클을 나타내는 시간 또는 임의의 구간은 주파수에 따라 다르므로 종종 정현파의 특성을 나타내기 위해 각도(degrees)나 래디언(radian)으로 표기하기도 한다.

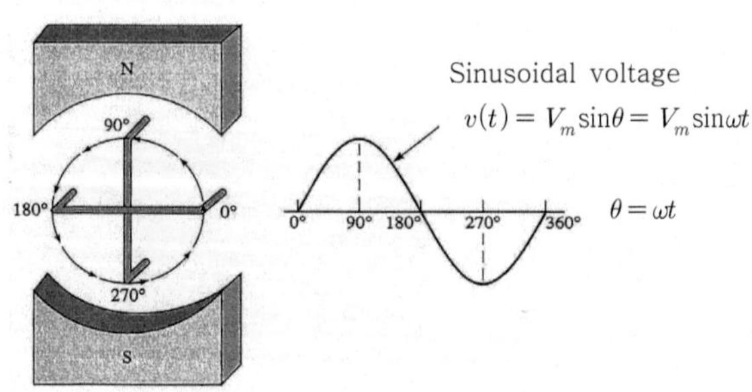

[그림 4-4] 회전 각도에 따른 교류 정현파

그림 4-4와 같이 교류발전기에서 도체가 회전하면 부하 양단에 정현파가 발생한다. 여기에는 우선 각도로 표시하였으나 같은 의미를 가진 래디언으로 표기하는 경우도 많이 있다. 추후 계산기를 활용하여 값을 구할 경우 각도인가 래디언인지를 주의해야 한다.

4-1-2 각도 및 Radian

정현파의 각도 측정은 완전한 한 주기에 대해 360° 또는 2π radian을 기본으로 한다. 정현파 전압은 교류발전기로 발생시킬 수 있다. 각도(deg: degrees)는 1회전에 대해 1/360로 측정하는 한 방법이다. Radian[rad]은 반지름의 길이만큼 원 주위에 호를 그었을 때, 중심각의 크기로 정의한다. 1 *rad*은 57.3° 이며 2π rad은 360° 이다.

Degrees[°]	Radian[rad]
0	0
30	$\pi/6$
45	$\pi/4$
90	$\pi/2$
180	π
270	$3\pi/2$
360	2π

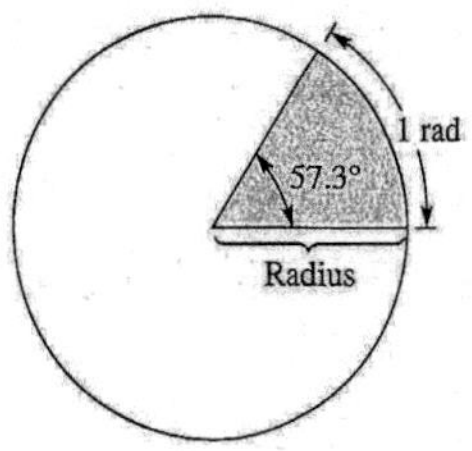

[그림 4-5] 각도와 Radian의 관계

4-1-3 주기와 주파수

주기(T: period)는 하나의 완전한 사이클(one cycle)이 완성되기 위해 필요한 시간이다. 또한, 주파수(f: frequency)는 1초 동안 포함되는 사이클 수이다. 우리의 가정과 사무실에 사용하는 교류전압은 주파수가 60[*Hz*]이며 이는 1초(one second) 동안에 60회(60 cycles) 왕복하는 것이다. 따라서 한 주기는 1/60sec가 된다. 이와 같이 주기와 주파수와의 관계는 다음과 같이 서로 역수 관계가 성립한다.

$$T = \frac{1}{f}[\text{sec}] \tag{4-1}$$

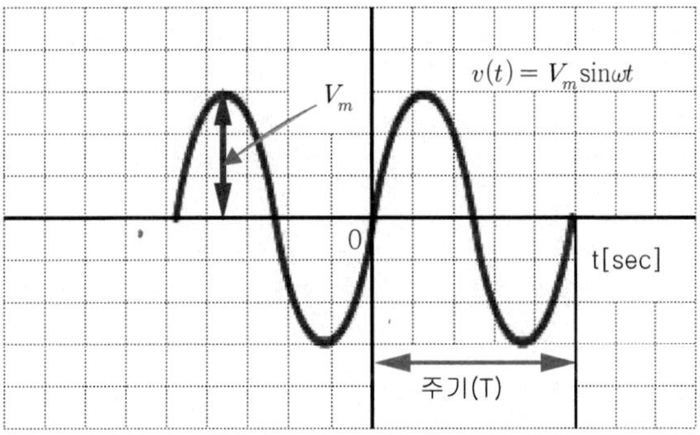

[그림 4-6] 두 주기($2T$)를 나타낸 최대치 V_m인 정현파(sinusoidal wave)

복습문제

[1] 주파수 $f=5[Hz]$를 그림으로 나타내시오.

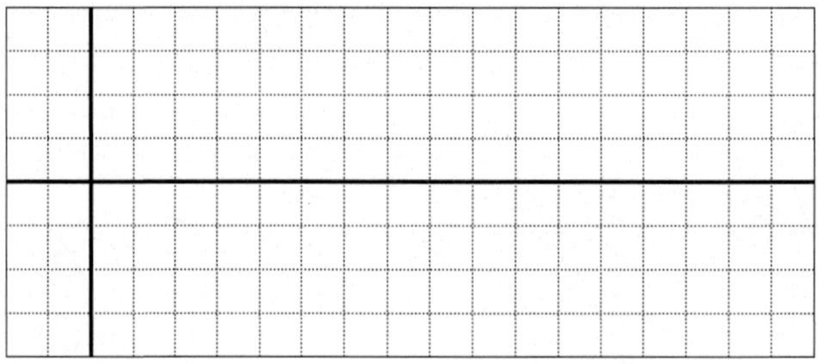

[2] 두 주파수 $f=60[Hz]$와 $f=1[kHz]$이면 주기 T를 각각 구하시오.

[해]

[3] 휴대폰의 운용 주파수는 $2.45[GHz]$이다. 1초에 몇 사이클들이 반복되는가?

[해]

그래픽을 사용하여 극수에 따른 주파수의 관계를 증명해 보자. 먼저 그림 4-7(a)에서 2극인 경우 도체의 회전에 따른 정현파의 발생에 대해 알아보자. 그림에서 전기적 각도는 기계적 각도의 수와 동일하게 나타내었다. 즉 도체는 $360°$ 기계적 각도를 회전하고 정현파의 $360°$ 전기적 각도를 발생한다. 한편 그림 (b)는 2쌍의 자극들(4개 자극들)로 발생된 자기장을 나타낸다. 이 자기장은 회전하는 도체가 1회전하는 동안에 2주기 파형을 만든다는 것이다. 표시 1에서 2로 이동할 때(매 $45°$ 회전할 때마다) $90°$의 전기각을 만든다. 이와 같이 $180°$ 기계각(θ_{md} : *mechanical* degrees)마다 $360°$의 전기각(θ_{ed} : *electrical* degrees)을 만드는 것이다. 따라서 4극 기기에서는 기계적으로 1 사이클 회전하면, 전기적인 자속 분포는 2 사이클 회전하는 것이 된다. 직류기, 동기기, 유도기 등의 회전 전기기기에서 많이 활용된다.

$$\theta_{ed} = \left(\frac{p}{2}\right)\theta_{md} \tag{4-2}$$

교류발전기에서 발생하는 주파수는 다음과 같이 표현할 수 있다.

$$f[Hz] = \frac{p}{2} \times \frac{N}{60} \tag{4-3}$$

여기서 p는 자석의 극수, N은 분당 회전수(rpm: revolutions per minute)를 나타낸다. 따라서 주파수를 증가시키려면 극수(p)를 증가시키거나 회전수(N)를 증가시키면 된다. 통상 항공기에서는 400Hz를 만들어 사용하고 송전 및 배전 전력선은 60Hz를 사용한다.

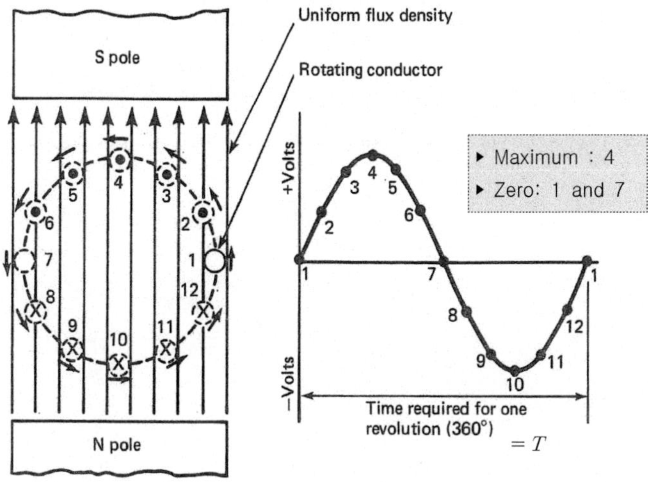

(a) 2극(two poles)을 사용할 경우

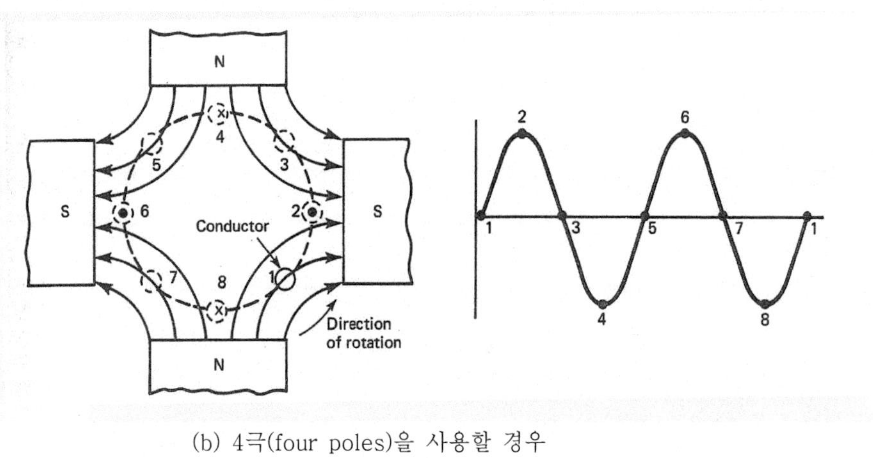

(b) 4극(four poles)을 사용할 경우

[그림 4-7] 2극 및 4극에 따른 파형 및 주파수 변화

4-1-4 각주파수 또는 각속도

한 주기인 360° 또는 2π에 대해 속도를 구해 보자. 속도는 v=거리/시간=l/t이다. 우리는 각도에 대한 속도를 구하는 것이므로 각속도는 $\omega = \theta/t$로 나타낸다.

$$\omega = \frac{\theta}{t} = \frac{2\pi}{T} \qquad (4-4)$$

주기는 주파수의 역수이므로 $\omega = 2\pi f [rad/\sec]$ 으로 표현할 수 있다. 따라서 어떤 정현파 전압은 다음과 같이 표현 가능하다.

$$v(t) = V_m \sin\theta = V_m \sin\omega t = V_m \sin 2\pi f t$$

$$T = \frac{1}{f} = \frac{2\pi}{2\pi f} = \frac{2\pi}{\omega}[\sec] \qquad (4-5)$$

여기서 V_m은 최대전압(maximum voltage) 혹은 피크 전압(peak voltage)이다. 어떤 시간의 전압값은 주파수와 최대치를 알면 구할 수 있다. $2\pi ft$의 단위는 radian이다. 따라서 계산기로써 계산은 radian 모드에서 처리한다.

복습문제

어떤 전압파형이 $v(t) = 10\sin(3142t)$이다. 아래 물음에 답하시오.

1> 최대치(V_m: peak voltage)는 얼마인가?

2> 주파수(f: frequency)는 얼마인가?

3> 주기(T: period)는 얼마인가?

4-1-5 최대치(V_m), 실효치(V_{rms}) 및 평균치(V_{avg})의 관계

정현파 교류파형에서 위의 세 값의 의미 및 이들의 관계를 살펴보자. 정현파에서 전압과 전류의 진폭을 수치로 표현하는 몇 가지 방법이 있다. 최대치(피크치), 피크 대 피크치, 실효치 및 평균치 등이 있다.

1> 최대치(V_m)과 실효치(V_{rms})

우리는 교류파형의 실효치와 최대치에 대한 용어를 자주 접한다. 이들의 관계를 여기서 규명해 보자.

> 교류전압의 rms치는 어떤 저항에 교류전압으로 발생시키는 열에너지와 동일한 값의 열에너지를 발생시키는 직류전압이 있을 때, 그때 교류전압을 실효치라 한다.

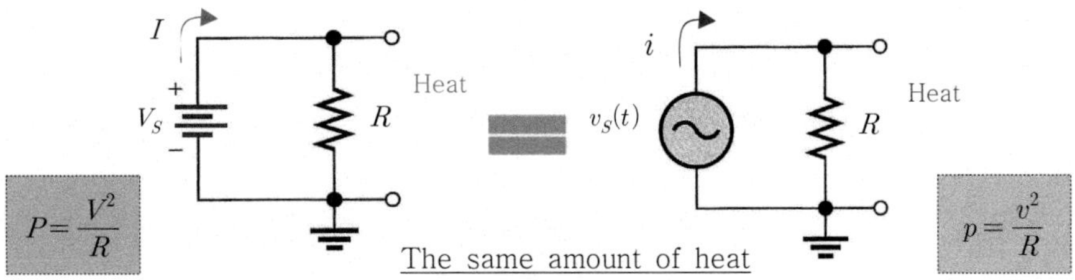

[그림 4-8] 교류에서 실효치의 의미

만약 $10V$의 직류전원이 부하에 연결되었다면 최대치 $14.14V$(=실효치 $10V_{rms}$)의 교류전원이 부하에 연결했을 경우에 같은 열을 발생한다는 사실이 실험적으로 증명되었다.

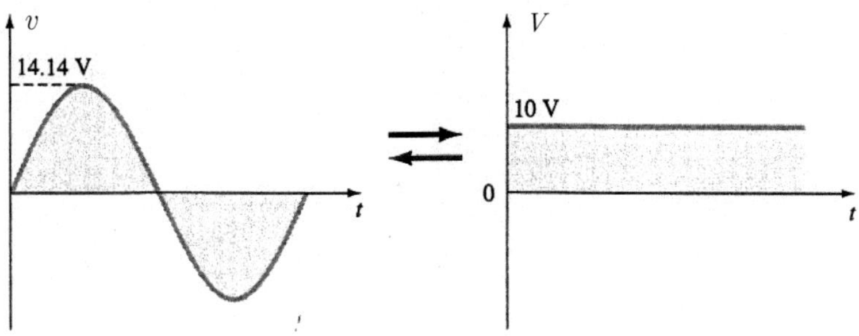

(a) 교류신호 (b) 등가 직류신호

[그림 4-9] 같은 유효 전력의 입장에서 본 교류와 직류의 등가치

실효치는 rms치라고도 한다. rms란 root-mean-square의 머리글자이다. 대부분의 교류전압계는 실효치를 표시한다. 가정의 220V는 실효치이다. 그러면 이파형의 최대치는 얼마인가? 그림 4-10과 같이 우리는 멀티미터를 교류 모드에 두고 교류값을 측정하면 이것이 실효치가 되며 이 파형을 오실로스코프로 관찰하면 최대치와의 관계를 쉽게 알 수 있다.

수학적인 계산으로 구하면 $v(t)=V_m\sin\theta=V_m\sin\omega t$의 정현파에서 실효치의 정의의 의해 한 주기의 직류 및 교류에 대한 열에너지 $W[J]$는 다음과 같다.

$p=vi=i^2R=v^2/R$를 적용하면

$$W=pt=\int_0^T\left(\frac{v^2}{R}\right)dt \text{ 이므로 직류와 교류에 대해 } \int_0^T\frac{V^2}{R}dt=\int_0^T\frac{v^2}{R}dt \text{ 이다.}$$

$\frac{V^2}{R}T = \int_0^T \frac{v^2}{R}dt$ 에서 $V = V_{rms}$로 하면 실효치는 다음과 같다.

$$\text{실효값: } V_{rms} = \sqrt{\frac{1}{T}\int_0^T v(t)^2 dt} = \frac{V_m}{\sqrt{2}} = 0.707\,V_m \tag{4-6}$$

이와 같이 실효치는 최대치(피크치)의 70.7%에 해당한다. 이는 실험적 사실과 일치한다. 그림 4-10에서 두 계기로 측정된 전압에서 실효치는 220 V이고 최대치는 220 $\sqrt{2}$ V가 된다.

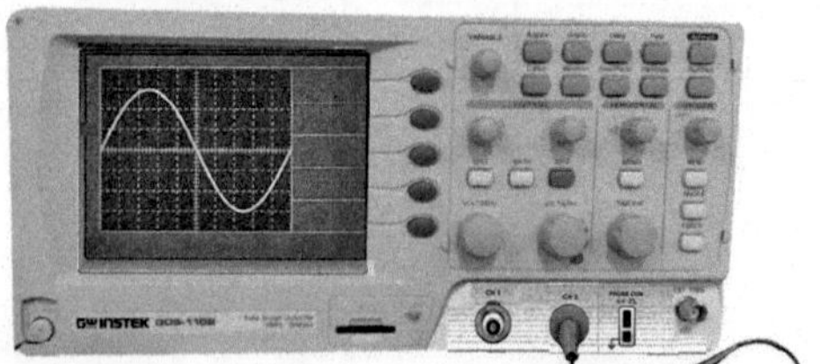

(a) 오실로스코프는 피크-피크 전압을 나타낸다.

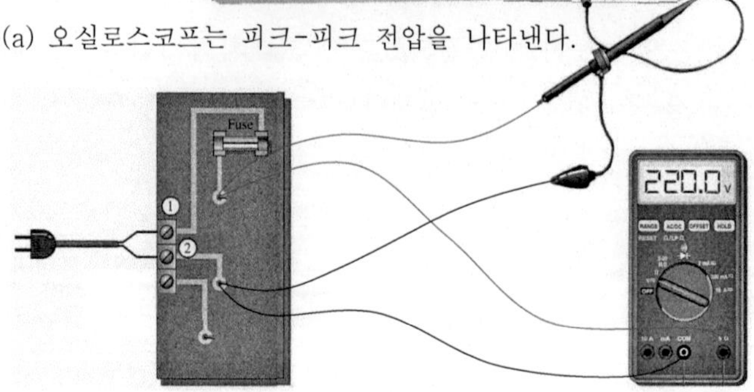

(b) DMM은 교류전압의 실효치를 나타낸다.

[그림 4-10] 가정에서 사용하는 전압에 대한 실효치와 최대치

2> 최대치(V_m)과 평균치($V_{avg} = V_{dc}$)

파형의 평균치는 보다 발전된 회로해석을 위해 매우 중요하다. 수학적으로 구하면 다음과 같다. 우리에게 익숙한 방법으로 익혀보자. 4과목의 성적 평균을 구한다고 하자. 성적을 모두 합하고 이를 과목 수로 나눈 것이다. 히스토그램으로 표시하면 y축은 성적이고 x축은 과목이 된다. 이 개념을 교류파형에 적용해 보자.

$$\text{평균치: } \frac{Area(\text{면적})}{T(\text{주기})} \tag{4-7}$$

사각파(구형파), 삼각파 및 정현파의 경우에 대해 각각의 평균치를 구해 보자.

<1> 사각파(square wave)

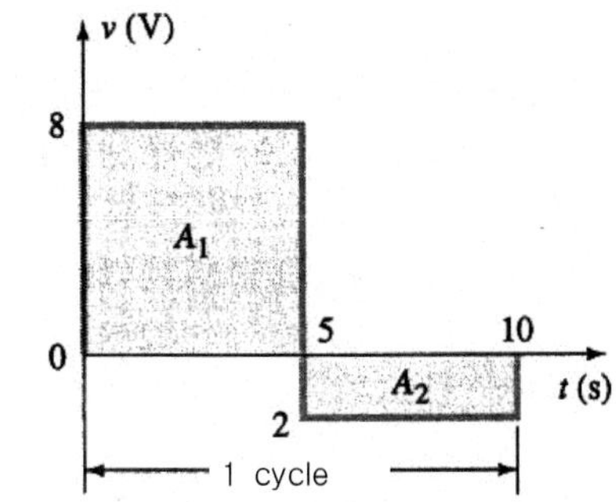

- 면적(전압×시간)
  $A_1 : 8 \times 5 = 40$
  $A_2 : 2 \times (10-5) = 10$
- 시간 T: 10

∴ 평균치: $\dfrac{A_1 + (-A_2)}{T} = \dfrac{40 + (-10)}{10} = 3\,V$

[그림 4-11] 사각파에서 평균치의 의미

<2> 삼각파(triangular wave) 및 사각파

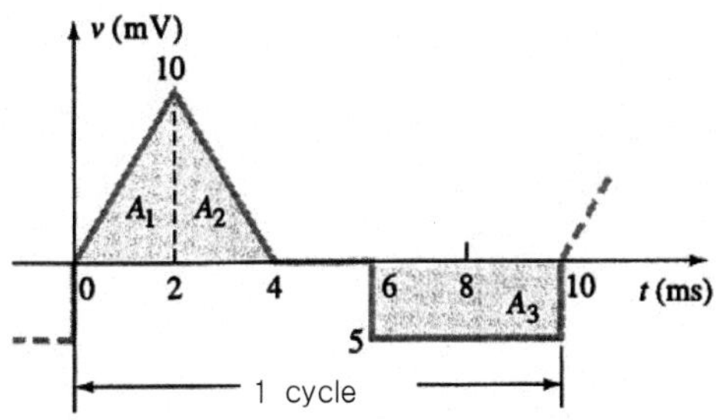

- 면적 $A_1 : 10 \times (2-0)/2 = 10$
  $A_2 : 10 \times (4-2)/2 = 10$
  $A_3 : 5 \times (10-6) = 20$
- 시간 T: 10

∴ 평균치:

$$\frac{A_1 + A_2 + (-A_3)}{T} = \frac{10 + 10 - 20}{10} = 0\,V$$

[그림 4-12] 삼각파 및 사각파에서 평균치의 의미

<3> 정현파(sinusoidal wave)

하나의 완전한 사이클에 대한 정현파의 평균치는 0[V]이다.

- 1주기: $V_{avg} = \dfrac{1}{T}\displaystyle\int_0^T v(t)\,dt = 0$

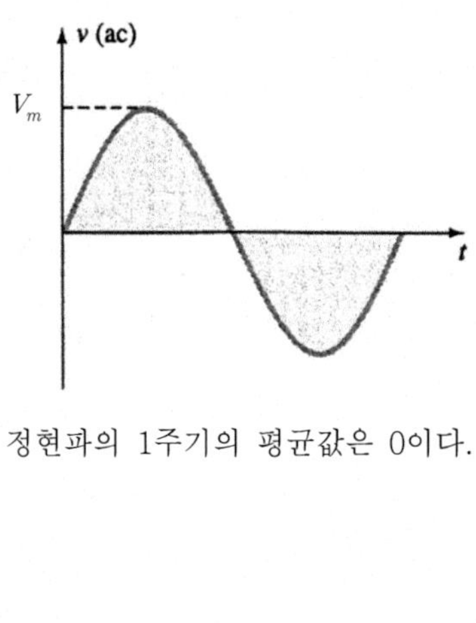

(a) 정현파의 1주기의 평균값은 0이다.

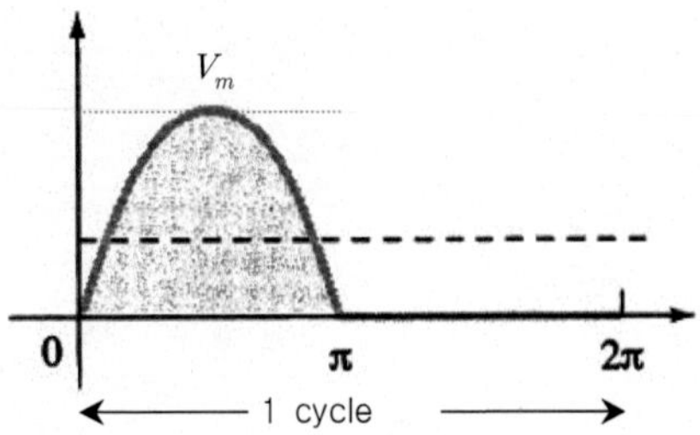

- 면적(area):

$$\int_0^{\pi} V_m \sin\theta d\theta = V_m \int_0^{\pi} \sin\theta d\theta = V_m[-\cos\theta]_0^{\pi}$$

$$= - V_m(\cos\pi - \cos 0) = - V_m(-2) = 2V_m$$

- 주기(period): 2π

(b) 반주기만 정현파가 존재하는 경우 한 주기 평균값

[그림 4-13] 정현파에서 파형에 따른 평균치

그림 (b)와 같이 정현파의 1/2만 출력되는 파형의 한 주기 평균치는 다음과 같다.

$$V_{avg} = \frac{2V_m}{2\pi} = \frac{V_m}{\pi} = 0.318 V_m \tag{4-8}$$

이 파형을 반파 정류파형이라 부르며 이 내용은 교류(ac)를 직류(dc)로 바꾸는 정류기(rectifier)에서 다룰 것이다. 실제로 수학적 계산을 통해 구해 보자.

- 반파 평균치: $V_{avg} = \frac{1}{T}\int_0^{T/2} v(t)dt = \frac{1}{T}\int_0^{T/2} (V_m \sin\omega t)dt$

$$= \frac{1}{T} \cdot \frac{V_m}{\omega}[-\cos\omega t]_0^{T/2}$$

$$= \frac{V_m}{2\pi}[-\cos\pi - (-\cos 0^{\circ})] = \frac{V_m}{\pi} = 0318 V_m$$

반파정류에서 최대치(피크치)의 31.8%에 해당한다.

마지막으로 다음과 같은 반주기 파형의 반주기 평균을 구해 보자.

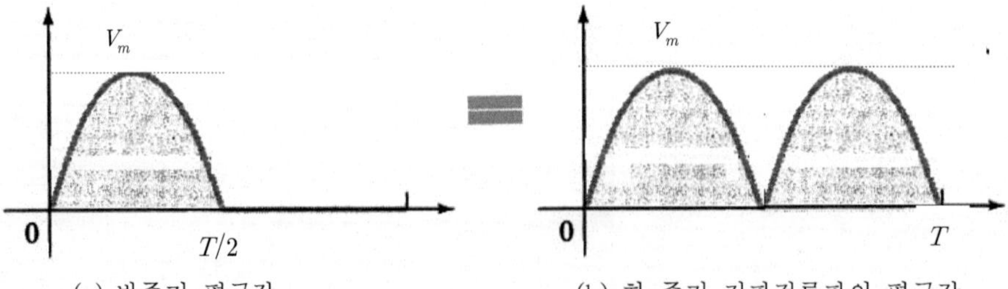

(a) 반주기 평균값 (b) 한 주기 전파정류파의 평균값

[그림 4-14] 반주기 평균치는 전파정류된 파형의 평균과 같다.

• 1/2주기 평균치: $V_{avg} = \frac{1}{T/2}\int_0^{T/2} v(t)dt = \frac{1}{T/2}\int_0^{T/2}(V_m \sin\omega t)dt$

$$= \frac{2}{T} \cdot \frac{V_m}{\omega}[-\cos\omega t]_0^{T/2}$$

$$= \frac{V_m}{\pi}[-\cos\pi - (-\cos 0^\circ)] = \frac{2V_m}{\pi} = 0.636\,V_m \qquad (4\text{-}9)$$

그림 4-14(b)를 전파 정류파형이라 부르며 다이오드 분야인 정류회로에서 다룰 것이다. 유의할 사항은 반주기 평균치는 전파정류된 한 주기 파형의 평균과 같다는 것이다.

복습문제

다음 그래프를 참고하여 물음에 답하시오. 숫자는 그 지점의 시간값이다.

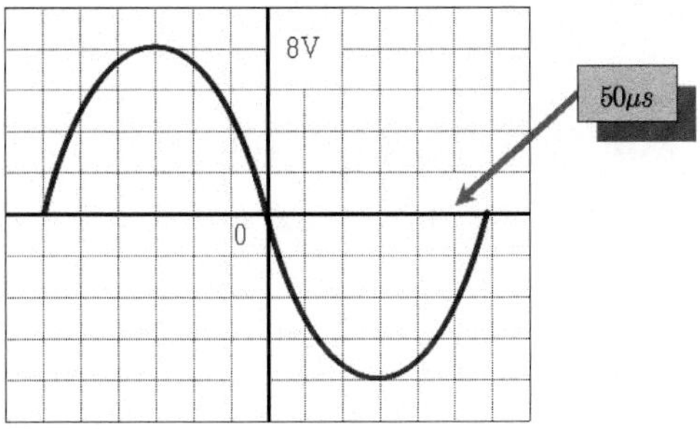

1> 주기(T) 및 주파수(f)

2> 최대치(V_m)

3> 실효치(V_{rms})

4> 반 주기 평균치(V_{avg}) 및 한 주기의 평균치

3> 피크치(V_p), 실효치(V_{rms}) 및 평균치(V_{avg})의 그래픽 비교

위의 피크치(최대치), 실효치 및 평균치라는 세 가지 값들을 반주기($T/2$)에 대해 그림으로 나타내면 다음과 같다. 위의 자료를 요약하면 상대적으로 비교하여 나타낼 수 있다.

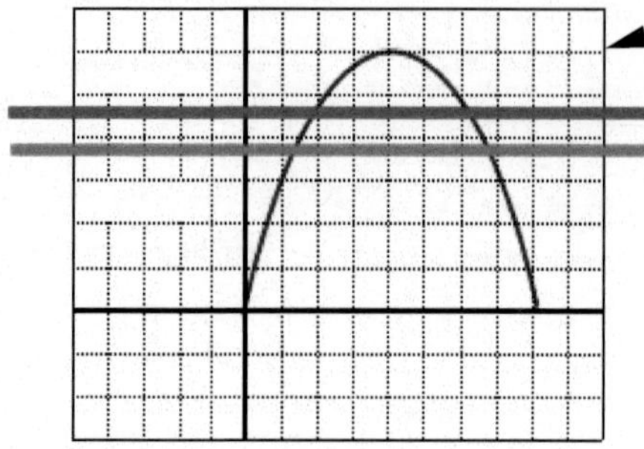

마지막으로 어떤 파형의 특성을 나타내는 두 가지 용어가 있다. 위의 그래프에서 파형의 날카로움 정도를 나타내는 파고율(peak factor)은 최댓값과 실효값의 비를 나타내며, 평평한 정도를 나타내는 파형률(form factor)은 실효값과 평균값의 비를 나타낸다.

4-2 위상(phase) 또는 위상각(phase angle)

전압파형 혹은 전류파형은 항상 0°에서 시작하는 것은 아니다. 시작 위치에 따라 서로 다른 값을 갖는다.

4-2-1 정현파의 위상

정현파 $v(t) = V_m \sin\omega t$에서 한 주기는 360° 또는 2π이다. 우리는 각도에 대한 속도를 구하는 것이므로 각속도는 $\omega = 2\pi f\,[rad/\sec]$으로 표현한다고 익혔다. 이 정현파를 달리 표현하면 $v(t) = V_m \sin(\omega t + 0°)$와 같으며, 항상 0°에서 시작한다. 파형에 따라 항상 0에서 시작하는 것은 아니다. 따라서 어떤 정현파 전압에 대해 일반적으로 다음과 같은 표현이 가능하다.

$$v(t) = V_m \sin(\omega t + \theta) \qquad \theta\text{: 위상각} \tag{4-10}$$

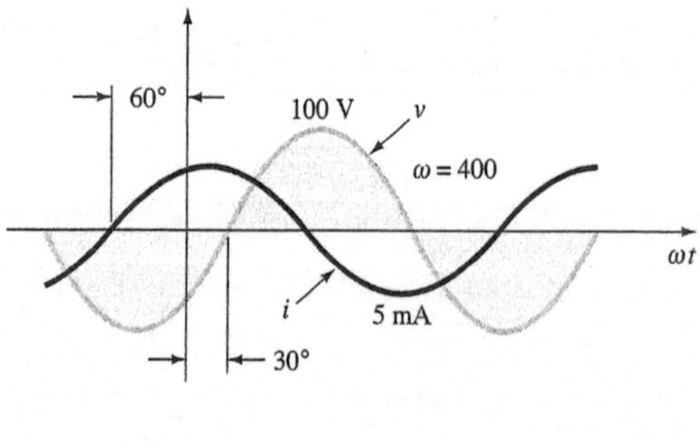

[그림 4-15] 서로 다른 위상각을 가지는 전압 및 전류파형

$v(t) = V_m \sin(\omega t - \pi/6)$,

$i(t) = I_m \sin(\omega t + \pi/3)$

여기서 기준이 0°라면 이 보다 전압파형은 $\pi/6$ [rad] 늦게 시작하는 파형이며 전류파형은 $\pi/3$ [rad] 먼저 빠르게 시작하는 파형이 된다. 이들 값을 파형으로 나타내 보자.

경우에 따라 각도를 [rad] 대신에 편리성을 위해 일반각을 쓰기도 하는데 그 의미는 같다.

$v(t) = 100\sin(\omega t - 30°)[V] = 100\cos(\omega t - 120°)[V]$

$i(t) = 5\sin(\omega t + 60°)[mA] = 5\cos(\omega t - 30°)[mA]$

여기서 다음 관계 $\sin\theta = \cos(\theta - 90°)$ 및 $\cos\theta = \sin(\theta + 90°)$를 이용하였다.

그러나 계산기를 활용한 계산을 수행할 경우에는 단위를 같게 해야 한다. 식의 표현에서 정현파의 위상은 어느 한 파형을 기준으로 하여 상대적인 또 하나의 정현파에 대해 특정한 위치를 각도로 표현한 것이다.

4-2-2 앞섬(lead) or 뒤짐(lag)

그림 4-16과 같이 세 개의 서로 다른 전압파형들이 있다. 일반적인 정현파로 나타내면 $v_A(t) = V_m \sin(\omega t + \theta_a)$, $v_B(t) = V_m \sin(\omega t + \theta_b)$ 및 $v_C(t) = V_m \sin(\omega t + \theta_c)$과 같다.

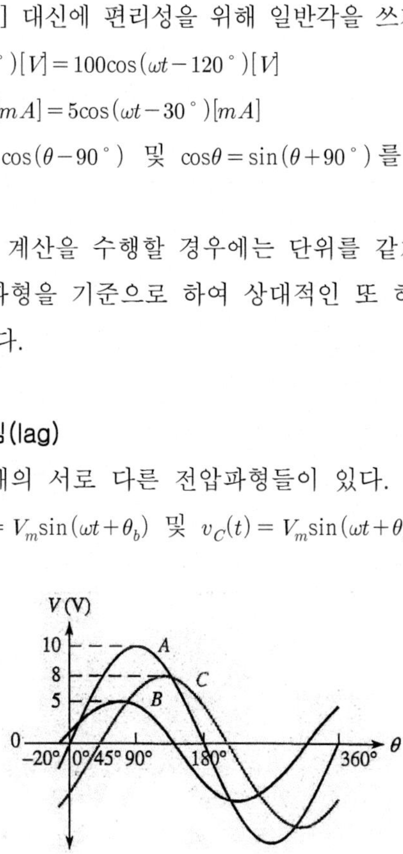

[그림 4-16] 임의의 세 가지 파형들에 대한 위상각의 상대 비교

여기서 우리는 '전압 v_A는 전압 v_C를 45°만큼 앞선다. 또는 전압 v_A는 전압 v_C를 45°만큼 빠르다.(A leads C by 45°)'파형 B의 입장에서 보면 '전압 v_A는 전압 v_B를 20°만큼 뒤진다.(A lags B by 20°)' 또한 파형 B와 C를 비교하면 '전압 v_B는 전압 v_C를 65°만큼 앞선다. 또는 전압 v_C는 전압 v_B를 65°만큼 뒤진다.'로 나타낸다.

복습문제

위에 나타낸 그림 4-16 파형에 대해 답하시오.

1> 파형 B에 대한 정현파를 교류전압식 $v(t)$로 표시하시오.

2> 파형 A를 기준으로 하면, 다른 전압들의 앞섬(lead) 혹은 뒤짐(lag)를 표현하시오.

3> 각 파형의 실효치(V_{rms})을 구하시오.

앞으로는 앞선다 혹은 뒤진다는 것을 정현파형을 그려 비교한다는 것은 상당히 시간적인 낭비이다. 이는 복소수를 바탕으로 극좌표를 표현하는 방법을 익히면 아주 간단해진다.

4-3 복소평면(complex plane) 및 페이저(phasor)

정현파 교류신호를 해석할 때, Kirchhoff 법칙 및 Ohm 법칙의 적용으로 많은 정현파를 더하기, 곱하기, 나누기를 해야 하는 데, 삼각함수 공식을 이용하는 정현파의 연산은 [예를 들면 $3\sin(\theta+38°)+10\cos(\theta+17°)$의 연산] 쉽지 않음을 우리는 알고 있다. 그러나 정현파를 복소수로 전환하면 정현파의 가감이 복소수의 가감으로 되며, 교류회로를 직류회로와 마찬가지로 대수적 방법으로 취급할 수 있으므로 매우 간단해진다.

4-3-1 복소수(complex number)

이차방정식 $x^2+2x+5=0$의 근을 구하면 그 해는 $x=1\pm\sqrt{-4}$가 된다. 실수의 범위에서 그 수를 제곱하면 항상 양이 된다. 그러나 $\sqrt{-4}$는 제곱하면 음수 -4이므로 실수가 아니다. 여기서 수의 개념을 확장할 필요성이 생긴다. 그래서 제곱하여 -1이 되는 수를 생각하여 $j=\sqrt{-1}$를 도입하고 허수단위라고 부른다. 수학자들은 허수단위를 i로 쓰지만 전기전자공학자들은 전류의 기호와 구별하기 위해 j라는 기호를 쓴다. 따라서 위의 방정식의 근은 다음과 같이 쓸 수 있다.

$$x = 1 \pm \sqrt{-4} = 1 \pm \sqrt{4}\sqrt{-1} = 1 \pm j2$$

일반적으로 복소수는 $a+jb$ 형태로서 사용되며 a는 실수(real number), jb(b는 실수)는 허수(imaginary number)이다. 허수단위 j를 확장하여 계산해 보면 각각 다음과 같다.

- $j = \sqrt{-1}$
- $j^2 = -1$
- $j^3 = j^2 j = -j$
- $j^4 = j^2 j^2 = (-1)(-1) = 1$

4-3-2 복소평면(complex plane)

모든 실수는 기하학적으로 일직선상의 한 점으로 표시할 수 있으나 복소수는 두 개의 수를 함께 포함하고 있으므로 복소평면상에 표시하며 x축은 실수부를 y축은 허수부를 나타낸다. 이와 같이 복소수는 벡터(vector)로 표시할 수 있다. 이는 크기와 방향을 가지기 때문이다. 이 복소수를 하나의 벡터로 표시하기 위해 다음과 같이 $\dot{A}$로 나타내고 실수부와 허수부를 분리하여 정한다.

$$\dot{A} = a + jb$$

복습문제

다음 복소수를 복소평면에 나타내시오. 통상 벡터는 $\vec{A}$, A 또는 $\dot{A}$로 표기한다.

$\dot{A} = 3 + j4$ $\dot{B} = -5 + j2$ $\dot{C} = 2 + j(-3)$ $\dot{D} = -3 + j(-4)$

<해>

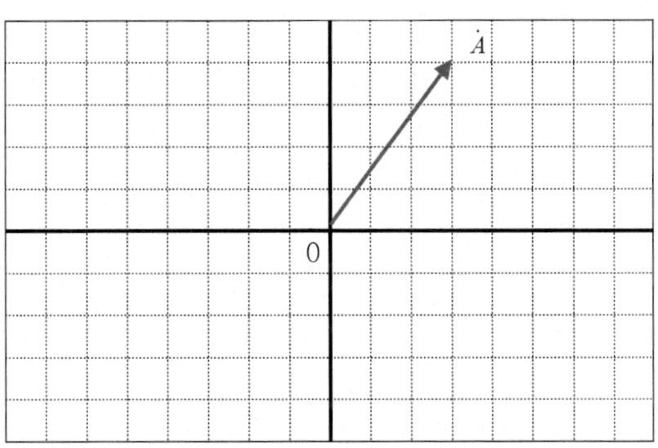

4-3-3 복소수 계산

두 개의 복소수에 대해 합, 차, 곱 및 나눗셈을 수행해 보자. 두 복소수 $\dot{A}=a+jb$와 $\dot{B}=c+jd$가 있다고 하자.

1> 합 및 차

$$\dot{A}+\dot{B}=(a+jb)+(c+jd)=(a+c)+j(b+d)$$

$$\dot{A}-\dot{B}=(a+jb)-(c+jd)=(a-c)+j(b-d)$$

2> 곱

$$\dot{A}\dot{B}=(a+jb)(c+jd)=ac+jad+jbc+j^2bd=ac+jad+jbc-bd=(ac-bd)+j(ad+bc)$$

3> 나누기

$$\frac{\dot{A}}{\dot{B}}=\frac{a+jb}{c+jd}=\frac{(a-jb)(c-jd)}{(c+jd)(c-jd)}=\frac{(a+jb)(c-jd)}{(c+jd)(c-jd)}=\frac{ac+bd+j(bc-ad)}{c^2+d^2}$$

복소수 연산에서 덧셈과 뺄셈은 쉽게 구할 수 있다. 그러나 곱셈과 나눗셈은 과정이 복잡하다. 뒤에 배울 복소수를 기본으로 한 극좌표를 배우면 곱셈과 나눗셈을 비교적 단순한 계산으로 쉽게 처리할 수 있다.

복습문제

두 복소수 $\dot{A}=3+j4$, $\dot{B}=3-j2$에 대해

[1] 덧셈과 뺄셈을 계산 또는 평행사변형법으로 구하시오.

[2] 두 복소수들의 곱과 나눗셈을 구하고 복소평면에 표기하시오.

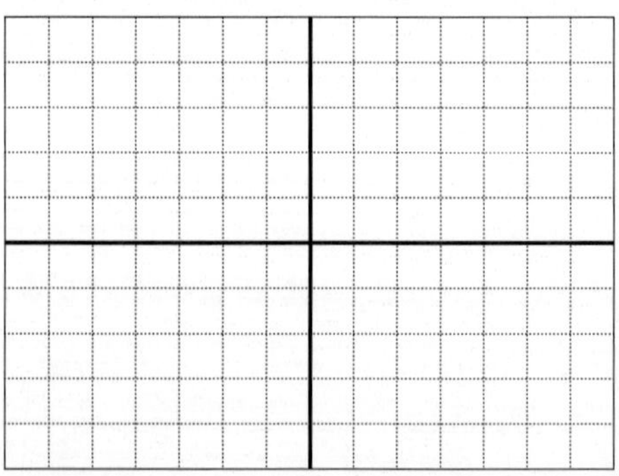

4-3-4 j와 어떤 복소수를 곱하거나 나누면 크기와 위상각은?

복소수 $\dot{A}=a+jb$에 허수단위 j를 곱하면 어떤 효과가 있는가? $\dot{A}$와 $j\dot{A}$를 계산하고 복소평면에 나타내 보자.

- $j\dot{A}=j(a+jb)=ja-b=-b+ja$ (4-11)
- $j^2\dot{A}=j(j\dot{A})=j(-b+ja)=-a-jb$ (4-12)
- $j^3\dot{A}=j(j^2\dot{A})=j(-a-jb)=b-ja$ (4-13)
- $j^4\dot{A}=j(j^3\dot{A})=j(b-ja)=a+jb$ (4-14)

즉 복소수에 j를 곱하면 그림 4-17에 나타낸 것과 같이 어떤 임의의 벡터값 $\dot{A}$에 반시계방향(CCW: counterclockwise)으로 $90°$씩 회전하고 크기는 변하지 않음을 의미한다.

다음 그림은 $\dot{A}=5+j2$일 때, $j\dot{A}$, $j^2\dot{A}$, $j^3\dot{A}$ 및 $j^4\dot{A}$ 를 복소평면에 나타낸 것이다.

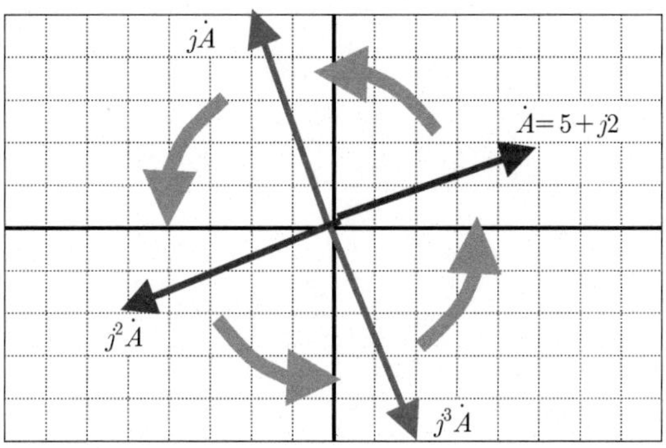

[그림 4-17] 허수단위 j의 곱셈에서 역할

다음으로 복소수 $\dot{A}=a+jb$에 허수단위 j를 나누면 어떤 효과가 있는가? $\dot{A}$와 $j\dot{A}$를 각각 계산하고 이들을 복소평면에 나타내 보자.

- $\dfrac{\dot{A}}{j}=\dfrac{a+jb}{j}=\dfrac{a}{j}+b=-ja+b=b-ja$ (4-15)
- $\dfrac{\dot{A}}{j^2}=\dfrac{a+jb}{j^2}=-a+\dfrac{b}{j}=-a-jb$ (4-16)
- $\dfrac{\dot{A}}{j^3}=\dfrac{a+jb}{j^3}=\dfrac{a}{j^3}+\dfrac{b}{j^2}=ja-b=-b+ja$ (4-17)
- $\dfrac{\dot{A}}{j^4}=\dfrac{a+jb}{j^4}=\dfrac{a}{j^4}+\dfrac{jb}{j^4}=a+jb$ (4-18)

즉 복소수에 j를 나누면 어떤 임의의 벡터값 $\dot{A}$에 시계방향(CW: clockwise)으로 $90°$씩 회전하고 크기는 변화가 없다는 것을 의미한다. 그림 4-18에 나타낸 것처럼 반시계방향(CCW)으로 $270°$는 시계방향으로 $90°$와 동일하다. 이와 같이 연산자 j는 크기에는 관련이 없고 단지 방향(위상각)에 변화를 주는 것이다.

다음 그림은 $\dot{A}=5+j2$일 때, $\dot{A}/j$, $\dot{A}/j^2$, $\dot{A}/j^3$ 및 $\dot{A}/j^4$를 복소평면에 나타낸 것이다.

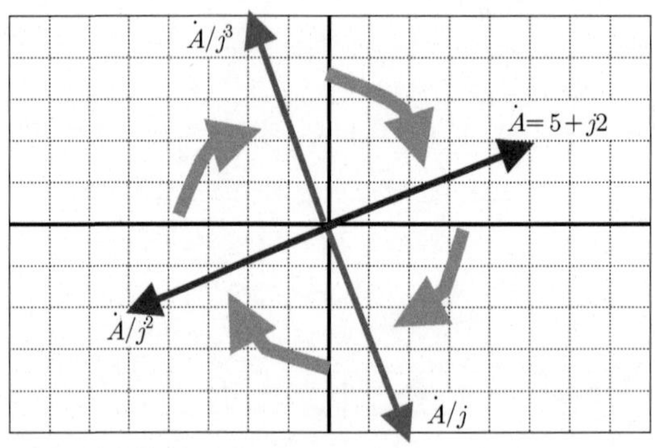

[그림 4-18] 허수단위 j의 나눗셈에서 역할

복습문제

[1] $\dot{A}=3+j4$일 때, $\dot{A}$, $j^2\dot{A}$ 및 $\dot{A}/j^2$를 복소평면에 표현하시오.

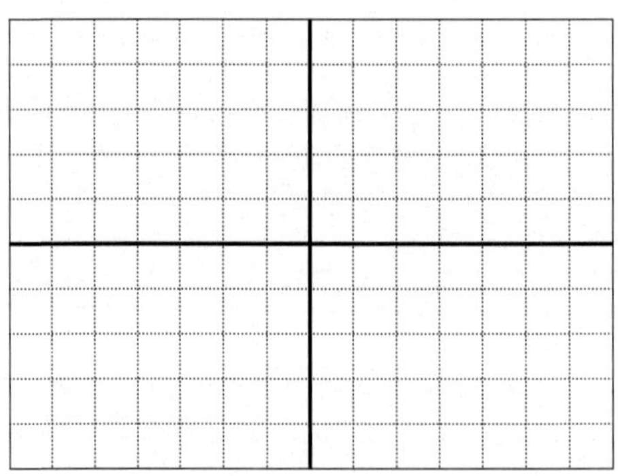

[2] 두 값 $j^2\dot{A}$와 $\dot{A}/j^2$ 서로 다른 값을 가지는가? 아니면 동일한가?

4-3-5 극좌표 형식

지금까지는 복소수를 실수부와 허수부로서, 즉 기하학적으로 직각좌표로써 나타내었다. 같은 위치 지점을 크기(magnitude)와 각도(angle)로써 표현할 수도 있는데 이것을 극좌표(polar coordinate)라 한다.

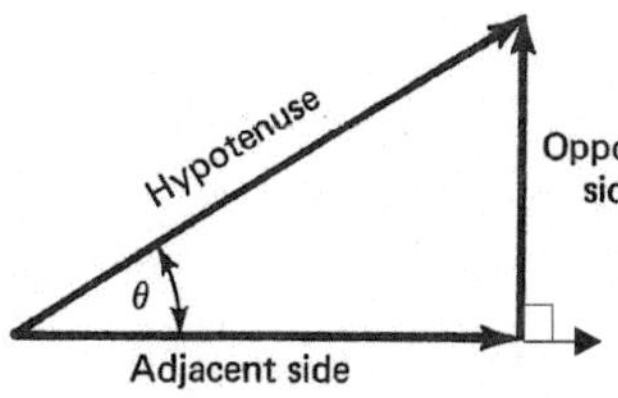

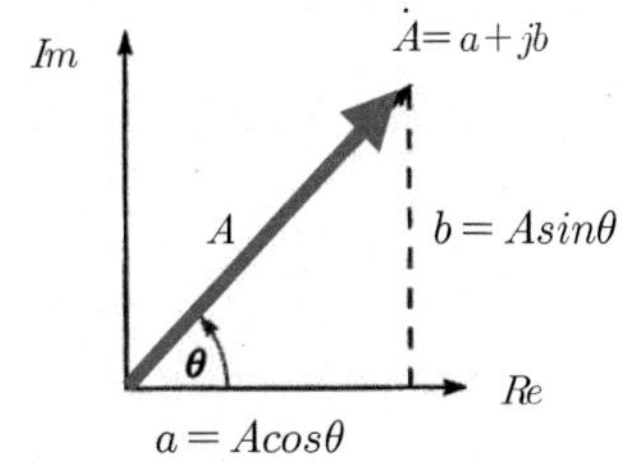

$$A=\sqrt{a^2+b^2}$$
$$\theta=\tan^{-1}\left(\frac{b}{a}\right)$$

[그림 4-19] 극좌표는 크기와 방향을 필요로 한다.

이와 같이 복소수(complex number)는 다음 세 가지 형식으로 표현 가능하다.

$$\dot{A}=a+jb=A(\cos\theta+j sin\theta)=A\angle\theta \qquad (4-19)$$

여기서 $a+jb$를 직각좌표 형식, $A(\cos\theta+j sin\theta)$를 삼각함수 형식, 그리고 $A\angle\theta$를 극좌표 형식이라 부른다. 이 형식들의 상호변환을 신속하고 정확하게 하는 것이 모든 전기전자 및 제어 기술자들에게 요구되는 가장 기초적인 훈련이다.

복습문제

[1] $\dot{A}=4+j3$ 과 $\dot{B}=5\angle-45^\circ$를 복소평면에 나타내시오.

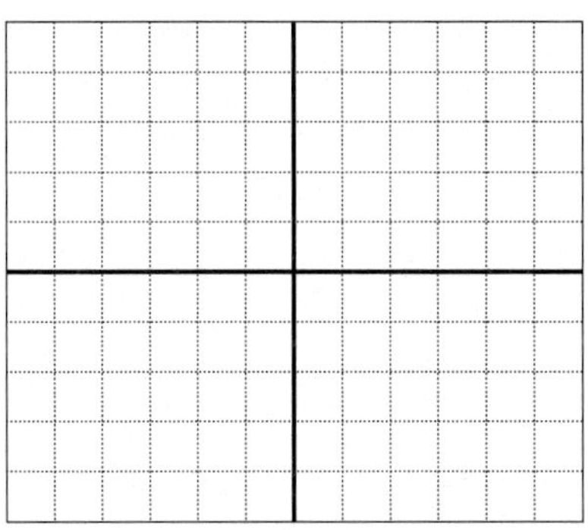

[1]

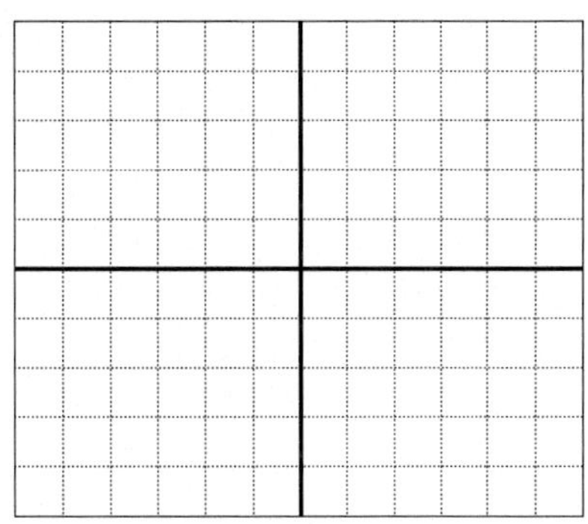

[2]

[2] $\dot{C}=-2+j1$와 $\dot{D}=2-j1$를 극좌표로 변환하고 각각 복소평면에 나타내시오.
각 벡터는 복소평면상에서 몇 상한에 존재하는가?

이상과 같은 상호변환에서 그 복소수가 제 몇 상한에 있는지를 복소평면에 그려보고 복소수의 각 또는 실수 및 허수부의 부호에 틀림이 없도록 해야 한다. 예를 들어 두 복소수가 $\dot{A}=-1+j$, $\dot{B}=1-j$에서 각 벡터의 위상각의 계산에서 $\tan^{-1}\left(\frac{1}{-1}\right)=135°$ 이고 $\tan^{-1}\left(\frac{-1}{1}\right)=-45°$ 임을 명심해야 한다. 많은 학생이 그림을 그려보지 않고 단순히 계산기에만 의존하면 모두 $-45°$로 동일하게 계산되므로 큰 실수를 할 수 있다는 것이다.

계산할 두 복소수에 대해 이들의 곱과 나누기를 차례로 구해 보자. 특히 덧셈과 뺄셈은 직각좌표를 선호하지만 곱과 나누기는 다음 관계를 활용하여 쉽게 구할 수 있다.

- $\dot{A}=A\angle\alpha=A(\cos\alpha+jsin\alpha)$ (4-20)
- $\dot{B}=B\angle\beta=B(\cos\beta+jsin\beta)$ (4-21)

1> 곱:

$$\begin{aligned}\dot{A}\dot{B}&=A(\cos\alpha+jsin\alpha)\cdot B(\cos\beta+jsin\beta)\\&=AB[(\cos\alpha\cos\beta-\sin\alpha\sin\beta)+j(\sin\alpha\cos\beta+\cos\alpha\sin\beta)]\\&=AB[\cos(\alpha+\beta)+jsin(\alpha+\beta)]\\&=AB\angle\alpha+\beta\end{aligned} \tag{4-22}$$

즉 $\dot{A}\dot{B}=(A\angle\alpha)(B\angle\beta)=AB\angle\alpha+\beta$ 가 된다. 두 복소수의 곱의 크기는 각 복소수의 곱과 같고 각은 각 복소수의 각의 합과 같다.

2> 나누기:

$$\begin{aligned}\frac{\dot{A}}{\dot{B}}&=\frac{A(\cos\alpha+jsin\alpha)}{B(\cos\beta+jsin\beta)}=\frac{A}{B}\frac{(\cos\alpha+jsin\alpha)(\cos\beta-jsin\beta)}{(\cos^2\beta+\sin^2\beta)}\\&=\frac{A}{B}(\cos\alpha+jsin\alpha)(\cos\beta-jsin\beta)\\&=\frac{A}{B}[(\cos\alpha\cos\beta+\sin\alpha\sin\beta)+j(\sin\alpha\cos\beta-\cos\alpha\sin\beta)]\\&=\frac{A}{B}\cos(\alpha-\beta)+jsin(\alpha-\beta)\\&=\frac{A}{B}\angle\alpha-\beta\end{aligned} \tag{4-23}$$

즉 $\frac{\dot{A}}{\dot{B}}=\frac{A\angle\alpha}{B\angle\beta}=\frac{A}{B}\angle\alpha-\beta$ 이다. 두 복소수의 나눗셈의 크기는 각 복소수의 나누기와 같고 각은 각 복소수의 각의 차와 같다.

이것의 증명은 뒷 부분에 학습할 Euler 정리를 이용하면 간단히 처리할 수 있다.

복습문제

두 복소수 $\dot{A}=3+j4$, $\dot{B}=3-j2$에 대해

[1] 극좌표법으로 곱과 나눗셈을 구하고 복소평면에 표기하시오.

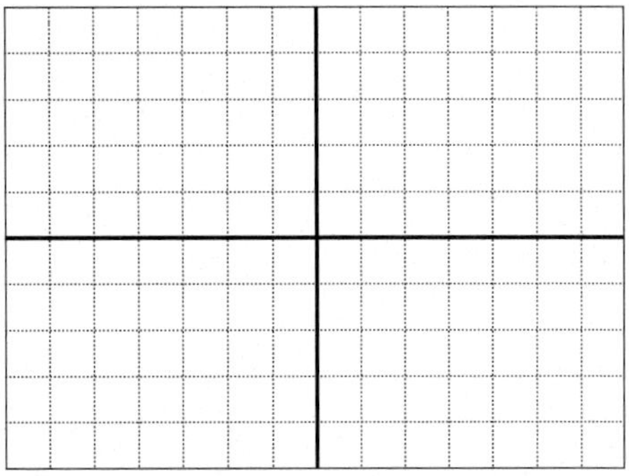

[2] 어떤 복소수 $\dot{C}=j1$, $\dot{D}=-j1$이라면 이를 극좌표로 나타내시오.

이 시점에서 우리는 무엇을 위해 복소수의 극좌표 계산을 하고 있는가? 당연히 그 답은 교류회로해석을 신속하고 정확하게 수행하기 위해서이다. 특히 Ohm 법칙에서 곱과 나눗셈을 수행할 때, 아주 많이 활용하기 때문이다. 이의 계산은 다음 장에서 수행한다.

4-3-6 Euler 정리와 지수함수 형식

극좌표 형식을 사용할 수 있는 수학적인 근거를 알아보자. x가 실수일 때 지수함수 e^x는 다음과 같은 무한급수로 전개할 수 있다.

$$e^x = 1 + x + \frac{x^2}{2!} + \frac{x^3}{3!} + \frac{x^4}{4!} + \cdots \tag{4-24}$$

x가 $j\theta$와 같은 허수인 경우에도 적용할 수 있으므로 대입하면

$$e^{j\theta} = 1 + j\theta + \frac{(j\theta)^2}{2!} + \frac{(j\theta)^3}{3!} + \frac{(j\theta)^4}{4!} + \cdots \tag{4-25}$$

또는 $e^{j\theta} = (1 - \frac{\theta^2}{2!} + \frac{\theta^4}{4!} - \cdot\cdot\cdot) + j(\theta - \frac{\theta^3}{3!} + \frac{\theta^5}{5!} \cdot\cdot\cdot)$이다.

$\cos\theta = 1 - \frac{\theta^2}{2!} + \frac{\theta^4}{4!} - \cdot\cdot\cdot$

$\sin\theta = \theta - \frac{\theta^3}{3!} + \frac{\theta^5}{5!} \cdot\cdot\cdot$ 를 이용하면 다음과 같이 쓸 수 있다.

> Euler의 정리 : $e^{j\theta} = \cos\theta + j sin\theta$

이제 식을 대입하여 정리해 보자. $\dot{A} = A\angle\theta = A(\cos\theta + j sin\theta) = Ae^{j\theta}$ 를 지수함수 형식이라 한다. 이를 바탕으로 두 복소수의 곱과 나누기를 구하면 우리가 배운 지수 법칙이 성립하므로 수학적으로 증명되며 이 관계를 잘 활용할 수 있도록 한다.

- $\dot{A}\dot{B} = (Ae^{j\alpha})(Be^{j\beta}) = ABe^{j(\alpha+\beta)} = AB\angle\alpha+\beta$ (4-26)
- $\frac{\dot{A}}{\dot{B}} = \frac{Ae^{j\alpha}}{Be^{j\beta}} = \frac{A}{B}e^{j(\alpha-\beta)} = \frac{A}{B}\angle\alpha-\beta$ (4-27)

다음은 $e^{j\theta}$의 크기와 위상각은 얼마인가를 살펴보면 크기 $|e^{j\theta}| = 1$이고 위상각은 θ이다.

크 기: $|e^{j\theta}| = |\cos\theta + j sin\theta| = \sqrt{\cos^2\theta + \sin^2\theta} = 1$ (4-28)

위상각: $\tan\theta = \frac{Im}{Re} = \frac{\sin\theta}{\cos\theta}$ (4-29)

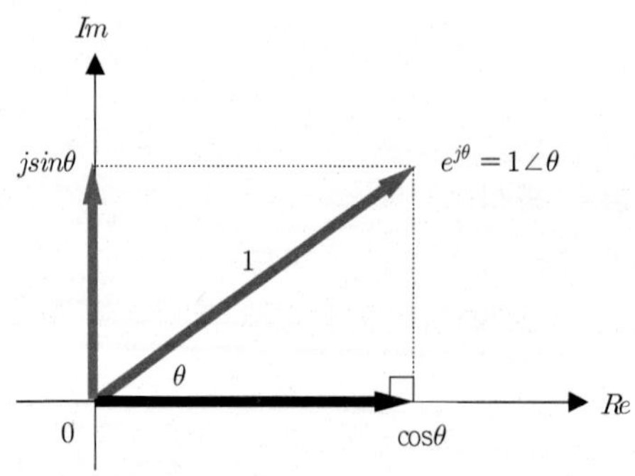

[그림 4-20] Euler 정리를 활용한 지수함수적 표현

앞에서 배운 복소수의 여러 가지 형식들은 수학적 특성을 살려 공학 분야에 선택적으로 활용되고 있다. 특히 극좌표 형식은 곱셈 또는 나눗셈의 편리성 때문에 교류회로 해석에 이용되고, 지수함수 형식은 미분 또는 적분의 편리성 때문에 파동성을 갖는 전자기파 이론에

많이 활용된다. 지금까지의 복소수 연산에 관련된 학습 내용을 요약하면 다음과 같다.

복소수의 연산

두 복소수 $\dot{A}=a+jb=A\angle\theta_1$, $\dot{B}=c+jd=B\angle\theta_2$가 있다면

[1] 복소수의 덧셈 및 뺄셈의 경우는 직각좌표 형식을 이용하는 것이 편리하다.

$$\dot{A}+\dot{B}=(a+jb)+(c+jd)=(a+c)+j(c+d)$$

$$\dot{A}-\dot{B}=(a+jb)-(c+jd)=(a-c)+j(c-d)$$

[2] 복소수의 곱셈 및 나눗셈의 경우는 극좌표 형식을 이용하는 것이 편리하다.

$$\dot{A}\dot{B}=(A\angle\theta_1)(B\angle\theta_2)=AB\angle(\theta_1+\theta_2)$$

$$\frac{\dot{A}}{\dot{B}}=\frac{A\angle\theta_1}{B\angle\theta_2}=\frac{A}{B}\angle(\theta_1-\theta_2)$$

[3] j는 회전연산자라고 부른다.

$$j=1\angle 90^\circ,\quad j^2=(1\angle 90^\circ)(1\angle 90^\circ)=1\angle 180^\circ=-1,\quad j^3=1\angle 270^\circ=1\angle -90^\circ=-j$$

4-4 정현파에서 페이저(phasor) 표기법

우리는 자연과학에서 '벡터(vector)는 크기와 방향을 가지는 양'이다. 벡터를 설명하는 가장 간단한 방법은 크기와 각도인 이 두 양을 결정하는 것이다.

전기전자공학에서 페이저(phasor)라는 용어는 벡터 대신에 쓰이며 이는 각도가 공간에 기초를 두는 것이 아니라 시간에 기초하고 있다. 벡터와 유사하지만, 페이저는 정현파처럼 시간적으로 변하는 양을 나타낸다. 즉 페이저는 정현파의 크기와 위상을 나타내는 복소수이므로 지수함수 형식, 극좌표 형식 또는 직각좌표 형식으로 쓸 수 있다. 정현파의 최대치(또는 실효치)와 위상을 나타내는 선분의 형태로 나타낸 것을 페이저라 부른다. 선분의 끝은 보통 화살표로 표시한다.

또한, 페이저도(phasor diagram)란 어떤 회로에 관계되는 여러 개의 전압 및 전류를 나타내는 페이저를 하나의 복소평면에 표시한 것이다.

4-4-1 정현파의 페이저 표현

정현파는 완전한 사이클을 페이저의 360° 회전으로 나타낼 수 있다. 그럼 특정 각도를 페

이저로 표현해 보자. 그림 4-20은 페이저의 각이 30°일 때, 이에 부합하는 정현파상의 한 지점을 나타낸다. 이 지점의 전압값은 $V_m \sin 30°$ 또는 $\sqrt{2}\,V \sin 30°$가 된다.

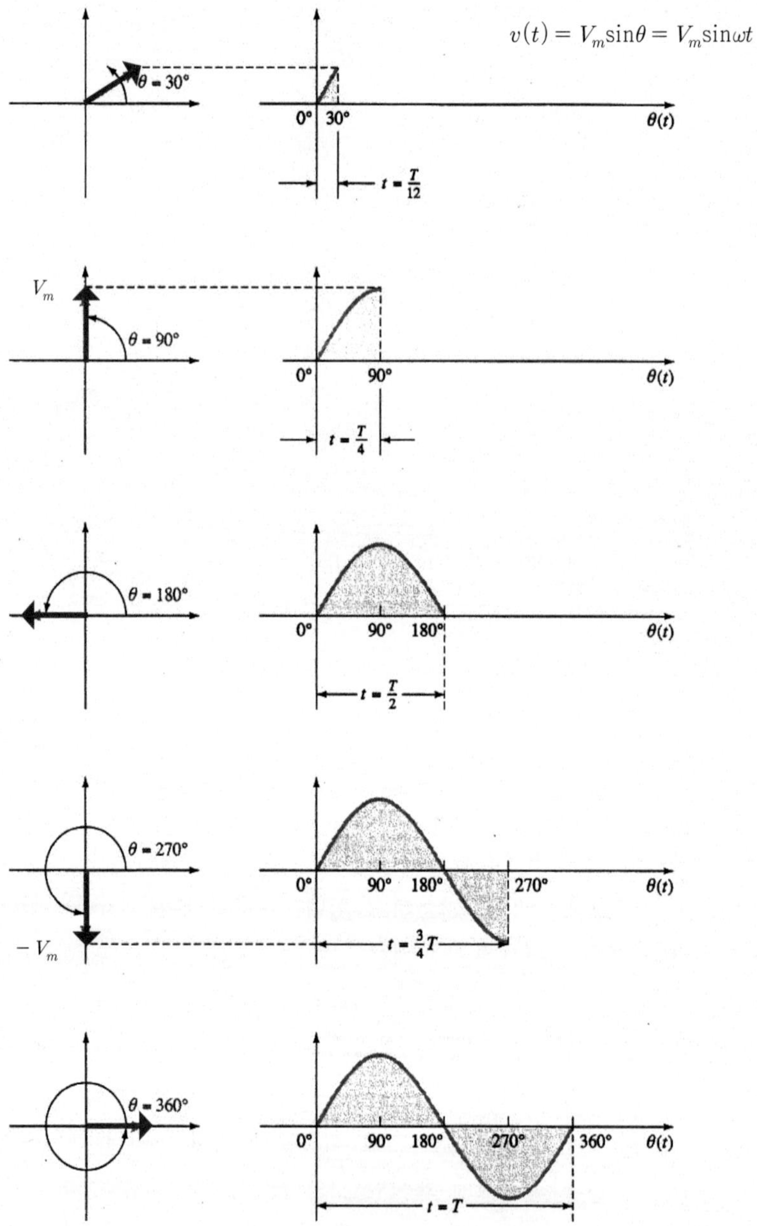

[그림 4-20] 한 주기($1T$) 변화에 따른 극좌표 표시 기법

4-4-2 페이저도(phasor diagram)

페이저도를 이용하면 동일한 주파수를 갖는 두 개 이상의 정현파들 사이에 상호관계를 쉽게 파악할 수 있다. 정현파(sinusoidal wave)를 표현하는데 이 페이저를 활용해 보자. 페이저란 정현파를 극좌표 형식(polar coordinate form)으로 나타낸 것이다.

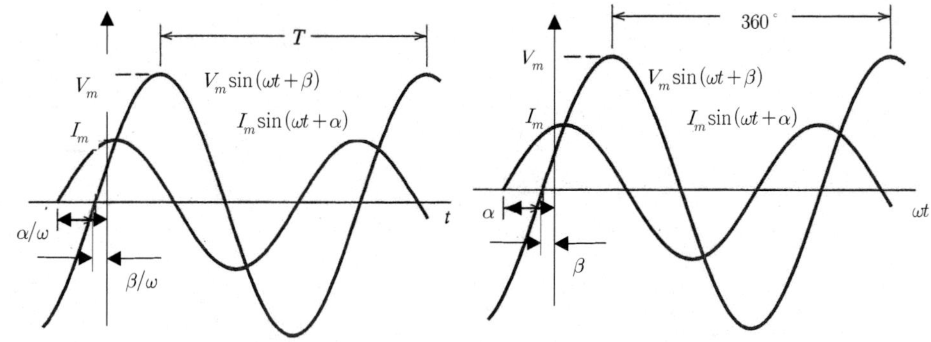

(a) 수평축을 시간으로 표시　　　(b) 수평축을 각도로 표시

[그림 4-21] 초기 위상 α와 β를 갖는 전압과 전류파형

일반적인 다음 두 개의 전압 및 전류의 정현파를 비교해 보자.

$$i(t)=I_m\sin(\omega t+\alpha)=\sqrt{2}I\sin(\omega t+\alpha) \quad (4\text{-}30)$$

$$v(t)=V_m\sin(\omega t+\beta)=\sqrt{2}\,Vsin(\omega t+\beta) \quad (4\text{-}31)$$

정현파의 최대치(또는 실효치)과 위상각을 이용하여 페이저로 표현하면 다음과 같다.

$$\dot{I}=I_m\angle\alpha \text{ 또는 } \dot{I}=I\angle\alpha \quad (4\text{-}32)$$

$$\dot{V}=V_m\angle\beta \text{ 또는 } \dot{V}=V\angle\beta \quad (4\text{-}33)$$

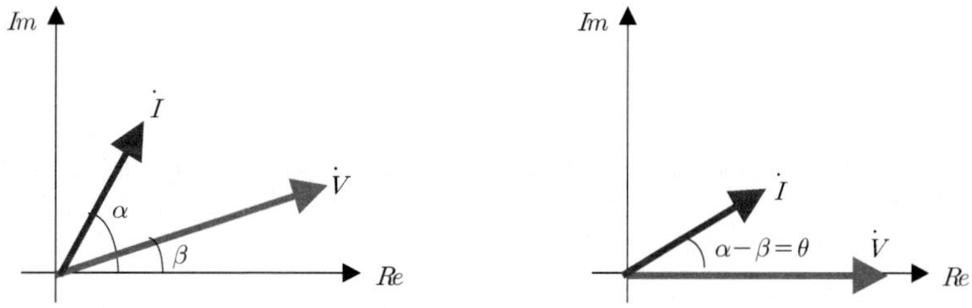

(a) 0°를 기준　　　(b) 전압 위상각을 기준

[그림 4-22] 전류 및 전압 페이저도로부터 전류가 θ(or $\alpha-\beta$) 만큼 앞선다.

우리는 여러 전류 및 전압의 위상차에 관심을 가지므로 어느 하나의 페이저는 위상각을

0으로 하고 페이저도(phasor diagram)를 그리면 된다. 회로해석을 위해 페이저도를 그릴 때에는 우선 기준 페이저를 선택한 후에 이것과의 위상을 고려하여 상대적으로 그려 주면 된다. 어떤 교류회로의 전압, 전류의 크기와 위상차는 시간 원점의 선정과는 관계없으며 따라서 회로해석에서는 어느 하나의 정현파의 위상각이 $0°$이 되도록 시간 원점을 선정하는 것이 훨씬 편리하다.

마지막으로 전압파형과 전류파형을 알고 있다면 우리는 임피던스라는 개념을 도입할 필요가 있다. 임피던스(impedance)란 전류의 흐름을 방해하는 것이므로 단위는 $[\Omega]$이다. Ohm 법칙을 사용하여 위의 전압파형과 전류파형에서 임피던스를 극좌표로 구현해 보자. 극좌표이므로 임피던스 $\dot{Z}$도 실수부와 허수부로 분리하여 나타낼 수 있다.

$$\dot{Z}=\frac{\dot{V}}{\dot{I}}=\frac{V\angle\beta}{I\angle\alpha}=(\frac{V}{I})\angle(\beta-\alpha)=Z\angle-\theta \tag{4-34}$$

$$=Z[\cos(-\theta)+j\sin(-\theta)]=R-jX$$

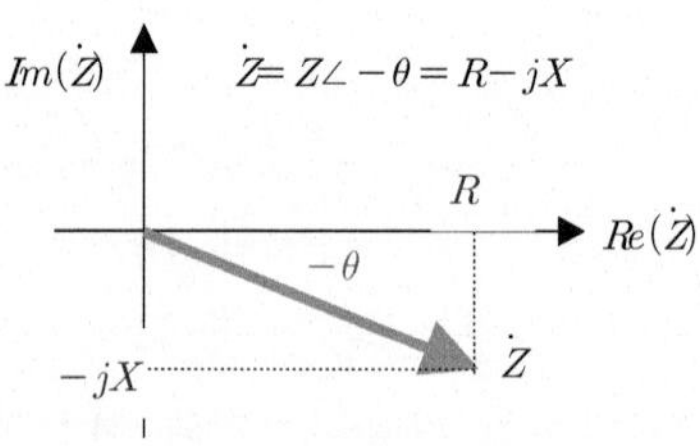

극좌표에서 크기는 $\frac{V}{I}$이며 위상차는 $\beta-\alpha$가 된다.

이를 복소평면에 페이저로 나타내면 그림과 같다.

회로에서 전압이나 전류를 나타내는 페이저는 **시간 영역(time)을 변화시켜 주파수 영역(frequency)으로 바꾼 것**이다. 따라서 페이저는 복소수이고 복소평면 내에 표시된다.

복습문제

[1] 각 정현파를 실효치로 나타내고 페이저로 표현하시오. 단, 기준은 sine파로 한다.

1> $v_1(t)=10\sin\omega t$ $\qquad \dot{V}_1=$

2> $i_1(t)=5\sin(\omega t+30°)$ $\qquad \dot{I}_1=$

3> $i_2(t)=5\cos(\omega t+\frac{\pi}{3})$ $\qquad \dot{I}_2=$

[2] 다음을 극좌표로 표시하시오. 커패시터와 인덕터는 전기 소자로서 뒤에 학습한다.

1> 커패시터(C)에서 전류 i가 전압 v보다 $90°$ 앞선다. $\qquad \frac{\dot{V}}{\dot{I}}=$

2> 인덕터(L)에서 전압 v가 전류 i보다 $90°$ 앞선다. $\qquad \frac{\dot{V}}{\dot{I}}=$

4-4-3 복소수를 왜 교류회로 해석에 도입하는가?

Kirchhoff 법칙을 복소수에 활용해 보자. 페이저는 복소수이므로 그 가감을 기하학적으로 처리하려면 평행사변형법 혹은 다각형법을 사용하면 된다. 주의할 사항은 페이저에 의한 정현파의 가감은 동일 주파수로 동작할 때 가능한 사항이다. 만일 합하려는 정현파들이 동일한 주파수가 아니면 합성파는 비정현파가 되어 사용할 수 없다.

> 페이저(phasor)는 회로가 선형이고 과도 특성이 아닌 정상 상태의 응답을 얻는데 사용되며 모든 독립 전원이 정현파이고 같은 주파수를 가질 때, 활용한다.

첫 번째로 임의의 두 전압들이 중첩된 경우를 익혀 보자. 그림 4-23과 같이 두 전원이 각각 $\dot{V}_1 = 10\angle 0^\circ[V]$, $\dot{V}_2 = 10\angle 120^\circ[V]$라고 하자. 이 두 전압의 합을 구하는 경우 삼각함수를 사용하여 계산해 보자. 이 두 전압값들을 시간의 함수로 바꾸면 다음과 같다.

$v_1(t) = 10\sin\omega t[V]$ 와 $v_2(t) = 10\sin(\omega t + 120^\circ)[V]$

이 두 전압의 합은 $v_S(t) = 10\sin\omega t + 10\sin(\omega t + 120^\circ)$와 같이 간단히 나타낼 수 있지만 하나의 식으로 표현하려면 산술적으로 쉽게 되질 않는다. 즉 삼각함수의 덧셈 정리와 합성을 이용하여 구할 수 있지만 시간적인 면과 수학에 대한 지식이 없다면 곤란할 것이다. 특히 전압이 $v_2(t) = 10\sin(\omega t + 78^\circ)$라면 더욱 그러하다. 이것이 극좌표를 도입하는 이유가 된다.

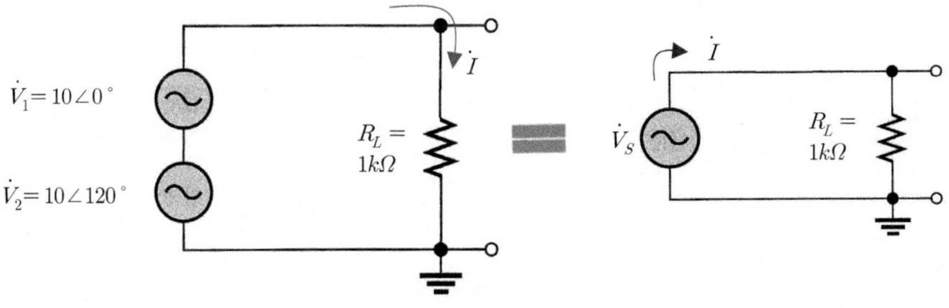

[그림 4-23] 극좌표의 전압 합성(KVL인 $10[V]+10[V] \neq 20[V]$이다.)

복소수와 벡터를 도입하여 간편하게 처리하는 기법을 익혀 보자. 우선 첫 번째로 두 전압을 Euler 정리를 활용하여 각각 복소수로 처리하면 다음과 같다.

$\dot{V}_1 = 10\angle 0^\circ = 10(\cos 0^\circ + j\sin 0^\circ) = 10[V]$

$\dot{V}_2 = 10\angle 120^\circ = 10(\cos 120^\circ + j\sin 120^\circ)$

$$= 10(-\cos 60° + j sin 60°) = 10(-\frac{1}{2} + j\frac{\sqrt{3}}{2})[V]$$

$$\dot{V}_S = 10 + 10(\frac{-1}{2} + j\frac{\sqrt{3}}{2}) = 5 + j5\sqrt{3} = 10\angle 60°\ [V]$$

시간함수로 바꾸면 다음과 같다.

$$v_S(t) = 10\sin(\omega t + \pi/3) = 10\sin(\omega t + 60°)[V]$$

그림 4-23의 회로를 벡터적으로 그림 4-24의 복소평면에서 합성해 보자.

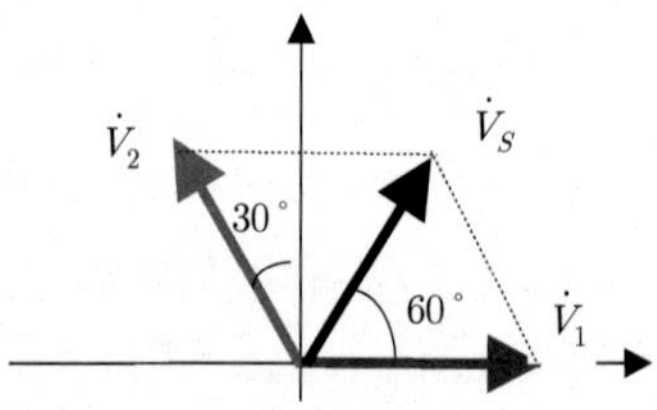

[그림 4-24] 복소평면에서 전압 벡터 합성

총 전원전압과 저항을 흐르는 전류를 시간함수로 나타내 보자. $\dot{V}_S = 10\angle 60°\ [V]$이고 저항값이 $1[k\Omega]$이므로 Ohm의 법칙을 적용하면

$$\dot{I} = \frac{\dot{V}_S}{R} = \frac{10\angle 60°\ V}{1k\Omega} = 10\angle 60°\ [mA]$$

이 페이저를 시간함수로 나타내면 다음과 같다.

$$i(t) = 10\sin(\omega t + 60°)[mA]$$

이와 같이 몇 개의 교류전압 혹은 교류전류를 가감할 때는 반드시 복소수로 표시하거나 페이저도(phasor diagram)를 사용해야 한다는 것을 의미한다. 복소수를 이용한 벡터 합성법은 간단한 수학적 지식으로 회로해석에 접근할 수 있는 강력한 도구가 된다. 실효치(또는 최대치)를 단순히 가감해선 안 된다는 것을 명심하기 바란다.

두 번째로 그림 4-25는 어떤 교류회로에서 한 접합점에서 전류의 방향을 나타낸 것이다. 여기서 각 전류는 다음과 같다. $i_1(t) = 5\sin(\omega t + 60°)$, $i_2(t) = 2\cos(\omega t + 120°)$일 때 i를 구하는 것이다. 주의할 사항은 $\sin\theta$와 $\cos\theta$는 $90°$의 위상차를 가진다는 것이다.

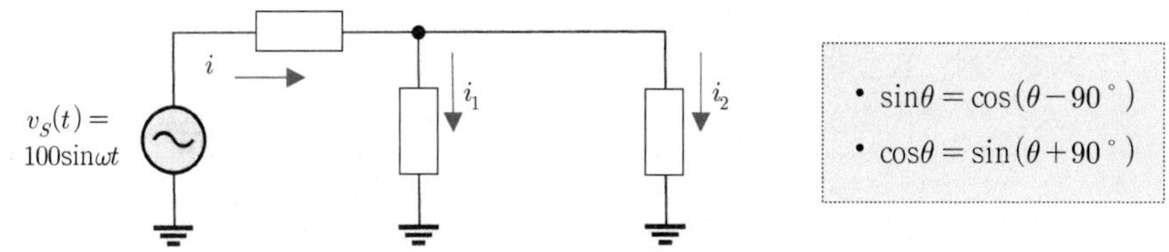

[그림 4-25] 벡터 방식으로 구하는 교류전류

KCL을 적용하면 $i = i_1 + i_2$가 되며, 각 교류전류를 표시하는 페이저로 나타내면 $\dot{I}_1 = 5\angle 60^\circ$, $\dot{I}_2 = 2\angle -150^\circ$ (또는 $2\angle 210^\circ$)이 된다. 페이저와 Euler 정리를 적용하면 다음과 같다.

$$\dot{I} = \dot{I}_1 + \dot{I}_2 \quad = 5\angle 60^\circ + 2\angle -150^\circ$$
$$= 5(\cos 60^\circ + jsin60^\circ) + 2[\cos(-150^\circ) + jsin(-150^\circ)]$$
$$= 5(0.5 + j0.86) + 2(-0.86 - j0.5) = 0.78 + j3.3$$
$$= 3.4\angle 76.7^\circ\ [A]$$

마지막으로 시간함수로 바꾸면 구하는 전류는 다음과 같다. 위상이 전압보다 76.7° 앞선다.

$$i(t) = 3.4\sin(\omega t + 76.7^\circ)[A]$$

매우 중요한 것은 위상이 서로 다른 정현파에서 Kirchhoff의 법칙은 최대치 또는 실효치에 대해서는 성립하지 않는다는 것이다. 즉 위의 예에서 벡터적으로는 $\dot{I} = \dot{I}_1 + \dot{I}_2$는 성립하지만 대수적으로 $I = I_1 + I_2 = 5 + 2 = 7$은 성립하지 않는다. 그 이유는 방향이 다르기 때문이다.

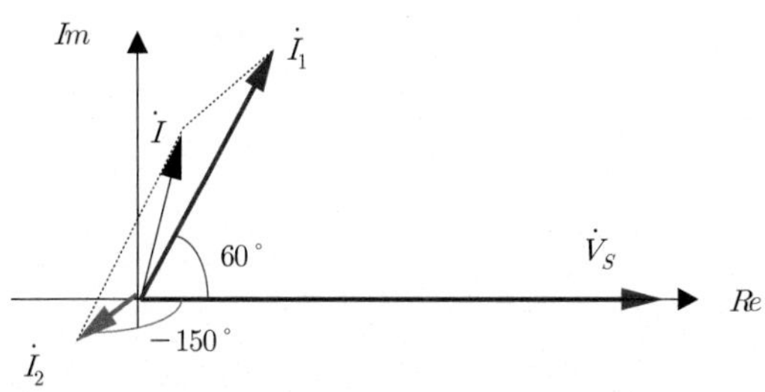

[그림 4-26] 페이저로 표시한 전류 합성

만약 외부 인가전압이 $v_S(t) = 100\sin\omega t[V]$이면 임피던스는 얼마인가를 구해 보자. Ohm 법칙을 이용하여 구할 수 있다.

$$\dot{Z} = \frac{\dot{V}_S}{\dot{I}} = \frac{100\angle 0^\circ\ [V]}{3.4\angle 76.7^\circ\ [A]} = \left(\frac{100}{3.4}\right)\angle -76.7^\circ\ [\Omega]$$

마지막으로 그림 4-27은 시간적 변화에 대해 전압파형과 이를 페이저로 나타낸 세 가지 경우들을 나타낸 것이다. 정현파에서 최대치(V_m)는 $\sqrt{2}\times$실효치(V_{rms})의 관계를 가진다.

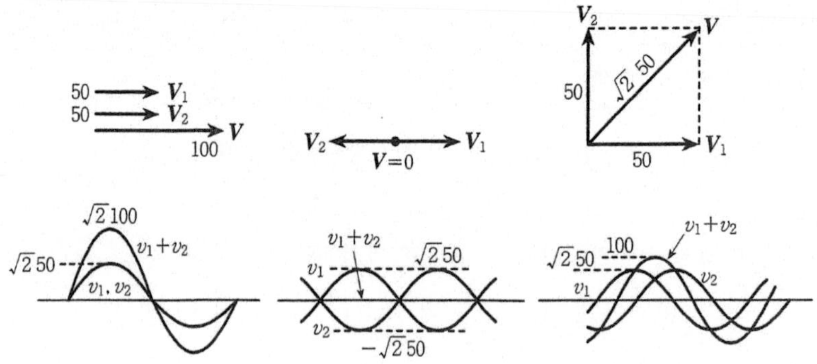

(a) 동상　　　(b) 위상차가 180°　　　(c) 위상차 90°

[그림 4-27] 시간적 변화에 따른 두 전압파형 및 페이저도

그림 (a)의 경우는 두 전압파형들이 동상(in phase)이다. 이는 방향이 같으므로 직류에서 덧셈, 뺄셈과 같다. 그림 (b)는 위상차가 180°인 경우는 서로 상쇄되어 합성전압 값은 0이 된다. 또한, 그림 (c)는 위상차가 90°인 경우는 합성 전압은 위상이 45°이며 크기는 $50\sqrt{2}$가 된다. 50*V*의 두 교류전압을 합하면 동상의 경우를 제외하고 실효치가 100*V*가 되지 않는다. 중요한 것은 Kirchhoff 법칙은 순간치나 페이저에 대해 성립한다는 것이다.

4-5 교류(ac)회로의 전력(power)

단상 교류회로에서 전류 및 전압과의 관계를 익히고 이로부터 전력(power)과 역률(PF: power factor)의 개념을 파형을 통해 학습한다.

4-5-1 교류전력이란?

일반적으로 회로는 전류의 흐름을 방해하는 것은 저항만이 아니다. 다음 장부터 커패시터와 인덕터를 학습한다. 그림 4-28과 같이 저항, 인덕터 및 커패시터와 같은 수동 소자들이 복합적으로 구성된 일반적인 회로가 있다고 하자. 이들 부하를 모두 조합하여 구성된 임피던스($\dot{Z}$)로 표시하였다. 임피던스(impedance)란 저항과 기타 소자(인덕터 또는 커패시터)의 조합으로 구성되며 전류의 흐름을 방해하는 일반적인 값으로서 단위는 [Ω]이다.

임피던스는 통상 실수분과 허수분을 가진다. 임피던스는 단위가 [Ω]이므로 기존의 Ohm 법칙을 적용하여 관심부의 전압 또는 전류를 구할 수 있다.

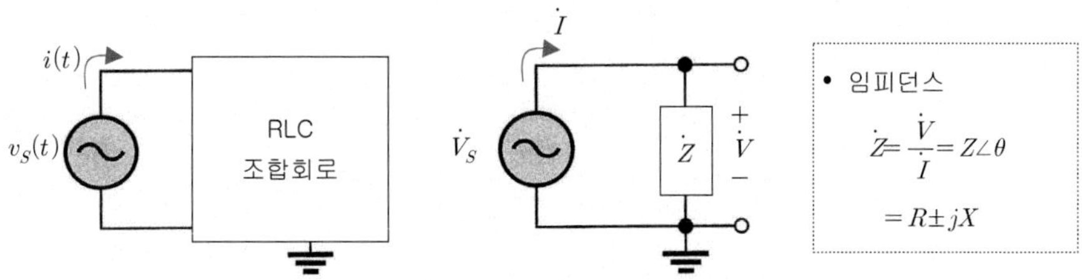

(a) 시간 영역 (b) 페이저로 나타낸 Ohm 법칙

[그림 4-28] 일반적 2단자(1포트) 회로망

일반적인 복소수로 된 임피던스가 $\dot{Z}=Z\angle\theta^{\circ}[\Omega]$인 회로에 전원전압이 인가되면

$$v(t)=V_m\sin\omega t=\sqrt{2}\,V\sin\omega t[V] \tag{4-35}$$

전류(i)는 전압(v)보다 θ만큼 뒤지므로 다음과 같이 표현할 수 있다.

$$i(t)=\sqrt{2}\,I\sin(\omega t-\theta)[A] \tag{4-36}$$

이때 전력 $p(t)$를 취급할 때는 통상적으로 실효값으로 처리한다.

$$\begin{aligned}p(t)&=v(t)i(t)=2VI\sin\omega t\sin(\omega t-\theta)\\&=VIcos\theta-VIcos(2\omega t-\theta)\\&=VIcos\theta-VI[\cos\theta\cos2\omega t+\sin\theta\sin2\omega t]=VIcos\theta-VIcos\theta\cos2\omega t-VIsin\theta\sin2\omega t\\&=VIcos\theta(1-\cos2\omega t)-VIsin\theta(\sin2\omega t)=(p_1+p_2)+p_3\end{aligned} \tag{4-37}$$

전력파형은 주파수가 두 배로 되어 $2f$가 되며, $\theta=0$이면 진폭은 VI인 정현파가 된다. 그러면 평균 전력은 어떻게 구하는가? 식 (4-11)로부터 구한 평균 전력은 다음과 같다. 여기서 V, I는 실효치이며 θ는 전압과 전류의 위상차이다.

$$P_{avg}=\frac{1}{T}\int_0^T p(t)=VIcos\theta[W] \tag{4-38}$$

그림 4-29는 단상회로에서 전압, 전류, 전력(유효전력, 무효전력)파형을 나타낸 것이다. 먼저 전압과 전류는 위상각(θ)을 가지며 전압이 앞선다고 하자. 전력파형을 나타낸 것으로서 전압과 전류의 부호가 서로 다른 경우에만 순간전력이 음(-)이 되며, 이 (-)값은 축적(저장)되었던 에너지가 전원 측으로 반환됨을 의미한다. 그림에 나타난 것처럼 1주기에 대해 결과적으로 음(-) 부분보다 양(+)의 부분이 많으므로 전체적으로는 부하회로 쪽으로 에너지

가 전달됨을 나타낸다. 따라서 이 회로는 전체적으로 전력소비가 우세하다. 특히 전압(v)과 전류(i)의 곱에서 전력(p)이 음(-)이 되는 부분을 정확히 확인하기 바란다.

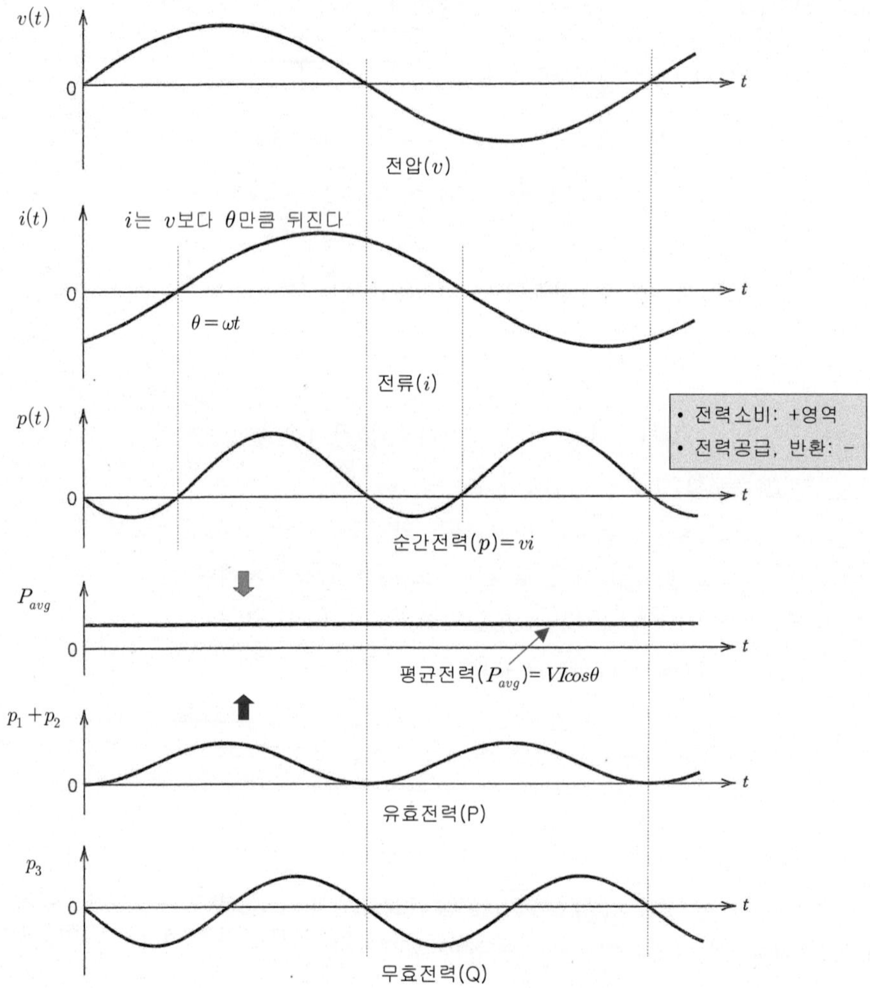

(a) 위상차가 θ인 전압, 전류 및 전력파형

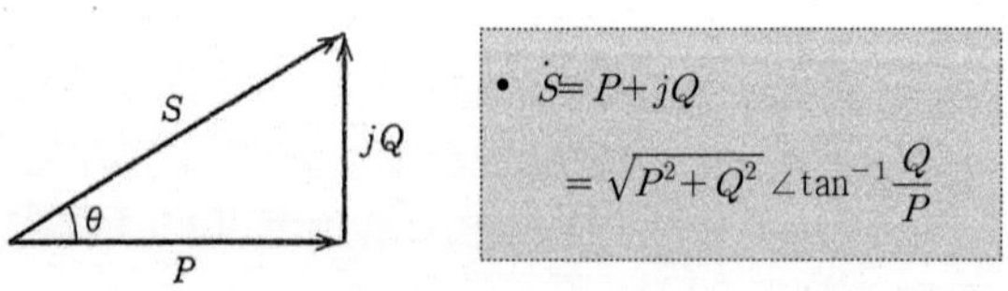

(b) 복소전력($\dot{S}$)으로 나타낸 전력삼각형

[그림 4-29] 단상회로에서 각 전력파형 및 전력 삼각형

식 (4-11)의 시간에 따른 전력 변화에서 둘째 항과 셋째 항은 시간적으로 변하는 정현파이며 평균값은 0이다. 첫째 항과 둘째 항의 합은 p_1+p_2를 나타낸다. 이 값이 양수이므로 부하에 공급되는 유효전력(P: true power)이 된다.

직류회로에서는 전력(P_{dc})=전압(V_{dc})×전류(I_{dc})로 표시되지만 교류에서는 $P=VIcos\theta$와 같이 $\cos\theta$항이 추가되는데 이를 역률(PF: power factor)이라고 한다. 이는 전압과 전류의 위상차 때문에 생기는 요소(factor)이다. θ는 임피던스 각으로서 -90°~+90° 사이의 각이므로 $\cos\theta$는 $0 \le PF \le 1$인 관계가 성립한다. 위의 관계를 정리하면 다음과 같다.

$$P=(\frac{V_m}{\sqrt{2}})(\frac{I_m}{\sqrt{2}})\cos\theta = VI\cos\theta[W] \qquad (4\text{-}39)$$

$$I_m=\frac{V_m}{Z}, \quad I=\frac{V}{Z} \qquad (4\text{-}40)$$

반면 세 번째 항은 평균값이 0인 무효전력(Q: reactive power)을 나타낸다.

$$Q=VIsin\theta[VAR] \qquad (4\text{-}41)$$

이 복소전력은 실수값인 유효전력과 허수값인 무효전력으로 구분할 수 있으며 각각 다음과 같은 단위로 표시한다.

$\dot{S}$(복소전력) =	P(유효전력)	$\pm jQ$(무효전력)
$[VA]$	$[W]$	$[VAR]$

유효 전력은 평균 전력과 같으며 실제로 저항을 통해 발생되는 유효한 전력이란 의미에서 유효 전력이라 부른다. 반면 뒤에 배우게 되는 커패시터나 인덕터(코일)에 의해 발생되는 전력은 허수값을 가지는 전력으로서, 실제 빛이나 열로 나타나는 유효한 전력이 아니라는 의미에서 무효전력이라 부른다. 피상전력은 복소전력의 크기를 나타낸다.

그림 4-31은 그림 4-28을 바탕으로 임피던스 삼각형(impedance triangle) 및 전력 삼각형으로부터 임피던스, 유효전력, 무효전력 및 피상전력(복소전력)의 상호관계를 나타낸다.

$$\cos\theta=\frac{R}{Z}=\frac{P}{S} \qquad (4\text{-}42)$$

$$P=VIcos\theta=I^2R \qquad (4\text{-}43)$$

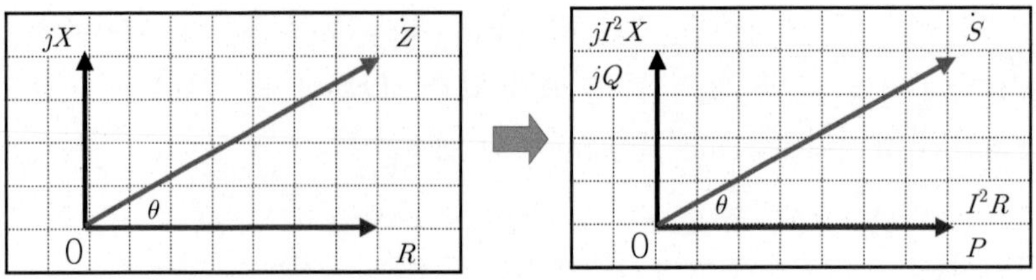

(a) 임피던스 $\dot{Z}=R+jX$인 경우

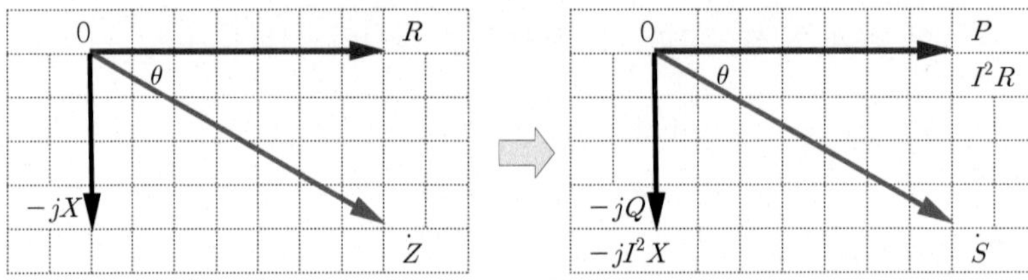

(b) 임피던스 $\dot{Z}=R-jX$인 경우

[그림 4-30] 임피던스 삼각형 및 전력 삼각형에서 각도 θ는 동일하다.

그림 4-31에 나타낸 것과 같이 통상 전류 i의 입장에서 앞서는가(빠른가) 혹은 뒤지는가(느린가)를 판정한다는 것이다. 이와 같이 위상차가 나타나는 것은 저항 R과 함께 L, C로 인한 무효전력이 있기 때문이다. 만약 저항 R만의 회로라면 위상차 $\theta=0$(동상)이다. 효율적인 전력관리란 가능하면 유효전력만 발생시키고 무효전력의 발생을 억제하는 것이다.

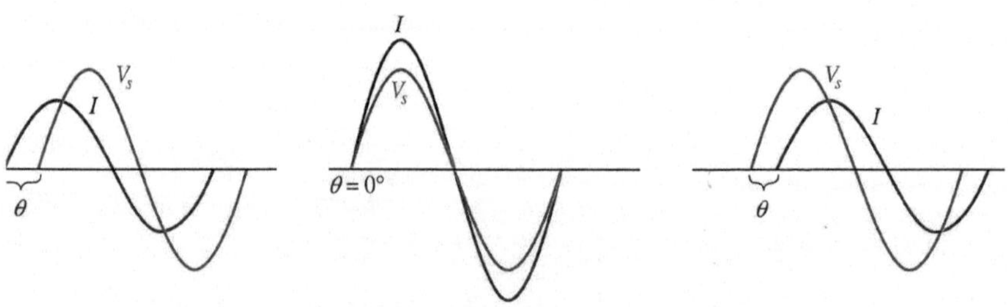

(a) 진상(lead) (b) 동상(in phase) (c) 지상(lag)

[그림 4-31] 역률에서 진상 및 지상의 구분은 전류 i를 기준으로 한다.

위상각 θ와 관련하여 임피던스를 조금 더 분석하여 보자.

$$\dot{Z}=\frac{\dot{V}}{\dot{I}}=\frac{V_m\angle\theta_v}{I_m\angle\theta_i}=\left(\frac{V_m}{I_m}\right)\angle(\theta_v-\theta_i)=\left(\frac{V}{I}\right)\angle(\theta_v-\theta_i)[\Omega] \qquad (4-44)$$

$$=\frac{V}{I}[\cos(\theta_v-\theta_i)+jsin(\theta_v-\theta_i)]=R\pm jX[\Omega]$$

역률로 표현되는 $\cos\theta$는 짝함수(even function)이므로 $\cos\theta = \cos(-\theta)$ 이다. $\cos\theta = 0.8$ 이라면 각도는 $\theta = 36.87°$ 이다. 그러나 위 식에서 전압이 앞서는지 전류가 앞서는지를 구분할 필요가 있다. 만약 $\theta = \theta_v - \theta_i > 0$이면 지상(lag) 역률, $\theta < 0$이면 진상(lead) 역률이라고 부른다.

일반적으로 정현파 전압과 전류에 의해 발생된 전력인 피상전력 또는 복소전력(complex power)은 유효전력(P)과 무효전력(Q)의 합으로 다음과 같이 나타낼 수 있다.

$$\dot{S} = P \pm jQ = \dot{V}\dot{I}^*[VA] \tag{4-45}$$

여기서 전류($\dot{I}$)를 복소공액으로 나타낸다는 것이다.

전동기와 같은 유도성(inductive: L) 부하에 의해 발생하는 무효전력은 양($+jQ$)이 되며 용량성(capacitive: C) 부하에 의해 발생하는 무효전력은 음($-jQ$)이 된다. 흥미를 유발하는 식 (4-42)를 간단히 증명하여 보자. Ohm 법칙을 적용하고 복소공액(complex conjugate)의 성질($\dot{A}\dot{A}^* = A^2$)을 이용하면 다음과 같이 나타낼 수 있다.

$$\dot{S} = \dot{V}\dot{I}^* = (\dot{Z}\dot{I})\dot{I}^* = \dot{Z}(\dot{I}\dot{I}^*)$$
$$= \dot{Z}I^2 = (R \pm jX)I^2 = I^2R \pm jI^2X = P \pm jQ \tag{4-46}$$

여기서 I^2Z 는 피상전력(apparent power: 겉보기 전력)이라 부른다. 또한, 유효전력(평균전력)과 무효전력을 달리 표현하면 다음과 같다.

$$P = VIcos\theta = VI(\frac{R}{Z}) = (\frac{V}{Z})IR = I^2R[W] \tag{4-47}$$

$$Q = VIsin\theta[VAR] \tag{4-48}$$

그림 4-25에 이 복소전력을 적용해 보자. 전원전압과 흐르는 전류는 각각 다음과 같다.

$\dot{V}_S = 10\angle 60° = \sqrt{2}\,V_{rms}\angle 60°[V]$, $\dot{I} = 10\angle 60° = \sqrt{2}\,I_{rms}\angle 60°[mA]$

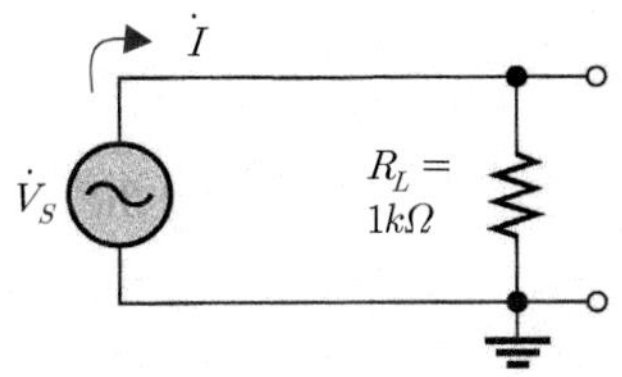

따라서 회로의 복소전력은 통상 실효치(rms)로 처리한다.

$$\dot{S} = \dot{V}_S\dot{I}^* = (\frac{10}{\sqrt{2}}\angle 60°)(\frac{10}{\sqrt{2}}\angle -60°) = 50\angle 0°$$
$$= 50(\cos 0° + jsin0°) = 50(1 + j0)[m\,VA] = P + jQ$$

저항(R)만으로 이루어져 있으므로 전원전압과 흐르는 전류는 동상(in phase)이다. 따라서 유효전력은 $P=50[mW]$이고 무효전력은 $Q=0$이다. 이 복소전력은 전력선과 같은 유효전력 및 무효전력을 다루는 교류회로에서 많이 활용된다.

복습문제

1> 동상, 지상(lag), 진상(lead)의 경우에 전압과 전류의 페이저도를 그리시오.

2> 1>의 결과로부터 유효전력과 무효전력을 나타내시오.

3> 임피던스(impedance) $\dot{Z}$란 무엇이며 단위는?

4-5-2 전력계를 이용한 유효전력 측정

단상교류회로의 유효전력 측정에는 여러 가지 기법이 있으나 여기서는 전력계법과 3-전압계법을 설명한다.

1> 전력계의 활용

단상전력계에서 고정되어 있는 전류 코일(current coil)은 유입전류 i에 비례하는 자기장을 발생하며, 고저항이 접속되어 있으며 회전하도록 된 전압코일(voltage coil)은 인가전압 v에 비례하는 또 하나의 자기장이 발생한다. 이 두 자기장의 상호작용에 의해 전압 코일은 $v \times i$에 비례하는 회전력을 발생시키게 된다. 이때 전력계의 바늘이 관성에 의해 평균전력(average power: P_{avg})을 가지게 된다. 전류 코일은 부하에 직렬로, 전압 코일은 부하에 병렬로 접속한다. 전력계법을 이용한 측정에는 그림 4-32와 같은 방식으로 측정한다.

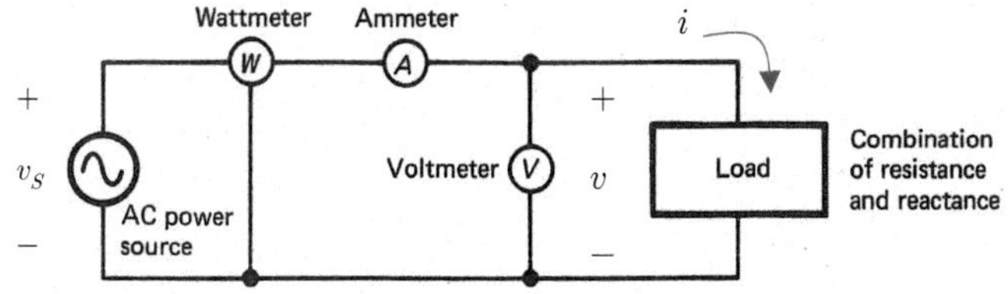

[그림 4-32] 전력계법에 의한 전력 측정

2> 3-전압계(three-voltmeter)의 활용

3-전압계법은 그림 4-33과 같이 부하에 전류 검출용 저항 R_2를 직렬로 연결하여 전압 v_S, 저항 양단전압 v_2 및 부하전압 v_1을 측정하여 이 값을 바탕으로 전력을 구하는 방법이다. 실제의 측정에서는 전압계 1개만 가지고 이들 3개의 전압을 모두 측정하면 된다. 회로도를 바탕으로 그린 페이저도는 전류를 기준으로 하였으며 정확히 이해할 필요가 있다.

부하에서 소비되는 유효전력(평균전력)은 부하양단의 실효전압이 V_1, 부하로 흐르는 실효전류 I, 그리고 역률이 $\cos\theta$이므로 전력은 그림으로부터 다음과 같다. 페이저도에서 위상차인 θ는 분명히 기억하길 바란다.

$$P = V_1 I\cos\theta \tag{4-49}$$

전류 I 는 Ohm 법칙에 의해 $I=\dfrac{V_2}{R_2}$이다. 다시 정리하면 다음과 같다.

$$P = V_1 \frac{V_2}{R_2} cos\theta \tag{4-50}$$

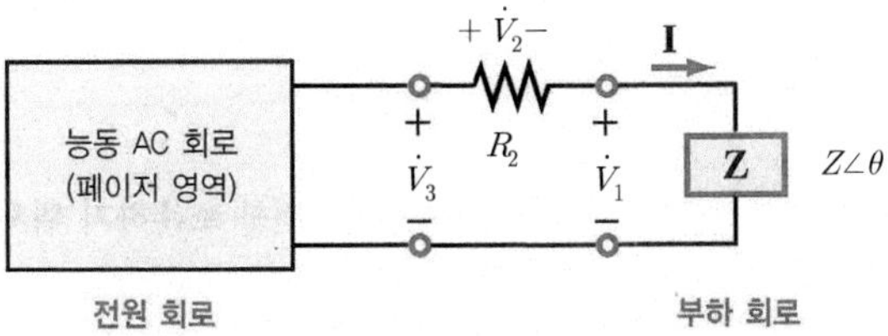

(a) 측정 회로도

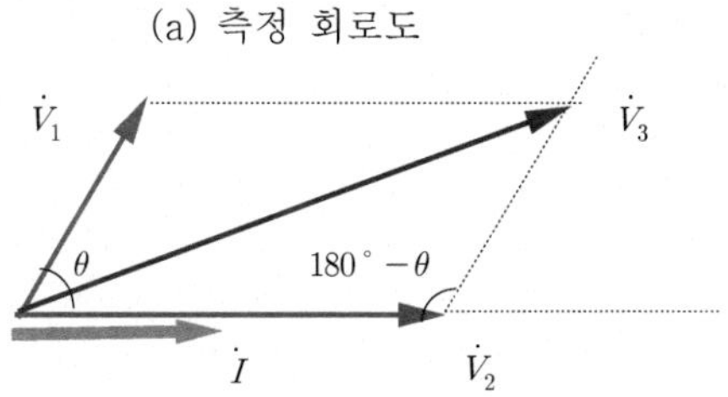

(b) 페이저 다이어그램

[그림 4-33] 3-전압계법을 이용한 역률 및 전력 측정

위의 페이저도(phasor diagram)를 참고하면 다음과 같이 쓸 수 있다.

그림의 삼각형에 대해 cosine 제2 법칙을 적용하면

$$V_3^2 = V_1^2 + V_2^2 - 2V_1V_2 \cdot \cos(\text{사이각}) \qquad (4-51)$$

$$V_3^2 = V_1^2 + V_2^2 - 2V_1V_2 \cdot \cos(180^\circ - \theta) = V_1^2 + V_2^2 + 2V_1V_2 \cdot \cos\theta$$

따라서 이를 바탕으로 역률은 위의 식으로부터 구할 수 있다.

$$\cos\theta = \frac{V_3^2 - V_1^2 - V_2^2}{2V_1V_2} \qquad (4-52)$$

이 식 (14-52)를 식 (14-51)에 대입하면 최종적으로 전압계를 이용한 유효전력(평균 전력)이 구해진다.

$$P = \frac{V_3^2 - V_1^2 - V_2^2}{2R_2} \qquad (4-53)$$

4-6 비정현파

교류 또는 시간에 따라 변하는 파형으로 정현파만 있는 것이 아니다. 제어 분야에서는 이 정현파뿐만 아니라 펄스파, 삼각파가 광범위하게 활용된다. 기본적으로 각 파형의 용어에 익숙해야 한다. 마지막으로 고조파(harmonics)에 대해 학습한다.

4-6-1 사각파(rectangular wave)

어떤 전압 또는 전류값이 시간의 변화에 따라 계단과 같이 급격히 증가하고 급격히 감소하는 파형으로 설명된다. 사각파는 펄스파(pulse wave) 또는 사각파(square wave)이다. 이상적인 펄스파는 그림 4-33과 같이 동일한 진폭(amplitude)의 상승과 하강하는 두 단계를 형성한다. 특히 구형파는 동일한 시간 간격을 가지는 HIGH 상태와 LOW 상태로 이루어진다. 디지털 신호는 1(high)과 0(low)으로 이루어져 있으며 펄스파 또는 구형파가 이 두 상태들을 표현하기 위해 활용된다.

1> 상승 가장자리(leading or rising edge)

상승 모서리가 양(+)의 방향으로 진행하는 부분을 나타낸다.

2> 하강 가장자리(trailing or falling edge)

하강 모서리가 음(-)의 방향으로 진행하는 부분을 나타낸다.

3> 펄스 폭(pulse width: t_W)

상승 가장자리와 하강 가장자리 사이에서 지속하는 시간을 나타낸다. 그러나 실제적인 파형의 경우 상승 모서리와 하강 모서리가 수직이 아니므로 펄스 폭은 진폭 전체의 50%에 해당하는 상승 모서리의 한 지점과 하강 모서리의 한 지점 사이의 시간 간격으로 정의한다.

4> 상승 시간(rise time: t_r)

펄스파는 이상적일 수 없다. 실제로는 그림 (b)와 같다. 두 상태(1, 0)로 변하는데 필요한 시간을 가진다. 상승 모서리, 즉 펄스가 낮은 값에서 높은 값으로 진행하는 동안 어느 정도의 시간이 필요하다. 여기서 상승 시간을 정의하자.

t_r: 펄스가 전체 진폭의 10%에서 시작하여 90%까지 도달하는 데 필요한 시간

5> 하강 시간(fall time: t_f)

하강 모서리, 즉 펄스가 높은 값에서 낮은 값으로 진행하는 동안 어느 정도의 시간이 필요하다. 여기서 하강 시간을 정의하자.

t_f: 펄스가 전체 진폭의 90%에서 시작하여 10%까지 도달하는 데 필요한 시간

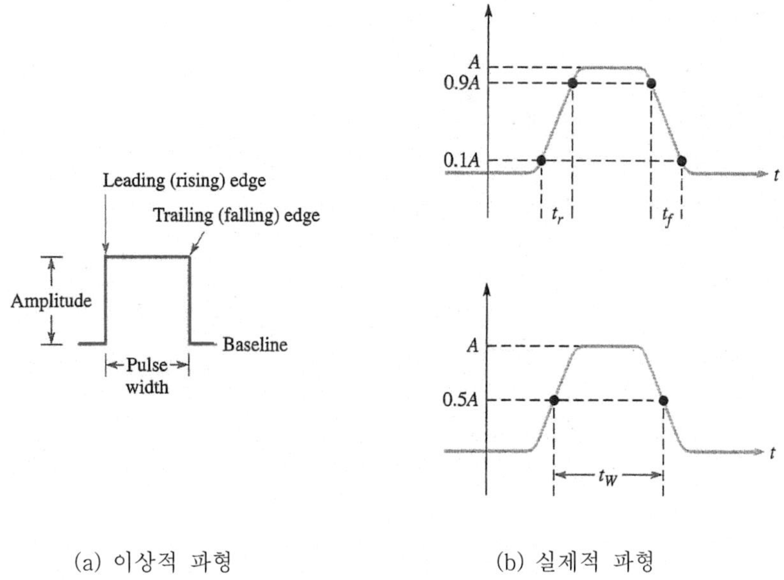

(a) 이상적 파형　　(b) 실제적 파형

[그림 4-34] 펄스파형

6> Duty 사이클(Duty cycle)

어떤 일정한 시간 간격으로 반복되는 파는 주기적(periodic)이라 부른다. 펄스가 주기적으로 반복되는 가격이 주기(period: T)가 된다는 것을 우리는 이미 학습하였다. 반복되는 펄스에서 중요한 특성이 Duty 사이클이란 용어를 정의하자.

> 펄스 폭(t_W)을 주기(T)로 나눈 비율로서 보통 %로 표시한다.
>
> $$Duty\ cycle = \frac{t_W}{T} \times 100\%$$

펄스파는 마이크로컨트롤러를 활용하는 각종 자동화 제어 분야에서 많이 활용되는 모터나 조명 장치 등에 자주 도입되며 PWM(pulse width modulation)을 만들어 사용한다. 구형파(square wave)는 Duty 사이클이 50%인 펄스파이다. 즉 펄스폭이 주기의 1/2이 된다.

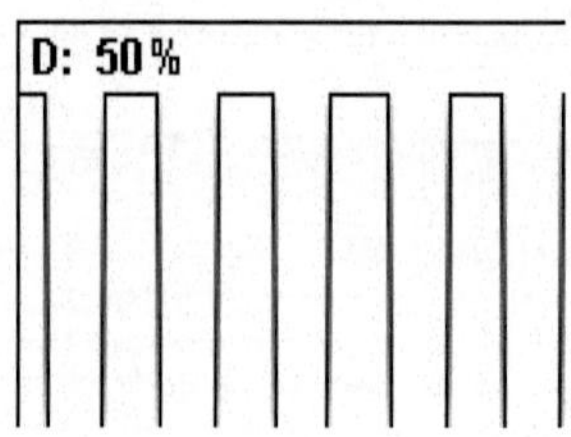

(a) Duty 사이클을 나타내는 비디오 클립

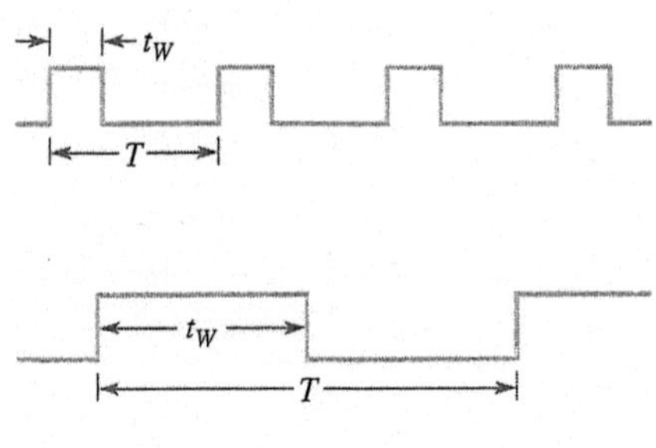

(b) 파형에서 Duty 사이클의 정의

[그림 4-35] 여러 가지 펄스파형에 따른 Duty 사이클

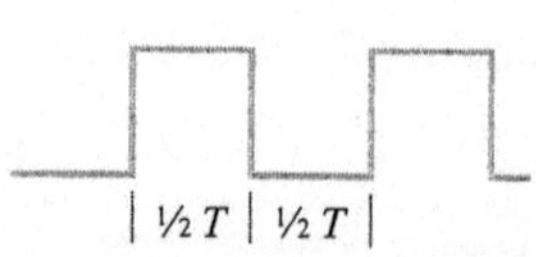

[그림 4-36] 구형파는 Duty 사이클이 50%인 사각파이다.

4-6-2 삼각파(triangular wave) 및 톱니파(sawtooth wave)

우선 용어 램프(ramp)를 익히자. Ramp란 전압 또는 전류의 선형적인 증가 또는 감소를 나타내는 것이다. 즉 삼각파와 톱니파는 기울기(slope)를 가진다는 것을 의미한다.
삼각파는 동일한 기울기로 증가하는 램프와 감소하는 램프로 이루어진다. 삼각파의 평균값은 파형의 위치에 따라 달라진다.

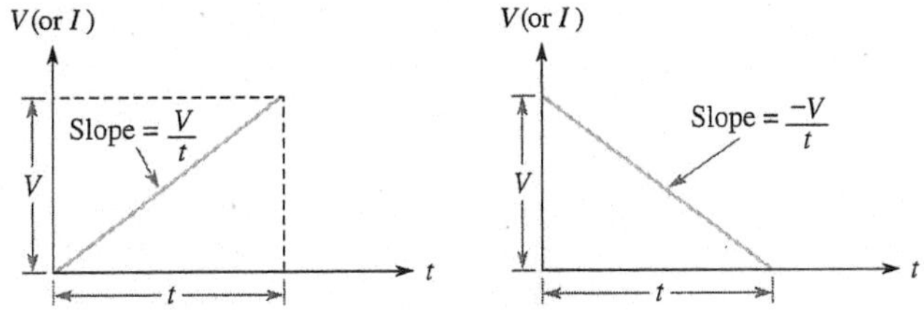

[그림 4-37] Ramp의 정의

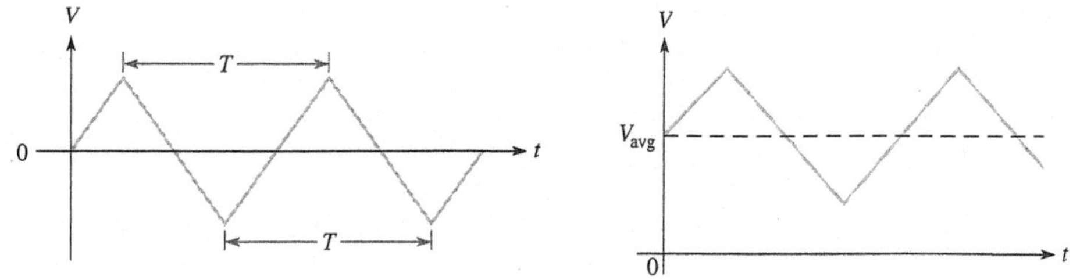

[그림 4-38] 여러 가지 삼각파들

톱니파는 지속 시간이 짧은 램프와 지속 시간이 상대적으로 긴 램프로 이루어진 삼각파의 특별한 경우이다. 이 파형은 오실로스코프 화면 제어에 활용된다. 화면에 발생시키는 전자빔제어에 톱니파들이 활용되는데, 그중 하나의 톱니파는 전자빔을 수평 방향(x축)으로 가한다. 종종 이 톱니파 전압을 스위프(sweep) 전압이라 부른다.

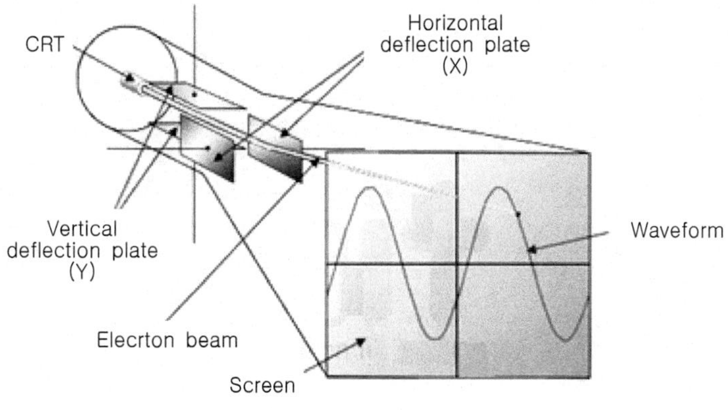

[그림 4-39] 오실로스코프에 적용된 톱니파

4-6-3 고조파(harmonics)

주파수가 같은 정현파 파형을 합성하면 같은 정현파 주파수를 가진다. 만약 주파수가 다른 파형을 합성하면 어떻게 되는가? 당연히 정현파가 되지 않는다.

사각파(square wave) 또는 삼각파(triangular wave)와 같이 반복되는 비정현파는 여러 가지 주파수를 가지는 파형의 합으로서 나타낼 수 있다. 여기서 여러 가지 주파수는 기본 주파수(fundamental frequency)와 이 기본 주파수의 정수배가 되는 높은 주파수를 의미한다. 이 기본파의 정수배가 되는 주파수를 고조파(harmonics)라 한다. 즉 비정현파는 기본파와 고조파의 합성이라 할 수 있다.

비정현파 = 서로 다른 주파수를 가지는 정현파들의 조합으로 구성된다.

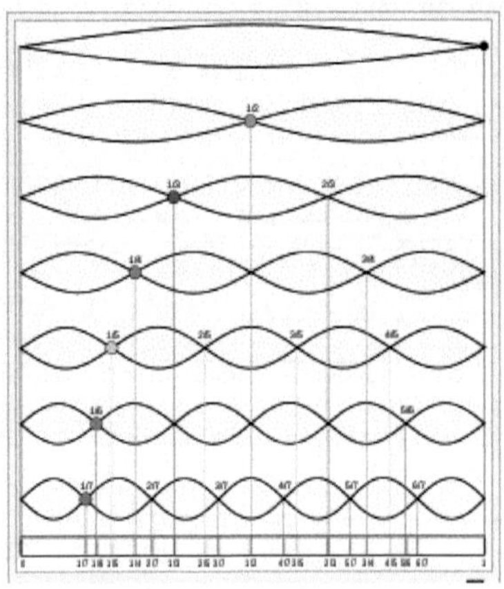

$f=f_1$: 1st harmonic

$f_2=2f$: 2nd harmonic

$f_3=3f$: 3rd harmonic

$f_4=4f$: 4th harmonic

$f_5=5f$: 5th harmonic

$f_6=6f$: 6th harmonic

$f_7=7f$: 7th harmonic

[그림 4-40] 기본 주파수(f_1)와 여러 가지 고조파

일반적으로 주기 T인 비정현파를 $f(t)$라 하면 다음 관계가 성립한다.

$$f(t)=f(t+T) \tag{4-54}$$

프랑스의 수학자이며 물리학자였던 Fourier는 1807년에 주기파형을 간단한 정현파의 무한한 합으로 나타낼 수 있다는 것을 제안했다. Fourier 급수(Fourier series)라고 부르는 함수는 다음과 같이 표현한다. 여기서는 간단히 흥미를 유발시키는 정도로 한다.

$$f(t)=a_0+\sum_{n=1}^{INF}a_n\cos n\omega_0 t+\sum_{n=1}^{\infty}b_n\sin n\omega_0 t \quad \text{또는} \tag{4-55}$$

$$f(t)=C_0+\sum_{n=1}^{\infty}C_n\cos(n\omega_0 t+\theta_n) \tag{4-56}$$

여기서 기본 각주파수는 $\omega_0 = 2\pi/T$이고 a_0, a_n, b_n을 Fourier 삼각계수라고 한다. 일단 주기함수인 비정현파 $f(t)$를 알면 Fourier 계수를 계산할 수 있고, 파형은 직류항 a_0와 두 정현파 항들 a_n과 b_n으로 분해할 수 있다.

우리는 교양 과정의 미적분학에서 다음과 같은 관계가 있음을 학습하였다.

- $\frac{2}{T}\int_0^T (\sin\frac{2\pi}{T}mt)(\cos\frac{2\pi}{T}nt)dt = 0$ for all m and n
- $\frac{2}{T}\int_0^T (\sin\frac{2\pi}{T}mt)(\sin\frac{2\pi}{T}nt)dt = \frac{2}{T}\int_0^T (\cos\frac{2\pi}{T}mt)(\cos\frac{2\pi}{T}nt)dt$

$$= \begin{cases} 0 \text{ for}_{m \neq n} \\ 1 \text{ for}_{m = n \neq 0} \end{cases}$$

즉 위의 두 번째의 경우에 $m = n$일 때만 값을 가진다. 그러면 이를 이용하여 Fourier 계수를 구해 보자.

a_0는 1주기 동안의 평균값을 구하면 된다.

$$a_0 = \frac{1}{T}\int_0^T f(t)dt \text{ : 1주기 평균값} \tag{4-57}$$

a_n을 구하기 위해서는 식에 $\cos k\omega_0 t$를 곱하고 양변을 1주기에 대해 적분하면 된다.

$$\int_0^T f(t)\cos k\omega_0 t dt = \int_0^T a_0 \cos k\omega_0 t dt + \sum_{n=1}^{\infty}\int_0^T a_n \cos k\omega_0 t \cos n\omega_0 t dt + \sum_{n=1}^{\infty}\int_0^T b_n \sin n\omega_0 t \cos k\omega_0 t dt$$

여기서 $n = k$인 경우만 고려하면 되므로 $\cos\omega t$ 및 $\sin\omega t \cos\omega t$를 한 주기에 대해 적분하면 0이 되므로 다음과 같이 된다.

$$\int_0^T f(t)\cos k\omega_0 t dt = 0 + \int_0^T a_k \cos k\omega_0 t \cos k\omega_0 t + 0$$

$$= \int_0^T a_k \cos k\omega_0 t \cos k\omega_0 t dt = a_k \int_0^T (\frac{1-\cos 2k\omega_0 t}{2})dt = a_k(\frac{T}{2}) \text{ 로부터}$$

$$a_n = \frac{2}{T}\int_0^T f(t)\cos k\omega_0 t dt \tag{4-58}$$

같은 방식으로 식에 $\sin k\omega_0 t$를 곱하고 적분을 수행하면 b_n을 구할 수 있다.

$$b_n = \frac{2}{T}\int_0^T f(t)\sin k\omega_0 t dt \tag{4-59}$$

먼저 다음과 같은 한 주기적인 사각파를 고려하자. 어떻게 사각파의 직류 성분(평균치) 및 교류 성분의 계수를 찾을 수 있을까?

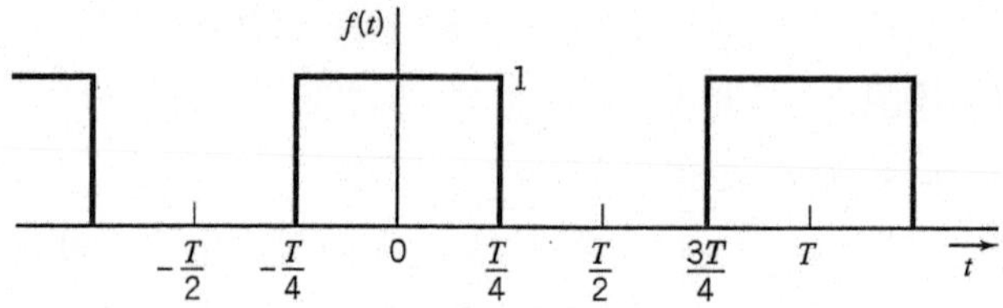

[그림 4-41] 한 사각파에 대한 주파수성분의 해석

• 직류 성분 : $a_0 = \frac{1}{T}\int_0^T f(t)dt = \frac{1}{T}\int_{-T/4}^{+T/4} 1dt = \frac{1}{2}$ (4-60)

• 교류계수 : $b_n = \frac{2}{T}\int_0^T (1)\sin n\omega_0 t dt = 0$

$$a_n = \frac{2}{T}\int_0^T (1)\cos n\omega_0 t dt = \frac{2}{T}\frac{1}{n\omega_0}(\sin n\omega_0 t)\Big|_{-T/4}^{T/4}$$

$$= \frac{1}{n\pi}\left[\sin(\frac{n\pi}{2}) - \sin(\frac{-n\pi}{2})\right] = \frac{2}{n\pi}sin(\frac{n\pi}{2}) \quad (4\text{-}61)$$

위에서 $\omega_0 = 2\pi/T$를 이용하였으며 각 경우에 대해 계수를 구해 보자.

$n=1: \quad a_n = \frac{2}{\pi}sin(\frac{\pi}{2}) = \frac{2}{\pi}$

$n=2: \quad a_n = 0$

$n=3: \quad a_n = \frac{2}{3\pi}sin(\frac{3\pi}{2}) = \frac{-2}{3\pi}$

$n=4: \quad a_n = 0$

$n=5: \quad a_n = \frac{2}{5\pi}sin(\frac{5\pi}{2}) = \frac{2}{5\pi}$

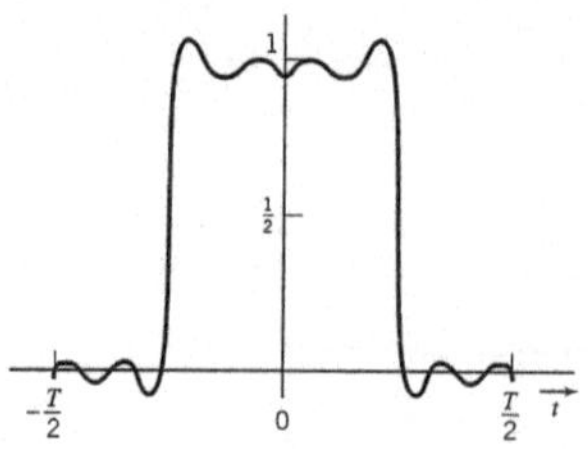

[그림 4-42] 사각파의 Fourier 분석

$$f(t) = \frac{1}{2} + (\frac{2}{\pi})\cos\omega_0 t + (\frac{-2}{3\pi})\cos 3\omega_0 t + (\frac{2}{5\pi})\cos 5\omega_0 t + \ldots$$

실제적인 값의 근사값을 구하려면 차수 n을 늘려 가면 된다. 위의 경우는 제5고조파까지만 고려하였다. 여기서 비정현 주기파에서 규칙을 발견할 수 있다. $f(t)$가 그림 4-41과 같이 짝함수(even function)이면 Fourier 급수는 cos항 만을 가지며, 반면 홀함수(odd function)이면 sin항 만을 가진다. 또한, 반파대칭이면 Fourier 급수는 홀수 주파수 성분만 가진다. 여기서 반파 대칭성(half symmetry)이란 직류값에 신경쓰지 않고, 한 주기의 두 번째 반파장(2nd half)이 첫 번째 반파장(1st half)을 뒤집어 놓은 형태를 가지는 것이다. 따라서 그림 4-41은 아래로 1/2이동시키면 직류성분만 변화할 뿐이며 짝함수, 반파대칭이다.

여러 가지 주파수를 가지는 정현파를 합성시켜 고조파를 만드는 과정을 살펴보자.

1> 사각파(rectangular wave)

사각파는 기본파(f: 1st harmonic)와 고조파 중에서 $3f$, $5f$, $7f$,...과 같은 홀수 고조파들(odd harmonics) 성분으로 이루어진 대표적인 파형이다. 즉 $f = 100Hz$이면 홀수 고조파들은 $300Hz$, $500Hz$..이다.

그림 4-43은 기본파와 각 홀수 고조파가 더해져 사각파를 형성하는 과정을 나타낸 것이다. $v(t) = V_{dc} + V_{m1}\sin\omega t + V_{m2}\sin 3\omega t + V_{m3}\sin 5\omega t + \ldots$이다.

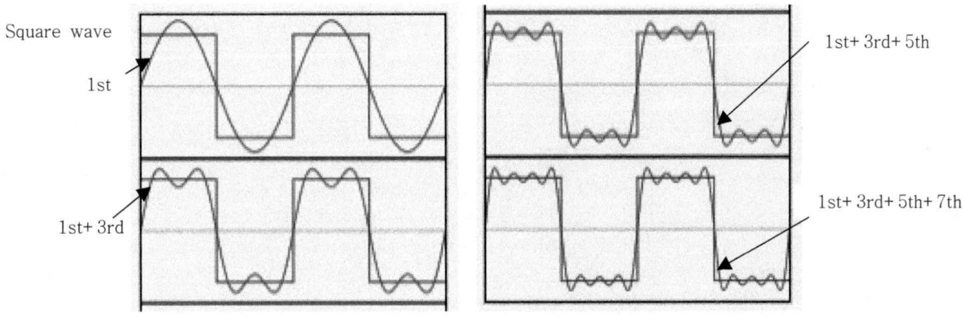

[그림 4-43] 사각파(구형파)가 구현되는 과정

2> 삼각파(triangular wave)

삼각파는 기본파(f)와 고조파 중에서 $3f$, $5f$, $7f$, ...와 같은 홀수 고조파들 성분으로 이루어진 파형이다. $v(t) = V_{dc} + V_{m1}\cos\omega t + V_{m2}\cos 3\omega t + V_{m3}\cos 5\omega t + \ldots$

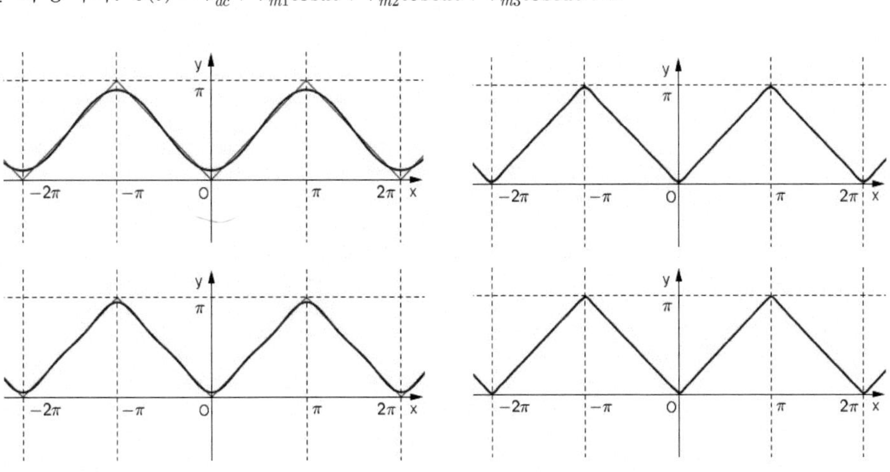

[그림 4-44] 고조파 조합으로 삼각파가 구현되는 과정

이로부터 비정현파 $f(t)$의 Fourier 급수에서 성립하는 몇 가지 결론을 얻을 수 있다.

- $f(t)$가 짝함수(even function), $f(t)=f(-t)$이면 그 Fourier 급수는 cos항만 가진다.
- $f(t)$가 홀함수(odd function), $f(t)=-f(-t)$이면 그 Fourier 급수는 sin항만 가진다.
- $f(t)$가 반파 대칭성(half-wave symmetry), $f(t)=-f(t\pm T/2)$이면 그 Fourier 급수는 홀수 고조파만 가진다.
- $f(t)$의 파형을 상하로 이동시키면 직류성분만 변하며 다른 스펙트럼은 변하지 않는다.

복습문제

[1] 식(4-45)를 $f(t)=C_0+\sum_{n=1}^{\infty}C_n\cos(n\omega_0 t+\theta_n)$의 형태로 바꾸면 C_0, C_n, θ_n을 구하시오.

답: $C_0=a_0$, $C_n=\sqrt{a_n^2+b_n^2}$, $\theta_n=-\tan(b_n/a_n)$

[2] 식 (4-45)에서 Euler 정리를 이용하여 $f(t)=\sum_{n=-INF}^{\infty}X_n e^{jn\omega_0 t}$ 형태로 바꾸시오.

4-6-4 비정현파의 실효값 및 유효전력

Fourier 급수전개에서 익힌 것처럼, 여러 개의 정현파를 합성하면 비정현파가 된다. 우리가 관심이 있는 비정현파의 전압 및 전류에 관한 표현은 일반적으로 다음과 같이 직류 성분(dc), 기본파(ω)성분 및 고조파($2\omega, 3\omega,\ 4\omega\ \ \ldots$)성분들로 나타낼 수 있다.

$$v(t)=V_{dc}+V_{m1}\sin\omega t+V_{m2}\sin 2\omega t+V_{m3}\sin 3\omega t+\ldots \quad (4\text{-}62)$$

$$=V_{dc}+\sqrt{2}\,V_1\sin\omega t+\sqrt{2}\,V_2\sin 2\omega t+\sqrt{2}\,V_3\sin 3\omega t+\ldots$$

$$i(t)=I_{dc}+I_{m1}\sin(\omega t+\theta_1)+I_{m2}\sin(2\omega t+\theta_2)+I_{m3}\sin(3\omega t+\theta_3)+\ldots \quad (4\text{-}63)$$

$$=I_{dc}+\sqrt{2}\,I_1\sin(\omega t+\theta_1)+\sqrt{2}\,I_2\sin(2\omega t+\theta_2)+\sqrt{2}\,I_3\sin(3\omega t+\theta_3)+\ldots$$

1> 실효치

실효치의 정의에 따라 구하면 각각 다음과 같다.

$$V_{rms} = \sqrt{V_{dc}^2 + (\frac{V_{m1}}{\sqrt{2}})^2 + (\frac{V_{m2}}{\sqrt{2}})^2 + \ldots} = \sqrt{V_{dc}^2 + V_1^2 + V_2^2 + \ldots} \quad (4\text{-}64)$$

$$I_{rms} = \sqrt{I_{dc}^2 + (\frac{I_{m1}}{\sqrt{2}})^2 + (\frac{I_{m2}}{\sqrt{2}})^2 + \ldots} = \sqrt{I_{dc}^2 + I_1^2 + I_2^2 + \ldots} \quad (4\text{-}65)$$

2> 유효전력(P)

전력은 전압과 전류의 곱으로 이루어진 각 항을 전개하여 정리하면 유효전력(평균 전력)을 구할 수 있다. 즉 $p(t) = v(t)i(t)$에서 서로 다른 주파수의 삼각함수 평균은 0이므로 다음과 같이 간략화된다. 우선 규칙을 찾기 위해 제2 고조파까지만 검토한다.

- 순간전력

$$\begin{aligned} p(t) &= v(t)i(t) \quad (4\text{-}66) \\ &= V_{dc}I_{dc} + \sqrt{2}\, V_{dc}I_1 \sin(\omega t + \theta_1) + \sqrt{2}\, V_{dc}I_2 \sin(2\omega t + \theta_2) \\ &\quad + \sqrt{2}\, V_1 I_{dc} \sin\omega t + 2V_1 I_1 \sin\omega t sin(\omega t + \theta_1) + 2V_1 I_2 \sin\omega t sin(2\omega t + \theta_2) \\ &\quad + \sqrt{2}\, V_2 I_{dc} \sin 2\omega t + 2V_2 I_1 \sin 2\omega t sin(\omega t + \theta_1) + 2V_2 I_2 \sin 2\omega t sin(2\omega t + \theta_2 \ldots \end{aligned}$$

- 유효전력

$$\begin{aligned} P &= V_{dc}I_{dc} + V_1 I_1 \cos\theta_1 + V_2 I_2 \cos\theta_2 \ldots \quad (4\text{-}67) \\ &= V_{dc}I_{dc} + \sum_{k=1}^{n} V_k I_k \cos\theta_k = I_{dc}^2 R + \sum_{k=1}^{n} I_k^2 R \end{aligned}$$

즉 비정현 주기파에 의해 전달되는 평균 전력은 각 고조파가 공급하는 평균 전력의 합과 같다는 것이다.

비정현 주기파의 전압, 전류에 대한 피상전력 S는 정현파의 경우와 마찬가지로 전압과 전류의 실효값의 곱으로 정의한다.

$$S = VI = \sqrt{V_{dc}^2 + V_1^2 + V_2^2 + \ldots} \times \sqrt{I_{dc}^2 + I_1^2 + I_2^2 + \ldots} \quad (4\text{-}68)$$

또한, 역률은 피상전력에 대한 유효전력(평균 전력)의 비로 구할 수 있다.

$$PF = \frac{P}{S} = \frac{V_{dc}I_{dc} + \sum_{n=1}^{\infty} V_n I_n \cos\theta_n}{\sqrt{\sum_{n=1}^{\infty} V_n^2}\sqrt{\sum_{n=1}^{\infty} I_n^2}} \quad (4\text{-}69)$$

4-6-5 고조파 왜곡률

비정현 주기파는 기본파에 직류 성분과 고조파 성분이 더해져서 구성되므로, 기본파인 정현파형이 일그러진 형태이다. 이러한 왜곡(distortion)의 정도는 기본파에 더해져서 정현파의 모양을 훼손하는 나머지 성분, 즉 직류 성분과 고조파 성분의 양에 따라 정해진다. 이와 같이 기본파를 제외한 나머지 성분을 전고조파(total harmonics)라 한다.

예를 들면 비정현 주기파 $i(t)$를 Fourier 급수로 전개하면 다음과 같이 여러 성분으로 표현할 수 있다.

$$\begin{aligned} i(t) &= I_{dc} + i_1(t) + i_h(t) \\ &= i_1(t) + i_H(t) \end{aligned} \tag{4-70}$$

여기서 I_{dc}는 직류 성분, $i_1(t)$는 기본파 및 $i_h(t)$는 고조파를 나타내며, $i_H(t)$는 전고조파이다. 전류를 실효치로 나타내면 다음과 같다.

$$I^2 = I_{dc}^2 + I_1^2 + I_2^2 + \ldots = I_1^2 + (I_{dc}^2 + I_2^2 + I_3^2 + \ldots) = I_1^2 + I_H^2 \tag{4-71}$$

파형의 왜곡 정도를 나타내기 위해 다음과 같이 두 가지가 주로 사용된다.

1> 전고조파 왜율(total harmonic distortion: THD)

비정현 주기파의 전고조파 왜율은 다음과 같이 정의한다.

$$THD_i = \frac{I_H}{I_1} = \frac{\sqrt{I^2 - I_1^2}}{I_1}$$

$$THD_v = \frac{V_H}{V_1} = \frac{\sqrt{V^2 - V_1^2}}{V_1}$$

2> 왜곡률(distortion factor: DF)

왜곡률은 비정현 주기파에서 기본파의 포함 정도를 나타내며 다음과 같이 정의한다.

$$DF_i = \frac{I_1}{I} = \frac{I_1}{\sqrt{I_{dc}^2 + I_1^2 + \ldots}}$$

$$DF_v = \frac{V_1}{V} = \frac{V_1}{\sqrt{V_{dc}^2 + V_1^2 + \ldots}}$$

제5장 커패시터 특성 및 과도응답

지금까지 우리는 수동 소자인 저항(R)에 대해 다루어 왔다. 또 다른 수동 소자들로서 커패시터(C)와 인덕터(L)가 있으며 이들의 기본적인 구조 및 전기적 특성을 익힌다. 커패시터는 전하를 저장하여 에너지를 저장하는 전기장을 만드는 소자이다. 특히 직류(dc) 및 교류(ac)전압이 인가될 때, 이들 소자의 응답에 초점을 맞추어 진행한다. 커패시터는 전하를 저장하여 에너지를 저장하는 전계를 만드는 소자이다.

Faraday(1791~1867): He was an English physicist and chemist who is best remembered for his contribution to the understanding of electromagnetism. He discovered that electricity could be produced by moving a magnet inside a coil of wire, and he was able to build the first electric motor

Known as the electrical wizard of the nineteenth century, his discoveries have had a major impact on world evolution. For advice on how to do it, listen to his words: "Let your imagination go, guiding it by judgement and principle, but holding it in and directing it by experiment. Nature is your best friend and critic in experimental science if you only allow her imagination to fall unbiased on your mind. Nothing is so good as an experiment which, while it sets an error right, gives you as a reward for your humility an absolute advance in knowledge.

The statements of the principles of electromagnetic induction is known today as Faraday's law. Also, the unit of capacitance, the farad(F), is named after him.

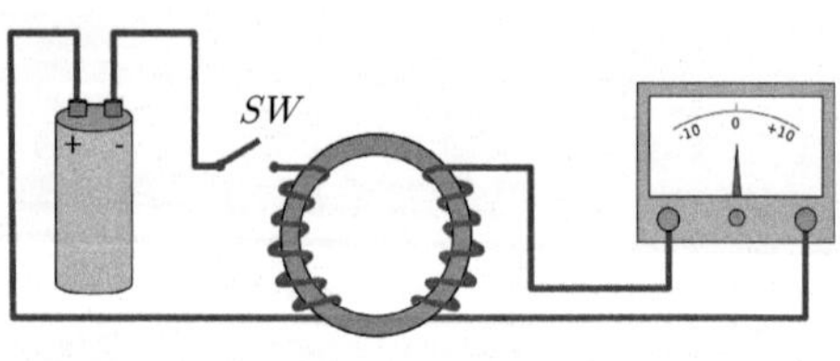

먼저 직류전원에 의해 커패시터의 충전과 방전을 설명한 후, 스위치의 개방과 단락에 따른 과도 상태에서의 응답을 학습한다. 또한, 교류전원에서 저항과 같이 전류의 흐름을 방해하는 역할을 하는 리엑턴스(reactance)를 익히고 이들의 측정 방법을 이해한다. 마지막으로 스위칭되는 커패시터를 이용하여 저항으로 대치할 수 있는 기법을 익힌다.

5-1 커패시터(capacitor) 작용

5-1-1 커패시터 구조

가장 간단한 구조의 커패시터(capacitor)를 그림 5-1에 나타내었으며 절연 물질인 유전체(dielectric)로 분리된 두 개의 평행한 도체판들(two conducting plates)로 구성된 전하들(charges)을 저장하는 전기적인 소자이다.

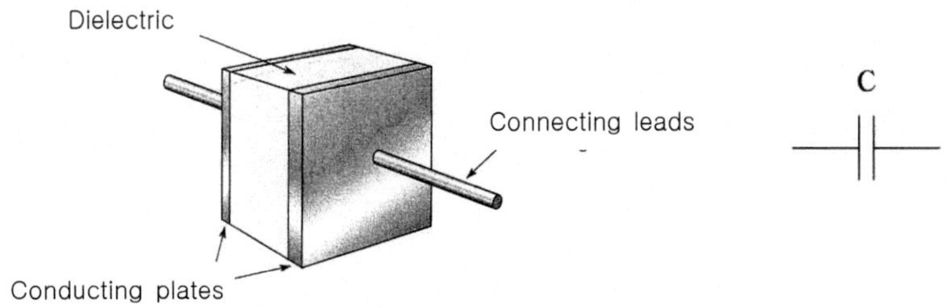

[그림 5-1] 커패시터 구조 및 기호

그림 5-2는 커패시터의 충전 과정을 나타낸다. 두 도체판들은 중성 상태에서는 (a)에서와 같이 같은 수의 자유전자들을 갖고 있다.

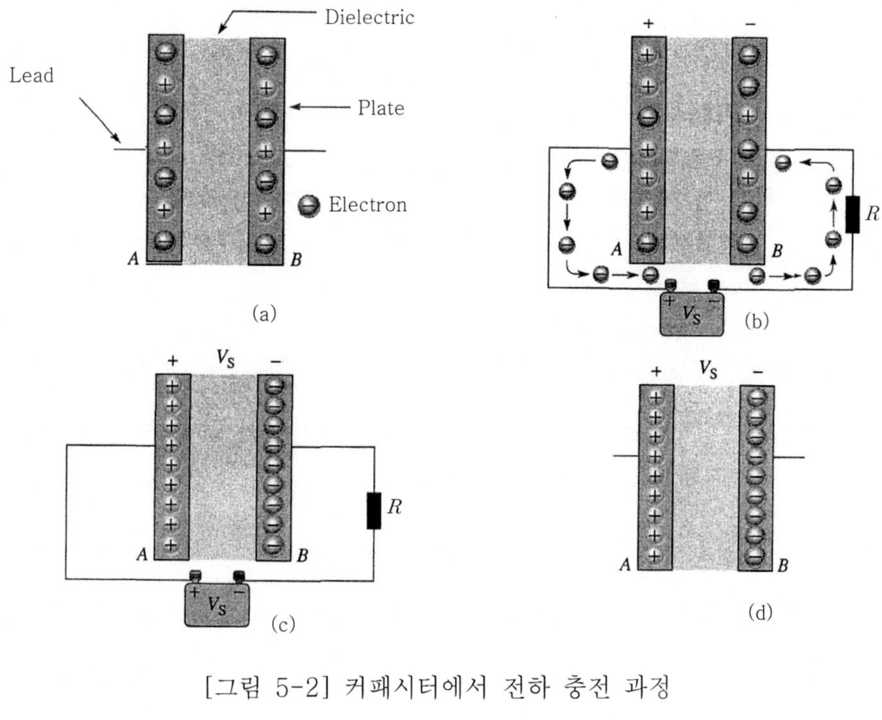

[그림 5-2] 커패시터에서 전하 충전 과정

커패시터가 저항을 통해 전압원에 연결되면 그림 (b)에 보인 것처럼 전자(음전하)들이 도체판 A에서 제거되고 같은 수의 전자들이 도체판 B에 모인다. 도체판 A가 전자를 잃고 도체판 B가 전자를 얻으면 도체판 A는 도체판 B에 대해 양전하를 띠게 된다. 이러한 대전 과정중에 전자들은 단지 연결선과 전원을 통해서만 흐른다. 커패시터의 유전체는 절연체이므로 전자가 통과할 수 없다.

그림 5-2(c)와 같이 커패시터에 형성된 전압이 전원 전압(V_S)과 같아질 때 전자의 이동이 멈추게 된다. 커패시터가 전원으로부터 분리되면 그림 5-2(d)와 같이 커패시터는 오랜 시간 동안 저장된 전하가 남아 있고, 충전된 전압이 유지된다. 충전된 커패시터는 일시적인 축전지(battery)로 사용할 수 있다.

5-1-2 단위(unit)

커패시터가 저장할 수 있는 능력의 정도를 나타내며 다음과 같이 정의한다.

$$C = \frac{Q}{V} = \frac{\Delta Q}{\Delta V} \qquad (5\text{-}1)$$

여기서 C는 커패시턴스이고, Q는 전하, V는 전압이다. 패럿(F)은 Faraday의 업적을 기념하여 만든 커패시턴스의 기본 단위이고 반면에 쿨롱[C]는 전하(Q)의 단위이다.

전기전자공학에서 사용되는 대부분의 커패시터는 마이크로패럿(μF)과 피코패럿(pF) 단위의 커패시턴스값을 갖는다. $1[\mu F] = 1 \times 10^{-6}[F]$ 이고, $1[pF] = 1 \times 10^{-12}[F]$ 이다.

예제

[1] 어떤 커패시터가 두 도체판들 사이에 $10[V]$가 가해질 때 $50[\mu C]$이 저장된다고 한다. 커패시턴스는 몇 $[\mu F]$인가?

[2] $5[\mu A]$의 전류가 $10[\text{sec}]$ 동안 $10[\mu F]$의 커패시터에 충전된다면 커패시터에 걸리는 전압은 얼마인가?

[해]

(a) $C = \frac{Q}{V} = \frac{50[\mu C]}{10[V]} = 5[\mu F]$

(b) $Q = It = (5[\mu A])(10[\text{sec}]) = 50[\mu C]$, $\quad V = \frac{Q}{C} = \frac{50[\mu C]}{10[\mu F]} = 5[V]$

5-2 커패시터 구조적 특성 및 직병렬 연결

커패시터가 도체판 양단에 저장할 수 있는 단위 전압당 전하의 양을 커패시턴스라 하고 C로 표시한다. 즉 커패시턴스는 전하를 저장하기 위한 커패시터의 능력 정도를 나타낸다.

5-2-1 커패시터의 물리적인 특성

도체판의 면적(A)과 판간 거리(d), 유전율(ϵ) 등은 커패시턴스과 정격 전압을 결정하는 중요한 변수들이다.

$$C=\epsilon\frac{A}{d} \tag{5-2}$$

1> 도체판 면적(plate area: A)

커패시턴스는 도체판의 면적으로 결정되는 도체판의 크기에 비례한다. 판 면적이 크면 클수록 커패시턴스는 커지며, 그림 5-3(a)에서 평판 커패시터의 판 면적이 한 개의 판 면적과 같은 경우를 보여 준 것이다. 이후 판들이 서로에 대해 이동하면, 겹치는 부분의 면적이 유효 판면적이 된다. 가변 커패시터의 종류에 따라 유효 판면적이 변화한다.

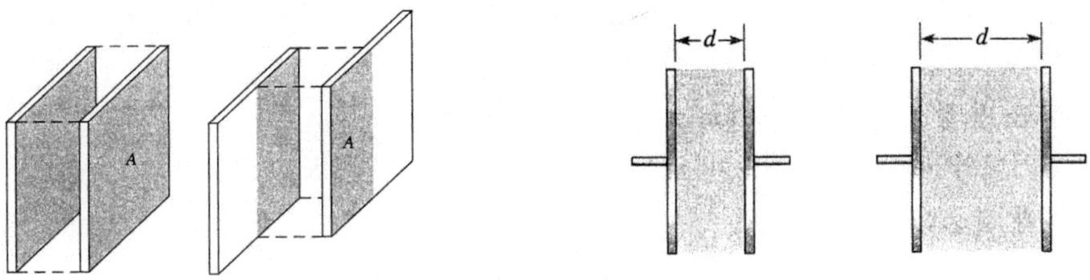

(a) 도체판의 단면적 (b) 도체판의 거리

[그림 5-3] 커패시턴스에 영향을 미치는 면적 및 거리

2> 판 간 거리(plate separation: d)

커패시턴스는 판 간 거리(d)에 반비례한다. 판 간 거리는 그림 5-3(b)에서와 같이 d로 표시한다. 그림과 같이 판 간 거리가 클수록 커패시턴스는 작아진다. 파괴 전압은 판 간 거리에 비례한다. 판 간 거리가 클수록 파괴전압이 커진다.

3> 유전율(permittivity: ϵ)

커패시터의 판 사이에 있는 절연 물질을 유전체(dielectric)라고 한다. 모든 유전체는 커패시터의 상반적으로 대전된 판 사이에 존재하는 전력선을 집중되게 하므로 에너지를 저장하는 용량을 증가시킨다. 전계를 형성하는 정도를 나타내는 재료의 성질을 유전상수

(dielectric constant) 또는 비유전율(relative permittivity)이라 하며, 기호 ε_r을 사용한다. 다른 재료들은 진공이나 공기의 유전상수를 기준으로 하여 정해지는 ε_r을 갖는다. 유전상수(또는 비유전율)는 진공 중의 유전율 ε_0에 대한 어떤 물질의 절대 유전을 ε의 비로서 상대적인 값이므로 단위가 없고 다음의 식으로 표현된다.

$$\varepsilon_r = \varepsilon / \varepsilon_0 \tag{5-3}$$

[표 5-1] 일반적인 유전체 및 유전상수

Material	Typical ε_r Values	Material	Typical ε_r Values
Air(vacuum)	1.0	Mica	5.0
Teflon®	2.0	Glass	7.5
Paper(paraffined)	2.5	Ceramic	1200

(진공 중의 유전율 $\varepsilon_0 = 8.854 \times 10^{-12}[F/m]$)

5-2-2 커패시터의 고장 점검

커패시터는 매우 안정된 소자이지만, 적정온도와 정격전압 내에서 사용하여야 오랫동안 유용하게 사용할 수 있다. 커패시터의 고장은 갑자기 발생하는 경우와 서서히 성능이 저하되는 경우로 나눌 수 있다.

1> 개방 및 단락

갑자기 발생하는 고장은 일반적으로 절연 파괴에 의해 단락회로가 되거나 접촉 불량으로 개방회로가 되는 경우이다. 성능 저하는 누설 저항을 점차적으로 감소시켜서 누설전류를 증가시키거나, 등가 직렬 저항의 증가나 유전체 흡수 문제 등을 발생시킨다.

2> 저항계의 사용

문제가 발생되었을 때, 커패시터를 회로에서 제거하고 아날로그 저항계로 측정한다. 우선 그림 (a)와 같이 커패시터의 도선을 단락시켜 방전시킨다. 그림 (b)와 같이 커패시터에 연결한다. 처음에는 0Ω 근처를 지시하고 있다가, 커패시터가 저항계의 전지에 의해 충전됨에 따라 지침이 높은 저항 쪽으로 움직이고 커패시터가 완전히 충전되면 저항계는 그림 (c)와 같이 아주 높은 저항을 가리킬 것이다.

커패시터는 저항계의 내부 전지에 의해 충전되어 미터는 충전전류에 따라 움직인다. 커패시터가 내부에서 단락된다면, 미터가 0을 가리킬 것이다. 만약 누설 전류가 있다면 미터의 마지막 지시값이 정상보다 훨씬 작을 것이다. 대부분 커패시터는 몇 백 $M\Omega$의 저항을 갖는다. 전해 커패시터인 경우에는 보통 누설 저항일 $1M\Omega$보다 작다. 커패시터가 개방되면 충전되지 않고 멀티미터는 무한대의 저항을 지시한다.

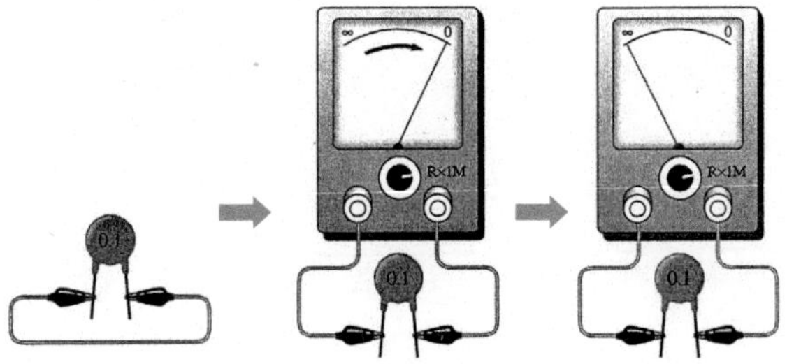

(a) 커패시터 방전 (b) 초기 저항 (c) 완전 충전 후 저항이 큼

[그림 5-4] 저항계를 활용한 커패시터 고장 진단 과정

5-2-3 커패시터 회로

1> 직렬 연결

직렬로 연결된 커패시터에서 총 커패시턴스가 각각의 커패시턴스보다 작은 이유를 설명한다. 커패시터가 직렬로 연결되면 구조상으로 볼 때, 유효 판 간 거리(d)가 증가하므로 총 커패시턴스는 가장 작은 커패시턴스보다 작아진다. 직렬로 연결된 합성 커패시턴스의 계산은 병렬로 연결된 저항의 합성 저항값을 계산하는 것과 유사하다.

전압원과 스위치가 있는 n개의 커패시터가 직렬로 연결되어 있다고 하자. 스위치를 닫으면 회로를 통하여 같은 전류(i)가 흐르므로 커패시터가 충전된다.

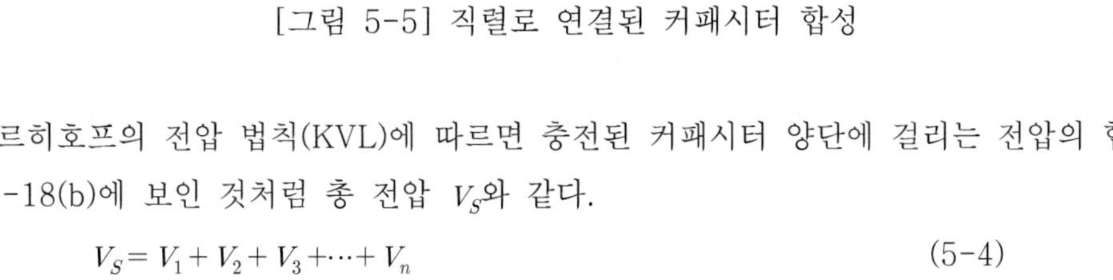

[그림 5-5] 직렬로 연결된 커패시터 합성

키르히호프의 전압 법칙(KVL)에 따르면 충전된 커패시터 양단에 걸리는 전압의 합은 그림 13-18(b)에 보인 것처럼 총 전압 V_S와 같다.

$$V_S = V_1 + V_2 + V_3 + \cdots + V_n \quad (5\text{-}4)$$

식 $V = Q/C$를 사용하여 전압 방정식의 항으로 정리하면 다음 관계식을 얻는다.

$$\frac{Q_T}{C_T} = \frac{Q_1}{C_1} + \frac{Q_2}{C_2} + \frac{Q_3}{C_3} + \cdots + \frac{Q_n}{C_n} \quad (5\text{-}5)$$

한편, 전류는 $i = Q/t$와 같이 단위시간당 전하의 흐름으로 나타내므로, 각각의 커패시터에 저장되는 전하량은 총 전하량과 같으며, 다음 식으로 표현된다.

$$Q_T = Q_1 = Q_2 = Q_3 = \cdots = Q_n \tag{5-6}$$

모든 커패시턴스에의 전하(Q)가 같으므로 양변을 Q로 나누면 다음과 같다.

$$\frac{1}{C_T} = \frac{1}{C_1} + \frac{1}{C_2} + \frac{1}{C_3} + \cdots + \frac{1}{C_n} \tag{5-7}$$

직렬 연결된 커패시터의 합성 커패시턴스는 가장 작은 커패시턴스보다도 항상 더 작다.

우리가 자주 접하는 두 개의 커패시터가 직렬로 연결된 경우를 익혀 보자.

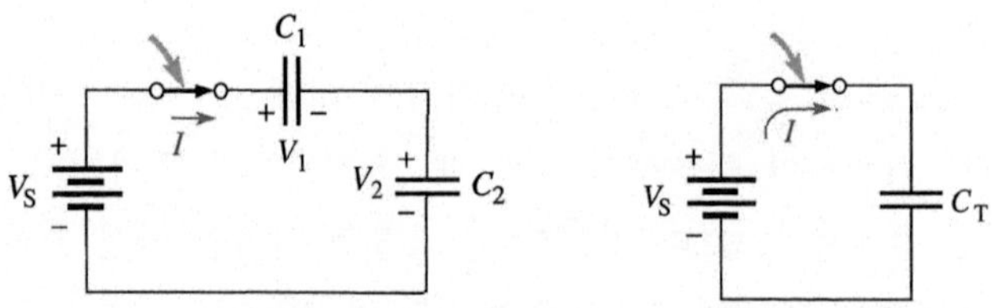

[그림 5-6] 직렬로 연결된 커패시터 합성

합성 저항은 $\frac{1}{C_T} = \frac{1}{C_1} + \frac{1}{C_2}$ 으로부터 $C_T = \frac{C_1 C_2}{C_1 + C_2}[F]$이 된다.

직렬 접속된 커패시터들은 전압분배기로서 동작한다. 식 $V = Q/C$에 의해 직렬 연결된 각 커패시터 양단에 걸리는 전압은 커패시턴스 값에 반비례한다. 직렬로 연결된 커패시터에 걸리는 양단전압은 다음 식으로부터 구할 수 있다.

$$V_x = \frac{Q_x}{C_x} = \frac{Q_T}{C_x} \tag{5-8}$$

여기서 C_x는 C_1, C_2, C_3과 같은 직렬로 연결된 커패시터를 나타내고, V_x는 C_x양단에 걸리는 전압이다. 그 이유를 살펴보자. 직렬 접속에서 각 커패시터에서의 전하는 전체 전하와 같고 ($Q_x = Q_T$), $Q_x = V_x C_x$ $Q_T = V_S C_T$이므로 $V_x C_x = V_S C_T$ 가 된다. 따라서 V_x를 구하면

$$V_x = \frac{C_T V_S}{C_x} \tag{5-9}$$

직렬 연결에서 합성 커패시턴스는 가장 적은 값보다 적고, 전압 측면에서는 가장 큰 값의 커패시터가 가장 적은 전압을 갖고, 가장 적은 값의 커패시터가 가장 큰 전압을 갖는다.

예제

다음과 같이 직렬로 연결된 커패시터 회로에서 대해 답하시오.

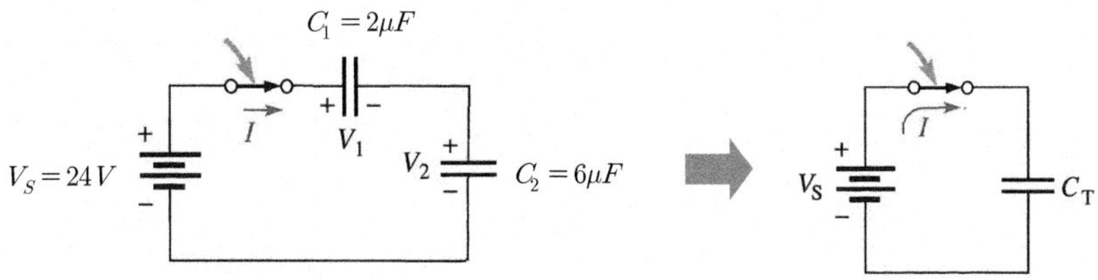

[1] 합성 커패시턴스 C_T를 구하시오.

[해]

직렬이므로 합성 커패시턴스는 $\frac{1}{C_T} = \frac{1}{C_1} + \frac{1}{C_2} = \frac{1}{2\mu F} + \frac{1}{6\mu F}$에서 $C_T = 1.5\mu F$이다.

[2] 각 커패시터에 걸리는 전압을 구하시오.

[해]

전류가 같으므로 $Q = I \cdot t$이며 각 커패시터의 전하량은 $Q_1 = Q_2$이다.

KVL을 적용하면 $V_S = V_1 + V_2 = \frac{Q_1}{C_1} + \frac{Q_2}{C_2}$이므로 C_1및 C_2에 걸리는 전압은 다음과 같다.

$$V_1 = \frac{Q_1}{C_1} = \frac{C_T V_S}{C_1} = \frac{1.5\mu F}{2\mu F} 24V = 18V,\quad V_2 = \frac{Q_2}{C_2} = \frac{C_T V_S}{C_2} = \frac{1.5\mu F}{6\mu F} 24V = 6V$$

다른 방식으로 구해 보자. 각 커패시터에 저장되는 전하량 구하면 $Q = CV$이므로

C_1에서 $Q_1 = C_1 V_1 = C_1(V_S - V_2)$, C_2에서 $Q_2 = C_2 V_2$

$Q_1 = Q_2$이므로 $V_2 = V_S \times \frac{C_1}{C_1 + C_2} = 24 \times \frac{2\mu F}{2\mu F + 6\mu F} = 6V$, $V_1 = V_S \times \frac{C_2}{C_1 + C_2} = 18V$이다.

[3] 커패시터 C_1의 내압이 $50V$, 커패시터 C_2의 내압이 $30V$라면 전원전압을 서서히 증가시키면 먼저 파괴되는 커패시터는 어느 것인가? 그 이유를 설명하시오.

[해] 답: C_1

2> 병렬 연결

커패시터가 병렬로 연결되어 있는 경우에 커패시턴스를 더해야 하는 이유를 설명한다. 커패시터가 병렬로 연결되면, 유효 판면적(A)이 증가하므로 합성 커패시턴스는 각 커패시턴스의 합이 된다. 병렬일 때의 총 커패시턴스를 계산하는 것은 직렬일 때의 합성 저항을 계산하는 것과 유사하다.

그림 5-7에서 스위치가 닫혀 있을 때를 살펴보자. 전원으로부터 전체 충전전류가 병렬 가지의 접합점에서 나눠진다.

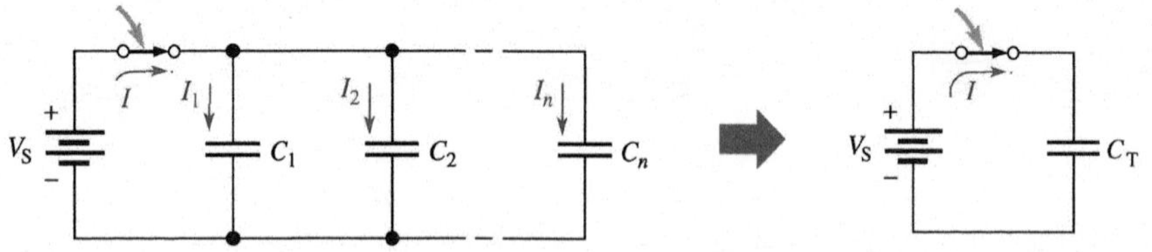

[그림 5-7] 병렬로 연결된 커패시터 합성

각 가지로 분리된 충전전류는 각각의 커패시터에 저장될 수 있다. 키르히호프의 전류법칙(KCL)에 의하여 충전전류의 총합은 전체 전류(I_T)와 같으므로, 각 커패시터에서의 전하의 합은 전체 전하($Q_T = I_T \times t$)와 같다. 따라서 n개의 커패시터가 병렬로 접속된 경우 총 전하는 다음 식과 같다.

$$I_T = I_1 + I_2 + I_3 + \cdots + I_n \text{에서} \quad \frac{Q_T}{t} = \frac{Q_1}{t} + \frac{Q_2}{t} + \frac{Q_3}{t} + \cdots + \frac{Q_2}{t} \text{ 이므로}$$

$$Q_T = Q_1 + Q_2 + Q_3 + \cdots + Q_n \tag{5-10}$$

식 $Q = CV$를 활용하면 다음과 같은 결과를 얻을 수 있다.

$$C_T V_S = C_1 V_1 + C_2 V_2 + C_3 V_3 + \cdots + C_n V_n$$

병렬 연결에서는 전압은 모두 같다. $V_S = V_1 = V_2 = V_3 = \cdots = V_n$이므로

$$C_T = C_1 + C_2 + C_3 + \cdots + C_n \tag{5-11}$$

따라서 병렬 접속에서의 합성 커패시턴스 C_T는 각 커패시턴스의 합이 된다.

커패시터의 직렬 연결 또는 병렬 연결의 개념은 다음과 같이 요약할 수 있다. 직렬 연결의 경우에 판 간 거리 d가 증가하므로 총 커패시턴스는 감소한다. 반면 병렬의 경우에는 단면적 A가 증가하므로 총 커패시턴스는 증가한다는 것이다.

예제

다음 커패시터회로에서 총 커패시턴스와 각 커패시터에 걸리는 전압을 구하시오.

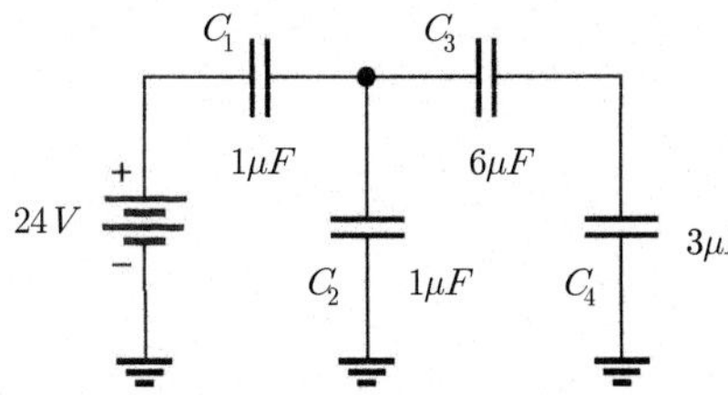

[해] 해석 방식은 화살표 방향으로 아래로 내려갔다가 다시 위로 올라오는 방법이다.

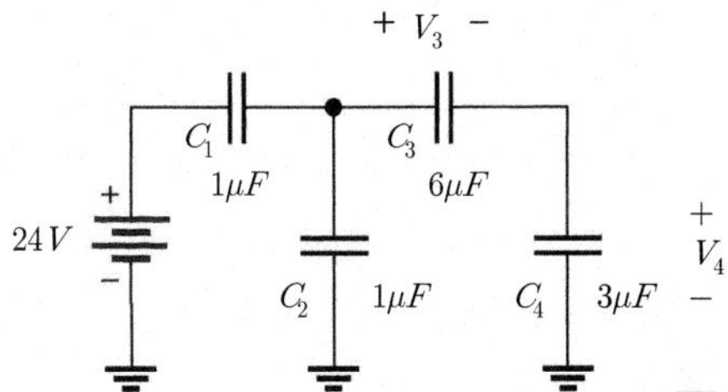

C_3 양단전압과 C_4 양단전압은 각각

$$V_3 = \left(\frac{C_a}{C_3}\right)V_a = \left(\frac{2\mu F}{6\mu F}\right)6\,V = 2\,V$$

$$V_4 = \left(\frac{C_a}{C_4}\right)V_a = \left(\frac{2\mu F}{3\mu F}\right)6\,V = 4\,V$$

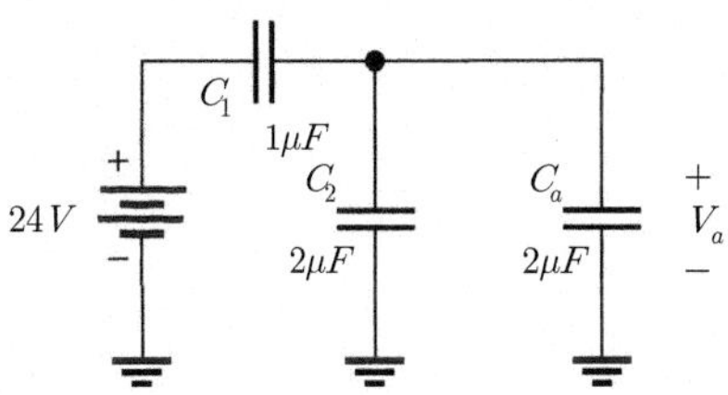

$$\frac{1}{C_a} = \frac{1}{C_3} + \frac{1}{C_4} = \frac{1}{6\mu F} + \frac{1}{3\mu F}$$

$C_a = 2\mu F$

C_a 양단전압이 $V_a = V_b = 6\,V$이다.

따라서 $V_2 = 6\,V$

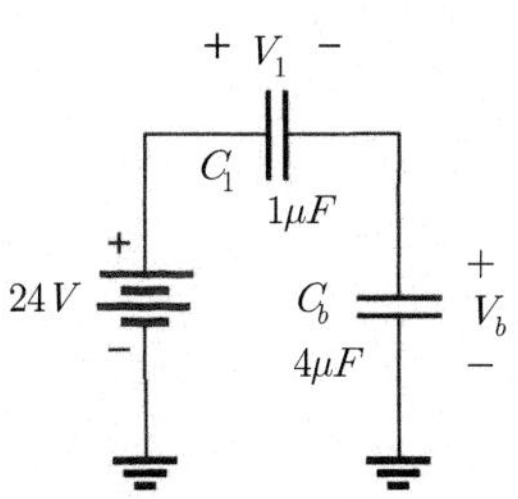

$C_b = C_2 + C_a = 1\mu F + 2\mu F = 3\mu F$

$$V_1 = \left(\frac{C_T}{C_1}\right)V_s = \left(\frac{0.75\mu F}{1\mu F}\right)24\,V = 18\,V$$

$$V_b = \left(\frac{C_T}{C_b}\right)V_s = \left(\frac{0.75\mu F}{3\mu F}\right)24\,V = 6\,V$$

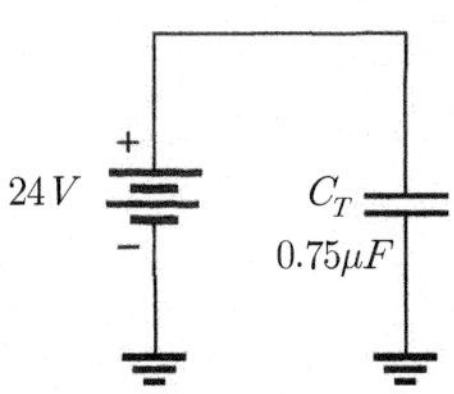

$$\frac{1}{C_T} = \frac{1}{C_1} + \frac{1}{C_b} = \frac{1}{1\mu F} + \frac{1}{3\mu F}$$

총 커패시턴스는 $C_T = 0.75\mu F$이다.

5-3 커패시터와 직류(dc)회로

커패시터는 직류(dc) 전압원에 연결되면 충전된다. 회로에서의 커패시턴스와 저항값을 알고 있다면 커패시터 양단에 걸리는 전하의 축적을 예측할 수 있다.

5-3-1 커패시터 충전 및 방전

커패시터는 전하를 충전하고 방전할 수 있는 수동 소자이다.

1> 커패시터로의 충전

그림 5-8과 같이 커패시터가 직류 전압원에 연결되면 충전된다. 그림 (a)의 커패시터는 충전이 되지 않은 상태이다. 즉 도체판 A와 B의 자유전자의 수는 같다. 그림 (b)에서와 같이 스위치가 닫히면 전자가 화살표 방향으로 도체판 A에서 B로 이동한다. 도체판 A는 전자를 잃고 도체판 B는 전자를 얻게 되어 도체판 A는 B에 대해서 (+)극을 띠게 된다. 그림 (c)와 같이 충전이 계속되면, 도체판 사이의 전압은 인가전압 V_S와 크기는 같고 극성이 반대인 전압이 될 때까지 빠르게 형성된다. 커패시터가 완전히 충전되면 전류는 더 이상 흐르지 않는다. 이와 같이 커패시터는 일정한 값을 가지는 직류를 차단한다.

그림 5-8(d)에서와 같이 충전된 커패시터가 전원으로부터 분리되면, 커패시터는 오랜 시간 동안 충전된 상태를 유지하는데, 커패시터가 충전을 유지하는 기간은 누설 저항에 따라 달라지며, 심한 전기적인 충격을 일으킬 수 있다. 일반적으로 전해 커패시터가 다른 종류의 커패시터보다 빨리 방전된다.

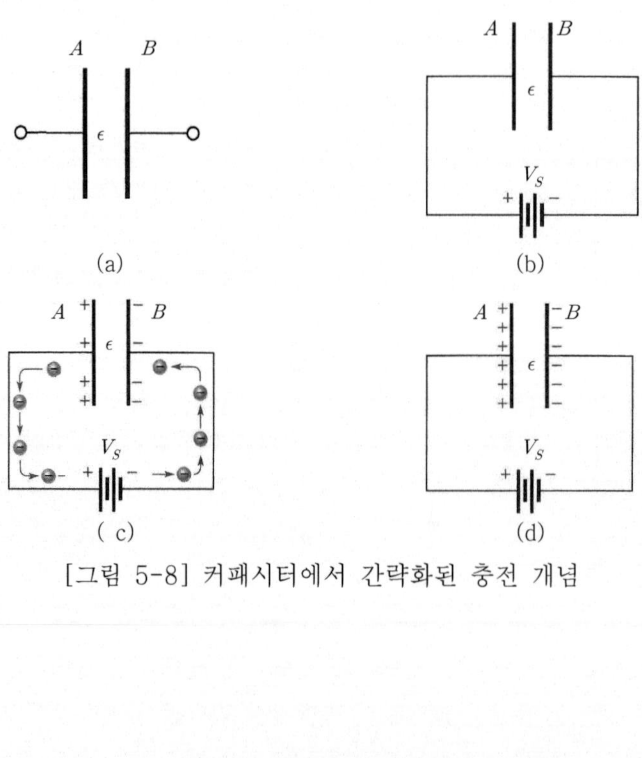

[그림 5-8] 커패시터에서 간략화된 충전 개념

그림 5-9(a)는 커패시터가 DC 전압원에 저항과 스위치를 통해서 직렬로 연결되어 있음을 보여 준다. 처음에 스위치는 열려 있으며 커패시터에는 양단전압이 '0'으로 방전되어 있다. 어느 순간에 스위치가 닫히면 최댓값의 전류가 흐르고 커패시터는 충전되기 시작한다. 커패시터의 양단전압이 0V이므로 최대전류가 흘러 커패시터는 마치 단락 회로인 것처럼 작동되며 전류는 저항에 의해서만 제한을 받는다. 시간이 경과하여 커패시터가 충전됨에 따라, 전류는 감소하고 커패시터 전압(V_C)은 증가한다. 충전 기간 동안 저항의 전압은 전류에 비례한다.

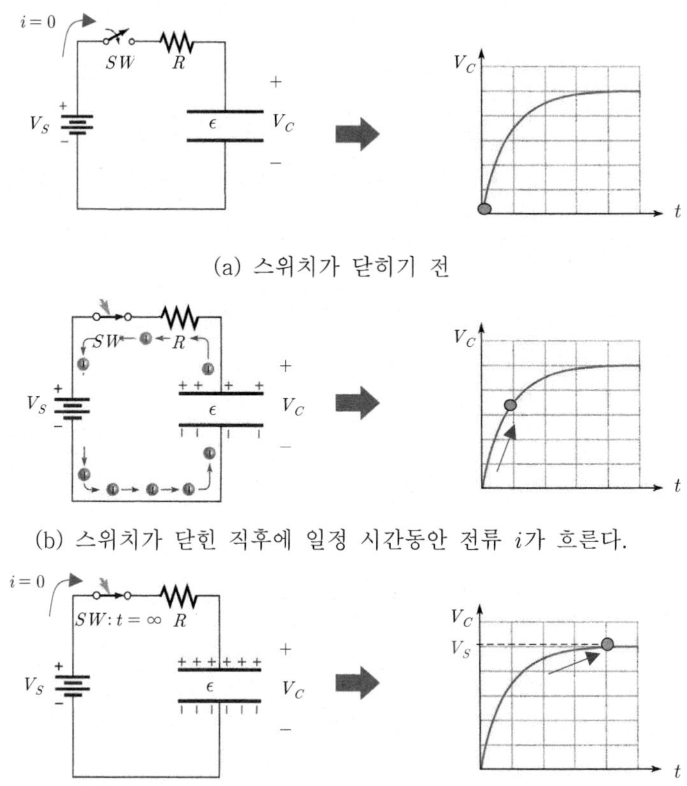

(a) 스위치가 닫히기 전

(b) 스위치가 닫힌 직후에 일정 시간동안 전류 i가 흐른다.

(c) 완전 충전이 되면 전류 i가 흐르지 않는다.

[그림 5-9] 스위칭에 따른 커패시터의 충전 메커니즘

그림 5-9의 (a)와 (b)를 검토해 보자. 0V에서 서서히 V_S를 향해 충전한다. 즉 전압이 급격히 변하지 않는다는 사실이다. (b)와 (c)에서 전압이 증가율이 초기보다 나중에 둔화되는 사실이다. 마지막으로 (c)에서 최종값으로 충전되면 더 이상의 전류 흐름이 없다는 것이다. 즉 스위치가 턴온(turn-on)되면 전류가 흐르고 얼마의 시간이 지나면 전류가 흐르지 않음을 의미한다.

2> 커패시터의 방전

그림 5-10에서와 같이 충전된 커패시터 양단에 전선을 연결하면 커패시터는 방전된다. 이러한 특별한 경우에는 저항이 매우 낮은 전선이 스위치를 거쳐서 커패시터 양단에 연결된다. 그림 (a)에서와 같이 스위치를 닫기 전에는 커패시터가 인가전압 V_S로 충전되어 있었다. 그림 (b)와 (c)와 같이 스위치가 닫히면, 도체판 B에 있던 과잉 전자들이 도체판 A로 화살표 방향을 따라 이동하여 전류가 전선을 따라 흐르게 되며, 커패시터에 저장되어 있던 에너지는 전선에서 소비된다. 두 도체판들에서 자유전자의 수가 다시 같아지면, 전하는 중성이 되고 커패시터의 전압은 0이 되어 커패시터는 그림 (d)와 같이 완전히 방전된다.

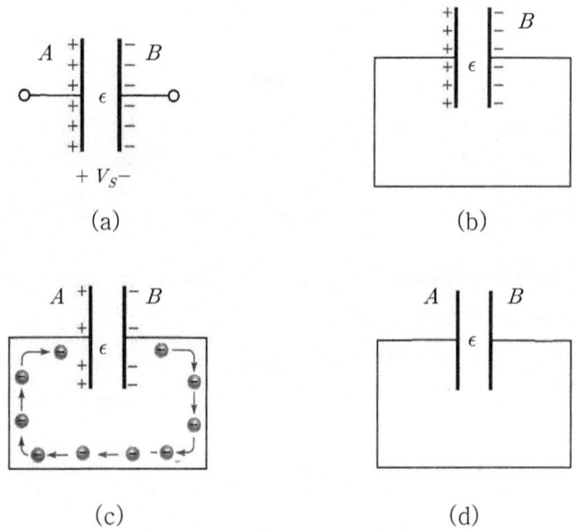

[그림 5-10] 간단한 방전 개념

어느 정도의 시간이 경과한 후에는 커패시터가 완전히 충전되어 전류는 더 이상 흐르지 않고 커패시터의 전압은 전원 전압과 같아진다. 다시 스위치를 열어 놓아도 커패시터는 완전 충전 상태를 유지한다. 그림 5-14(a)에서는 전압원이 제거되었다. 스위치를 닫으면 커패시터는 방전하기 시작한다. 처음에는 충전될 때와 반대 방향으로 최대 전류가 흐른다. 시간이 경과함에 따라 전류와 커패시터 전압은 감소한다. 저항에 걸리는 전압은 항상 전류에 비례한다. 커패시터가 완전히 방전되면 전류와 커패시터 전압은 '0'이 된다.

최종적으로 그림 5-15의 (a)와 (b)를 검토해 보자. 전압 V_S가 연속적으로 변한다. 이는 커패시터의 전압 변화는 순간적으로 바뀌지 않는다는 것을 의미한다. 또한, 그림 5-14의 (a)와 (c)를 보면 초기의 충전된 전압이 방전 과정을 거치면서 최종적으로 모두 방전되면 전압이 0이 되므로 단락된 상태와 같다.

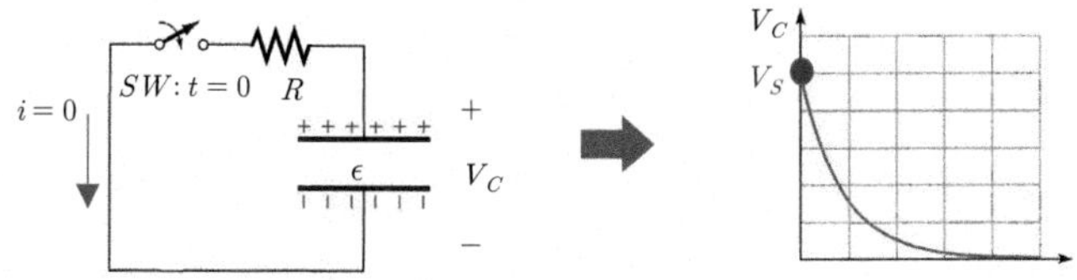

(a) 스위치가 닫히기 전

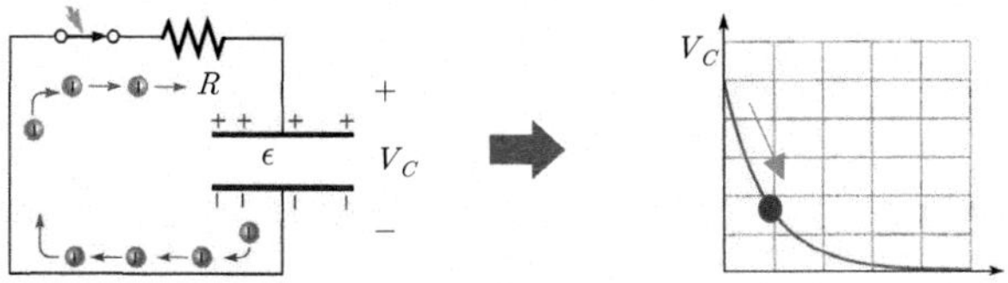

(b) 스위치가 닫힌 직후에 일정 시간동안 전류 i가 흐른다.

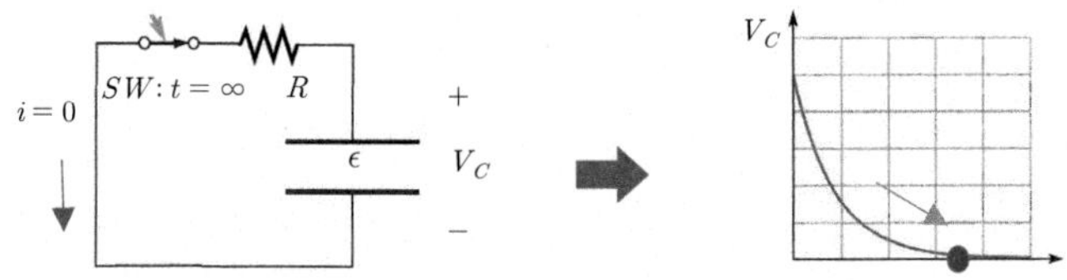

(c) 완전 방전이 되면 전류 i가 흐르지 않는다.

[그림 5-11] 커패시터의 방전 메커니즘

위와 같은 파형은 오실로스코프를 이용하여 간단히 측정할 수 있다. 위의 파형 특성으로부터 직류(dc)회로에서 커패시터의 변화에 관한 현상을 학습해 보자.

- 커패시터에 걸리는 전압은 순간적으로 변화할 수 없다.
- 그러나 용량성 회로에서의 전류는 순간적으로 바뀔 수 있다.
- 완전 충전된 커패시터는 변화하지 않는 전류에 대해 개방회로이다.
- 충전되지 않은 커패시터는 순간적으로 변화하는 전류에 대해 단락회로이다.

3> 에너지 저장

커패시터에서 저장되는 정전에너지에 대해 익혀 보자. 전압에 의하여 형성된 전계 내에 에너지를 저장한다. 전력의 정의로부터 전압과 전류를 이용하여 적분을 수행하면 저장되는 정전에너지는 다음 식으로 표현된다.

$$i = \frac{\Delta Q}{\Delta t} = \frac{C\Delta V}{\Delta t} = C\frac{dv}{dt}$$

$$p = vi = v(C\frac{dv}{dt})[W]$$

$$W_C = \int_{t_1}^{t_2} pdt = C\int_{v_1}^{v_2} vdv = \frac{1}{2}Cv_2^2 - \frac{1}{2}Cv_1^2[J]$$

$$W_C = \frac{1}{2}CV^2 \tag{5-12}$$

저장되는 에너지는 커패시턴스와 전압의 제곱에 비례한다. 에너지(W)는 주울(joule)이다.

5-3-2 RC 시정수(time constant)

실제의 회로에 있어서, 커패시턴스에는 어느 정도의 저항 성분이 존재한다. 따라서 커패시터의 충전과 방전 특성은 이러한 저항과 함께 고려되어야 한다. 커패시터가 저항을 통해서 충전 및 방전될 때 커패시터가 완전히 충전되거나 방전되기 위해서는 어느 정도의 시간이 필요하다. 전하가 어느 점에서 다른 점으로 이동하기 위해서는 어느 정도의 시간이 필요하므로 커패시터에 걸리는 전압은 순간적으로 변화할 수 없다. 커패시터가 충전되거나 방전되는 비율은 그 회로의 시정수에 의해 결정된다.

RC회로의 시정수는 저항과 커패시턴스의 곱과 같이 시간을 나타낸다. 시정수의 단위는 저항이 [Ω], 커패시턴스가 [F]일 때 시간(sec)으로 표현되며, 기호는 τ이다.

$$\tau = RC = \frac{\Delta V}{\Delta I} \cdot \frac{\Delta Q}{\Delta V} \tag{5-13}$$

저항이 증가하면 충전전류는 감소하고, 따라서 커패시터의 충전 시간이 증가한다. 또한, 커패시턴스가 증가하면 전하량이 증가하여 같은 전류에 대해서 커패시터를 충전하는 데, 더 많은 시간이 필요하다는 것을 나타낸다. 유의할 사항은 시정수는 전류가 흐르는 경로에 영향을 받는다는 사실이다.

예제

다음 커패시터회로에서 충전 경로와 방전 경로를 표시하고 각각 시정수를 구하시오.

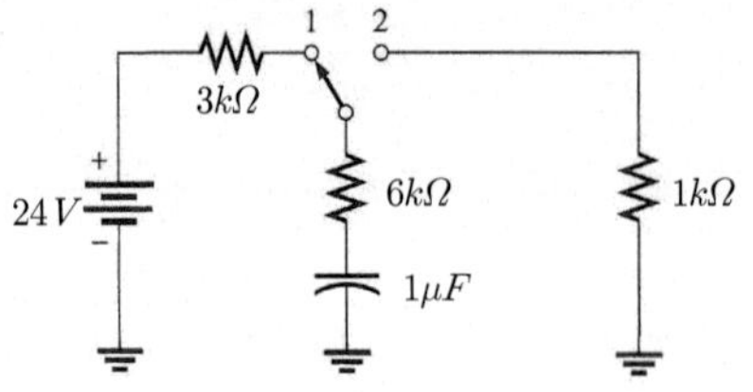

<해>

5-3-3 커패시터의 과도 응답

RC 직렬회로에서 Ohm 법칙 및 Kirchhoff 법칙을 사용하여 식을 쓰고, 이 미분방정식을 풀어 해(응답)가 나오는 과정을 학습한다.

$$\frac{dx(t)}{dt}+ax(t)=f(t)$$

1> 1차 미분방정식

일반적으로 미분방정식의 일반해(general solution)는 동차해(homogeneous solution와 특수해(particular solution)로 구성된다. 동차해는 $f(t)=0$인 경우에 구한 해를 의미하며 특수해는 $f(t)$에 따라 종속되는 부가적인 해를 의미한다. 임의의 함수 중에서 미분이나 적분을 해도 같은 형태의 함수를 유지하는 함수는 지수함수이다. 이를 기반으로 여기서는 충전 및 방전곡선을 지수종단해석법(exponential end point analysis)이라 불리는 공학적인 개념을 사용하여 해석하고자 한다.

2> 충전 및 방전곡선

그림 5-12는 직류에 의해 동작되는 RC 직렬회로를 나타낸다. 스위치(SW)가 닫히면 커패시터 양단에 전하가 서서히 충전된다.

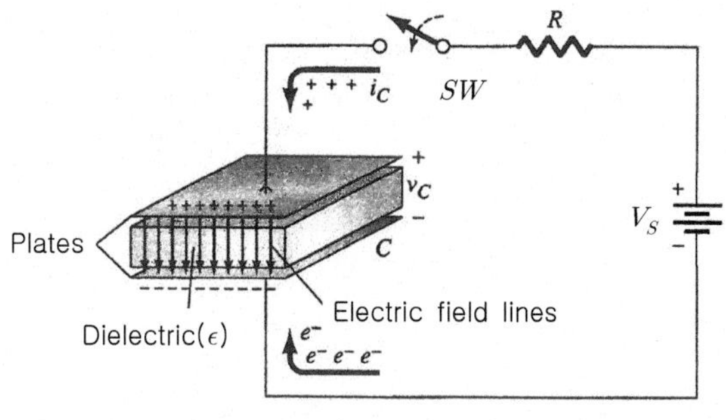

[그림 5-12] 직류로 구동되는 커패시터 전압의 과도 응답

커패시터 양단전압 $v_C(t)$가 인가전압 V_S가 될 때까지 계속 충전 과정을 거친다. 물론 전류가 흐른다. $v_C=V_S$가 되면 흐르는 전류가 0이 된다. 그 이유는 저항양단전압이 같으므로 Ohm 법칙을 이용하면 이해가 쉽다. 또한, 커패시터 내부에는 유전체(ϵ)의 강도에 따라 그림과 같이 전기장(electric field)이 만들어진다. 이 전기장은 벡터량이므로 전기장의 방향은 전하(+)에서 (-)로 향하고, 전기장의 세기(E)는 $E=V_S/d$로 나타내며 d는 극판 간 거리이다. 위 회로에 대해 Ohm 법칙과 Kirchhoff 법칙을 이용하여 미분방정식을 구해 보자.

$$i_C(t) = i_R(t) = \frac{V_S - v_C(t)}{R} \tag{5-14}$$

$$C\frac{dv_C}{dt} = \frac{V_S}{R} - \frac{v_C}{R}$$

$$\frac{dv_C}{dt} + \frac{1}{RC}v_C = \frac{V_S}{RC} \tag{5-15}$$

이 미분방정식은 미지의 구하고자 하는 변수를 분리하고 적분함으로써 해를 얻는다. 식을 간략화하기 위해 $\tau = RC$로 커패시터 양단전압을 $v_C = v$로 표기한다.

$$\frac{dv}{dt} + \frac{1}{\tau}v = \frac{V_S}{\tau}$$

변수를 분리하면 $\frac{dv}{dt} = \frac{V_S}{\tau} - \frac{1}{\tau}v = \frac{V_S - v}{\tau}$

양변에 적분을 취하면 $\int \frac{dv}{v - V_S} = -\frac{1}{\tau}\int dt + A$이고 여기서 A는 적분상수이다.

적분을 수행하고 구하고자 하는 미지 전압 $v(t)$에 대해서 풀면 다음과 같다.

$$\ln(v - V_S) = -\frac{t}{\tau} + A$$

$$v(t) - V_S = e^{-t/\tau + A} = e^{-t/\tau}e^{A} = Ke^{-t/\tau}$$

여기서 초기 조건을 사용하여 계수 K를 구한다. 커패시터 양단전압은 순간적으로 변할 수 없다는 사실 $v(0^-) = v(0^+)$을 이용한다.

$$v(0^-) = V_S + Ke^{-0/\tau} = V_S + K$$

$$K = v(0^-) - V_S$$

따라서 스위치 변환 후의 시간 응답은 $v(t) = V_S + [v(0^+) - V_S]e^{-t/\tau}$이 된다.

또한, $v(\infty) = \lim_{t\to\infty} v(t) = V_S$ 이므로 일반적인 표현은 다음과 같이 나타낼 수 있다.

$$v(t) = v(\infty) + [v(0) - v(\infty)]e^{-t/r} \tag{5-16}$$

전기전자회로에서 스위칭에 의해 전원이 갑자기 인가되거나 제거되면 정상 상태에 도달하기까지 회로의 시간적 응답이 중요한 과제이다. 즉 시간이 지남에 따라 소멸되는 과도 응답(transient response)과 과도 응답이 소멸된 후의 회로 응답인 정상 응답(steady state response)으로 분류할 수 있다. 증가하거나 감소하는 지수함수 곡선에 대한 일반적인 표현은 전압과 전류의 순시값에 대해서 지수종단해석법은 다음과 같은 공식으로 주어진다.

미분방정식: **일반해 = 특수해 + 등차해**

회로해석: **완전 응답 = 강제 응답 + 자연 응답 = 정상응답 + 과도 응답**

$$v(t) = V_F + (V_i - V_F)e^{-t/r}, \quad i(t) = I_F + (I_i - I_F)e^{-t/r} \tag{5-16}$$

또한, 식 (5-16)을 시간 변화에 따라 사라지는 과도 응답과 계속적으로 남아 있는 정상 응답으로 구분하면 다음과 같다.

$$v(t) = V_F - V_F e^{-t/r} + V_i e^{-t/r} \tag{5-17}$$

정상 응답 (V_F) 과도 응답 ($-V_F e^{-t/r} + V_i e^{-t/r}$)

여기서 V_F와 I_F는 전압과 전류의 최종값을 나타내고, V_i와 I_i는 전압과 전류의 초깃값을 나타낸다. v와 i는 시간 t에서의 커패시터 전압과 전류의 순간값을 나타내고, e는 2.718... 의 값을 갖는 자연대수의 밑수이며 τ는 주어진 회로에 따른 시간상수(시정수)이다.

커패시터는 그림 5-13과 같이 비선형 곡선을 따라 충전되거나 방전된다. 이 그래프에서, 완전 충전시의 백분율을 각 시정수 구간마다 표시하였다. 이 곡선은 지수함수에 따라 변화한다. 충전곡선은 지수함수적으로 증가하고, 방전곡선은 지수함수적으로 감소한다. 시정수의 5배(5τ)의 시간이 지나면 대략 최종값의 99%에 접근한다. 커패시터가 완전히 충전되었거나 방전되려면 시정수의 5배가 되는 시간이 필요하며, 이것을 과도 시간이라고 부른다.

시정수만큼의 시간이 경과하면 커패시터의 전하량이 대략 63% 변화한다. 충전되지 않은 커패시터는 시정수 (1τ)에서 완전히 충전된 전압의 63%까지 변화한다. 충전되지 않은 커패시터는 시정수 (1τ)에서 완전히 충전된 전압이 63%까지 충전된다. 또한, 커패시터가 방전되면 1시정수만큼의 시간이 경과한 후에 전압이 대략 초깃값의 100%-63%=37%로 떨어진다. 즉 63%가 변화된다.

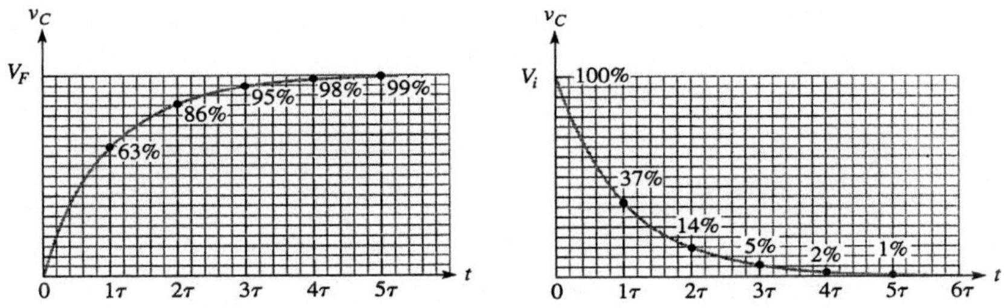

(a) 충전곡선 (b) 방전곡선

[그림 5-13] 오실로스코프로 측정된 일반적인 충전 및 방전곡선

3> 회로해석

다음 회로는 간단한 RC 충전 및 방전회로이다. 스위치(SPDT)의 위치에 따라 두 개의 회로들로 나눌 수 있다. 각각의 충전 및 방전회로를 이용하여 지수종단해석법을 적용한다.

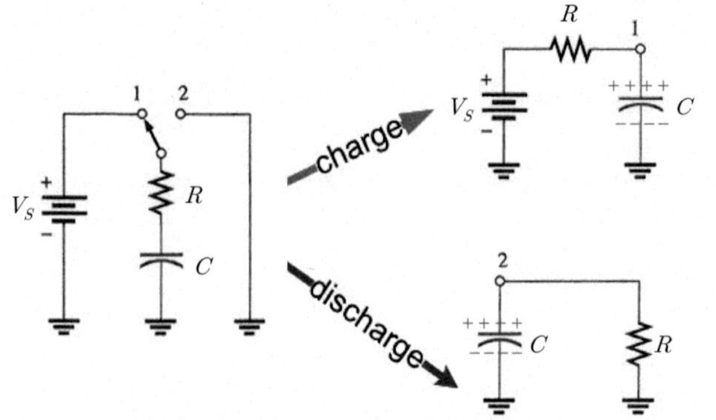

[그림 5-14] RC 직렬회로의 충전 및 방전

<1> '0'으로부터 충전

전압이 영($V_i=0$)인 상태에서부터 증가하는 지수함수 전압곡선은 식 (5-18)로 주어진다.

$$
\begin{aligned}
v(t) &= V_F+(V_i-V_F)e^{-t/\tau} \\
&= V_F+(0-V_F)e^{-t/RC} = V_F-V_Fe^{-t/RC} \\
&= V_F(1-e^{-t/RC}) = V_S(1-e^{-t/RC}) \qquad (5\text{-}18)
\end{aligned}
$$

최종 전압은 커패시터가 완전히 충전되었을 때의 전압이므로 $V_F=V_S$가 된다. 초기에 충전되지 않은 상태였다면, 어느 순간의 커패시터의 충전전압은 식 (5-18)을 사용하여 계산할 수 있다. 증가하는 전류에 대해서도 마찬가지로 계산할 수 있다.

그림 5-19는 커패시터가 충전될 때, 전압 및 전류곡선을 나타낸다.

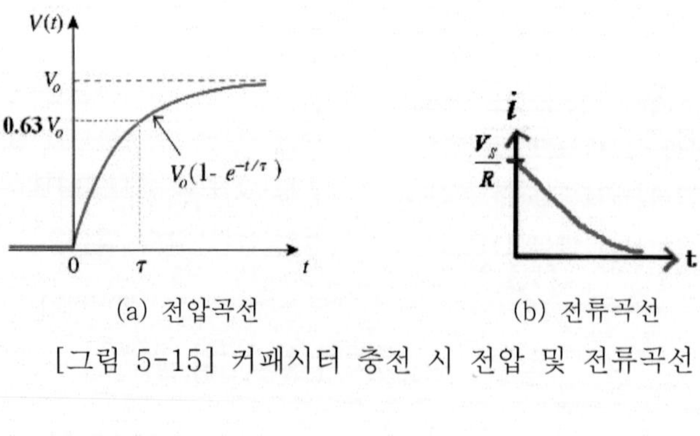

(a) 전압곡선 (b) 전류곡선

[그림 5-15] 커패시터 충전 시 전압 및 전류곡선

커패시터를 흐르는 전류는 어떻게 구할 수 있을까? 미분방정식을 풀면 커패시터 양단전압은 충전 시에 $v_C(t)=V_S(1-e^{-t/RC})$이므로 다음 식(커패시터에서 전압과 전류 관계)을 이용하여 쉽게 구할 수 있다. 그림 5-19의 (b)에 전류곡선을 나타내었다.

$$i(t)=C\frac{dv_C}{dt}=C(-V_S)(\frac{-1}{RC})e^{-t/RC}=\frac{V_S}{R}e^{-t/RC} \qquad (5-19)$$

복습문제

다음 회로에서 스위치가 ON 시(단자 1에 연결될 경우) 충전 동작에 대해 답하시오. 단 커패시터에 초기 전압은 0[V]이다.

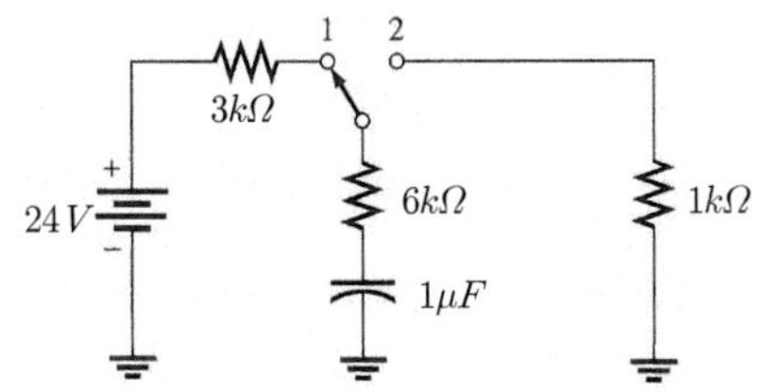

[1] 충전 시에 시정수 τ 및 최종 전압 $v(\infty)$은 얼마인가?

[2] 충전될 때, 커패시터 양단의 전압방정식 $v(t)$을 쓰시오.

<2> '0'으로 방전

지수함수적으로 감소하여 $V_F=0$으로 끝나는 전압곡선에 대한 공식은 다음과 같은 일반적인 식으로부터 유도된다.

$$v(t)=V_F+(V_i-V_F)e^{-t/\tau}=0+(V_i-0)e^{-t/RC}$$
$$=V_ie^{-t/RC} \qquad (5-20)$$

여기서 V_i는 그림 5-20(a)에서와 같이 방전이 시작되는 순간의 초기 전압 $v(t=0^+)$이다. 이 식으로부터 임의의 순간에서의 방전전압을 구할 수 있다.

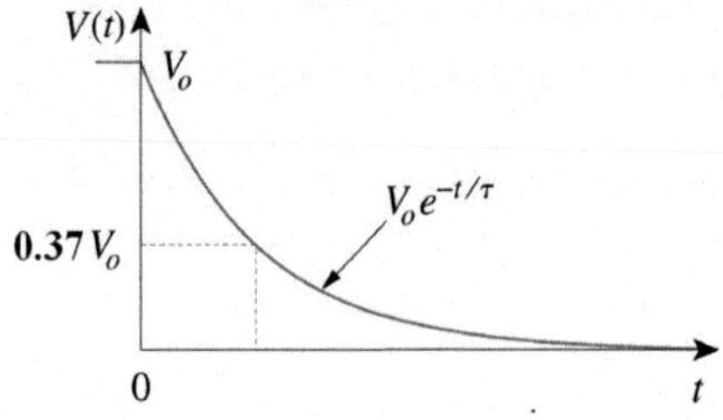

(a) 전압곡선

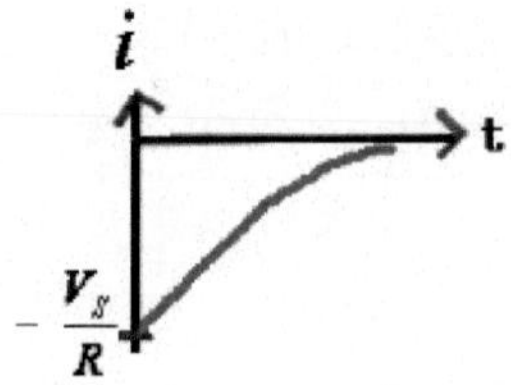

(b) 전류곡선

[그림 5-16] 방전 시 커패시터 전압곡선

또한, 방전 시에 커패시터를 흐르는 전류는 다음과 같다. 그림 5-20(b)에 그래프로 나타내었다.

$$i(t) = C\frac{dv_C}{dt} = C(V_S)(\frac{-1}{RC})e^{-t/RC} = -\frac{V_S}{R}e^{-t/RC} \quad (5\text{-}21)$$

<3> 시간을 결정하는 해석

커패시터에서 충전되는 전압과 방전되는 전압이 시간 함수이므로 어떤 전압이 될 때까지의 시간을 구할 수 있다. 즉 때때로 한정된 전압으로 커패시터가 충전 또는 방전되기 위하여, 어느 정도의 시간이 걸리는가를 결정할 필요가 있다. 먼저 충전하는 전압에 대해 고려해 보자. $V_F = V_S$일 때의 감소하는 지수함수식인 $v(t) = V_i e^{-t/RC}$의 양변에 자연로그(단축해서 ln)를 취하면, 다음과 같다.

$$v(t) = V_F(1 - e^{-t/RC})$$

$$\frac{v(t)}{V_F} = 1 - e^{-t/RC}$$

$$1 - \frac{v(t)}{V_F} = e^{-t/RC}$$

$$\ln\left(1 - \frac{v(t)}{V_F}\right) = \ln e^{-t/RC}$$

$$\ln\left(1 - \frac{v(t)}{V_F}\right) = \frac{-t}{RC}$$

$$t = -RC \cdot \ln\left(1 - \frac{v(t)}{V_F}\right) \quad (5\text{-}22)$$

전압 v를 알면 식 (5-20)과 식 (5-22)을 사용하여 시간 t를 구할 수 있다. 먼저 식 (5-23)에서 $V_F = 0$일 때의 감소하는 지수함수식인 $v(t) = V_i e^{-t/RC}$의 양변에 대해 위와 같은 방식으로 처리하면 된다.

$$v(t) = V_i e^{-t/RC}$$
$$\frac{v(t)}{V} = e^{-t/RC}$$
$$\ln\left(\frac{v(t)}{V}\right) = \ln\left(e^{-t/RC}\right)$$
$$\ln\left(\frac{v(t)}{V_i}\right) = \frac{-t}{RC}$$
$$t = -RC \cdot \ln\left(\frac{v}{V_i}\right) \tag{5-23}$$

위와 같은 두 경우에 시정수와 초기 전압값 혹은 최종 전압값을 알면 정해진 전압까지 가는데 얼마의 시간이 걸리는지를 추정할 수 있다.
이를 이용한 응용 제품들이 많이 개발되어 있다. 상세한 것은 이 장의 뒷부분에서 언급한다.

복습문제

위 복습문제 회로에서 스위치가 오랫동안 ①의 위치에 있다가 ②의 위치로 이동할 때, 방전 동작에 대해 답하시오.

[1] 커패시터에서 방전될 때, 커패시터 양단의 최종전압 $v(\infty)$은 얼마인가?

[2] 방전 시에 시정수 τ는 얼마인가?

[3] 방전될 때, 커패시터 양단의 전압방정식 $v(t)$을 쓰시오.

[4] 방전 전압이 5V가 될 때까지의 시간은 얼마인가?

RC 회로에서 커패시터의 충전 및 방전과 관련된 문제로 마무리해 보자.

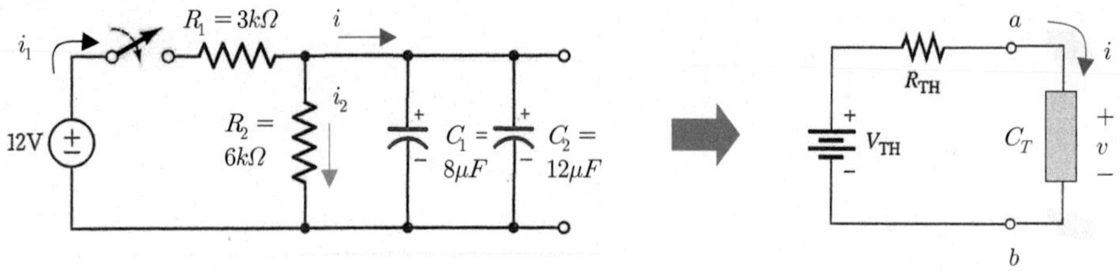

(a) 예제회로 (b) 등가회로

[그림 5-17] 간단한 RC 회로에서 충전

회로를 간략을 위해 합성 커패시턴스를 구하자. 커패시터들 C_1과 C_2는 병렬로 연결되어 있으므로 합하면 된다. 즉 $C_T = C_1 + C_2 = 8\mu F + 12\mu F = 20\mu F$가 된다.

두 번째로 전원과 저항회로에 대한 Thevenin 등가회로를 구한다. 스위치를 닫을 때, 전원, 저항 R_1 및 R_2에서 등가전압 V_{TH} 및 등가 저항 R_{TH}를 구하면 다음과 같다.

$$V_{TH} = V_S \times \frac{R_2}{R_1 + R_2} = 12\,V \times \frac{6}{3+6} = 8\,V$$

$$R_{TH} = R_1 \parallel R_2 = \frac{R_1 R_2}{R_1 + R_2} = \frac{(3)(6)}{3+6} = 2k\Omega$$

등가회로로부터 전체적인 최종 부하전압과 시정수는 각각 다음과 같다.

$$v_C(t=\infty) = 8\,V, \qquad \tau = R_{TH}C_T = (2k\Omega)(20\mu F) = 40ms$$

또한, 초기 조건을 구해보자. 커패시터에서 $v_C(0^-) = v_C(0^+)$이므로 문제의 회로에서 스위치를 닫기 전에는 커패시터 전압은 저항 R_2를 통해 방전되어 $v_C(0^-) = 0$임을 알 수 있다. 과도상태의 출력전압을 구하고 이를 그래프로 나타내면 다음과 같다.

$$v_C(t) = V_F + (V_i - V_F)e^{-t/\tau} = 8 + (0-8)e^{-t/40ms} = 8(1 - e^{-t/40ms})[V]$$

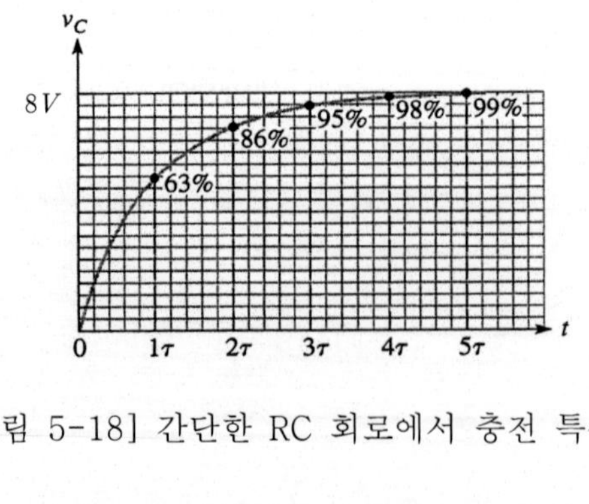

[그림 5-18] 간단한 RC 회로에서 충전 특성

다음으로 커패시터를 흐르는 전류를 구해 보자.

$$i = C\frac{dv}{dt} = (20\mu F)\frac{d}{dt}(8-8e^{-t/40ms}) = (20\mu F)(-8)(\frac{-1}{40ms})e^{-t/40ms}$$
$$= 4e^{-t/40ms}[mA]$$

저항 R_2를 흐르는 전류는 어떻게 되는가를 검토하자.

$$i_2 = \frac{v}{R_2} = \frac{8(1-e^{-t/40ms})[V]}{6[k\Omega]} = \frac{4}{3}(1-e^{-t/40ms})[mA]$$

KCL을 이용하여 전원에서 흐르는 전류와 동일한 저항 R_1를 흐르는 전류를 검토하자.

$$i_1 = i_2 + i$$
$$= \frac{4}{3}(1-e^{-t/40ms})[mA] + 4e^{-t/40ms})[mA]$$
$$= \frac{4}{3} + \frac{8}{3}e^{-t/40ms}[mA]$$

또한, 전류 i_1은 다음과 같이 Ohm 법칙을 이용하여 구할 수 있다.

$$i_1 = \frac{12-v(t)}{R_1} = \frac{12-8(1-e^{-t/40ms})[V]}{3k\Omega} = \frac{4}{3} + \frac{8}{3}e^{-t/40ms}[mA]$$

복습문제

그림 5-17에서 오랫동안 스위치를 닫혀 있다가 개방(open)할 경우에 답하시오.

[1] 동작회로를 그리시오.

[2] 시정수를 구하시오.

[3] 커패시터 전압 $v_C(t)$ 및 전류 $i_C(t)$를 구하시오.

4> RC 회로에서 사각파 입력에 따른 시간 응답

<1> 출력을 커패시터 전압 $v_C(t)$로 할 경우에 시간 응답은?

사각파(구형펄스파)가 인가될 때, 충전 및 방전 과정을 정리해 보자. 증가 혹은 감소하는 지수함수를 일괄적으로 설명할 수 있는 보통의 경우는 전압이 사각파인 경우 쉽게 관찰하고 의미를 쉽게 파악할 수 있다. 회로 시정수와 입력파형의 주기에 따라 출력파형이 달라진다.

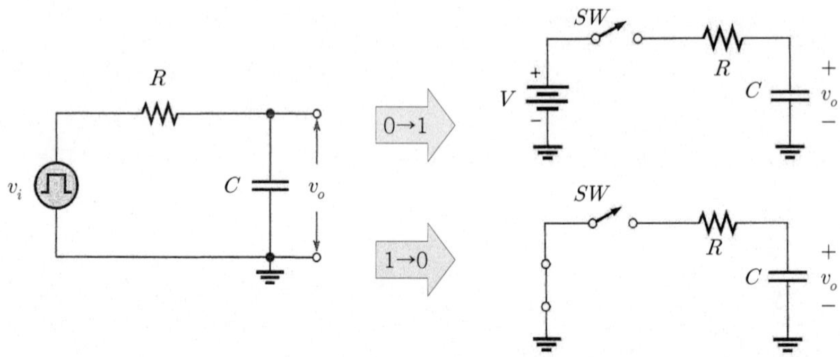

(a) 구형 펄스파로 구동되는 RC 회로에서 출력을 커패시터 양단전압으로 한다.

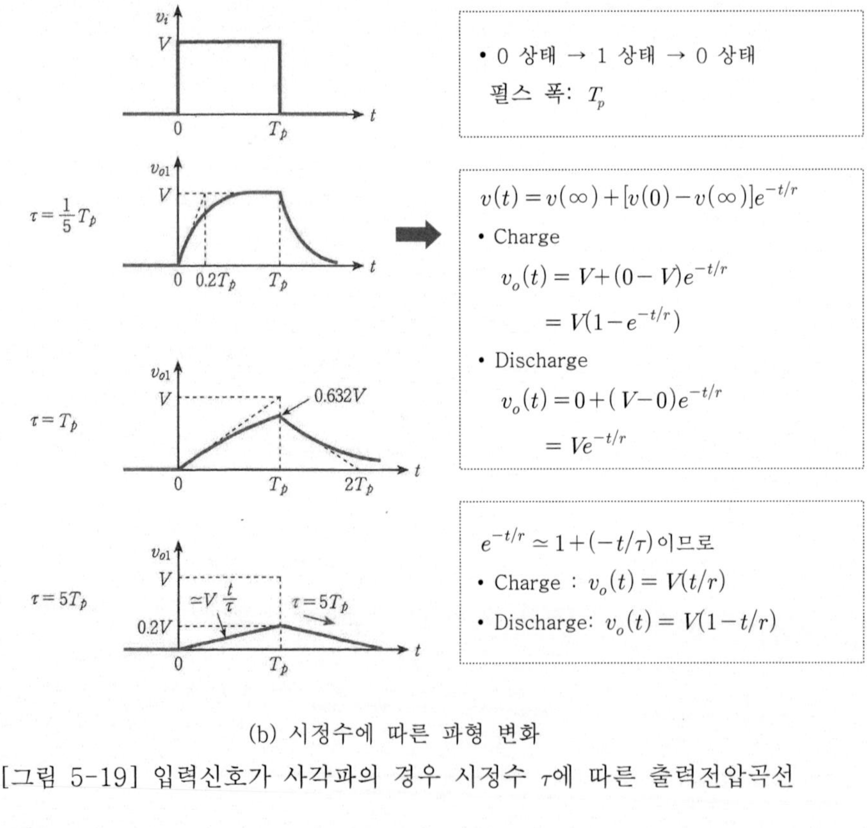

(b) 시정수에 따른 파형 변화

[그림 5-19] 입력신호가 사각파의 경우 시정수 τ에 따른 출력전압곡선

우리는 그림 5-19(b)에서 두 번째 파형과 마지막 파형에 대해 검토해 보자. 두 번째 파형에서 0 상태와 1 상태를 가지는 디지털 신호라면 응답 시간(rise time: 출력전압이 10%에서 90%까지 변화할 때까지 걸리는 시간) T_r를 구하면 $T_r = 2.2RC$이 된다. 즉 시정수가 적으면 빨리 동작한다는 것이다. 다음으로 마지막 파형에 대해 살펴보자. 시정수 τ가 펄스 폭 T_p에 비해 아주 크다면 재미있는 결과를 발견한다. 즉 입력 구형파는 출력으로 삼각파를 만든다는 것이다. '$\int 5dt = 5t +$ 적분상수' 처럼 적분하는 효과를 가지므로 적분기(integrator)라 부른다.

<2> 출력을 저항양단 전압 $v_R(t)$로 할 경우에 시간 응답은?

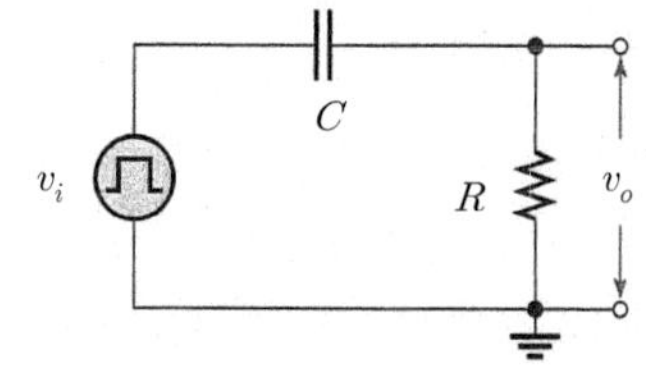

(a) 구형 펄스파로 구동되는 RC회로에서 출력을 저항 양단전압으로 한다.

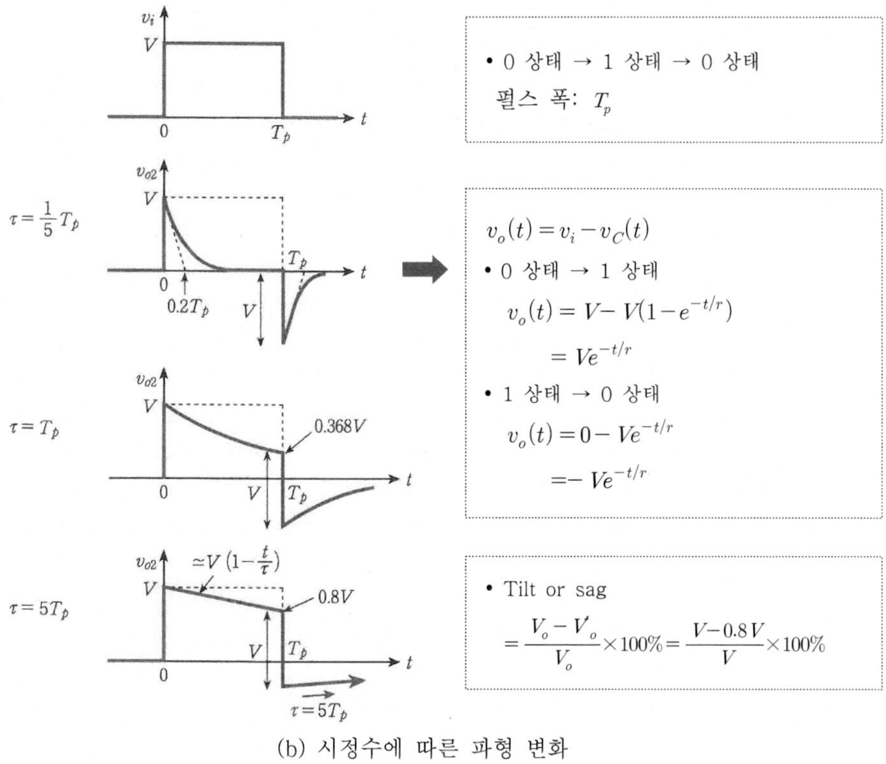

(b) 시정수에 따른 파형 변화

[그림 5-20] 입력신호가 사각파의 경우 시정수 τ에 따른 전압특성곡선

각 파형은 KVL을 사용하여 쉽게 구할 수 있다.

$$-v_i + v_C + v_o = 0$$

위의 식에서 $v_o(t) = v_i - v_C(t)$이 되고 커패시터 전압과 저항 양단전압의 합은 구형 펄스가 되기 때문이다. 우리는 두 번째 파형과 마지막 파형을 검토해 보자. 먼저 두 번째 그림에서 시정수 τ가 아주 적다면 출력파형은 더욱 뾰족하게 될 것이다. 또한, 변화가 없는 평평한 부분은 출력으로 0이 된다. 이는 미분 특성을 가지므로 미분기(differentiator)로 불린다.

$$\frac{d}{dt}(5) = 0$$

또한, 상태 변화가 있는 부분인 상승 에지와 하강 에지에서만 신호가 검출된다. 이를 이용하여 어떤 디바이스를 트리거(trigger)시키는 데 활용된다. 마지막 파형에서 처짐(tilt or sag) 현상이 나타나는 데 이를 이용하여 주파수 특성을 파악하는 데 활용된다. 특히 주목할 것은 각 출력파형에서 0 상태에서 1 상태 혹은 1 상태에서 0 상태로 변화할 때, 출력전압에서 V만큼의 점프가 발생한다. 이는 캐패시터 전압이 순간적으로 변화할 수 없으므로 생기는 것이다.

결론적으로 RC 회로의 시간 응답에서 구형파가 입력되면 커패시터 양단의 전압은 시정수에 따라 지수함수적으로 증가하며 최종적으로 증가하며, 반대로 0으로 감소하면 같은 시정수를 가지고 지수함수적으로 감소한다. 여기서 구형파 발생기의 내부 저항이 있지만 워낙 작으므로 무시한다.

만약 충전과 방전의 경로가 다르다면 서로 다른 시정수를 가진다. 위의 파형과의 차이는 서서히 증가하므로 파형의 모습만 달라질 뿐이며 다른 모든 계산은 동일하다.

5-3-4 커패시터 응용

커패시터는 다양하게 응용될 수 있지만 우선 몇 가지만 언급한다.

1> 전원공급기 필터로서의 커패시터

커패시터는 전하를 저장할 수 있으므로 직류 전원공급기에서 필터로 사용된다. 그림 5-25(a)는 전파 정류기와 커패시터 필터를 갖는 직류 전원 공급기이다. 그 동작을 충전과 방전의 관점으로 설명할 수 있다. 전원을 인가한 후 정류된 전압의 첫 번째 사이클 동안 커패시터는 정류기의 낮은 순방향 저항을 통해서 빠르게 충전된다. 커패시터 전압은 정류 전압의 최댓값까지 증가한다. 전압이 최댓값을 지나 감소하기 시작하면, 커패시터는 그림 (b)에 보인 것과 같이 높은 저항을 갖는 부하 회로를 통해서 천천히 방전되기 시작하며, 방전되는 양은 아주 적다. 전압의 다음 사이클에서 방전된 적은 양의 전하가 커패시터에 다시 채워진다. 이러한 소량의 충전 및 방전 과정이 계속된다.

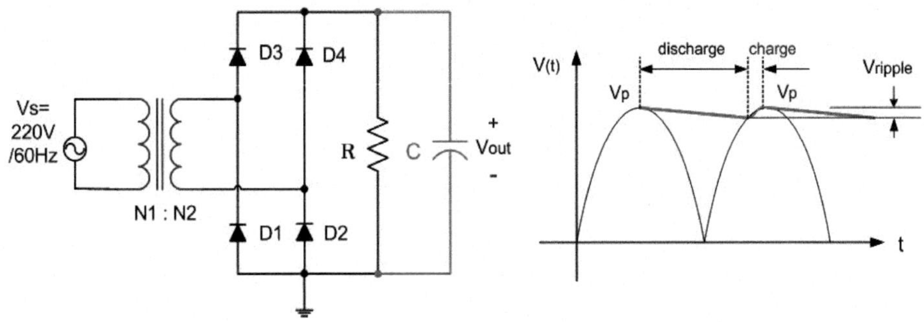

[그림 5-21] 전원공급기에 사용된 커패시터

정류기(rectifier)는 전류가 커패시터를 충전하는 방향으로만 흐르도록 한다. 커패시터는 정류기 방향으로 방전하지 않고 큰 저항을 갖는 부하로 적은 양의 전하만을 방전한다. 커패시터의 충전과 방전으로 인한 전압의 작은 기복을 물결전압(ripple voltage)이라고 한다. 좋은 직류 전원공급기는 직류 출력에 있어서 아주 작은 기복을 갖는다. 전원공급기 필터 커패시터의 방전 시정수는 커패시턴스와 부하의 저항에 의존되므로, 커패시턴스가 클수록 방전 시간이 길고 물결전압이 작다.

2> 카메라의 플래시 전구 점등

커패시터는 고저항을 통해 작은 충전전류를 흐르게 하면 서서히 충전된다. 또한, 낮은 저항을 통해서 방전시키면 일시적인 surge 혹은 pulse 방전전류를 얻을 수 있다. 이의 응용으로서 카메라의 플래시 전구를 터뜨리기 위한 전지의 동작을 설명한다.

플래시 전구는 점등하기 위해 $5A$의 전류를 필요로 하지만 정격 부하전류의 크기가 $30mA$인 $15V$ 전지의 부하로는 너무도 큰 전류이다. 따라서 플래시 전구를 전지의 부하로 사용하는 대신에 그림 5-26과 같이 $100\mu F$의 커패시터를 $3k\Omega$의 저항을 통해 건전지로부터 충전하고 그림과 같이 3Ω전구를 통해 커패시터를 방전시키면 된다. 즉 RC 회로가 단락되면 큰 전류가 발생하는 원리를 이용한 것이다.

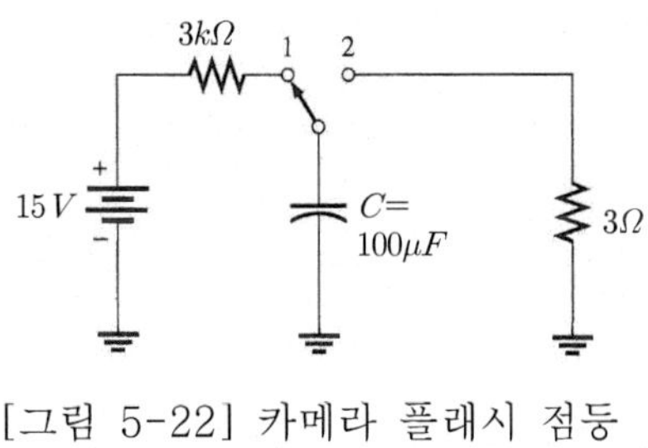

[그림 5-22] 카메라 플래시 점등

먼저 SPDT 스위치 SW:①이 되어 플래시 전구가 연결되지 않으므로 $3k\Omega$의 저항을 통해서 커패시터가 충전된다. 이 회로의 시정수는 $RC=0.3\sec$이다. 이 시정수의 5배인 1.5sec가 지나면 커패시터는 전지전압에 해당하는 $15V$까지 충전되고, 스위치가 닫히는 이 순간 최대 충전전류는 $15V/3k\Omega=5mA$까지 흐르므로 정격을 벗어나지 않는다. 시간이 지난 후에 완전히 충전되어서 나중의 흐르는 전류는 $0A$이다.

스위치 SW:②로 전환하면 $15V$로 충전된 커패시터전압은 전구의 3Ω을 통해 시상수 $RC=300\mu\sec$의 속도로 방전하게 되며, 방전 순간의 방전전류는 $5A$가 된다. 이 정도의 전류는 전구를 플래시(flash)하기에 충분한 값이다.

수치적인 계산을 해보자. $100\mu F$의 커패시터는 전지에 의해 $15V$까지 충전된다. 전기장에서 이 커패시터에 축적된 에너지는 $W_C=CV^2/2$에서 약 $0.001Joule$이다. 이 에너지는 스위치가 닫히는 순간에 커패시터전압 $15V$를 유지하거나 전구의 3Ω을 통해 $5A$ 전류를 흐르게 한다. $v_C(t)$와 $i_{C(t)}$가 0으로 감소될 때까지는 $1500\mu\sec$시간이 걸린다. 달리 표현하면 $100\mu F$의 커패시터에 의해 $5A$의 $i_C(t)$를 발생시키려면 $i_C(t)=C(dV/dt)$에서 전압 변화율을 $0.05MV/\sec$이어야 한다. 방전 시에 시상수는 아주 작기 때문에 위의 전압 변화율 조건을 충분히 만족시킬 수 있다.

충전된 커패시터를 단락시킬 때 생기는 스파크(spark)는 처음에 커패시터에 축적되었던 정전에너지로부터 만들어진 것이다.

3> 자동차 깜빡이 시간 조절

시간을 지연시키거나 특정한 성질을 갖는 파형을 발생시키는 타이밍 회로에서도 커패시터가 사용된다. 저항과 커패시턴스를 갖는 회로의 시정수는 R과 C의 값을 적당한 값으로 변화시킴으로써 조절할 수 있다. 커패시터의 충전 시간은 여러 종류의 회로에서 시간을 지연시키는 데에 사용될 수 있다. 그 예로서 규칙적으로 깜빡이는 자동차의 방향 지시등을 조절하는 회로가 있다.

4> 방송국별 라디오 청취

커패시터는 필터에 필수적으로 쓰인다. 필터는 여러 주파수의 신호들로부터 특정 주파수를 갖는 하나의 교류 신호를 고르거나, 특정 주파수대만을 통과시키고 다른 주파수는 모두 제거하기 위해 사용된다. 이러한 응용의 일반적인 예로 라디오나 TV 수신기를 들 수 있는데, 한 방송국에서 보내는 신호만을 선택하고 다른 방송국에서 보내는 신호를 제거하는 데 사용된다.

5-4 커패시터와 교류(ac)회로

앞서 우리는 커패시터는 과도 상태(스위치를 닫거나 여는 동안의 짧은 순간을 말함)를 지나 정상 상태(steady state)에서는 직류(dc)전류가 흐르지 않는다는 것이다. 이로부터 직류에 대해 커패시터는 저항이 $\infty[\Omega]$이다. 이제 이 커패시터회로에 교류(ac)가 인가되면 어떠한 현상이 일어나는가를 익혀 보자. 직류에서 전류의 흐름을 방해하는 저항과 마찬가지로 교류 커패시터회로에도 전류의 흐름을 방해하는 성분이 존재한다. 우리는 이를 용량성 리액턴스(X_C)라 부른다.

5-4-1 용량성 리엑턴스

커패시터회로에서 교류신호의 주파수 및 커패시턴스 값에 따른 전구의 밝기를 검토해 보자. 전구에 불이 들어오는 것은 커패시터의 충전전류와 방전전류 때문으로 절연체인 유전체를 통하여 흐르는 전류는 존재하지 않는다. 인가전압이 증가하면 커패시터가 충전되며 충전전류가 도체로부터 커패시터의 한쪽 극판으로 흐르게 되며, 인가전압이 감소하면 커패시터는 방전하여 충전전류와 반대 방향으로 방전전류가 흐른다. 주기적으로 위의 상태를 반복하게 되고 이 전류가 전구를 점등시킨다.

그림 5-23(a)와 (b)를 비교해 보자. 차이점은 커패시턴스 값이 다를 뿐이다. 같은 크기의 전압이 인가되더라도 커패시턴스가 크면 전류가 크게 흐르므로 전구의 밝기가 향상된다. 즉 교류(ac)에서는 용량성 리엑턴스(capacitive reactance:X_C)라는 저항 성분을 갖고 있으며 이 값이 적어진다는 것을 의미한다.

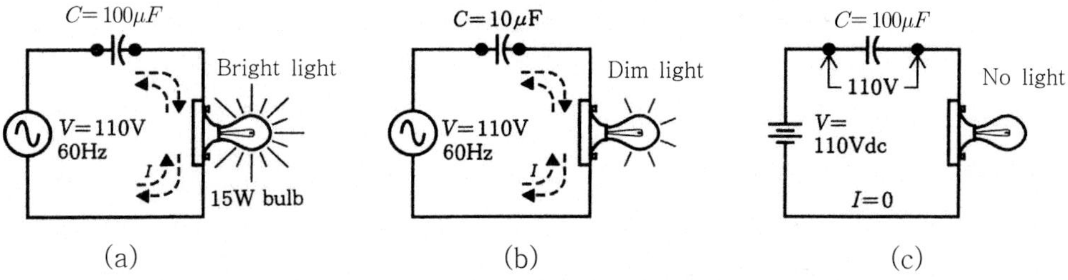

[그림 5-23] 용량성 리엑턴스의 주파수와 커패시턴스 의존성

$$X_C[\Omega] \propto \frac{1}{C} \qquad (5\text{-}24)$$

다음으로 그림 (a)와 (c)를 비교해 보자. 직류전압은 주파수가 $0Hz$이다. 직류전압이 커패시터를 $110V$까지 충전하고 인가전압이 변하지 않으므로 커패시터는 충전 상태를 유지하

므로 흐르는 전류는 0이다. 즉 커패시터는 직류전류를 통과시키지 않는다는 것을 의미한다. 주파수가 크면 클수록 전류가 잘 흘러 전구가 점등된다. 이것은 주파수가 증가함에 따라 저항성분인 리엑턴스가 작아짐을 의미한다.

$$X_C[\Omega] \propto \frac{1}{f} \qquad (5\text{-}25)$$

위의 두 결과로부터 용량성 리엑턴스는 정현파 전류를 방해하므로 단위는 Ω이며 기호는 X_C이다. 전류는 주파수가 커지면 작아지고 주파수가 작아지면 전류는 커진다. 따라서 X_C는 i와 f에 반비례한다. 또한, C가 증가함에 따라 i가 증가하고, C가 감소함에 따라 i가 감소한다. 즉 용량성 리엑턴스(X_C)는 f와 C 모두에 반비례하며 비례상수는 $1/2\pi$이다. 이를 식으로 표현하면 다음과 같다.

$$X_C = \frac{1}{2\pi f C}[\Omega] \qquad (5\text{-}26)$$

5-4-2 용량성 리엑턴스의 직렬 및 병렬접속

앞에서 계산한 리엑턴스(X_C)를 바탕으로 교류의 관점에서 커패시터를 합성해 보자.

1> 직렬 연결

우리는 직류의 관점에서 커패시터를 합성에 대해 익혔다. 여기서는 교류의 입장에서 리렉턴스를 구하고 커패시턴스에 대해 관계를 익혀 보자. 먼저 두 개의 용량성 리엑턴스들 $X_{C1}[\Omega]$과 $X_{C2}[\Omega]$가 직렬로 연결되어 있다. 단위가 $[\Omega]$이므로 우리가 배워온 저항을 합성하는 방법과 같다. 따라서 합성 리엑턴스는 $X_{CT} = X_{C1} + X_{C2}$이다. 이것으로부터 합성 커패시턴스(C_T)를 구해 보자.

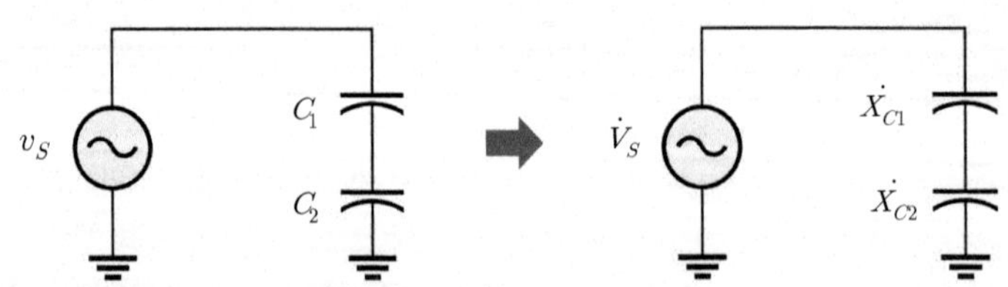

[그림 5-24] 리엑턴스로부터 합성 직렬 커패시턴스 추출

$X_{CT} = X_{C1} + X_{C2}$ 로부터 $\dfrac{1}{2\pi f C_T} = \dfrac{1}{2\pi f C_1} + \dfrac{1}{2\pi f C_2}$이 되며

정리하면 $\frac{1}{C_T}=\frac{1}{C_1}+\frac{1}{C_2}$으로 된다. 즉 $C_T=\frac{C_1C_2}{C_1+C_2}$로 되어 이는 앞의 결과와 일치한다.

2> 병렬 연결

두 개의 용량성 리액턴스들 $X_{C1}[\Omega]$과 $X_{C2}[\Omega]$가 병렬로 연결되어 있다. 단위가 $[\Omega]$이므로 저항을 합성하는 방법과 같다. 따라서 합성 리액턴스는 $1/X_{CT}=1/X_{C1}+1/X_{C2}$이다. 이것으로부터 합성 커패시턴스($C_T$)를 구해 보자.

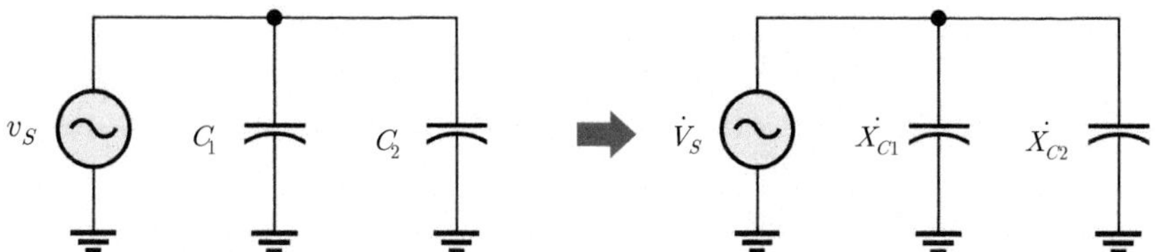

[그림 5-25] 리액턴스로부터 합성 병렬 커패시턴스 추출

$\frac{1}{X_{CT}}=\frac{1}{X_{C1}}+\frac{1}{X_{C2}}$ 로부터 $\frac{1}{\frac{1}{2\pi f C_T}}=\frac{1}{\frac{1}{2\pi f C_1}}+\frac{1}{\frac{1}{2\pi f C_2}}$이 되며

정리하면 $C_T=C_1+C_2$으로 된다. 이 사실은 제5-2절의 결과와 일치한다.

복습문제

[1] 다음 회로에서 주파수 $f=1kHz$의 정현파전압이 커패시터에 가해졌다. 용량성 리액턴스(X_C)를 구하시오. 답: $3.39[k\Omega]$

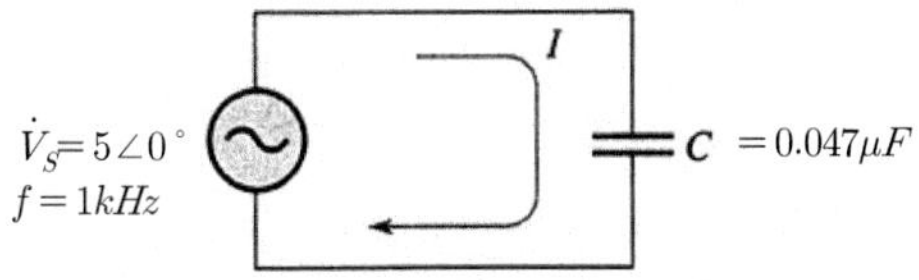

[해]

[2] 커패시터의 합성에 대해 답하시오.

1> $1\mu F$의 3개의 커패시터가 있다. 이를 직렬로 연결한 합성 커패시턴스는?

2> 커패시터를 직렬로 연결하면 총 커패시턴스는 작은 값보다 (증가, 감소)한다.

3> 커패시터를 병렬로 연결하면 총 커패시턴스는 (증가, 감소)한다.

5-4-3 커패시터에서 전압, 전류 및 전력

정의에 의해 전류(i)는 전하의 시간적 비율이므로 순간전류 i는 시간 t에 대한 전하 Q의 변화율이다. 또한, 커패시터의 정의를 적용하면 커패시터를 흐르는 전류는 다음과 같다.

$$i = \frac{dQ}{dt} = C\frac{dv}{dt} \qquad (5\text{-}27)$$

즉 커패시터를 흐르는 전류는 커패시터 양단에 걸리는 전압의 순간 변화율에 커패시턴스를 곱한 것과 같다. 따라서 커패시터 양단에 걸리는 전압이 빠르게 변할수록 전류가 커진다.

1> 커패시터에서 전류와 전압 관계

미분을 이용하여 전압과 전류 사이의 위상 관계를 알아보자. $v(t) = V_m \sin\omega t$라고 하자. 전압을 기준으로 보면 그래프에서 $\frac{dv}{dt}=0$이면, $i = C\frac{dv}{dt}=0$이므로 이를 그래프로 그리면 다음과 같다. 또한, 수치적으로 계산해도 같은 결과를 가진다.

$$i = C\frac{d(V_m \sin\omega t)}{dt} = \omega C V_m \cos\omega t$$
$$= \omega C V_m \sin(\omega t + 90^\circ) \qquad (5\text{-}28)$$

다음은 오실로스코프로 측정된 파형을 나타낸 것이다. 그림 5-30과 같이 순수한 용량성 회로에서 전류 i는 전압 v보다 위상이 90° 앞선다.

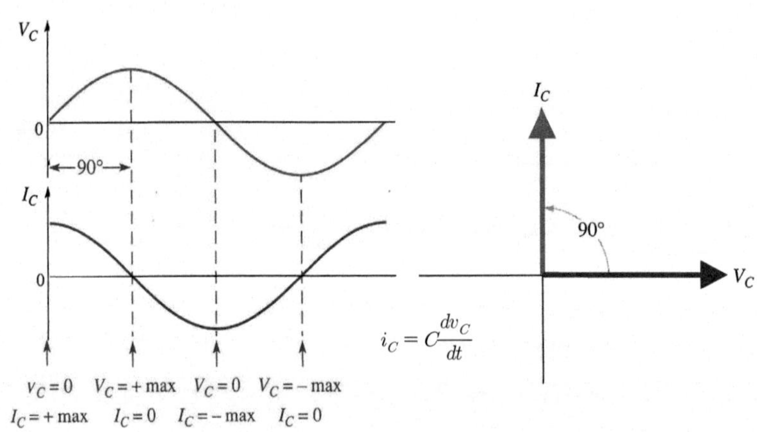

[그림 5-36] 커패시터회로에서 전압 및 전류곡선

인가된 전압은 0°로 기준으로 극좌표로 표시하면 $\dot{V}=V_S\angle 0^\circ$로 표현된다. 그 결과 전류는 극좌표 형식으로 $\dot{I}=I\angle 90^\circ$ 또는 jI로써 표현된다. 용량성 리엑턴스를 포함하는 교류회로에 R 대신에 $\dot{X}_C$로 바꾸어 Ohm 법칙을 적용한다. 리엑턴스, 저항, 전류 및 전압은 위상각을 고려하므로 복소수로 표현되며 용량성 리엑턴스 $\dot{X}_C$를 극좌표와 직각좌표로 나타낸 것이다.

$$\dot{X}_C=\frac{\dot{V}_S}{\dot{I}}=\frac{V_S\angle 0^\circ}{I\angle 90^\circ}=\left(\frac{V_S}{I}\right)\angle -90^\circ=X_C\angle -90^\circ=-jX_C \qquad (5\text{-}29)$$

이 식 (5-29)에서 용량성 리엑턴스는 위상각이 -90°라는 것이다. 이는 커패시터에서 전류와 전압과의 관계를 잘 보여 주는 것이다.

복습문제

[1] 위의 복습문제에서 정현파 전압에 따른 커패시터에 흐르는 전류를 구하시오.

<해> 답: $\dot{I}=1.47\angle 90^\circ\,[mA]$

[2] 만약 전압이 아래와 같을 경우에 커패시터를 흐르는 전류를 그래프로 나타내시오.

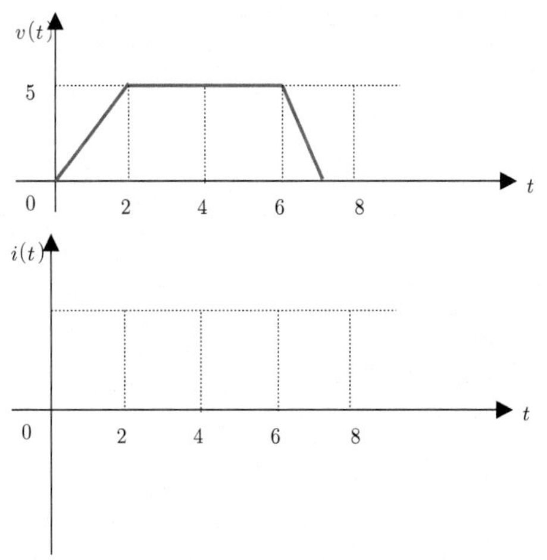

1> 구간 $0<t<2$:

2> 커패시터에서 전력(power)

다음으로 전력에 대해 학습해 보자. 충전된 커패시터는 유전체 내에 존재하는 전계에 에너지를 저장한다. 이상적인 커패시터에서는 에너지가 손실되지 않는다. 교류전압이 커패시터에 인가되면 전압 사이클의 일부분 동안 에너지는 커패시터에 저장된다. 저장된 에너지는 다른 사이클 동안 전원으로 되돌아가므로 에너지 손실은 없다. 그림 5-27는 커패시터 전압과 전류의 한 사이클 동안에 나타나는 전력곡선을 보여준다. 또한, 전압과 전류는 같은 주파수를 가지지만 전력은 그림과 같이 주파수가 2배로 된다.

<1> 순간전력($p(t)$)

순간 전압 $v(t)$와 순간 전류 $i(t)$를 곱한 값이 순간전력 $p(t)$가 된다. v나 i가 0인 지점에서 p 역시 0이다. v와 i가 모두 양(+)의 값을 가지면 p는 양(+)이다. v와 i가 하나는 양(+)이고, 다른 하나는 음(-) 이면 p는 음(-)이다. v와 i가 둘 다 음(-)이면 p는 양(+)이 된다. 전력은 정현파형의 곡선을 따라 변화한다. 전력의 (+)값은 에너지가 커패시터에 의해 저장됨을 의미하며, 전력의 (-) 값은 에너지가 커패시터에서 전원으로 되돌아감을 나타낸다. 에너지가 저장되거나 전원으로 되돌아가면서 전력은 전압이나 전류보다 두 배의 주파수(2ω)를 갖는다. 먼저 그래프로 확인하고 수식으로 증명해 보자.

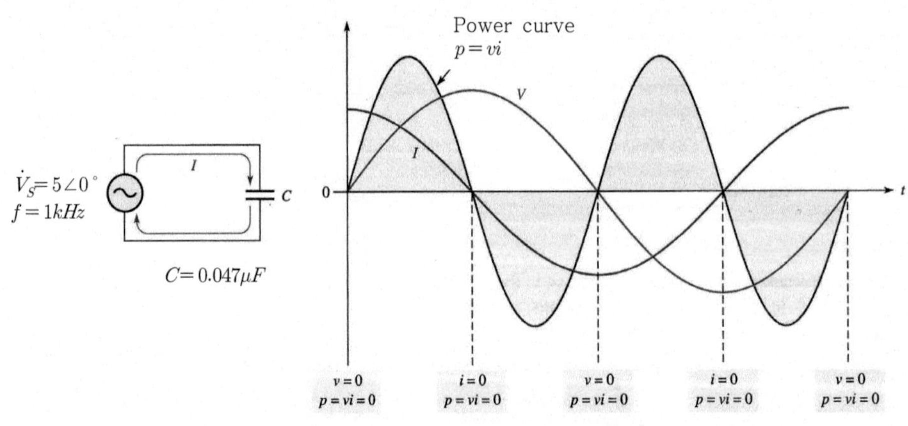

[그림 5-27] 커패시터에서 전력곡선

전력은 전압과 전류의 곱이므로

$$p(t)=v(t)\times i(t) = V_m\sin(\omega t)\times I_m\sin(\omega t+90^\circ)$$
$$=(\sqrt{2}\,V)\sin(\omega t)\times(\sqrt{2}\,I)\sin(\omega t+90^\circ)$$
$$=2VI(\sin(\omega t)\times\sin(\omega t+90^\circ))$$
$$=2VI[\frac{-\cos(2\omega t+90^\circ)+\cos 90^\circ}{2}]$$
$$=-VIcos(2\omega t+90^\circ)=VIsin2\omega t \qquad (5\text{-}30)$$

이와 같이 전력의 주파수는 전압 혹은 전류 주파수의 2배가 된다.

<2> 유효전력(P: true power)

이상적으로, 전력 사이클의 (+)부분 동안 커패시터에 의해 저장된 모든 에너지는 (-)부분 동안 전원으로 되돌아간다. 커패시터에서는 에너지 소모가 없으므로 유효전력은 0[W]이다.

$$P = VIcos\theta = VIcos90^\circ = 0[W]$$

<3> 무효전력(Q_C: reactive power in a capacitor)

커패시터가 에너지를 저장하거나 돌려보내는 비율은 무효전력 Q_C이라 한다. 어느 순간이든 커패시터는 에너지를 전원으로부터 받고 있거나 전원으로 돌려보내고 있으므로 영이 아닌 값을 갖는다. 무효전력은 에너지 손실을 나타내는 것이 아니다. 무효전력을 구하는 식은 다음과 같다.

$$Q_C = VIsin90^\circ = VI \qquad Q_C = \frac{V^2}{X_C} \qquad Q_C = I^2 X_C \qquad (5\text{-}31)$$

이러한 식들은 저항에서의 전력에 대한 식과 같은 형태로 되어 있다. 전압과 전류는 실효값으로 표현되며, 무효전력의 단위는 volt-ampere reactive(VAR)이다.

제6장 인덕터 특성 및 과도응답

지금까지 우리는 수동 소자인 저항(R)과 커패시터(C)에 대해 다루어 왔다. 또 다른 하나의 수동 소자로서 인덕터가 있으며 이의 기본적인 구조 및 전기적 특성을 익힌다. 저항과 같이 교류회로에서 리액턴스는 전류의 흐름을 방해한다. 커패시터는 전하를 충전하여 에너지를 저장하는 소자이며 인덕터는 전자기 유도 현상을 나타내는 소자로서 전류가 흐르는 도선 주위에 형성되는 전자계에 의해 에너지를 저장하는 소자이다.

Joshep Henry(1797-1878): He began his career as a professor at a small school at Albany, NY, and later became the first director of the Smithsonian institution. He first observed the effects of electromagnetic induction in 1830, a year before Faraday, but he did not publish his findings. He did obtain credit for the discovery of self induction, however.

Henry lived with his grandmother in Galway, New York. He attended a school which would later be named the "Joseph Henry Elementary School" in his honor. After school, he worked at a general store, and at the age of thirteen became an apprentice watchmaker and silversmith. Joseph's first love was theater and he came close to becoming a professional actor. His interest in science was sparked at the age of sixteen by a book of lectures on scientific topics titled "Popular Lectures on Experimental Philosophy." In 1819 he entered The Albany Academy, where he was given free tuition. He was so poor, even with free tuition, that he had to support himself with teaching and private tutoring positions.

He intended to go into the field of medicine, but in 1824 he was appointed an assistant engineer for the survey of the State road being constructed between the Hudson River and Lake Erie. From then on, he was inspired to a career in either civil or mechanical engineering.

The unit of inductance, the henry(H), is named in his honor.

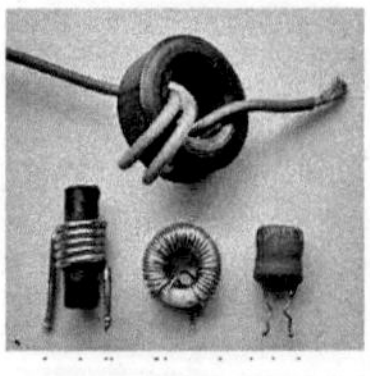

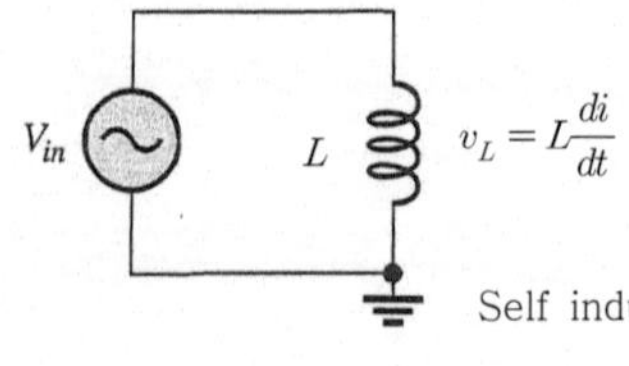

Self induction

6-1 인덕터(inductor) 작용

인덕터는 시간적으로 변하는 전류가 가해졌을 때, 전류의 변화를 방해하는 방향으로 유도전압(induced voltage)을 발생시키는 도체로 된 전기적 소자를 말한다.

6-1-1 전류와 자기장 관계

그림 6-1은 도선에 전류가 흐를 때, 자계의 방향을 나타낸 것이다. 도선에 전류가 흐르면 주위에 자기장이 생기게 된다. 막대자석과는 달리 도선을 둘러싼 자기장은 N극과 S극을 가지지 않고 도선 주위에 동심원 모양을 가진다. 이의 증명은 쇳가루를 뿌리면 자력선을 따라 쇳가루가 모여 동심원 모양을 가지게 된다. 또는 간략히 나침판을 도선 주위에 놓으면 지구자기장 방향과 달리 전류에 의해 생긴 자기장에 영향을 받는다. 자기장은 도체에 가까울수록 강하며, 도체에서 멀어질수록 약하다. 이와 같이 전류에 의해 발생한 자계를 전자계(electromagnetic field)라 한다.

전자계의 자력선의 방향은 그림과 같이 기억하면 편리하다. 이를 Ampere의 오른 나사 법칙이라 하며 전류 방향이 엄지손가락 방향이면 나머지 손가락의 방향이 자계의 방향이 되는 것이다. 이 원리는 전동기 및 발전기에도 공통적으로 적용된다. 자기장($\dot{B}$: 자속밀도)은 흐르는 전류(I)에 비례하고 반지름(r:거리)에 반비례한다.

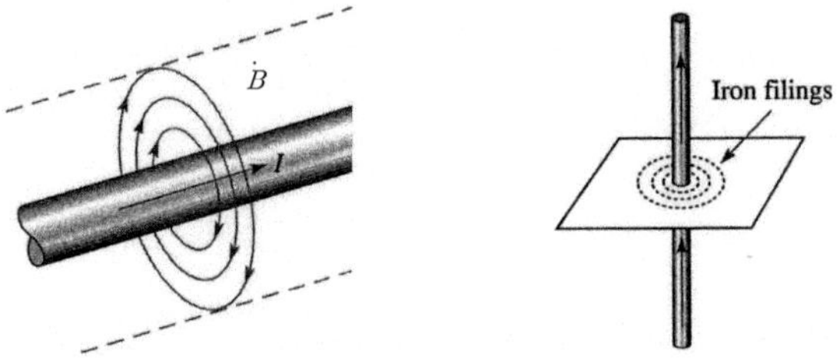

$$B \propto k\frac{I}{r}$$

[그림 6-1] 도체 전류에 따른 자기력선 방향

도체를 여러 번 감은 것을 코일(coil)이라 하며 이것이 기본적인 인덕터이다. 코일에 흐르는 전류가 전자계를 형성하고 코일권선 주위에 자력선이 더해져 주위에 전자계를 만든다.

코일에서 총 전자계가 형성되는 과정을 이해하기 위해서 안접한 2개의 루프 주위에 생기는 전자계의 상호관계를 살펴보기로 하자. 루프가 서로 밀접하다면, 인접한 루프 주위의 자력선은 각각 외각의 경로로 편향되려고 하기 때문에 그림 6-2(a)에 나타낸 것과 같이 인접한 루프 사이의 자력선이 반대 방향으로 발생하여 소거된다. 반면, 인접하는 두 루프에서 나타나는 전자계를 그림 (b)에 나타내었다. 코일에 인접한 루프가 많을수록 전자계 강도는 증가된다.

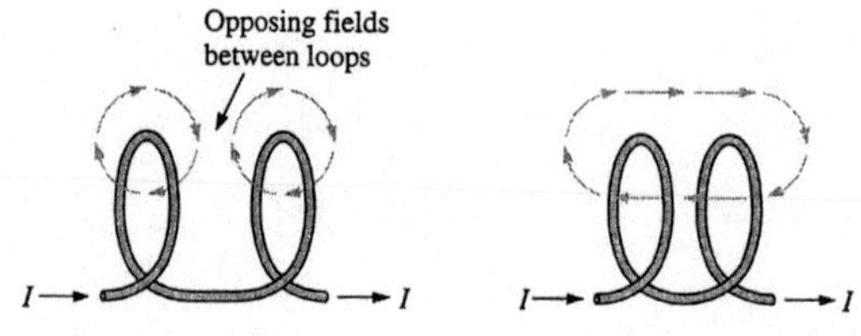

(a) 떨어져 있을 경우 (b) 가까이 인접한 경우

[그림 6-2] 도선이 감긴 권선의 밀도에 따른 자계 강도

그림 6-3은 인덕터에 전류가 흐를 때, 전자계가 형성된 모습을 나타낸다. 전자계의 방향이 N극과 S극을 만든다. N극에서 나와 S극으로 들어가는 자력선의 묶음을 자속(Φ)이라 한다. 자력선의 수가 많을수록 자기장이 세다. 자속의 단위는 weber[Wb]이다.

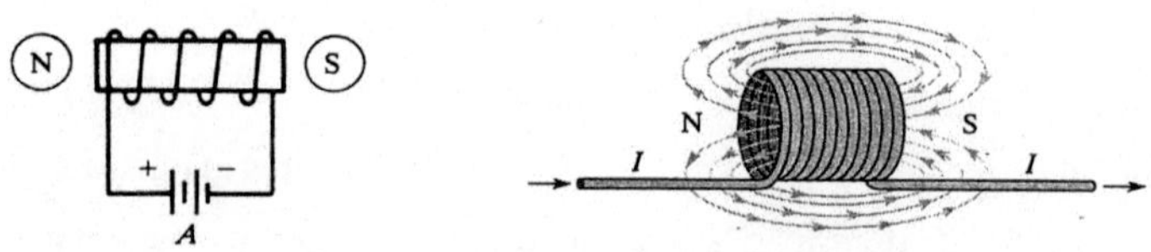

[그림 6-3] 전류 방향에 따른 자력선 및 전자석의 극성

도선을 감아서 만든 코일이 인덕터이다. 전류가 흐르면 코일 주위에 전자계가 형성된다. 즉 코일의 빽빽하게 인접하여 감은 수(Number of turns)에 비례하여 주위와 내부에 강력한 전자계를 만들며, 이것이 N극과 S극을 형성한다.

6-1-2 유도전압(induced voltage)은 어떻게 만들어지는가?

우리는 이미 교류발전기에서 간략히 언급하였지만 실험으로 구한 Faraday 법칙과 Lenz 법칙을 다시 한번 다루어 보자.

1> 코일이 감긴 원통에서 자석의 운동은 유도전압을 만든다.

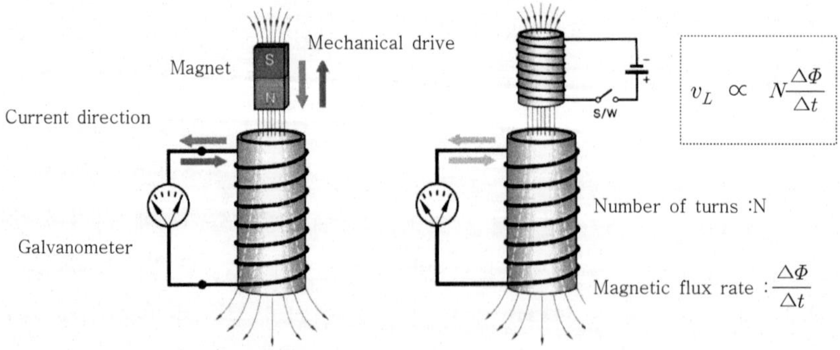

[그림 6-4] 영구자석과 전자석을 이용한 유도전압 발생

먼저 영구자석이 원통 코일을 들어갈 때, 들어가는 속도에 비례하여 $\Delta\Phi/\Delta t$ 유도전압을 만든다. 만약 자석을 움직이지 않는다면 유도전압은 없으므로 폐회로를 형성하여도 유도전류는 흐르지 않는다. 또한, 코일의 감은 수에 비례하여 유도전압이 발생되며 다음과 같이. $N\Delta\Phi/\Delta t$ 나타낼 수 있다. 전자석의 경우도 마찬가지이다.

$$v_L = -N\frac{\Delta\Phi}{\Delta t} \tag{6-1}$$

2> 자기장은 고정되어 있고 금속 막대의 운동으로 유도전압은 발생한다.

자기장의 방향은 책 안쪽으로 흐르는 방향이고 금속 막대를 좌우로 이동하면 램프가 빛을 낸다. 이는 유도전압의 발생으로 전류가 흐른다는 것이다.

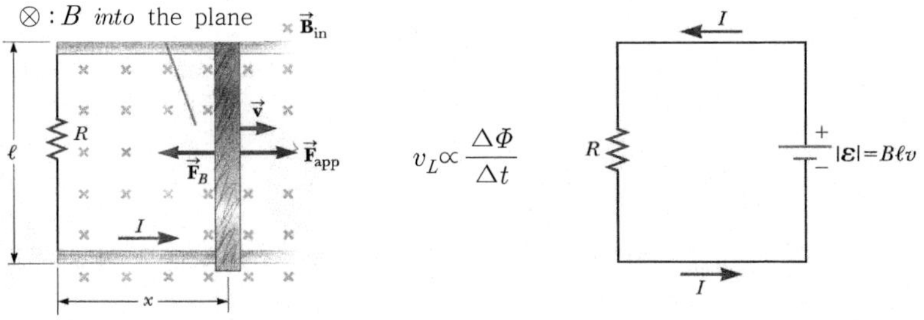

[그림 6-5] 자기장 내에서 금속 막대의 이동에 따른 유도전압 발생

3> 교류전류는 인덕터 양단에 유도전압을 만든다.

위에서 언급한 두 가지 방법으로 유도전압을 발생시키는 것은 대단히 회로적으로 불편하므로 이 대신에 시간적으로 교류전류(시간적으로 변하는 전류 i)를 흘리면 같은 의미의 유도전압이 생성된다. 이는 Henry가 발견한 사실이다.

교류전류가 커지면 유도전압은 더 커지며 교류전류가 작아지면 유도전압은 작아진다. 이 유도전압이 자속의 변화를 방해하는 방향으로 작용한다는 Lenz의 법칙과 일치한다.

6-1-3 인덕턴스(inductance) 및 기호(symbol) 및 단위

인덕터에 전류가 흐르면 자계가 형성된다. 즉 전류가 증가하면 자계가 확장되고, 전류가 감소하면 자계는 축소된다. 따라서 변화하는 전류는 인덕터 주위의 자계를 변화시킨다.

자계가 변화하면 전류의 변화를 방해하는 방향으로 코일 양단에 유도전압이 발생한다. 이러한 성질을 자기 인덕턴스(self-inductance) 또는 간단히 인덕턴스(inductance)라고 하며, 부호로는 L을 사용한다. 이 현상을 Henry가 발견한 것이다.

전류가 변화하면 전자계가 변화되어 코일 양단 간에 유도전압이 발생되므로, 코일에서 전류의 시간적인 변화율(di/dt)이 유도전압(v_L)을 만들어 내는 정도를 나타내며 이는 다음 식으로 표현된다.

$$L[H] = \frac{v_L}{\left(\frac{\Delta i}{\Delta t}\right)} = \frac{v_L}{\left(\frac{di}{dt}\right)} \tag{6-2}$$

이 식은 인덕턴스가 클수록 유도전압이 크다는 것을 나타내며, 또한 코일의 전류 변화가 클수록 유도전압이 크다는 것을 의미한다. 자기 인덕턴스는 전류가 변화함에 따라 유도전압을 만들어 내는 코일의 능력을 말하며, 유도전압은 전류의 변화를 방해하는 방향으로 형성된다는 Lenz 법칙이다.

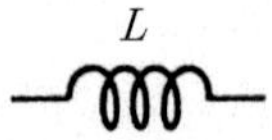

[그림 6-6] 인덕터 기호 및 인덕턴스

단위(unit)

인덕턴스의 단위는 henry[H]이며 이는 Joseph Henry의 업적을 기려 붙인 것이다.

복습문제

[1] 정지된 자기장 안에 있는 정지된 도체에 유도전압이 발생하는가?

[2] 자기장 속에서 움직이는 도체의 속도가 증가하면 유도전압의 크기는?

증가한다 감소한다 일정하다

[3] 인덕터에서 전류가 2[sec] 동안에 8[A]에서 18[A]로 변화할 때, 전류 변화율은 얼마인가?

[4] 전류가 2[μsec] 동안 40[mA]가 변할 때, 100[V]를 유도시키는 코일의 인덕턴스는?

6-2 인덕터의 변수들 및 직병렬 연결

6-2-1 물리적 구조

코어의 투자율, 코일의 감은 수인 권선수, 코어의 길이, 코어의 단면적 등은 코일의 인덕턴스를 형성하는 데 있어서 중요한 요소이다. 그림 6-7에서와 같이 권선수, 코어의 길이, 코어의 단면적이 인덕턴스 값을 결정한다. 이들의 관계는 물리적인 구조에 의해 달라지며, 식 (6-1)과 식 (6-2)를 이용하여 식으로 나타내면 다음과 같다.

$$L=\frac{N\Phi}{I}=\frac{N^2\mu A}{l} \tag{6-3}$$

여기서 L은 단위가 $[H]$인 인덕턴스이고, N은 권선수, μ는 코어의 투자율, A는 단위가 $[m^2]$인 코어의 단면적, l은 단위가 $[m]$인 코어 길이를 나타낸다.

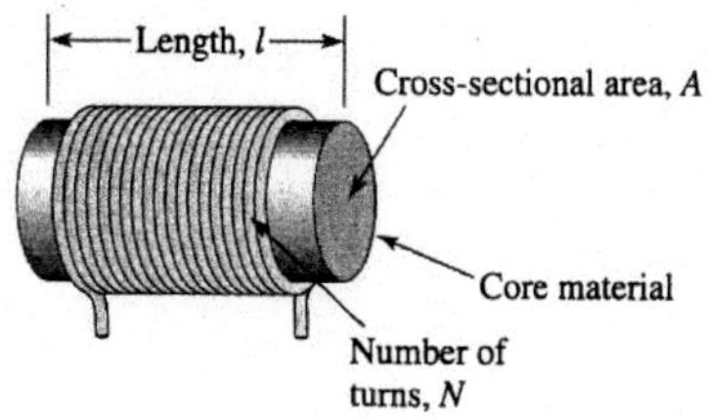

[그림 6-7] 인덕턴스에 영향을 미치는 변수들

1> 감은 수(N), 길이(l) 및 단면적(A)

인덕턴스(L)는 감은 수의 제곱(N^2)에 비례한다. 감은 횟수 N이 증가하면 더 많은 전압이 유도되기 때문에 L도 증가한다. 또한, 코어의 단면적에 비례한다. 마지막으로 감긴 횟수에서 길이(l)가 길어질수록 인덕턴스 L은 감소한다.

2> 투자율(permeability: μ)

인덕터는 기본적으로 도선을 감아서 코일로 만든 것이다. 코일로 둘러싸인 물체를 코어(core)라고 한다. 코일은 비자성 물질이나 자성 물질에 감을 수 있다. 비자성 물질의 예로는 공기, 나무, 구리, 플라스틱, 유리 등이 있다. 이러한 재료들의 투자율은 진공에서의 투자율과 같다. 자성 물질의 예로는 철, 니켈, 강철, 코발트 등이 있다. 이러한 물질들의 투자율은 진공에서의 투자율보다 수백에서 수천 배가 크며 강자성체로 분류된다. 강자성 코어는 자력선이 형성되기 더 쉽기 때문에 더 강한 자계가 형성된다. 코어 재료의 투자율(μ)은 자계가 얼마나 쉽게 형성되는가의 정도를 나타낸다. 인덕턴스는 코어 재료의 투자율에 비례한다.

표 6-1은 몇 가지 자성체에 대한 대표적인 투자율을 나타낸 것이다.

[표 6-1] 일반적인 자성체 및 비투자율

Material	Typical μ_r Values	Material	Typical μ_r Values
Vacuum	1	Nickel	600
Iron	5000	Cobalt	250
Ferrite	100	Aluminum	≥ 1

진공에서의 투자율(μ_0)은 $4\pi \times 10^{-7}[Wb/At \cdot m]$이고 비투자율은 $\mu_r = \mu/\mu_0$이다.

복습문제

다음 전자석에 대해 물음에 답하시오.

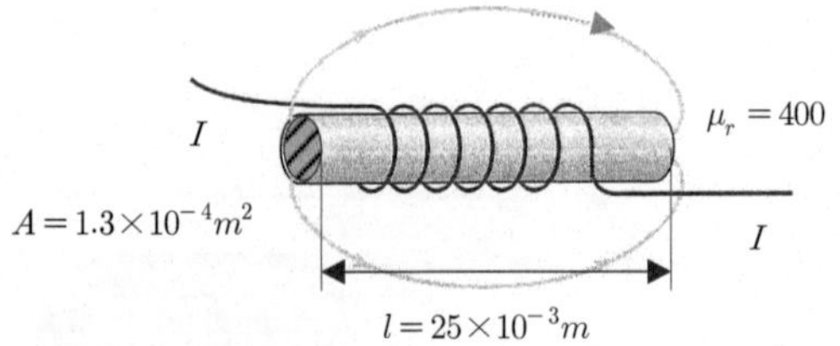

1> 자기 인덕턴스(L)를 구하시오.

2> 그림에서 자속의 방향을 바탕으로 전류 방향(I)을 나타내시오.

6-2-2 직렬 및 병렬 인덕터의 합성

인덕턴스의 정의를 이용하여 직렬 및 병렬회로의 연결에 대해 총 합성 인덕턴스를 쉽게 구할 수 있다.

1> 직렬 연결

인덕터가 직렬로 연결되면 총 인덕턴스가 증가한다는 것을 배울 것이다. 먼저 그림 6-9에서와 같이 인덕터가 직렬로 연결되었을 때, 총 인덕턴스는 L_T는 각 인덕턴스의 합이 된다.

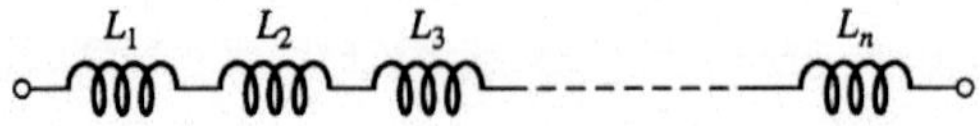

[그림 6-8] 인덕터의 직렬 연결

n개의 인덕터가 직렬로 연결되면 $v_L = L\frac{di}{dt}$에서 직렬회로에서는 전류가 같으므로 $\frac{di}{dt}$도 같다. 따라서 유도전압은 인덕턴스에 비례한다.

각 인덕터에 걸리는 전압에 대해 KVL을 적용하면 다음과 같다.

$$v_T = v_1 + v_2 + v_3 + \cdots + v_n$$

$$L_T\frac{di}{dt} = L_1\frac{di}{dt} + L_2\frac{di}{dt} + L_3\frac{di}{dt} + \dots + L_n\frac{di}{dt}$$

직렬에서 합성 인덕턴스는 다음과 같다.

$$L_T = L_1 + L_2 + L_3 + \cdots + L_n \qquad (6\text{-}4)$$

직렬에서의 총 인덕턴스에 대한 공식은 직렬에서의 총 저항에 대한 공식과 유사하다.

2> 병렬 연결

이 절에서는 인덕터가 병렬로 연결되었을 때 총 인덕턴스가 어떻게 되는지 학습해 보자. 그림 6-9에서와 같이 인덕터가 병렬로 연결될 때, 총 인덕턴스는 다음과 같다.

정의로부터 $\Delta i = v_L\frac{\Delta t}{L}$에서 병렬회로는 전압이 동일하고 시간도 같으므로 흐르는 전류는 인덕턴스에 반비례한다. 각 인덕터에 흐르는 전류에 대해 KCL을 적용하면

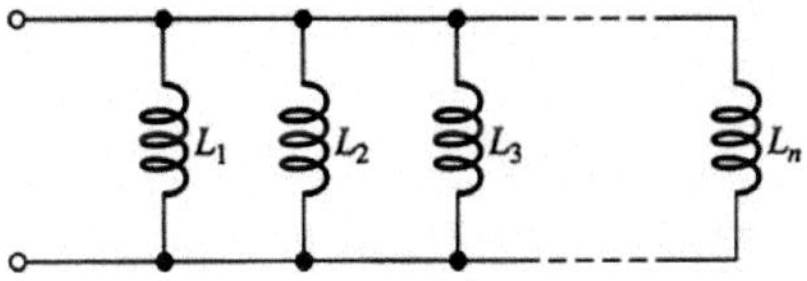

[그림 6-9] 인덕터들의 병렬 연결

$$i_T = i_1 + i_2 + i_3 + \cdots + i_n$$

$$v_T\frac{\Delta t}{L_T} = v_L\frac{\Delta t}{L_1} + v_L\frac{\Delta t}{L_2} + v_L\frac{\Delta t}{L_3} + \dots + v_L\frac{\Delta t}{L_n}$$

병렬이므로 각 소자에 걸리는 전압값이 같다. $V_T = V_1 = V_2 = \dots = V_n$이므로

총 인덕턴스에 대한 공식은 저항의 병렬연결 공식과 유사하다.

$$\frac{1}{L_T} = \frac{1}{L_1} + \frac{1}{L_2} + \frac{1}{L_3} + \cdots + \frac{1}{L_n}$$

이 식은 총 인덕턴스의 역수는 각 인덕턴스의 역수의 합과 같다는 것을 나타낸다. 총 인덕턴스 L_T는 양변에 역수를 취하여 얻을 수 있다.

$$L_T = \frac{1}{\left(\frac{1}{L_1}\right)+\left(\frac{1}{L_2}\right)+\left(\frac{1}{L_3}\right)+\cdots+\left(\frac{1}{L_n}\right)} \tag{6-5}$$

즉 인덕턴스를 병렬로 합성하면 합성 인덕턴스는 가장 작은 인덕턴스보다 작게 된다.

복습문제

다음 회로에 대해 답하시오,

1. 그림 (a)에 대해 답하시오.

 1> 총 합성 인덕턴스(L_T)를 구하시오.

 2> 합성 인덕턴스는 각 인덕턴스보다 <u>크다 / 작다</u>.

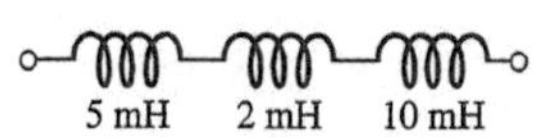

(a)

2. 그림 (b)에 대해 답하시오.

 1> 총 합성 인덕턴스(L_T)를 구하시오.

 2> 합성 인덕턴스는 각 인덕턴스보다 <u>크다 / 작다</u>.

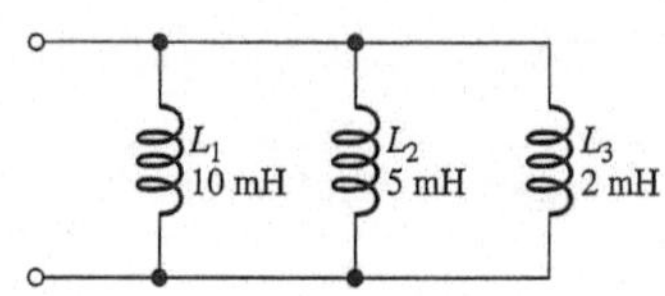

(b)

6-2-3 인덕터의 종류 및 값 읽기

인덕터는 일반적으로 코어의 재료에 따라 분류된다. 이 절에서는 인덕터의 기본적인 종류를 살펴본다. 그림 6-10에 나타나 있듯이 인덕터들은 여러 가지 모양과 다양한 크기로 만들어 진다. 기본적으로는 고정형(fixed)과 가변형(variable) 두 가지가 있다. 가변 인덕터는 일반적으로 나사를 돌려서 인덕턴스를 조정한다. 고정 인덕터는 흔히 코일의 가는 선을 보호하는 절연 물질로 둘러싸여 있다. 캡슐로 된 인덕터는 고정형의 맨 앞에 표시된 것과 같이 저항과 유사하다.

고정 인덕터와 가변 인덕터는 코어의 재료에 따라 공심 코어(air core), 철심 코어(iron core), 페라이트 코어(ferrite core)로 분류된다. 일반적으로 쓰이는 세 가지는 공기, 철, 페라이트이다. 각각의 기호를 그림 6-11에 나타내었다.

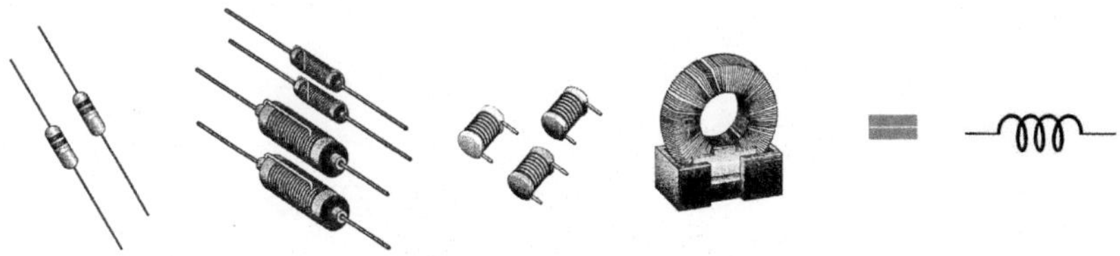

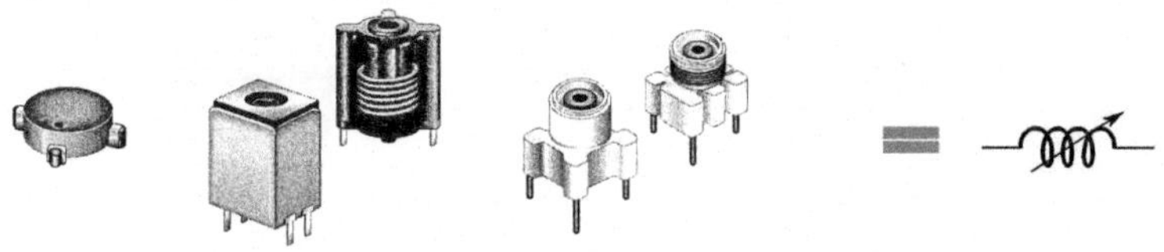

(b) 가변형 인덕터 및 기호

[그림 6-10] 인덕터들의 종류, 외관 및 기호

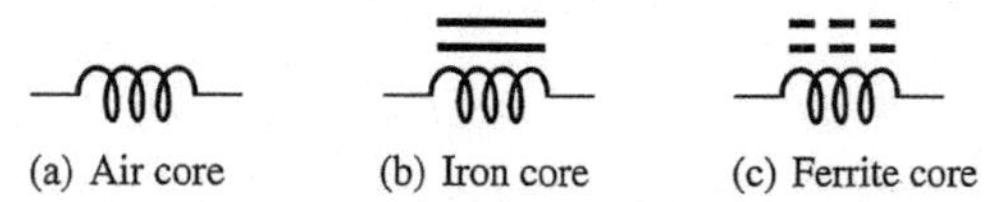

[그림 6-11] 코어 물질에 따른 인덕터 기호

인덕턴스는 기본적으로 숫자 또는 색상으로 표기되어 있어 값을 읽는 방식이 저항과 같으며 특별한 언급이 없으면 기본적인 단위는 [μH]이다.

6-2-4 인덕터의 고장 진단

모든 선은 저항을 가지고 있으며 인덕터는 도선을 감아서 만들었기 때문에 인덕터에는 항상 저항이 존재한다. 도선을 여러 번 감아서 코일을 만들면 총 저항이 커질 수도 있다. 이 저항을 직류 저항 또는 권선 저항(winding resistance, R_W)이라고 한다. 특히 릴레이(relay)를 다룰 때 멀티미터로 간단히 두 전원으로 활용되는 입력단자들을 찾을 수 있다.

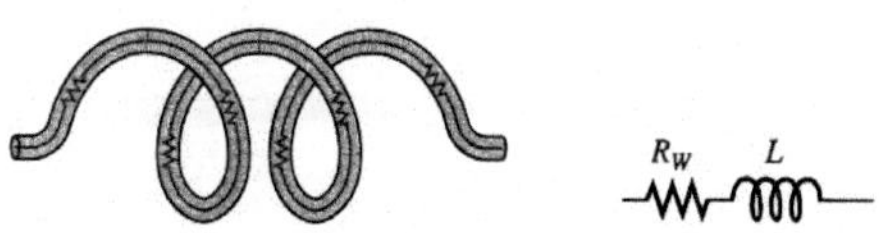

(a) 실제 인덕터 (b) 등가회로

[그림 6-12] 실제 인덕터는 길이를 따라 분포된 저항값 R_W를 가진다.

인덕터에서 가장 일반적으로 발생하는 고장은 개방(open)이다. 개방 여부를 검사하기 위해서는 먼저 회로에서 코일을 떼어낸다. 단선(개방)이 되었다면 그림 6-13(a)에서와 같이 저항계의 측정값이 무한대가 될 것이다. 코일이 양호하다면 저항계는 권선 저항값을 지시할 것이며, 권선 저항값은 도선의 굵기와 코일의 길이에 따라 달라진다. 저항값은 수 Ω에서 수 백 Ω일 수 있다. 그림 6-13(b)는 양호한 코일임을 보여 준다.

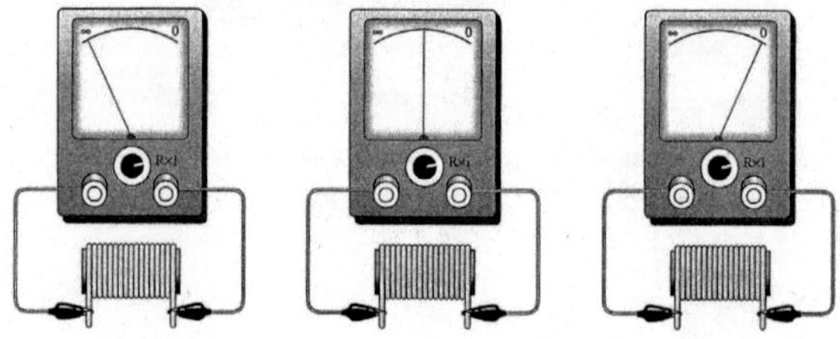

(a) 개방(open)　(b) 정상　(c) 단락(short)

[그림 6-13] 인덕터 고장 진단

종종 인덕터가 과도하게 흐르는 전류로 인해 과열되어서 도선의 절연물이 녹아 코일이 단락(short)될 수 있다. 저항계로는 단선(개방) 여부만을 알 수 있으므로 이 경우에는 LCR 미터로 점검해야 한다. 코일이 인접해 있어 절연이 잘 되지 않는 경우 단락이 자주 발생할 수 있다.

실제적인 인덕터는 그림 (b)와 같이 어느 정도의 저항값을 가진다.

복습문제

어떤 인덕터의 측정에 대해 다음 물음에 답하시오.

[1] 코일을 점검할 때 저항계가 ∞를 지시하면 부분적으로 단락된 것인가? (예, 아니오)

[2] 양호한 코일을 저항계로 측정할 때 인덕턴스의 값 L을 지시하는가? (예, 아니오)

6-3 직류와 RL 회로

인덕터를 직류 전압원에 연결하면 전류가 흐른다. 이때 인덕터에 흐르는 전류는 인덕턴스와 그 회로의 저항에 따라 그 값이 결정된다. 이 절에서는 유도회로의 기본적인 과도 상태를 살펴보기 위해 스위치들이 동시에 열리거나 닫힌다고 가정한다.

인덕터에 일정한 직류 전류가 흐를 때는 유도전압이 발생하지 않지만, 코일의 권선 저항으로 인한 전압 강하는 발생한다. 인덕턴스 자체는 직류 전류에 대해서 단락한 것과 같이 작용한다. 이 전자계에 저장되는 에너지는 $W=1/2LI^2$이고, 에너지 손실은 권선 저항에서 발생한다.($P=I^2R_W$) 이러한 조건이 그림 6-14에 설명되었다.

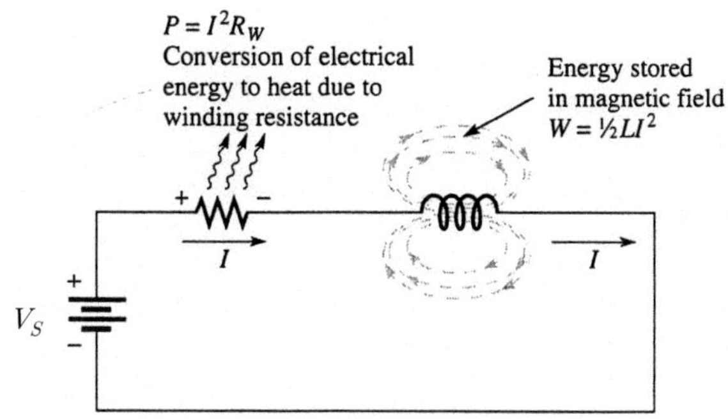

[그림 6-14] 저항이 있는 인덕터 회로

6-3-1 에너지 저장

그림 6-14에 나타낸 것처럼 인덕터는 전류에 의하여 형성된 전자계 내에 에너지를 저장한다. 전력의 정의로부터 전압과 전류를 이용하여 적분을 수행하면 저장되는 에너지는 다음 식으로 표현된다.

$$p = vi = (L\frac{di}{dt})i \quad [\mathrm{W}]$$

$$W_L = \int_{t_1}^{t_2} pdt = L\int_{i_1}^{i_2} idi = \frac{1}{2}Li_2^2 - \frac{1}{2}Li_1^2 \quad [\mathrm{J}]$$

$$W_L = \frac{1}{2}LI^2 \qquad (6\text{-}6)$$

저장되는 에너지는 인덕턴스와 전류의 제곱에 비례한다. 전류(I)가 암페어이고 인덕턴스(L)가 henry이면 에너지(W)는 주울(joule)이다.

6-3-2 RL 회로의 시정수

인덕터의 기본적인 동작은 전류의 변화를 방해하는 것이므로, 인덕터를 흐르는 전류는 순간적으로 바뀔 수 없고, 전류가 다른 값으로 변화하려면 시간이 필요하다. 전류가 변화하는 비율은 시정수(time constant)에 의해 결정된다.

$v_L = L\left(\frac{\Delta i}{\Delta t}\right) = L\left(\frac{di}{dt}\right)$에서 $\Delta t = \frac{L}{(v/\Delta i)} = \frac{L}{R}$이므로 시간의 차원을 가진다.

즉 직렬 RL 회로에 대한 시정수는 다음과 같다.

$$\tau = \frac{L}{R} \tag{6-7}$$

여기서, 인덕턴스(L)는 henry, 저항(R)는 ohm이며 τ는 초의 단위를 갖는다.

복습문제

다음 RL 회로에 대해 답하시오.

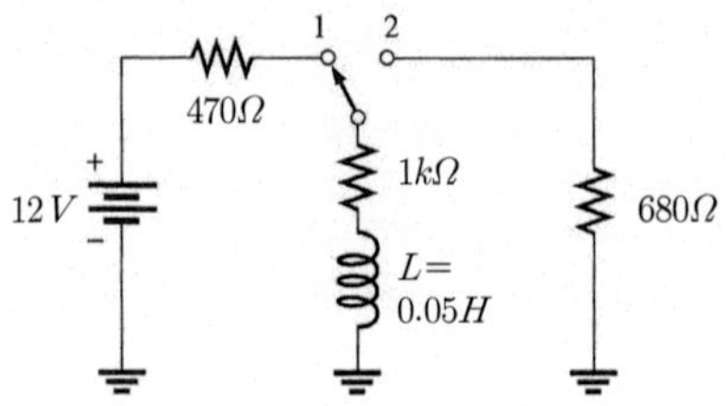

[1] RL 회로에서 시정수의 정의 및 의미는?

[2] 위 회로에서 SPDT 스위치 단자를 1에서 2로 이동 시 시정수를 구하시오.

[3] 위 회로에서 SPDT 스위치 단자를 2에서 1로 이동 시 시정수를 구하시오.

6-3-3 인덕터회로의 과도 응답

전기전자회로에서 스위칭에 의해 전원이 갑자기 인가되거나 제거되면 정상 상태에 도달하기까지 회로의 시간적 응답이 중요한 과제이다.

그림 6-15는 직류로 동작하는 RL 회로의 동작을 나타낸 것이다. 스위치(SW)를 닫으면 인덕터에 전류 $i(t)$가 흐르기 시작하고 점점 증가한다. 이에 비례하여 그림과 같이 자속(magnetic flux)이 증가한다. 이로 인해 인덕터(L) 양단에는 이 자속의 증가를 방해하는 방향으로 그림과 같이 유도전압(v_L)이 형성된다.

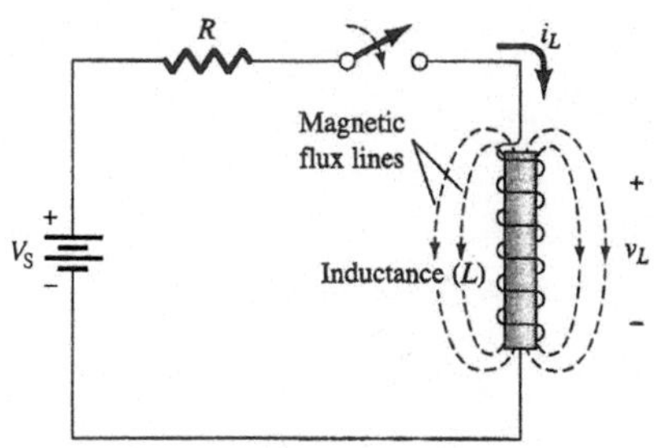

(a) RL 회로에서는 전류가 관심사항이다.

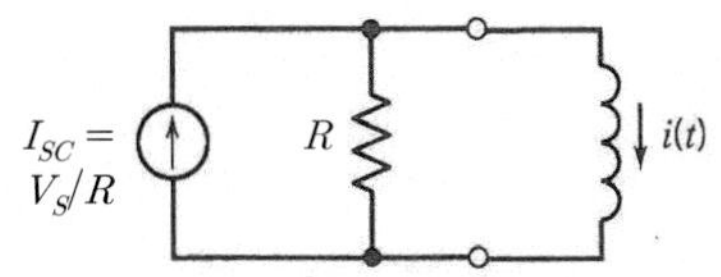

(b) Norton 등가회로

[그림 6-15] RL회로의 시간 응답

그림에 나타낸 것처럼 자력선은 코일에 흐르는 전류 방향에 의해 정해지며 위쪽이 N극이 된다. 저항 R이 존재하므로 Ohm 법칙과 Kirchhoff 법칙을 적용하면 다음과 같다.

$$-V_S+Ri_L+v_L=0 \tag{6-8}$$

$$L\frac{di_L}{dt}=V_S-Ri_L=I_{SC}R-i_LR$$

$$\frac{di_L}{dt}+\frac{R}{L}i_L=\frac{I_{SC}R}{L} \tag{6-9}$$

이 미분방정식은 미지의 구하고자 하는 변수를 분리하고 적분함으로써 해를 얻는다. 식을 간략화하기 위해 $\tau=L/R$로 인덕터를 흐르는 전류를 $i_L=i$로 표기한다.

$$\frac{di}{dt}+\frac{1}{\tau}i=\frac{I_{SC}}{\tau}$$

변수를 분리하면 $\frac{di}{dt}=\frac{I_{SC}}{\tau}-\frac{1}{\tau}i=\frac{I_{SC}-i}{\tau}$

양변에 적분을 취하면 $\int\frac{di}{i-I_{SC}}=-\frac{1}{\tau}\int dt+\ A$ 이고 여기서 A는 적분상수이다.

적분을 수행하고 미지 전압 $i(t)$에 대해서 풀면 다음과 같다.

$$\ln(i - I_{SC}) = -\frac{t}{\tau} + A$$

$$i(t) = I_{SC} + Ke^{-t/\tau}$$

여기서 초기 조건을 사용하여 계수를 구한다. 인덕터에서 전류는 순간적으로 변할 수 없다는 사실 $i(0^-) = i(0^+)$을 이용한다.

$$i(0^-) = I_{SC} + Ke^{-0/\tau} = I_{SC} + K$$

$$K = i(0^-) - I_{SC}$$

따라서 스위치 변환 후의 시간 응답은 $i(t) = I_{SC} + [i(0^+) - I_{SC}]e^{-t/\tau}$이 된다. 또한, $i(\infty) = \lim_{t \to \infty} i(t) = I_{SC}$이므로 일반적인 표현은 다음과 같이 나타낸 수 있다.

$$i(t) = i(\infty) + [i(0) - i(\infty)]e^{-t/r} \qquad (6\text{-}10)$$

전기전자회로에서 스위칭에 의해 전원이 갑자기 인가되거나 제거되면 정상 상태에 도달하기까지 회로의 시간적 응답이 중요한 과제이다. 즉 시간이 지남에 따라 소멸되는 과도 응답(transient response)과 과도 응답이 소멸된 후의 회로 응답인 정상 응답(steady state response)으로 분류할 수 있다. 증가하거나 감소하는 지수함수 곡선에 대한 일반적인 표현은 전압과 전류의 순시값에 대해서 지수종단해석법은 다음과 같은 공식으로 주어진다.

증가하거나 감소하는 지수함수 곡선에 대한 일반적인 표현은 전압과 전류의 순간값에 대해서 지수종단해석법은 적용한다. RL 회로에서 지수함수적인 전압과 전류에 대한 식은 앞에서 다루었던 RC 회로의 경우와 유사하다. 일반 지수함수 곡선은 커패시터뿐만 아니라 인덕터에도 적용된다. RL 회로의 일반식은 다음과 같다.

완전 응답 = 정상 응답 + 과도 응답 = 자연 응답 + 강제 응답

$$i(t) = I_F + (I_i - I_F)e^{-t/r} \qquad (6\text{-}8)$$

$$v(t) = V_F + (V_i - V_F)e^{-t/r}$$

여기서 V_F와 I_F는 전압과 전류의 최종값을 나타내고, V_i와 I_i는 전압과 전류의 초기값을 나타낸다. v와 i는 시간 t에서의 인덕터 전압과 전류의 순간값을 나타내고, e는 2.718...의 값을 갖는 자연대수의 밑수이며 τ는 주어진 회로에 따른 시정수이다.

즉 시간이 지남에 따라 소멸되는 과도 응답(transient response)과 과도 응답이 소멸된 후의 회로 응답인 정상 응답(steady state response)으로 분류할 수 있다.

1> 인덕터에서의 전류값 증가

직렬 RL 회로에서 스위치를 닫은 후 시정수 (1τ)의 시간이 흐르면 전류는 최댓값의 63%까지 증가한다. 이러한 전류의 증가 현상은 RC 회로에서 전하가 충전되는 동안 커패시터 전압이 증가하는 현상과 유사하다. 즉 인덕터 L을 흐르는 전류는 순간적으로 급격하게 변하지 않는다.

전류는 지수함수적으로 증가하여 그림 6-16에서 보인 바와 같이 최종값에 대한 백분율에 도달한다. 시정수의 5배 되는 시간 동안의 전류의 변화를 나타내었다.

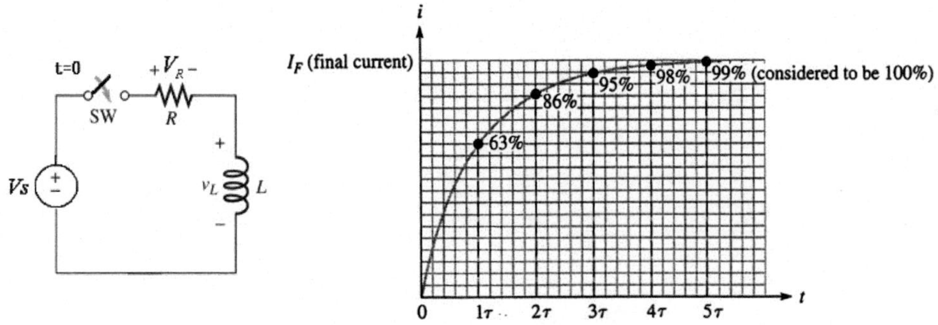

(a) RL 과도 응답 회로 (b) 전류의 시간적 변화

[그림 6-16] 시간에 따라 증가하는 전류 변화

그림 6-17의 그래프와 같이 전류는 대략 5τ 후에 최종값에 도달하여, 변화를 멈춘다. 이때 인덕터는 (권선 저항을 제외한) 일정한 전류에 대해 단락(short) 회로로 작용한다. 따라서 위 회로에서 전류의 최종값은 다음과 같다.

$$I_F = \frac{V_S}{R}$$

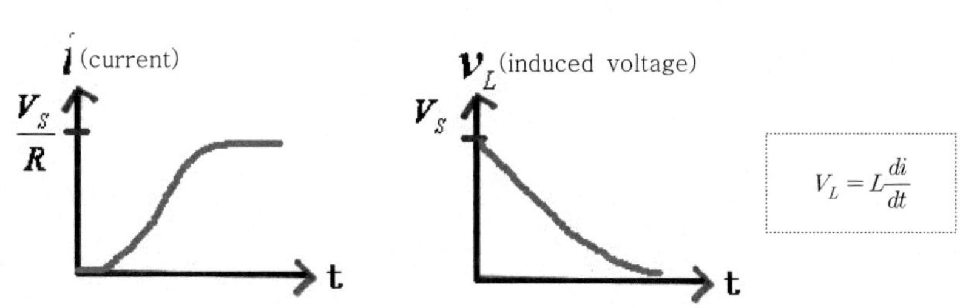

(a) 전류 파형 (b) 유도전압 파형

[그림 6-17] 개략적인 전류 및 전압의 변화

초기의 전류는 0(I_i=0)에서부터 전류가 지수함수적으로 증가하므로, 이 경우의 식은

$$i(t) = I_F(1 - e^{-Rt/L}) \tag{6-9}$$

식 (6-9)를 이용하여 증가하는 인덕터 전류의 순간값을 계산할 수 있다. 전압에 대해서도 똑같으므로 다음 식을 활용해도 좋다.

$$v(t) = V_F + (V_i - V_F)e^{-t/\tau}$$

그러나 인덕터에 흐르는 전류를 알고 있으므로 유도전압은 정의를 이용하여 쉽게 구할 수 있다.

$$v_L = L\frac{di}{dt} \text{에서}$$

$$= L \cdot \frac{d(I_F(1 - e^{-Rt/L}))}{dt} = (I_F R)e^{-Rt/L} = V_S e^{-Rt/L} \tag{6-10}$$

물리적인 현상으로 유도전압의 해를 구해 보자. 먼저 인덕터에서 전류가 변화할 때 전압이 유도된다. 전류가 변화하면 직렬회로에서 저항과 코일에 걸리는 전압이 어떻게 되는지 살펴보자. 그림 6-18(a)의 회로에서 스위치가 열려 있으면 전류가 흐르지 않고 저항 전압과 코일 전압은 모두 0이다. 스위치가 순간적으로 닫히면, 저항 양단의 순간값 v_R은 0이고 인덕터 양단의 전압 v_L은 V_S이다. 이렇게 전압이 변하는 이유는 코일에 걸리는 유도전압이 인가전압과 크기는 같고 방향이 반대이므로 전류가 순간적으로 변하는 것을 방해하기 때문이다. 그러므로 스위치를 닫는 순간에 인덕터에서 전류는 $i(0^-) = i(0^+) = 0$이므로 모두 인가전압에 대해 개방(open) 회로로 작용한다.

처음 5배의 시정수 동안에 전류는 지수 함수적으로 증가하고 코일에 유도되는 전압은 감소한다. 저항 양단전압은 전류에 따라 증가하게 되고 5배의 시정수 시간이 흐른 후에 전류는 최종값 V_S/R에 도달하므로, 이때 모든 전압은 저항 양단에 걸리고 코일에는 걸리지 않는다. 그러므로 인덕터는 변화하지 않는 전류에 대해서는 단락회로로 작용한다. 전류가 변화하면 인덕터에는 항상 유도전압이 발생하여 전류의 변화를 상쇄하려고 한다.

복습문제

다음 회로에서 SPDT 스위치 단자가 2에서 오랫동안 있어 왔다. 스위치 단자를 1로 변경할 경우 물음에 답하시오.

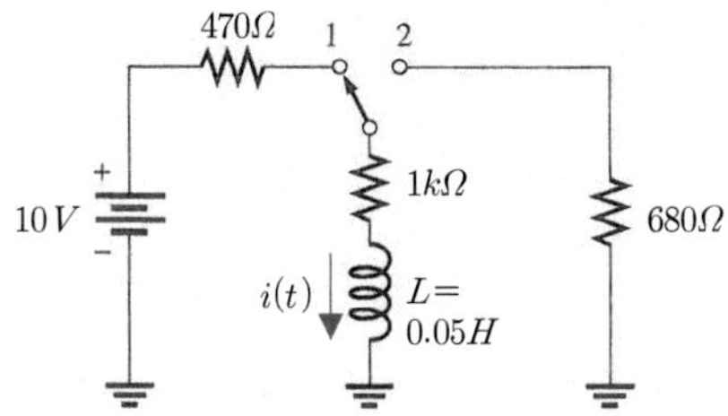

[1] 최종 전류값 $i(t=\infty)$을 구하시오.

[2] 시정수 τ는?

[3] 인덕터를 흐르는 전류값에 대한 과도전류식 $i(t)$을 구하시오.

[4] 인덕터를 흐르는 전류가 $3mA$가 되는 시간은 얼마인가?

[5] 인덕터 양단의 유도전압에 대한 방정식을 쓰시오.

2> 인덕터에서 전류값의 감소

인덕터에서 전류는 그림 6-20에서 주어진 백분율 값까지 지수함수적으로 감소한다. 그림 6-20(a)에서 인덕터를 통하여 흐르는 초기 전류를 구해야 한다. SPST 스위치의 역할은 스위치 1(SW1)을 열면, 순간적으로 스위치 2(SW2)는 닫힌다. 이 순간에도 유도전압에 의해 인덕터에는 같은 전류가 흐른다. 첫 시정수 동안에는 그림 6-20(b)에서와 같이 전류가 63% 감소하여 초깃값의 37%로 된다. 전류는 계속 감소하여 나머지 그림과 같이 된다. 시정수는 5배 되는 시간 후에는 초기 전류의 1%만이 흐른다. 일반적으로 이 값을 최종값으로 보고, 전류가 더 이상 흐르지 않는 것으로 간주한다. 즉 5배의 시정수 시간이 지날 때까지는 코일에 전류가 흐를 수 있도록 전압이 유도된다.

이 전압은 다음에 설명되듯이 지수함수적으로 감소한다. 지수함수적으로 감소하여 0 ($I_F=0$)의 최종값이 되는 전류에 대한 식은 다음과 같다.

$$i(t) = I_i e^{-Rt/L} = I_i e^{-t/\tau} \qquad (6-11)$$

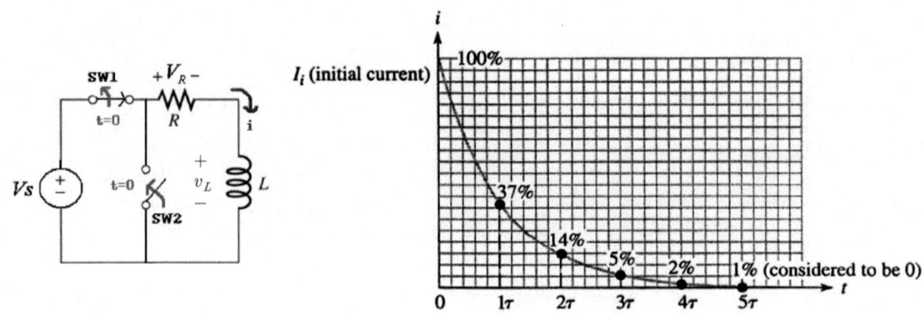

(a) RL 과도 응답 회로 (b) 전류의 시간적 변화

[그림 6-20] 시간에 따라 감소하는 전류 변화

인덕터에서 시간 $t=0^-$에 흐르는 전류는 $i(0^-)=V_S/R$을 알 수 있다.

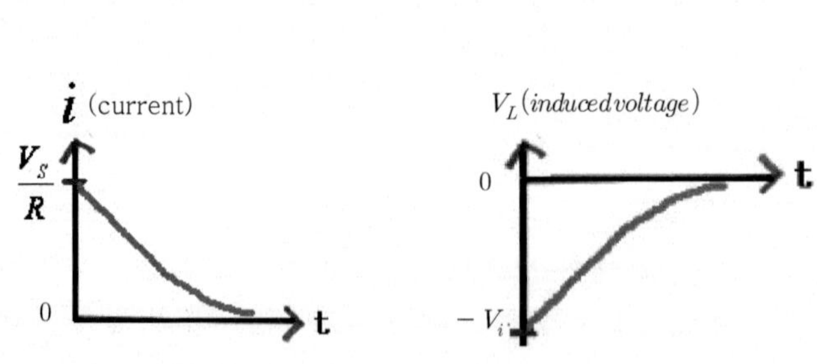

(a) 전류 파형 (b) 유도전압 파형

[그림 6-21] 개략적인 전류 및 유도전압의 변화

그림 6-21에서 스위치를 열어 인덕터가 다른 경로로 방전되는 경우를 전압의 변화를 살펴보자. SW1을 열어 전원과의 연결을 끊고, SW2를 닫아 방전 경로를 연결한다. 이전에는 L을 통해 $I_S = V_S/R$의 전류가 흐르고 있었다. 인덕터에서의 전류는 순간적으로 변화할 수 없다. 따라서 스위치가 변하는 순간의 전류는 정상 상태의 전류와 같다.

이 전류가 변하는 것을 방해하는 방향으로 인덕터 L에 V_S의 전압이 유도된다. 이때에는 전류가 지수함수적으로 감소하고 저항의 양단전압 v_R과 인덕터 양단전압 v_L도 지수함수적으로 감소한다. 5τ 후에는 그림에서와 같이 인덕터에 저장되어 있던 자기에너지 모든 에너지가 소모되어 모든 값이 0이 된다.

$$v_L = L\frac{di}{dt}\text{에서}$$

$$= L\frac{d(I_i e^{-Rt/L})}{dt} = (-I_i R)e^{-Rt/L}$$

$$= -V_i e^{-Rt/L} = -V_S e^{-Rt/L}$$

3> 시간 구하기

인덕터를 흐르는 전류는 순간적으로 급격하게 변하지 않는다. 따라서 인덕터에서는 과도전류만 구하면 그에 따른 유도전압은 간단히 구할 수 있다. 또한, 어떤 수준의 전류가 흐르는 데까지 걸리는 시간도 구할 수 있다.

먼저 감소하는 전류에 대해 적용해 보자.

$$i(t) = I_i e^{-Rt/L} = I_i e^{-t/\tau}$$

$$\frac{i(t)}{I_i} = e^{-t/\tau}$$

$$\ln\left(\frac{i(t)}{I_i}\right) = \ln e^{-t/\tau}$$

$$\ln\left(\frac{i(t)}{I_i}\right) = \frac{-t}{\tau}$$

$$t = -\tau \cdot \ln\left(\frac{i}{I_F}\right) \tag{6-12}$$

다음으로 증가하는 전압에 대해서도 마찬가지 방법으로 구할 수 있다.

$$v_L(t) = -V_S e^{-Rt/L}$$

$$\frac{v_L(t)}{-V_S} = e^{-t/\tau}$$

$$\ln\left(\frac{v_L(t)}{-V_S}\right) = \ln e^{-t/\tau}$$

$$\ln\left(\frac{v_L(t)}{-V_S}\right) = \frac{-t}{\tau}, \quad t = -\tau \cdot \ln\left(\frac{v_L(t)}{-V_S}\right)$$

복습문제

다음 회로에서 SPDT 스위치 단자를 1에서 오랫동안 있어 왔다. 스위치 단자를 2로 변경할 경우 물음에 답하시오.

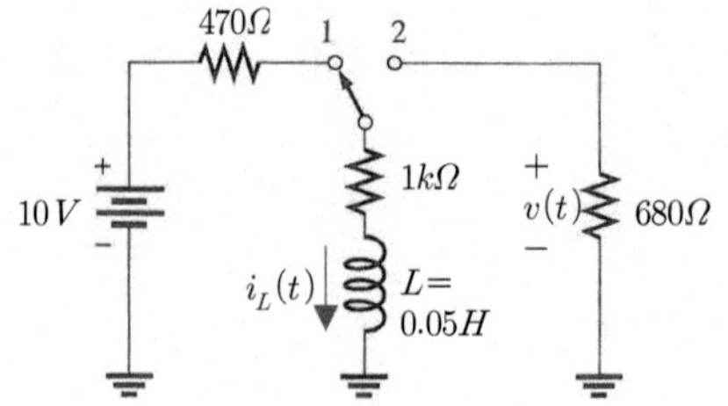

[1] 인덕터를 흐르는 초기 전류 $i_L(0)$와 최종 전류 $i_L(\infty)$을 각각 구하시오.

[2] $t \geq 0$에서 회로의 시정수 τ는?

[3] 인덕터를 흐르는 전류값에 대한 과도 상태의 전류 $i(t)$를 구하시오.

[4] 인덕터 양단전압 $v_L(t)$ 및 저항양단의 전압 $v_R(t)$에 대한 방정식을 쓰시오.

6-4 인덕터 응용

인덕터는 부품의 크기와 비용 때문에 IC에서는 잘 사용하지 않지만 커패시터와 IC 소자의 조합으로 인덕터를 구현할 수 있다. 그러나 본 장에서는 기초적인 릴레이, Solenoid 및 Hall 효과를 가지는 소자에 대해 설명하기로 한다.

6-4-1 릴레이(relay)

릴레이(relay)는 전자석을 이용하여 전기적인 접점을 열고 닫는 스위치라는 점이다. 릴레이는 8핀, 6핀 및 4핀 등의 다양한 종류를 가진다. 핀의 번호에 따라 기능이 다르므로 유념해야 한다.

[그림 6-22] 8핀 릴레이 외관

그림 6-23은 평상시 닫혀 있는(NC: Normally Closed) 접점과 평상시 열려 있는(NO: Normally Open) 접점을 가지는 릴레이를 나타낸다. 코일에 전류가 흐르지 않으면 그림(a)와 같이 스프링에 의해 위쪽 접점과 접촉하여 단자 1과 단자 2가 연결되어 있다(NC). 코일에 전류가 흘러 전자석이 동작하여 릴레이가 동작하면 전자기장의 인력이 발생하여 armature를 끌어당겨 단자 1과 단자 3이 연결된다. 그림 (c)는 릴레이 기호를 나타내며 점선은 전자석이 동작되면 연동된다는 것을 표시한다.

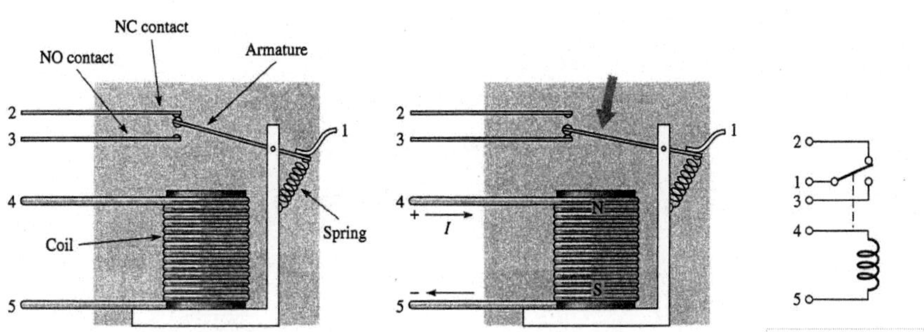

(a) 전류가 흐르지 않을 때　(b) 전류가 흐를 때　(c) 기호

[그림 6-23] Relay 구조, 동작 원리 및 기호

코일에 전류가 흐르면 전자석이 되는 전자 유도작용을 이용한 스위치로써 다양한 응용 분야를 가진다. 코일이 전자석이 되었을 때, 철편을 끌어당겨서 그 철편이 붙어 있는 스위치부의 접점을 닫으며 동시에 반대편의 접점은 열리게 된다. 코일에 전류가 끊어져서 전자석 특성를 잃으면 원위치로 복귀된다.

코일에 전류가 흐르지 않으면 닫혀 있는(NC: **normally closed**) 접점을 b(break)이라 한다. 반면에 코일에 전류가 흐르지 않으면 열려 있는(NO: **normally open**) 접점을 a(arbeit) 접점 혹은 make 접점이라 한다.

Relay 및 LED를 이용한 점등회로를 구현해 보자. 우선 스위치(SW)가 off 되어 있으면 relay가 동작하지 않고(코일에 전류가 흐르지 않음) 적색 LED가 ON 된다. 이후 푸시버튼(push button) 스위치(SW)가 눌려지면 적색 LED가 OFF 되고 녹색 LED가 ON 된다.

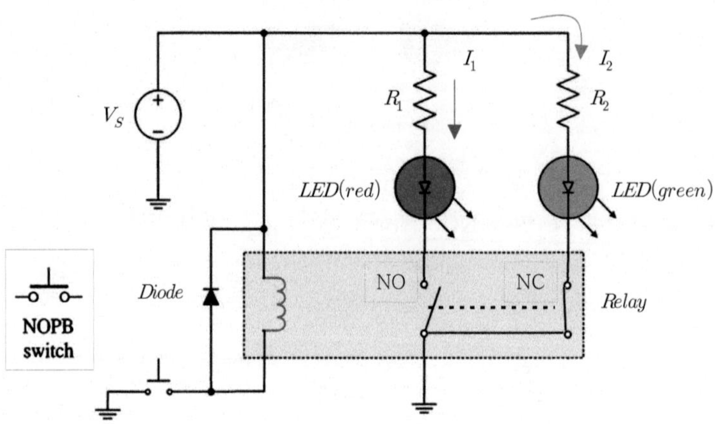

[그림 6-24] Relay 점등회로

특히 다이오드(diode)는 Relay 코일에 병렬로 연결되어 있는데 이는 거의 필수적이다. 만약에 이런 기능이 없다면 갑자기 스위치(SW)가 차단될 때 과도한 유도전류가 흘러 회로를 손상시킨다. 회로 연결 시 다이오드 방향에 유의해야 한다. 최근에는 보호 다이오드가 내장된(built-in) 제품이 나와 다이오드 연결에 고민없이 사용한다.

6-4-2 솔레노이드(solenoid)

솔레노이드는 전자석을 이용하여 기계적 움직임으로 활용하는 것으로서, 자동차의 잠금 장치나 밸브 등에 응용되고 있다. 그림 6-25는 솔레노이드의 구조를 나타낸다.

여러 번 조밀하게 감은 코일 내부에 움직이는 철심을 가진 전자석 소자의 한 형태로서 이 철심의 동작은 전자기장과 기계적 스프링의 힘에 의해 결정된다. 즉 전자석의 작동 여부에 따라 내부의 철심이 움직이게 되는 것이다. 솔레노이드는 속이 빈 비자성의 원통에 코일을 감은 형태이다. 두 철심 중에서 하나의 철심은 한 끝에 고정된다. 또 하나의 움직이는 철심을 플런저(plunger)라고 부르는데 고정 철심에 스프링으로 연결되어 있다.

전류가 가해지지 않으면 플런저는 확장된 상태로 있다. 코일에 전류가 흐르면 두 개의 철심을 자화시켜 자석으로 만들어진다. 고정 철심의 S극이 가동 철심의 N극을 안쪽으로 끌어당겨 플런저는 안쪽으로 들어가고 스프링은 압축된다. 코일에 전류가 흐르는 동안 플런저는 자기장의 인력에 의해 안쪽으로 들어간 상태를 유지한다. 전류가 제거되면 자기장은 없어지고 압축된 스프링이 팽창하여 플런저를 밖으로 밀어낸다.

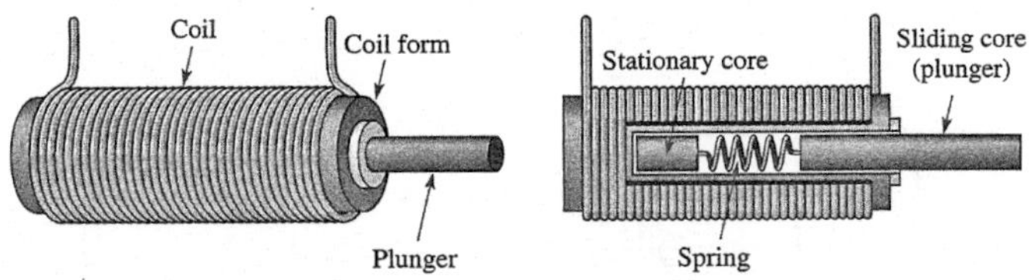

(a) 기본구조 (b) 내부 단면도

[그림 6-25] Solenoid의 기본 구조 및 동작 특성

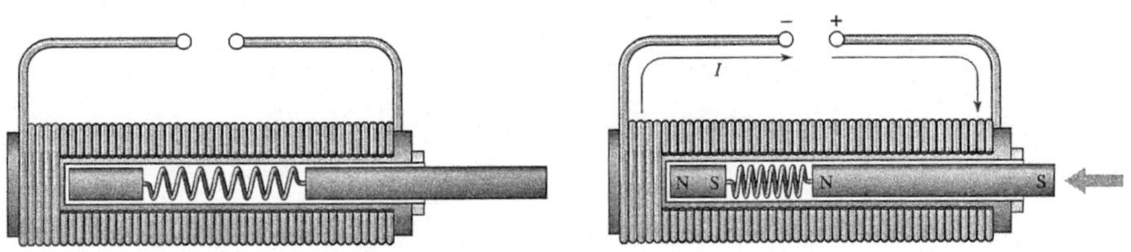

(a) 전류가 흐르지 않을 경우 (b) 전류가 흐를 경우

[그림 6-26] 전류 흐름에 따른 Solenoid의 동작

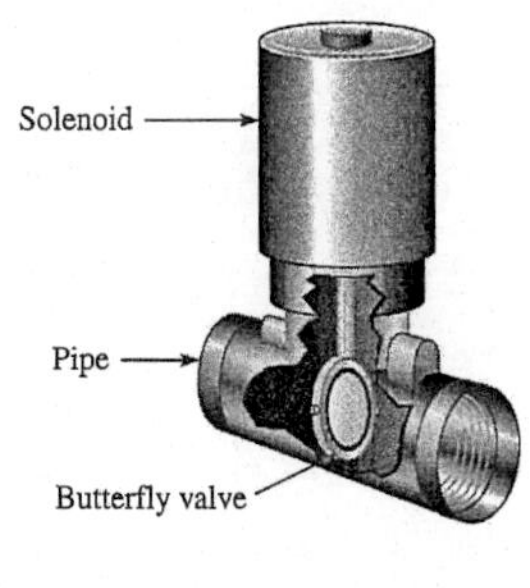

[그림 6-27] Solenoid를 활용한 밸브

항공기나 차량 등의 문잠금 장치, 카본 파일형 전압조절기, 공압 및 유압 그리고 자동차 스타터에 솔레노이드가 많이 활용되고 있다.

6-4-3 자동차 점화장치

유도성 회로가 개방되면 개방회로 저항이 아주 크므로 시상수 $\tau = L/R$이 아주 작아져 짧은 시간에 감소하게 된다. 이로 인해 스위치가 닫혔을 때보다 전류 증가보다 아주 빠른 속도로 감소하게 된다. 그 결과 인덕터 양단에 아주 큰 자기 유도전압이 발생한다. 즉 아주 짧은 시간 동안만 높은 전압의 피크값이 존재하고 전류는 빠른 속도로 감소한다. 전류가 $0A$까지 감소하면 L 양단에는 유도전압(v_L)이 없다. 그림에서 스위치가 닫히면 인덕터 L를 흐르는 전류는 자기장 내에 에너지를 저장한다. R_2 저항은 스위치가 닫히므로 영향이 없어지며 단지 저항은 100Ω만이 존재하므로 시상수 0.02sec의 5배가 되는 시간 0.1sec에서 정상 상태의 전류는 $0.08A$가 된다. 이때 자기장 내에 저장되는 에너지는 $W_L = LI^2/2$로부터 $0.0064 Joule$이다.

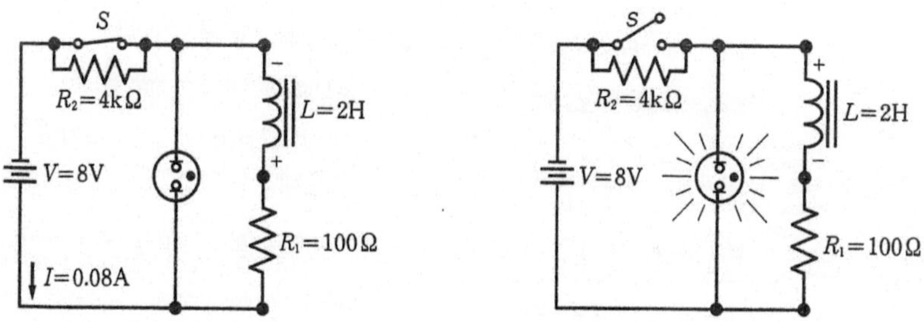

(a) 낮은 전압은 점화 불가능 (b) 높은 유도전압으로 점화

[그림 6-28] 자동차 점화 시스템

스위치가 개방되는 순간에 저항 R_2가 L과 직렬로 연결되고 자기장 속에 축적된 에너지는 전류를 그 전 상태인 $0.08A$를 유지하고자 한다. 이런 이유로 $4k\Omega$ 저항 R_2에 $0.08A$가 흐르므로 전압차는 $0.08A \cdot 4k\Omega = 320V$의 펄스파를 유도시킨다. $2H$의 인덕터에 의해 유도된 $320V$ 전압은 $v_L(t) = Ldi/dt$으로부터 $160A$/sec 전류 변화율을 가진다.

이와 같이 유도성 회로의 개방으로 발생하는 고전압은 많은 분야에 응용되고 있다. 그 한가지 예로 자동차의 점화장치(ignition system)이다. 배터리는 큰 인덕턴스를 가지는 코일과 직렬로 연결되어 있으며, 스위치로 작용하는 배전기(distributor)의 차단기(breaker)에 의해 각 방전 플러그에서 필요한 고전압을 유도시킨다.

전기자기장론에 따르면 이 에너지는 전류가 흐름으로서 인덕터 주위에 생기는 자기장에 축적된다. 이 인덕터에 저장된 자기에너지를 구해 보자. 전압과 전류 관계로부터 전력을 구하고 이로부터 에너지를 구하자.

$$p = vi = (L\frac{di}{dt})i \ \text{[W]} \tag{6-13}$$

$$w_L = \int_{t_1}^{t_2} pdt = L\int_{i_1}^{i_2} di = \frac{1}{2}Li_2^2 - \frac{1}{2}Li_1^2 \ \ [\mathrm{J}] \qquad (6-14)$$

이 식으로부터 에너지는 전류의 최초값과 최종값에만 관계되며 전류의 도중 변화 상태와는 관계가 없음을 나타낸다. 전류가 흐르는 유도회로에서 스위치를 열면 스파크가 일어나는 것은 흔히 우리가 경험하는 바로서, 이 에너지는 처음에 회로에 축적되었던 자기에너지에서 오는 것이다. 따라서 인덕터에 공급된 에너지는 다시 외부 회로로 전환시켜 이용할 수 있음을 의미한다.

6-4-4 Halll 효과 센서

Hall 효과 센서는 자기장이 인가되었을 때, 출력전압을 발생시키는 반도체 장치이다. 기본적인 구조는 그림 6-29와 같이 전류가 지나는 반도체 판으로 이루어져 있다. Hall은 자기장이 전류 방향에 수직으로 인가되면 그림과 같이 두 단자 사이에 전압이 생성된다는 것을 알고 그 관계를 규명하였다. 18세기 Lorenz에 의해 처음으로 연구되었으며 전자가 자기장을 통과하는 속도와 자기장의 세기에 수직하는 힘에 영향을 받는다는 것을 발견했다. 그 힘은 다음과 같이 쓰며, 그 힘의 방향은 왼손법칙에 의해 결정된다.

$$\dot{F} = q\dot{v} \times \dot{B}$$

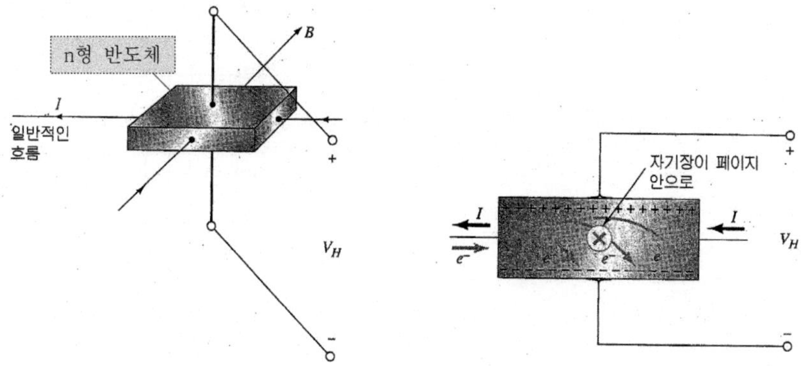

[그림 6-29] Halll 효과를 이용한 센서

그림과 같이 다수 캐리어인 전자들이 반도체 밑부분에 모이게 되며 전류나 자기장의 클수록 유도전압인 Hall 전압 V_H는 커진다. 이를 활용한 응용 분야로서는 백화점에서 물건값을 치르지 않고 나가게 되면 경보가 울리게 하는 시스템을 만들어 좀도둑을 예방할 수 있다.

6-5 인덕터와 교류회로

인덕터(L)에 교류(ac) 신호가 가해지면 전압과 전류가 어떠한 관계를 가지는지를 검토해 보자.

6-5-1 유도성 인덕턴스(inductive reactance: X_L)

그림 6-30과 같이 교류 신호의 주파수 및 인덕턴스값에 따른 전구의 밝기를 검토하자.. 전구를 흐르는 교류전류를 감소시키는 요소인 유도성 리엑턴스라고 하는 성분이 있다.

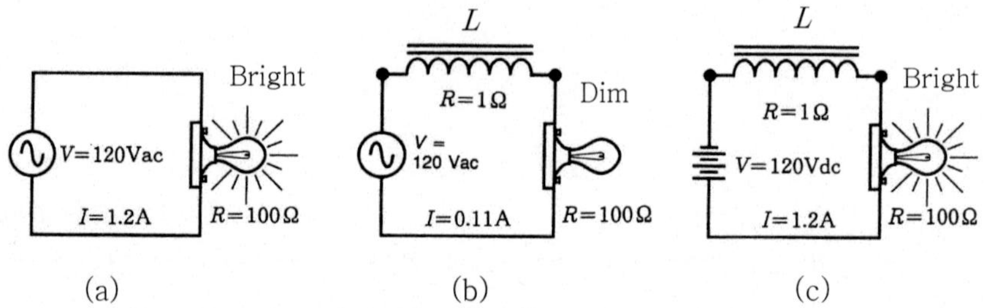

[그림 6-30] 인덕터 회로에서 유도성 리엑턴스 관계

그림 (a)와 (b)를 비교해 보자. 차이점은 인덕턴스값이 다를 뿐이다. 같은 크기의 교류전압이 인가되더라도 인덕턴스(L)가 있으면 전류가 적게 흐르므로 전구의 밝기가 낮아진다.

$$X_L[\Omega] \propto L$$

다음으로 그림 (b)와 (c)를 비교해 보자. 직류전압은 주파수가 $0[Hz]$이다. 즉 인덕터는 직류전류나 직류전압에 대해서는 리엑턴스를 가지지 않고 단순 도체와 같다. 주파수가 크면 클수록 전류가 잘 흐르지 않으므로 전구가 어두워진다. 이것은 저항 성분인 리엑턴스가 커짐을 의미한다.

$$X_L[\Omega] \propto f$$

마지막으로 (a)와 (c)를 검토해 보자. 전구의 밝기가 동일하고 같은 전류가 흐른다. 이는 직류에서는 주파수가 $f=0[Hz]$이므로 유도성 리엑턴스가 $0[\Omega]$임을 나타내며 인덕터 양단전압은 유도전압이 생기지 않는다는 것을 의미한다. 따라서 회로적으로 단락(short)을 의미한다.

유도성 리엑턴스는 정현파 전류를 방해하므로 단위는 $[\Omega]$이며 기호는 X_L이다. 전류는 주파수가 커지면 작아지고 주파수가 작아지면 전류는 커진다. 따라서 X_L는 f에 비례한다. 또한, L가 증가함에 따라 i가 감소하고, L가 감소함에 따라 i가 증가한다. 즉 유도성 리엑턴스(X_L)는 f와 L에 비례하며 비례상수는 2π이다. 이를 식으로 표현하면 다음과 같다.

$$X_L[\Omega] = 2\pi f L \qquad (6-15)$$

그림 6-31은 주파수에 따른 유도성 리액턴스의 특성을 나타낸 것이다.

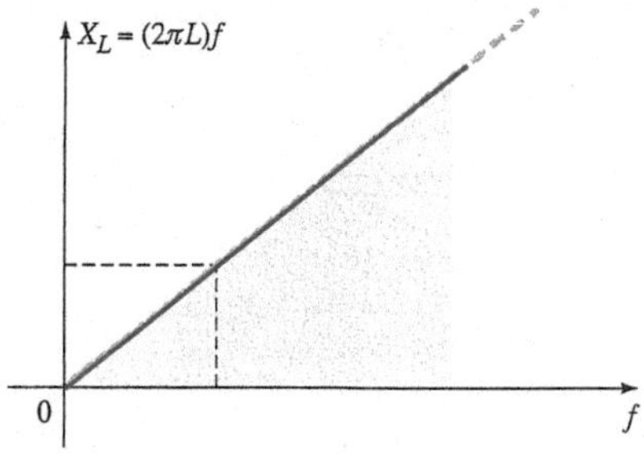

[그림 6-31] 유도성 리액턴스의 주파수 특성

복습문제

[1] 다음 인덕터 회로에 대해 답하시오.

1> 주파수 $f = 1kHz$의 정현파 전압이 입력될 때, 인덕터의 X_L을 구하시오.

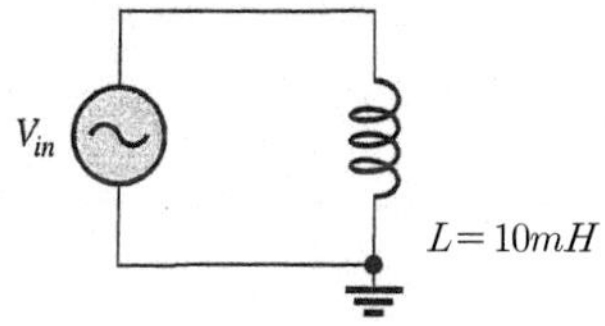

2> 직류가 인가되면 X_L은 얼마이며 이는 (개방, 단락)을 나타내며 큰 전류가 흐른다.

[2] 위의 회로에서 $X_L = 10k\Omega$이 된다면 가해진 주파수 f는 얼마인가?

6-5-2 유도성 리액턴스의 직병렬 연결

앞에서 배운 유도성 리액턴스를 바탕으로 인덕터회로에 교류 신호가 인가되었을 때 합성 리액턴스를 구해 보자. 이것은 우리가 제3장에서 배운 Ohm의 법칙과 규칙이 동일하므로 직렬, 병렬 및 직병렬회로들에 대해 쉽게 구할 수 있다.

예제

다음 직병렬 인덕터회로에서 총 인덕턴스와 각 인덕터를 흐르는 전류를 구하시오.

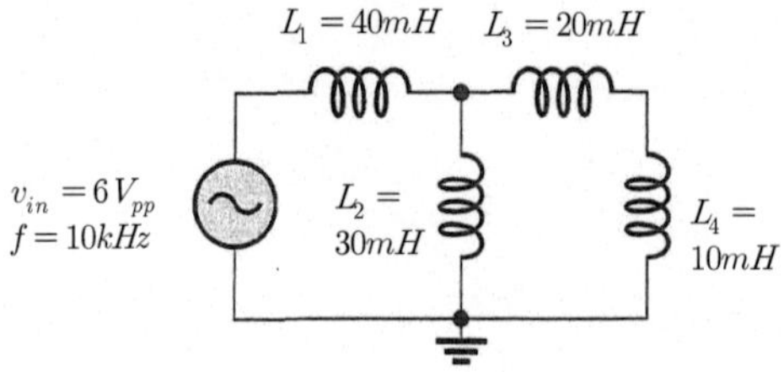

[해] 해석 방식은 화살표 방향으로 아래로 내려갔다가 다시 위로 올라오는 방법이다.

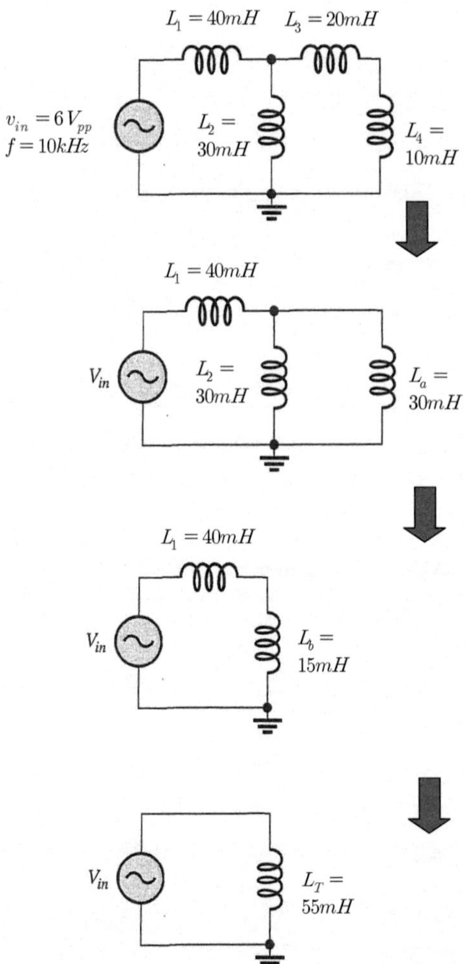

$I_3 = I_a = 0.85mA$

$X_{L_2} = 2\pi(10kHz)(30mH) = 1.88k\Omega$

$X_{L_a} = 2\pi(10kHz)(30mH) = 1.88k\Omega$

$I_1 = I_T = 1.7mA$

$$I_2 = I_1 \times \frac{X_{L_a}}{X_{L_2} + X_{L_a}} = 0.85mA$$

$$I_a = I_1 \times \frac{X_{L_2}}{X_{L_2} + X_{L_a}} = 0.85mA$$

$X_{L_1} = 2\pi(10kHz)(40mH) = 2.51k\Omega$

$X_{L_b} = 2\pi(10kHz)(15mH) = 0.94k\Omega$

$$V_1 = V_{in}\left(\frac{X_{L_1}}{X_{L_T}}\right) = 6V\left(\frac{2.51k\Omega}{3.45k\Omega}\right) = 4.36V$$

$$V_b = V_{in}\left(\frac{X_{L_b}}{X_{L_T}}\right) = 6V\left(\frac{0.94k\Omega}{3.45k\Omega}\right) = 1.63V$$

$V_{in} = 6V,$

$L_T = L_1 + L_2 = 40mH + 15mH = 55mH$

$X_{L_T} = 2\pi(10kHz)(55mH) = 3.45k\Omega$

$I_T = V_{in}/X_{L_T} = 1.7mA$

6-5-3 전압, 전류 및 전력 관계

정의에 의해 전압(v)은 전류의 시간적 비율이므로 순간전압 v는 시간 t에 대한 전류 i의 변화율이다.

$$v_L(t) = L\frac{di}{dt} \tag{6-16}$$

인덕터에 걸리는 유도전압은 인덕터를 흐르는 전류의 순간 변화율에 인덕턴스를 곱한 것과 같다. 따라서 인덕터를 흐르는 전류가 빠르게 변할수록 유도전압은 커진다.

1> 전류 및 전압

1차 미분(기울기)을 이용하여 전압과 전류 사이의 위상 관계를 알아보자. 먼저 전류파형은 안다고 하자. 유도전압은 그래프에서 $di/dt=0$이면, $v=Ldi/dt=0$이므로 이를 그래프로 그리면 다음과 같다. 순수한 유도성 회로에서 전압은 전류보다 위상이 90° 앞선다. 오실로스코프로 관찰하여도 같은 파형이 된다.

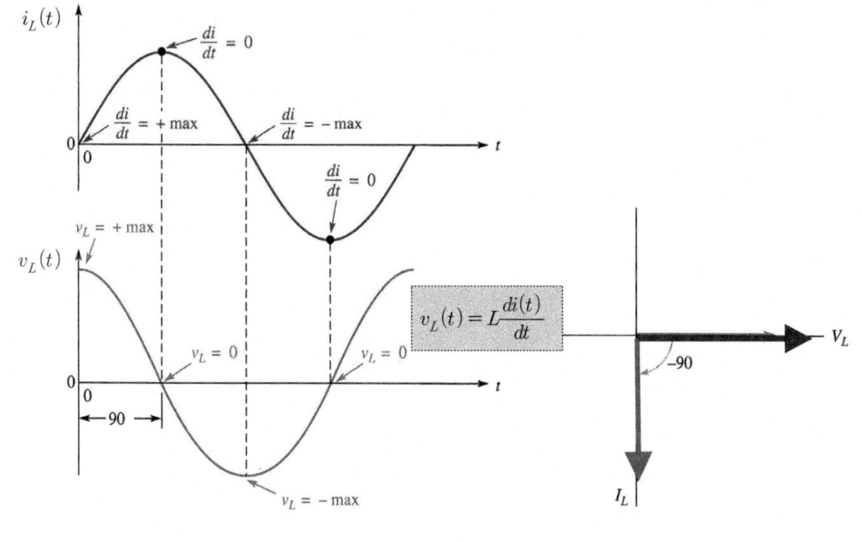

[그림 6-32] 인덕터에서 전압 및 전류파형

순수한 유도성 교류회로에서 전압은 전류보다 90° 앞선다. 다시 말해 전류가 전압보다 90° 뒤진다. 인가된 전압은 0°로 기준하면 $\dot{V}=V_S\angle 0°$로 표현된다. 그 결과 전류는 극좌표 형식으로 $\dot{I}=I\angle -90°$ 또는 $-jI$로서 표현된다. 유도성 리액턴스를 포함하는 교류회로에 R대신 $\dot{X}_L$로 바꾸어 Ohm 법칙을 적용한다. 유도성 리액턴스, 전류 및 전압은 위상각을 고려하므로 복소수로 표현된다.

$$\dot{X}_L = \frac{\dot{V}_S}{\dot{I}} = \frac{V_S \angle 90^\circ}{I \angle 0^\circ} = \left(\frac{V_S}{I}\right) \angle 90^\circ = X_L \angle 90^\circ = jX_L \tag{6-17}$$

복습문제

[1] 위 복습문제의 회로에서 흐르는 전류 및 전력 주파수를 구하시오.

답: $\dot{I} = 7.96 \angle 0^\circ [mA]$, $f_{power} = 20[kHz]$

[2] 만약 전류가 아래와 같을 경우에 인덕터에 유도되는 전압의 그래프를 그리시오.

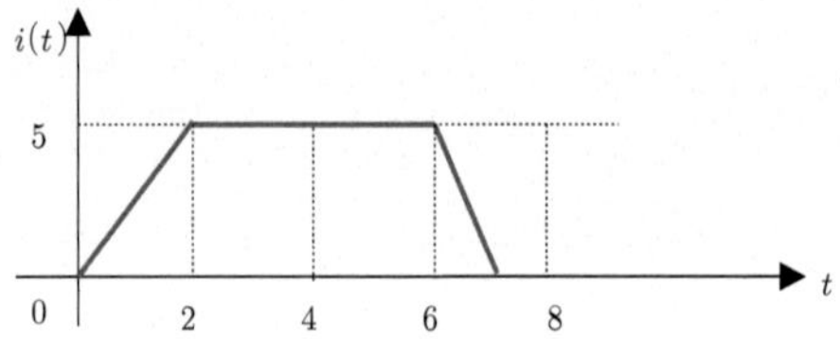

1> 구간 $0 < t < 2$:

2> 구간 $2 < t < 4$:

3> 구간 $6 < t < 7$:

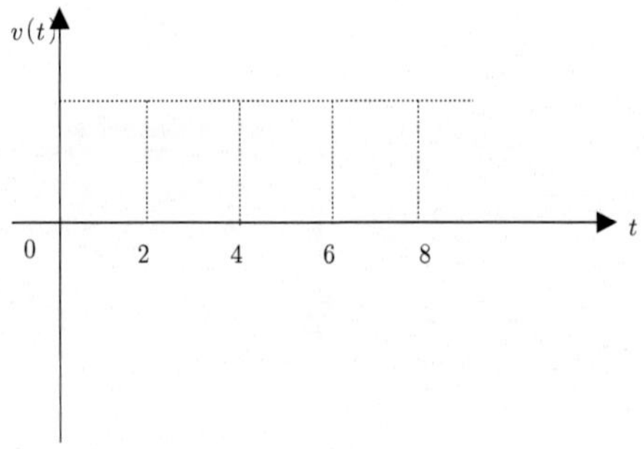

2> 인덕터에서의 전력(power)

인덕터에서 전류가 흐르면 자계 내에 에너지가 저장된다. 손실되는 에너지가 없는 이상적인 인덕터는 에너지를 소비하지 않고 저장한다. 교류전압이 이상적인 인덕터에 가해지면 에너지가 사이클의 일부분 동안 인덕터에 저장되며, 저장된 에너지는 사이클의 다른 부분 동안에 전원으로 돌아간다. 이상적인 인덕터는 열로 변환되는 에너지의 손실이 없다. 그림 6-33은 한 사이클 동안의 인덕터에서 전력곡선을 나타낸 것이다.

〈1〉 순간전력($p(t)$)

순간전압 v와 순간전류 i를 곱하면 순간전력 p가 된다. v나 i가 0인 곳에서 p는 0이다. v와 i가 모두 (+)의 값을 가지면 p도 (+)의 값을 갖는다. v와 i가 하나는 (+)이고 하나는 (-)이라면 p는 (-)이 된다. 또한, v와 i가 모두 (-)이면 p는 (+)이 된다. 그림에서 알 수 있듯이 전력은 정현파형의 곡선을 따라서 변화한다. 전력의 (+) 값은 에너지가 인덕터에 저장되는 것을 나타내며, 전력의 (-) 값은 에너지가 인덕터에서 전원으로 돌아가는 것을 나타낸다. 전력은 전압이나 전류의 주파수의 두 배($2f$)로 변동한다. 에너지는 이 주파수로 인덕터에 저장되거나 전원으로 돌아간다.

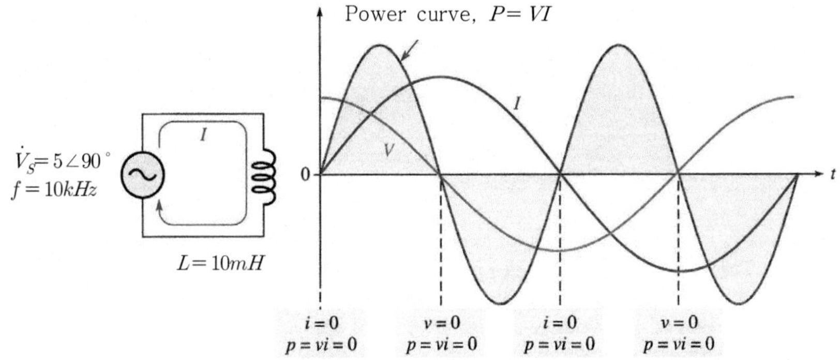

[그림 6-33] 인덕터에서 전력곡선

〈2〉 유효전력(P)

이상적으로 전력 사이클이 (+)의 값을 갖는 동안 인덕터에 의해 저장된 모든 에너지는 (-)의 값을 갖는 동안에 전원으로 되돌려진다. 에너지는 인덕턴스에서 소모되지 않으므로 유효 전력은 0이다. 실제 인덕터에서는 권선저항(R_w) 때문에 항상 약간의 전력이 소비되며, 매우 작은 양의 유효전력이 존재한다. 그러나 이 유효전력은 대부분의 경우에 무시된다.

$$P = VIcos\theta = VIcos90^\circ = 0[W], \qquad P = I^2 R_w \qquad (6\text{-}18)$$

〈3〉 무효전력(Q_L: reactive power in inductor)

인덕터가 에너지를 저장하거나 돌려보내는 비율을 무효전력 Q_L이라고 하며, 단위는

[VAR]이다. 매 순간 인덕터는 에너지를 전원으로부터 가져오거나 전원으로 돌려보내므로 무효전력은 0이 아니다. 그러나 무효전력은 열로 변환되는 에너지 손실을 의미하는 것은 아니다. 다음의 식이 적용된다.

$$Q_L = VIsin90^{\circ}\,[VAR]$$

$$Q_L = VI \qquad Q_L = \frac{V^2}{X_L} \qquad Q_L = I^2 X_L \qquad (6\text{-}19)$$

제7장 교류 RC, RL 및 RLC 회로

이 장에서는 교류 신호에 대해 유도성 리액턴스 X_L과 저항 R이 결합된 RL회로, 용량성 리액턴스 X_C와 저항 R이 결합된 RC 회로 그리고 X_L, X_C 및 R의 세 가지가 결합된 RLC 회로에 대해 각각 익히고 이들 임피던스 등의 여러 가지 회로 특성들을 학습한다.

Oscilloscope

An oscilloscope, previously called an oscillograph, and informally known as a scope, CRO(for cathode-ray oscilloscope), or DSO(for digital storage oscilloscope), is a type of electronic test instrument that allows observation of constantly varying signal voltages, usually as a two-dimensional plot of one or more signals as a function of time. Non-electrical signals (such as sound or vibration) can be converted to voltages and displayed.

Oscilloscopes are used to observe the change of an electrical signal over time, such that voltage and time describe a shape which is continuously graphed against a calibrated scale. The observed waveform can be analyzed for such properties as amplitude, frequency, rise time, time interval, distortion and others. Modern digital instruments may calculate and display these properties directly. Originally, calculation of these values required manually measuring the waveform against the scales built into the screen of the instrument. A storage oscilloscope allows single events to be captured by the instrument and displayed for a relatively long time, allowing human observation of events too fast to be directly perceptible.

Oscilloscopes are used in the sciences, medicine, engineering, and telecommunications industry. General-purpose instruments are used for maintenance of electronic equipment and laboratory work. Special-purpose oscilloscopes may be used for such purposes as analyzing an automotive ignition system or to display the waveform of the heartbeat as an electrocardiogram.

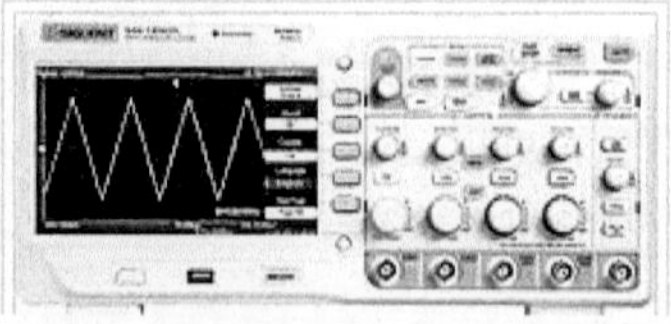

A bench DSO and a handheld DSO

회로해석(circuit analysis)이란 그 소자에 전류 및 전압을 구하는 것이므로 회로에 따라 고차 연립방정식을 구하면 된다. 그러나 회로에 인덕터나 커패시터가 포함되면 소자에 흐르는 전류와 전압은 저항회로와 같이 단순한 비례 관계가 아닌 미분과 적분의 관계를 가지게 된다. 따라서 이들 소자의 해석은 고차 연립 미분방정식을 풀어야 한다. RC 및 RL 회로에서 1차 미분방정식이 유도되고, RLC 회로에서는 2차 미분방정식이 유도된다. 이러한 미분방정식의 해는 공업수학에서 배운 방식으로 구할 수 있다.

일반적으로 미분방정식의 해는 동차해와 특수해의 합으로 나타낼 수 있다. 회로해석에서는 각각 과도 상태 응답(transient state response)과 정상 상태 응답(steady state response)이라 하고 이 두 가지 응답의 합을 완전 응답(complete response)이라 부른다. 과도 상태 응답은 전원이 없다고 생각하고, 즉 초깃값만 있다고 생각하여 얻은 해를 말하며, 정상 상태 응답은 주어진 회로의 입력전원에 따라 계산되는 해이다. 일반적으로 RC, RL, RLC 회로해석은 미분방정식의 동차해와 특수해를 합하여 구한다. 결국 회로해석이란 주어진 회로에서 단순방정식이나 미분방정식을 유도하여 그 방정식의 해를 구하는 것이다.

$$\frac{dx(t)}{dt}+ax(t)=f(t), \qquad \frac{dv_C}{dt}+\frac{1}{RC}v_C=\frac{V_S}{RC}$$

미분방정식: **일반해 = 등차해 + 특수해**

회로해석: **완전 응답 = 정상 응답 + 과도 응답**

$$v(t)=V_F+(V_i-V_F)e^{-t/r}$$

1차 시스템인 RC 또는 RL 회로에서나 2차 시스템인 RLC 회로에서, 과도 응답은 전원이 없다고 가정하고 초깃값만으로 구한 응답이며, 또한 전원이 인가될 때는 정상 응답으로서 이들의 합인 완전 응답은 수학적으로 강력한 해석법인 Laplace 변환을 이용하여 체계적으로 구할 수 있다. 이것은 제10장에서 다루도록 한다.

이 장에서는 RC, RL, RLC 회로에 인가되는 전원이 교류일 경우로 한정하고 있다. 교류전원이 인가될 때, 삼각함수를 이용한 복잡한 연산 대신에 페이저 해석(phasor analysis)이라고 하는 간략한 해석 방식을 통해 단순한 복소수연산을 활용하여 정상 상태 응답을 구하는 방식이다. 교류회로해석도 앞에서 학습한 Kirchhoff 전압 및 전류 법칙, Ohm 법칙, 중첩정리, 메시(mesh) 전류법, 노드(node) 전압법, Thevenin 정리 및 Norton 정리를 사용하여 수행하면 된다. 학습한 페이저해석을 그림으로 나타내어 정리해 보자.

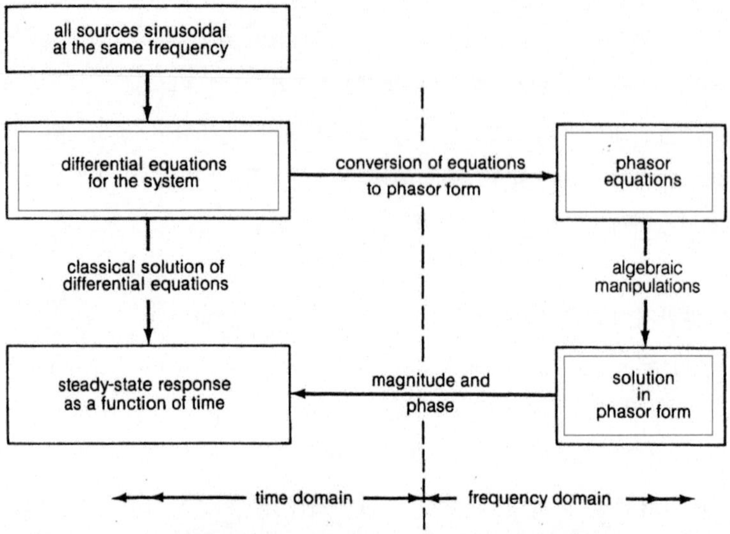

(a) 페이저를 사용한 정현파 정상 상태 해석

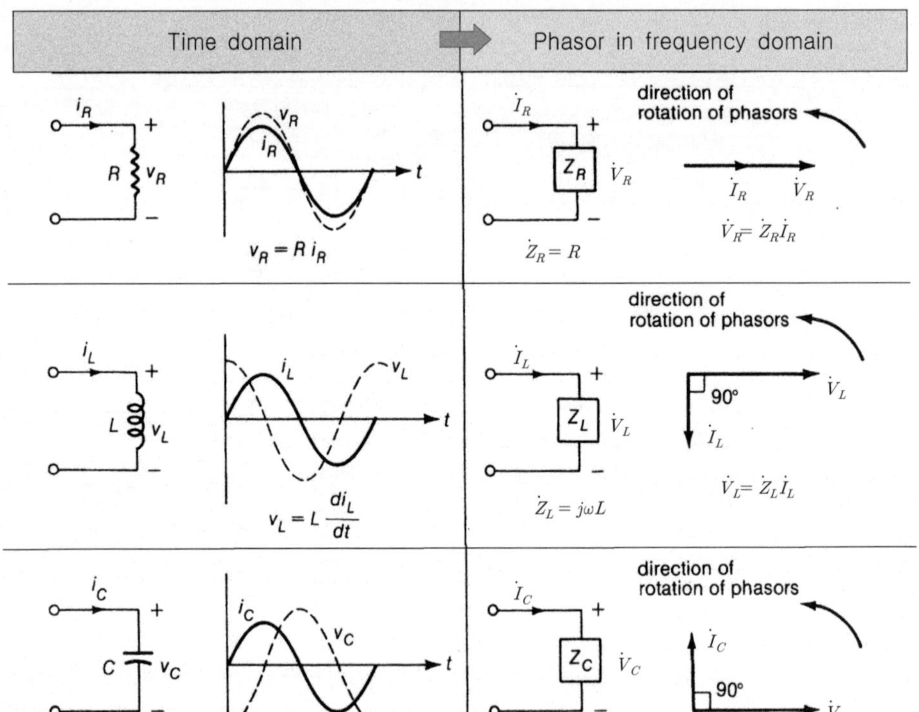

(b) 회로요소 R, L, C에 대한 시간 영역 및 주파수 영역에서 전압과 전류 관계

[그림 7-1] 페이저 해석은 정상 상태의 교류해석에 사용된다.

7-1 임피던스, 어드미턴스 및 복소전력

커패시터, 인덕터 및 저항에 대해 전류 페이저와 전압 페이저에 대한 주파수 영역에서 관계를 학습하고 정리하고자 한다.

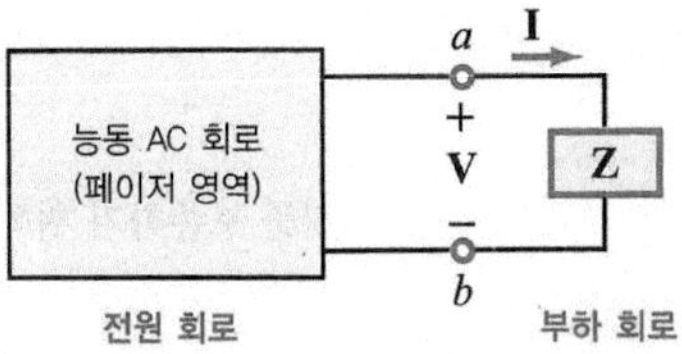

[그림 7-2] 페이저로 나타낸 회로

7-1-1 임피던스(impedance)와 어드미턴스(admittance)

어떤 소자의 임피던스는 페이저 전압에 페이저 전류를 나눈 값으로 정의하며 기호 $\dot{Z}$로 나타낸다. 이는 페이저 기호로 나타낸 Ohm 법칙으로서 Euler 정리를 활용하여 나타내었다.

$$\dot{Z}=\frac{\dot{V}}{\dot{I}}=\frac{V\angle\theta_v}{I\angle\theta_i}=(\frac{V}{I})\angle\theta=Z\angle\theta=Z(\cos\theta+j\sin\theta) \quad (7\text{-}1)$$

임피던스는 저항회로에서 저항과 유사한 역할을 한다. 임피던스는 전압 대 전류의 비로 나타내지만 이 자체적으로 시간 영역에서 의미를 갖지 못한다. 즉 전압과 전류는 시간 영역으로 변환되어 해석되지만 임피던스는 시간 영역에서 의미가 없다. 임피던스는 복소수이므로 다음과 같이 여러 가지 형태로 쓸 수 있다.

$$\dot{Z}=Z\angle\theta=Ze^{j\theta}=R+jX \quad (7\text{-}2)$$

극좌표/지수함수/직각좌표

여기서 R은 $\dot{Z}$의 실수부이고 X는 허수부이다. 즉 $R=Re(\dot{Z})$이고 $X=Im(\dot{Z})$이다. 또한, 임피던스의 크기와 위상각은 각각 다음과 같다.

$$Z=\sqrt{R^2+X^2}, \qquad \theta=\tan^{-1}(\frac{X}{R}) \quad (7\text{-}3)$$

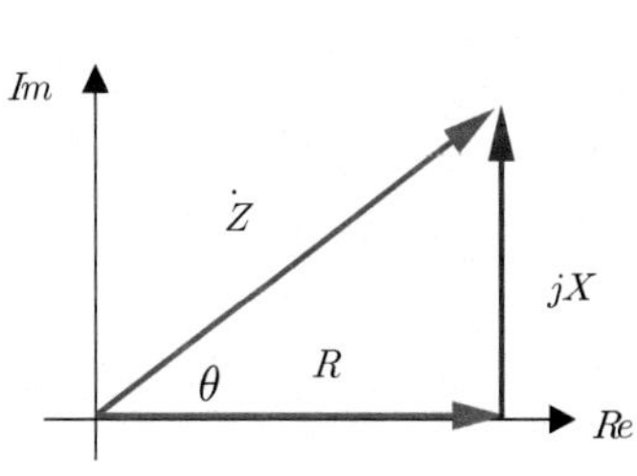

- $\dot{Z}=R+jX$
  $=\sqrt{R^2+X^2}\angle\tan^{-1}(\frac{X}{R})$

[그림 7-3] 임피던스의 관계 그래프

저항, 인덕터 및 커패시터에 대해 $I-V$ 관계로부터 임피던스는 다음과 같다.

저　항:	$\dot{V}=R\dot{I}$	$\dot{Z}=R$
인 덕 터:	$\dot{V}=j\omega L\dot{I}$	$\dot{Z}=j\omega L=jX_L$
커패시터:	$\dot{V}=\dot{I}(1/j\omega C)$	$\dot{Z}=1/j\omega C=-jX_C$

이 임피던스의 역수(reciprocal)를 어드미턴스라고 부르고 $\dot{Y}$로 나타낸다. 어드미턴스의 단위는 $[S]$이다.

$$\dot{Y}=\frac{1}{\dot{Z}}=\frac{1}{Z\angle\theta}=Y\angle-\theta\ [S] \qquad (7\text{-}4)$$

먼저 임피던스와 어드미턴스 개념을 익히기 위해 $C=1\mu F$의 커패시터의 경우에 적용해 보자. 단, 각주파수는 $\omega=1{,}000[rad/\sec]$로 한다.

$$\dot{Z}=\frac{1}{j(1000)(1\mu F)}=\frac{1}{j0.001}=\frac{1000}{j}=-j1000=1000\angle-90^\circ\ [\Omega]$$

$$\dot{Y}=\frac{1}{\dot{Z}}=j\omega C=j(0.001)=0.001\angle 90^\circ\ [S]$$

또한, 그림 7-4와 같이 구성된 회로에서 임피던스는 저항, 인덕터, 커패시터의 조합이다.

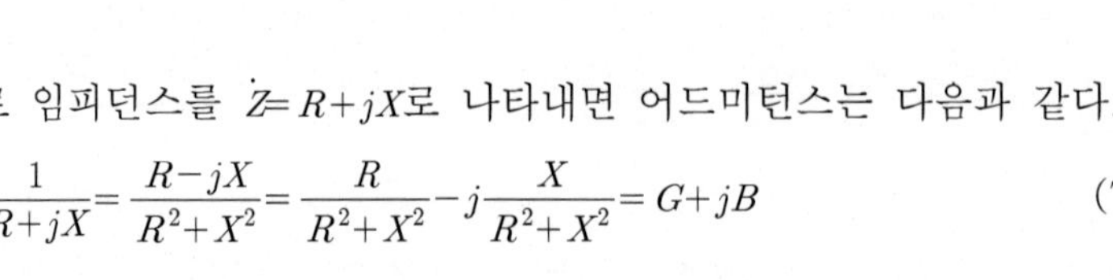

[그림 7-4] 임피던스는 저항, 인덕터, 커패시터의 조합이다.

일반적으로 임피던스를 $\dot{Z}=R+jX$로 나타내면 어드미턴스는 다음과 같다.

$$\dot{Y}=\frac{1}{R+jX}=\frac{R-jX}{R^2+X^2}=\frac{R}{R^2+X^2}-j\frac{X}{R^2+X^2}=G+jB \qquad (7\text{-}5)$$

G는 단순히 R의 역수가 아니며 B도 X의 역수가 아니라는 사실에 유의해야 한다. 어드미턴스의 실수부 G는 컨덕턴스(conductance)라 하고 허수부 B는 서셉턴스(susceptance)라 한다. G와 B의 단위는 모두 siemens이다.

소자의 임피던스가 $\dot{Z}=R\pm jX$이면 어떤 소자의 리액턴스부 X가 양(+)이면 유도성이라 하고 음(-)이면 용량성이라 한다. $\dot{Y}$는 $\dot{Z}$의 역수이며 $\dot{Y}=G\mp jB$이므로 어떤 소자의 B가 양(+)이면 용량성(capacitive)이고 음(-)이면 유도성(inductive)이라 할 수 있다.

7-1-2 복소전력(complex power)

정현파로 동작하는 회로가 있다고 하자. 모든 소자의 전압과 전류는 같은 주파수의 정현파로 동작한다. 이러한 회로는 페이저를 이용하여 주파수 영역에서 해석할 수 있다는 것을 배웠다. 여기서는 간단히 전력을 페이저로 표현하는 것을 복습해 보자.

$$v(t)=V_m\sin(\omega t+\theta_v),\qquad \dot{V}=V_m\angle\theta_v=\sqrt{2}\,V\angle\theta_v \tag{7-6}$$

$$i(t)=I_m\sin(\omega t+\theta_i),\qquad \dot{I}=I_m\angle\theta_i=\sqrt{2}\,I\angle\theta_i \tag{7-7}$$

이로부터 공급하는 전력이나 공급되는 모든 전력은 복소전력으로 표현할 수 있다. 최대치와 실효치의 관계로부터 다음과 같이 변형할 수 있다.

$$\dot{S}=\dot{V}\dot{I}^*=\frac{V_m}{\sqrt{2}}\frac{I_m}{\sqrt{2}}\angle\theta_v-\theta_i=VI\angle\theta_v-\theta_i \tag{7-8}$$

여기서 $\dot{I}^*$는 $\dot{I}$의 복소수 공액이다. $\dot{S}$는 복소전력이며 그 크기를 피상전력 VI이라 부른다. 복소전력을 극좌표 형식에서 각의 형식으로 바꾸면 다음과 같다.

$$\dot{S}=VI\cos(\theta_v-\theta_i)+j\,VI\sin(\theta_v-\theta_i)=P+jQ \tag{7-9}$$

여기에서 평균 전력(유효전력) P와 무효전력 Q는 각각 다음과 같다.

$$P=VI\cos(\theta_v-\theta_i) \tag{7-10}$$

$$Q=VI\sin(\theta_v-\theta_i) \tag{7-11}$$

복소전력, 유효전력 및 무효전력은 모두 전압과 전류의 곱이다. 그러나 이를 구별하기 위해 복소전력의 단위는 [VA]=Volt-Ampere이고 평균 전력(유효전력)의 단위는 [W]=Watt, 무효전력의 단위는 [VAR]=Volt-Ampere-Reactive로 구분한다.

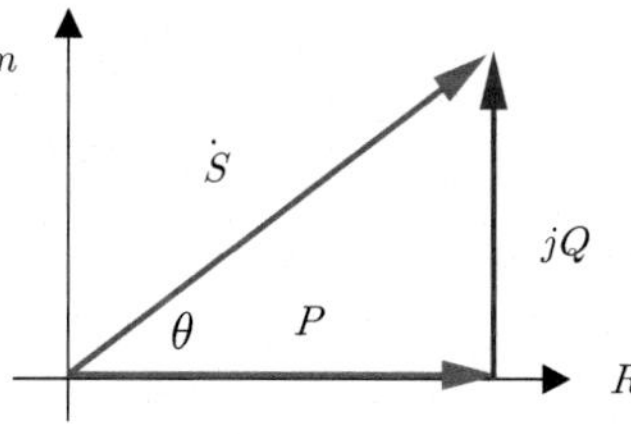

• $\dot{S}=P+jQ$
$=\sqrt{P^2+Q^2}\angle\tan^{-1}\dfrac{Q}{P}$

[그림 7-5] 복소전력 삼각형

복소전력과 임피던스를 관련시켜 보자.

$$\dot{Z}=\frac{\dot{V}}{\dot{I}}=\frac{V\angle\theta_v}{I\angle\theta_i}=(\frac{V}{I})\angle\theta_v-\theta_i=Z\angle\theta \tag{7-12}$$

이를 Euler 정리를 이용하여 각도의 형식으로 바꾸자.

$$\dot{Z}=(\frac{V}{I})\cos\theta+j(\frac{V}{I})\sin\theta=R+jX \tag{7-13}$$

여기서 저항은 $R=(\frac{V}{I})\cos\theta$ 이고 리엑턴스는 $X=(\frac{V}{I})\sin\theta$이다.

이를 복소전력에 적용하자.

$$\begin{aligned}\dot{S}&=P+jQ=VI\cos\theta+jVI\sin\theta\\&=(I^2)(\frac{V}{I})\cos\theta+j(I^2)(\frac{V}{I})\sin\theta=(I^2)(Z\cos\theta)+j(I^2)(Z\sin\theta)\\&=(I^2)Re(\dot{Z})+j(I^2)Im(\dot{Z})\\&=(I^2)R+j(I^2)X=P+jQ\end{aligned} \tag{7-14}$$

식 (7-14)는 식 (7-8)의 내용과 일치한다. 만약 소자가 인덕터나 커패시터라면 $Re(\dot{Z})=0$이므로 이들 소자에 전달되는 평균 전력 P은 $0[W]$이다.

어떤 회로에서든지 복소전력은 보존된다. 이를 식으로 나타내면 다음과 같다.

$$\sum_{all}^{n}\dot{S}_k=\sum_{all}^{n}\dot{V}\dot{I}^*=0 \tag{7-15}$$

이를 다시 두 부분으로 분리하여 나타내면 다음과 같이 표현할 수 있다.

$$\text{복소전력:}\quad \sum_{sources}^{n}\dot{S}_k=\sum_{others}^{n}\dot{V}\dot{I}^* \tag{7-16}$$

$$\text{유효전력:}\ \sum_{all}^{n}P_k=0,\qquad \text{무효전력:}\ \sum_{all}^{n}Q_k=0 \tag{7-17}$$

최종적으로 우리가 필요로 하는 것은 복소전력 $\dot{S}$에서 $\sum_{all}^{n}P_k=0$ 이고 $\sum_{all}^{n}Q_k=0$이다. 이와 같이 어떤 회로에서든지 평균 전력(유효전력)과 무효전력은 모두 보존됨을 의미한다. 이것은 아주 중요한 관계식으로서 변압기 등의 각종 전기기기를 학습할 때 활용하길 바란다.

7-2 RC 회로

정현파는 교류 신호의 가장 대표적인 파형으로서 각종 회로의 신호로 인가된다. 여기서는 RC 직렬회로에서 주파수 변화에 따른 리엑턴스(reactance: 전류 흐름을 방해)의 변화를 이해하고 교류 신호에 대한 전류와 전압의 위상 관계를 익힌다.

- 리엑턴스(reactance)와 저항을 어떻게 합성하는가?
- 위상각(phase angle)은 무엇인가?
- RC 회로에서 임피던스(impedance)와 어드미턴스(admittance)에 대해 학습한다.

7-2-1 RC 직렬회로(RC series circuit)

어떤 회로의 동작을 실험하거나 특성을 찾아내려면 원하는 파형의 교류전압을 회로에 전원전압(v_S)으로 가해야 하며, 이때 사용하는 장비가 신호발생기(function generator)이다. 그림 7-6은 정현파 교류 신호가 인가될 때, RC직렬회로에서 전원전압 및 저항 양단전압의 파형을 나타낸 것이다.

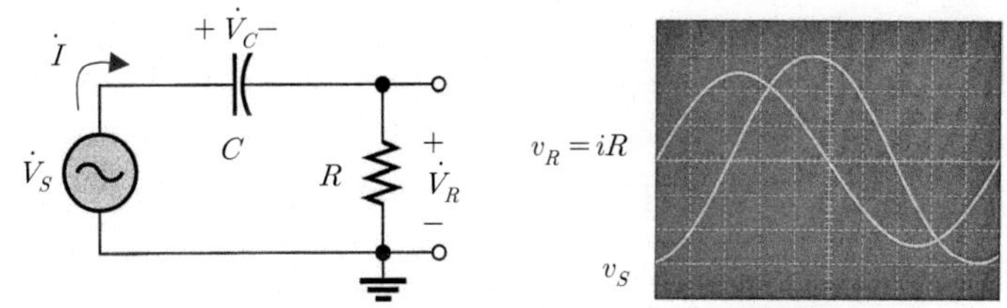

[그림 7-6] RC 직렬회로의 전압파형

회로에 흐르는 전류, 저항 양단전압(v_R) 및 커패시터 양단전압(v_C)은 전원전압(v_S)과 동일한 주파수이다. 여기서 전원전압과 각 소자들의 양단전압에서 위상차가 발생하는 것은 커패시터 때문으로 역률을 학습할 때 자세히 익히도록 한다.

알다시피 커패시터 양단전압과의 상호관계로부터 전류 i가 전압 v_C보다 앞선다는 것을 학습하였다. 그림에서 저항 양단전압이 전원전압보다 위상이 앞선다.(lead) 또한, 전류, 전압의 크기 및 위상은 저항과 용량성 리엑턴스 값의 크기에 따라 정해진다.

1> 임피던스

RC 직렬회로에서 저항과 커패시터는 전류의 흐름을 방해하는 소자들로서 커패시턴스는 용량성 리엑턴스(capacitive reactance:X_C)라고 불리는 값을 가진다. 제5장에서 익힌 커패시터의 용량성 리엑턴스는 다음과 같다.

$$X_C = \frac{1}{2\pi f C} = \frac{1}{\omega C}[\Omega] \qquad (7\text{-}18)$$

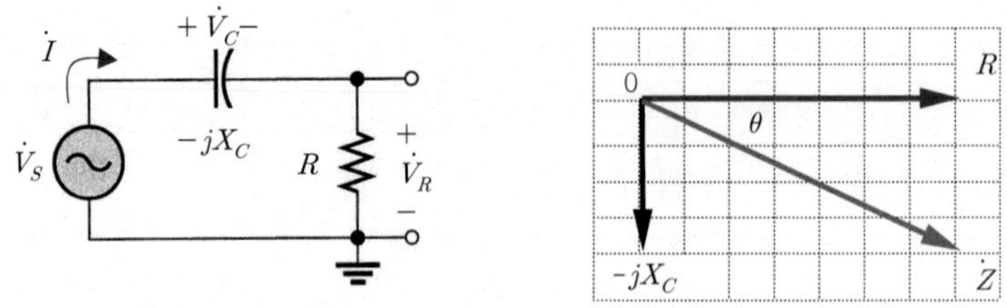

[그림 7-7] RC 직렬회로 및 임피던스 삼각도

우리는 앞에서 용량성 리엑턴스를 극좌표와 직각좌표로 나타낼 수 있었다.

$$\dot{X_C} = \frac{\dot{V}_C}{\dot{I}} = \frac{V_C\angle 0^\circ}{I\angle 90^\circ} = \left(\frac{V_C}{I}\right)\angle -90^\circ = X_C\angle -90^\circ = -jX_C$$

저항과 리액턴스의 합을 임피던스(impedance: $\dot{Z}$)라고 부른다. 이들 두 소자들은 직렬 연결이므로 이를 **직각좌표 형태**로 나타내면 다음과 같다.

$$\dot{Z} = R - jX_C[\Omega] \tag{7-19}$$

비록 R과 X_C가 [Ω] 단위로 측정된다 하더라도 서로 다른 위상차를 가지므로 교류 신호가 입력될 때 서로 다른 특성을 가진다. 즉 페이저(크기 및 방향)가 다르다는 것이다. $\dot{Z}$를 다른 방식으로 표현해 보자. 식 (7-19)의 벡터를 합성하면 크기를 구할 수 있다.

$$Z = \sqrt{R^2 + (-X_C)^2} = \sqrt{R^2 + X_C^2} \tag{7-20}$$

또한, 위상각은 삼각함수를 이용하면 다음과 같이 표시된다. (제4 사분면에 존재)

$$\theta = \tan^{-1}\left(\frac{-X_C}{R}\right) \tag{7-21}$$

식 (7-20) 및 (7-21)를 이용하여 **극좌표 형태**로 $\dot{Z}$를 나타내면 다음과 같다.

$$\dot{Z} = \frac{\dot{V}_S}{\dot{I}} = \frac{V\angle\theta_v}{I\angle\theta_i} = \left(\frac{V}{I}\right)\angle\theta_v - \theta_i = Z\angle\theta \tag{7-22}$$

여기서 위상각(θ)은 '전압 위상각(θ_v) - 전류 위상각(θ_i)'을 나타낸다. 즉 위상각이 음(-)이므로 이는 전압 위상각보다 전류 위상각이 크므로 전류가 앞선다는 것을 의미한다. 우리는 이를 진상(lead) 역률을 가진다고 한다.

예제

다음 각 회로에 대해 임피던스를 직각좌표와 극좌표로 나타내시오. 또한, 각각의 페이저도(phasor diagram)를 그리시오.

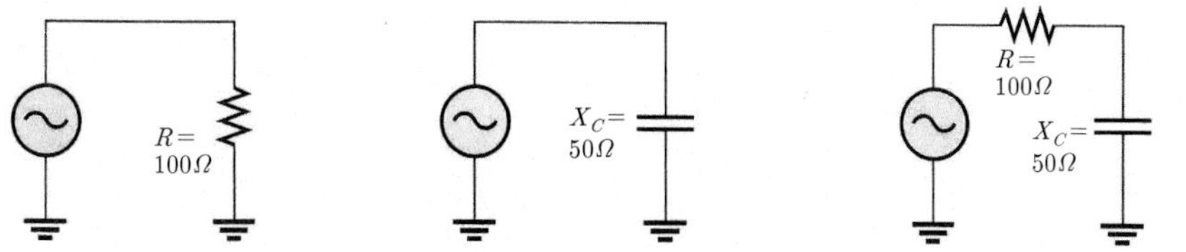

(a) 저항　　(b) 커패시터　　(c) 저항과 커패시터

[두 소자 R과 C의 조합에 따른 임피던스]

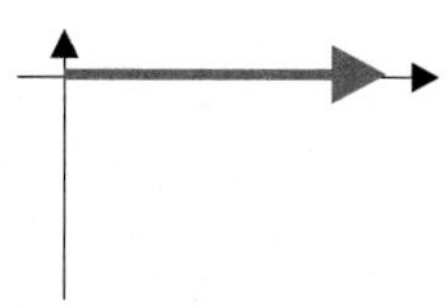

[풀이] 그림 (a)의 회로에서 임피던스는

$\dot{Z} = R - j0 = R = 100[\Omega]$ (직각좌표, $X_C = 0$),

$\dot{Z} = R\angle 0^\circ = 100\angle 0^\circ [\Omega]$ (극좌표)

따라서 저항 성분만 갖는다. 저항의 경우 전압과 전류 사이에 위상차를 발생시키지 않으므로 위상각은 0°가 된다.

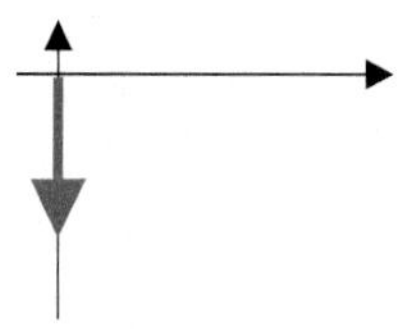

그림 (b)의 회로에서 임피던스는

$\dot{Z} = 0 - j50 = -j50[\Omega]$ (직각좌표, $R = 0$),

$\dot{Z} = X_C\angle -90^\circ = 50\angle -90^\circ [\Omega]$ (극좌표)

따라서 리액턴스 성분만 갖는다. 커패시터의 경우 전류는 전압을 90° 앞서므로 위상각은 -90°가 된다.

마지막으로 그림 (c)의 회로에서 임피던스는

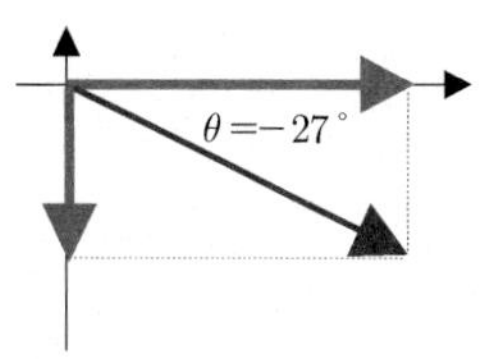

$\dot{Z} = R - jX_C[\Omega] = 100 - j50[\Omega]$ (직각좌표)

이 임피던스를 극좌표 형식으로 나타내면

$$\dot{Z} = Z\angle\theta = \sqrt{R^2 + (-X_C)^2}\ \angle \tan^{-1}\left(\frac{-X_C}{R}\right)$$

$$= \sqrt{100^2 + (-50)^2}\ \angle \tan^{-1}\left(\frac{-50}{100}\right) = 112\angle -27^\circ [\Omega]$$

2> 전압 및 전류

전원이 정현파이면 모든 소자에서 파형도 정현파이므로 같은 주파수를 가진다. 극좌표로 나타낸 임피던스를 바탕으로 Ohm 법칙과 Kirchhoff 법칙을 이용하여 RC회로를 해석해 보자.

그림 7-8은 RC 직렬회로에 흐르는 전류에 대해 각 소자 양단의 전압을 시간함수로 나타낸 것이다.

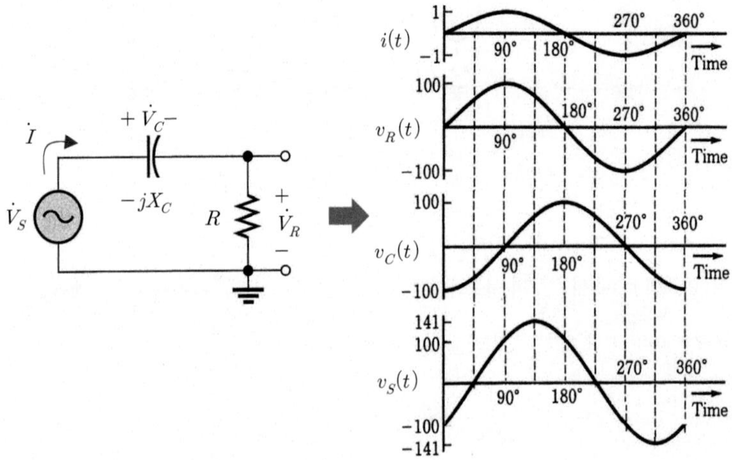

[그림 7-8] 각 소자에 대해 시간함수로 나타낸 전압파형

Ohm 법칙을 적용하여 회로를 해석하는 경우에는 반드시 페이저 양 $\dot{Z}$, $\dot{V}$, $\dot{I}$ 를 사용해야 한다. 이것에 대한 Ohm 법칙은 다음과 같다. 페이저의 연산방법에서 알 수 있듯이 극좌표 형식을 이용하면 곱셈과 나눗셈을 아주 쉽게 할 수 있다.

$$\dot{V}=\dot{Z}\dot{I},\qquad \dot{I}=\frac{\dot{V}}{\dot{Z}},\qquad \dot{Z}=\frac{\dot{V}}{\dot{I}} \tag{7-24}$$

Ohm 법칙을 사용하여 위의 그림의 경우에 간단히 전류를 구하고 이로부터 각 저항 및 커패시터에 걸리는 전압을 구할 수 있다.

$$\dot{I}=\frac{\dot{V}_S}{\dot{Z}},\qquad \dot{V}_R=\dot{I}R,\qquad \dot{V}_C=\dot{I}X_C \tag{7-25}$$

여기서 중요한 것은 전류의 위상과 저항의 양단전압의 위상이 동일하다는 것이다. 이는 페이저도(phasor diagram)를 그릴 때 반드시 기억하길 바란다.

그림 7-9와 같이 저항 양단전압 $\dot{V}_R$과 커패시터 양단전압 $\dot{V}_C$는 서로 90° 관계를 가진다. 전압계로 전압을 측정하고 전압을 합성할 때 이 벡터적 관계에 유념해야 한다.

그림에서 전류와 저항 양단전압($\dot{V}_R$)은 위상이 같으며 전원전압($\dot{V}_S$)은 저항 양단전압($\dot{V}_R$)과 커패시터 양단전압($\dot{V}_C$)의 벡터합이 된다. 또한, 저항 양단전압($\dot{V}_R$)과 커패시터 양단전압($\dot{V}_C$)의 두 위상차는 90°이다. 이는 그림 7-8의 파형과 일치하는 것이다.

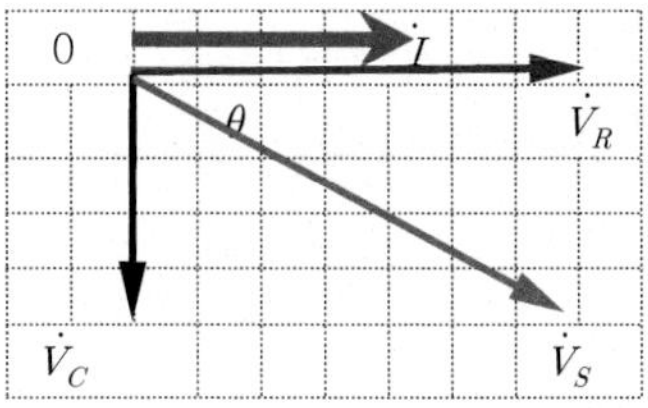

$$\dot{V}_S = \dot{V}_R + \dot{V}_C = \dot{V}_R - jV_C$$
$$= V_S \angle \theta$$
$$V_S = \sqrt{V_R^2 + V_C^2}$$
$$\theta = \tan^{-1}(-V_C / V_R)$$

[그림 7-9] RC 직렬회로에서 각 전압 및 전류 페이저

특히 직렬회로에서는 전류 $\dot{I}$가 공통이므로 페이저도에서 전류를 기준으로 하는 것이 편리하다. 이는 절대적인 방법이 아니며 편리성을 위한 것이다.

복습문제

[1] 위 그림 RC 회로에서 흐르는 전류를 구하고 전원전압(v_S), 전류(i), 저항 양단전압(v_R) 및 커패시터 양단전압(v_C) 사이의 관계를 표시하는 페이저도를 그리시오.

1> $\dot{I}=$

2> $\dot{V}_R=$

3> $\dot{V}_C=$

4> $\dot{V}_S=$

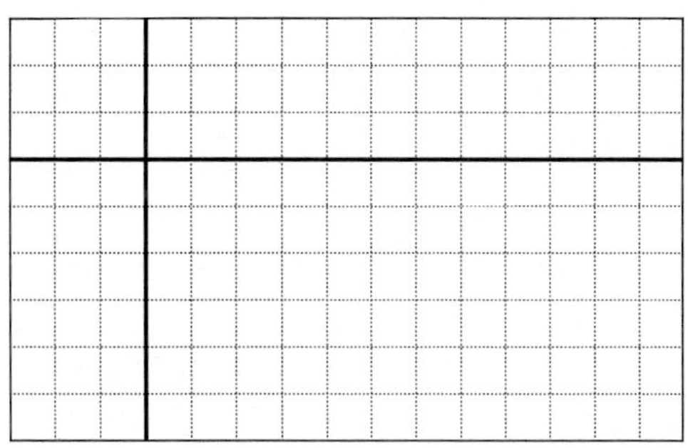

[2] 위의 자료를 바탕으로 다음 물음에 구하시오.

1> $\dot{Z} = \dot{V}_S / \dot{I}$

2> 전류와 저항 양단전압의 위상은 (in phase, out of phase)이다.

3> 전력 삼각형(power triangle) 및 역률(power factor)

어떤 교류회로가 저항(R)만으로 구성되어 있을 때, 전원에 의해 공급되는 모든 에너지는 저항에 의해 열로 소모된다. 반대로 커패시터(C)만으로 이루어진 교류회로에서는 전원전압의 한 사이클 내의 1/2 사이클에서는 전원에 의해 공급되는 모든 에너지가 커패시터에 저장되고, 나머지 1/2 사이클 동안은 커패시터에 저장된 에너지가 다시 전원으로 반환된다. 따라서 커패시터만으로 이루어진 회로에서는 에너지가 열로 변환되지 않으므로 손실이 없다. 이미 이 사실은 앞에서 배웠다.

회로에 저항과 커패시터가 함께 들어 있는 경우, 전체 에너지 중의 일부는 커패시터(C)에서 저장과 반환이 반복되고, 그 나머지 에너지는 저항(R)에 의해 소모된다. 저항(R)에서 소모되는 전력을 유효전력(P: true power)라고 하며 단위는 [W]이고, 커패시터(C)에 저장되는 전력을 무효전력(Q: reactive power)이라 하며 단위는 [VAR: volt-ampere reactive]이다. 전력은 통상 실효치로 표시한다.

$$P = I^2R \ [\text{W}] \tag{7-25}$$

$$Q = I^2X_C \ [\text{VAR}] \tag{7-26}$$

임피던스 삼각도를 바탕으로 전력도(power diagram)를 그리면 그림 7-10과 같다. 이 그림만 이해하면 각 전력을 쉽게 구할 수 있을 것이다. 이 전력 삼각형은 그림 7-7의 임피던스 삼각형에서 각 성분에 I^2을 곱하면 된다는 것이다. 복소수에서 $\dot{I}I^* = I^2$를 활용해도 된다.

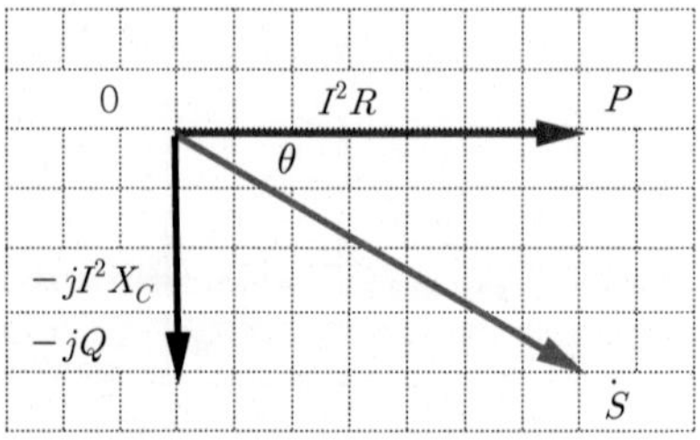

[그림 7-10] RC 직렬회로의 전력 삼각형

피상전력(apparent power)은 신호원과 부하 사이에 전달되는 것처럼 보이는 전력으로 단위는 [VA: volt-ampere]이다. 유효전력과 무효전력 두 성분으로 구성되어 있다. 모든 전기전자 시스템에서, 실제로 일을 하는데 사용되는 전력은 유효전력이다. 무효전력은 단지 신호원과 부하 사이를 왕복할 따름이다.

$$S = I^2 Z \text{ [VA]} \tag{7-27}$$

$$P = S\cos\theta \text{ [W]} \tag{7-28}$$

$$Q = S\sin\theta \text{ [VAR]} \tag{7-29}$$

단위가 [W]인 교류회로의 전력인 유효전력은 직류회로와는 달리 전압 전류의 실효값에 $\cos\theta$를 곱해야 한다. 저항만으로 구성된 회로는 $\theta = 0°$이므로 $P = S$이며, 커패시터만으로 구성된 회로는 $\theta = 90°$이므로 $P = 0$이다. 즉 이상적 커패시터에서는 전력 소모가 없다.

역률(PF: power factor)이란 용어는 Fleming이 도입하였다. 이것은 무엇 때문에 생기는가? 식 (7-28)을 참고해 보자. 먼저 저항에 대해 파형을 관찰하면 전압과 전류가 동시에 증가하고 감소한다. 즉 위상차가 0°이다. 그러나 커패시터의 경우, 그림 7-6과 같이 전압 및 전류가 동시에 증가 혹은 감소를 하지 않으므로 즉 90° 위상차가 생겨 전력에서 차이가 발생한다. 따라서 저항과 커패시터가 함께 존재하면 0°~90° 사이의 값을 갖는 위상차가 생긴다.

이 의미는 무엇인가? 역률(PF)은 전체 전력 중에서 얼마나 많은 양의 유용한 전력(유효전력:P)이 부하에 전달되는가를 구하고자 할 때 사용한다. 역률의 최댓값은 1($\cos 0° = 1$)이며 이것은 부하에 흐르는 전류와 인가 전원전압 사이의 위상차가 없다는 것을 나타낸다.

그러면 역률은 회로에 어떤 효과를 미치며 응용 시 고려해야 할 사항은 무엇인가? 그림 7-11과 같이 역률이 0.75에서 0.95로 개선되면 같은 전력(power)을 소비하는 데도 불구하고 더 적은 전류가 흘러도 되므로 전기설비를 설계함에 있어서 전선의 두께를 줄일 수 있어 훨씬 경제적이다. 두 경우에 전력계(wattmeter)로 측정된 유효전력은 다음과 같다. 역률에 따른 전류 계산은 뒤에 다룬다.

$$P_a = VI\cos\theta = (110)(0.24)(0.75) \simeq 20[W]$$

$$P_b = VI\cos\theta = (110)(0.19)(0.95) \simeq 20[W]$$

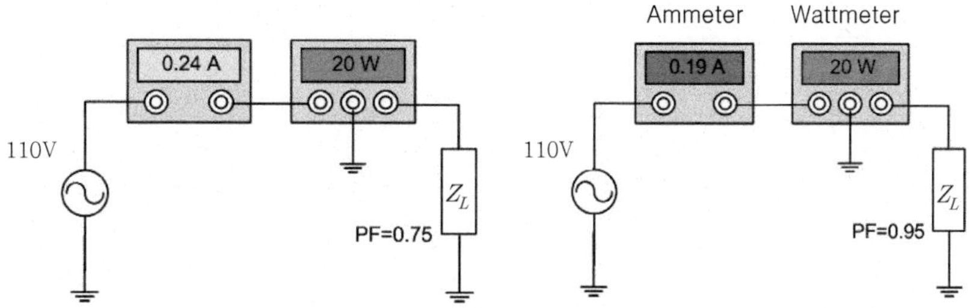

(a) 역률 개선 전 (b) 역률 개선 후

[그림 7-11] 역률 개선으로 인한 효과

복습문제1

다음 RC 회로에 대해 답하시오.

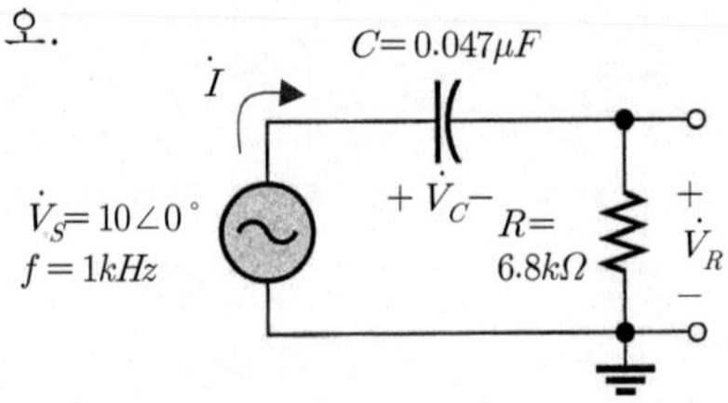

1> 임피던스($\dot{Z}$)를 구하고 극좌표로 표현하시오.

<1> $X_C =$

<2> $\dot{Z} =$

2> 해당 전류값($\dot{I}$)과 전압($\dot{V}_C$, $\dot{V}_R$)을 구하시오. (소수 3째 자리에서 반올림)

<1> $\dot{I}$ <2> $\dot{V}_C$ <3> $\dot{V}_R$

3> 위 자료를 바탕으로 위상각에 유의하여 각 값의 페이저도를 그리시오.

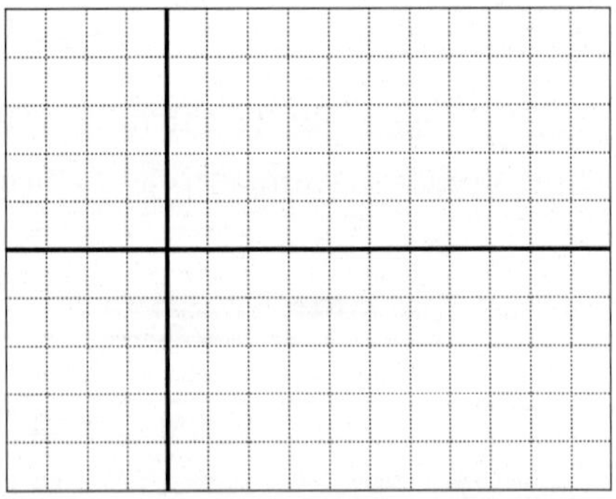

4> 위 페이저도를 바탕으로 유효전력(P)과 무효전력(Q)을 구하시오.

<1> 역률 <2> 유효전력 <2> 무효전력

복습문제2

다음 RC 직렬회로에 대해 답하시오. 오른쪽 파형들은 전원 파형 $v_S(t)$과 커패시터 양단전압 $v_o(t)$을 오실로스코프로써 측정된 것이다.

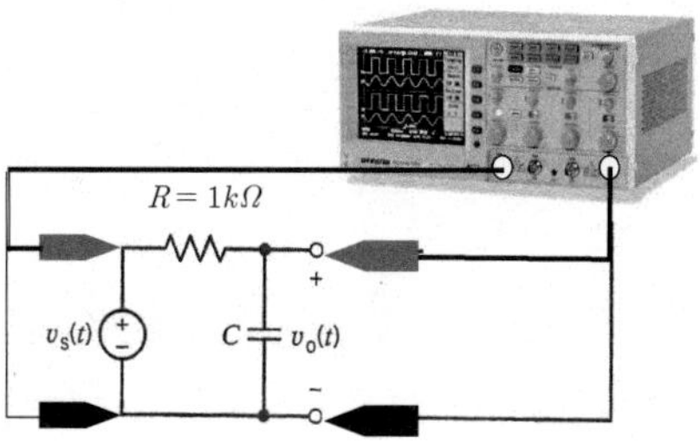

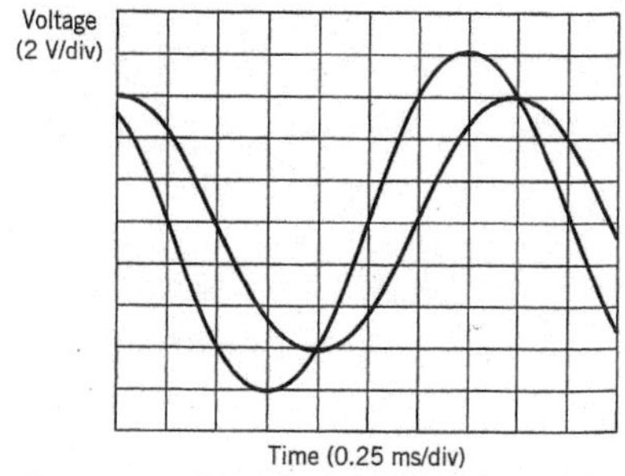

1> 회로의 동작 주파수(f)를 구하시오. 답: $500Hz$

2> 전원 파형 $v_S(t)$과 커패시터 양단전압 $v_o(t)$을 구별하고 리엑턴스 X_C를 구하시오.

답: 1134Ω

3> 커패시턴스 C 값을 구하시오. 답: $0.28\mu F$

4> 이 RC 직렬회로의 역률을 구하시오. 답: 0.66

(힌트: 역률은 전원전압과 전류 사이의 위상차 θ를 $\cos\theta$ 한 것이다.)

7-2-2 RC 병렬회로(RC parallel circuit)

회로에서 인가전압 $v_S(t)$는 저항과 커패시터에 병렬로 연결되어 있으므로 각 소자(저항과 커패시터)의 양단전압은 크기(magnitude)와 위상(phase)이 서로 동일하다. 그러나 임피던스(impedance)를 해석하기보다는 병렬이므로 어드미턴스(admittance)를 활용한 전류(i)를 해석하는 것이 더욱 효율적이라고 할 수 있다.

저항(R)과 커패시터(C)로 구성된 RC 병렬회로에서 주파수 변화에 따른 리액턴스 변화를 익히고, Ohm 법칙과 Kirchhoff 법칙을 이용하여 교류 신호에 대한 전류 및 전압의 위상 관계를 이해한다.

그림 7-12는 단순한 RC 병렬회로를 나타낸 것이다. 병렬회로에서 중요한 요소는 각 소자에 흐르는 전류이다. 병렬회로의 합성은 어드미턴스를 구하면 간략히 나타낼 수 있다.

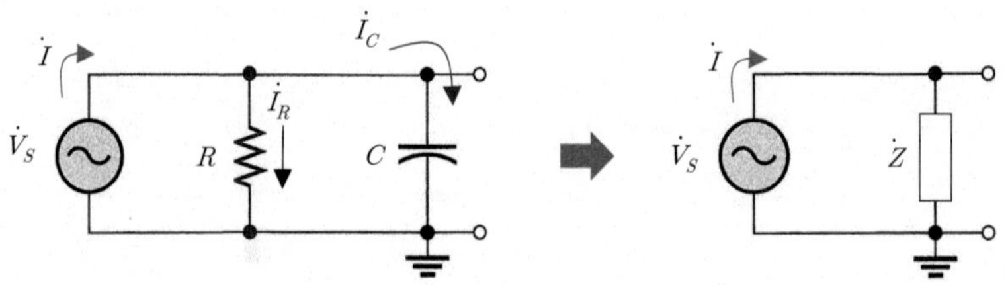

[그림 7-12] 간단한 RC 병렬회로

먼저 커패시터에 대해 용량성 리액턴스 X_C를 구하고

$$\dot{Y}=\frac{1}{\dot{Z}},\qquad \frac{1}{\dot{Z}}=\frac{1}{R}+\frac{1}{\dot{X}_C} \tag{7-30}$$

따라서 회로를 흐르는 전체 전류는 다음과 같이 표현할 수 있다.

$$\dot{I}=\frac{\dot{V}}{\dot{Z}}=\dot{Y}\dot{V} \tag{7-31}$$

1> RC 병렬회로에서 회로해석

전체 전류 $\dot{I}$는 저항에 흐르는 전류 $\dot{I}_R$과 커패시터에 흐르는 전류 $\dot{I}_C$로 나누어진다. 또한, 저항의 양단전압 $\dot{V}_R$과 저항에 흐르는 전류 $\dot{I}_R$의 위상은 서로 같다.

우리가 익힌 것처럼 커패시터에 흐르는 전류 $\dot{I}_C$는 커패시터의 양단전압 $\dot{V}_C$보다 90° 앞선다. 따라서 커패시터에 흐르는 전류 $\dot{I}_C$는 저항에 흐르는 전류 $\dot{I}_R$ 보다 90° 앞서게 된다.

전체 전류 $\dot{I}$는 Kirchhoff 전류 법칙(KCL)에 의해 두 전류의 페이저 합이 된다. 이를 수식으로 표현해 보자.

$$\dot{I} = \dot{I}_R + \dot{I}_C = \frac{\dot{V}_R}{R} + \frac{\dot{V}_R}{\dot{X}_C} = \frac{\dot{V}_R}{R} + \frac{\dot{V}_R}{-jX_C}$$

$\dot{V}_R = V_R \angle 0°$라고 하면 위 식은 다음과 같이 바꿀 수 있다.

$$\dot{I} = \frac{V_R \angle 0°}{R \angle 0°} + \frac{V_R \angle 0°}{X_C \angle -90°} \quad (7\text{-}32)$$

$$\dot{I} = I_R \angle 0° + I_C \angle 90° \quad (7\text{-}33)$$

저항을 흐르는 전류를 기준으로 좌표를 정하면 다음과 같이 표현할 수 있다.

$$\dot{I} = I_R + jI_C \quad (7\text{-}34)$$

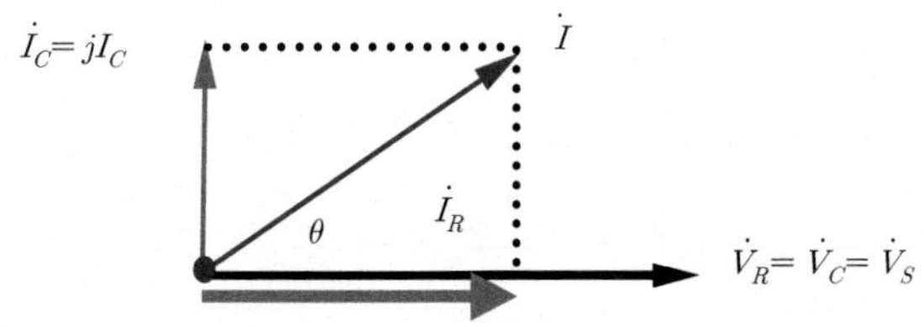

[그림 7-13] RC 병렬회로의 전류 페이저도

이를 극좌표 형식으로 나타내면 다음과 같다.

$$\dot{I} = \sqrt{I_R^2 + I_C^2} \angle \tan^{-1}\left(\frac{I_C}{I_R}\right) \quad (7\text{-}35)$$

여기서 전체 전류의 크기와 위상차는 각각 다음과 같다.

$$I = \sqrt{I_R^2 + I_C^2} \quad (7\text{-}36)$$

$$\theta = \tan^{-1}\left(\frac{I_C}{I_R}\right) \quad (7\text{-}37)$$

이와 더불어 이 RC 병렬회로의 역률($\cos\theta$)을 구해 보자. 그림 7-13의 페이저도로부터 역률의 정의에 의해 전원전압 $\dot{V}_S$와 전류 $\dot{I}$의 위상차는 $\theta = \theta_v - \theta_i$이고, $\cos\theta$는 우함수 $\cos\theta = \cos(-\theta)$ 이므로 정리하면 다음과 같다.

$$\cos\theta = \frac{I_R}{I} = \frac{V/R}{VY} = \frac{V/R}{V/Z} = \frac{Z}{R} = \frac{X_C}{\sqrt{R^2 + X_C^2}} \quad (7\text{-}38)$$

여기서 $\dot{V}_S$는 $\dot{I}_R$과 위상이 동일하다. 종종 직렬회로와 달리 오류를 범하기 쉬우므로 그림을 그려가면서 학습하길 바란다.

2> RC 병렬회로의 임피던스와 위상각

그림 7-14는 저항과 커패시터로 이루어진 RC 병렬회로를 나타낸 것이다.

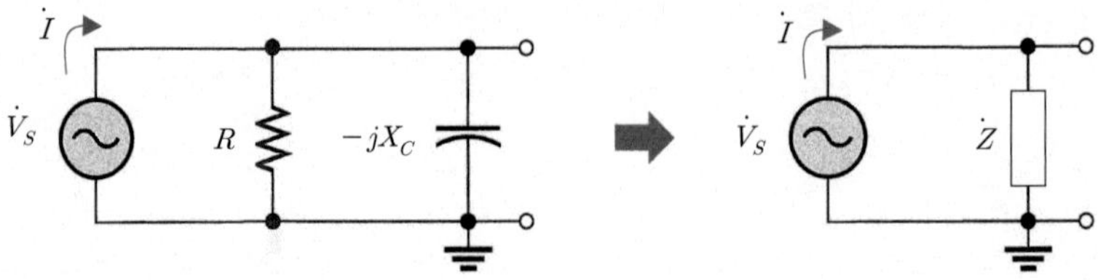

[그림 7-14] RC 병렬회로의 임피던스

우선 커패시터(C)에 의한 용량성 리엑턴스(X_C)는 다음과 같다.

$$X_C = \frac{1}{\omega C} = \frac{1}{2\pi f C}[\Omega] \qquad (7-39)$$

그림에서 임피던스(impedance: $\dot{Z}$)는 저항(R)과 용량성 리엑턴스(X_C)의 병렬 연결이므로 이를 직각좌표 형태로 나타내면 다음과 같다.

$$\dot{Z} = R \parallel (-jX_C)[\Omega] \qquad (7-40)$$

위 그림에서 임피던스($\dot{Z}$)를 계산하면,

$$\dot{Z} = \left(\frac{1}{R} + \frac{1}{-jX_C}\right)^{-1} = \frac{(R\angle 0^\circ)(X_C\angle -90^\circ)}{R - jX_C} \qquad (7-41)$$

로 되며, 이를 극좌표 형식으로 바꾸기 위하여 전개하면,

$$\dot{Z} = \frac{RX_C\angle(0^\circ - 90^\circ)}{\sqrt{R^2 + X_C^2}\angle\left(-90^\circ + \tan^{-1}\left(\frac{X_C}{R}\right)\right)} \qquad (7-42)$$

로 되어 다음과 같이 나타낼 수 있다.

$$\dot{Z} = \frac{RX_C}{\sqrt{R^2 + X_C^2}}\angle\left(-90^\circ + \tan^{-1}\left(\frac{X_C}{R}\right)\right) = Z\angle\theta \qquad (7-43)$$

따라서 극좌표 $\dot{Z} = Z\angle\theta$에서 $\dot{Z}$의 크기(Z)는 다음과 같다.

$$Z = \frac{RX_C}{\sqrt{R^2 + X_C^2}} \tag{7-44}$$

또한, 인가전압과 회로 전체 전류와의 위상각 θ는 다음과 같이 제4사분면에 표시된다.

$$\theta = -90° + \tan^{-1}\left(\frac{X_C}{R}\right) = \tan^{-1}\left(\frac{R}{X_C}\right) \tag{7-45}$$

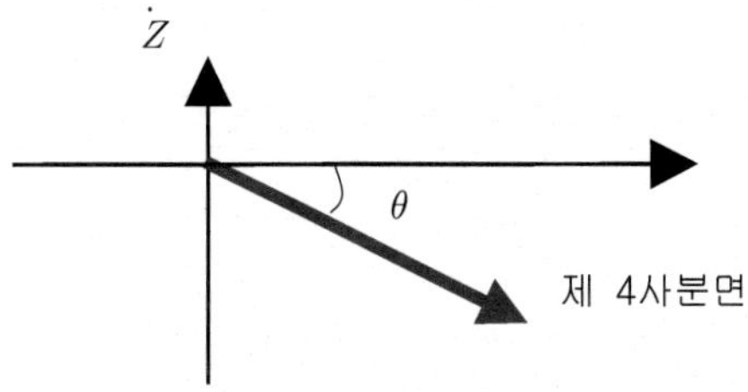

[그림 7-15] RC 병렬회로의 임피던스 다이어그램

주파수가 증가함에 따라 임피던스의 크기는 감소하며 위상각은 -90°에 가까워진다.

3> 등가 직렬회로

주어진 병렬회로에 대해 해석한 임피던스를 바탕으로 등가의 직렬회로로 변환할 수 있다. 어떤 회로의 단자에서 측정한 임피던스가 또 하나의 다른 회로에서 측정한 임피던스가 같다면 이들 두 회로들은 등가(equivalent)라고 부른다. 즉 단자에서 임피던스의 크기(magnitude)와 위상각(phase angle)이 동일한 두 회로들은 등가회로가 된다.

어떤 회로에 대해 임피던스를 극좌표 형식으로 구하고 이를 바탕으로 임피던스 삼각형을 그린다. 삼각형의 수평 성분이 등가 직렬회로의 등가 저항 R_{eq}이 되며 수직 성분이 등가 직렬회로의 등가 용량성 리액턴스 $X_{C(eq)}$가 된다.

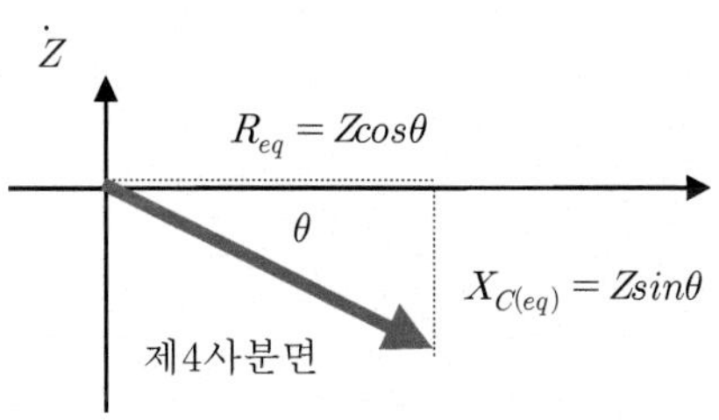

[그림 7-16] RC 병렬회로의 등가 직렬회로를 구하기 위한 임피던스도

4> 전력 삼각형(power triangle)

회로에 저항과 커패시터가 함께 들어 있는 RC 병렬회로의 경우, 전체 에너지 중의 일부는 커패시터(C)에서 저장과 반환이 반복되고, 그 나머지 에너지는 저항(R)에 의해 소모된다. 저항(R)에서 소모되는 전력을 유효전력(P: true power)라고 하며 단위는 [W]이고, 커패시터(C)에 저장되는 전력을 무효전력(Q: reactive power)이라 하며 단위는 [VAR: volt-ampere reactive]이다. 각 전력은 다음과 같다.

$$P = I_R^2 R \ [\text{W}] \tag{7-46}$$

$$Q = I_C^2 X_C \ [\text{VAR}] \tag{7-47}$$

$$S = \sqrt{P^2 + Q^2} \ [\text{VA}] \tag{7-48}$$

임피던스 삼각도를 바탕으로 전력도(power diagram)를 그리면 그림 7-18과 같다.

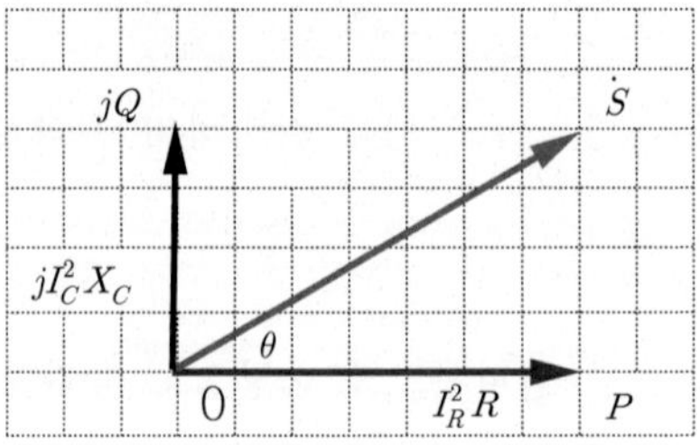

[그림 7-17] RC 병렬회로의 전력 삼각형

복습문제

[1] 다음 회로에서 각 소자의 유효전력 P 및 무효전력 Q를 구하시오.

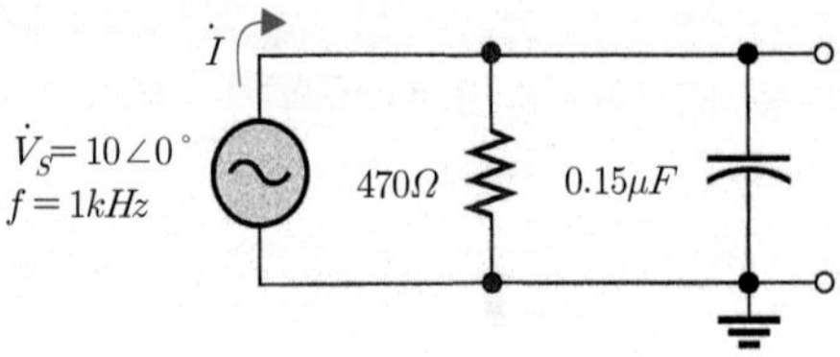

[2] 위 회로에서 등가의 직렬 저항 및 커패시턴스로 바꾸시오.

7-3 RL 회로

저항(R)과 인덕터(L)로 구성된 RL 직렬회로에서 주파수 변화에 따른 리액턴스(X_L) 변화를 익히고, 교류 신호에 대한 전류 및 전압의 위상 관계를 이해한다.

교류전류가 흐를 때, 인덕터에서 유도되는 전압이므로 다음과 같이 표현할 수 있다.

$$L = \frac{v_L}{di/dt} \qquad (7-50)$$

이것을 변형하면 인덕터 양단에 걸리는 유도전압(v_L)은 L과 di/dt에 비례하여 다음과 같이 표현할 수 있다. 전류의 시간적 변화가 유도전압을 발생시킨다.

$$v_L = L\frac{di}{dt} \qquad (7-51)$$

1차 미분(기울기)을 이용하여 전압과 전류 사이의 위상관계를 알아보자. 전류 기준으로 보면 그래프에서 $\frac{di}{dt}=0$ 이면, $v=L\frac{di}{dt}=0$이므로 순수한 유도성 회로에서 전압은 전류다 위상이 90° 앞선다. 그러나 교류(ac)에서는 유도성 리엑턴스(reactive reactance)라는 저항성분을 갖고 있어서 이것을 리엑턴스(reactance)라고 부르고 주파수(f)와 인덕턴스(L)에 의존한다. 유도성 리엑턴스는 정현파 전류를 방해하므로 단위는 [Ω]이며 기호는 X_L이다. 이를 식으로 표현하면 다음과 같다.

$$X_L = 2\pi f L[\Omega] \qquad (7-52)$$

인덕터를 흐르는 전류(i)와 양단전압(v)의 관계는 다음과 같다.

$$i(t) = I_m \sin\omega t$$

$$v_L(t) = V_m \sin(\omega t + 90^\circ)$$

위의 관계를 극좌표를 이용하여 인덕터의 리엑턴스 값을 나타내면 다음과 같다.

$$\dot{X_L} = \dot{V_L}/\dot{I} = V_m\angle 90^\circ / I_m\angle 0^\circ = (V_m/I_m)\angle 90^\circ$$

$$= X_L\angle 90^\circ = jX_L[\Omega] \qquad (7-53)$$

여기서 허수 단위 j는 크기는 1, 위상각은 90°를 나타낸다.

즉 인덕터에서 전압과 전류의 관계로 볼 때, 전류가 전압보다 위상이 90° 뒤처짐을 알 수 있다. 만약 저항과 인덕터가 함께 있는 회로에서는 어떤 관계가 성립하는 지를 살펴보자.

7-3-1 RL 직렬회로(RL series circuit)

정현파는 교류 신호의 가장 대표적인 파형으로서 각종 회로의 신호로 인가된다. 여기서는 RL 직렬회로에서 주파수 변화에 따른 리엑턴스(reactance: 전류 흐름을 방해)의 변화를 이해하고 교류 신호에 대한 전류와 전압의 위상 관계를 익힌다.

- 리엑턴스(reactance)와 저항을 어떻게 합성하는가?
- 전류의 세기를 어떻게 조절하는가?
- 위상각(phase angle)은 무엇인가?

그림 7-18은 정현파 교류 신호가 인가될 때, RL 직렬회로에서 전원전압 및 인덕터 양단 전압의 파형을 나타낸 것이다.

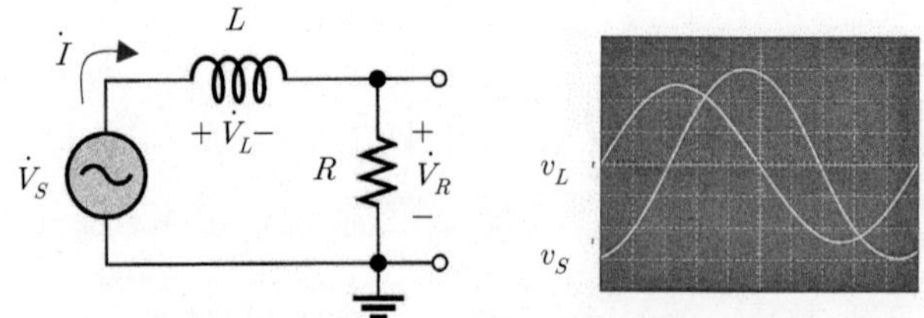

[그림 7-18] RL 직렬회로에서 전압파형은 서로 다른 위상을 가진다.

1> RL 직렬회로의 임피던스

RL 직렬회로에서 저항과 인덕터는 전류의 흐름을 방해하는 소자들로서 저항 R과 별도로 인덕터는 유도성 리엑턴스(inductive reactance: X_L)라고 불리는 값을 가진다. 앞에서 익힌 인덕터의 유도성 리엑턴스는 다음과 같다.

$$X_L = 2\pi f L = \omega L[\Omega] \qquad (7\text{-}54)$$

이와 같이 인덕터의 리엑턴스는 동작 주파수와 인덕턴스에 비례한다. 우리는 앞에서 다음을 학습하였다. 허수 단위 j는 $90°$를 나타낸다.

$$\dot{X}_L = \dot{V}_L/\dot{I} = V_m\angle 90°/I_m\angle 0° = (V_m/I_m)\angle 90° = X_L\angle 90° = jX_L[\Omega]$$

위의 식으로부터 인덕터에서는 전류 위상이 전압 위상보다 $90°$ 뒤진다(lag)는 것을 의미한다.

그림 7-18 회로는 저항과 인덕터를 포함하므로 위상차가 $90°$보다 작다. 통상 저항과 리액턴스의 합을 임피던스(impedance: $\dot{Z}$)라고 부른다. 이들 두 소자들은 직렬 연결이므로 이를 **직각좌표 형태**로 나타내면 복소수 형태를 가지며 다음과 같다.

$$\dot{Z} = R + jX_L[\Omega] \qquad (7\text{-}55)$$

임피던스가 복소수이므로 반드시 복소평면에 그려 해석한다는 것이다. 이를 바탕으로 다른 연관된 값을 계산하고 구하는 것이다. 비록 R과 X_L이 [Ω]단위로 측정된다 하더라도 환경에 따라 서로 다른 위상차를 가지므로 교류 신호가 입력될 때 서로 다른 특성을 가진다. 즉 페이저가 동작 주파수에 따라서 또한 달라진다는 것이다.

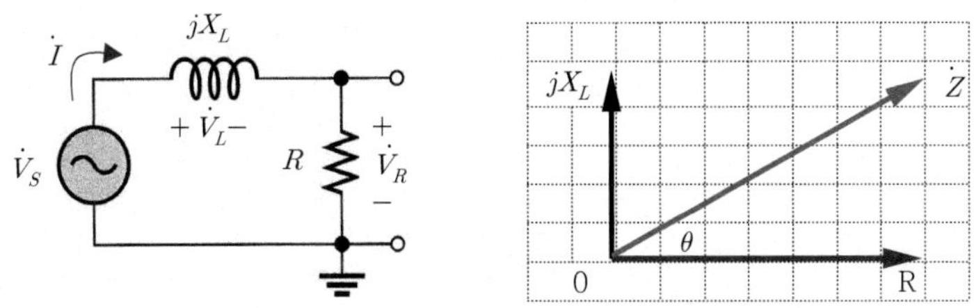

[그림 7-19] RL 직렬회로 및 임피던스 삼각도

$\dot{Z}$를 다른 방식으로 표현하자. 식 (7-55)의 벡터를 합성하면 크기를 구할 수 있다.

$$Z=\sqrt{R^2+X_L^2} \tag{7-56}$$

또한, 위상각은 다음과 같다. 임피던스에 대해 삼각함수를 이용하면 제1사분면 위치하며 다음과 같이 표시된다.

$$\theta=\tan^{-1}\left(\frac{X_L}{R}\right) \tag{7-57}$$

식 (7-56) 및 (7-57)을 이용하여 **극좌표 형태**로 $\dot{Z}$를 나타내면 다음과 같다.

$$\dot{Z}=\text{크기}\angle\text{위상각}=Z\angle\theta \tag{7-58}$$

또한, 임피던스를 다음과 같이 나타낼 수 있다.

$$\dot{Z}=\frac{\dot{V}_S}{\dot{I}}=\frac{V\angle\theta_v}{I\angle\theta_i}=\left(\frac{V}{I}\right)\angle\theta_v-\theta_i=Z\angle\theta$$

여기서 위상각(θ)은 '전압 위상각(θ_v) - 전류 위상각(θ_i)'을 나타낸다. 즉 위상각이 양(+)이므로 이는 전압 위상각보다 전류 위상각이 작다는 것을 나타내며 이는 전류가 뒤진다는 것을 의미한다. 우리는 이를 지상(lag) 역률을 가진다고 한다.

통상 우리가 많이 접하는 전동기(motor)와 같은 전기기기는 전류가 전원전압보다 위상이 뒤처지는 지상역률을 가진다.

예제

다음 각 회로에 대해 임피던스를 직각좌표와 극좌표로 나타내시오. 또한, 각각의 페이저도(phasor diagram)를 그리시오.

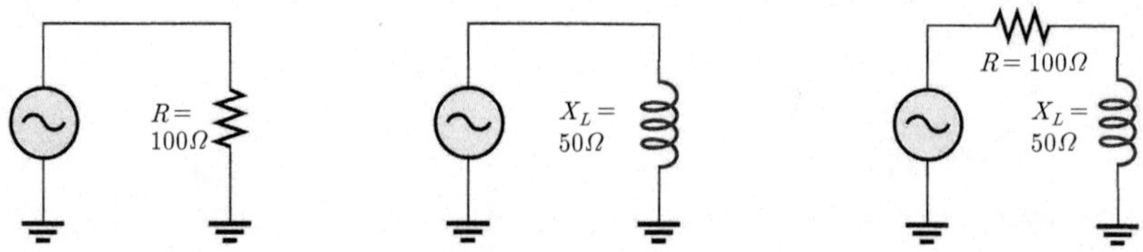

(a) 저항　　(b) 인덕터　　(c) 저항과 인덕터

[그림 7-24] RL 직렬회로 임피던스 다이어그램

[풀이] 그림 7-24(a) 회로에서 임피던스는

$\dot{Z} = R + j0 = R = 100\Omega$ (직각좌표, $X_L = 0$)

$\dot{Z} = R\angle 0^\circ = 100\angle 0^\circ\,\Omega$ (극좌표)

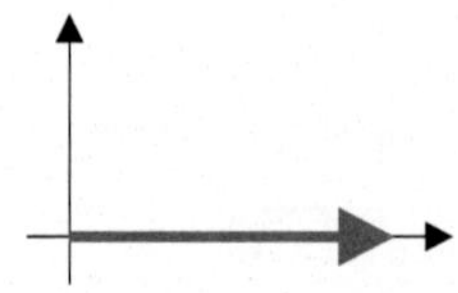

따라서 저항 성분만 갖는다. 저항의 경우 전압과 전류 사이에 위상차를 발생시키지 않으므로 위상각은 0°가 된다.

그림 7-24(b) 회로에서 임피던스는

$\dot{Z} = 0 + j50 = j50\Omega$ (직각좌표, $R = 0$)

$\dot{Z} = X_L\angle 90^\circ = 50\angle 90^\circ\,\Omega$ (극좌표)

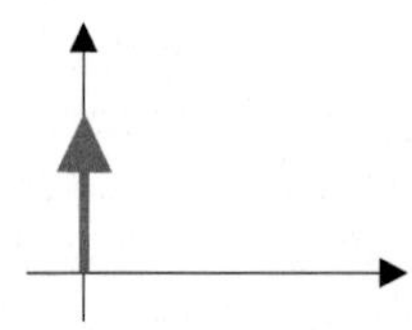

따라서 리액턴스(reactance) 성분만 갖는다. 인덕터의 경우 전압은 전류를 90° 앞서므로 위상각은 90°가 된다.

마지막으로 그림 7-24(c) 회로의 임피던스는

$\dot{Z} = R + jX_L[\Omega] = 100 + j50\Omega$ (직각좌표)

이 임피던스를 극좌표 형식으로 나타내면

$$\dot{Z} = Z\angle\theta = \sqrt{R^2 + X_L^2}\angle\tan^{-1}\left(\frac{X_L}{R}\right)$$

$$= \sqrt{100^2 + (50)^2}\angle\tan^{-1}\left(\frac{50}{100}\right) = 112\angle 27^\circ\,\Omega$$

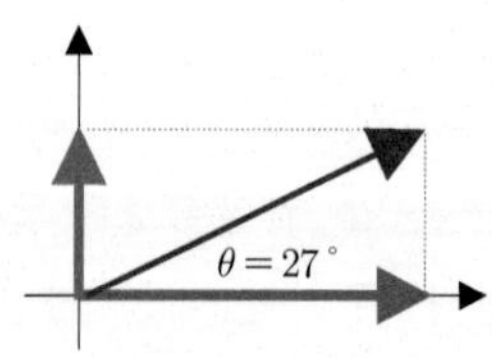

2> 전압 및 전류

그림 7-20은 RL 직렬회로에 흐르는 전류에 대해 오실로스코프를 활용하여 각 소자 양단의 전압을 시간함수로 나타낸 것이다. 전원이 어떤 주파수를 가진 정현파이면 다른 모든 소자의 파형도 동일한 주파수의 정현파이다.

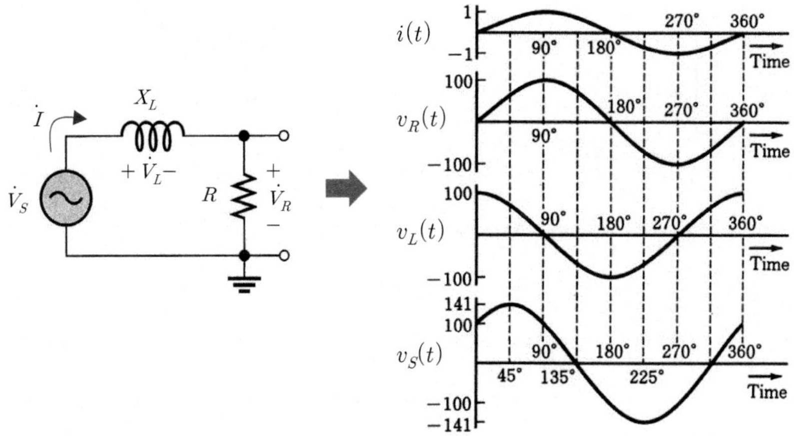

[그림 7-20] 각 소자에 대해 시간함수로 나타낸 전압파형

그림에서 전류 i의 위상은 저항 양단전압 v_R의 위상과 동일하다. 인덕터 양단전압 v_L은 저항 양단전압보다 위상이 $90°$ 앞선다. 또한, 전원전압 v_S의 크기는 소자전압의 $\sqrt{2}$배가 된다. 이를 바탕으로 페이저도를 그리면 이들의 상호관계를 간략하게 파악할 수 있다.

극좌표로 나타낸 임피던스를 바탕으로 Ohm 법칙과 Kirchhoff 법칙을 이용하여 RL 회로를 해석해 보자. Ohm 법칙을 적용하여 회로를 해석하는 경우에는 반드시 페이저 양 $\dot{Z}$, $\dot{V}$, $\dot{I}$ 를 사용해야 한다. 이것에 대한 Ohm 법칙은 다음과 같으며, 페이저의 연산 방법에서 알 수 있듯이 극좌표 형식을 이용하면 곱셈과 나눗셈을 쉽게 처리할 수 있다.

$$\dot{V}=\dot{Z}\dot{I}, \qquad \dot{I}=\frac{\dot{V}}{\dot{Z}}, \qquad \dot{Z}=\frac{\dot{V}}{\dot{I}} \tag{7-59}$$

Ohm 법칙을 사용하여 간단히 전류를 구하고 이로부터 각 저항 및 인덕터에 걸리는 전압을 구할 수 있다.

$$\dot{I}=\frac{\dot{V}_S}{\dot{Z}}, \qquad \dot{V}_R=\dot{I}R, \qquad \dot{V}_L=\dot{I}\dot{X}_L \tag{7-60}$$

그림 7-26은 회로에 대한 페이저도를 나타낸 것이다. KVL을 적용하면 $-\dot{V}_S+\dot{V}_R+\dot{V}_L=0$

이고 저항 양단전압 $\dot{V}_R$과 인덕터 양단전압 $\dot{V}_L$은 90° 의 위상차를 가진다. 이 두 벡터들을 합성하면 전원전압을 구할 수 있다. 전압계로 각 전압을 측정하고 전압을 합성할 때 이 관계에 유념해야 한다. 중요한 관계는 전원전압 v_S과 전원을 흐르는 전류 i와의 사이각 θ이다.

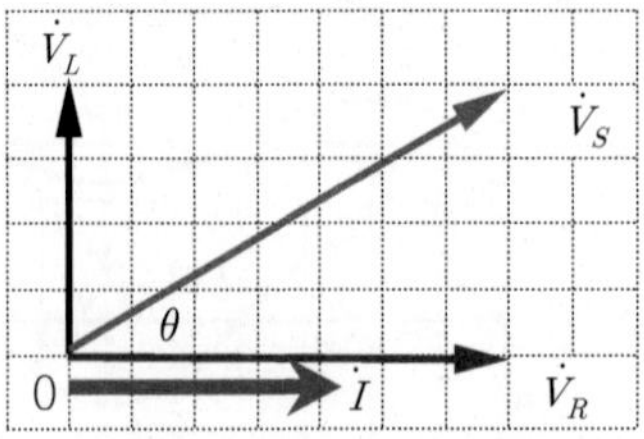

$$\dot{V}_S = \dot{V}_R + \dot{V}_L = V_R + jV_L$$
$$= V_S \angle \theta$$
$$V_S = \sqrt{V_R^2 + V_L^2}$$
$$\theta = \tan^{-1}(V_L / V_R)$$

[그림 7-21] RL 직렬회로에서 각 전압 및 전류 페이저

페이저도에 표시한 것과 같이 전류 $\dot{I}$의 위상과 저항 양단전압 $\dot{V}_R$의 위상이 동일하므로 전원과 전류의 사이각 θ는 두 전압 측정으로 구할 수 있다.

복습문제

[1] 위 회로에 흐르는 전류를 구하고 전류, 저항 양단전압, 인덕터 양단전압 및 전원전압들의 관계를 표시하는 페이저도를 그리시오.

1> $\dot{I}=$

2> $\dot{V}_R=$

3> $\dot{V}_L=$

4> $\dot{V}_S=$

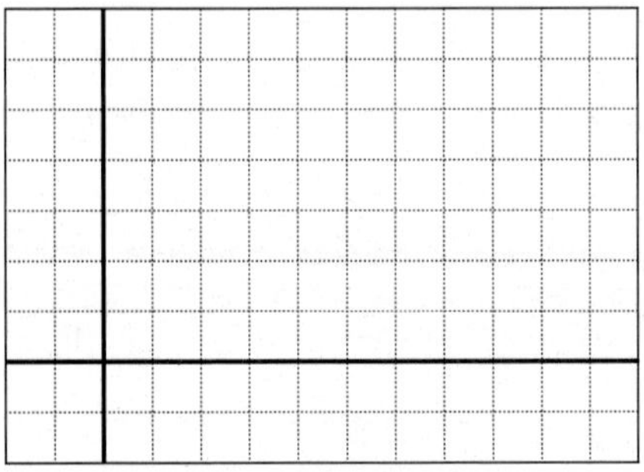

[2] 위 파형으로부터 저항(R), 유도성 리액턴스(X_L) 및 임피던스($\dot{Z}$)를 구하시오.

1> $R=$

2> $X_L=$

3> $\dot{Z}=$

3> 전력 삼각형(power triangle) 및 역률(power factor)

어떤 교류회로가 저항(R)만으로 구성되어 있을 때, 전원에 의해 공급되는 모든 에너지는 저항에 의해 열로 소모된다. 반대로 인덕터(L)만으로 이루어진 교류회로에서는 전원전압의 한 사이클 내의 1/2 사이클에서는 전원에 의해 공급되는 모든 에너지가 인덕터에 저장되고, 나머지 1/2 사이클 동안은 인덕터에 저장된 에너지가 다시 전원으로 반환된다. 따라서 인덕터만으로 이루어진 회로에서는 에너지가 열로 변환되지 않으므로 손실이 없다. 이미 이 사실은 앞에서 배웠다.

<1> 전력 삼각형

회로에 저항과 인덕터가 함께 있는 경우, 전체 에너지 중의 일부는 인덕터에서 저장과 반환이 반복되고, 그 나머지 에너지는 저항에 의해 소모된다. 저항에서 소모되는 전력을 유효전력(P: true power)라고 하며 단위는 [W]이고, 인덕터(L)에 저장되는 전력을 무효전력(Q: reactive power)이라 하며 단위는 [VAR]이다.

$$P = I^2R[W] \quad (7\text{-}61)$$

$$Q = I^2X_L[VAR] \quad (7\text{-}62)$$

임피던스 삼각도를 바탕으로 전력도(power diagram)를 그리면 다음과 같다. 이 그림만 이해하면 각 전력을 쉽게 구할 수 있을 것이다. 이 전력 삼각형은 임피던스 삼각형에서 각 성분에 I^2을 곱하면 된다는 것이다.

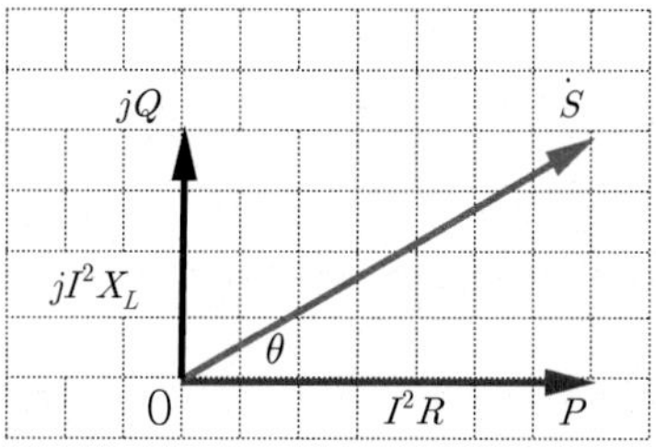

[그림 7-22] RC 직렬회로의 전력 삼각형

피상전력(apparent power)은 신호원과 부하 사이에 전달되는 것처럼 보이는 전력으로 단위는 [VA]이다. 유효전력과 무효전력 두 성분으로 구성되어 있다. 모든 전기전자 시스템에서, 실제로 일을 하는 데 사용되는 전력은 유효전력이다. 무효전력은 단지 신호원과 부하 사이를 왕복할 따름이다.

$$S = I^2Z[VA] \quad (7\text{-}63)$$

$$P = S\cos\theta[W] \quad (7\text{-}64)$$

$$Q = S\sin\theta[VAR] \qquad (7\text{-}65)$$

단위가 $[W]$인 교류회로의 전력인 유효전력은 직류회로와는 달리 전압×전류의 실효값에 $\cos\theta$를 곱해야 한다. 저항만으로 구성된 회로는 $\theta = 0°$이므로 $P = S$이며, 인덕터만으로 구성된 회로는 $\theta = 90°$이므로 $P = 0$이다. 즉 이상적 인덕터(코일)에서는 전력 소모가 없다.

복습문제

그림 7-20의 오실로스코프 파형 또는 페이저로부터 역률 및 각 전력(power)을 구하시오.

1> 역률($\cos\theta$)

2> 유효전력(P: 평균 전력)

3> 무효전력(Q)

4> 복소전력($\dot{S}$) 및 피상전력

<2> 역률(power factor)

통상적으로 전동기(motor), 변압기(transformer) 및 일반적인 형광등은 유도성 부하이므로 용량성 요소를 추가적으로 사용하여 역률을 향상시킬 수 있다.

$$P = VI\cos\theta[W] \qquad (7\text{-}66)$$

$I = P/V\cos\theta$의 관계식에서 어떤 부하에 정해진 전력을 공급해야 할 때, 부하의 역률이 낮으면 동일 전압의 상황에서 큰 전류를 흘려야 한다. 전류가 크면 발전기, 송전선, 변압기 등을 포함한 송전 계통에서 열손실이 커지고 용량이 큰 것이 요구된다. 그 뿐만 아니라 송전

선에서 전압 강하가 증가하여 전압 변동률이 나빠진다. 그러므로 부하의 역률을 개선하여 이 값을 1에 가깝게 하는 것이 경제적으로 필요하다. 같은 전력 효과를 가지는 데 있어서 더 적은 전류를 사용할 수 있으므로 전선의 굵기를 줄일 수 있다. 이와 같이 역률을 개선하는 것은 여러 가지 경제적인 효과가 있다.

통상 공업용 부하는 전압이 전류보다 앞서므로 이 경우 부하와 병렬로 커패시터(C)를 연결함으로써 역률을 개선할 수 있다. 역률을 개선하다고 해서 부하자신의 역률이 개선되는 것이 아니고 커패시터를 포함한 수전단 부하의 합성 역률이 개선되는 것이다. 즉 부하가 취하는 무효전력은 같으나 그 일부를 병렬 커패시터에서 발생되는 무효전력으로부터 얻음으로써 계통에 공급해야 할 무효전력 Q가 감소되고 송전선에 흐르는 무효전력 성분이 감소되므로 전체 전류가 적어도 되는 것이다.

그림 7-23은 역률 변화로 인한 영향을 고려한 것이다. 변압기로부터 공장까지의 송전선 저항은 0.08Ω이다. 전력선으로부터 어떤 산업체의 부하가 $480V_{rms}$, 0.707 지상역률로 $88kW$를 소비한다면 전력회사에서 공급해야 할 유효전력 P_S과 선로상의 손실 전력 P_l을 구해 보자.

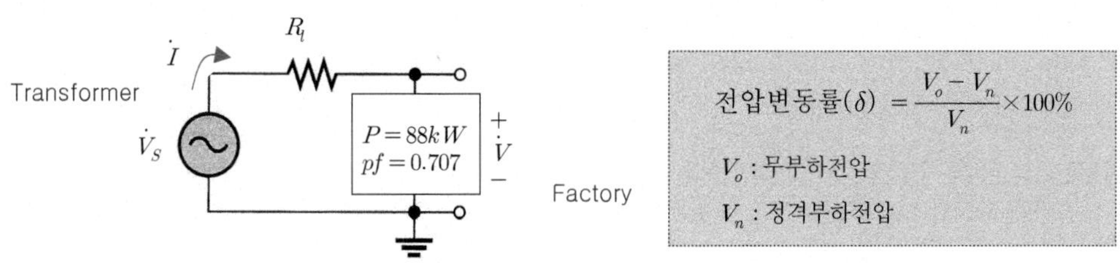

[그림 7-23] 역률 변화는 선로 손실 및 전원의 공급 전력에 영향을 준다.

먼저 부하(load)인 공장으로 유입하는 전류 I를 구하자. $P=VIcos\theta$에서

$$I=\frac{P}{Vcos\theta}=\frac{88,000}{480\times 0.707}=259.3A_{rms}$$

전력회사는 전송선로 및 공장 전력을 고려하여 공급하는 총 유효전력은 다음과 같다.

$$P_S=P_l+P=I^2R_l+P$$
$$=(259.3^2)(0.08)+88,000=5,380W+88,000W=93.38kW$$

두 번째로 역률이 0.9 지상역률로 바뀌었다면 전력 문제는 어떻게 되는지 살펴보자. 공장으로 유입하는 전류 I를 구하자. $P=VIcos\theta$에서

$$I=\frac{P}{Vcos\theta}=\frac{88,000}{480\times 0.90}=203.7A_{rms}$$

전력회사는 전송선로 및 공장의 전력을 고려하여 공급하는 총 전력은 다음과 같다.

$$P_S = P_l + P = I^2R_l + P$$
$$= (203.7^2)(0.08) + 88,000 = 3,320\,W + 88,000\,W = 91.32k\,W$$

부하역률($\cos\theta$)이 0.707에서 0.90으로 변할 때, 흥미로운 결과는 동일한 부하에 $88k\,W$를 공급하기 위해 역률이 0.707일 경우에는 $93.38k\,W$의 전력을 송전해야 하고 전송선로의 손실은 $5.38k\,W$로 되었다. 반면 역률이 0.90일 경우에는 $91.32k\,W$의 전력을 송전해야 하고 전송선로의 손실은 $3.32k\,W$로 되었다. 따라서 역률이 커지면 전류가 적어져서 송전선로의 손실이 적어지고 공급할 송전전력도 감소한다.

규모가 큰 전력회사에서 전력을 생산하는 비용은 엄청 크다. 따라서 부하역률($\cos\theta$)이 낮으면 발전기는 일정한 전압에서 더 큰 전력을 공급해야 한다. 즉 부하역률이 낮으므로 전류가 커진다. 따라서 큰 선로 손실을 보상하기 위해 전력 공급자 측에서 더 큰 전력을 공급해야 한다는 사실이다. 선로 손실은 에너지 손실로 이어지므로 전력회사는 전기를 사용하는 공장이 높은 역률을 가지도록 요구하고, 이 요구 조건에 따르지 않는 공장에 제재를 가하기 위해 요금률을 조정한다. 따라서 역률을 어떻게 조정하는 것은 중요한 문제이다.

복습문제1

위 회로에서 송전단(변압기 출력)의 전압 $\dot{V}_S$는 얼마인가? 답: $494.89\angle -1.7°\,[V]$

[해]

복습문제2

단상 2선식 선로에서 선로 임피던스가 $\dot{Z}_l = 2 + j5[\Omega]$이다. 전류가 $10\angle 0°\,[A]$일 때, 수전단에 전압은 $100\angle 0°\,[V]$라고 한다. 전원에서 본 역률을 구하시오.

[해] 답: $\cos\theta = 12/13$

7-3-2 RL 병렬회로(RL parallel circuit)

이 절의 학습 내용은 페이저를 이용하여 RL 병렬회로의 임피던스와 위상각을 구하고 이를 바탕으로 관련된 전압 및 전류 관계, 역률을 다루는 것이다. 그림 7-24는 교류전원과 연결된 간단한 RL 병렬회로를 나타낸다. 회로해석은 리엑턴스로 변환 후, 임피던스 혹은 어드미턴스를 구하여 전압 및 전류를 구한다.

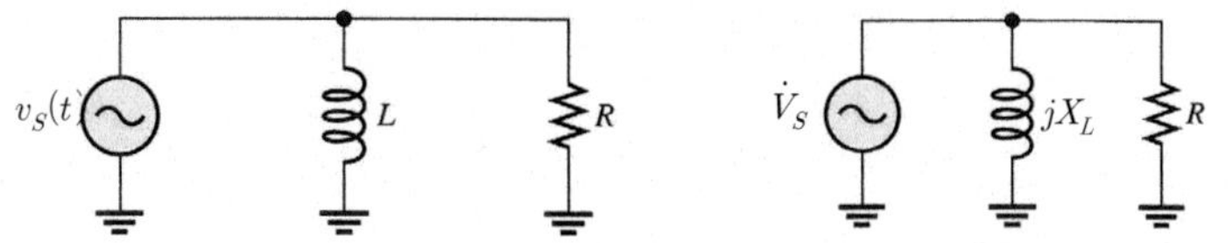

(a) RL 병렬회로 (b) 리엑턴스로 표시된 회로

[그림 7-24] 간단한 RL 병렬회로

1> 어드미턴스, 임피던스 및 위상각

먼저 병렬회로이므로 어드미턴스 $\dot{Y}$를 구하자. 어드미턴스는 제4상한에 위치한다.

$$\dot{Y} = \frac{1}{\dot{Z}} = \frac{1}{Z\angle\theta} = \dot{Y}_R + \dot{Y}_L = \frac{1}{R} + \frac{1}{j\omega L} = G - jB_L$$

$$= \sqrt{G^2 + B_L^2}\angle\tan^{-1}\left(\frac{-B_L}{G}\right) = \sqrt{G^2 + B_L^2}\angle -\tan^{1}\left(\frac{B_L}{G}\right) \qquad (7\text{-}67)$$

이를 이용하여 어드미턴스의 페이저도(phasor diagram)를 그려 보자.

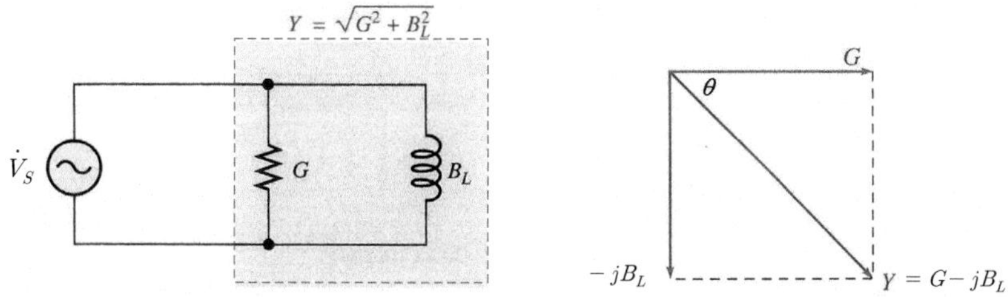

[그림 7-25] RL 병렬회로의 어드미턴스 페이저도

임피던스 $\dot{Z}$는 어드미턴스 $\dot{Y}$의 역수이므로 위상각은 양(+)이다. 따라서 전류가 전압보다 뒤지는 지상(lag)역률을 가진다. 즉 임피던스는 제1상한에 위치한다.

$$\dot{Z} = \frac{1}{\dot{Y}} = \frac{1}{\sqrt{G^2 + B_L^2}}\angle\tan^{1}\left(\frac{B_L}{G}\right) \qquad (7\text{-}68)$$

또는 회로에서 임피던스는 저항과 인덕터의 병렬 연결이므로 다음과 같이 구할 수도 있다.

$$\dot{Z}=R \parallel jX_L=\frac{R(jX_L)}{R+jX_L}=\frac{RX_L}{\sqrt{R^2+X_L^2}}\angle 90^{\circ}-\tan^{-1}(\frac{X_L}{R})=Z\angle\theta \qquad (7\text{-}69)$$

2> 전압 및 전류와의 관계

그림 7-26은 RL 병렬회로에 흐르는 전류를 표시한 것이다. 병렬회로 해석은 전류로 하는 것이 편리하다. 인가전압 $v_S(t)$는 저항과 인덕터 양단에 병렬로 연결되어 있으므로 각각 두 전류 i_R, i_L로 나누어진다. 따라서 페이저로 나타낸 각 전압 $\dot{V}_S$, $\dot{V}_R$, $\dot{V}_L$은 크기와 위상이 동일하다.

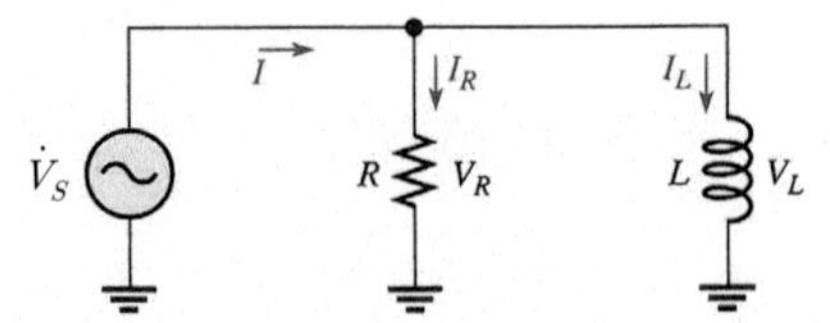

(a) RL 병렬회로

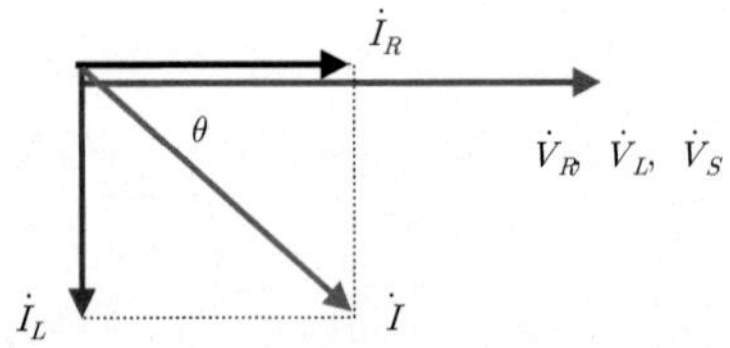

(b) 전류 및 전압 페이저도

[그림 7-26] RL 병렬회로의 전류 및 전압 페이저도

또한, 페이저도로부터 저항 양단전압 $\dot{V}_R$의 위상과 저항을 흐르는 전류 $\dot{I}_R$의 위상은 같다. 반면 인덕터를 흐르는 전류의 위상은 그 양단전압의 위상보다 90° 뒤진다. Kirchhoff 전류 법칙을 적용하면 다음과 같다.

$$\dot{I}=\dot{I}_R+\dot{I}_L=\frac{V_R}{R}+\frac{V_L}{jX_L}=I_R-jI_L=\sqrt{I_R^2+I_L^2}\angle -\tan^{-1}(\frac{I_L}{I_R}) \qquad (7\text{-}70)$$

3> 역률(power factor)

위의 RL 병렬회로에 대한 역률을 구해 보자. 역률은 전원전압 $\dot{V}_S$와 전류 $\dot{I}$의 위상차 $\theta=\theta_v-\theta_i$로부터 $\cos\theta$를 구하면 된다. 그림 7-26의 페이저 도로부터 전원전압과 전류를 살펴보면 역률을 쉽게 구할 수 있다. 그림 7-26에서 $\dot{V}_S$와 $\dot{I}_R$은 동상이므로 위상각을 정리하면 다음 식과 같이 나타낼 수 있다. 또한, $\cos\theta$는 우함수 $\cos\theta=\cos(-\theta)$ 이므로 정리하면 다음과 같다.

$$\dot{Z}=\frac{\dot{V}_S}{\dot{I}}=(\frac{V_S}{I})\angle\theta_v-\theta_i=Z\angle\theta$$

$$\cos\theta=\frac{I_R}{I}=\frac{V/R}{VY}=\frac{V/R}{V/Z}=\frac{Z}{R}=\frac{X_L}{\sqrt{R^2+X_L^2}} \qquad (7\text{-}71)$$

복습문제

다음 RL 병렬회로에 대해 답하시오. 동작주파수는 $f=1kHz$이다.

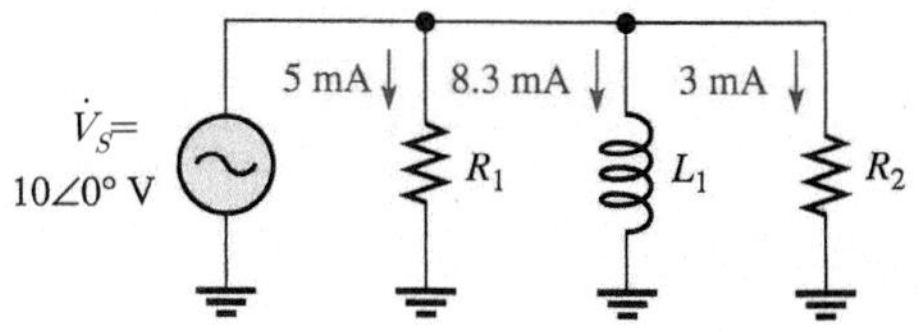

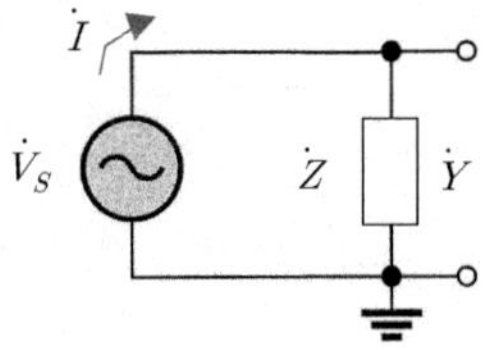

1> 각 전류 $\dot{I}_R$, $\dot{I}_L$, $\dot{I}$ 및 전원전압 $\dot{V}_S$의 페이저도를 그리시오.

2> 어드미턴스 $\dot{Y}$와 임피던스 $\dot{Z}$를 구하시오. 답: $\dot{Y}=1.15\angle -46.05° [mS]$

3> 회로의 역률을 구하시오.

4> 저항 R과 인덕턴스 L를 구하시오. 답: $R_1=2k\Omega$, $L=0.19[H]$

7-4 교류 RLC 직렬회로

RLC 회로는 저항, 인덕터 및 커패시터를 모두 가지고 있다. 교류 신호에 대해 유도성 리액턴스 $X_L = 2\pi f L[\Omega]$, 용량성 리액턴스 $X_C = 1/2\pi f C[\Omega]$ 및 저항 R을 가진다. 유도성 리액턴스와 용량성 리액턴스는 회로의 위상각에 대해 서로 정반대로 작용하므로 이들 특성에 따른 직렬회로와 병렬회로 및 공진회로에 대해 익힌다.

- 리액턴스(reactance)와 저항을 어떻게 합성하는가?
- RLC 회로에서 전류의 세기를 어떻게 조절하는가?
- 위상각(phase angle)은 무엇인가?
- 공진(resonance)이란 무엇인가?
- 회로 구성에 따른 임피던스(impedance)와 어드미턴스(admittance)에 대해 학습한다.

7-4-1 RLC 직렬회로

저항(R), 인덕터(L) 및 커패시터(C)로 구성된 RLC 직렬회로에서 주파수 변화에 따른 임피던스 변화를 익히고, 교류 신호에 대한 전류 및 전압의 위상 관계를 이해한다. 또한, 공진이 일어나는 조건을 찾아 선택도 인자 및 대역폭의 관계를 이해한다.

1> RLC 직렬회로와 임피던스

우리는 지금까지 RC 및 RL 회로에 대해 살펴보았다. 이 장에서 학습하는 RLC 직렬회로에는 저항, 인덕턴스, 커패시턴스가 모두 포함되어 있다. 앞에서 살펴보았듯이, 유도성 리액턴스(X_L)에서는 전류가 인가전압보다 뒤진다. 반대로 용량성 리액턴스(X_C)에서는 전류가 인가전압보다 앞선다. 즉 X_L과 X_C는 서로 반대되는 성질을 갖고 있으므로 X_L과 X_C가 함께 존재하는 경우에는 서로 상대편의 성질을 상쇄하는 특성을 갖는다.

만일 X_L과 X_C의 크기가 서로 같으면, 이 둘은 상쇄되어 총 리액턴스가 0[Ω]이 된다. 직렬회로에서 총 리액턴스의 값은

$$X = X_L - X_C \qquad (7\text{-}72)$$

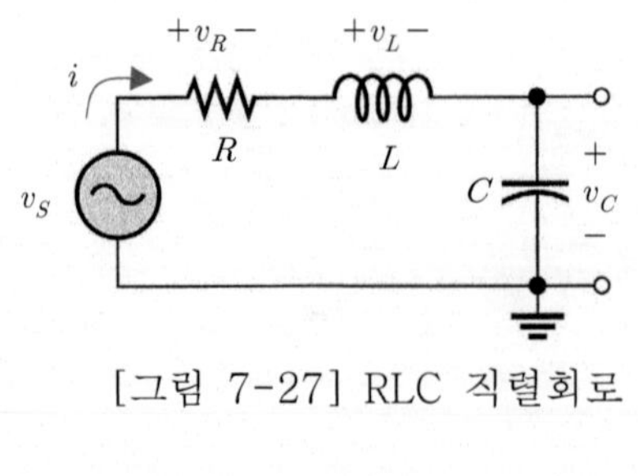

[그림 7-27] RLC 직렬회로

$X_L > X_C$인 경우, 회로에서 유도성 리액턴스가 더 큰 값을 가지므로 이 회로는 유도성 리액턴스의 성질이 우세한 유도성(inductive) 회로가 되며, $X_L < X_C$인 경우, 반대로 용량성 리액턴스의 성질이 우세한 용량성(capacitive) 회로가 된다.

RLC 직렬회로의 총 임피던스를 직각좌표 형식과 극좌표 형식을 써서 나타내면 각각 식 (7-73), 식 (7-74)와 같다.

$$\dot{Z} = R + jX_L - jX_C = R + j(X_L - X_C) = R + jX \tag{7-73}$$

$$\dot{Z} = \sqrt{R^2 + X^2} \angle \tan^{-1}\left(\frac{X}{R}\right) \tag{7-74}$$

식 (7-74)에서 임피던스의 크기는 $\sqrt{R^2+X^2}$ 이고, 전체 전류와 인가전압 사이의 위상각은 $\tan^{-1}(\frac{X}{R})$이 된다.

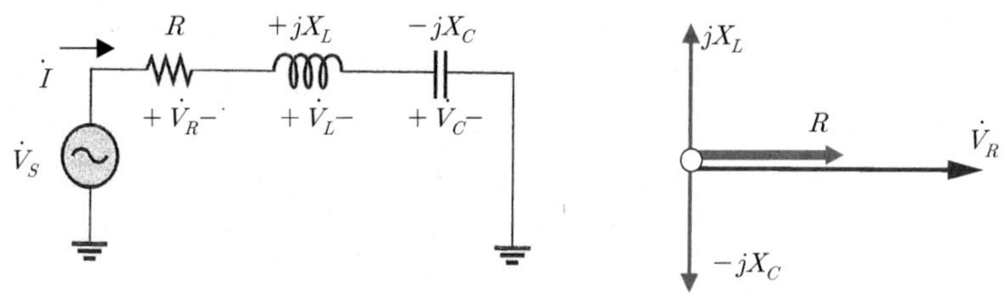

[그림 7-28] RLC 직렬회로 및 임피던스 다이어그램

2> RLC 직렬회로 전압 및 전류해석

일반적인 RLC 직렬회로에서 총 리액턴스의 값이 주파수에 따라 어떻게 변하는가를 보여준다. 먼저 주파수가 아주 낮은 영역에서 X_C 값은 크고, X_L 값은 작으므로, 회로는 용량성이 된다. 주파수가 점점 증가하면, X_C의 값은 점점 감소하고, X_L의 값은 계속 증가한다.

두 리액턴스 값이 같아지는 점, 즉 $X_L = X_C$ 가 되는 주파수에서는 두 리액턴스가 서로 상쇄되어 총 리액턴스의 값은 0[Ω]이 되므로, 회로는 순수한 저항성 회로가 된다. 바로 이 상태를 직렬공진(series resonance)이라고 한다. 주파수가 여기에서 더욱 증가하면, X_L이 X_C 보다 커지므로 회로는 유도성이 된다.

RLC 직렬회로에서, 커패시터 양단의 전압과 인덕터 양단의 전압 사이의 위상차는 항상 180°이다. 직렬회로에서는 전류가 같으므로 Kirchhoff 전압 법칙(KVL)으로 페이저를 사용하여 표현하면 다음과 같다.

$$\dot{V}_S = \dot{V}_L + \dot{V}_C + \dot{V}_R \tag{7-75}$$

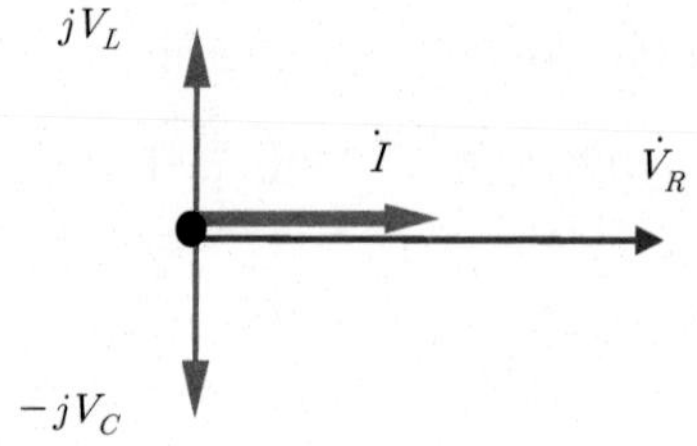

[그림 7-29] RLC 직렬회로에 대한 전압 페이저도

여기서 Ohm 법칙을 적용하면 $\dot{V}_L = \dot{X}_L\dot{I} = jX_L\dot{I}$, $\dot{V}_C = \dot{X}_C\dot{I} = -jX_C\dot{I}$, $\dot{V}_R = R\dot{I}$이다. 항상 인덕터 양단전압 $\dot{V}_L$과 커패시터 양단전압 $\dot{V}_C$의 극성에 유의해야 한다.

복습문제

다음 회로에 대해 각 값을 구하시오.

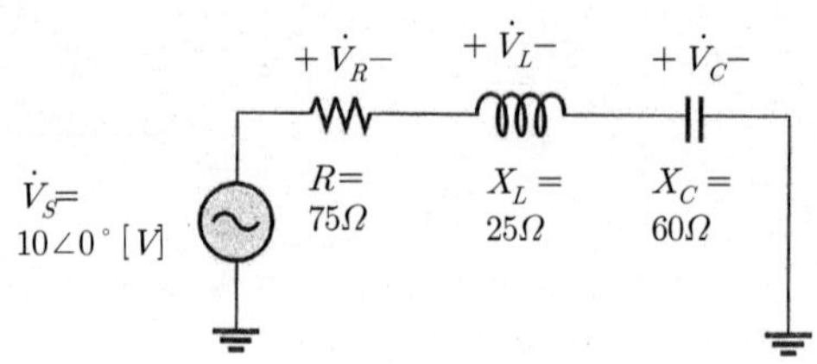

1> 임피던스 $\dot{Z}$의 직각좌표 및 극좌표를 구하시오. 이때 용량성인가 유도성인가?

2> 전류 $\dot{I}$를 구하시오.

3> $\dot{V}_L$, $\dot{V}_C$ 및 $\dot{V}_R$를 구하시오.

7-4-2 직렬 공진회로(series resonant circuit)

어떤 물체에 주기적인 힘을 외부에서 가할 경우, 그 힘의 주기가 물체가 진동하는 주기와 일치하면 작은 힘으로도 큰 진동을 일으킬 수 있다는 것을 우리는 경험해 왔다. 예를 들어 외나무다리를 건널 때 다리의 상하 진동에 보조를 맞추어 걸으면 순식간에 큰 진동을 느낄 수 있는 것과 같다. 이와 같은 현상을 공진이라 하며 동시에 전기 시스템에도 존재한다.

RLC 직렬회로에서, 용량성 리액턴스 $\dot{X}_C$와 유도성 리액턴스 $\dot{X}_L$의 값이 같아질 때 공진이 일어난다. 공진이 일어날 때, 두 리액턴스는 상쇄되어 $0[\Omega]$이 되므로, 회로의 임피던스는 저항 성분만을 갖게 된다. 회로에서 총 임피던스는 다음 식과 같다.

$$\dot{Z} = R + jX_L - jX_C = R + j(X_L - X_C) \tag{7-76}$$

공진 상태에서 $X_L = X_C$ 이므로 허수부는 0이 된다. 따라서 임피던스는 저항만으로 표시된다. 회로의 공진 상태를 식으로 표시하면 다음과 같다.

$$Z_r = R \tag{7-77}$$

직렬공진 주파수에서 C와 L의 양단전압은, 리액턴스가 같고 두 소자는 직렬 연결이므로 동일한 전류가 흐르기 때문에 크기가 같다($X_L I = X_C I$). 또한, $\dot{X}_L$과 $\dot{X}_C$ 사이의 위상차는 항상 $180°$가 된다.

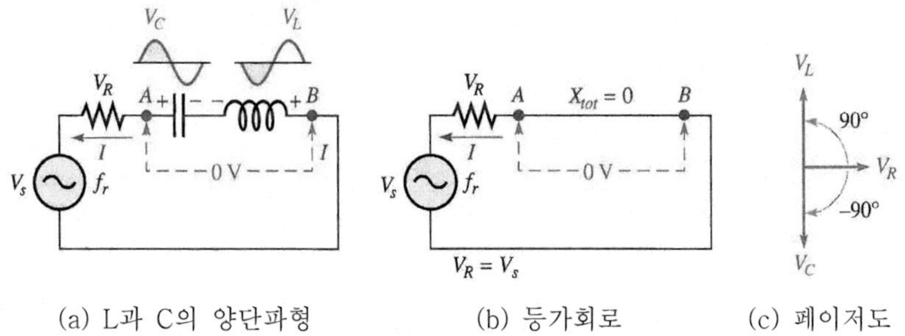

(a) L과 C의 양단파형 (b) 등가회로 (c) 페이저도

[그림 7-30] 공진이 일어날 때, 직렬 RLC 회로의 등가회로

1> 공진이 일어날 때의 등가회로 및 임피던스

그림 7-30(a)에 나타나 있듯이, $\dot{V}_C$와 $\dot{V}_L$의 극성은 항상 반대가 된다. 즉 C와 L 양단의 전압은 크기가 같고 부호가 서로 반대가 되므로, 그림에 그려진 것처럼 두 전압을 더하여 구하는 $v_L(t) + v_C(t)$ 전압은 항상 $0[V]$가 된다. 따라서 이 경우의 회로는 그림 (b)와 같이 리액턴스가 $0[\Omega]$이 되고 단지 총 임피던스는 $\dot{Z} = R[\Omega]$이다. 따라서 전원전압과 흐르는 전류는 서로 동상이 되며 회로의 임피던스가 최소로 되며 회로에는 최대전류가 흐르게 된다.

이와 같이 회로의 어느 부분의 전압 혹은 전류가 특정 주파수 부근에서 급격히 변하는 현상을 공진현상이라 하고, 이 회로를 공진회로라고 부른다.

2> 직렬 공진주파수(series resonant frequency)

RLC 직렬회로에서, 공진은 오직 한 주파수(즉 공진주파수)에 대해서만 일어난다. 이 공진 각주파수($\omega_r = 2\pi f_r$) 또는 공진주파수(f_r)는 식 (7-76)로부터 구할 수 있다. 즉

$$X_L = X_C \tag{7-78}$$

L과 C에 대한 리액턴스 공식을 대입하면,

$$\omega_r L = \frac{1}{\omega_r C} \quad 혹은 \quad 2\pi f_r L = \frac{1}{2\pi f_r C} \tag{7-79}$$

이 식을 f_r에 대해 풀면 공진주파수는 다음 식과 같이 된다.

$$f_r^2 = \frac{1}{4\pi^2 LC} \tag{7-80}$$

$$f_r[Hz] = \frac{1}{2\pi\sqrt{LC}} \tag{7-81}$$

7-4-3 각 소자의 주파수 특성 해석

교류회로에서는 반드시 주파수에 따른 해석이 필요하다. RLC 직렬회로에서는 저항 R은 주파수에 무관하지만 L과 C는 주파수에 따라 그 특성이 다르다.

그림 7-31(a)는 RLC 직렬회로에서 전원의 주파수를 변화시킬 때, 합성 리액턴스 jX 변화를 나타낸 것이다. 낮은 주파수에서는 용량성 리액턴스 $X_C[\Omega]$값이 우세하고 높은 주파수에서는 유도성 리액턴스 $X_L[\Omega]$가 우세하다.

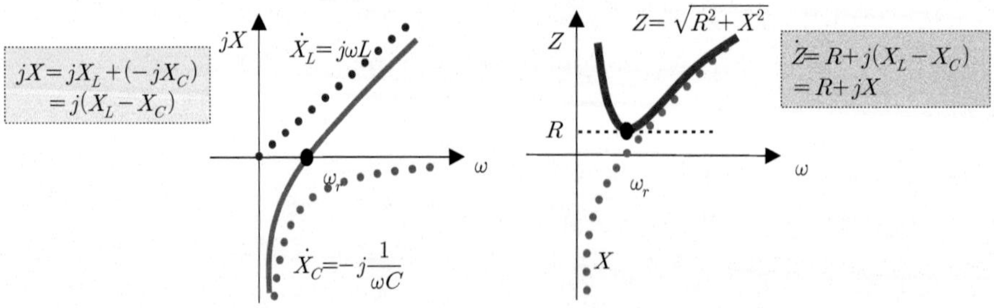

(a) 주파수에 따른 리액턴스　　(b) 저항이 포함된 주파수에 따른 임피던스

[그림 7-31] RLC 직렬회로에서 각주파수에 따른 리액턴스 및 임피던스

그 중앙 부근에 $jX=j(X_L-X_C)$가 0이 되는 지점이 있다. 이 지점이 공진이 일어나는 주파수(f_r)이다. 즉 전압과 전류가 동상(in phase)이 되는 곳이다. 회로의 전원주파수를 조정하여 공진 상태로 유도해 가는 것을 동조시킨다(tuning)고 하며, 그때의 L, C 값을 각각 동조 인덕턴스, 동조 커패시턴스라고 한다.

그림 (b)는 직렬 공진회로의 주파수에 따른 임피던스 변화를 나타낸 것이다. 여기서 임피던스는 $Z=\sqrt{R^2+X^2}$이다. 공진주파수에서는 복소수에서 허수부 $X=0$가 되므로 $\dot{Z}=R$이 되고 임피던스가 최소가 된다.

다음은 RC, RL 및 RLC 직렬회로의 주파수 특성을 비교하기 위한 그래프이다. 여기서 일정한 크기의 교류전압을 인가한 후, 주파수만을 변화시키면서 흐르는 출력전압의 변화를 대략적으로 나타낸 것이다. 단 모든 출력전압은 저항양단의 전압으로 하였다.

먼저 그림 7-32의 RC 직렬회로에 대해 익혀 보자. 전원(V_{in})의 주파수를 변화시킨다고 가정하자. 직렬회로이므로 같은 전류가 흐른다. 용량성 리엑턴스 $X_C=1/2\pi fC$에서 주파수가 증가함에 따라 X_C가 감소하여 커패시터 양단전압(V_C)은 감소한다. 따라서 저항 양단전압은 주파수의 증가에 따라 증가한다. 즉 고주파를 통과시키는 고역 통과 필터 특성을 가진다.

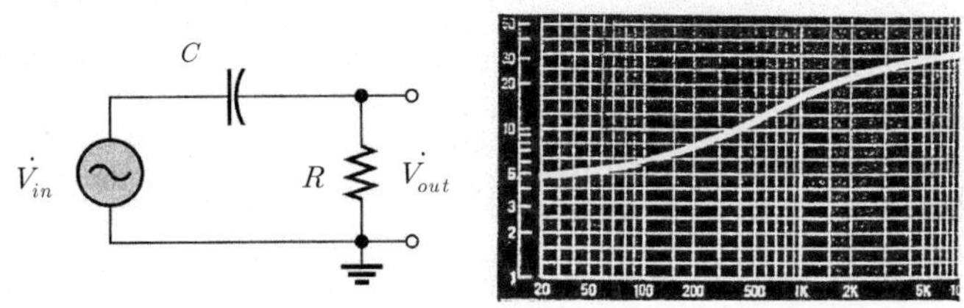

$$\dot{V}_R=\dot{V}_{in}\times\frac{R}{-jX_C+R}$$

- If $f\uparrow\rightarrow X_C\downarrow\rightarrow V_R\uparrow$
  If $f\downarrow\rightarrow X_C\uparrow\rightarrow V_R\downarrow$

[그림 7-32] RC 회로에서 주파수에 따른 저항 양단전압(고역 통과 필터)

다음은 그림 7-33의 RL 직렬회로에 대해 익혀 보자. 전원(V_S)의 주파수를 변화시킨다고 가정하자. 직렬회로이므로 같은 전류가 흐른다. 유도성 리엑턴스 $X_L=2\pi fL[\Omega]$에서 주파수가 증가함에 따라 인덕터 양단전압(V_L)은 증가한다. 결과적으로 저항 양단전압은 그림과 같이 주파수의 증가에 따라 감소한다. 수식적으로 전압분배 법칙을 사용하여도 같은 결과를 얻는다. 즉 저주파 대역의 신호를 통과시키는 저역 통과 필터 특성을 가진다.

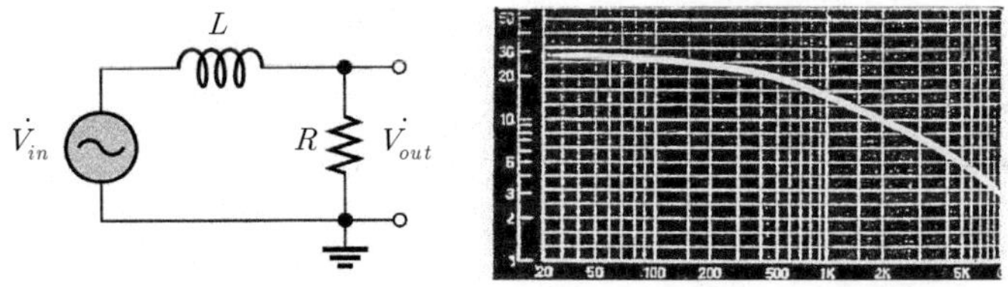

$$\dot{V}_R=\dot{V}_{in}\times\frac{R}{jX_L+R}$$

- If $f\uparrow\rightarrow X_L\uparrow\rightarrow V_R\downarrow$
  If $f\downarrow\rightarrow X_L\downarrow\rightarrow V_R\uparrow$

[그림 7-33] RL 회로에서 주파수에 따른 저항 양단전압(저역 통과 필터)

위의 자료로부터 그림 7-34의 RLC 직렬회로를 검토해 보자. RLC 직렬회로에 흐르는 전류는 공진주파수 $f_r[Hz]$에서 최대가 되며, 주파수가 공진주파수에서 양쪽으로 멀어짐에 따라 감소한다. 즉 그림과 같이 출력전압을 저항 양단전압 V_R으로 한다면 공진 주파수에서 최댓값을 나타낸다. 즉 저주파 대역과 고주파 대역의 중간인 대역 통과 필터 특성을 가진다.

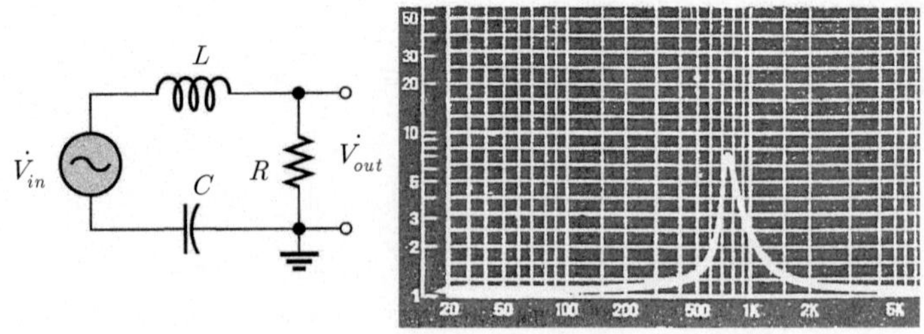

$$\dot{V}_R = \dot{V}_{in} \times \frac{R}{j(X_L - X_C) + R}$$

- If $f\uparrow \rightarrow X_L\uparrow (X_C\downarrow) \rightarrow V_R\downarrow$
  If $f\downarrow \rightarrow X_L\downarrow (X_C\uparrow) \rightarrow V_R\downarrow$
- If $X_L = X_C,\ V_R\uparrow$

[그림 7-34] 주파수에 따른 직렬 RLC 회로 출력전압 특성(대역 통과 필터)

1> 선택도(Q)와 대역폭(BW)

RLC 직렬회로에 흐르는 전류는 공진주파수에서 최대가 되며, 주파수가 공진주파수 $f_r[Hz]$에서 양쪽으로 멀어짐에 따라 감소한다.

선택도(Q: Quality Factor or Selectivity)

공진회로에서의 선택도는 회로가 갖고 있는 주파수 선택성의 정도, 즉 회로가 어느 정도로(얼마나 잘) 특정 주파수에 대해서 응답하고 그 밖의 주파수에 대해서는 응답하지 않는가를 표시한다. 따라서 대역폭(bandwidth)이 작을수록 선택도 Q는 커진다. 선택도는 다음과 같이 Q=무효전력/유효전력으로 정의하며, 직렬회로에서는 각 소자에 같은 전류가 흐른다.

$$Q = \frac{\text{무효전력}}{\text{유효전력}} = \frac{I^2X}{I^2R} = \frac{X}{R} \tag{7-82}$$

RLC 직렬회로에서 선택도와 관련시켜 보자. 즉 저항전압과 인덕터 혹은 커패시터 전압의 관계를 이용하여 쉽게 선택도 Q를 구할 수 있다. $\dot{V}_L$과 $\dot{V}_C$의 합이 서로 상쇄되지만 각 소자에는 같은 공진전류 $\dot{I}$가 흘러서 다음과 같이 각 소자 전압을 가진다.

$$\dot{V}_R = R\dot{I} \tag{7-83}$$

$$\dot{V}_L = \dot{X}_L\dot{I} = jX_L\dot{I} = jX_L\frac{\dot{V}_R}{R} = jQ\dot{V}_R \tag{7-84}$$

$$\dot{V}_C = \dot{X}_C\dot{I} = -jX_C\dot{I} = -jX_C\frac{\dot{V}_R}{R} = -jQ\dot{V}_R \tag{7-85}$$

차단 주파수(cutoff frequency) 및 대역폭(bandwidth)

대역폭은 공진회로 특성을 표시하는 중요한 항목으로, 약자 BW로 표기한다. 대역폭은 최대전류 크기(즉 공진 주파수일 때의 전류)의 70.7% 이상이 되는 전류가 흐르는 주파수의 범위로서 정의한다.

그림 7-35를 보면, RLC 직렬회로의 주파수 응답 곡선 위에 대역폭이 표시되어 있다. 여기서 대역폭을 결정하는 두 주파수 f_1, f_2에 대해 알아본다.

f_1과 f_2는 각각 전류의 크기가 $0.707I_{max}(=I_{max}/\sqrt{2})$가 되는 주파수로 차단주파수(cutoff frequency)라고 불린다. 공진주파수 f_r보다 작은 값을 갖는 f_1은 저주파 차단주파수(lower cutoff frequency), 반대로 큰 값을 갖는 f_2는 고주파 차단주파수(upper cutoff frequency)라고 한다.

두 개의 차단주파수 f_1, f_2는 -3dB 주파수, 임계주파수(critical frequency), 반전력 주파수(half-power frequency) 등으로도 불린다.

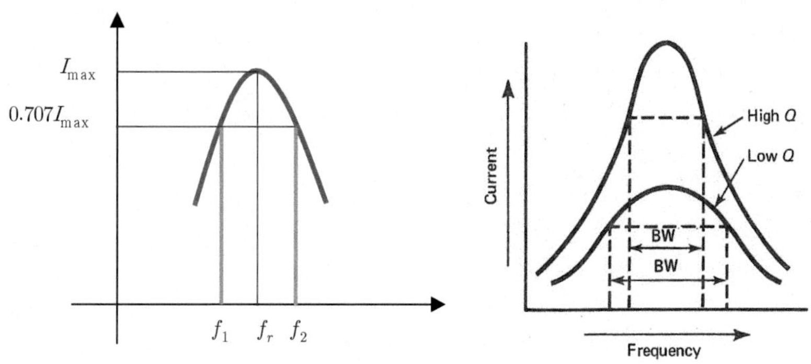

[그림 7-35] 주파수에 따른 대역폭 및 선택도

두 차단주파수를 반전력 주파수라고도 한다. 이것은 차단주파수에서의 전력이 공진주파수에서의 전력의 1/2이 되므로 붙여진 이름이다. 직렬 공진회로에 대해서, 이를 증명해 보면 다음과 같다. 공진이 일어날 때 전력은 $P_{max}=I_{max}^2R$이고 주파수 f_1, f_2에서의 전력은 다음과 같다.

$$P_{f1}=I_{f1}^2R=(0.707I_{max})^2R$$
$$=(0.707)^2I_{max}^2R=0.5I_{max}^2R=0.5P_{max} \quad (7\text{-}86)$$

직렬 또는 병렬회로의 대역폭은 회로의 I 또는 Z에 대한 주파수 응답곡선에서 최댓값의 $0.707(=1/\sqrt{2})$배가 되는 두 차단주파수 사이의 주파수 대역으로 정의된다. 따라서 대역폭은 f_2와 f_1 사이의 주파수 차가 되므로

$$BW = f_2 - f_1 \qquad (7\text{-}87)$$

이상적으로 공진주파수 f_r은 중심주파수(center frequency)이며, 다음 식으로 계산된다.

$$f_r = \frac{f_1 + f_2}{2} \qquad (7\text{-}88)$$

회로의 Q가 클수록 대역폭은 작아진다. 반대로 Q값이 작을수록 대역폭은 커진다. 회로의 Q로써 대역폭을 구하는 식은 다음과 같다.

$$BW = \frac{f_r}{Q} \qquad (7\text{-}89)$$

2> 특성 분석

다음과 같은 RLC 직렬회로에 대해 어드미턴스를 구하고 이를 바탕으로 공진주파수, 선택도를 구하는 방법을 학습해 보자. 회로의 입력은 전압이고 응답은 전류라고 하자.

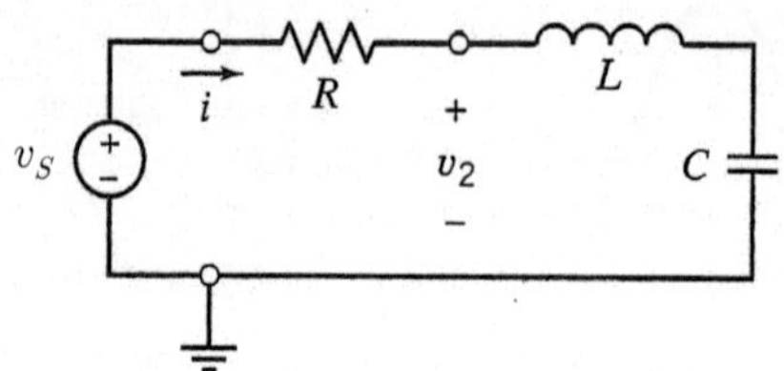

[그림 7-36] RLC 직렬회로

<1> 어드미턴스($\dot{Y}$)

위 회로에서 입력전압 페이저와 출력전류 페이저의 비를 구하고 이를 극좌표로 나타내면 다음과 같다.

$$\dot{Y} = \frac{\dot{I}}{\dot{V}_S} = \frac{1}{\dot{Z}} = \frac{1}{R + j\omega L - j1/\omega C} = \frac{1}{R + j(\omega L - 1/\omega C)} \qquad (7\text{-}90)$$

$$= Y\angle\theta^\circ \; = Y\angle -\tan^{-1}((\omega L - 1/\omega C)/R)$$

리엑턴스 성분이 다음과 같을 경우, 즉 $\omega L = 1/\omega C$ 이면 허수 성분이 0이 된다. 이 조건을 만족하는 주파수가 공진주파수이다.

$$f_r = \frac{1}{2\pi\sqrt{LC}} \text{ 또는 } \omega_r = \frac{1}{\sqrt{LC}} \qquad (7\text{-}91)$$

$f=f_r$일 때 $\dot{Y}=1/R$이다. f가 f_r보다 증가하거나 감소하면 어드미턴스는 감소한다. 활용도가 좋도록 식 (7-90)을 다음과 같은 형태로 변환해 보자.

$$\dot{Y}=\frac{k}{1+jQ(\frac{\omega}{\omega_r}-\frac{\omega_r}{\omega})}=\frac{k}{1+jQ(\frac{f}{f_r}-\frac{f_r}{f})} \quad (7\text{-}92)$$

여기서 f_r은 공진주파수, k는 공진시 어드미턴스의 최댓값이고 Q는 선택도이다.

식 (7-90)을 식 (7-92)와 같이 정리하면 다음과 같다.

$$\dot{Y}=\frac{1}{R+j\sqrt{\frac{L}{C}}(\omega/\frac{1}{\sqrt{LC}}-\frac{1}{\sqrt{LC}}/\omega)}=\frac{1}{R+j\sqrt{\frac{L}{C}}(\frac{\omega}{\omega_r}-\frac{\omega_r}{\omega})}$$

$$=\frac{\frac{1}{R}}{1+j\frac{1}{R}\sqrt{\frac{L}{C}}(\frac{f}{f_r}-\frac{f_r}{f})}=\frac{\frac{1}{R}}{1+jQ(\frac{f}{f_r}-\frac{f_r}{f})} \quad (7\text{-}93)$$

비교하면 각 값은 $k=1/R$, $Q=\frac{1}{R}\sqrt{\frac{L}{C}}$ 및 $f_r=\frac{1}{2\pi\sqrt{LC}}$이다.

<2> 대역폭(BW: bandwidth)

대역폭은 정의와 같이 최대값의 $1/\sqrt{2}$배가 되는 두 개의 주파수 간격이다. 위의 식에서 이 두 값들을 구해 보자.

$$\frac{k}{\sqrt{2}}=\frac{k}{\sqrt{1+Q^2(\frac{f}{f_r}-\frac{f_r}{f})^2}} \quad (7\text{-}94)$$

위 식을 정리하면 $\sqrt{2}=\sqrt{1+Q^2(\frac{f}{f_r}-\frac{f_r}{f})^2}$이고 양변을 제곱하면 $1=Q^2(\frac{f}{f_r}-\frac{f_r}{f})^2$ 이므로 제곱근을 취하면 $\pm 1=Q(\frac{f}{f_r}-\frac{f_r}{f})$이 된다. 이를 정리하면 다음과 같은 2차식을 구한다.

$$f^2\pm\frac{f_r}{Q}f-f_r^2=0 \quad (7\text{-}95)$$

이차방정식에서 주파수는 양(+)이므로 두 양의 주파수들(f_1, f_2)을 구하면 다음과 같다.

$$f_1=-\frac{f_r}{2Q}+\sqrt{(\frac{f_r}{2Q})^2+f_r^2},\quad f_2=\frac{f_r}{2Q}+\sqrt{(\frac{f_r}{2Q})^2+f_r^2} \quad (7\text{-}96)$$

따라서 대역폭의 정의에 따라 계산하면 다음과 같다.

$$BW = f_2 - f_1 = \frac{f_r}{Q}, \qquad f_r = \sqrt{f_1 f_2} \tag{7-97}$$

이로부터 선택도 Q값이 커지면 주파수 응답 그래프가 뾰족하게 되어 그림 7-37과 같이 대역폭이 점점 좁아지는 것을 알 수 있다. 또한, 공진주파수는 변화가 없다.

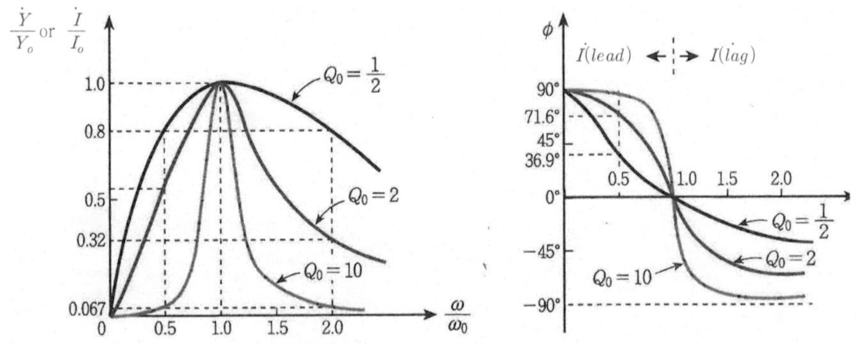

(a) 진폭 응답곡선 (b) 위상 응답곡선

[그림 7-37] 주파수에 따른 선택도 특성

복습문제

교류 RLC 직렬회로에서 $R = 10\Omega$, $L = 200\mu H$, $C = 47pF$이다. 물음에 답하시오.

1> 공진주파수 f_r을 구하시오. 답: $1.64[MHz]$

2> 선택도 Q를 구하시오. 답: 206

3> 대역폭(BW)을 구하고 대략적인 주파수 특성 그래프를 그리시오. 답: $7.96[kHz]$

7-5 RLC 병렬회로

저항(R), 인덕터(L) 및 커패시터(C)로 구성된 RLC 병렬회로에서 주파수 변화에 따른 임피던스 변화를 익히고, 교류 신호에 대한 전류 i 및 전압 v의 크기(진폭) 및 위상 관계를 이해하여 통신 분야 및 전력 분야에 활용되는 정보를 익힌다.

다음과 같은 병렬회로에 대한 기본적인 해석을 위해 컨덕턴스(G), 서셉턴스(B), 어드미턴스(Y)의 개념으로 회로에 대한 수식을 페이저로 다시 정리하면 다음과 같다.

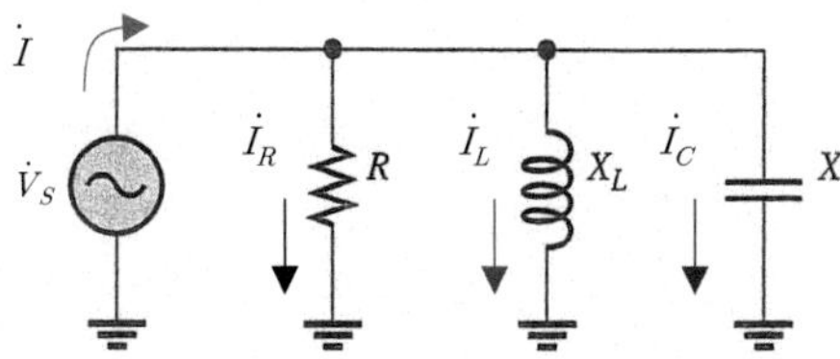

[그림 7-38] 기본적인 RLC 병렬회로

$$\dot{Y}=\frac{1}{\dot{Z}}=\dot{Y}_R+\dot{Y}_L+\dot{Y}_C=\frac{1}{R\angle 0^\circ}+\frac{1}{X_L\angle 90^\circ}+\frac{1}{X_C\angle -90^\circ} \tag{7-98}$$

$$\dot{Y}=\frac{1}{Z\angle \pm\theta}=Y\angle \mp\theta=G-jB_L+jB_C=\frac{1}{R}-j\frac{1}{X_L}+j\frac{1}{X_C} \tag{7-99}$$

$$\dot{G}=\frac{1}{R\angle 0^\circ}=G\angle 0^\circ \tag{7-100}$$

$$\dot{B}_L=\frac{1}{X_L\angle 90^\circ}=B_L\angle -90^\circ=-jB_L \tag{7-101}$$

$$\dot{B}_C=\frac{1}{X_C\angle -90^\circ}=B_C\angle 90^\circ=jB_C \tag{7-102}$$

7-5-1 병렬전류 및 병렬공진

RLC 병렬회로에서, 커패시터를 통해 흐르는 전류 $\dot{I}_C$와 인덕터를 통해 흐르는 전류 $\dot{I}_L$ 사이에는 180°의 위상차가 발생한다. 따라서 $\dot{I}_L$ 과 $\dot{I}_C$의 부호는 반대가 되므로, 이 두 전류를 더하여 얻는 총 리액턴스 전류($\dot{I}_{CL}$)는 전류 I_L, I_C 중에서 큰 전류보다 작은 값이 된다. 물론 저항을 통해 흐르는 전류($\dot{I}_R$)와 각 리액턴스 소자를 통해 흐르는 전류($\dot{I}_L$, $\dot{I}_C$) 사이에는 그림 7-39의 페이저도와 같이 90°의 위상차가 있다.

$$\begin{aligned}\dot{I}&=\dot{I}_R+\dot{I}_L+\dot{I}_C=\dot{I}_R+I_L\angle -90^\circ+I_C\angle 90^\circ\\&=I_R+(-jI_L)+(jI_C)\\&=I_R+j(I_C-I_L)\end{aligned} \tag{7-103}$$

총 전류는 다음 식으로 표시된다.

$$\dot{I}=\sqrt{I_R^2+(I_C-I_L)^2}\angle\tan^{-1}\frac{(I_C-I_L)}{I_R} \quad (7\text{-}104)$$

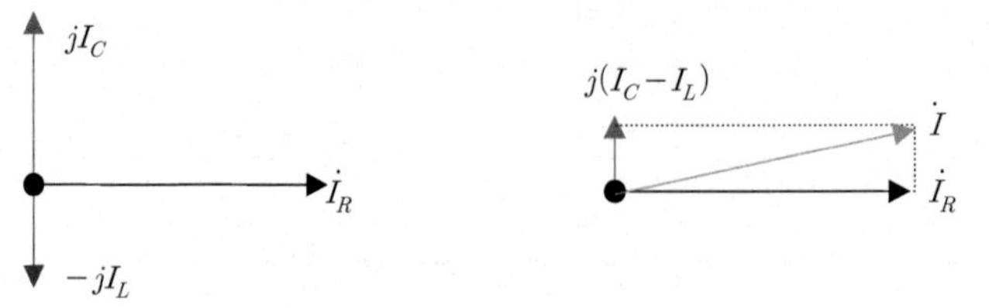

(a) 서로 다른 무효전류의 페이저도 (b) 진상전류 jI_C가 우세하다.

[그림 7-39] RLC 병렬회로에서 페이저 다이어그램

1> 공진주파수(f_r)

그림 7-40의 RLC 병렬회로에 대해서 임피던스를 구해 보자.

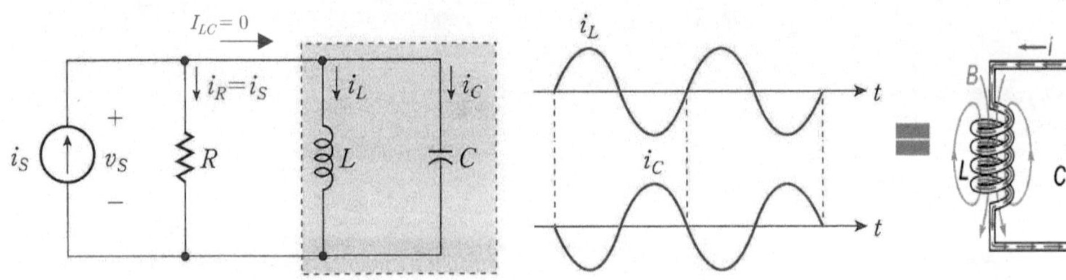

(a) (b) (c)

[그림 7-40] 공진이 일어날 때 $i_C(t)=-i_L(t)$이므로 두 전류의 합은 0이다.

$$\dot{Z}=\frac{\dot{V}}{\dot{I}_S}=\frac{1}{\dot{Y}}=\frac{1}{\dot{Y}_R+\dot{Y}_C+\dot{Y}_L}=\frac{1}{\frac{1}{R}+j\omega C-j1/\omega L}=\frac{1}{\frac{1}{R}+j(\omega C-1/\omega L)} \quad (7\text{-}105)$$

이상적인 경우(인덕터 L의 권선 저항이 $0[\Omega]$)의 병렬 공진은 $X_C=X_L$이 될 때 일어난다. 병렬 공진이 발생하는 주파수를 직렬 공진의 경우와 마찬가지로 공진주파수 f_r이라고 한다. $X_C=X_L$일 때, C와 L을 통해 흐르는 전류 I_C 와 I_L 은 서로 크기가 같고, 위상차는 180°가 된다. 따라서 두 전류는 같으면 서로 상쇄되어 전체 전류는 $0[A]$이 된다. 이상적인 병렬 공진회로에서, 공진이 일어나는 공진주파수는 직렬 공진회로의 경우와 동일한 식으로 구한다. 즉 병렬 공진주파수는 다음과 같다.

$$f_r = \frac{1}{2\pi\sqrt{LC}} \quad \text{또는} \quad \omega_r = \frac{1}{\sqrt{LC}} \tag{7-106}$$

병렬 공진회로의 임피던스($\dot{Z}$)는 리액턴스 성분($\dot{X}$)은 서로 상쇄되고 단지 저항(R) 성분만을 가지므로, 위상각은 0°가 된다. 즉 식 (7-105)에서 임피던스는 저항 R이 된다.

$$\dot{Z} = \frac{1}{1/R + j0} = R[\Omega] \tag{7-107}$$

그림 7-41의 회로에서 공진이 발생하면 L과 C의 병렬회로에서 임피던스가 $\infty[\Omega]$인 회로가 된다는 것이다. 우리는 직렬 공진회로에서 입력임피던스가 최소로 되는 데 반하여, 병렬 공진회로에서는 최대가 된다는 것을 알 수 있다. KCL을 사용하여 전류로 나타내 보자. 이것은 그림에서 LC 회로로 들어가는 전류가 $0[A]$이므로 임피던스가 $\infty[\Omega]$인 사실과 일치한다.

$$\dot{I}_{LC} = \dot{I}_L + \dot{I}_C = \dot{I}_L + (-\dot{I}_L) = 0[A]$$

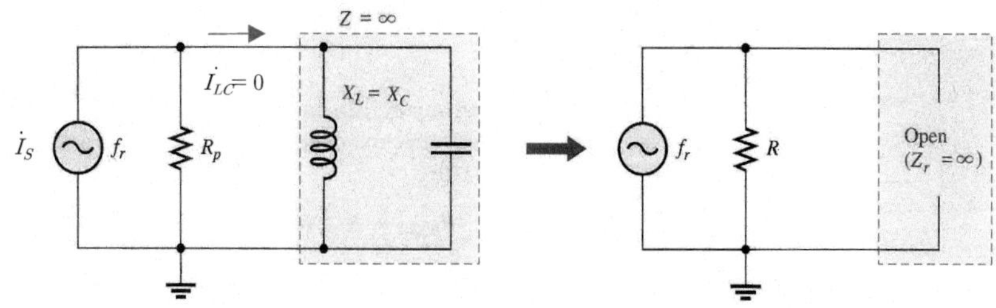

(a) 병렬 공진회로 (b) 공진에서 등가회로

[그림 7-41] 공진에서 병렬 LC 등가회로는 임피던스가 $INF[\Omega]$이다.

7-5-2 병렬회로 해석

병렬회로는 그림 7-42와 같이 임피던스를 분석으로 시작한다. 다음과 같은 RLC 병렬회로에 대해 임피던스를 구하고 이를 바탕으로 공진주파수, 선택도 Q를 구하는 방법을 학습해 보자. 그림과 같이 회로의 입력은 전류원 $i_S(t)$이고 응답은 전압 $v(t)$라 하자.

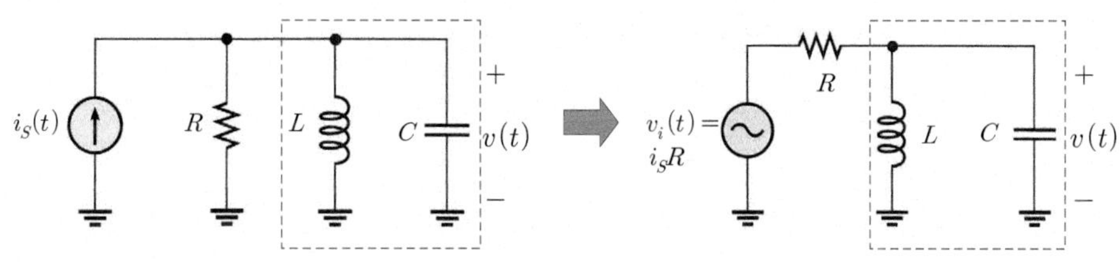

(a) Norton 등가회로 (b) Thevenin 등가회로

[그림 7-42] RLC 병렬회로

<1> 임피던스($\dot{Z}$)

위 회로에서 입력전류 페이저와 출력전압 페이저의 비를 구하고 이를 극좌표로 나타내면 다음과 같다.

$$\dot{Z}=\frac{\dot{V}}{\dot{I}_S}=\frac{1}{\dot{Y}}=\frac{1}{\frac{1}{R}+j\omega C-j1/\omega L}=\frac{1}{\frac{1}{R}+j(\omega C-1/\omega L)} \quad (7\text{-}108)$$

$$=Z\angle\theta \ =Z\angle -\tan^{-1}(R(\omega C-1/\omega L))$$

리엑턴스 성분이 $\omega C=1/\omega L$일 경우 허수 성분이 0이 된다. 이 조건을 만족하는 주파수가 공진주파수이다.

$$f_r=\frac{1}{2\pi\sqrt{LC}} \text{ 또는 } \omega_r=\frac{1}{\sqrt{LC}} \quad (7\text{-}109)$$

$f=f_r$일 때 $\dot{Z}=R$이다. f가 f_r보다 증가하거나 감소하면 임피던스는 감소한다.

먼저 선택도(Q: quality factor)는 다음과 같이 정의된다. 병렬회로에서 전압의 크기가 동일하므로 다음과 같다.

$$Q=\frac{\text{무효전력}}{\text{유효전력}}=\frac{V^2/X}{V^2/R}=\frac{R}{X} \quad (7\text{-}110)$$

식 (7-108)을 다음과 같은 형태로 변환해 보자.

$$\dot{Z}=\frac{k}{1+jQ(\frac{\omega}{\omega_r}-\frac{\omega_r}{\omega})}=\frac{k}{1+jQ(\frac{f}{f_r}-\frac{f_r}{f})} \quad (7\text{-}111)$$

여기서 f_r은 공진주파수, k는 공진 시 임피던스의 최댓값이고 Q는 선택도이다.
식 (7-108)을 정리하면 다음과 같다.

$$\dot{Z}=\frac{1}{\frac{1}{R}+j\sqrt{\frac{C}{L}}(\omega/\frac{1}{\sqrt{LC}}-\frac{1}{\sqrt{LC}}/\omega)}=\frac{1}{\frac{1}{R}+j\sqrt{\frac{C}{L}}(\frac{\omega}{\omega_r}-\frac{\omega_r}{\omega})}$$

$$=\frac{R}{1+jR\sqrt{\frac{C}{L}}(\frac{f}{f_r}-\frac{f_r}{f})} \quad (7\text{-}112)$$

비교하면 각 값은 $k=R$, $Q=R\sqrt{\frac{C}{L}}$ 및 $f_r=\frac{1}{2\pi\sqrt{LC}}$ 이다.

<2> 대역폭(BW: bandwidth)

대역폭은 정의와 같이 최댓값의 $1/\sqrt{2}$배가 되는 두 개의 주파수 간격이다. 위의 식에서 이 두 값들을 구해 보자.

$$\frac{k}{\sqrt{2}} = \frac{k}{\sqrt{1+Q^2\left(\frac{f}{f_r}-\frac{f_r}{f}\right)^2}} \tag{7-113}$$

정리하면 $\sqrt{2} = \sqrt{1+Q^2\left(\frac{f}{f_r}-\frac{f_r}{f}\right)^2}$ 양변을 제곱하면 $1 = Q^2\left(\frac{f}{f_r}-\frac{f_r}{f}\right)^2$이므로

제곱근을 취하면 $\pm 1 = Q\left(\frac{f}{f_r}-\frac{f_r}{f}\right)$이고 정리하면 다음과 같은 2차식을 구한다.

$$f^2 \pm \frac{f_r}{Q}f - f_r^2 = 0 \tag{7-114}$$

주파수는 양(+)이므로 두 양수의 주파수들을 구하면 다음과 같다.

$$f_1 = -\frac{f_r}{2Q} + \sqrt{\left(\frac{f_r}{2Q}\right)^2 + f_r^2}, \quad f_2 = \frac{f_r}{2Q} + \sqrt{\left(\frac{f_r}{2Q}\right)^2 + f_r^2} \tag{7-115}$$

따라서 대역폭의 정의에 따라 계산하면 다음과 같다.

$$BW = f_2 - f_1 = \frac{f_r}{Q} \tag{7-116}$$

이로부터 선택도 Q값이 커지면 주파수 응답 그래프가 뾰족하게 되어 그림 7-43과 같이 대역폭이 점점 좁아지는 것을 알 수 있다.

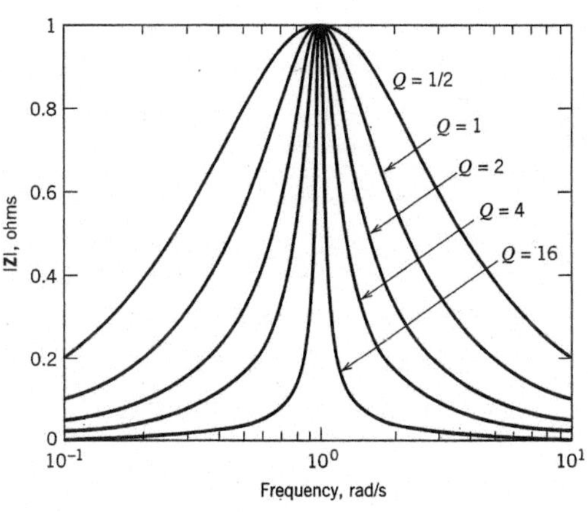

[그림 7-43] Q 값에 따른 주파수 선택도 시뮬레이션

그림 7-43의 어느 한 곡선에 대해 다시 그려 정리하면 그림 7-44와 같다. 여기서 임피던스 곡선에서 $\dot{Z}$가 최대가 되는 주파수가 공진주파수 f_r이다. $Z=0.707Z_{\max}$가 되는 두 주파수들은 하측 차단주파수 f_1과 상측 차단주파수 f_2이다. 대역폭(bandwidth)은 f_1과 f_2 사이의 주파수 영역이 된다. 즉 $BW=f_2-f_1$가 된다

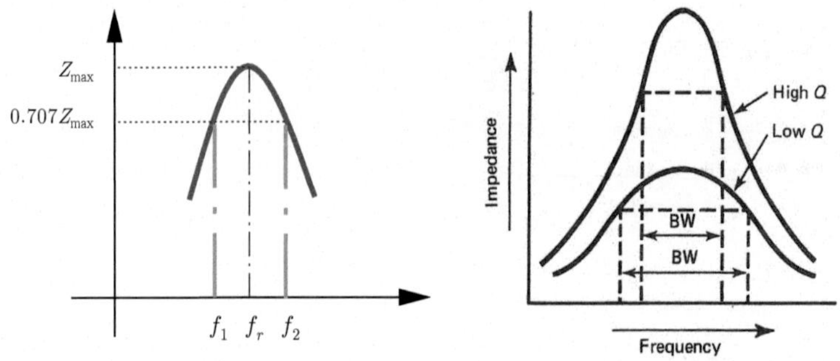

[그림 7-44] 병렬 공진회로의 응답에 따른 대역폭 BW 및 선택도 Q

위의 자료로부터 아래쪽(하측) 차단주파수 f_1, 위쪽(상측) 차단주파수 f_2 및 공진주파수와 다음과 같은 관계를 가진다는 것을 알 수 있다.

$$f_1=f_r-\frac{BW}{2},\quad f_2=f_r+\frac{BW}{2} \tag{7-117}$$

$$f_r=\sqrt{f_1f_2} \tag{7-118}$$

RLC 병렬회로에서 공진이 일어날 때, 인덕터 L과 커패시터 C를 흐르는 각 전류를 선택도 Q로 나타내 보자.

$$\dot{I}_L=\frac{R\dot{I}_S}{j\omega_r L}=-jQ\dot{I}_S \tag{7-119}$$

$$\dot{I}_C=\frac{R\dot{I}_S}{1/j\omega_r C}=jQ\dot{I}_S \tag{7-120}$$

위의 결과로부터 두 전류 $\dot{I}_L$과 $\dot{I}_C$는 서로 크기는 같고 방향이 반대인 순환전류이다. 즉 공진시 LC 병렬회로에는 큰 순환전류가 흐르지만, 전원에서 LC 병렬회로 쪽으로는 전류가 흐르지 않는다는 것이다. 이는 그림 7-41과 일치하는 결과이다.

<3> 실제적인 RC 병렬회로에서 공진 특성 및 등가회로

실제로 코일(인덕터)에서는 약간의 저항 성분이 존재한다. 이 회로는 통신 분야의 공진

주파수, 대역폭 문제와 관련될 뿐만 아니라 전력 분야의 무효전력을 보상하여 역률 개선을 다루는 문제에서 중요하다. 이것을 고려하여 회로를 다시 그리면 다음과 같다. 회로해석 시에 이 회로를 변형하여 각 성분을 병렬로 처리한 등가회로를 활용하면 명확한 의미와 활용상에 이점을 가진다. 먼저 기본회로를 변형시켜 보자.

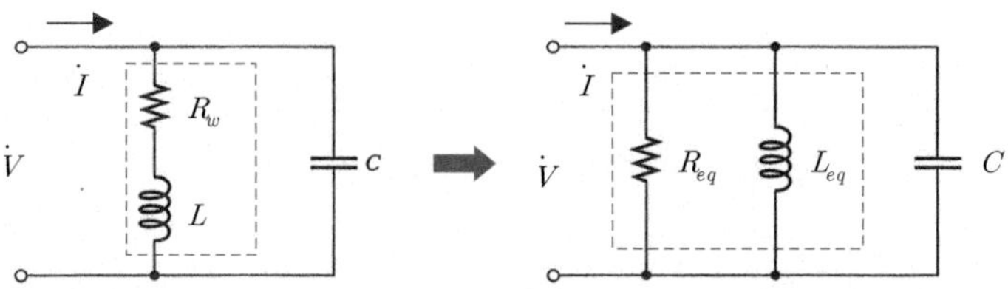

(a) 실제적 LC 회로 (b) 등가회로

[그림 7-45] 실제적인 탱크회로 및 병렬로 변환된 등가회로

위의 그림 (a)로부터 간단히 다음과 같이 처리할 수 있다.

$$\dot{Y} = G + jB = \dot{Y}_1 + \dot{Y}_2 = \frac{1}{\dot{Z}_1} + \frac{1}{\dot{Z}_2} = \frac{1}{R + jX_L} + \frac{1}{-jX_C}$$

$$= \frac{R_w - jX_L}{(R_w + jX_L)(R_w - jX_L)} + j(\frac{1}{X_C}) = \frac{R_w - jX_L}{(R_w^2 + X_L^2)} + j(\frac{1}{X_C})$$

$$= \frac{R_w}{(R_w^2 + X_L^2)} + \frac{-jX_L}{(R_w^2 + X_L^2)} + j(\frac{1}{X_C})$$

$$= \frac{R_w}{(R_w^2 + X_L^2)} + j(\frac{-X_L}{(R_w^2 + X_L^2)} + \frac{1}{X_C}) \qquad (7-121)$$

직렬 공진회로에서는 임피던스($\dot{Z}$)의 허수부인 리액턴스(X) 성분이 0이였다. 반면 병렬 공진회로는 어드미턴스($\dot{Y}$)를 이용하는 것이 편리하므로, 허수부인 서셉턴스(B) 성분을 0이 되게 함으로써 전압($\dot{V}$)과 전류($\dot{I}$)가 동상(in phase)이 된다.

만약 공진이 일어난다면 허수 부분이 0이므로, 공진주파수 f_r을 구할 수 있다.

$$\frac{X_L}{(R_w^2 + X_L^2)} = \frac{1}{X_C}$$

$$f_r = \frac{1}{2\pi\sqrt{LC}}\sqrt{1 - R_w^2 \cdot \frac{C}{L}} = \frac{1}{2\pi\sqrt{LC}}\sqrt{1 - \frac{1}{Q^2}} \qquad (7-122)$$

위 식으로부터 $R_w = 0$이라면 병렬공진에서 배운 공진식과 동일하다. 또한, 우리는 그림 (b)와 같이 등가회로를 구하기 위해 식 (7-121)을 계속하여 변화시켜 보자.

$$= \frac{1}{R_{eq}} + \frac{1}{jX_{eq}} + \frac{1}{-jX_C} = \frac{1}{R_{eq}} - j\frac{1}{X_{eq}} + j\frac{1}{X_C} \qquad (7\text{-}123)$$

원래 저항과 인덕터는 직렬(in series)이었으므로, 선택도 Q는 다음과 같이 정의한다.

$$Q = \frac{X_L}{R_w} \qquad (7\text{-}124)$$

이를 이용하여 변형하면 등가 저항과 등가 인덕턴스를 다음과 같이 정의할 수 있다.

$$\frac{1}{R_{eq}} = \frac{1}{R_w(1+Q^2)}, \qquad \frac{1}{L_{eq}} = \frac{1}{L(1+1/Q^2)} \qquad (7\text{-}125)$$

더욱 편의성을 위해 선택도(Q)가 10 이상이면 식 (7-125)를 간단히 할 수 있다.

$$R_{eq} = R_w(1+Q^2) \simeq R_w Q^2 \qquad (7\text{-}126)$$

$$L_{eq} = L(1+1/Q^2) \simeq L \qquad (7\text{-}127)$$

복습문제1

그림 7-42(a)와 같은 교류 RLC 병렬회로에서 $R = 4.7k\Omega$, $L = 100mH$, $C = 0.047\mu F$이다.

1> 공진주파수 f_r을 구하시오. 답: $2321.51[Hz]$

2> 선택도 Q를 구하시오. 답: 3.22

3> 대역폭(BW)을 구하고 대략적인 주파수 특성 그래프를 그리시오.(f_r, f_1, f_2)

답: $BW = 718.73[Hz]$

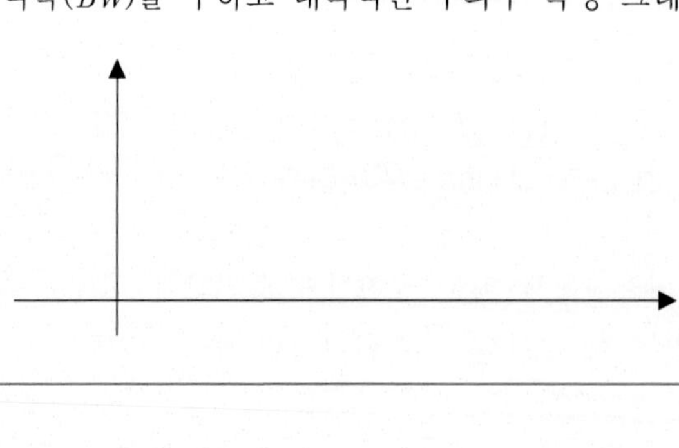

복습문제2

다음과 같은 교류 RLC 병렬회로에서 $R=4.7k\Omega$, $L=100mH$, $C=0.047\mu F$이다. 또한, 코일 저항 $R_w=20\Omega$이라고 한다. 물음에 답하시오.

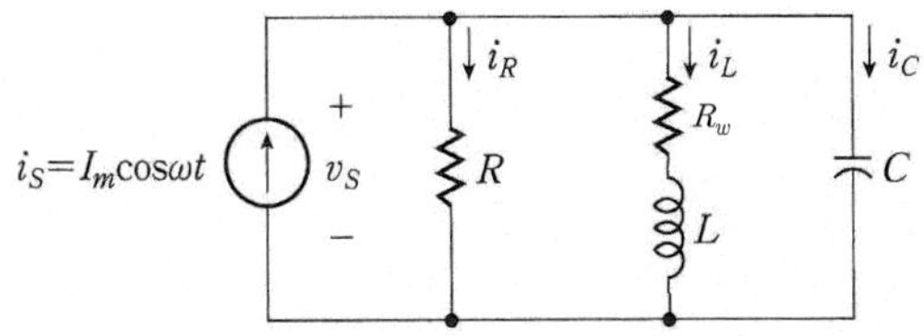

1> 코일의 선택도 Q 및 등가 저항 R_{eq}을 구하시오. 답: 72.93, 106.38[$k\Omega$]

2> 공진주파수 f_r을 구하시오.

3> 전체 병렬회로의 선택도 Q_{total}를 구하시오. Q와의 차이점은? 답: 3.08

4> 대역폭(BW)을 구하고 대략적인 주파수 특성(진폭 대 주파수) 그래프를 그리시오. 최대 임피던스 $Z_{\max}$, 공진주파수 f_r및 차단주파수 f_1, f_2를 나타내시오.

5> 앞의 복습문제 1과 어떤 차이점이 있는지 설명하시오.

7-6 Ohm 법칙, 중첩 정리, 등가회로 및 최대전력 전송

페이저(phasor)로 나타낸 전압, 전류 및 임피던스가 주어진 주파수 영역에서 해석해 왔다. 이를 바탕으로 앞에서 학습한 중첩 정리, Thevenin 등가회로, Norton 등가회로 및 최대전력전송에 관해 RLC 회로에 적용해 보자.

7-6-1 페이저를 사용한 Ohm 법칙

주어진 주파수에서 정현파 전압과 전류는 그 진폭과 위상각에 의해 결정된다.

$$i(t) = I_m\cos(\omega t+\theta) = Re[I_m e^{j(\omega t+\theta)}] \quad (7\text{-}128)$$

이를 간단히 $\dot{I} = I_m e^{j\theta} = I_m \angle\theta$라고 쓰며 이를 전류 페이저라 부른다. 따라서 페이저는 정현파의 크기와 위상을 나타내는 복소수이다. 페이저라는 용어는 벡터 대신에 쓰이며 이는 각도가 공간에 기초를 두는 것이 아니라 시간에 기초하고 있다. 페이저는 지수함수 형식, 극좌표 형식 또는 직각좌표 형식으로 쓸 수 있다.

다음 회로는 제1장에서 언급한 사람의 몸에 전기 쇼크(electric shock)를 분석하는 전기 모형으로서 페이저 및 Ohm 법칙을 사용하여 사람 몸에 어떤 영향을 주는지 검토해 보자. 교류전압원은 $v_S(t) = 220\sqrt{2}\,cos\omega t[V]$이다. 가정에서 사용하는 주파수 $f = 60[Hz]$와 항공기에서 사용하는 $f = 400[Hz]$인 두 가지 경우들을 고려한다.

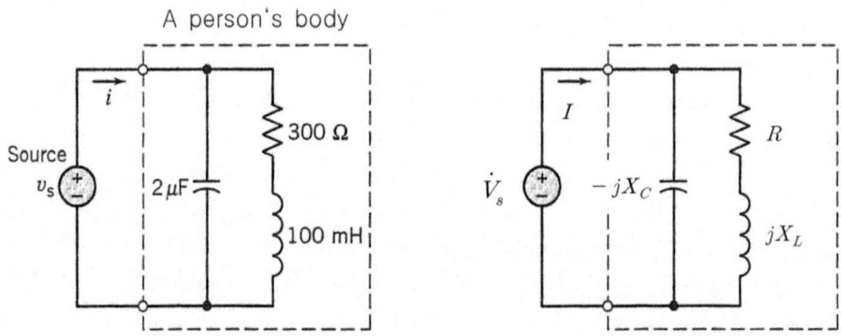

(a) 시간 영역 (b) 주파수 영역 페이저 변환

[그림 7-46] 전기쇼크에서 사람 몸의 전기적 모형 분석

먼저 $f = 60[Hz]$에서 회로해석을 시행한다. 먼저 회로의 임피던스를 구하자.
커패시터와 인덕터에 대한 리액턴스는 각각 다음과 같다.

$$X_C = \frac{1}{2\pi f C} = \frac{1}{2\pi(60)(2\times10^{-6})} = 1326[\Omega]$$

$$X_L = 2\pi f L = 2\pi(60)(100\times10^{-3}) = 37.7[\Omega]$$

두 임피던스를 다음과 같이 정의하자.

$$\dot{Z}_1 = -jX_C = -j1326\Omega, \quad \dot{Z}_2 = R + jX_L = 300 + j37.7[\Omega]$$

병렬 구조이므로 합성하면

$$\dot{Z} = (-j1326) \parallel (300 + j37.7) = 303\angle -6^\circ [\Omega]$$

따라서 흐르는 전류는 Ohm 법칙을 활용한다.

$$\dot{I} = \frac{\dot{V}}{\dot{Z}} = \frac{220\sqrt{2}\angle 0^\circ}{303\angle -6^\circ} = 1.03\angle 6^\circ [A]$$

이를 시간함수로 바꾸면 사람 몸을 통과하여 흐르는 전류는 다음과 같다.

$$i(t) = 1.03\cos(120\pi t + 6^\circ)[A]$$

두 번째로 $f = 400[Hz]$의 경우에 대해 위 과정을 반복하면 다음과 같다.

$$i(t) = 1.21\cos(800\pi t + 60^\circ)[A]$$

같은 전압이라 할지라도 주파수가 높으면 사람 몸을 통해 더 큰 전류가 흐름을 알 수 있다.

다른 하나의 예로서 항공기 문의 개폐 여부를 감지하는 브리지 회로로서 근접 센서를 간략히 언급하였다. 이 회로를 검토해 보자. 유도 감지 코일에 금속이나 다른 도전 물질이 근접했는지를 나타내는 신호를 발생한다. 금속이 감지 코일에 접근함에 따라 감지 코일의 인덕턴스(L_s)가 변한다. 이 감지 코일의 인덕턴스는 기준 코일의 인덕턴스(L_R)와 비교된다. 즉 근접한 다른 금속물이 없으면 두 인덕턴스는 같아서 전압차는 0[V]이다. 그러나 인덕턴스 값이 변하면 인덕턴스 브리지에서 물체가 근접 시 나타내는 신호는 지점 A와 B에서 검출되며 각 지점에서 전압차를 구하면 된다.

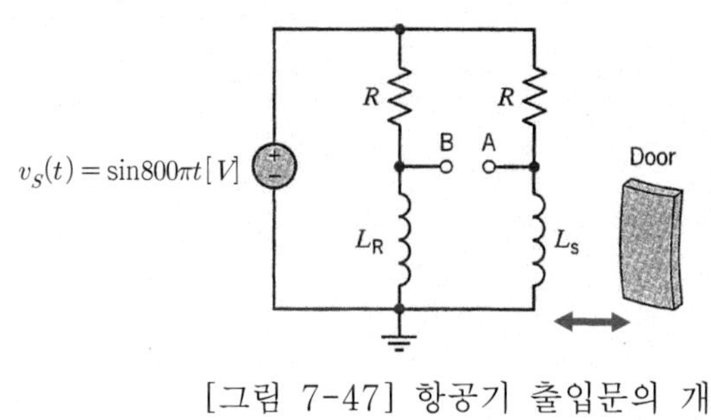

$R = 100\Omega$
- 문의 열림
  $L_R = 40mH, \ L_s = 40mH$
- 문의 닫힘
  $L_R = 40mH, \ L_s = 60mH$

[그림 7-47] 항공기 출입문의 개폐에 따른 감지회로

이 브리지회로의 전압원은 $v_S(t) = \sin 800\pi t[V]$를 사용한다. 이로부터 사용되는 주파수가 $400[Hz]$임을 나타내며 항공기에 사용되는 주파수이다.

먼저 문이 열려 있을 경우에 점 A와 B의 전압을 구해 보자. 유도성 리엑턴스를 구하고 이를 전압분배 법칙에 적용하자.

$$X_R = 2\pi fL = 2\pi(400)(40\times10^{-3}) = 100[\Omega]$$

$$X_s = 2\pi fL = 2\pi(400)(40\times10^{-3}) = 100[\Omega]$$

$$\dot{V}_A = \dot{V}_S \times \frac{jX_s}{R+jX_s} = 1\angle0^\circ \times \frac{j100}{100+j100} = 0.707\angle45^\circ\,[V]$$

$$\dot{V}_B = \dot{V}_S \times \frac{jX_R}{R+jX_R} = 0.707\angle45^\circ\,[V]$$

따라서 두 지점들 간의 전압차는 다음과 같다.

$$\dot{V}_{AB} = \dot{V}_A - \dot{V}_B = 0[V]$$

만약 출입문이 닫히면 오른쪽 코일의 인덕턴스는 $L_s = 60[mH]$로 변하므로 각 리엑턴스는 다음과 같다.

$$X_R = 2\pi fL = 2\pi(400)(40\times10^{-3}) = 100[\Omega]$$

$$X_s = 2\pi fL = 2\pi(400)(60\times10^{-3}) = 150[\Omega]$$

$$\dot{V}_A = \dot{V}_S \times \frac{jX_s}{R+jX_s} = 1\angle0^\circ \times \frac{j150}{100+j150} = 0.833\angle34^\circ\,[V]$$

$$\dot{V}_B = \dot{V}_S \times \frac{jX_R}{R+jX_R} = 0.707\angle45^\circ\,[V]$$

따라서 이로 인한 두 지점들 간의 전압차는 다음과 같이 구한다.

$$\dot{V}_{AB} = \dot{V}_A - \dot{V}_B = 0.833\angle34^\circ - 0.707\angle45^\circ = 0.19 - j0.035[V]$$

$$= 0.19\angle-10.4^\circ\,[V]$$

이를 시간함수로 바꾸면 다음과 같다.

$$v_{AB}(t) = 0.19\cos(800\pi t - 10.4^\circ)[V]$$

이 값을 센서 제어에 활용하여 조종사는 문의 개폐 여부를 알 수 있다.

7-6-2 중첩 정리(superposition principle)

회로가 선형(linear)이면 중첩 원리는 적용된다. 다시 한번 정리하면 둘이나 그 이상의 전원을 갖는 선형회로에서 구하는 전압이나 전류는 각각 전원이 홀로 있을 경우에 개별 전압 및 전류의 합과 같다. 여기서 유념해야 할 사항들이 있다. 어떤 선형회로에 주파수가 모두 동일한 여러 개의 정현파 전원이 있으면 이 원리는 사용해도 되고 안 해도 된다. 그러나 만약 어떤 선형회로에 각각 다른 주파수로 동작하는 여러 전원들이 있다면 중첩 원리는 반드시 사용되어야 한다. 특히 중첩 원리는 주파수가 다른 둘이나 그 이상의 전원이 있을 경우 특히 유용하다. 다른 주파수에서는 다른 임피던스를 가지기 때문이다. 따라서 각 주파수에서 페이저 응답을 구하고 이후 각 페이저 응답에 대응하는 시간 응답을 구한 후 더해야 한다. 서로 다른 주파수에서 동작하는 전원을 가지는 경우에는 중첩은 그 시간 응답에만 적용된다. 페이저 응답은 중첩될 수 없다.

중첩 원리의 구체적인 예를 다음 회로에서 익혀 보자. 여기서 리엑턴스 소자인 인덕터는 $L=1.5[H]$, 커패시터는 $C=10[mF]$이다.

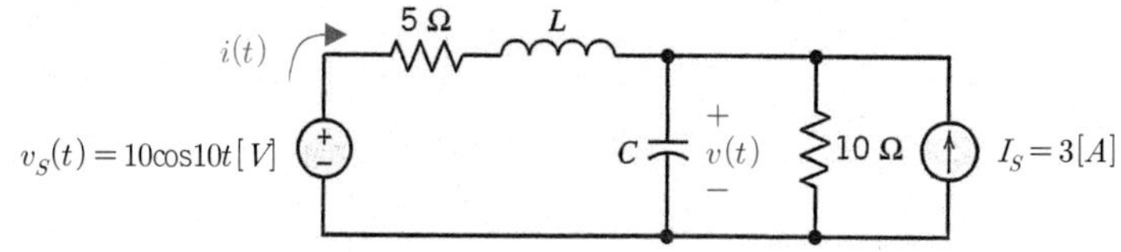

[그림 7-48] 중첩 원리를 적용하는 회로해석

먼저 전압원과 전류원이 주파수가 다르므로 각 전원을 페이저로 바꾼다. 전압원과 전류원의 표현은 다음과 같다.

$\dot{V}_S = 10\angle 0^\circ\ [V], \quad I_S = 3[A]$

전류원을 비활성화시키고($I_S=0$) 전압원에 의한 전류 $\dot{I}_1$을 구해 보자. 이 경우에 $\omega=10$이므로 회로를 리엑턴스를 구하여 간소화하고, 이를 바탕으로 페이저 영역으로 바꾼다.

$\dot{X}_L = j\omega L = j15[\Omega], \quad \dot{X}_C = -j(1/\omega C) = -j10[\Omega]$

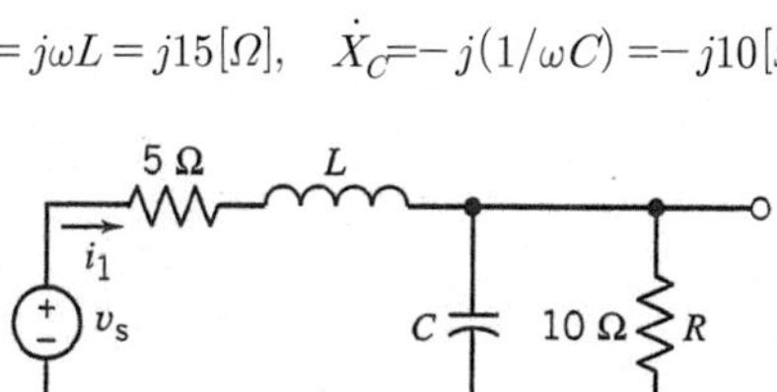

(a) 전류원의 비활성화, $I_S=0[A]$

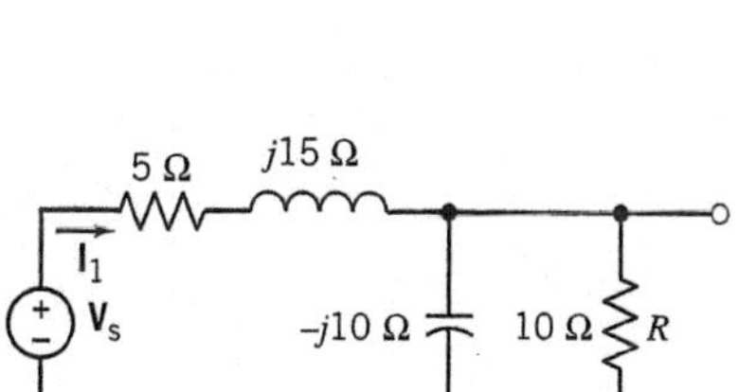

(b) 페이저 영역으로 변환

[그림 7-49] 전압원 v_S만을 고려한 회로 해석

첫 번째로 직렬로 연결된 저항과 인덕터를 합성하면 다음과 같다.

$$\dot{Z}_1 = R + \dot{X}_L = 5 + j15[\Omega]$$

병렬로 연결된 저항과 커패시터를 합성하면 다음과 같다.

$$\dot{Z}_2 = \dot{X}_C \parallel R = (-j10) \parallel (10) = 5(1-j)[\Omega]$$

연속하여 Ohm 법칙을 적용하여 전류 $i_1(t)$를 구하면 다음과 같다.

$$\dot{I}_1 = \frac{\dot{V}_S}{\dot{Z}_1 + \dot{Z}_2} = \frac{10\angle 0^\circ}{(5+j15)+(5-j5)} = \frac{10}{10+j10} = \frac{10}{10\sqrt{2}}\angle -45^\circ\,[A]$$

전압원에 의한 전류를 시간영역으로 바꾸자.

$$i_1(t) = 0.71\cos(10t - 45^\circ)[A]$$

두 번째로 전압원은 비활성화시키고 전류원에 대해 전류를 구해 보자. 전압원은 단락시키면($V_S = 0$), 회로는 다음과 같이 간략화된다. 이 경우 직류전류원이므로 주파수는 $f = 0[Hz]$이다. 따라서 인덕터는 $X_L = 2\pi fL = 0[\Omega]$이므로 단락되고 커패시터는 $X_C = 1/2\pi fC = \infty[\Omega]$이므로 개방된다.

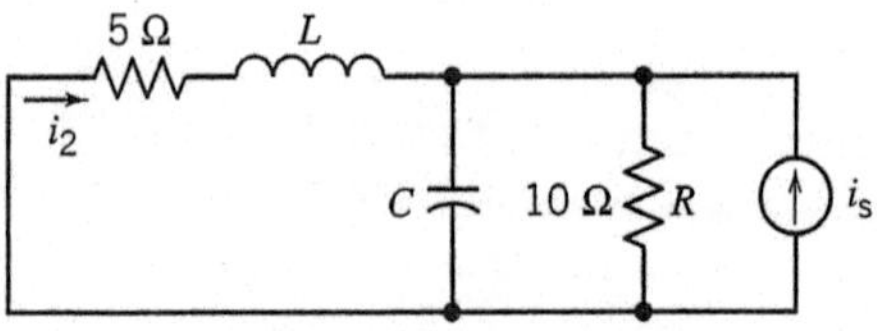

(a) 전압원의 비활성화, $v_S = 0[V]$

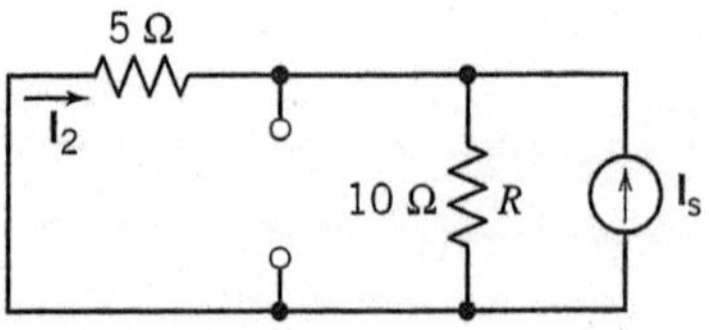

(b) 페이저 영역으로 변환

[그림 7-50] 전류원 I_S만을 고려한 회로해석

따라서 페이저 영역의 그림에서 전류분배 법칙을 적용하면 된다.

$$I_2 = (-3) \times \frac{10}{5+10})[A] = -2[A]$$

중첩원리를 적용하면 $i(t) = i_1(t) + i_2(t) = 0.71\cos(10t - 45^\circ) - 2\ [A]$가 된다.

7-6-3 Thevenin 정리

Thevenin 정리에 의해 복잡한 교류회로는 등가 교류전압원과 등가 임피던스가 직렬로 연결된 등가회로로 단순화할 수 있다. 등가 임피던스는 순수 저항, 순수 커패시터, 순수 인덕터 또는 저항과 리엑턴스의 조합 등 여러 가지 형태를 가질 수 있다.

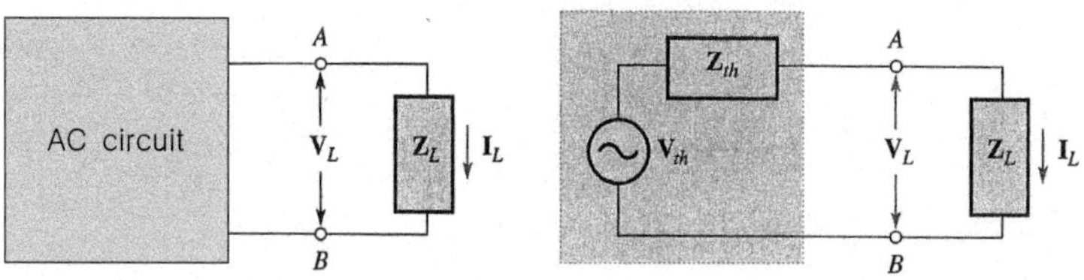

[그림 7-51] 일반적인 임피던스를 고려한 Thevenin 등가회로

1> 등가 전압 및 등가 임피던스 구하기

다음과 같은 회로에서 임피던스와 페이저를 이용하여 Thevenin 등가회로를 구해보자. 전압원 $v_S(t)=5\sin 5t$이다.

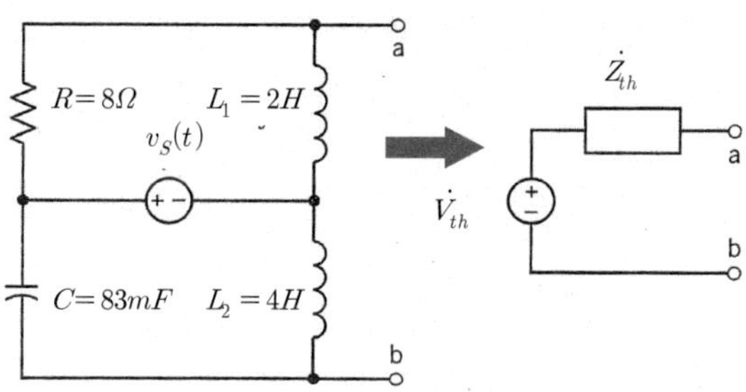

[그림 7-52] 페이저를 사용한 Thevenin 등가회로

먼저 리엑턴스 값을 구하고 그림에 전압 극성을 표기하고 이를 바탕으로 단자전압을 구하자.

$$\dot{V}_S = 5\angle 0^\circ\,[V]$$

$$\dot{X}_1 = j\omega L_1 = j(5)(2) = j10[\Omega]$$

$$\dot{X}_2 = j\omega L_2 = j(5)(4) = j20[\Omega]$$

$$\dot{X}_C = \frac{1}{j\omega C} = \frac{1}{j(5)(83\times 10^{-3})} = -j2.4[\Omega]$$

전원이 두 부분들에 공통적으로 작용하므로 이를 고려하여 각 코일에 걸리는 전압을 각각 $\dot{V}_1$과 $\dot{V}_2$라 하자.

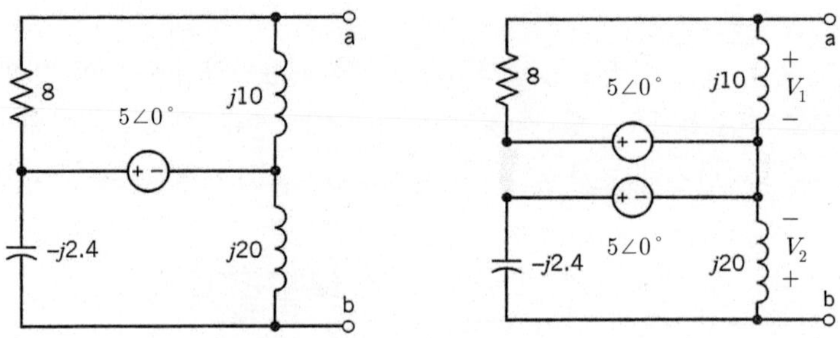

[그림 7-53] 해석을 위한 전압원 분리

두 번째 과정으로 페이저로 표시된 그림으로부터 각 전압을 구하자.

$$\dot{V}_1 = \dot{V}_S \times \frac{jX_{L1}}{R + jX_{L1}} = 5\angle 0^\circ \times \frac{j10}{8 + j10} = 3.9\angle 38.7^\circ\ [V]$$

$$\dot{V}_2 = \dot{V}_S \times \frac{jX_{L2}}{-jX_C + jX_{L2}} = 5\angle 0^\circ \times \frac{j20}{-j2.4 + j20} = 5.68\angle 0^\circ\ [V]$$

따라서 즉 개방된 단자 a와 b의 양단전압은 다음과 같다.

$$\dot{V}_{th} = V_{ab} = \dot{V}_1 + (-\dot{V}_2) = 3.9(\cos 38.7^\circ + j\sin 38.7^\circ) + (-5.68)$$

$$= -2.64 + j2.43 = 3.58\angle -43^\circ\ [V]$$

$$v_{th}(t) = 3.58\sin(\omega t - 43^\circ)[V]$$

마지막으로 Thevenin 등가 임피던스 $\dot{Z}_{th}$를 구하자. 그림 7-54(a)와 같이 전원 v_S을 비활성화하고 단자 a, b에서 측정된 임피던스는 다음과 같다. 따라서 주어진 회로의 등가회로는 그림 (b)와 같다.

$$\dot{Z}_{th} = (8 \parallel j10) + (-j2.4 \parallel j20) = 4.9 + j1.2[\Omega]$$

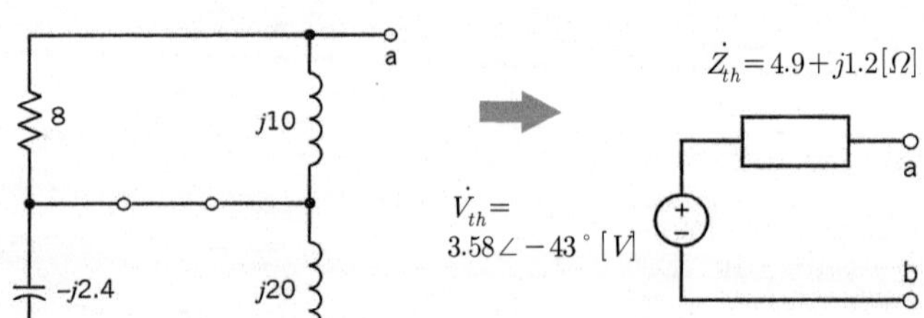

(a) 등가 임피던스 (b) Thevenin 등가회로

[그림 7-54] 등가 임피던스를 구하는 회로 및 등가회로

2> 회로 구성에 따라 병렬의 임피던스를 직렬로 바꿀 필요가 있다.

등가전압은 지정된 지점에서 그 단자들을 개방한 상태에서 전압이며 등가 임피던스는 전원을 비활성화한 상태에서 임피던스이다. 그림 7-55를 활용하여 Thevenin 등가회로를 구해보자.

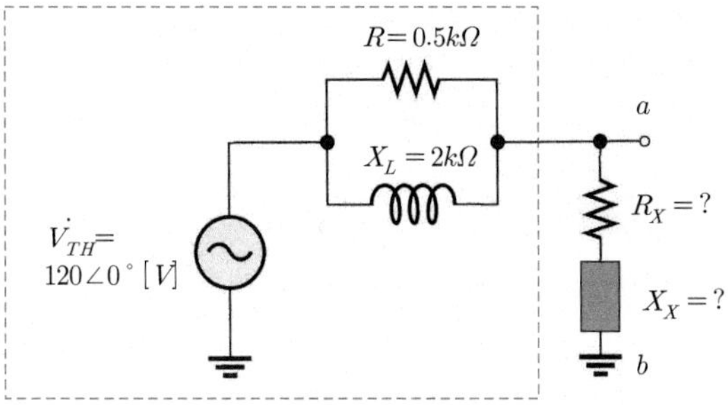

[그림 7-55] Thevenin 정리를 적용하고자 하는 회로

회로에서 쉽게 개방전압(등가전압)을 구할 수 있으며 $\dot{V}_{th}=120\angle 0°\,[V]$이다. 그러나 등가 임피던스는 고찰할 필요가 있다. 그림에서 저항과 인덕터는 병렬로 구성되어 있다.

$$\dot{Z}_{th}= R \parallel \dot{X}_L = (R\angle 0°) \parallel (X_L\angle 90°)$$

$$= \frac{(500\angle 0°)(2000\angle 90°)}{500\angle 0° + 2000\angle 90°}[\Omega]$$

$$= 485.07\angle 14.94°\,[\Omega] = 470.58 + j117.68[\Omega]$$

Thevenin 등가 임피던스는 저항 $470.58[\Omega]$과 유도성 리엑턴스 $117.68[\Omega]$이 직렬(in series)로 연결된 구조를 가진다.

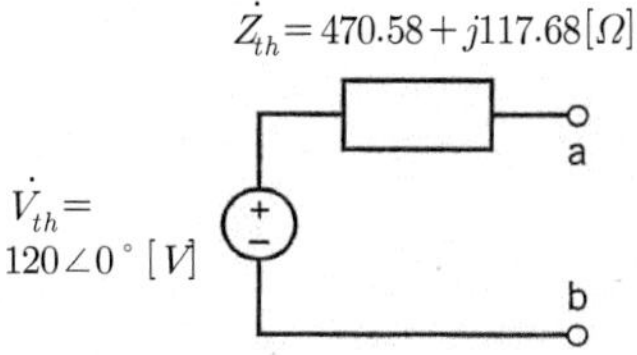

[그림 7-56] Thevenin 회로로 나타낸 등가회로

이와 같이 병렬로 된 임피던스를 직렬로 표현된 등가 임피던스로 변환하면, 추후 교류회로에서 부하로 최대전력을 전달하는 조건을 더욱 이해하기 쉬울 것이다.

7-6-4 Norton 등가회로

다음과 같은 회로에서 Norton 등가회로를 구해 보자.

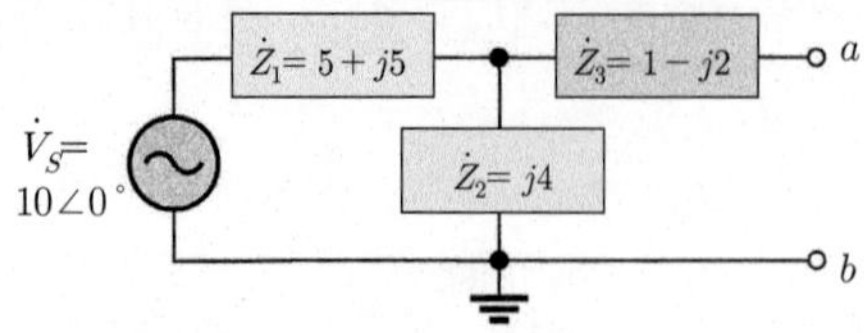

[그림 7-57] 페이저를 활용한 Norton 등가회로

우리의 목적은 Norton 전류(단락전류)와 등가 임피던스를 구하는 것이다. 먼저 a, b단자를 단락시키고 흐르는 단락전류 $\dot{I}_{sc}$를 구하자.

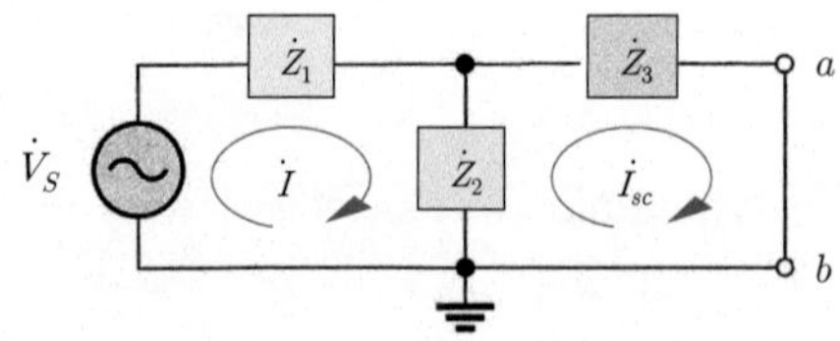

[그림 7-58] 메시 해석법의 적용

그림과 같이 두 개의 메시 방정식들을 이용하여 단락전류 $\dot{I}_{sc}$를 구한다.

메시 1: $\dot{Z}_1\dot{I}+\dot{Z}_2(\dot{I}-\dot{I}_{sc}) = \dot{V}_s$ (7-129)

메시 2: $\dot{Z}_2(\dot{I}_{sc}-\dot{I})+\dot{Z}_3\dot{I}_{sc}=0$

두 개의 미지수들인 $\dot{I}$와 $\dot{I}_{sc}$에 대해 정리하면 다음과 같다.

메시 1: $(\dot{Z}_1+\dot{Z}_2)\dot{I}-\dot{Z}_2\dot{I}_{sc}= \dot{V}_s$ (7-130)

메시 2: $-\dot{Z}_2\dot{I}+(\dot{Z}_2+\dot{Z}_3)\dot{I}_{sc}=0$

Cramer 규칙을 활용하여 $\dot{I}_{sc}$를 구하기 전에 위 방정식에서 행렬식을 정리하자.

$$D=\begin{vmatrix}(5+j9) & (-j4)\\(-j4) & (1+j2)\end{vmatrix}=(5+j9)(1+j2)-(-j4)(-j4)=3+j19$$

$$\dot{I}_{sc}=\frac{\begin{vmatrix}(5+j9) & 10\\(-j4) & 0\end{vmatrix}}{D}=\frac{j40}{3+j19}[A]\ ,\quad \dot{I}=\frac{\begin{vmatrix}10 & (-j4)\\0 & (1+j2)\end{vmatrix}}{D}=\frac{j20}{3+j19}[A]$$

두 번째로 등가 임피던스를 구하자. 전원을 비활성화하면 다음과 같은 회로로 된다.

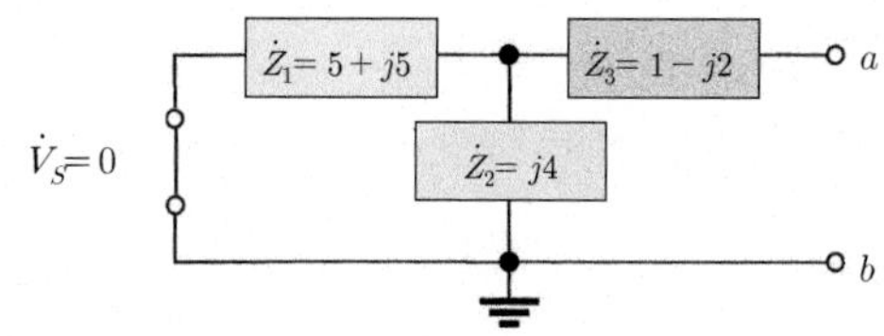

[그림 7-59] 회로의 등가 임피던스 구하기

개방된 단자에서 본 등가 임피던스 $\dot{Z}_{th}$는 $\dot{Z}_1$과 $\dot{Z}_2$는 병렬이고 이후 $\dot{Z}_3$와 직렬이다.

$$\dot{Z}_{th} = \dot{Z}_N = \dot{Z}_3 + (\dot{Z}_1 \parallel \dot{Z}_2) = (1-j2) + \frac{(5+j5)(j4)}{(5+j5)+j4} = \frac{93}{53} + j\frac{34}{53}[\Omega]$$

최종적으로 나타낸 Norton 등가회로는 다음과 같다.

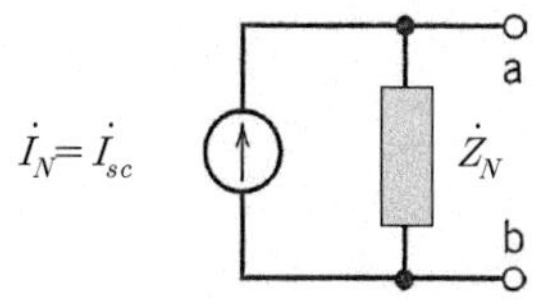

[그림 7-60] 구현된 Norton 등가회로

복습문제

[1] 다음 회로에 대해 정상 상태에서 전압을 구하시오. 전류원은 $i_S = 10\cos 1000t[A]$ 이다.

답: $v(t) = 63.3\cos(1000t - 18.4^\circ)[V]$

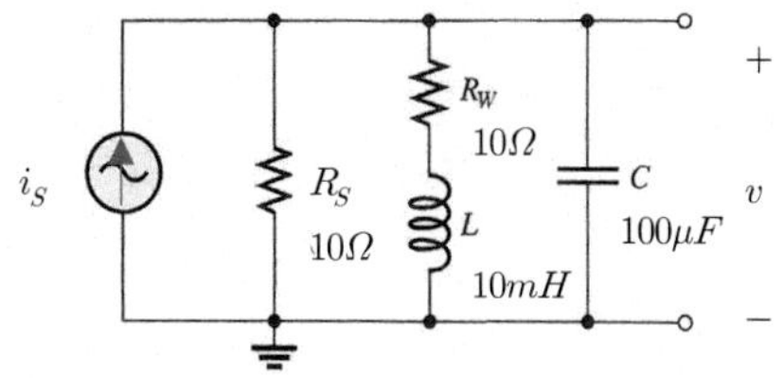

[2] 위 회로에 대해 Thevenin 등가회로와 Norton 등가회로를 구하시오.

7-6-5 최대전력 전달 정리

직류회로에서 우리는 내부 저항(R_S)과 같은 부하 저항(R_L)이 되면 최대전력이 전달됨을 배웠다. 일반적으로 표현하면 부하가 어떤 회로에 연결되어 있을 때, 부하 임피던스 $\dot{Z}_L$이 회로의 내부 등가 임피던스 $\dot{Z}_S$의 공액복소수와 같으면 부하에 최대전력이 전달된다. $R-jX$의 공액복소수(complex conjugate)는 $R+jX$이다. 그림 7-61에서 적용하면 다음과 같다.

$$\dot{Z}_L = \dot{Z}_S^* = \dot{Z}_{th}^* \qquad (7\text{-}131)$$

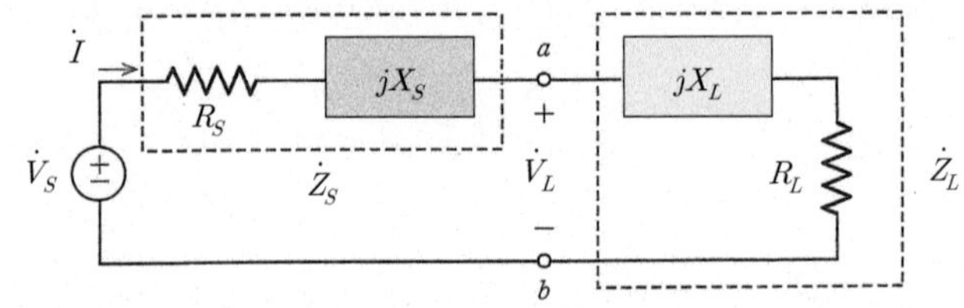

[그림 7-61] 회로 구성에 따른 최대전력 전송 조건을 검토하는 회로

1> 개념 정리

일반적인 RLC 회로에서 최대전력이 전달되는 조건을 증명해 보자. 각 변수 X_L 및 R_L에 대해 편미분을 활용한다. 위 회로에서 부하에 전달되는 유효 전력(평균 전력)은 다음과 같다. 먼저 흐르는 전류를 구하자.

$$\dot{I} = \frac{\dot{V}_S}{(R_S+jX_S)+(R_L+jX_L)} = \frac{\dot{V}_S}{(R_S+R_L)+j(X_S+X_L)}$$

$$= \frac{V_S}{\sqrt{(R_S+R_L)^2+(X_S+X_L)^2}} \angle -\tan^{-1}\left(\frac{X_S+X_L}{R_S+R_L}\right) \qquad (7\text{-}132)$$

따라서 부하 R_L에 전달되는 유효 전력은 다음과 같다.

$$P_L = P_{avg} = I^2 R_L = \left(\frac{V_S}{\sqrt{(R_S+R_L)^2+(X_S+X_L)^2}}\right)^2 R_L \qquad (7\text{-}133)$$

최대전력 조건을 구하기 위해 각 변수에 대해 편미분을 수행하여 증명해 보자.

<1> $\frac{\partial P_L}{\partial X_L} = 0$

$$\frac{\partial P_L}{\partial X_L} = \frac{V_S^2\{0-2R_L(X_S+X_L)\}}{\{(R_S+R_L)^2+(X_S+X_L)^2\}^2} = 0 \qquad (7\text{-}134)$$

이로부터 $X_S+X_L=0$이어야 하므로 $X_L=-X_S$라는 조건이 구해진다.

<2> $\frac{\partial P_L}{\partial R_L}=0$

$$\frac{\partial p_L}{\partial R_L}=\frac{V_S^2\{(R_S+R_L)^2+(X_S+X_L)^2-2R_L(R_S+R_L)\}}{\{(R_S+R_L)^2+(X_S+X_L)^2\}^2}=0 \tag{7-135}$$

<1>에서 $X_L=-X_S$이고, 이로부터 $R_S^2-R_L^2=0$이어야 하므로 $R_L=R_S$라는 조건이 구해진다. 따라서 최종적으로 복소전력 회로에서 최대전력 전달 조건은 다음과 같다.

$$R_L=R_S \text{ 그리고 } X_L=-X_S \tag{7-136}$$

이 조건에서는 모든 리액턴스 값이 상쇄되어 0이 되고 회로에서 유효전력만 발생시키는 저항만 남게 된다. 아주 중요한 관계식이다. 따라서 최대전력 전달을 수행하는 회로는 역률이 1인 회로가 된다.

2> 왜 공액복소수가 되어야 하는가?

교류에서는 전력에 역률($\cos\theta$)이 영향을 미친다. 따라서 일단 회로로부터 역률이 1이 되어야 부하로 전달되는 전력은 최대이다. 역률이 1이 된다는 것은 합성 리액턴스가 0이 됨을 의미하며 이것은 공액복소수와 관련된다.

위의 그림 7-55에서 회로의 등가 임피던스는 $\dot{Z}_{th}=R \parallel \dot{X}_L=470.58+j117.68[\Omega]$이므로 부하에 최대전력이 전달되려면 부하는 이것의 공액복소수인 $470.58-j117.68[\Omega]$가 되도록 회로를 구성하면 된다. 이 경우 부하 R_L을 흐르는 전류와 부하에 전달되는 최대전력은 다음과 같다.

$$\dot{I}_L=\frac{\dot{V}_{th}}{\dot{Z}}=\frac{\dot{V}_{th}}{2R_{th}}=\frac{120[V]}{2\times 470.58[\Omega]}=0.127[A]$$

$$P_{L(\max)}=I_L^2R_L=I_L^2R_{th}=7.65[W]$$

3> 만약 부하 리액턴스 X_L이 고정된 경우에는 최대전력이 전달되는 조건은 어떻게 되는가?

이러한 경우는 유도전동기(induction motor)에서 최대 토크 혹은 최대전력과 관련되어 나타난다. 식 (7-135)을 전개하면 다음과 같다.

$$(R_S+R_L)^2+(X_S+X_L)^2-2R_L(R_S+R_L)=0$$

$$R_L^2=R_S^2+(X_S+X_L)^2$$

따라서 부하에 최대전력이 전달되는 조건인 부하 저항은 $R_L=\sqrt{R_S^2+(X_S+X_L)^2}$이 된다.

다음과 같은 회로에서 부하에 최대전력이 전달될 때, 저항 R과 인덕터 L을 구하고 이 경우 부하에 소비되는 전력을 구해 보자.

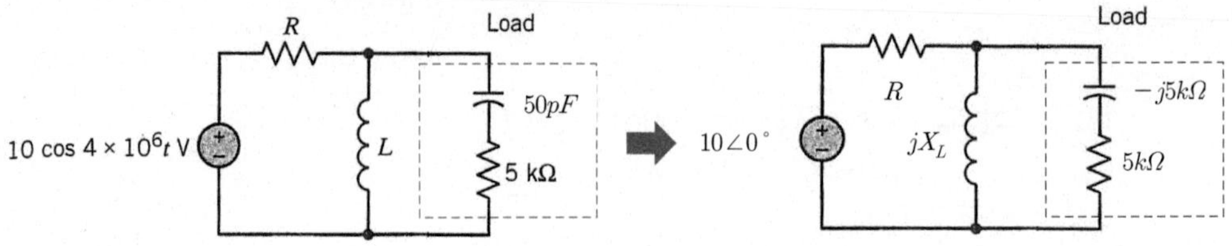

(a) 원래 회로 (b) 페이저로 변환한 회로

[그림 7-62] 최대전력 전송 조건을 활용한 설계

먼저 $\omega = 4\times10^6[rad/\sec]$이므로 해당 부하를 페이저로 변환하면 그림(b)와 같다. 최대전력이 부하에 전달되려면, 부하가 $\dot{Z}_{load} = 5 - j5[k\Omega]$이므로 전원 쪽을 Thevenin 등가회로로 바꾸어 $\dot{Z}_{th} = 5 + j5[k\Omega]$가 되도록 설계해야 한다.

$$\dot{V}_{th} = \dot{V}_S \times \frac{jX_L}{R + jX_L} \tag{7-137}$$

$$\dot{Z}_{th} = (R) \parallel (jX_L) = \frac{(R)(jX_L)}{R + jX_L} = \frac{RX_L^2}{R^2 + X_L^2} + j\frac{R^2X_L}{R^2 + X_L^2} \tag{7-138}$$

$\frac{RX_L^2}{R^2 + X_L^2} + j\frac{R^2X_L}{R^2 + X_L^2} = 5 + j5[k\Omega]$를 만족하기 위해서 $R = X_L$이 이어야 하며 조건에 부합하는 값은 $R = 10[k\Omega]$, $X_L = 10[k\Omega]$이다. 따라서 다음 값을 가져야 한다.

$$R = 10[k\Omega] \text{ and } L = \frac{10[k\Omega]}{\omega} = \frac{10{,}000}{4\times10^6} = 2.5[mH]$$

다음으로 부하 Z_{load}에서 소비되는 전력을 구하기 위해 Thevenin 등가회로를 그려 보자. 먼저 $\dot{V}_{th}$를 구하자.

$$\dot{V}_{th} = \dot{V}_S \times \frac{jX_L}{R + jX_L} = 10 \times \frac{10\angle 90^\circ}{10\sqrt{2}\angle 45^\circ} = 7.07\angle 45^\circ[V] = 5\sqrt{2}\angle 45^\circ[V]$$

$$\dot{Z}_{th} = 5 + j5[k\Omega]$$

그림 7-62에서 전원의 최댓값이 $10[V]$이고 Thevenin 등가전압의 최댓값이 $5\sqrt{2}[V]$이므로 실효값은 $5[V]$이다.

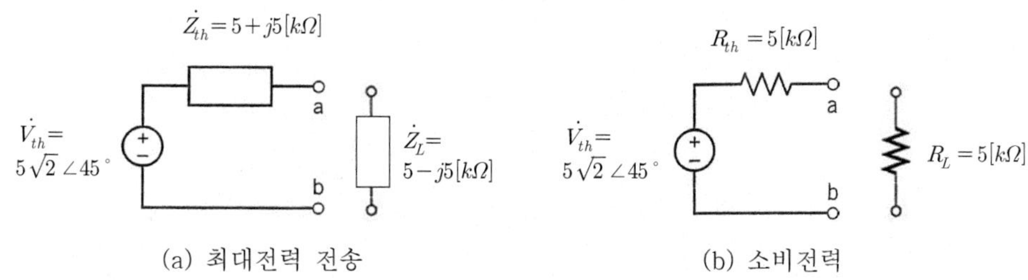

[그림 7-63] 역률($\cos\theta$)이 1일 경우에 부하전력은 최대가 된다.

따라서 부하에서 소비되는 유효전력은 통상 실효치로 나타내므로 다음과 같다.

$$P=\frac{V_L^2}{R_L}=\frac{(V_{TH}/2)^2}{R_L}=\frac{25[V]^2/4}{5[k\Omega]}=1.25[mW]$$

7-7 일반적 RLC 회로의 전력

우리는 제4장에서 간략하게 복소전력(complex power)을 학습하였다. 여기서는 이 도구를 활용하여 여러 가지 *RLC* 회로의 교류전력을 검토해 보자.

1> 복소전력

다음 자료는 발전소(power plant)에서 만든 전력이 전송선을 거쳐 소비자가 사용하는 일련의 전력 시스템이다. 부하는 두 곳이며 부하전압의 실효치는 $V_{rms}=10kV$이다.

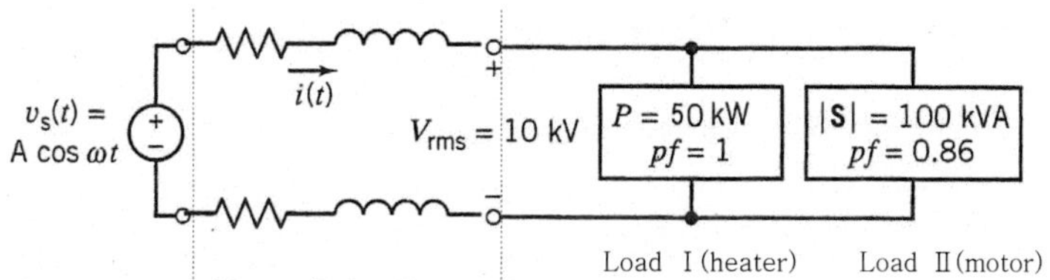

[그림 7-64] 복소전력으로 분석하는 전력 시스템

먼저 저항성 부하인 부하 I 을 고려하자. 저항성이므로 $\dot{S}_1=P_1+jQ_1=P_1=50[kW]$이다. 또한, 부하 II의 전동기는 보통 유도성 부하이므로 역률이 전류가 전압보다 늦는 지상(lag)이다. 위상은 $\theta_2=\cos^{-1}(0.86)=30.7°$이다. 따라서 전동기에서 복소전력은 다음과 같다.

$$\dot{S}_2=S\angle\theta_2=100\angle 30.7°[kVA]=86+j51[kVA]$$

위의 값으로부터 부하 Ⅱ에서 유효전력은 $P_2 = 86[kW]$ 무효전력은 $Q_2 = 51[kVAR]$이다. 위의 자료를 바탕으로 부하 Ⅰ 및 부하 Ⅱ의 총 복소전력을 구하자.

$$\dot{S} = \dot{S}_1 + \dot{S}_2 = 50 + (86 + j51) = 136 + j51[kVA]$$

부하의 평균 전력은 $P = 136[kW]$, 무효전력은 $Q = 51[kVAR]$이다. 부하의 역률을 계산하기 위해 극좌표 형태로 바꾸자.

$$\dot{S} = S\angle\theta = 145.2\angle 20.6^\circ\,[kVA]$$

이로부터 역률은 $PF = \cos(20.6) = 0.94$가 된다. 송전선에서 수요처로 흐르는 총 전류는 부하에서의 복소전력(피상전력)으로부터 구할 수 있다.

$$S = \sqrt{P^2 + Q^2} = V_{rms} I_{rms} \qquad (7\text{-}139)$$

따라서 선로(line)를 흐르는 유효전류(I_{rms})는 다음과 같다.

$$I_{rms} = \frac{S}{V_{rms}} = \frac{145kW}{10kV} = 14.5[A]$$

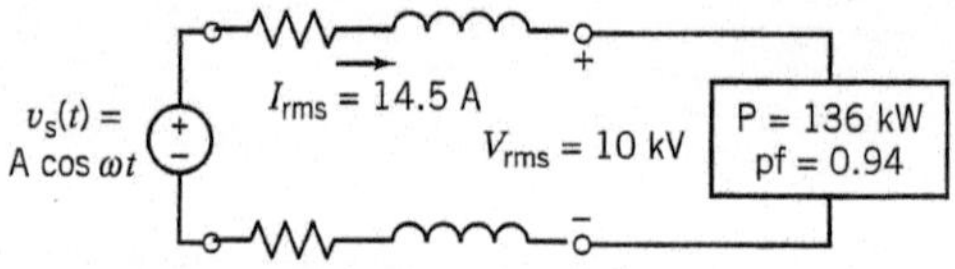

[그림 7-65] 복소전력으로 처리한 회로해석으로 합성 역률은 0.94이다.

2> 역률 문제를 어떻게 해결하는가?

정현파 정상 상태에서 역률 개선은 전력을 공급하는 전체적인 전력전송 시스템에 있어서 매유 중요한 문제이다. 전력 시스템은 전기를 사용하는 시간대에 따라 낮과 밤의 부하 특성이 다르게 나타난다. 주간에는 대부분의 공장이나 사무실에서 전기를 사용하는데 대부분의 부하가 전동기를 포함한 유도성 부하이기 때문에 역률은 1보다 작은 지상역률이 된다. 반면 야간에는 유도성 부하가 없어지고 주로 송전선의 커패시턴스 성분으로 인해 용량성 부하로 변하므로 역률은 진상역률이 된다. 역률 개선이란 단어는 주간에 유도성 부하로 인해 역률이 감소하는 것을 막기 위해 전력 시스템에 병렬로 커패시터(또는 동기조상기)를 연결하여 무효전력을 감소시켜 역률을 1에 근접하도록 하는 인위적인 노력을 의미한다.

역률이 1에 가까울수록 생산된 거의 모든 전력을 모두 부하에서 사용할 수 있으나, 1보다 작은 경우에는 그만큼 부하에서 사용하는 전력이 줄어들어 경제적으로 손해이다. 역률 개선 방법으로 하나는 유효전력 P을 일정하게 유지하면서 개선하는 방법과, 다른 하나는 피상전력 S을 일정하게 유지하면서 개선하는 방법이 있다.

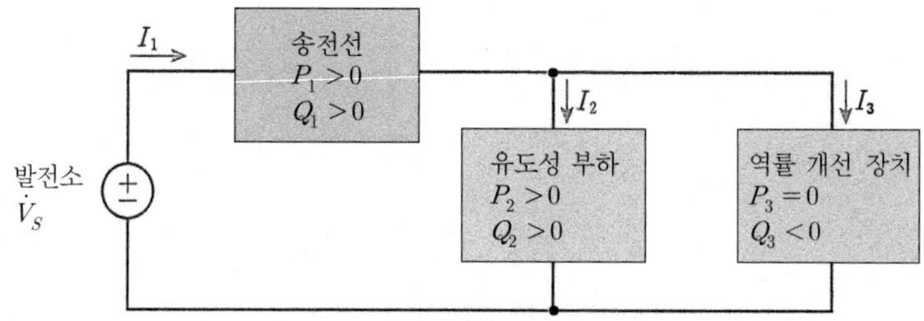

[그림 7-66] 역률 개선의 의미

<1> 유효전력 P는 일정하게 유지하는 역률 개선

어떤 회로에서 역률 0.8, 효율 76%를 가지는 $2.2hp$ 모터가 $220V$, $60Hz$ 전원에 연결되어 있다고 하자. 역률을 1까지 증가시키기 위해 모터와 병렬로 연결된 커패시터의 값을 구해 보자. 출력이 $2.2hp$이므로 이를 전력으로 바꾸면 $P_o=(2.2hp)(746\,W/hp)=1641.2\,W$가 된다. 또한, 효율은 $\eta=P_{out}/P_{in}$이므로 전동기의 입력전력은 $P_{in}=1641.2\,W/0.76=2159.47\,W$이다. 역률은 0.8이므로 각도로 환산하면 $\theta=\cos^{-1}(0.8)=36.87^\circ$ 이다. 유도성 부하이므로 전력 삼각형에서 다음과 같은 관계가 성립한다.

$$Q_{(inductive)}=P_{in}\tan\theta \tag{7-140}$$

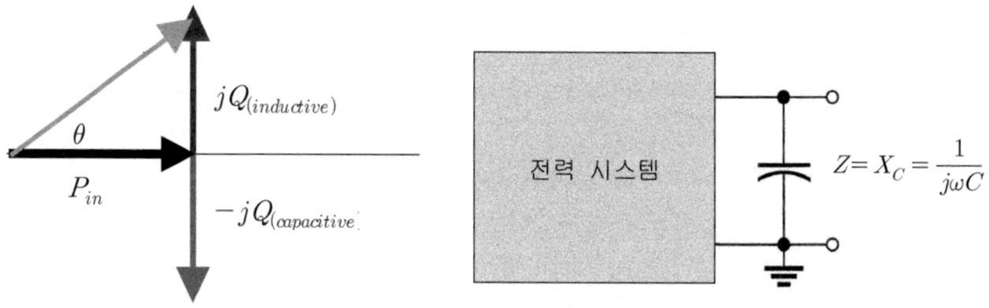

(a) 전력 삼각형 (b) 커패시터의 병렬 연결

[그림 7-67] 유도성 모터회로의 역률 보정을 위한 전력 삼각형

용량성(capacitive) 무효전력 Q_C과 유도성(inductive) 무효전력 Q_L이 같은 넥트웍의 경우, 순 리엑턴스의 무효전력은 0이다.

위 관계식에서 $Q_{inductive}=(2159.47)(\tan 36.87^\circ)=1619.6\,VAR$이 된다. 역률이 1이 되기 위해 부하에 병렬로 커패시터를 사용하여 $Q_C=Q_L$이 되도록 용량성 리엑턴스 X_C를 구해야 한다.

$$Q_{(capacitive)} = \frac{V_C^2}{X_C} \tag{9-141}$$

위 식에서 커패시터를 병렬로 연결하므로 $Z = X_C$가 된다. 위 관계식 (9-123)을 이용하면 $X_C = (220\,V)^2/1619.6\,VAR = 29.9\Omega$이 된다. $X_C = 1/2\pi f C$를 이용하여 구한 커패시터의 커패시턴스는 $C = 88.74\mu F$이다.

또 하나의 경우를 검토해 보자. 어떤 공장에서 다음 그림과 같이 주파수 $f = 60Hz$의 단상 전원을 사용하며 부하 $\dot{Z}_1$ 및 부하 $\dot{Z}_2$인 두 개의 장비를 사용하고 있다고 하자. 각 값은 실효치로서 $\dot{V}_S = 220\angle 0^\circ [V]$, $\dot{I} = 2\angle -30^\circ [A]$이다. 또한, 부하 $\dot{Z}_1$에서 복소전력은 $\dot{S}_1 = 220 + j550[VA]$이다. 따라서 부하 1은 지상역률을 가진다. 유효전력 및 역률을 구하고 전체역률을 1로 하는 방법을 모색해 보자. 먼저 복소전력을 활용하여 전류 $\dot{I}_1 = I_1\angle\theta_1$과 $\dot{I}_2$를 구해 보자.

$$\dot{S}_1 = \dot{V}_1\dot{I}_1^* = \dot{V}_S\dot{I}_1^* = P_1 + jX_1 \quad = (220\angle 0^\circ)(I_1\angle -\theta_1) = 220I_1\angle -\theta_1$$

$$= 220I_1\cos\theta_1 - j220I_1\sin\theta_1 = 220 + j550[VA]$$

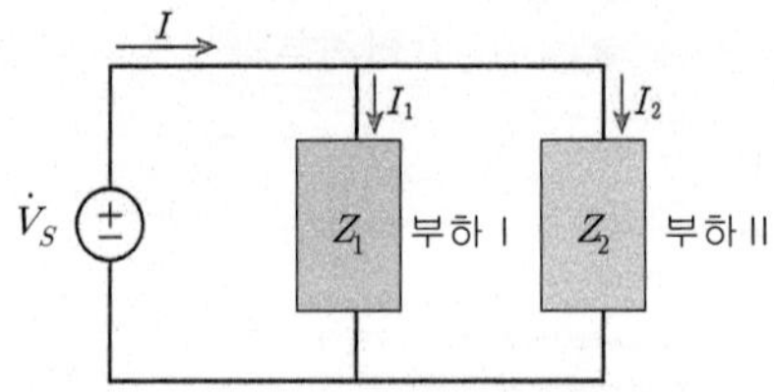

[그림 7-68] 복소전력을 활용한 역률 보상

위 복소전력으로부터 $\tan\theta_1 = -\frac{550}{220}$ 이므로 만족시키는 값은 $\theta_1 = -68^\circ$가 된다. 따라서 부하 1의 역률은 $\cos(-68^\circ) = 0.37$ 이 되며, 부하 1의 전류는 $\dot{I}_1 = 2.67\angle -68^\circ$ 이 된다.

$$220I_1\cos\theta_1 = 220 \quad \text{또는} \quad -j220I_1\sin\theta_1 = j550[VA]$$

다음으로 KCL을 적용하여 전류 $\dot{I}_2$를 구하면 다음과 같다.

$$\dot{I}_2 = \dot{I} - \dot{I}_1 = (2\angle -30^\circ) - (2.67\angle -68^\circ)$$

$$= 0.75 + j1.46 = 1.64\angle 62.8^\circ [A]$$

전체 부하의 복소전력을 구하고 이로부터 역률 및 유효전력을 구하자.

$$\dot{S} = \dot{V}_S\dot{I}^* = (220\angle 0^\circ)(2\angle 30^\circ) = 381 + j220[VA]$$

위의 결과로부터 전체 유효전력은 $381W$, 무효전력은 $220VAR$이 된다. 또한 전체 부하의 역률은 $\tan\theta = \frac{220}{381}$에서 $\theta = 30°$이므로 $\cos 30° = 0.86$이다. 이로부터 전체 부하의 역률을 1 $(=\cos 0°)$로 개선하기 위해 병렬로 보상하는 회로 $\dot{Z}_3$를 만들어야 한다. 소자는 무엇으로 하며 어떤 값으로 해야 하는지 검토해 보자.

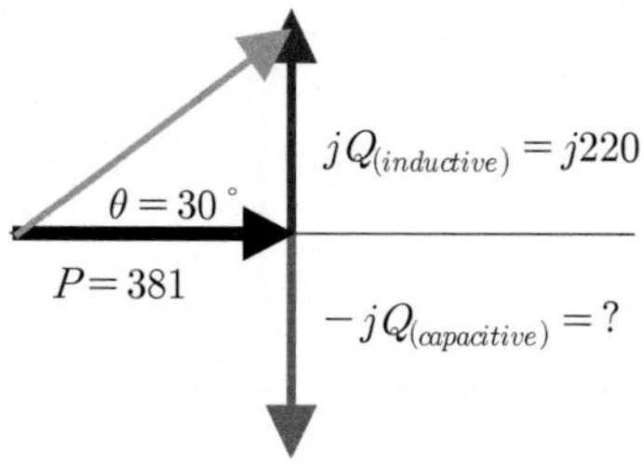

[그림 7-69] 역률 개선을 위한 전력 삼각형

그림으로부터 무효전력은 다음 조건을 만족해야 한다. 이 경우 역률이 1이 된다.

$$Q_{capacitive} = \frac{V^2}{X_C} = V^2/(\frac{1}{\omega C}) = \omega C V^2 = 220 \;\; VAR$$

$\omega = 2\pi f = 377$이므로 구하는 커패시턴스의 값은 $C = 12\mu F$이 필요하다.

마지막으로 한 예를 익혀 보자. 전력 분야에서 역률은 아주 중요한 요소이다. 어느 전력 수용가가 초기에 역률 80%, $60kW$의 부하 Ⅰ을 사용하고 있다고 하자. 새로이 역률(지상) 60%, $40kW$의 부하 Ⅱ를 추가하여 사용하게 되었다. 이때 커패시터로 합성 역률을 90%로 개선하려고 할 경우에 커패시터의 소요 용량$[kVA]$을 구하고자 한다. 먼저 부하 Ⅰ과 부하 Ⅱ에서의 유효전력 및 무효전력을 각각 구하자.

부하 Ⅰ에서 무효전력: $Q_1 = VI_1 \sin\theta_1 = (\frac{P_1}{\cos\theta_1})\sin\theta_1 = (\frac{60kW}{0.8}) \times 0.6 = 45 \;\; kVAR$

부하 Ⅱ에서 무효전력: $Q_2 = VI_2 \sin\theta_2 = (\frac{P_2}{\cos\theta_2})\sin\theta_2 = (\frac{40kW}{0.6}) \times 0.8 = 53.3kVAR$

이로부터 두 부하들, 즉 부하 Ⅰ과 부하 Ⅱ의 복소전력은 다음과 같이 나타낼 수 있다.

$$\dot{S} = (P_1 + P_2) + j(Q_1 + Q_2) = 100 + j98.3 \;\; kVA$$

즉 유효전력은 $100kW$이고 무효전력은 $98.3kVAR$이며 위상각은 $\theta = \tan^{-1}(98.3/100) = 44.5°$이므로 역률은 $\cos(44.5°) = 0.71$ 이다.

그림 7-70에 부하 Ⅰ과 부하 Ⅱ가 결합되어 역률로 나타낸 $\cos\theta$는 개선 전의 역률이며, 역률을 개선하려면 전력용 커패시터를 이용하여 부하 양단에 병렬로 연결해야 한다. 즉 유도성 부하에 용량성 부하를 결합하여 무효전력을 감소시키는 작업이다.

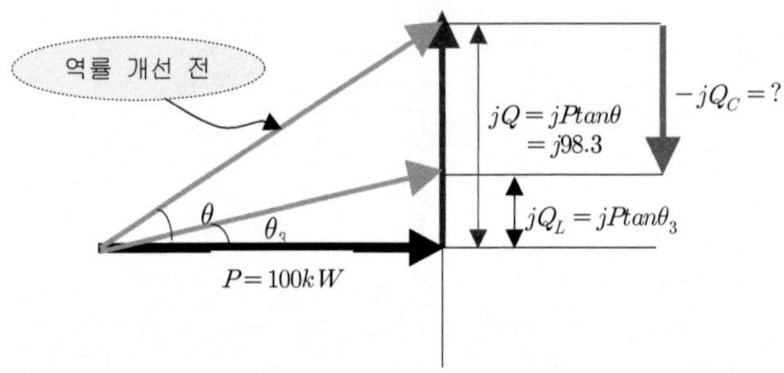

[그림 7-70] 역률 보상 기법에서 $\cos\theta$는 개선 전의 역률, $\cos\theta_3$는 개선 후의 역률이다.

마지막으로 합성 역률을 90%($\cos\theta_3 = 0.9$)로 개선하기 위해서는 그림과 같이 각도 θ_3를 가져야 한다. 따라서 지상 무효전력을 감소시키는 방법은 진상 무효전력을 공급하는 것이다. 이 경우에 커패시터의 용량(Q_C)을 구하면 해결된다. 그림으로부터 다음과 같은 관계를 구할 수 있다.

$$
\begin{aligned}
Q_C &= Q - Q_L = P(\tan\theta - \tan\theta_3) \qquad (7\text{-}142)\\
&= 100\left(\frac{\sin\theta}{\cos\theta} - \frac{\sin\theta_3}{\cos\theta_3}\right)\\
&= 100\left(\frac{\sqrt{1-\cos^2\theta}}{\cos\theta} - \frac{\sqrt{1-\cos^2\theta_3}}{\cos\theta_3}\right)\\
&= 100\left(\frac{\sqrt{1-0.71^2}}{0.71} - \frac{\sqrt{1-0.9^2}}{0.9}\right) \simeq 100(0.99-0.48) = 51\ kVAR
\end{aligned}
$$

여기서 $\cos\theta$는 개선 전의 역률이며 $\cos\theta_3$는 개선 후의 역률을 나타낸다.

유효전력은 일정하게 유지되고 있으며, 피상전력이 감소하여 발전소에서는 그 감소분만큼 전력을 덜 생산해도 된다는 것을 의미한다.

<2> 피상전력 S를 일정하게 유지하는 역률 개선

피상전력을 일정하게 유지한다는 것은 발전소의 출력이 일정하다는 것을 나타낸다. 즉 역률을 개선하면 여유 용량이 생기므로 부가적으로 더 부하를 연결할 수 있다는 것이다. 그러면 그 부하를 증가시킬 수 있는 여유값은 얼마인가?

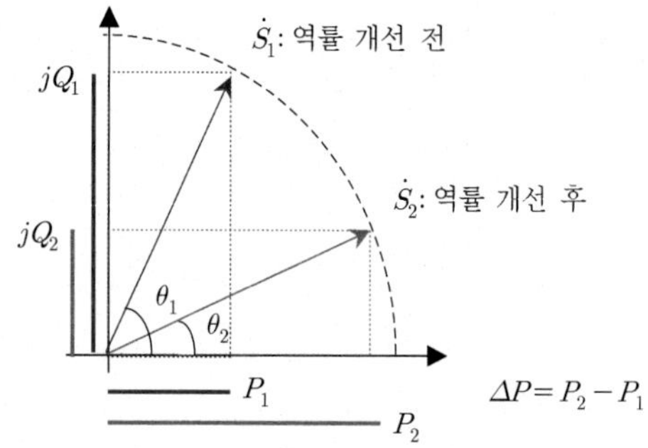

[그림 7-71] 피상전력($S_1 = S_2 = S$)을 유지하면서 역률 개선

역류 개선용 커패시터 사용으로 인한 복소전력은 $\dot{S}_2$로 변하였으나, 피상전력은 일정하다. 따라서 피상전력을 일정하게 유지함으로써 어느 정도의 더 많은 유효전력을 사용할 수 있게 된다는 것이다. 보상 무효전력 Q_C 및 유효전력 증가분 ΔP은 각각 다음과 같이 그림으로부터 구할 수 있다.

$$Q_C = Q_1 - Q_2 = S\sin\theta_1 - S\sin\theta_2 = S(\sin\theta_1 - \sin\theta_2) \ [VAR]$$

$$\Delta P = P_2 - P_1 = S\cos\theta_2 - S\cos\theta_1 = S(\cos\theta_2 - \cos\theta_1) \ [W]$$

복습문제

유효전력이 600 W이고 역률이 0.6인 유도성 부하에 커패시터를 병렬로 연결하여 역률을 0.8로 개선하려고 한다. 보상할 무효전력과 유효전력 증가분을 구하시오. 단 피상전력은 일정하게 유지한다고 한다. 답: 200[VAR], 200[W]

[해]

제8장 자기회로 및 변압기

전자기는 도체에 흐르는 전류로 인해 생기는 자기장(magnetic field)이다. 릴레이(relay), 스피커(loudspeaker), 전기모터 등과 같은 소자들의 동작이 전자기에 바탕을 두고 있다. 이 장에서는 관련된 전자기 법칙을 바탕으로 변압기(transformer)에 대해 학습한다.

Nikola Tesla(1856~1943): He was a Serbian-American inventor, electrical engineer, mechanical engineer, physicist, and futurist who is best known for his contributions to the design of the modern alternating current (AC) electricity supply system.

He invented the induction motor before working for Edison. After the two grew to hate each other, Tesla left to start his own business. He helped consult on a polyphase system to transmit power generated at the Niagara Falls. He fanatically supported ac power, while Edison stubbornly championed dc power. For years the two fought bitterly. Tesla won, and the ac power became the standard throughout the world. In 1912, the Nobel prize was to be awarded jointly to Tesla and Edison, but Tesla refused to be associated with Edison, and the prize went to a third party. However, to our surprise, nobody knows how and when he was killed.

Now we use T for the unit of magnetic flux density($\dot{B}$) in the magnetism in honor of Tesla.

(a) Each component varies with time. (b) Each component (c) Combined component

A three-phase power supply provides a rotating magnetic field in an induction motor.

8-1 자기(magnetism)와 전기(electricity)의 차이점

자석에는 영구자석(PM: permanent magnet)과 전자석(EM: electromagnet)이란 두 가지 형태가 있다. 영구자석은 외부적인 영향이 없이 두 극 사이에 일정한 자계를 유지하고 있으나 전자석은 전류가 흐르는 경우에만 자속을 발생시키고 자기장을 만든다. 이 전자석은 기본적으로 자기 코어를 둘러싸고 감겨져 있는 코일이다. 전자기 유도 개념은 코일 또는 인덕터(inductor)를 포함하는 전기기기에 아주 중요하다.

8-1-1 영구자석

자석가까이에 다른 자석이나 철판 등을 가까이 가져가면 자석에 힘(자기력)이 작용하며 이 자기력이 작용하는 공간을 자계(magnetic field)라고 한다. 물론 자계는 N극에서 출발하여 S극으로 향한다. 우리 눈에 보이진 않지만 무수히 많은 가상적인 선을 자기력선이라 부른다. 자석을 절단하여 분리하여도 또 하나의 자석이 다시 생긴다. 따라서 자석을 둘레로 하는 임의의 표면적을 통하는 자기력선의 합은 0이다.

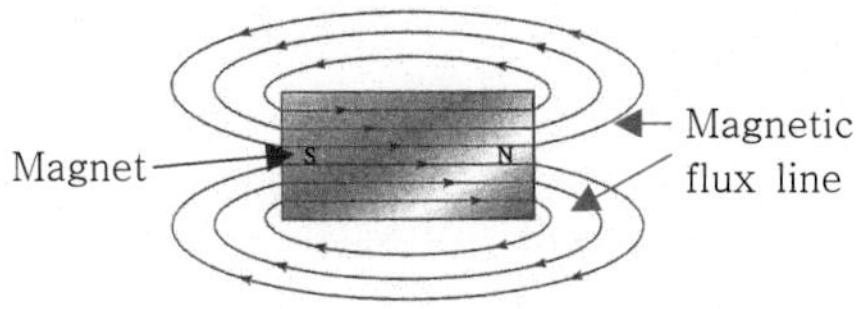

$$\int \dot{B} \cdot d\dot{A} = 0$$

$$\nabla \cdot \dot{B} = 0$$

[그림 8-1] 자석에서 자계 및 자기력선 분포

이를 식으로 표현하면 $\int \dot{B} \cdot d\dot{A} = 0$ 또는 $\nabla \cdot \dot{B} = 0$이다. 전기자기학에서 다루는 Maxwell 방정식 중의 하나이다.

막대자석이 철과 같은 물질을 끌어당기는 작용을 자기(magnetism)라고 부른다. 자석이 물체를 끌어당기거나 밀어내는 힘을 자기력이라 하며 N극과 S극이 존재한다. 같은 극끼리는 서로 반발하여 척력이 작용하며 다른 극끼리는 서로 당기는 인력이 작용한다.

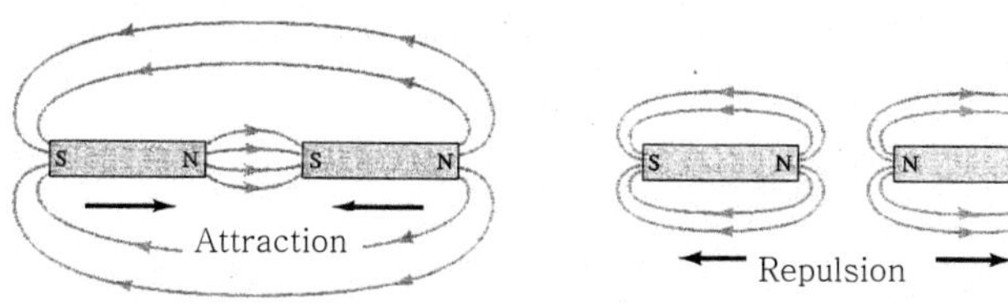

[그림 8-2] 자석에서는 인력 및 척력이 작용한다.

8-1-2 전자석

도선에 전류가 흐르면 주위에 자기장이 생기게 된다. 막대자석과는 달리 도선을 둘러싼 자기장은 N극과 S극을 가지며 도선 주위에 동심원 모양을 가진다. 이의 증명은 쇳가루를 뿌리면 자력선을 따라 쇳가루가 모여 동심원 모양을 가지게 된다. 또는 간략히 나침판을 도선 주위에 놓으면 지구자기장 방향과 달리 전류에 의해 생긴 자기장에 영향을 받는다. 자기장은 도체에 가까울수록 강하며, 도체에서 멀어질수록 약하다. 이와 같이 전류에 의해 발생한 자계를 전자계(electromagnetic field)라 한다.

전자계의 자력선의 방향은 그림과 같이 기억하면 편리하다. 이를 Ampere의 오른 나사 법칙이라 하며 전류 방향이 엄지손가락 방향이면 나머지 손가락의 방향이 자계의 방향이 되는 것이다. 즉 전류가 흐르면 자기장의 회전이 발생한다는 것이다. 즉 이를 식으로 나타낸 $\nabla \times \dot{H} = \dot{J} + \epsilon \partial \dot{E} / \partial t$은 Maxwell 방정식 중의 하나이다. 이 원리는 전동기 및 발전기와 같은 전기기기에 공통적으로 적용된다.

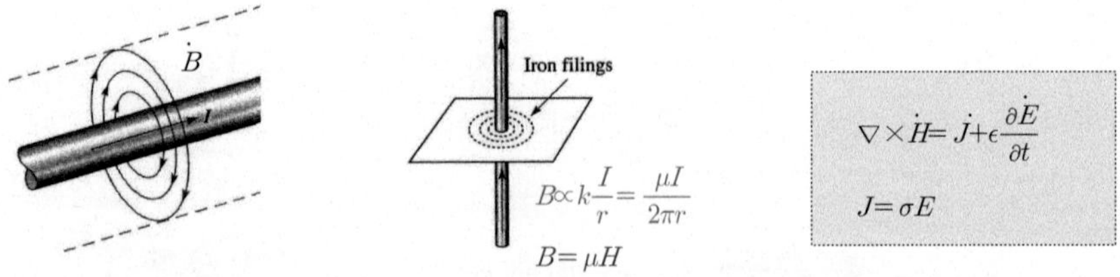

[그림 8-3] 도체 전류 I에 따른 자기력선 방향

8-1-3 자기 분야의 용어 정리

도선을 흐르는 전류는 자기장을 만든다. 이 자기장을 생성하는 힘, 즉 자기 원동력을 기자력(mmf: magnetomotive force)이라고 부르며 이는 전기회로에서 기전력(emf)과 같은 의미이다. 기자력의 단위는 암페어 권수[$Ampere \times Turns$]이다.

$$F_m = NI[At] \tag{8-1}$$

그림 8-4는 자기적 물질(강자성체)을 감고 있는 도선에 전류가 흐를 때, 자기적 경로를 따라서 자속 Φ를 만드는 모양을 나타낸다. 이 자기회로에서 자속(magnetic flux)은 전기회로의 전류(current)와 유사하다.

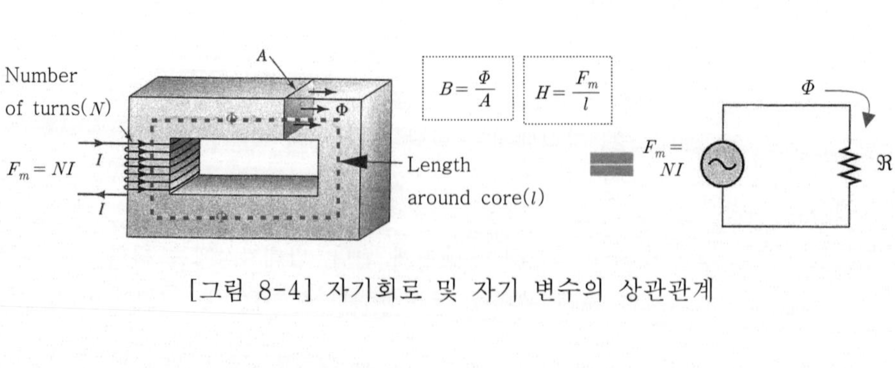

[그림 8-4] 자기회로 및 자기 변수의 상관관계

1> 투자율(permeability: μ)

물질이 자기장(자속 밀도)을 얼마나 잘 발생시키는가의 정도를 나타내는 것이 투자율이다. 투자율이 클수록 자기장이 더 쉽게 발생된다. 투자율의 값은 물질에 따라 다르며 진공에서 투자율을 기준으로 한다. 진공에서 투자율을 μ_0로 표시하고 그 값은 $4\pi \times 10^{-7}[H/m]$이고, 비투자율은 $\mu_r = \mu/\mu_0$이다. 강자성 물질은 일반적으로 진공(vacuum)보다 수백 배의 큰 투자율을 가진다. 강자성체(ferromagnetic material)로써 철, 코발트, 니켈 등이 있다.

2> 자기 저항(reluctance)

물질에서 자기장의 발생(자속의 흐름)을 방해하는 것을 리럭턴스($\mathfrak{R}$: reluctance)라고 한다. 이의 정의는 전류 흐름을 방해하는 전기회로의 저항(R: resistance)과 유사하다.

$$\mathfrak{R} = \frac{l}{\mu A} \tag{8-2}$$

여기서 l은 길이이며 A는 단면적, 그리고 μ는 자성체의 투자율이다.

3> 자속(magnetic flux: Φ)

N극에서 나와 S극으로 들어가는 자력선의 묶음을 자속이라 하면 그리스 문자 Φ표 표시한다. 자기장에서 자력선의 수는 자속의 값을 결정하며, 자력선의 수가 많을수록 자기장의 힘의 세다는 것을 의미한다. 자속의 단위는 $weber[Wb]$이며 10^8개의 자력선의 수로 정의한다. 자기회로에서 자속은 전기회로의 전류(I)와 유사하며 다음 식을 자기회로의 Ohm 법칙이라 부른다.

$$\Phi = \frac{F_m}{\mathfrak{R}} = \frac{NI}{\mathfrak{R}} \tag{8-3}$$

4> 자속 밀도(magnetic flux density: B)

N극에서 나와 S극으로 들어가는 자력선의 묶음을 자속(magnetic flux)이라 하며 Φ로 표기한다. 자력선의 수가 많을수록 자기장의 힘도 커지게 된다. $1[Wb]$는 10^8개의 자력선과 같다. 자속 밀도는 자기장에 수직하는 단위면적당 자속의 양으로 정의한다. 자속 밀도의 기호는 B이며 단위는 tesla$[T]$이다.

$$B[T] = \frac{\Phi[Wb]}{A[m^2]} \tag{8-4}$$

여기서 Φ는 자속이고 A는 자기장의 단면적이다. 자속 밀도를 나타낼 때 $[tesla]$가 주로 사용되지만 너무 크므로 gauss가 사용되기도 한다. $1[T] = 10^4[gauss]$이며 자속을 측정하는 장비로서 Gaussmeter가 사용되고 있다.

5> 자화력(magnetizing force: H 또는 자계의 세기)

물질의 단위길이(l)당 자기 원동력(F_m)으로 정의하며 물질의 종류와는 관계없다.

6> 전기회로와의 쌍대성

위의 그림을 바탕으로 전기회로와 상호 비교하여 보자. 전류(I)를 흐르게 하는 원동력은 전압이며 전류와 같이 화살표로 나타낸 자속(Φ)을 만들어 내는 원동력은 기자력이 된다.

전기회로		자기회로	
전압(기전력)	$V[V]$	기자력	$F_m[At]$
저항	$R[\Omega]$	리럭턴스	$\Re[At/Wb]$
전류	$I[A]$	자속	$\Phi[Wb]$
전계의 세기	$\dot{E}[V/m]$	자계의 세기	$\dot{H}[At/m]$
전류밀도	$\dot{J}[A/m^2]=\sigma\dot{E}$	자속밀도	$\dot{B}[Wb/m^2]=\mu\dot{H}$

복습문제

그림과 같이 어떤 자기 물질에 권선을 10번 감았을 때, 2[A]전류가 흐른다고 한다.

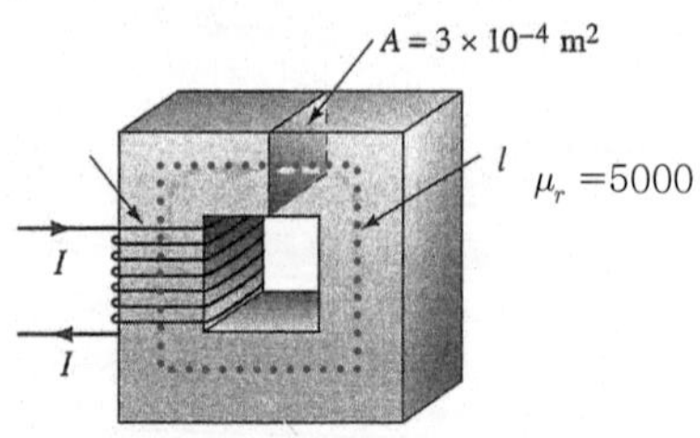

1> 위 회로에서 기자력 F_m은 얼마인가?

2> 자기회로를 그리고, 자속이 200[μWb]이면 리럭턴스 $\Re$를 구하시오.

3> 그림에 자속 Φ의 방향을 그리시오. 자속 밀도 B 및 자계의 세기 H를 구하시오.

8-2 Faraday 전자유도 법칙 및 Lenz 법칙

전자기학은 전류와 자기장에 대한 효과를 동시에 고려하는 것으로 이동하는 전자는 전류를 발생시키고, 발생된 전류는 항상 자기장과 관련이 있다. 이와 반대로 자기장이 발생되면 자장 내의 전자를 이동시키게 되고, 결국 이것이 전류를 흐르게 한다. 이 효과를 좀 더 상세히 이해해 보자.

8-2-1 자기장의 강해짐 및 약해짐

두 개의 자기장에서 자력선이 같은 방향을 가지면 자기력선은 서로 크기가 더해져서 자기장의 세기가 커지며, 자기력선의 방향이 반대이면 자기장의 세기는 약해진다. 그림 8-5는 두 도체에 흐르는 전류의 방향이 반대일 때, 발생되는 자기력선을 나타낸다. 그림에서 ⊗는 전류가 종이를 뚫고 들어가는 것을 표시하고 이로 인해 자기력선이 시계방향으로 발생한다. 반면 ⊙는 전류가 종이를 뚫고 나오는 것을 표시하므로 자기력선이 반시계방향으로 발생된다.

두 도체에 흐르는 전류의 방향은 반대이지만 자기력선의 방향이 같으므로 자기장의 세기가 증가한다. 그러나 두 도체의 측면 자기장이 반대가 되므로 두 자기장은 상쇄되어 감소된다. 그 결과 두 도체 사이의 자기장의 세기는 더욱 증가하게 된다. 이는 전자석을 사용한 것으로서 영구자석을 사용한 그림 8-2와 같은 개념이다.

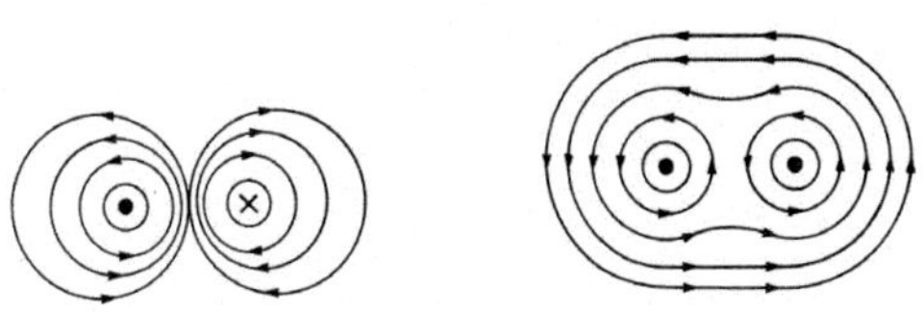

(a) Repulsion (b) Attraction

- $B=\frac{\mu I_1}{2\pi r}$, $F=BI_2 l$
- 단위길이당 두 도체들 사이의 힘

$\frac{F}{l}=\frac{\mu}{2\pi r}I_1 I_2$

[그림 8-5] 자기장의 중첩으로 보강되거나 감소되어 도체가 힘을 받아 이동한다.

8-2-2 코일에서의 자석극성

한 번 이상 감긴 도선 코일을 일반적으로 솔레노이드(solenoid)라 부른다. 이상적인 솔레노이드는 자신의 직경보다 길이 방향으로 더 길게 만들어진다. 하나의 루프를 갖는 솔레노이드는 코일 속에 자기장을 집중시키고 양 끝에 N, S극을 발생시키며 이런 효과를 크게 하기 위해서는 같은 방향으로 여러 번 회전시키면 된다. 그림과 같이 여러 번 코일을 감으면 어떤 효과가 발생할까? 전자석은 기본적으로 쉽게 자화되는 물질을 둘레로 코일을 감으면 전자석을 만들 수 있다. 중요한 것은 인접하는 코일이 조밀하게 감겨져 있어야 한다는 것이다. 이렇게 하여 코일의 각 권선 주위에 자력선이 더해져 코일 내부와 주위에 강한 전자계를 형성한다. 즉 자기장의 세기를 감은 수에 비례하여 증가시킬 수 있다. 또한, 전류의 방향을 반대로 하면 극성을 바꿀 수 있다.

코일의 외부에서 자기장은 양 끝에 N, S극을 가지므로 마치 막대자석과 같은 효과를 가진다. 자극을 결정하기 위해 Ampere의 오른나사 법칙을 활용한다. 만약 오른손으로 코일을 감아 싸면 손가락의 방향이 전류의 방향이라고 하면 엄지손가락의 지시 방향이 N극을 나타낸다. 솔레노이드는 철심코어를 가지고 있든지 혹은 안가지고 있는지 간에 막대자석처럼 사용하게 되며, 철심 코어를 가지면 코일 내부에서 자속 밀도가 증가하게 되며 자기장의 세기는 전체 길이에 걸쳐 일정하게 된다. 자석의 극성은 전류의 흐름과 코일의 감긴 방향에 의해 결정되며 전류 방향은 회로에 연결되는 전압원의 방향에 의해 결정된다.

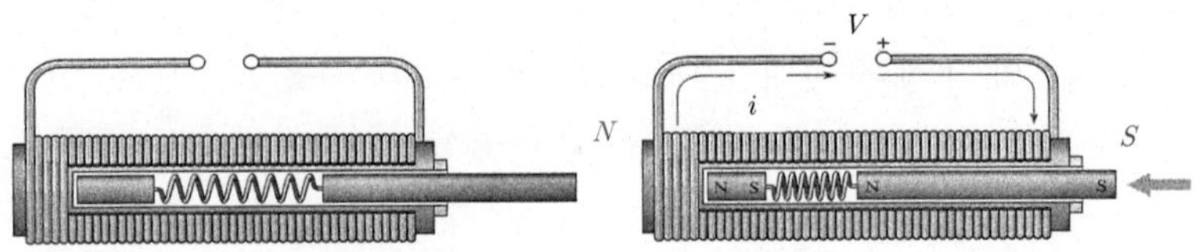

(a) 전류가 흐르지 않는 경우 (b) 전류가 흐르는 경우

[그림 8-6] Solenoid의 인접한 두 개 코어에서 상호관계

복습문제

다음 문제에 대해 참 혹은 거짓으로 답하시오.

[1] 도체 주위에서 발생되는 자기력선은 수직인 평면에서 동심원을 그린다.

[2] 두 도선들에 전류가 반대로 흐를 때, 도체 사이의 자기장은 강해진다.

[3] 도체에 흐르는 자기력선의 방향은 오른나사의 법칙에 의해 결정할 수 있다.

8-2-3 Faraday 법칙과 Lenz 법칙

도선이 코일의 형태로 되어 있을 때 전류가 변화하는 과정을 살펴보자. 도체가 자계 내를 움직일 때 도체에 전압이 발생하는 현상이다. 즉 자기장 속으로 도체가 이동하면 도체 양단에 전압이 발생한다. 이와 같이 도체가 자기장을 가로질러 움직임으로써 전압이 발생하고, 그 결과 부하에 전류가 흐르는 동작은 발전기(generator)의 기본 원리이다. 움직이는 자기장 속에 도체가 있는 개념은 후에 다룰 인덕턴스의 기본 원리이다. 즉 도선과 자기장의 상대적인 움직임이 관찰 대상이 되는 것이다. 이 법칙은 전자기유도 법칙으로 일려져 있으며 변압기, 발전기 등의 전기기기에 활용된다.

1> 유도전압의 크기

Michael Faraday(1791~1867)는 1831년, 영구자석을 코일에서 움직일 때 전압이 유도되고, 폐회로가 구성되면 이 유도전압이 유도전류를 발생시킨다는 것을 발견했다. 그림 8-7에 막대자석을 코일 내에서 움직여서 이러한 원리를 나타내었다.

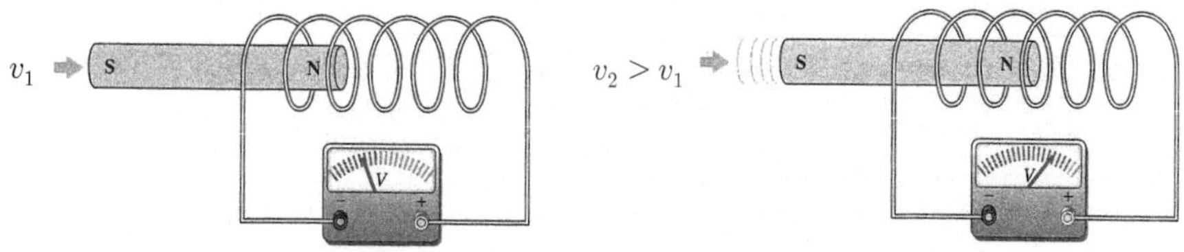

(a) 코일 내의 자석 속도(v)를 변경한다.

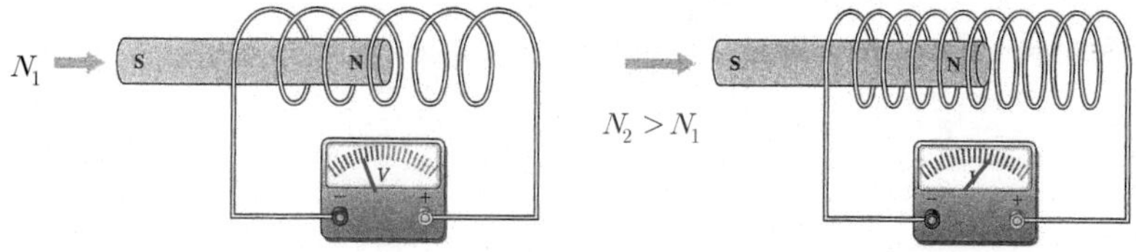

(b) 코일의 감은 수(N)를 변경한다.

[그림 8-7] 자기장의 변화율 및 권선 수에 따른 유도전압

유도전압은 코일 양단에 연결된 전압계에 나타난다. 자석이 빠르게 움직일수록 유도전압은 더 크다. 즉 시간적 변화율이 중요한 요소이다. 또한, 도선을 감아서 몇 개의 루프로 만들고 변화하는 자계 내에 놓으면 코일에 전압이 비례하여 유도된다. 즉 유도전압은 코일의 권선수 N과 자계가 변화하는 비율에 비례한다. 자계의 변화율은 $d\Phi/dt$로 표현되며, Φ는 자속이다. $d\Phi/dt$의 단위는 [Wb/sec]이다. Faraday의 법칙은 코일 양단에 유도되는 전압은 권선수와 자속의 변화율을 곱한 것과 같다는 것이며, 다음 식으로 표현된다.

$$v_{induced} = -N\frac{\Delta\Phi}{\Delta t} = -N\frac{d\Phi}{dt} \quad (8\text{-}5)$$

여기서 $d\Phi/dt$는 도체에 의해 자속 Φ를 얼마나 빨리 절단시키는가를 나타낸다. $d\Phi/dt$는 weber/second의 차원을 가지지만 유도전압은 [V]이다. 예를 들면 100회의 감은 수를 갖는 코일에서 자속의 절단 속도가 2[Wb/sec]라면 유도전압은 200[V]가 된다. 속도와 면적으로 표현하면 다음과 같다. 유도전류의 방향은 Lenz의 법칙을 사용하면 쉽게 구할 수 있다.

$$v_{induced} = -N\frac{\Delta\Phi}{\Delta t} = -N\frac{\Delta(B \cdot A)}{\Delta t} = -N \cdot B\frac{\Delta A}{\Delta t}$$

$$= -N \cdot B\frac{(l \cdot v\Delta t)}{\Delta t} = NBlv \quad (8\text{-}6)$$

2> 유도전류의 방향

자기장의 변화가 코일에 전압을 유도하며, 이 유도된 전압의 크기는 자기장의 변화율과 코일의 권수에 비례함을 익혔으나 유도전압의 극성은 Lenz(1804~1865)가 알아내었다. 즉 Lenz 법칙은 유도전압과 유도전류의 방향을 결정하는데 사용되는 원리로서 에너지 보존 법칙을 근거로 한다. 간단히 설명하면 유도전류의 방향은 자신의 자기장이 유도전류를 발생시키는 동작을 방해하는 방향으로 발생한다는 사실이다.

즉 유도전류의 방향은 영구자석의 N극이 솔레노이드 안쪽으로 움직이면 솔레노이드 내부에서는 N극을 밀어내는 척력을 갖도록 자기장이 형성된다. 따라서 영구자석을 코일 속으로 밀어 넣기 위해서는 약간의 일이 필요하게 되는데, 이런 일들이 코일에서 유도전류를 발생시키는 에너지원이 된다는 것이다. 이와 반대로 영구자석을 멀어지게 하면 Lenz 법칙에 의해 코일의 왼쪽에는 영구자석의 운동을 방해하도록 S극이 유도되어 유도전류의 방향은 반대가 된다.

그림 8-8에서 스위치를 닫으면 인덕터 회로에 전류가 흐른다. 이로 인해 저항과 인덕터 양단에 전압이 걸린다. 인덕터에서 전압의 방향은 Lenz의 법칙에 따라 자속의 변화에 반대되는 방향(전류의 흐름을 방해하는 방향)으로 생긴다. 즉 그림과 같이 전압 극성이 된다. 이는 우리가 회로해석을 할 때, 통상 전류가 흘러 들어가는 방향을 양(+)으로 잡아 사용하는 방향과 동일하다.

$$v_L = N\left(\frac{d\Phi}{dt}\right) = L\frac{di}{dt} \qquad (8\text{-}7)$$

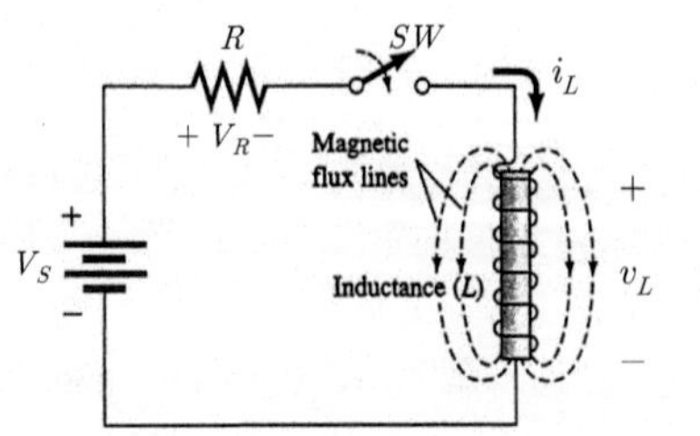

• 인덕턴스

$$L = \frac{N\Phi}{I} = \frac{N^2\mu A}{l} = \frac{N^2}{\Re}[H]$$

• 코일에 저장된 에너지

$$W_L = \frac{1}{2}LI^2[J]$$

[그림 8-8] 회로적 관점에서도 유도전압은 Lenz의 법칙을 만족시킨다.

여기서 N은 도체를 감은 수를 나타내며 $d\Phi/dt$는 도체에 의해 자속 Φ를 얼마나 빨리 절단시키는가를 나타낸다. 우리는 제6장에서 스위치의 인가에 따른 인덕터 양단전압 및 인덕터를 흐르는 전류에 대해 과도 특성을 학습하였다.

8-3 변압기(transformer) 특성 및 임피던스 변환

변압기(transformer)는 교류 신호(ac signal)를 변화시키기 위한 장비이다. 미국의 전력회사는 $120[V_{rms}]$인 공칭 선전압을 $60[Hz]$의 주파수로 공급한다. 전력단자에서 나오는 실제 전압은 시간, 장소와 그 외의 요인에 따라 $115[V_{rms}]$에서 $125[V_{rms}]$까지 변한다. 우리나라의 경우는 $220[V_{rms}]$이다. 이 선전압(line voltage)은 대부분 전자장비에 쓰이는 회로전압보다 너무 높다. 이러한 이유 때문에 거의 모든 전자장비의 전원 부분에 변압기를 설치한다. 변압기는 선전압을 다이오드, 트랜지스터, 그리고 기타 반도체 소자에 적절히 이용할 수 있도록 더 안전하고 더 낮은 수준으로 강압(step-down)한다. 마지막으로 변압기의 원리 및 이를 활용한 임피던스 매칭(impedance matching)과 기타 전기전자회로에 필요한 전압을 공급하기 위해 사용되는 사례를 통해 그 특성을 익힌다.

8-3-1 기본 개념 및 상호 유도작용

두 코일이 서로 가까이 놓여 있을 때, 한쪽 코일에 흐르는 전류에 의해 발생된 전자계의 변화는 상호 인덕턴스에 의해 2차 코일에 유도전압을 발생시킨다. 즉 코일에 흐르는 전류가 증가 혹은 감소에 따라 코일 주변의 전자계는 확장하고 축소된다는 것을 알고 있다. 그림과 같이 변화하는 자속선들이 2차 코일에 영향을 미치도록 2차 코일이 1차 코일에 가까이 놓이면 자기적으로 결합되어(coupled) 전압이 유도된다. 두 코일이 자기적으로 결합을 이룰 때, 두 코일 사이에는 자기적 결합 이외에 어떠한 전기적 연결도 없기 때문에 전기적으로 분리된 상태이다. 만약 1차 코일의 전류가 정현파라면 2차 코일에 유도된 전압도 정현파이다.

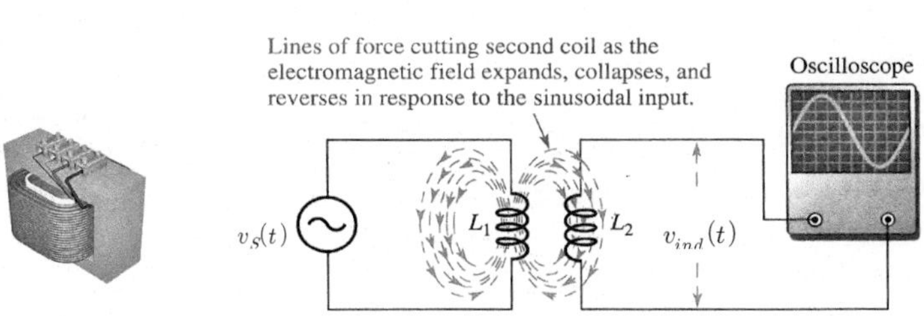

[그림 8-9] 변압기 및 동작원리

한 가지 예를 통하여 변압기의 상호유도(mutual induction) 작용을 익혀보자. 그림과 같이 하나의 철심에 두 개의 코일이 있다. 일반적으로 우리가 알다시피 철심은 투자율이 아주 크므로 공기(진공)보다 자속(magnetic flux)을 잘 결합시킨다.

1차 코일의 전류에 의해 2차 코일에 유도된 전압의 크기는 두 코일사이의 상호인덕턴스(mutual inductance)에 의존한다. 상호인덕턴스 L_M 또는 M은 두 코일의 인덕턴스(L_1과 L_2)

와 두 코일사이의 결합계수(k)에 의해 정해진다. 결합계수 k는 코일들이 물리적으로 얼마나 조밀하게 감겨졌는가와 코일이 감겨지는 코어(core) 재료의 종류에 따라 달라진다.

변압기는 한 개의 자기회로인 철심에 두 개의 전기회로인 코일을 양단에 감은 구조로서 전자유도작용에 의해 유도기전력이 발생하는 원리를 이용한 것이다. 철심은 실리콘 함유량 4%, 두께 $0.35mm$의 강판을 성층하여 만들어 졌으며, 그 이유는 전력손실을 막기 위함이다.

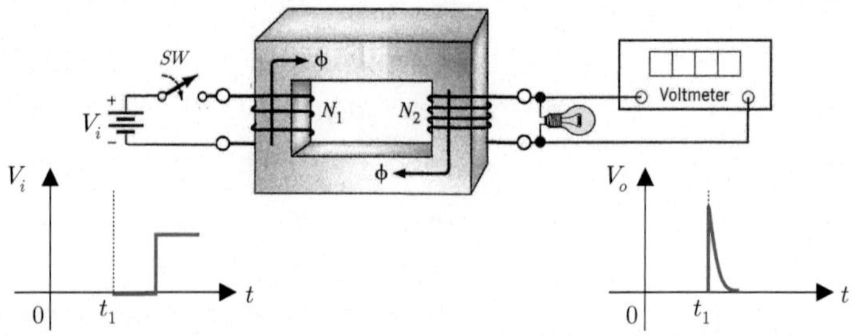

(a) 스위치가 닫히는(closed) 순간, 출력전압이 나타난다. 신호변화가 있어야 한다.

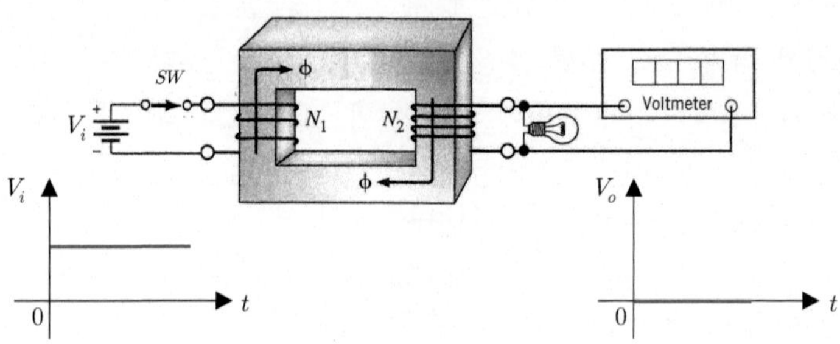

(b) 스위치가 계속 닫혀 있으면 출력전압은 없다. 직류신호는 의미가 없다.

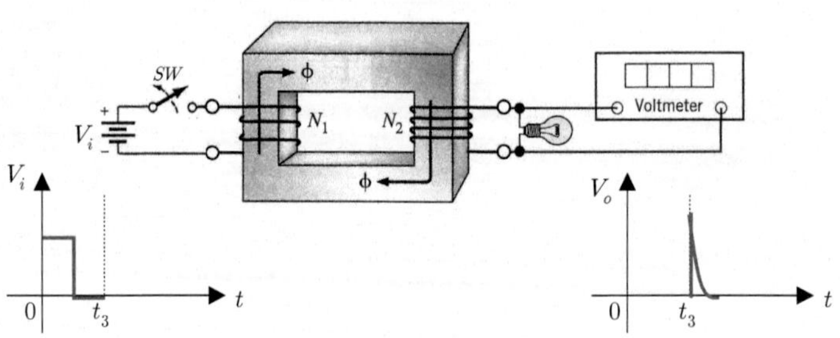

(c) 스위치가 개방되는(open) 순간, 출력전압이 나타난다. 신호변화가 있어야 한다.

[그림 8-10] 일반적인 변압기 원리

변압기는 산업전기 분야에서 사용되며 다음 세 가지 기능중 하나를 수행하기 위해 고안된 전자기 장치이다. 첫째, 전압이나 전류값을 올리거나 내린다. 둘째, 임피던스 정합장치로 작용한다. 마지막으로 어느 회로망의 한 부분을 다른 부분과 분리시킨다.

8-3-2 변압기의 활용

1> 변압기는 교류 신호에 응답한다.

변압기의 회로적인 심벌은 그림 8-11(a)에 나타내었다. 선전압이 변압기의 1차 권선에 인가된다. 권선비(n: turns ratio) N_1/N_2 때문에 2차 전압은 감은 수에 따라 변한다. 흔히 변압기에는 권선비가 표시되어 있지 않고, 입력전압, 출력전압 및 전력정격이 표시되어 있다. 따라서 이 변압기의 동작 원리를 익히는 데 있어서 권선비 n은 아주 중요하다.

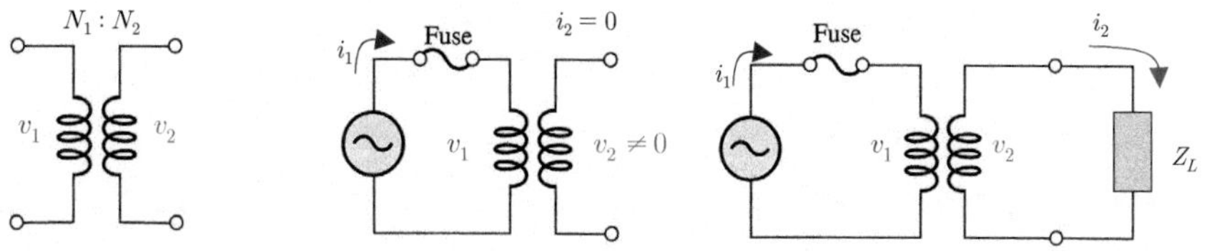

(a) 변압기 기호 (b) 무부하 (c) 부하가 연결됨

[그림 8-11] 변압기의 기호 및 부하연결

2> 권선비(turns ratio)에 따른 전압 및 전류관계

변압기에서 전압은 감은 수에 비례하므로 다음과 같이 표현 가능하다.

$$v_2 = \frac{N_2}{N_1} v_1 = \frac{v_1}{n} \qquad (8-8)$$

1차 전압을 권선비로 나누면 2차 전압이 된다는 것을 의미한다. 이 식은 실효치, 최대치, 순간전압에 모두 적용된다. 교류 전원전압이 대부분 실효값이므로 식 (8-8)도 주로 실효값을 사용한다. 변압기를 취급하게 되면 승압(step-up)과 강압(step-down)이라는 용어가 자주 나온다. 이 용어는 항상 1차 전압에 대한 2차 전압의 관계이다. 승압변압기는 1차보다 더 높은 2차 전압을 발생하고, 강압변압기는 1차보다 더 낮은 2차 전압을 발생한다.

만약 그림 (c)와 같이 2차 권선에 부하가 연결된다면 어떤 결과가 유도될 수 있는가? 2차 코일에 유도되고 부하전류 i_L이 흐른다. 기자력 특성으로부터 전류 관계는 다음과 같다.

$$F_m = N_1 i_1 = N_2 i_2$$

$$i_2 = \frac{N_1}{N_2} i_1 = n \times i_1 \qquad (8-9)$$

3> 1차 전력과 2차 전력은 동일하다.

부하(load)가 변압기의 2차 권선에 연결되어 있으면 전류가 흐르며, 따라서 전력이 발생한다. 위의 결과처럼 전압이 증가하면 전류는 역으로 감소한다. 식 (8-8)과 (8-9)를 결합하면 다음과 같은 결과가 유도된다. 즉 변압기에서 1차 전력과 2차 전력은 동일하다.

$$\frac{v_1}{v_2} = \frac{N_1}{N_2} = \frac{i_2}{i_1} \tag{8-10}$$

식 (8-10)로부터 다음 관계가 성립한다.

$$p_1 = i_1 v_1, \quad p_2 = i_2 v_2, \qquad p_1 = p_2 \tag{8-11}$$

즉 변압기에서 전력은 같다. 전압 및 전력의 크기는 변화시켜도 전력의 변화는 없다.

4> 위상 표시점(phase dots)

변압기의 또 하나의 중요한 변수는 코어 주위의 권선이 어떠한 방향으로 감겨져 있는가이다. 권선의 방향은 1차 전압에 대한 2차 전압의 극성을 결정한다. 권선의 상단에 있는 위상표시점이 그 열쇠이다. 점이 있는 곳이 양의 반 사이클이 1차에 나타나면 2차에도 양의 반 사이클이 나타나서 동일 위상을 갖는다. 회로에서 흘러 들어가는 전류들이 공통적인 자기 경로의 철심에서 동일한 방향으로 자속이 흐르므로 같은 극성을 이룬다.

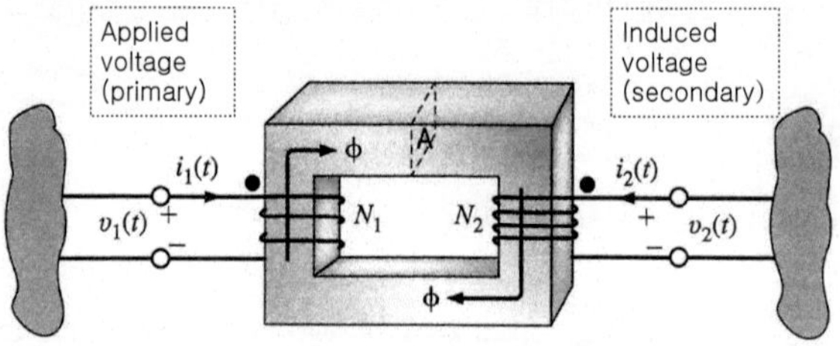

[그림 8-12] 변압기의 극성을 나타내는 위상 표시점

8-3-3 변압기(결합 인덕터)의 전류 및 전압 극성

인덕터 회로는 주로 인덕터가 단독으로 작용하는 회로를 말한다. 전압이나 전류의 변환을 위해 서로 상호 결합하여 이루어진 제품을 변압기라 한다. 특히 정현파의 교류전압과 교류전류가 주어진 회로에서 매우 유용하게 쓰이고 있다. 자기 인덕턴스에 의해서 생성되는 전압 및 전류 외에도 상호작용으로 발생하는 전압 및 전류도 존재한다. 이 상호작용을 정의하는 상호 인덕턴스를 고려한 전압과 전류 관계가 필요하다. 이제 수식적으로 접근해 보자.

1차 전압 $v_1(t)$에 의해 코일 1에 전류 $i_1(t)$가 흐른다. 이로 인한 전류와 전압의 관계는 다음과 같다. 여기서 L_1은 코일1의 자기 인덕턴스이다.

$$v_1 = L_1 \frac{di_1}{dt} \tag{8-12}$$

$i_1(t)$에 의해 자기 철심에 자속이 생긴다. 이 자속은 전류와 다음과 같은 관계를 가진다는 것을 학습하였다.

$$\Phi \propto N_1 i_1 = c_1 N_1 i_1 \tag{8-13}$$

여기서 N_1은 코일 1의 감은 수이다.

자속 Φ는 자기 철심을 통과하며 철심의 단면적은 A이다. 따라서 코일 1에 걸리는 전압은 자속과 관계는 다음과 같다. 제6장의 식 (6-2)와 비교하면 인덕턴스가 감은 수의 제곱(N^2)에 비례함을 알 수 있다.

$$v_1 = N_1 \frac{d\Phi}{dt} = N_1 \frac{d}{dt}(c_1 N_1 i_1) = c_1 N_1^2 \frac{di_1}{dt} \tag{8-14}$$

위의 두 식들을 비교하면 인덕턴스(L)와 감은 수(N)는 다음과 같은 관계를 가진다.

$$L_1 = c_1 N_1^2 \tag{8-15}$$

두 번째 코일의 단자전압 v_2는 두 번째 코일에 흐르는 Φ에 의해 유도된다. 이는 자속과 다음과 같은 관계를 가진다.

$$\begin{aligned} v_2 &= N_2 \frac{d\Phi}{dt} = N_2 \frac{d}{dt}(c_m N_1 i_1) = c_m N_1 N_2 \frac{di_1}{dt} \\ &= M \frac{di_1}{dt} = M_{21} \frac{di_1}{dt} \end{aligned} \tag{8-16}$$

여기서 M_{21}은 전류 i_1에 의해 코일 2에 영향을 주는 인덕턴스인 상호 인덕턴스(mutual inductance)이다. 이것의 단위도 역시 henry[H]이다.
만약 2차 전류가 흐르면 같은 방법으로 전류 i_2에 의한 영향을 위와 같이 처리한다.

$$v_2 = N_2 \frac{d\Phi}{dt} = N_2 \frac{d}{dt}(c_2 N_2 i_2) = c_2 N_2^2 \frac{di_2}{dt} \tag{8-17}$$

위의 두 식들을 비교하면 인덕턴스(L)와 감은 수(N)는 다음과 같은 관계를 가진다.

$$L_2 = c_2 N_2^2 \tag{8-18}$$

첫 번째 코일의 단자전압 v_1은 두 번째 코일에 흐르는 Φ에 의해 유도된다. 이는 자속과 다음과 같은 관계를 가진다.

$$v_1 = N_1\frac{d\Phi}{dt} = N_1\frac{d}{dt}(c_m N_2 i_2) = c_m N_1 N_2 \frac{di_2}{dt}$$
$$= M\frac{di_2}{dt} = M_{12}\frac{di_2}{dt} \qquad (8\text{-}19)$$

이와 같이 그림 8-12에서 각 전류에 대해 유도전압은 자기 유도전압과 상호 유도전압이 발생한다.

$$v_1 = L_1\frac{di_1}{dt} + M_{12}\frac{di_2}{dt}, \qquad v_2 = M_{21}\frac{di_1}{dt} + L_2\frac{di_2}{dt}$$

그림 8-13은 2차 코일의 감은 방향에 따른 위상점을 나타낸 것이다. 유도전압 v_2의 극성은 v_1의 극성과 비교할 때, 코일이 어떻게 감겨져 있는가에 따라 다르다. 그림 (a)는 1차 전류가 i_1이면 자속 ϕ은 그림과 같다. 유도된 2차 전압은 Lenz 법칙에 따라 자속 변화를 방해하는 방향으로 위쪽이 양(+)이다. 반면 그림 (b)에서는 아래쪽이 양(+)이다.

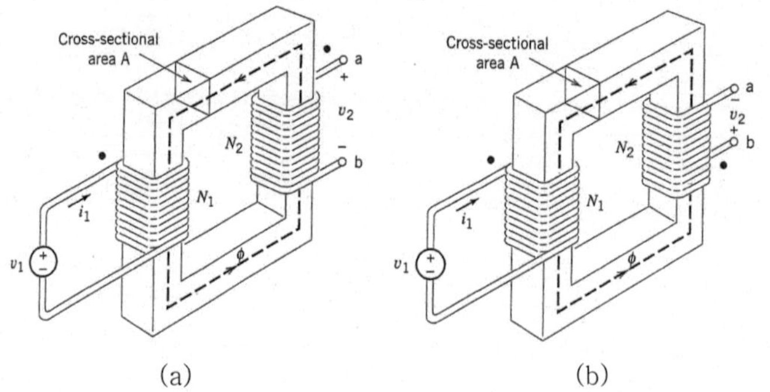

[그림 8-13] 위상점은 코일의 감은 방향으로 인한 전압 극성을 나타낸다.

우리는 위와 같이 위상 표시점으로 철심이 어떻게 감겨져 있는지를 파악할 수 있다. 우선 다음 두 가지 경우들에 대해 살펴보고 일반적인 전압 및 전류 관계를 나타내 보자.

그림 8-14는 표준형 표기법으로서 위상점에 따른 전압, 전류 관계를 나타낸다.

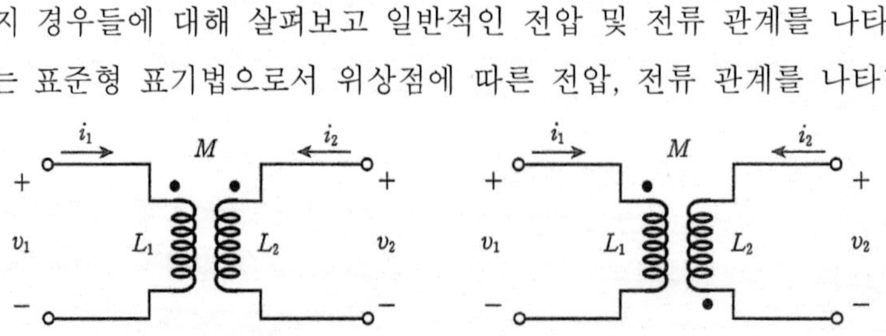

[그림 8-14] 결합 인덕터의 기호 및 전압전류 관계 비교

그림 8-14(a)는 표준형 표기법을 나타낸다. 두 전류들 모두가 점이 찍힌 단자로 흘러들어가거나 또는 모두 위상점이 없는 단자로 흘러들어간다고 가정하자. 상호 인덕턴스는 한 코일에 흐르는 전류에 따라 다른 쪽 코일에 유기되는 전압의 정도를 나나낸 것이다.

$$v_1 = L_1\frac{di_1}{dt} + M\frac{di_2}{dt} \tag{8-20}$$

$$v_2 = M\frac{di_1}{dt} + L_2\frac{di_2}{dt} \tag{8-21}$$

반면 그림 (b)의 경우는 표준형과 비교하여 전압극성과 전류방향을 처리해주면 된다. 즉 위상점으로 흐르는 전류가 반대이고 전압도 반대이므로 $i_2 \rightarrow (-i_2)$와 $v_2 \rightarrow (-v_2)$가 된다.

$$v_1 = L_1\frac{di_1}{dt} + M\frac{d(-i_2)}{dt}$$

$$-v_2 = M\frac{di_1}{dt} + L_2\frac{d(-i_2)}{dt}$$

이들을 정리하면 자기 인덕턴스(L_1, L_2)와 상호 인덕턴스(M)로 표현된 관계는 다음과 같다.

$$v_1 = L_1\frac{di_1}{dt} - M\frac{di_2}{dt} \tag{8-22}$$

$$v_2 = -M\frac{di_1}{dt} + L_2\frac{di_2}{dt} \tag{8-23}$$

또한, 결합 인덕터(inductor)는 일반적으로 직류용으로는 사용하지 않는다. 그 이유는 코일은 직류전류에서 단락회로처럼 동작하기 때문이다.

이상의 결과로부터 변압기(결합 인덕터: coupled inductor)의 위상점(phase dot)에 따른 전압 및 전류 관계를 정리하면 다음과 같다.

1> 표준형 회로를 만든다. 표준형 회로는 그림 8-14(a)이다.

2> 전류 방향 및 전압극성은 위상점에 의거하여 변압기에 대한 방정식을 세운다.

3> 회로에 Kirchhoff 법칙과 Ohm 법칙을 적용하여 페이저 해석을 수행한다.

4> 시간 영역으로 환원한다.

어떤 한 변압기회로의 예제를 이용하여 방정식을 구하는 방법을 익혀 보자.

예제1

다음 회로에서 $v_2(t)$를 구하시오.

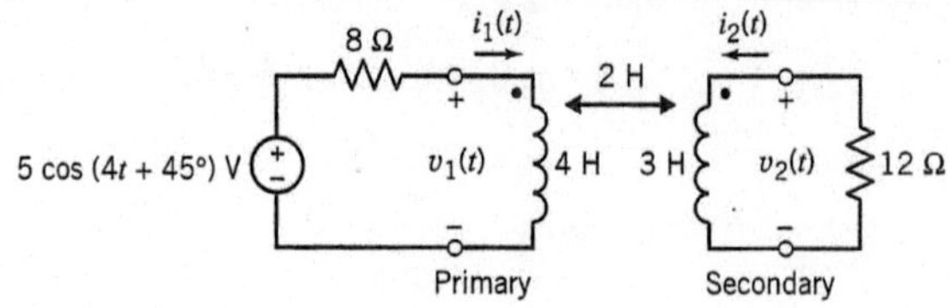

[해] 우선 변압기의 전압 극성 및 전류 방향을 바탕으로 표준형의 자기 인덕턴스와 상호 인덕턴스를 이용하여 연립방정식을 구하자.

$$v_1 = L_1\frac{di_1}{dt} + M\frac{di_2}{dt}, \qquad v_2 = M\frac{di_1}{dt} + L_2\frac{di_2}{dt} \tag{1}$$

페이저를 이용하여 주파수 영역으로 나타내자. $\omega=4$이므로 리액턴스 값은 다음과 같다.

$$\dot{X}_{L1} = j\omega L_1 = j16\Omega, \quad \dot{X}_{L2} = j\omega L_2 = j12\Omega, \quad \dot{L}_M = j\omega M = j8\Omega$$

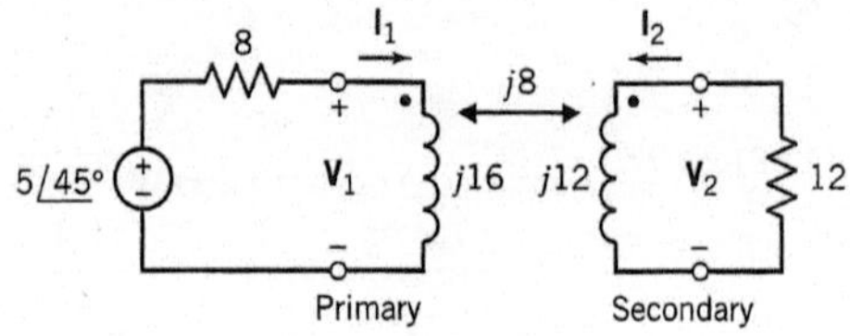

변압기의 표준형 식 (1)로부터 $\dot{V}_1 = j16\dot{I}_1 + j8\dot{I}_2, \quad \dot{V}_2 = j8\dot{I}_1 + j12\dot{I}_2$ (2)

또한 회로로부터 KVL과 Ohm 법칙을 적용하면

$$5\angle 45^\circ = 8\dot{I}_1 + \dot{V}_1, \qquad \dot{V}_2 = -12\dot{I}_2 \tag{3}$$

식 (2)를 식 (3)에 대입하여 미지의 두 전류 성분으로 정리하면 다음과 같다.

$$5\angle 45^\circ = (8+j16)\dot{I}_1 + j8\dot{I}_2$$
$$0 = j8\dot{I}_1 + (12+j12)\dot{I}_2$$

Cramer 규칙을 이용하여 연립방정식을 풀면 $\dot{I}_2$는 다음과 같다.

$$\dot{I}_2 = 0.138\angle -141^\circ\ [A]$$

다음으로 회로에서 2차 전압을 구하자. 여기서 '-'는 위상이 180°임을 나타낸다.

$$\dot{V}_2 = -12\dot{I}_2 = -12(0.138\angle -141^\circ) = 1.656\angle(180^\circ + (-141^\circ)) = 1.656\angle 39^\circ\ [V]$$

마지막으로 시간 영역으로 바꾸자. $v_2(t) = 1.656\cos(4t + 39^\circ)[V]$

예제2

다음과 같은 인덕타가 결합된 회로에 대해 $i_0(t)$를 구해 보자.

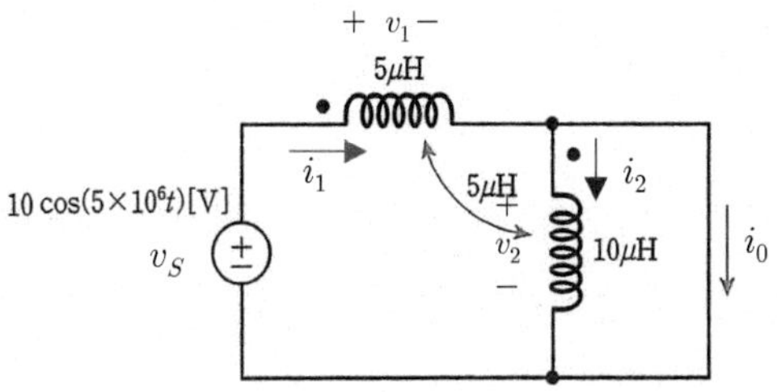

[해]

먼저 변압기에서 권선의 방향이 같은 방향이므로 위상점을 고려한 방정식을 구하자.

$$\dot{V}_1 = j\omega L_1 \dot{I}_1 + j\omega M \dot{I}_2, \qquad \dot{V}_2 = j\omega M \dot{I}_1 + j\omega L_2 \dot{I}_2$$

회로에서 $\dot{V}_S = \dot{V}_1 + \dot{V}_2 = \dot{V}_1$, $\dot{V}_2 = 0$이므로 $\dot{V}_1 = 10\angle 0^\circ$이다. 다음과 같은 방정식을 얻는다.

$$10\angle 0^\circ = j25\dot{I}_1 + j25\dot{I}_2$$

$$0 = j25\dot{I}_1 + j50\dot{I}_2$$

위의 두 번째 식으로부터 두 전류의 관계를 구하면 $\dot{I}_2 = (-1/2)\dot{I}_1$이 된다. 이를 첫 번째 식에 대입하면 $10\angle 0^\circ = j25\dot{I}_1 + j25(-1/2)\dot{I}_1$이 된다. 이로부터 $\dot{I}_1$은 다음과 같다.

$$10\angle 0^\circ = j(25/2)\dot{I}_1$$

$$\dot{I}_1 = \frac{10\angle 0^\circ}{j(25/2)} = \left(\frac{20}{25}\right)\angle -90^\circ = \left(\frac{4}{5}\right)\angle -90^\circ\,[A],$$

$$\dot{I}_2 = \left(\frac{-1}{2}\right)\dot{I}_1 = \left(\frac{-20}{50}\right)\angle -90^\circ = \left(\frac{2}{5}\right)\angle 90^\circ\,[A]$$

회로에서 KCL을 적용하면 전류 $\dot{I}_0$는 다음과 같다.

$$\dot{I}_0 = \dot{I}_1 - \dot{I}_2 = \left(\frac{4}{5}\angle -90^\circ\right) - \left(\frac{2}{5}\angle 90^\circ\right)$$

$$= 0.8[\cos(-90^\circ) + j\sin(-90^\circ)] - 0.4[\cos(90^\circ) + j\sin(90^\circ)]$$

$$= 0.8(-j) - 0.4(j) = -j1.2[A]$$

따라서 구하고자 하는 전류는 시간함수로 바꾸면 다음과 같다. 위상은 $-j = -90^\circ$이다.

$$i_0(t) = 1.2\cos(\omega t - 90^\circ) = 1.2\cos(5\times 10^6 t - 90^\circ)[A] = 1.2\sin 5\times 10^6 t[A]$$

8-3-4 임피던스 매칭(impedance matching)

제4장에서 최대전력 전송에 조건, 즉 부하 저항이 전원의 내부 저항과 같을 경우, 부하에 최대전력이 전달된다는 사실을 학습하였다.

1> 이상적(ideal) 변압기

변압기에서 두 개의 인덕터들이 얼마나 자기적으로 결합되어 있는가를 나타내는 결합상수 k가 있다. 상호 인덕턴스 M과 자기 인덕턴스 L_1, L_2 간에 다음과 같은 관계로 표현한다.

$$0 \le k = \frac{M}{\sqrt{L_1 L_2}} \le 1 \tag{8-24}$$

$k=0$이면 결합은 존재하지 않는다. $k=1$인 경우는 완벽하게 결합된 이상적인 변압기를 나타낸다. 대부분의 전력 시스템 변압기는 k가 거의 1에 접근하지만 라디오회로에서는 k값은 적다. 다음 회로를 이용하여 이상 변압기의 특성을 구해 보자.

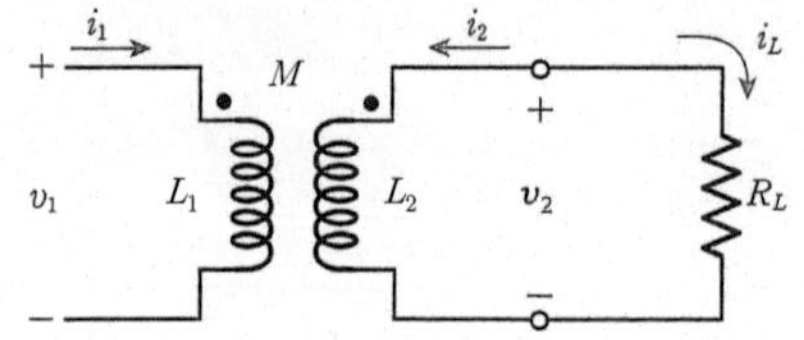

(a) 통상적인 전류 방향은 부하전류로서 i_L이다.

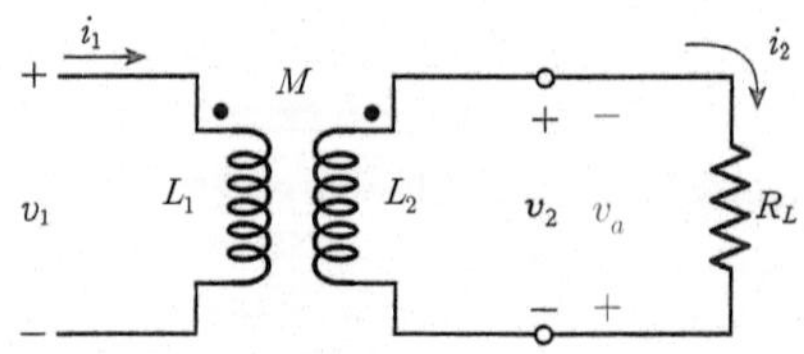

(b) 2차 전류를 (a)와 반대로 설정한 경우

[그림 8-16] 전력 또는 통신선로에서 적용되는 것은 전압 및 전류 방향은 (b)이다.

앞서 배운 위의 회로인 그림 11-16(a)를 바탕으로 하여, 2차 전류의 방향을 반대로 설정한 회로 (b)에 대해 적용하면 전압-전류 방정식은 다음과 같다.

$$\dot{V}_1 = j\omega L_1 \dot{I}_1 - j\omega M \dot{I}_2 \qquad \dot{V}_a = -j\omega M \dot{I}_1 + j\omega L_2 \dot{I}_2 \tag{8-25}$$

여기서 $\dot{V}_a = -\dot{V}_2$이므로 대입하고 Ohm 법칙 $\dot{V}_2 = \dot{I}_2 R_L$을 적용하여 식을 정리하면

$$\dot{V}_1 = j\omega L_1 \dot{I}_1 - j\omega M \dot{I}_2 \tag{8-26}$$

$$0 = -j\omega M \dot{I}_1 + (j\omega L_2 + R_L)\dot{I}_2 \tag{8-27}$$

Cramer 규칙을 적용하여 각 전류를 구할 수 있다. 그러나 여기서는 전압비와 전류비를 구하는 데 관심이 있다. 이상 변압기인 다음 두 가지 조건들을 (1) $M=\sqrt{L_1L_2}$, (2) $L\to\infty$을 대입하고 $L=N^2/\Re$를 적용하면 식 (8-26)과 식 (8-27)은 다음과 같이 간단히 표현된다.

$$\frac{\dot{I}_2}{\dot{I}_1}=\frac{j\omega M}{j\omega L_2+R_L}=\frac{N_1}{N_2}=n \tag{8-28}$$

$$\frac{\dot{V}_1}{\dot{I}_1}=\frac{(\omega M)^2}{j\omega L_2+R_L}=n^2R_L \tag{8-29}$$

두 전압비와 전류비를 구하는 데 있어서 기준을 그림 8-16(b)로 하여 음 혹은 양으로 나타내면 된다. 잘 설계된 철심(iron-core) 변압기는 이상 변압기에 가깝다. 철심 변압기는 전력용으로 전압을 승강시키는 데 사용되고, 통신용으로는 임피던스 변환에 많이 쓰인다.

이러한 이상적 변압기는 그림 8-17과 같이 일반적인 변압기와 구별하기 위해 코일 사이에 두 줄들이 그려져 있다.

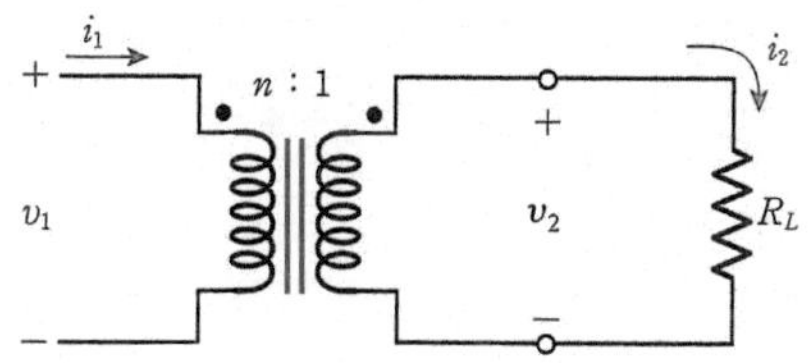

[그림 8-17] 이상적 변압기

일단 변압기가 완벽한 결합으로 이상적인 변압기가 되면, 자기 인덕턴스와 상호 인덕턴스에 의한 전압과 전류 계산은 의미가 없다. 대신에 권선수(n) 비율만으로 전압 및 전류 변화를 구한다. 이상 변압기는 같은 철심에 대해 대칭적으로 감겨져 있는 변압기이다. (연습문제)

$$\frac{v_1}{v_2}=\frac{N_1}{N_2}=n \tag{8-30}$$

$$\frac{i_2}{i_1}=\frac{N_1}{N_2} \tag{8-31}$$

복습문제

예제1과 예제2에서 두 변압기들은 이상 변압기라고 할 수 있는지 없는지를 판별하시오.
[해]

2> 반사 저항 개념

변압기에서 1차 회로에서 2차 회로를 보면, 2차 권선에 연결된 부하는 어떤 저항값을 갖고 있는 것처럼 보인다. 이 저항값을 우리는 반사 저항(reflected resistor)이라 부른다. 이 값을 구해 보자.

1차 회로에서 저항은 $R_1 = v_1/i_1$이고, 2차 회로에서 저항은 $R_L = v_2/i_2$이다. 식 (8-30)과 (8-31)로부터 $R_1/R_L = (v_1/i_1)/(v_2/i_2)$ 이다. 정리하면 다음과 같다.

$$\frac{R_1}{R_L} = \frac{N_1^2}{N_2^2} = \left(\frac{N_1}{N_2}\right)^2$$

$$\therefore R_1 = R_L\left(\frac{N_1}{N_2}\right)^2 = n^2 R_L \qquad (8\text{-}32)$$

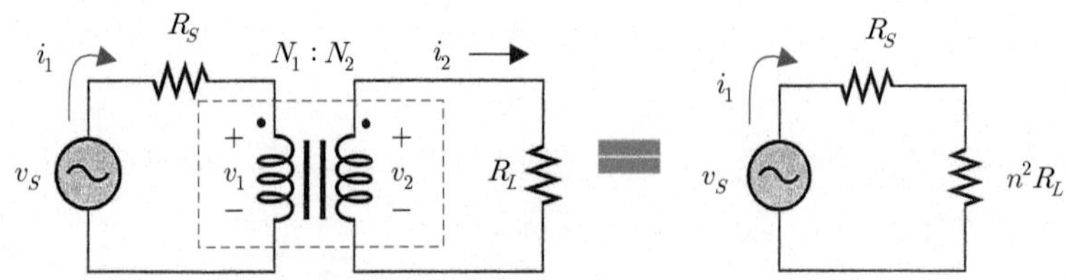

[그림 8-18] 변압기의 1차 측에서 바라본 반사된 부하

즉 1차 회로에 반사된 저항의 등가 저항값은 부하 저항값(R_L)에 권선비의 제곱을 곱한 값이 된다는 것이다. 임피던스 변환은 변압기의 결합 상태가 제거되어 회로를 간단하게 한다.

3> 부하와 전원 저항의 정합 사례

변압기의 응용의 하나로서 최대전력 전달을 구현하기 위해 부하와 전원 저항의 정합에 있다. 이것을 임피던스 정합이라 부른다. 실제로 대부분의 경우, 내부 저항은 고정되어 있으며, 또한 부하로서 동작하는 저항도 거의 고정되어 있다. 주어진 전원과 부하의 연결이 필요하면, 이 저항들이 정합되어야 한다. 이러한 상황에서는 넓은 범위의 변압기가 필요하다.

임피던스 정합의 개념을 설명하기 위해 실제적인 상황을 생각해 보자.

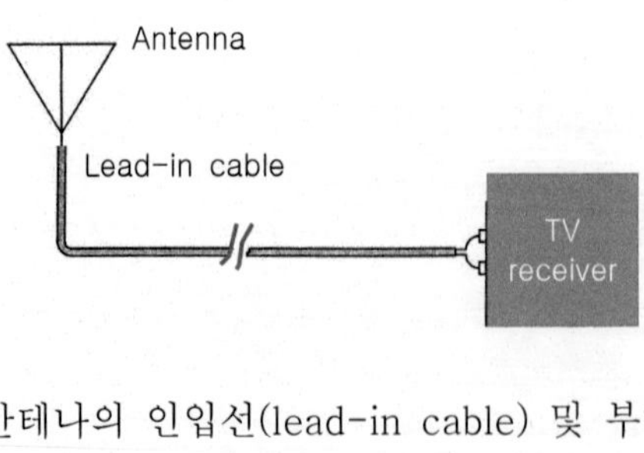

[그림 8-18] 안테나의 인입선(lead-in cable) 및 부하인 TV 리시버

TV 수신기의 입력 저항은 대표값으로 300Ω이다. 안테나 시스템의 특성 임피던스는 일반적으로 75Ω이다. 75Ω의 전원이 부하로 300Ω 부하에 직접적으로 연결된다면 최대전력이 TV 리시버 입력, 즉 부하로 전달되지 못하게 되며 최종 신호의 수신이 약하게 될 것이다. 이것이 해결 기법이 바로 변압기인 것이다.

최대전력이 부하에 전달되도록 하기 위해 임피던스를 정합시켜 적절한 값의 변압기의 권선비를 가지도록 해야 한다. 여기서 300Ω의 부하 저항은 전원에 대해 같은 저항값 75Ω을 가지도록 수정되어야 한다.

식 (8-27)의 $\frac{R_1}{R_L}=(\frac{N_1}{N_2})^2$로부터 권선비를 계산하면 $\frac{N_1}{N_2}=\sqrt{\frac{R_1}{R_L}}=\sqrt{\frac{75}{300}}=\frac{1}{\sqrt{4}}=\frac{1}{2}$가 된다. 즉 권선비가 1:2이어야 된다는 것이다.

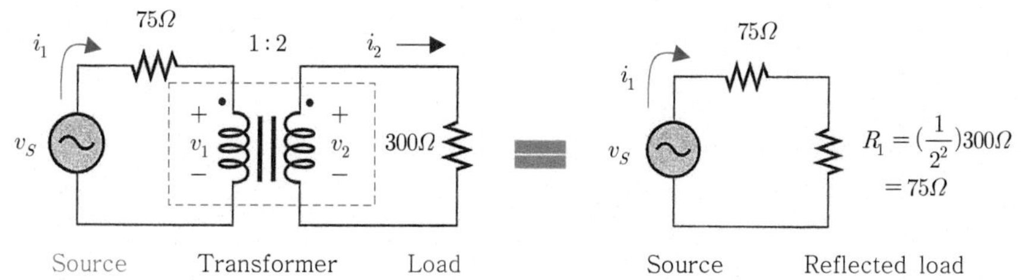

[그림 8-19] 부하와 신호원 사이에 변압기를 사용하여 정합시키는 경우

4> 직류(dc)신호는 유도전압이 없다.

변압기에서 직류(dc)신호는 유도전압(induced voltage)을 만들지 못하므로 교류와 직류를 분리시키는데 필요한 소자가 된다.

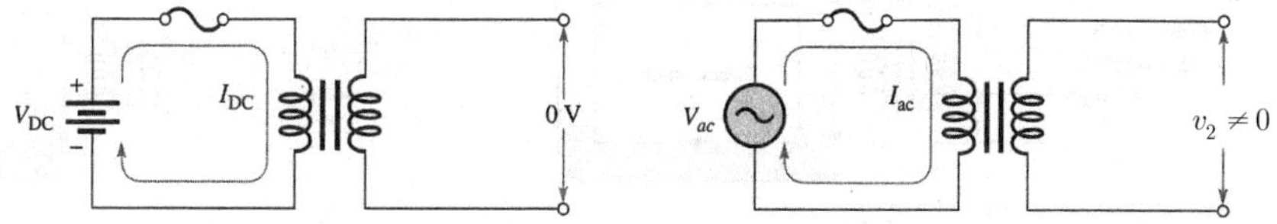

[그림 8-20] 2차 쪽에서 직류(dc)신호는 제거된다.

만약 1차 회로에 교류와 직류가 공존한다면 2차 회로에는 교류신호만 검출될 것이다. 증폭기를 사용하는 실험에서 직류바이어스의 영향을 차단시키므로 교류신호만 다음 단으로 전달될 수 있다.

8-3-5 변압기의 등가회로(equivalent circuit)

우리는 변압기에서 전류, 전압 및 임피던스의 크기는 변화될 수 있으나, 전력의 크기는 불변이라는 것을 학습하였다. 그림 8-16에서 이상적 모델에서 전류, 전압의 관계식뿐만 아니라 위상점(phase dot)의 위치에도 특별히 유의해야 한다. 전압 및 전류 방향 그리고 위상점의 위치로부터 변압기의 방정식은 다음과 같다.

$$\dot{V}_1 = \frac{1}{n}\dot{V}_2, \quad \dot{I}_1 = n\dot{I}_2$$

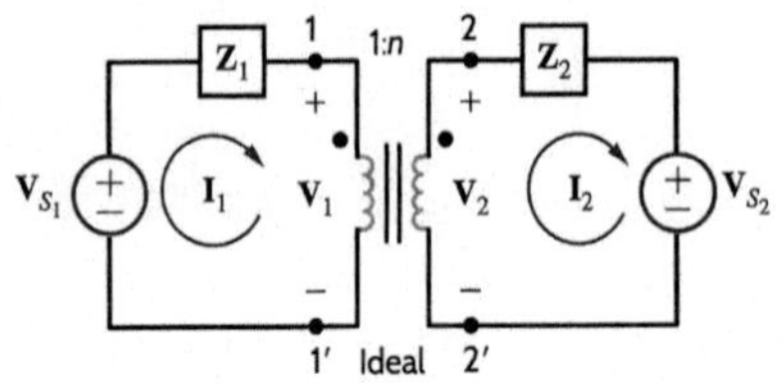

▶ 이상변압기

$$\frac{v_1}{v_2} = \frac{N_1}{N_2} = \frac{i_2}{i_1} = \frac{1}{n}$$

[그림 8-16] 변압기는 전류, 전압 및 위상점을 고려해야 한다.

이상적인 변압기를 포함하는 회로해석을 간단히 할 수 있는 또 하나의 방법은 Thevenin 정리 또는 Norton 정리를 이용하여 1차 측 또는 2차 측의 회로를 제거한 등가회로를 얻는 것이다. 그림 8-17은 그림 8-16의 회로에 대해 Thevenin 정리를 활용하여 등가회로를 구하는 과정을 나타낸다.

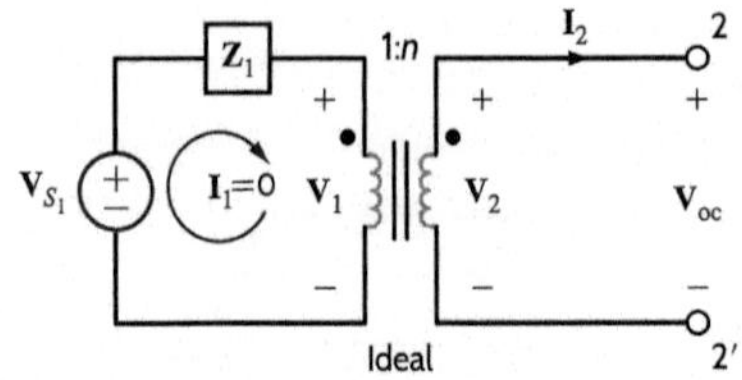

(a) 등가전압, $\dot{V}_{th} = n\dot{V}_{S1}$

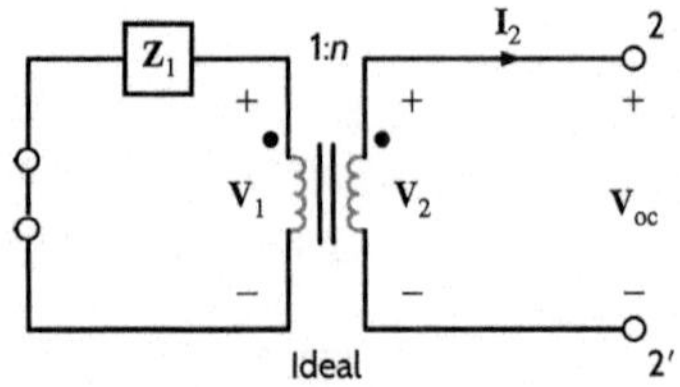

(b) 등가 임피던스, $\dot{Z}_{th} = n^2\dot{Z}_1$

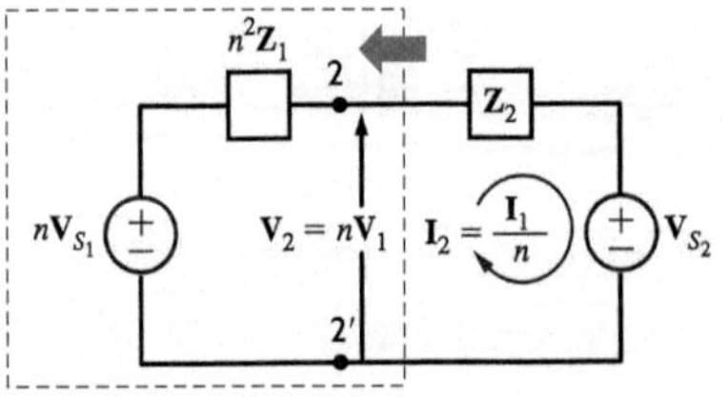

(c) 2차 측 관점에서 1차 등가회로

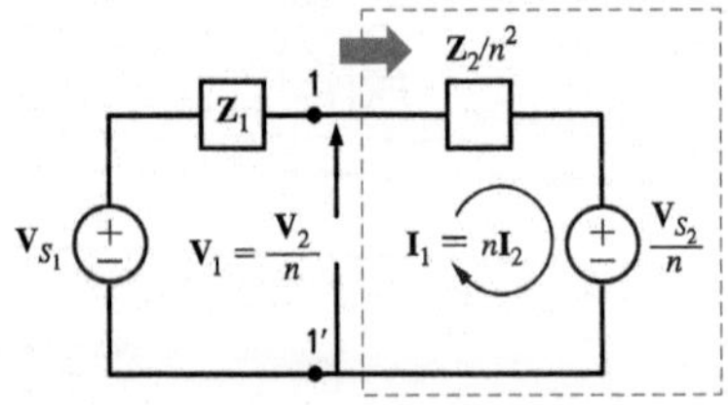

(d) 1차 측 관점에서 2차 등가회로

[그림 8-17] 변압기에 적용한 Thevenin 등가회로

먼저 그림 (a)에서 Thevenin 등가회로(등가전압 및 등가 임피던스)를 구하기 위해 2차

측 회로를 개방하면, 방정식에서 $\dot{I}_2=0$이므로 $\dot{I}_1=n\dot{I}_2=0$이 되고 $\dot{Z}_1$에 걸리는 전압은 0이다.

$$\dot{V}_{th}=\dot{V}_{OC}=\dot{V}_2=n\dot{V}_1=n\dot{V}_{S1}$$

또한, 그림 (b)에서 Thevenin 등가 임피던스($\dot{Z}_{th}$)를 얻기 위해 $\dot{V}_{S1}=0$(전원의 비활성화)로 바꾸면 회로 저항은 $\dot{Z}_1$이 되고 이는 권선비에 의해 2차 측에 반영된다.

$$\dot{Z}_{th}=n^2\dot{Z}_1$$

위의 권선비 $1:n$인 변압기의 2차 측에서 바라본 1차 측의 등가회로를 구하는 경우에는 1차 측의 전압은 n배가 되고, 1차 측의 전류는 $1/n$배가 되어 임피던스는 n^2배가 된다. 또한, 1차 측에서 바라본 2차 측의 등가회로를 구하는 경우에는 2차 측 전압이 $1/n$배가 되고 전류는 n배가 되며 임피던스는 $1/n^2$배가 된다. 그러나 1차 측과 2차 측에서 계산한 전력값은 동일하다. 그림 (c)와 (d)는 각각 2차 측과 1차 측에서 바라본 Thevenin 등가회로를 나타낸다.

첫 번째 예로서 그림 8-18은 권선비 $1:n$의 변압기를 이용하여 2차 쪽에서 본 Thevenin 등가회로를 구하는 과정을 나타낸다. 앞에서 학습한 것과 같이 만약 변압기에 표시된 점 중의 하나의 위치가 바뀌면 등가회로에서 n은 $-n$으로 바뀐다. 즉 전압 극성이 바뀐다는 것이다. 이는 1차 측과 2차 측 사이에는 어떠한 연결도 없다는 것을 나타낸다.

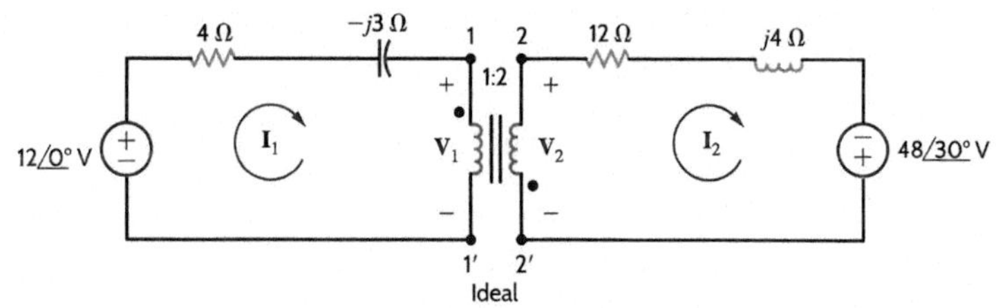

(a) 원래 회로

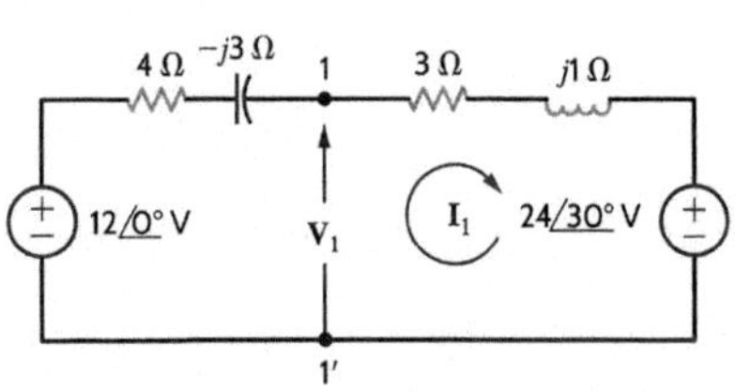

(b) 1차 측 관점에서 2차 등가회로

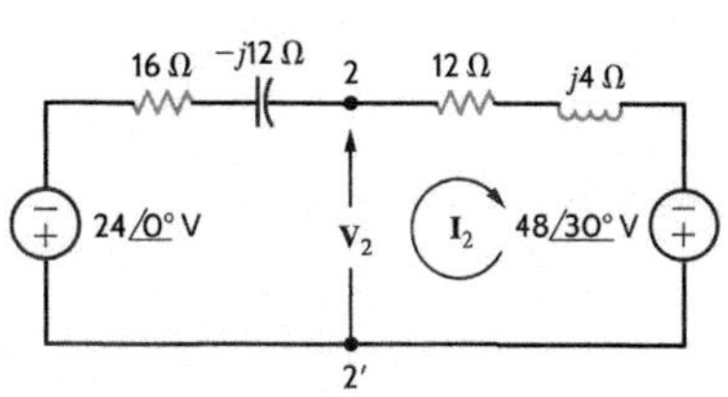

(c) 2차 측 관점에서 1차 등가회로

[그림 8-18] Thevenin 등가회로 구하기

그림 (b)와 (c)의 등가회로에서 전원의 극성에 특히 유의해야 한다.

두 번째 예로서 그림 8-19에서 2차 측에서 바라본 등가회로를 구하고 이로부터 출력전압 $\dot{V}_o$를 구해 보자.

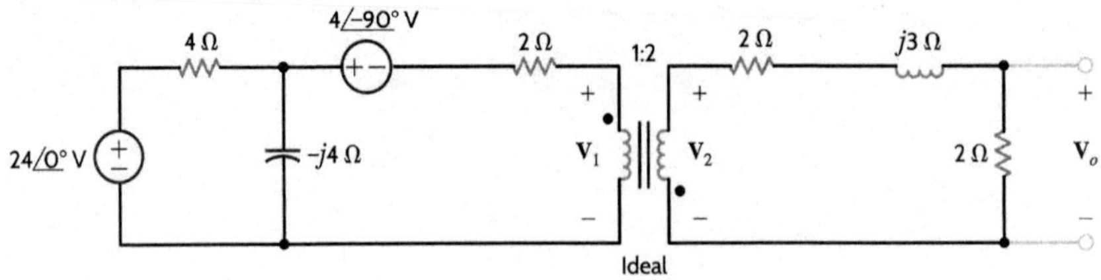

(a) 문제 회로

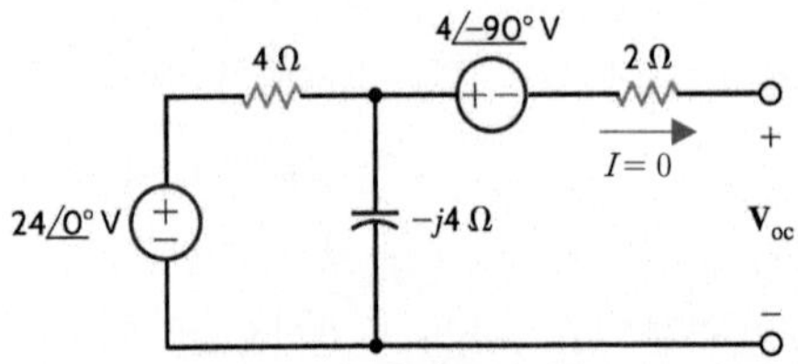

(b) 1차 회로에 대한 간략화

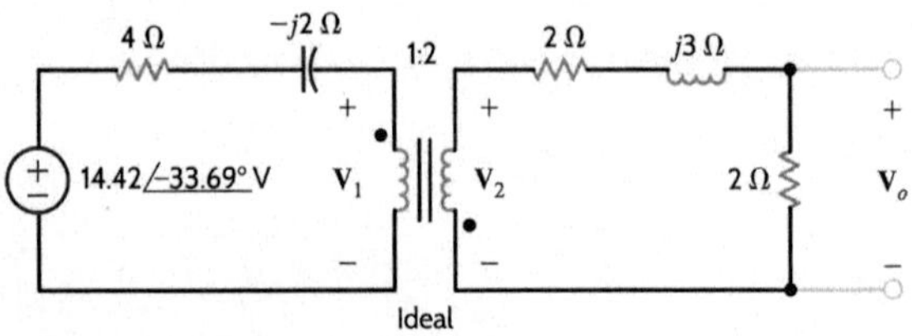

(c) 다시 그린 원래 회로

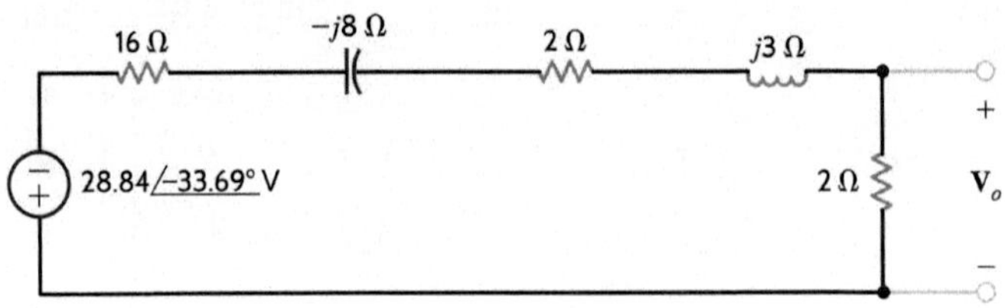

(d) 2차 측 관점의 등가회로에서 1차 회로의 전압 극성은 반대이다.

[그림 8-19] Thevenin 등가회로를 구하는 과정

먼저 1차 회로에서 회로 구성을 간략화한다. 그림 (b)에서 등가전압과 등가 임피던스는 중첩 정리를 활용하여 구한다.

$$\dot{V}_{th} = \dot{V}_{OC} = 24\angle 0^\circ \times \left(\frac{-j4}{4-j4}\right) + (-4\angle -90^\circ) = 12 - j8 = 14.42\angle -33.7^\circ \quad V$$

$$\dot{Z}_{th} = (4 \parallel -j4) + 2 = 4 - j2\,\Omega$$

그림 (c)는 이 값들을 그림 (a)의 원래 회로를 다시 그린 것이다. 마지막으로 그림 (d)는 2차 측에서 본 등가회로이다. 이 회로에서 출력전압 $\dot{V}_o$를 구하면 다음과 같다.

$$\dot{V}_o = (-28.84\angle -33.7^\circ) \times \frac{2}{(16+2+j3-j8)+2} = \frac{-57.68\angle -33.7^\circ}{20.61\angle -14.03} = -2.8\angle -19.7^\circ \quad V$$

8-4 변압기 활용 시스템

8-4-1 전력 시스템

우리는 제2장에서 변압기를 통해 가정에 공급되는 전력 시스템을 간략히 그림으로 언급하였다. 이 분야는 발전소에서 변전소를 거쳐 우리 가정에서 사용하는 전압과 관련되어 왜 변압기를 사용하는지를 확실히 알 수 있을 것이다. 전력 시스템은 3상이지만 여기서는 간략을 위해 단상에 대해 익혀 보자. 페이저와 임피던스를 이용하여 주파수 영역에서 해석하고 전원의 전압이 실효치 대신 최대치로 표현되어 있다. 통상 전력은 실효치를 활용한다.

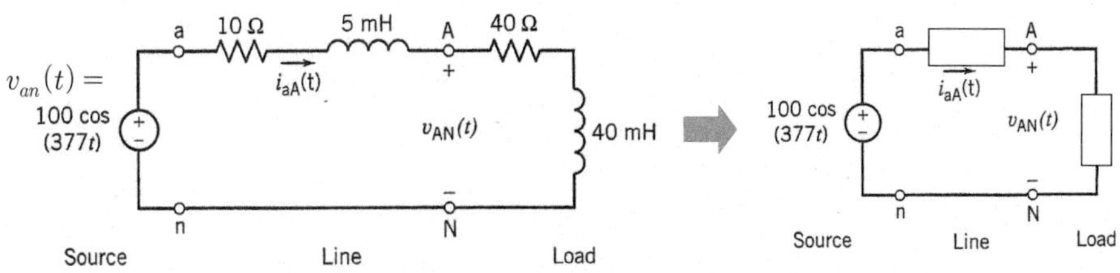

[그림 8-21] 변압기를 활용하지 않은 전력계통

전류 $\dot{I}_{aA}$는 Ohm 법칙을 적용하면 다음과 같다. 총 인덕턴스는 $L_T = L_1 + L_2 = 45mH$이다.

$$\dot{I}_{aA} = \frac{\dot{V}_{an}}{\dot{Z}_T} = \frac{\dot{V}_{an}}{R + j\omega L_T} = \frac{100\angle 0^\circ}{50 + j(377)(0.045)} = 1.894\angle -18.7^\circ\,[A]$$

부하는 저항 40Ω과 인덕터 $40mH$가 직렬로 연결되어 있으며, 부하전압은 다음과 같다.

$$\dot{V}_{AN} = \dot{I}_{aA}\dot{Z}_{AN} = (1.894\angle -18.7)(40 + j(377)(0.04)) = 81\angle 2^\circ\,[A]$$

위 자료로부터 전원에서 부하에 전달된 유효전력은 전압과 전류로부터 구하면 다음과 같다.

$\dot{V}_{an} = 100\angle 0^\circ\,[V]$, $\dot{I}_{aA} = 1.894\angle -18.7^\circ\,[A]$이므로

$$P_{an} = \left(\frac{100}{\sqrt{2}}\right)\left(\frac{1.894}{\sqrt{2}}\right)\cos(18.7) = 89.7[W]$$

부하에 전달된 전력 P_{load}과 전송선에서 손실된 유효전력 P_{loss}을 각각 구해 보자.

$$P_{AN} = P_{load} = I_{aA}^2 \times R_L = \left(\frac{1.894}{\sqrt{2}}\right)^2 \times 40\Omega = 71.7[W]$$

$$P_{loss} = \left(\frac{1.894}{\sqrt{2}}\right)^2 \times 10\Omega = 17.9[W]$$

전원에서 공급된 유효전력의 80[%]($\simeq 71.7/89.7$)는 부하에 전달되고 20[%]($\simeq 17.9/87.7$)는

전송선에서 손실된다. 위의 사실을 복소전력($\dot{S}$)을 사용하여 수치적으로 처리해 보자.

$$\dot{S}_{supply} = \dot{V}_{an}\dot{I}_{aA}{}^* = (\frac{100}{\sqrt{2}}\angle 0°)(\frac{1.894}{\sqrt{2}}\angle 18.7°) = 94.7\angle 18.7°$$

$$= 94.7(\cos 18.7° + j\sin 18.7°) = 89.7 + j30.3[VA]$$

$$\dot{S}_{load} = \dot{V}_{AN}\dot{I}_{aA}{}^* = (\frac{81}{\sqrt{2}}\angle 2°)(\frac{1.894}{\sqrt{2}}\angle 18.7°) = 76.7\angle 20.7°$$

$$= 76.7(\cos 20.7° + jsin 20.7°) = 71.7 + j27.1[VA]$$

앞과 동일하게 전원에서 공급된 전력의 80%가 부하에 전달되고, 나머지 20% 전력은 전송선에서 손실된다. 전송선의 전력 손실은 전류 $\dot{I}$를 감소시킨다면 줄일 수 있다. 그러나 부하에 흐르는 전류를 감소시키면 부하에 전달되는 전력도 감소한다.

지금부터는 변압기를 사용하여 부하전류를 감소시키지 않고 전송선에 흐르는 전류만 감소시킬 수 있다. 즉 전원 쪽의 변압기는 전압을 올리고 전류를 내린다. 반대로 부하 쪽 변압기는 전압을 내리고 전류는 올린다. 이 변압기의 권선비가 서로 역수이므로 부하의 전압과 전류는 변하지 않는다. 전력선에서 전력 손실을 줄이기 위해 전력선의 전류만 감소시킨다. 고려할 것은 전압을 승압할 때, 절연 및 안전에 유의해야 한다.

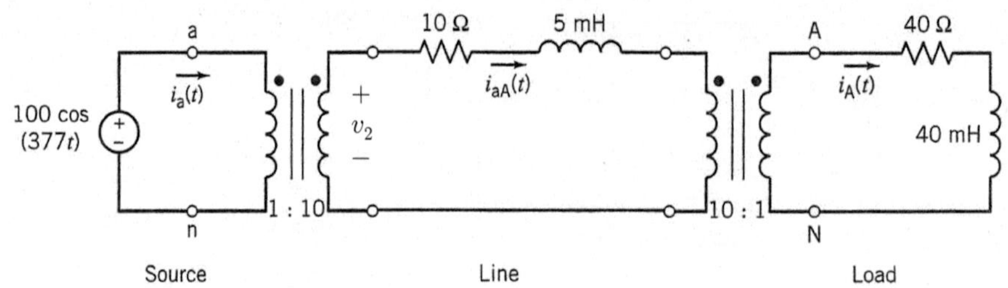

[그림 8-22] 변압기를 활용한 전력 계통

먼저 왼쪽 변압기(전원 쪽)의 2차 전압은 감은 수의 비(ratio)인 n에 비례하므로 1차 전압의 10배가 된다. 또한, 오른쪽 변압기(부하 쪽)는 반사 임피던스를 고려하여 임피던스는 감은 수의 비(turns ratio)인 $n^2 = 100$가 되므로 그림 8-23과 같은 분석회로를 얻을 수 있다.

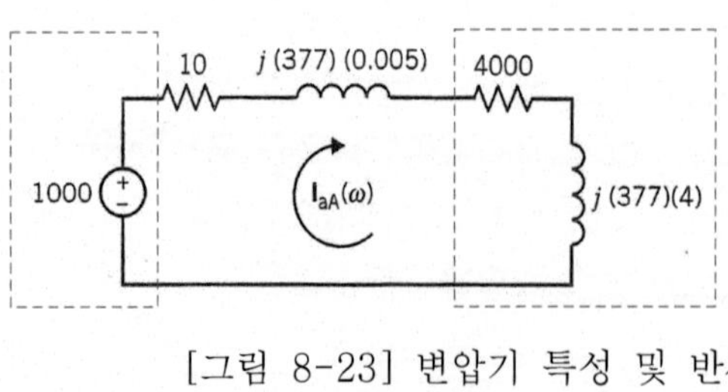

권선비 n일 경우, 반사부하는

$$Z_{load} = n^2 Z_{AN} = 100(40 + j377(0.04))\Omega$$
$$= 4000 + j377(4)$$

[그림 8-23] 변압기 특성 및 반사 저항을 고려한 등가회로

전송선을 흐르는 전류는 다음과 같다.

$$\dot{I}_{aA}=\frac{\dot{V}_2}{\dot{Z}_t}=\frac{\dot{V}_2}{R_t+j\omega L_t}=\frac{1000\angle 0^\circ}{4010+j(377)(4.005)}=0.2334\angle -20.6^\circ\,[A]$$

왼쪽 변압기의 1차 전류 및 오른쪽 변압기의 2차 전류는 이상 변압기이므로 권선비(n)에 따라 그림 8-22에 나타낸 것처럼 각각 10배 증가하여 다음과 같이 된다.

Left: $\dot{I}_a=10\dot{I}_{aA}=2.334\angle -20.6^\circ\,[A]$, Right: $\dot{I}_A=10\dot{I}_{aA}=2.334\angle -20.6^\circ\,[A]$

따라서 $\dot{V}_{AN}=(40+j(377)(0.04))\dot{I}_A=(42.74\angle 20.6^\circ)(2.334\angle -20.6^\circ)=99.77\angle 0^\circ\,[V]$이다.

위의 자료를 종합하여 구간별로 복소전력 $\dot{S}$로 표현하면 각각 다음과 같다.

1> 전원(power source)에서 공급되는 전력

$$\dot{S}_{supply}=\dot{V}_s\dot{I}_a^*=(\frac{100}{\sqrt{2}}\angle 0^\circ)(\frac{2.334}{\sqrt{2}}\angle 20.6^\circ)=116.7\angle 20.6^\circ$$
$$=116.7(\cos 20.6^\circ+j\sin 20.6^\circ)=109.23+j41.06\,[VA]$$

2> 전송선(transmission line)에서 소비되는 전력

$$\dot{S}_{line}=I_{aA}^2(R_x+jX_x)=I_{aA}^2(10+j(377)(0.05))=(\frac{0.054}{2})(10+j18.85)$$
$$=0.27+j0.51\,[VA]$$

3> 부하(load)에서 소비되는 전력

$$\dot{S}_{load}=\dot{V}_{AN}\dot{I}_A^*=(\frac{99.77}{\sqrt{2}}\angle 2^\circ)(\frac{2.334}{\sqrt{2}}\angle 20.6^\circ)=116.43\angle 20.6^\circ$$
$$=116.43(\cos 20.6^\circ+j\sin 20.6^\circ)=108.98+j41\,[VA]$$

위의 결과로부터 전원에서 공급되는 총 유효전력의 99.7%(=108.98/109.23)가 부하에 전달되며 단지 0.3%(=0.27/109.23)의 전력이 전송선에서 손실된다.

이와 같이 변압기를 이용하여 선로(line)에 흐르는 전류를 감소시켜 전력 손실(power loss)을 줄일 수 있다는 것은 중요한 사실이다.

8-4-2 변압기를 활용한 최대전력 전송

마지막으로 변압기의 정합(matching)을 고려해 보자. 정합회로는 전원과 부하를 연결하는데 이용된다. 정합회로의 목적은 부하에 가능한 가장 많은 전력을 전달하는 것이다. 일반적인 경우로 예를 들면 무선 라디오 송신기와 안테나의 연결이다. 최대전력을 얻으려면 회로망은 부하와 임피던스를 정합시켜야 한다.

다음 예에서 변압기를 이용하여 임피던스 정합을 익혀 보자.

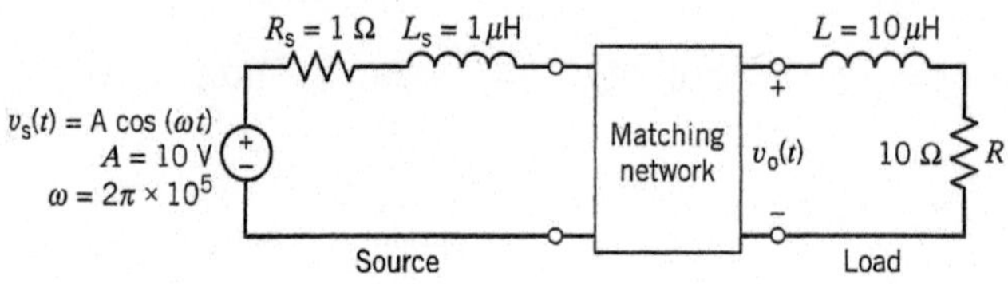

[그림 8-24] 부하에 최대전력을 전달하기 위한 정합 방법

회로로부터 등가 내부 임피던스는 저항 $1[\Omega]$과 인덕턴스 $1[\mu H]$이다.

$$\dot{Z}_s = R_s + j\omega L_s = 1 + j(2\pi \times 10^5)(10^{-6}) = 1 + j0.628[\Omega]$$

부하에 최대전력이 전달되려면 그림과 같이 $\dot{Z}_{in} = \dot{Z}_s{}^* = 1 - j0.628[\Omega]$이 되어야 한다.

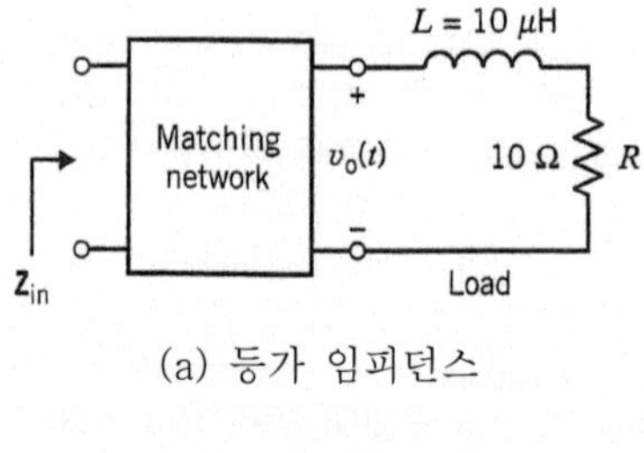

(a) 등가 임피던스

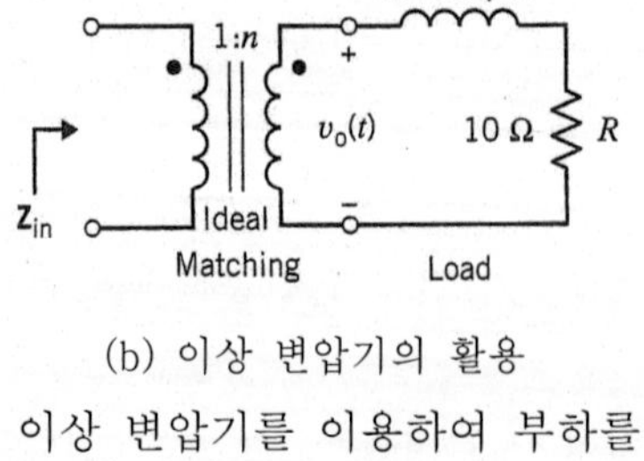

(b) 이상 변압기의 활용

[그림 8-25] 이상 변압기를 이용하여 부하를 정합시킨다.

등가 임피던스를 구하자. 이 임피던스는 다음과 같이 권선비가 반영된다.

$$\dot{Z}_{in} = \frac{1}{n^2}(R + j\omega L) = \frac{1}{n^2}(10 + j6.28)$$

따라서 공액복소수(complex conjugate)와 같다고 놓고 권선비 n을 구하는 최종 방정식을 구하면 된다.

$$\frac{1}{n^2}(10 + j6.28) = 1 - j0.628$$

위 조건들을 만족하는 값을 찾아보자. 실수를 만족하는 값은 찾을 수 있지만 허수를 만족하는 값은 없다. 즉 임피던스의 허수부가 음(-)이 되도록 정합회로를 수정해야 한다.
대안은 그림 8-26과 같이 커패시터를 추가하는 방식으로 다음과 같은 식의 수정이 필요하다.

$$\dot{Z}_{in} = \frac{1}{n^2}(R + j\omega L - j\frac{1}{\omega C})$$

$$= \frac{1}{n^2}(10 + j6.28 - j\frac{1}{2\pi \times 10^5 \times C}) = 1 - j0.628$$

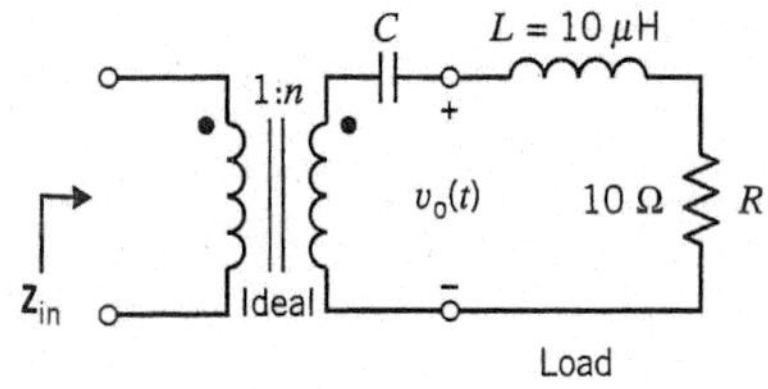

[그림 8-26] 커패시터를 활용한 정합

위 식으로부터 두 조건들을 만족하는 값을 구해 보자.

실수부: $\frac{1}{n^2} \times 10 = 1$

허수부: $\frac{1}{n^2} \times (6.28 - \frac{1}{2\pi \times 10^5 \times C}) = -0.628$

실수부에서 $n = 3.16$ 이고
이 조건으로부터 허수부를 만족하는 커패시턴스 값은 $C = 0.126[\mu F]$이다.

8-4-3 자동차 점화 시스템

변압기는 자동차의 점화 시스템에서 대단히 중요한 역할을 한다. 자동 점화 시스템은 전기전자공학적으로 배기가스 방출을 줄이고 양호한 연료 효율을 제공할 수 있는 엔진 기능을 제어한다.

회전하는 크랭크축에 연결된 벨트에 의해 구동되는 교류전원은 정류기를 통해 배터리가 12V로 충전되어 직류전원을 공급한다. 4행정 엔진(4-stroke engine)에서 각 피스톤은 두 번의 크랭크축이 회전하는 동안 흡입, 압축, 출력(팽창), 배기라는 과정을 거친다. 피스톤을 반으로 줄인 6-실린더 엔진은 각 크랭크축이 1회전 동안 3번의 점화 과정을 가진다.

변압기의 2차 단자들에 그림 8-27과 같이 스파크 플러그가 직접 연결되어 있다. 변압기의 감은 수는 1:100의 비율이며 코일의 유도전압은 $v_L = Ldi/dt$이다. 점화 코일의 1차 회로가 ON/OFF될 때, 전류는 아주 빠르게 변화하므로 1차 전압은 통상 350V 정도에서 형성되게 한다. 비율이 1:100이므로 2차 전압은 35,000[V]가 된다. 점화에 필요한 값은 통상 22,000[V]이므로 충분히 운용 가능하다. ECM(electronic control module)은 다른 센서들의 입력인 온도(T), 압력(P), 회전수(N) 등의 정보를 결합하여 트랜지스터를 동작시킨다.

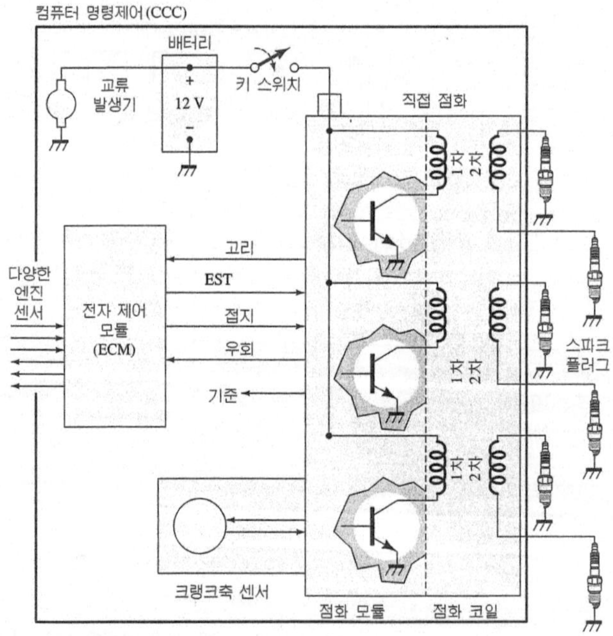

[그림 8-27] 변압기가 사용된 자동차의 점화 시스템

트랜지스터 컬렉터 전류는 1차 회로의 전류와 동일하므로 트랜지스터가 동작하지 않으

면 플러그 점화는 일어나지 않는다. 트랜지스터가 동작하면 1차 전류는 어떤 값까지 증가한다. 이 순간 제어회로에서 베이스전압을 제거하면 트랜지스터는 동작을 멈추고 빠르게 감소하는 1차 전류는 플러그에 스파크가 생기므로 충분한 전압을 유도시킬 수 있다.

또 하나의 사례로서 의학적 진단과 치료의 목적으로 활용되는 MRI가 있다. X선 또는 CT(컴퓨터 단층촬영)는 사람들에게 많은 양의 강한 전자파를 쬐는 반면 MRI는 가하지 않는다. 영상은 얻고자 하는 단면에 따라 적절한 깊이로 환자를 이송하고 신체 내의 어떤 원자의 핵이 일렬로 늘어서게 하기 위해 강한 자기력을 인가한다. 다른 주파수의 전자파가 치료 부분에 적용되어 이 전자파의 주파수가 원자의 고유 주파수와 일치하면 핵은 공진 상태가 되고 인기된 신호에서 에너지를 흡수한다. 에너지 방사의 세기와 지속 시간은 인체 조직마다 서로 다르다. 작은 신호는 증폭되고 디지털화되어 원하는 영상을 제공하게 된다.

그러나 금속 이식을 한 환자나, 심장박동기를 착용한 사람 등이 사용하려면 인체에 내재된 금속으로 자기 효과를 일으키지 못하므로 CT를 사용해야 한다.

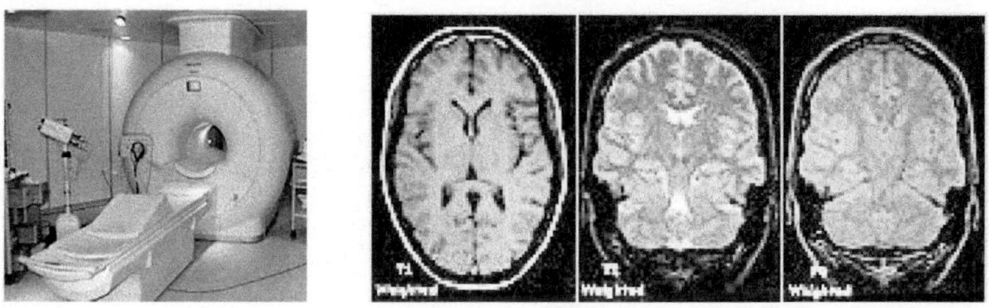

[그림 8-28] 자기공명기(MRI) 및 그 영상

8-4-4 변성기(potential transformer)와 변류기(current transformer)

변류기는 큰 값의 교류전류를 측정할 때, 사용되는 장비이다. 변류계란 본질적으로 1차 권선을 갖지 않는 변압기이다.

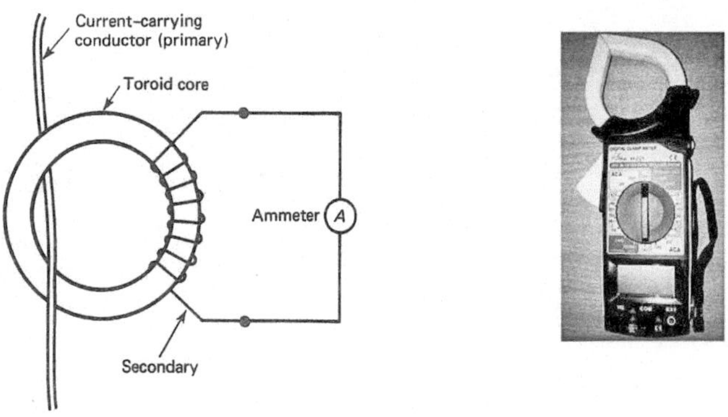

(a) 변류기 원리 (b) Clamp-on meter

[그림 8-29] 변류기 원리 및 Clamp-on 미터

권선비(turn ratio)에 따른 전압, 전류 및 전력 관계는 변압기와 같다. 즉 변압기에서 전압은 감은 수에 비례하므로 다음과 같이 표현 가능하다. 즉 전압을 승압(step-up)할 수도 있고 강압(step-down)할 수도 있다. 위의 전압과 전류와의 관계를 이용하여 두 식을 합성하면 변압기에서와 같은 식 8-28이 성립한다. 그림에서 변류기의 2차 전류는 1차 전류보다 작아서 다루는데 안전하다.

$$\frac{v_1}{v_2}=\frac{N_1}{N_2}=\frac{i_2}{i_1}=n \qquad (8-28)$$

클램프온(clamp-on) 미터는 위의 식과 같이 변류기의 원리를 이용한 것으로서 토로이드 코어(toroid core)를 이용한다. 2차 쪽은 권선을 여러 번 감아 2차 쪽의 전류를 줄여 사용하고 있다. 이 외관이 그림 (b)에 표시되어 있다. 이 기기는 교류전류뿐만 아니라 적절히 사용하면 교류전압도 측정할 수 있다. 반면, Hall 효과를 이용한 변류기는 직류 및 교류 모두 측정할 수 있다.

변성기(PT)는 측정을 목적으로 하는 계기 측정용 변압기를 칭한다. 변압기의 주된 목적은 전압을 변경하여 승압 혹은 강압하므로 송전 및 배전에 활용된다. 경우에 따라서는 변전소를 운전하기 위해서 전력계통의 전압 등을 계측할 필요가 있으며 계통 및 설비를 보호하기 위해서다. 즉 사고에 대비하여 전력공급선의 이상 유무를 조사하여 조치할 필요도 있다.

전력 계통에서는 수많은 발전, 변전 및 송배전 설비가 서로 복잡하게 연결되어 있기 때문에 전력계통의 어느 지점에서 고장이 발생하였을 경우, 신속하게 이 고장 구간을 계통으로부터 분리시키지 않으면 과도한 고장 전류가 흐르고, 이상 전압이 발생하거나 위상이 변동되어 전력설비는 크게 손상될 뿐만 아니라 고장이 인접 구간으로 파급되어 사고의 범위가 확대될 수도 있다. 이 경우 자동적으로 동작하는 차단기(CB: circuit breaker)에 의해 고장이 제거되는 것은 물론이지만 고장종류, 고장 전압과 전류, 고장점의 위치 등을 정확히 검출하여 고장 구간을 빠른 속도로 선택하고 차단하는 명령을 내려야 하는 등의 계통 보호를 위한 기능을 위해 설치된 것이 '보호계전기(protective relay)'이다. 이와 같이 보호계전기는 신속성, 정확성 및 선택성을 갖추어야 한다.

그림 8-30은 전기적인 운전 상태를 점검하고 처리하는 보호계전 시스템의 구성을 나타낸 것이다. 센서로 동작하는 변성기(PT) 및 변류기(CT)를 통해 보호 계전기에 입력하여 보호대상물이 이상이 있음을 검출하였을 경우에 일련의 조치로서 차단기의 트립코일(TC: trip-coil)을 여자하여 차단기(CB)를 개방시킴으로써 고장 구간을 차단한다. 이 트립에 필요한 제어용 전원으로서 일반적으로 축전지(battery)를 사용한다.

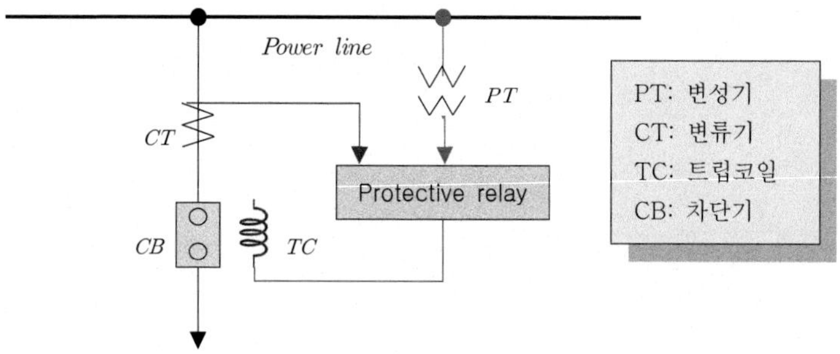

[그림 8-30] 보호 계전 시스템 개념도

8-4-5 변압기의 전력정격

변압기는 통상 정격 용량, 1차/2차 전압 및 동작주파수로 표현된다. 변압기의 정격 용량과 정격전압은 명판(name plate)에 표시되어 있다. 정격은 어디에 적절하게 응용할 것인가를 선택하는 데 지침을 제공한다. 만약 정격이 $10kVA, 1100/110, 60Hz$라면, $10kVA$는 피상 전력정격, $1100/110$은 정격 1차 및 정격 2차 전압, $60Hz$는 동작주파수이다.
이러한 전압은 권선비($n = 1100/110 = 10$)에 따라 비례한다. 먼저 저전압이 $110V$이면 권선의 정격전류(I_L)는

$$I_L = \frac{S}{V_L} = \frac{10kVA}{110V} = 90.9A \text{이고}$$

반면 고전압이 $1100V$이면 권선의 정격전류(I_L)는

$$I_L = \frac{S}{V_L} = \frac{10kVA}{1100V} = 9.09A \text{이다.}$$

위의 값이 각 경우에 부하에서 운용될 수 있는 최대전류이다.

전력정격을 유효전력(P)보다는 피상전력(S)으로 표시하는 이유를 익혀보자. 만약 변압기의 부하(Z_L)가 완전히 용량성(X_C) 혹은 유도성(X_L)이면 유효전력은 $0W$이다. 만약 동작주파수 $60Hz$에서 2차 전압이 $V_2 = 1100V$이고 $X_L = 20\Omega$이면 선류는 $55A$이다. 이 값은 부하전류의 최댓값을 초과하므로 유효전력은 $0W$이지만 변압기가 파괴될 수 있기 때문이다.
따라서 변압기의 명판에 정격전력을 kVA로 표시한다.

제9장 3상 회로

전기기계를 다루는 많은 산업체에서 사용하는 발전기(generator)는 3상 구조를 가지는 3상 회로에서 Y결선과 Δ결선의 전류 및 전압과의 관계를 익힌다. 이를 바탕으로 송배전의 전력선(power line)에서 발생하는 결선의 상호 변환 및 전력 측정에 관해 학습한다.

Three-phase AC

In a symmetric three-phase power supply system, three conductors each carry an alternating current of the same frequency and voltage amplitude but with a phase difference of one third of a cycle between each. Due to the phase difference, the voltage on any conductor reaches its peak at one third of a cycle after one of the other conductors and one third of a cycle before the remaining conductor. This phase delay gives constant power transfer to a balanced linear load. It also makes it possible to produce a rotating magnetic field in an electric motor and generate other phase arrangements using transformers (for instance, a two phase system using a Scott-T transformer). The amplitude of the voltage difference between two phases is $\sqrt{3}$ times the amplitude of the voltage of the individual phases.

As compared to a single-phase AC power supply that uses two conductors, a three-phase supply with no neutral and the same phase-to-ground voltage and current capacity per phase can transmit three times as much power using just 1.5 times as many wires (i.e., three instead of two). Thus, the ratio of capacity to conductor material is doubled. The phase currents tend to cancel out one another, summing to zero in the case of a linear balanced load. This makes it possible to reduce the size of the neutral conductor because it carries little or no current. With a balanced load, all the phase conductors carry the same current and so can be the same size. At the power station, transformers change the voltage from generators to a level suitable for transmission in order to minimize losses.

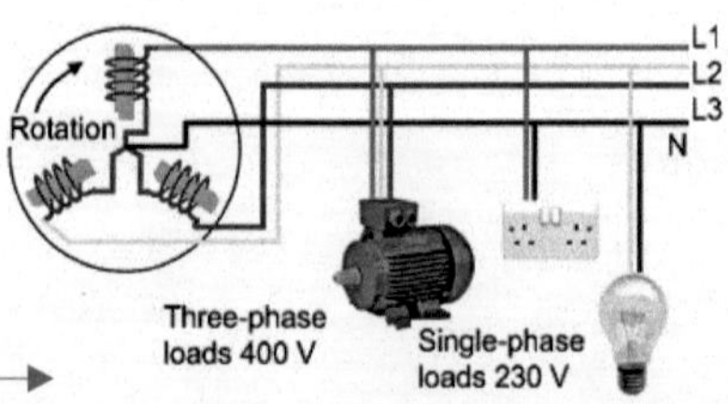

Generation and utilization of a 3-phase power →

9-1 3상 교류회로 및 결선

많은 산업체에서 가장 많이 사용하는 발전기(generator) 및 전동기는 는 3상 구조를 가진다. 이 장에서는 3상 회로에서 전류 및 전압과의 관계와 전력계의 사용법을 익힌다.

9-1-1 3상(three-phase) 교류회로

그림 9-1(a)와 같이 코일들을 120° 간격으로 배치하고 회전자를 회전시키면 (c)와 같은 정현파가 발생하며 이를 발전기 동작이라 한다. 평형 3상(balanced three-phase)에서 출력되는 3상 전압은 크기가 동일하고 위상차는 120°($=2\pi/3$ rad)이다. 동기발전기로 출력되는 각 전압의 상순(order of phase)은 a상, b상, c상 순서로 발생되고 이를 상순 abc라 부른다.

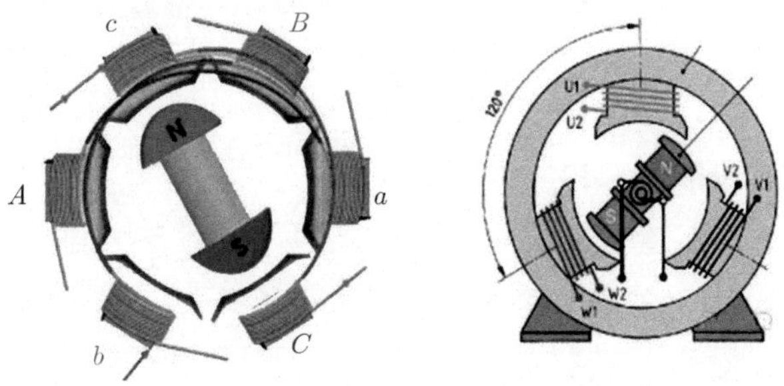

(a) 동기발전기는 3상을 Y형(단자 ABC는 묶어 공통 n)으로 구성한다.

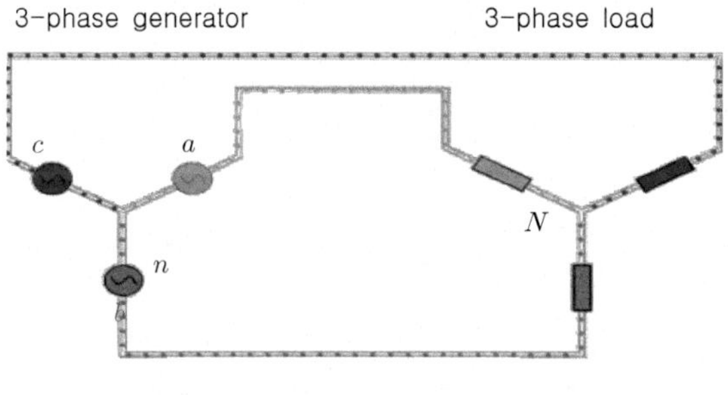

(b) 3상 신호 발생 및 흐름 동작

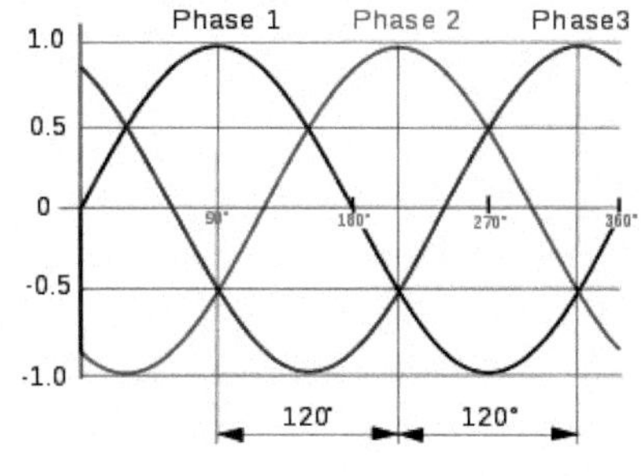

(c) 3상 출력파형

[그림 9-1] 3상 교류 신호 및 발생 메커니즘

즉 3상 교류는 그림과 같이 주파수가 동일하고 위상이 $2\pi/3(=120°)[rad]$만큼씩 서로 다른 3개의 파형이 출력된다. 이것을 삼각함수와 극좌표로 표시하면 다음과 같다. 3상 전원에서 각 상전압(phase voltage)의 크기가 같고, 각 상전압의 위상차가 120°이고, 각 상전원의 내부 임피던스가 동일한 경우 우리는 이를 평형 3상 회로 또는 대칭 3상 회로라고 부른다. 실제의 3상 전원은 거의 평형을 이룬다. 평형 3상 회로는 적절한 변환을 통해 단상회로와 같은 형태로 만들 수 있으며 계산도 간단하다. 또한, 비평형(unbalanced) 3상 회로는 대칭

좌표법에 의해 계산하는 것이 편리하므로 후반부에서 다룰 것이다.

시간함수 표시법(상전압)	극좌표 표시법
$v_a(t) = V_m \sin\omega t$	$\dot{V_a} = V_m \angle 0^\circ$
$v_b(t) = V_m \sin(\omega t - 120^\circ)$	$\dot{V_b} = V_m \angle -120^\circ$
$v_c(t) = V_m \sin(\omega t - 240^\circ) = V_m \sin(\omega t + 120^\circ)$	$\dot{V_c} = V_m \angle -240^\circ = V_m \angle 120^\circ$

전기기계, 항공기에서 왜 3상 회로는 이용하는가? 첫 번째로 더 큰 전력을 얻을 수 있으며, 두 번째로 같은 전력이라면 전선의 크기를 줄일 수 있다. 따라서 항공기의 무게를 줄일 수 있다. 마지막으로 단상(single phase)에 비해 기계적 진동이 작다. 이와 같은 여러 이유로 현재 통상적인 발전, 송전, 배전 등 공업용 전력계통은 거의 전부 3상 방식에 의존한다.

9-1-2 어디에 어떻게 사용하는가?

3상 회로는 Y 또는 Δ로 결선된 단자들에서 3개의 도선들을 빼내어 부하에 전력을 공급하는데 그림 (a) 및 (b)와 같이 통상적으로 부하들도 Y 또는 Δ로 결선되어 있다. 그러나 배전선로에서는 Y결선 전원과 Y형 부하의 중성점 사이를 또 하나의 도선, 즉 중성선(n: neutral line)으로 연결하는 경우가 있다. 이 그림 (c)와 같은 방식을 3상 4선식이라 한다. 이 경우 항공기에서는 이 중성선을 항공기 동체에 접속한다.

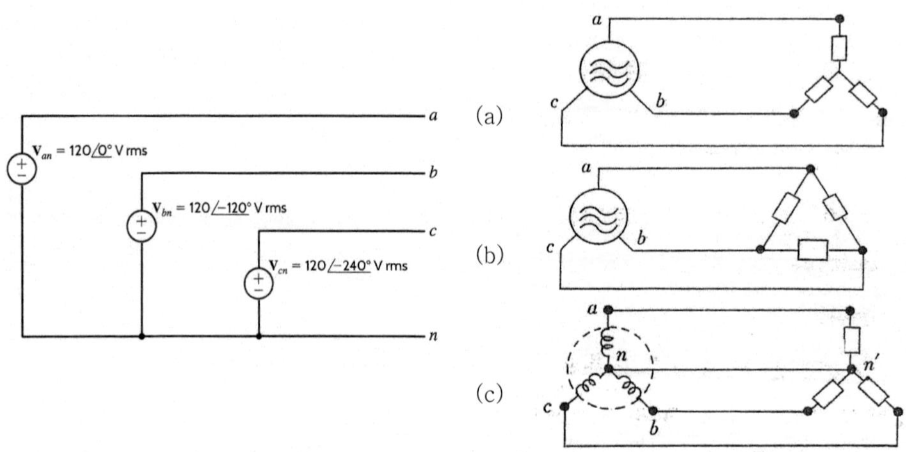

[그림 9-2] 발전기에 따른 각종 3상 회로

3상 시스템에서 전원은 3개의 정현파로 구성되어 있다. 평형 전원인 경우에 3상 전원은 서로 크기가 같고 위상이 120° 차이가 난다. 전원전압이 평형일 때, 전기기기가 제 성능을 발휘하므로 평형 전압을 공급하기 위해 최선의 노력을 하고 있다.

그림 9-3은 대표적인 3상 변압기 결선을 나타낸다. 그림 (a)의 $\Delta-Y$결선은 발전소에서 대표적인 것으로서 Δ는 발전기, Y는 송전선에 연결된다.

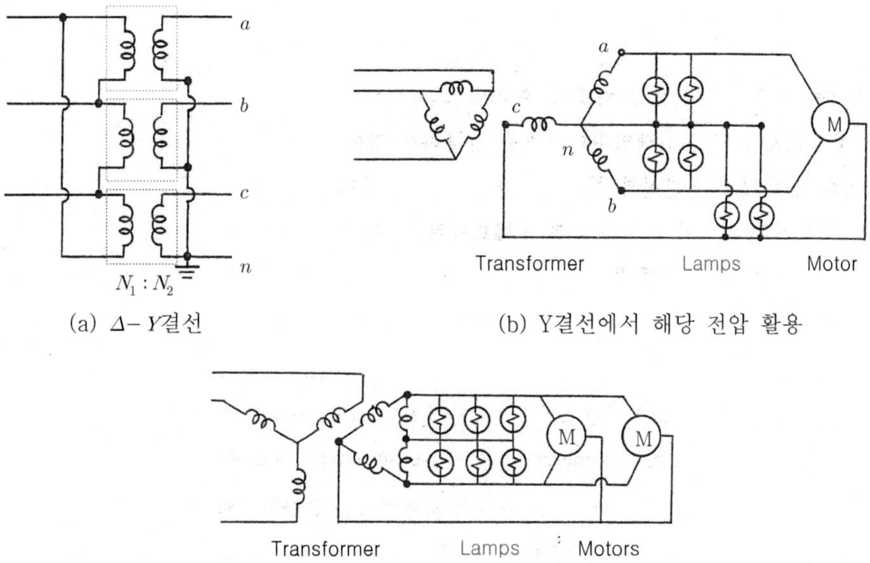

(a) $\Delta-Y$결선　　(b) Y결선에서 해당 전압 활용

(c) Δ결선에서 해당 전압 활용

[그림 9-3] 3상 변압기의 결선 방식

그림 (b)에서는 2차를 Y결선으로 하고 선과 중성점 전압 120V는 단상 부하용으로 208V는 3상 부하용으로 사용한다. 120V가 조명용으로는 약간 높고, 208V는 3상 전동기용으로는 약간 부족하지만 편리하여 대도시에서 활용한다. 그림 (c)에서는 Δ결선의 선간전압 240V에 3상 전동기를 달고, Δ결선의 한 개 또는 여러 개에 중앙 탭들(center taps)을 내어 이것과 권선 외부 단자들 사이에 120V의 조명과 같은 단상 부하를 연결한다.

그러나 3상 전력이 필요하지 않는 주택 지역에서는 3개의 단상 변압기를 각각 단상 3선식으로 하며 이는 2차 권선의 중앙에서 탭을 내어 이것과 각 외측 단자 사이에서 120V, 두 외측단자들 사이에서 240V를 얻는다.

3상 전원은 단상 전원보다 더 경제적이다. 부하에 공급되는 전력은 평형 3상 시스템에서는 항상 일정하지만 단상 시스템에서는 시간에 따라서 변동한다.

9-1-3 3상 회로에서 전압 및 전류 관계

3상 회로해석에 앞서 상순(phase sequence)이 지정되어야 한다. 3상 전원의 경우에 위상순서는 아주 중요하다. 상순을 바꾼다는 것은 세 선들 중에서 임의의 두 선의 기호를 바꾼다는 것을 의미한다. 실제로 이것은 두 선을 바꾼다는 것을 나타내므로 유도전동기 등의 회전방향이 반대가 되는 것이다.

a, b, c 각 상(phase)의 전압($\dot{V}_a, \dot{V}_b, \dot{V}_c$)을 상전압 $\dot{V}_p$ 이라 하고, 각 선(line) 사이에 걸리는 전압($\dot{V}_{ab}, \dot{V}_{bc}, \dot{V}_{ca}$)을 선간전압 $\dot{V}_l$이라 한다. 그리고 각 상에서 나오는 전류를 상전류 $\dot{I}_p$라 하고, 각 선에 흐르는 전류는 선전류 $\dot{I}_l$라고 한다. 또한, 기본적으로 교류 3상 회로에서 특별한 언급이 없으면 모든 값은 벡터라고 가정한다.

1> Y결선

<1> 벡터 합성법

Y결선에서 선(간)전압($\dot{V}_{ab}$)은 어떻게 구하는가? 크기와 위상이 있으므로 그림 9-4와 같이 상순이 abc인 벡터를 이용하면 위상을 쉽게 구할 수 있으며 cosine 제2 법칙을 이용하여도 그 크기를 구할 수 있다.

그림 9-4는 Y형으로 결선된 3상 전원 및 부하를 나타낸 것이다.

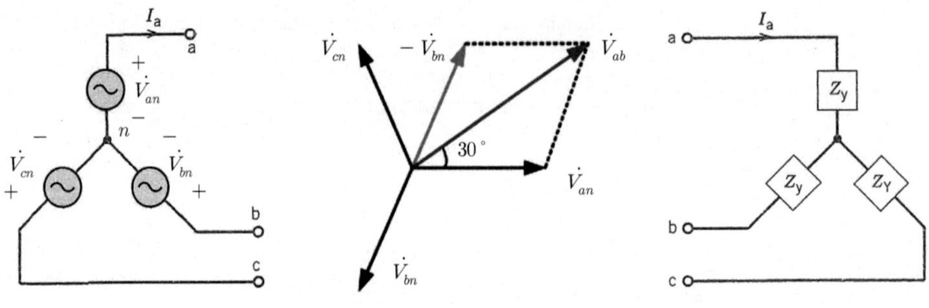

(a) 전원 (b) 전원 벡터도 (c) 부하

[그림 9-4] Y-결선에서 상전압과 선(간)전압 관계

위 벡터도(vector diagram)로부터 다음 관계를 쉽게 구할 수 있다.

$$\dot{V}_{ab} = (\sqrt{3}\,\dot{V}_{an}) \angle +30^\circ \qquad (9\text{-}1)$$

선(간)전압(line voltage)은 상전압(phase voltage)보다 크기가 $\sqrt{3}$배이며 위상이 30° 앞선다. 다음을 확인하길 바란다.

$$\dot{V}_{ab} = \dot{V}_{an} + (-\dot{V}_{bn}) = (\sqrt{3}\,\dot{V}_{an}) \angle +30^\circ = \sqrt{3}\,\dot{V}_p \angle +30^\circ \qquad (9\text{-}2)$$

$$\dot{V}_{bc} = \dot{V}_{bn} - \dot{V}_{cn} = \sqrt{3}\,\dot{V}_p \angle -90^\circ \qquad (9\text{-}3)$$

$$\dot{V}_{ca} = \dot{V}_{cn} - \dot{V}_{an} = \sqrt{3}\,\dot{V}_p \angle +150^\circ \qquad (9\text{-}4)$$

평형 3상 전압에서 다른 선(간)전압들은 $\dot{V}_{ab}$를 기준으로 120°씩 이동시키면 $\dot{V}_{bc}$와 $\dot{V}_{bc}$를 구할 수 있다. 이 관계로부터 선(간)전압을 알고 있다면 상전압을 쉽게 구할 수 있다.

$$\dot{V}_{an} = \frac{1}{\sqrt{3}} \dot{V}_{ab} \angle -30^\circ \tag{9-5}$$

<2> 수치 계산법

3상 교류는 그림과 같이 주파수가 동일하고 위상이 $2\pi/3(=120^\circ)[rad]$ 만큼씩 서로 다른 3개의 파형이 출력된다. 그러므로 각 상의 출력전압은

$$v_{an}(t) = V_m \sin\omega t \tag{9-6}$$

$$v_{bn}(t) = V_m \sin(\omega t - 120^\circ) \tag{9-7}$$

$$v_{cn}(t) = V_m \sin(\omega t - 240^\circ) = V_m \sin(\omega t + 120^\circ) \tag{9-8}$$

와 같이 나타낼 수 있다. 그리고 선간전압은 2개의 상전압의 차이가 되므로, a와 b단자에 걸리는 선간전압(line voltage)을 구해보면, 다음과 같다.

$$v_l = v_{ab} = v_{an} - v_{bn} = V_m \sin\omega t - V_m \sin(\omega t - 120^\circ) \tag{9-9}$$

$$= V_m(\cos 0^\circ + jsin 0^\circ) - V_m(\cos(-120^\circ) + jsin(-120^\circ))$$

$$= V_m(1 + j0) - V_m(-\frac{1}{2} - j\frac{\sqrt{3}}{2}) = V_m(\frac{3}{2} + j\frac{\sqrt{3}}{2})$$

$$= \sqrt{3}\, V_m(\frac{\sqrt{3}}{2} + j\frac{1}{2}) = \sqrt{3}\, V_m(\cos 30^\circ + jsin 30^\circ)$$

$$= \sqrt{3}\, V_m \sin(\omega t + 30^\circ)$$

그러므로 선간전압 $\dot{V}_l$은 상전압 $\dot{V}_p$의 $\sqrt{3}$배이고 위상은 30°앞선다. 그리고 상전류 $\dot{I}_p$와 선전류 $\dot{I}_l$ 의 값은 같다.

전력 분야에서는 종종 $a = -\frac{1}{2} + j\frac{\sqrt{3}}{2} = 1\angle 120^\circ$를 사용하여 다음과 같이 나타내기도 한다.

$$v_a(t) = V_m \sin\omega t, \qquad \dot{V}_a = V_m \angle 0^\circ \tag{9-10}$$

$$v_b(t) = V_m \sin(\omega t - 120^\circ), \quad \dot{V}_b = a^2 V_m \tag{9-11}$$

$$v_c(t) = V_m \sin(\omega t + 120^\circ), \quad \dot{V}_c = a V_m \tag{9-12}$$

<3> Y형에서 상전류 $\dot{I}_p$는 선전류 $\dot{I}_l$와 동일하다. 이는 그림 9-33의 회로에서 직관으로 구할 수 있다.

<4> 왜 $\sqrt{3}$ 배인가?

반지름이 1인 두 개의 원들을 이용하여 생기는 청색 이등변(isosceles) 삼각형을 3상 회로에 적용하면 가장 큰 변의 길이를 구하는 규칙을 찾을 수 있다. 또 다른 방법으로 cosine 법칙을 이등변 삼각형에 적용해도 된다.

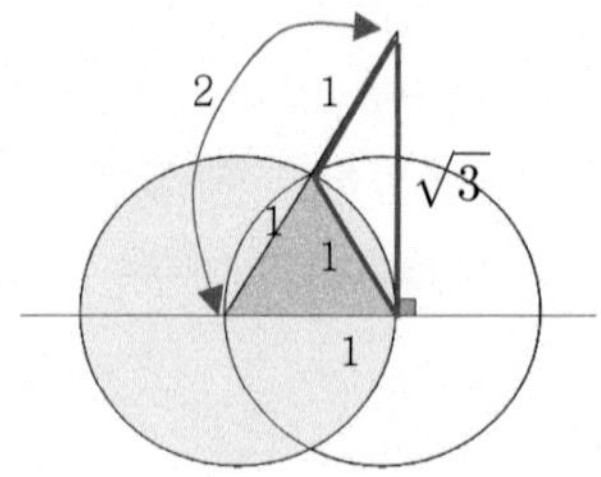

[그림 9-5] 도형으로 본 $\sqrt{3}$ 이야기

2> Δ결선

<1> 벡터 합성법

Δ결선에서 중요한 것은 전류이다. 왜냐하면, 그림과 같이 상전압(phase voltage)은 선전압(line voltage)과 같다. 그러나 전류가 흐르면 상전류($\dot{I}_p$: phase current)와 선전류($\dot{I}_l$: line current)는 서로 다르므로 이들의 관계를 구하는 것이 중요하다. 어떻게 구하는가? 크기와 위상이 있으므로 벡터를 이용하면 쉽게 구할 수 있다.

그림 9-6은 Δ결선된 전원, 부하 및 벡터도를 나타낸 것이다. 그림 (b)와 같이 Δ결선에서 상전류는 $\dot{I}_{ab}$, $\dot{I}_{bc}$ 및 $\dot{I}_{ca}$이고 선전류는 $\dot{I}_a$, $\dot{I}_b$ 및 $\dot{I}_c$이다.

$$\dot{I}_a = \dot{I}_{ab} + (-\dot{I}_{ca}) = (\sqrt{3}\,\dot{I}_{ab}) \angle -30^\circ = \sqrt{3}\,\dot{I}_p \angle -30^\circ \quad (9\text{-}13)$$

$$\dot{I}_b = \dot{I}_{bc} - \dot{I}_{ab} = \sqrt{3}\,\dot{I}_p \angle -150^\circ \quad (9\text{-}14)$$

$$\dot{I}_c = \dot{I}_{ca} - \dot{I}_{bc} = \sqrt{3}\,\dot{I}_p \angle +90^\circ \quad (9\text{-}15)$$

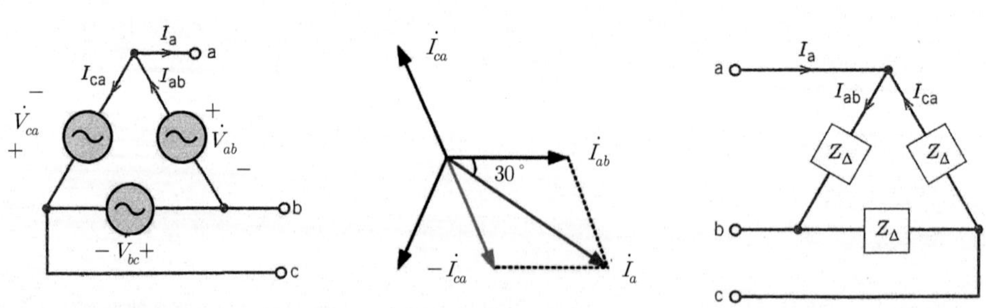

(a) 전원 (b) 전원 벡터도 (c) 부하

[그림 9-6] Δ결선에서 선전류와 상전류 관계

선전류는 상전류보다 크기가 $\sqrt{3}$배이며 위상이 30° 뒤진다. 다음을 잘 기억하길 바란다.

$$\dot{I}_a = (\sqrt{3}\,\dot{I}_{ab}) \angle -30^\circ \tag{9-16}$$

<2> 수치 계산법

3상 교류는 그림과 같이 주파수가 동일하고 위상이 $2\pi/3(=120^\circ)[rad]$ 만큼씩 서로 다른 3개의 파형이 출력된다. 그러므로 Δ결선에서 각 상의 출력전류는 다음과 같다.

$$i_{ab}(t) = I_m \sin\omega t, \qquad i_{bc}(t) = I_m \sin(\omega t - 120^\circ), \qquad i_{ca}(t) = I_m \sin(\omega t - 240^\circ)$$

또한, 그림과 같이 선전류는 두 개의 상전류의 차이가 되므로, 단자 a로 흐르는 선전류를 구하면, 다음과 같다.

$$\begin{aligned} i_l = i_a = i_{ab} + (-i_{ca}) \qquad\qquad (9\text{-}17) \\ = I_m \sin\omega t - I_m \sin(\omega t - 240^\circ) \\ = I_m(\cos 0^\circ + j\sin 0^\circ) - I_m(\cos(-240^\circ) + j\sin(-240^\circ)) \\ = I_m(1 + j0) - I_m\left(-\frac{1}{2} + j\frac{\sqrt{3}}{2}\right) = I_m\left(\frac{3}{2} - j\frac{\sqrt{3}}{2}\right) = \sqrt{3}\,I_m\left(\frac{\sqrt{3}}{2} - j\frac{1}{2}\right) \\ = \sqrt{3}\,I_m(\cos(-30^\circ) + j\sin(-30^\circ)) \\ = \sqrt{3}\,I_m \sin(\omega t - 30^\circ) \end{aligned}$$

따라서 선전류 $\dot{I}_l = \dot{I}_a$는 상전류 $\dot{I}_p = \dot{I}_{ab}$의 $\sqrt{3}$배이고 위상은 30° 뒤진다. 즉 상전류는 선전류의 $1/\sqrt{3}$배이고 위상은 30° 앞선다.

$$\dot{I}_{ab} = \frac{1}{\sqrt{3}}\dot{I}_a \angle 30^\circ \tag{9-18}$$

<3> Δ결선에서 상전압 $\dot{V}_p$는 선전압 $\dot{V}_l$와 동일하다. 이는 그림 9-7의 회로에서 직관으로 구할 수 있다.

그림 9-7은 편의성을 위해 Δ결선에 대해 상전압(phase voltage)을 기준으로 다시 그린 벡터도이다. 특히 교류 3상 회로에서는 페이저에 대한 개념이 없고 적절히 활용하지 못하면 상당히 곤란하다. 여기서 유념하여 관찰해야 할 사실은 상전압 $\dot{V}_{ab} = V\angle 0^\circ[V]$이고 임피던스가 $\dot{Z}_{ab} = Z\angle\theta[\Omega]$이므로 늦은 역률(지상역률)에서 상전류는 $\dot{I}_{ab} = I\angle -\theta[A]$가 된다. 또한, 선전류 $\dot{I}_a$는 앞에서 학습한 것으로서 $\dot{I}_a = \sqrt{3}\,\dot{I}_{ab}\angle -30^\circ[A]$가 된다는 것이다.

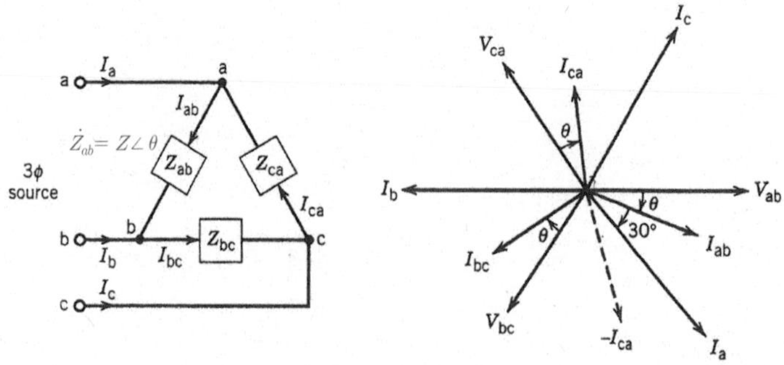

[그림 9-7] Δ결선에서 상전압을 기준으로 하여 나타낸 벡터도

그림 9-8은 변압기의 2차 측과 부하에 대해 여러 가지 결선 방식을 나타낸 것이다.

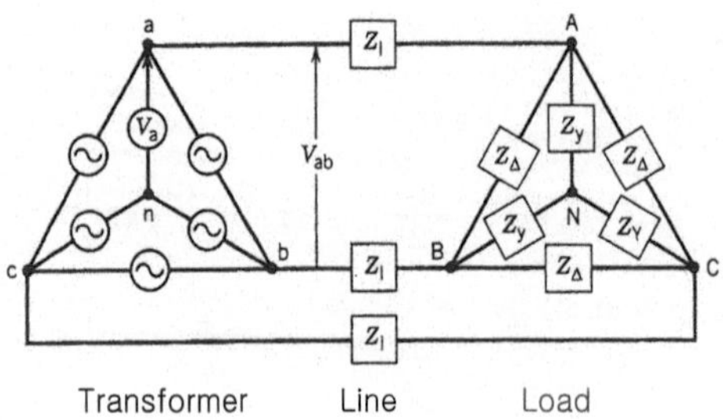

- $\Delta - Y$
- $Y - \Delta$
- $\Delta - \Delta$
- $Y - Y$

[그림 9-8] 전원과 부하의 여러 가지 결선 방식

$\Delta - Y$결선은 발전소에서 전력을 높이는 주된 방식이다. 통상 동기발전기는 Y결선으로 하여 전력을 발생시킨다. 또한, 중성점 접지로 인해 상전압이 상대적으로 적어서 절연 비용을 절감할 수 있다. $Y - \Delta$결선은 일반적으로 고전압을 저전압으로 낮추는 데 이용된다. 대부분의 경우 고전압 측의 중성점을 접지한다. 또한, $\Delta - \Delta$결선은 고장 수리를 위해 변압기 한 대를 제거할 수 있고 나머지 두 대는 출력의 정격을 57.7%로 감소시켜 3상 전력을 전달할 수 있는 이점이 있다. 이를 V결선(개방 델타결선)이라 부른다. 또한, $Y - \Delta$결선과 $\Delta - Y$결선은 1차와 2차 선간전압 사이에 위상차가 생긴다는 것을 염두해야 한다. 그러나 $Y - Y$결선은 여자전류와 유기기전력으로 인해 발생하는 문제로 거의 활용되지 않는다.

위의 4가지 결선에서 상전압 및 선간전압의 관계에서 항상 전체 결선을 그려서 분해하여 상전압을 구하고 이 후 관계를 페이저도로 표기하는 방법에 익숙해져야 한다. 마지막으로 변압기의 권선비(n), 전압 및 전류와의 관계를 고려하여 전 과정을 그림에 표기하는 습관을 익혀야 한다.

9-2 3상 결선에서 회로 해석

1> Y-Y결선

3상 3선식으로 구성된 전원부(발전기부)와 부하부(전동기부)가 같은 평형 Y결선인 경우를 고려하자. 전원부와 부하부의 두 중성점을 각각 그림과 같이 n과 N이라 하고 두 중성점 사이의 전압을 구한다. 세 루프들에 대해 KVL과 Ohm 법칙을 적용하면 다음과 같다.

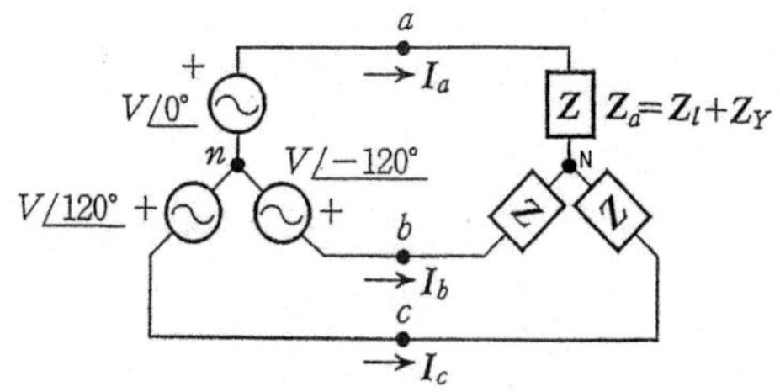

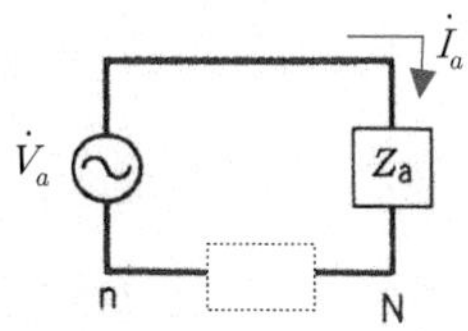

[그림 9-9] 평형 Y-Y결선의 전압 및 전류 해석

$$\dot{V}_{Nn} = \dot{V}_a - \dot{Z}_a\dot{I}_a, \qquad \dot{V}_{Nn} = \dot{V}_b - \dot{Z}_b\dot{I}_b, \qquad \dot{V}_{Nn} = \dot{V}_c - \dot{Z}_c\dot{I}_c \tag{9-19}$$

위의 세 식들을 합하면 $3\dot{V}_{Nn} = (\dot{V}_a + \dot{V}_b + \dot{V}_c) - (\dot{Z}_a\dot{I}_a + \dot{Z}_b\dot{I}_b + \dot{Z}_c\dot{I}_c)$가 된다.

여기서 3상 회로는 $\dot{V}_a + \dot{V}_b + \dot{V}_c = 0$이 되고, KCL에 의해 $\dot{I}_a + \dot{I}_b + \dot{I}_c = 0$ 되며, 세 부하가 동일하면 $\dot{Z}_a = \dot{Z}_b = \dot{Z}_c = Z\angle\theta^\circ$을 적용하여 다음과 같이 중성단자들 간의 전압은 $\dot{V}_{Nn} = 0$이 된다.

$$3\dot{V}_{Nn} = (\dot{V}_a + \dot{V}_b + \dot{V}_c) - \dot{Z}(\dot{I}_a + \dot{I}_b + \dot{I}_c) = 0 - \dot{Z}(0) = 0 \tag{9-20}$$

또 하나의 방법으로 전류에 대한 KCL로 접근하여 중성점 사이의 전압 $\dot{V}_{Nn}$을 구하자.

$$\begin{aligned} 0 &= \dot{I}_a + \dot{I}_b + \dot{I}_c \\ &= \frac{\dot{V}_a - \dot{V}_{Nn}}{\dot{Z}_a} + \frac{\dot{V}_b - \dot{V}_{Nn}}{\dot{Z}_b} + \frac{\dot{V}_c - \dot{V}_{Nn}}{\dot{Z}_c} \end{aligned} \tag{9-21}$$

$\dot{V}_{Nn}$에 대해 풀면 다음과 같다. 물론 Millman 정리를 이용하여 해석해도 된다.

$$\dot{V}_{Nn} = \frac{\dot{V}_a\dot{Z}_b\dot{Z}_c + \dot{V}_b\dot{Z}_c\dot{Z}_a + \dot{V}_c\dot{Z}_a\dot{Z}_b}{\dot{Z}_b\dot{Z}_c + \dot{Z}_c\dot{Z}_a + \dot{Z}_a\dot{Z}_b} \quad \text{또는} \quad \dot{V}_{Nn} = \frac{\dot{V}_a\dot{Y}_a + \dot{V}_b\dot{Y}_b + \dot{V}_c\dot{Y}_c}{\dot{Y}_a + \dot{Y}_b + \dot{Y}_c} \tag{9-22}$$

만약 평형이라면 $\dot{Z}_a = \dot{Z}_b = \dot{Z}_c = Z\angle\theta^\circ$을 적용하고 정리하면 다음과 같다.

$$\dot{V}_{Nn}=\frac{\dot{V}_aZZ+\dot{V}_bZZ+\dot{V}_cZZ}{ZZ+ZZ+ZZ}=\frac{1}{3}(\dot{V}_a+\dot{V}_b+\dot{V}_c)=0 \tag{9-23}$$

여기서 $\dot{V}_a+\dot{V}_b+\dot{V}_c=0$이 적용되었다. 3상 평형회로에서는 전원의 중성점과 부하의 중성점 간의 전압은 항상 0이다. 따라서 이 두 점들 사이에 어떤 부하를 연결해도 전류가 흐르지 않는다. 만약 회로가 비평형이면 $\dot{V}_{Nn}$을 구하기 위해 노드 방정식을 세워야 한다. 이로부터 선전류를 구하고 임피던스를 이용하여 부하에 전달된 전력과 선로에 소모된 전력을 구한다.

그림 9-10과 같이 평형 3상 3선식 또는 3상 4선식을 만들어도 회로상의 다른 부분에 영향을 끼치지 않는다. 즉 평형 3상 회로는 다음과 같은 등가회로로 만들 수 있고, 이로부터 계산이 간단해진다. 세 부분으로 분리해도 이상이 없다. 따라서 평형 3상 회로를 3개의 독립적인 단상회로로 대치하여 생각할 수 있다. 즉 a상의 경우만 계산하면 나머지는 120° 위상차만 고려하여 간략히 계산할 수 있다.

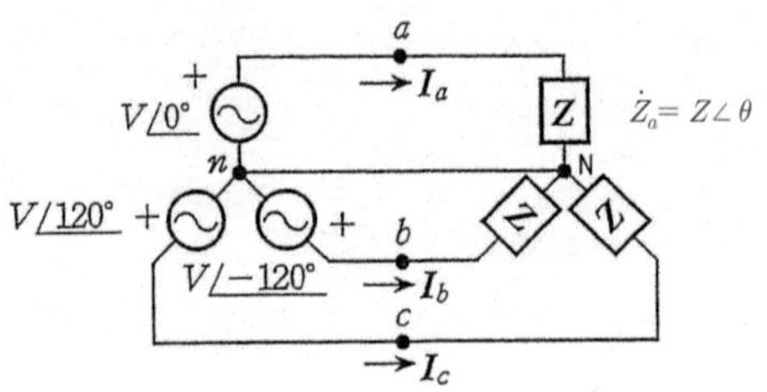

(a) 3상 4선식 결선

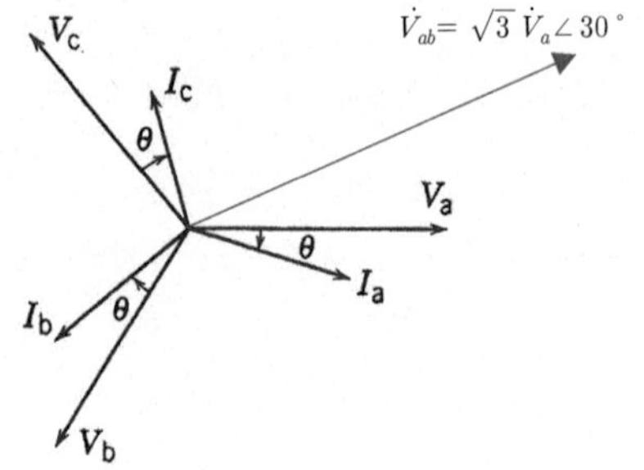

(b) 벡터도

[그림 9-10] 3상 4선식 평형 Y-Y결선 및 벡터도

Y결선에서 상전류와 선전류는 같으므로 선전류는 Ohm 법칙으로부터 간단히 구한다.

$$\dot{I}_a=\frac{\dot{V}_a}{\dot{Z}_a} \tag{9-24}$$

따라서 $\dot{I}_b=\frac{\dot{V}_b}{\dot{Z}_b}$ 또는 $\dot{I}_b=\dot{I}_a\angle-120°$이 되며 $\dot{I}_c=\frac{\dot{V}_c}{\dot{Z}_c}$ 또는 $\dot{I}_c=\dot{I}_a\angle+120°$이 된다. a상의 경우만 계산하면 나머지는 120° 위상차만 고려하여 간략히 계산할 수 있다.

이와 같이 평형 3상회로 해석은 등가 단상회로에 의해 간단히 취급 가능하지만 비평형 회로에 대해서는 적용할 수 없다. 그림과 같이 전원부와 부하부가 같은 Y결선인 경우에 a상의 경우만 계산하면 나머지는 120° 위상차만 고려하여 간략히 계산할 수 있다. 또한, 선간전압은 $\dot{V}_{ab}=\sqrt{3}\,\dot{V}_a\angle+30°$라는 사실은 이미 배웠다.

즉 3상 3선 회로에서는 상전압은 같지만 3선식이므로 전원의 중성점과 부하의 중성점의 전압차 $\dot{V}_{Nn}$를 알아야 한다. 다음 예제를 잘 살펴보기 바란다.

예제1

다음 3상 4선식 Y-Y회로에서 3상 부하에 전달되는 복소전력을 구하시오. 각 상전압은 $\dot{V}_a = 220\angle 0^\circ [V]$, $\dot{V}_b = 220\angle -120^\circ [V]$, $\dot{V}_c = 220\angle +120^\circ [V]$이고

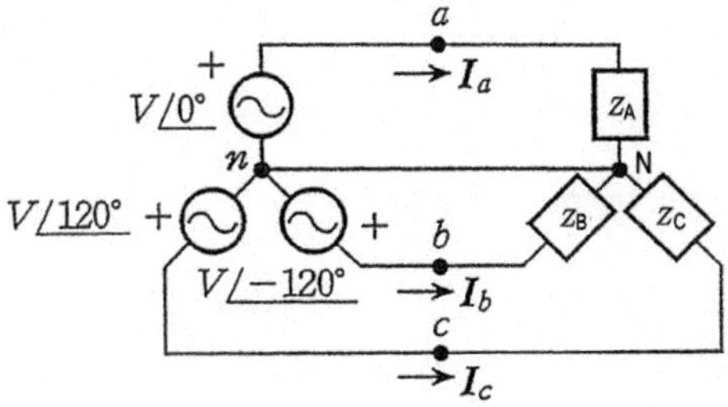

1> 부하 임피던스는 $\dot{Z}_A = 50 + j80[\Omega]$, $\dot{Z}_B = j50[\Omega]$, $\dot{Z}_C = 100 + j25[\Omega]$이다.

[해] 평형이 아닌 Y-Y회로의 선전류는 각각 다음과 같다.

$$\dot{I}_{aN} = \frac{\dot{V}_a}{\dot{Z}_A} = \frac{220\angle 0^\circ}{50 + j80} = 2.32\angle -58^\circ [A], \qquad \dot{I}_{bN} = \frac{\dot{V}_b}{\dot{Z}_B} = \frac{220\angle -120^\circ}{j50} = 4.4\angle 150^\circ [A]$$

$$\dot{I}_{cN} = \frac{\dot{V}_c}{\dot{Z}_C} = \frac{220\angle 120^\circ}{100 + j25} = 2.14\angle 106^\circ [A]$$

각 부하에 전달된 복소전력(complex power)은 각각 다음과 같다.

$$\dot{S}_A = \dot{V}_a \dot{I}_{aN}^* = (220\angle 0^\circ)(2.32\angle 58^\circ) = 270 + j434[VA]$$

$$\dot{S}_B = \dot{V}_b \dot{I}_{bN}^* = (220\angle -120^\circ)(4.4\angle -150^\circ) = j968[VA]$$

$$\dot{S}_C = \dot{V}_c \dot{I}_{cN}^* = (220\angle 120^\circ)(2.14\angle -106^\circ) = 457 + j113[VA]$$

3상 부하에 연결된 총 복소전력 및 역률은 다음과 같다.

$$\dot{S} = \dot{S}_A + \dot{S}_B + \dot{S}_C = 727 + j1515[VA], \qquad \cos\theta = \cos(\tan^{-1}(727/1515)) \simeq 0.90$$

2> 만약 부하가 $\dot{Z}_A = \dot{Z}_B = \dot{Z}_C = 50 + j80[\Omega]$ 평형이라면 복소전력은 얼마인가?

$$\dot{I}_{aN} = \frac{\dot{V}_a}{\dot{Z}_A} = \frac{220\angle 0^\circ}{50 + j80} = 2.32\angle -58^\circ [A]$$

$$\dot{S}_A = \dot{V}_a \dot{I}_{aN}^* = (220\angle 0^\circ)(2.32\angle 58^\circ) = 270 + j434[VA]$$

평형이므로 $\dot{S} = 3\dot{S}_A = 3\dot{V}\dot{I}_{aA}^* = (220\angle 0^\circ)(2.32\angle 58^\circ) = 810 + j1302[VA]$

예제2

3상 3선식 비평형 Y-Y회로에서 3상 부하에 전달되는 복소전력을 구하시오. 전체 역률을 구하시오. 각 상전압은 $\dot{V}_a = 220\angle 0°\,[V]$, $\dot{V}_b = 220\angle -120°\,[V]$, $\dot{V}_c = 220\angle +120°\,[V]$이고 부하임피던스는 각각 $\dot{Z}_A = 50 + j80\,[\Omega]$, $\dot{Z}_B = j50\,[\Omega]$, $\dot{Z}_C = 100 + j25\,[\Omega]$이다.

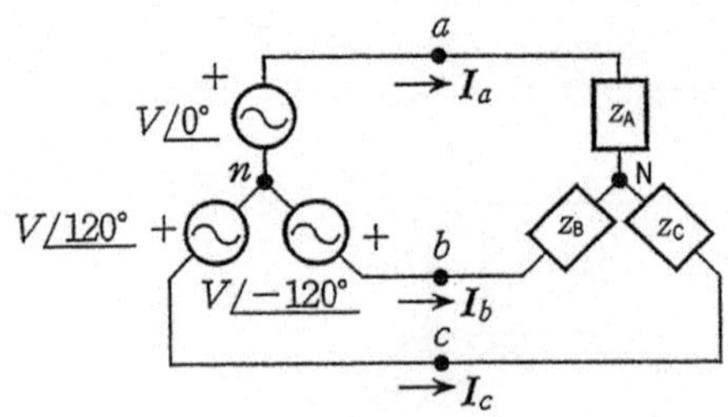

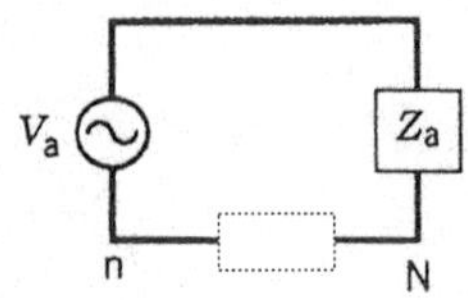

[해] 3선식이고 회로가 평형이 아니므로 두 중성점 간의 전압 $\dot{V}_{Nn}$을 구해야 한다.

$$\dot{V}_{Nn} = \frac{\dot{V}_a\dot{Z}_B\dot{Z}_C + \dot{V}_b\dot{Z}_C\dot{Z}_A + \dot{V}_c\dot{Z}_A\dot{Z}_B}{\dot{Z}_B\dot{Z}_C + \dot{Z}_C\dot{Z}_A + \dot{Z}_A\dot{Z}_B} = \frac{\dot{V}_a\dot{Y}_A + \dot{V}_b\dot{Y}_B + \dot{V}_c\dot{Y}_C}{\dot{Y}_A + \dot{Y}_B + \dot{Y}_C} = \frac{3.89\angle 144°\,[A]}{34.4\angle -65°\,[mS]} = 112\angle 209°\,[V]$$

여기서 각 어드미턴스는 $\dot{Y}_A = \frac{1}{\dot{Z}_A} = \frac{1}{50+j80} = \frac{1}{94.3\angle 58°} = 10.6\angle -58° = 5.62 - j8.99\,[mS]$

$\dot{Y}_B = \frac{1}{\dot{Z}_B} = \frac{1}{j50} = 20\angle -90° = -j20\,[mS]$, $\dot{Y}_C = \frac{1}{\dot{Z}_C} = \frac{1}{100+j25} = 9.7\angle -14° = 9.41 - j2.35\,[mS]$ 이다.

따라서 Ohm 법칙으로 그림과 같이 각 단자 간를 흐르는 선전류는 다음과 같다.

$$\dot{I}_a = \frac{\dot{V}_a - \dot{V}_{Nn}}{\dot{Z}_A} = (\dot{V}_a - \dot{V}_{Nn})\dot{Y}_A = \{(220\angle 0°) - (112\angle -151°)\}(10.6\angle -58°) = 3.42\angle -48°\,[A]$$

$$\dot{I}_b = \frac{\dot{V}_b - \dot{V}_{Nn}}{\dot{Z}_B} = (\dot{V}_b - \dot{V}_{Nn})\dot{Y}_B = 2.73\angle -185°\,[A], \quad \dot{I}_c = \frac{\dot{V}_c - \dot{V}_{Nn}}{\dot{Z}_C} = (\dot{V}_c - \dot{V}_{Nn})\dot{Y}_C = 2.38\angle 78.8°\,[A]$$

각 부하에 걸리는 복소전력은 $\dot{S} = \dot{V}\dot{I}^*$를 이용한다.

$\dot{S}_A = \dot{V}_a\dot{I}_{aN}^* = (220\angle 0°)(3.42\angle 48°) = 752.4\angle 48°\,[VA] = 503.4 + j559.1\,[VA]$

$\dot{S}_B = \dot{V}_b\dot{I}_{bN}^* = (220\angle -120°)(2.73\angle 185°) = 600.6\angle 65°\,[VA] = 253.8 + j544.3\,[VA]$

$\dot{S}_C = \dot{V}_c\dot{I}_{cN}^* = (220\angle 120°)(2.38\angle -79°) = 523.6\angle 41°\,[VA] = 395.2 + j343.5\,[VA]$

전체 복소전력은 다음과 같다.

$\dot{S} = \dot{S}_A + \dot{S}_B + \dot{S}_C = 1152.4 + j1447\,[VA]$

따라서 이 전체부하의 역률은 $\cos\theta = \frac{1447}{1152.4} = 0.71$ 이다.

2> $\Delta - Y$결선

전원부는 Δ결선이고 부하부가 Y결선인 경우를 고려해 보자. 학습자가 취향에 맞는 편리한 부분을 변환하면 된다. 즉 전원부 혹은 부하부의 한 곳을 등가변환하면 된다. 먼저 여기서는 계산에 편리하도록 전압을 생성하는 전원부의 Δ결선을 Y결선으로 우선 변환하여 $Y-Y$로 구성되는 회로로 변환한다. 즉 선(간)전압을 상전압으로 바꾸면 된다.

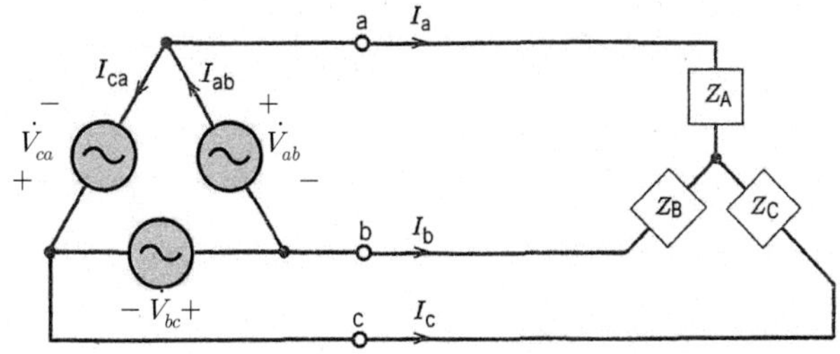

[그림 9-11] $\Delta - Y$결선의 전압 및 전류해석

따라서 전원부에서 상전압은 $\dot{V}_a = \dfrac{\dot{V}_{ab}}{\sqrt{3}} \angle -30^\circ$이고 상전류는 $\dot{I}_a = \dfrac{\dot{V}_a}{\dot{Z}_A}$ 이다. 나머지 상전류 $\dot{I}_b$ 및 $\dot{I}_c$는 120°씩 방향만 변환시키면 된다.

3> 부하(load)의 $\Delta - Y$변환

Δ부하를 Y부하로 변환하거나 그 반대로 변환할 필요가 있는 경우가 있다. 그림 9-12은 상호변환 방법을 나타낸 것이다. 우리는 제2장에서 Ohm 법칙과 Kirchhoff 법칙에 근거한 저항 합성법으로 학습하였다. 여기서는 3상 회로의 특성을 이용하여 증명해 보자.

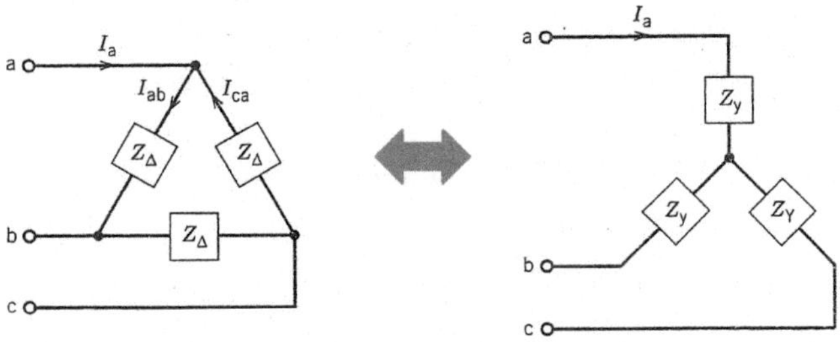

[그림 9-12] $\Delta - Y$결선의 부하변환

- Δ부하: 그림으로부터 KCL을 적용하면

$$\dot{I}_a = \dot{I}_{ab} - \dot{I}_{ca} = \frac{\dot{V}_{ab}}{\dot{Z}_\Delta} - \frac{\dot{V}_{ca}}{\dot{Z}_\Delta} = \frac{(\dot{V}_a - \dot{V}_b) - (\dot{V}_c - \dot{V}_a)}{\dot{Z}_\Delta} = \frac{2\dot{V}_a - \dot{V}_b - \dot{V}_c}{\dot{Z}_\Delta}$$

$$= \frac{3\dot{V}_a - \dot{V}_a - \dot{V}_b - \dot{V}_c}{\dot{Z}_\Delta} = \frac{3\dot{V}_a - (\dot{V}_a + \dot{V}_b + \dot{V}_c)}{\dot{Z}_\Delta}$$

$$= \frac{3\dot{V}_a - 0}{\dot{Z}_\Delta} = \frac{\dot{V}_a}{\dot{Z}_\Delta / 3} \qquad (9\text{-}25)$$

- Y부하: 단자 a와 중성점으로부터

$$\dot{I}_a = \frac{\dot{V}_a}{\dot{Z}_Y} \qquad (9\text{-}26)$$

식 (9-25)와 (9-26)으로부터 두 결선의 부하 관계는 $\dot{Z}_Y = \dot{Z}_\Delta/3$이 성립한다.

예제

다음 3상 회로에서 선전류 $\dot{I}_a$와 상전류 $\dot{I}_{ab}$를 구하시오. 단, 부하는 평형이다.
$\dot{V}_{ab} = 173\angle 0^\circ\,[V]$, $\dot{Z}_{ab} = \dot{Z}_{bc} = \dot{Z}_{ca} = 3 + j9\,[\Omega]$이다. 또한, 부하는 $\dot{Z}_A = \dot{Z}_B = \dot{Z}_C = 2\,[\Omega]$이다.

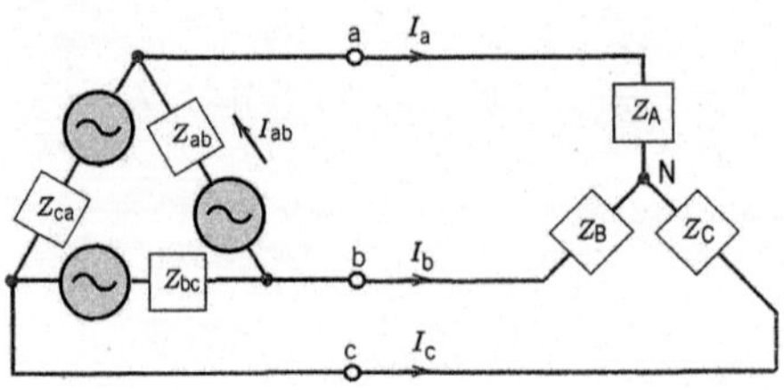

[해] 해석의 편의를 위해 우선 Δ결선의 전원과 내부 임피던스를 Y결선으로 바꾼다.

$$\dot{V}_a = \frac{\dot{V}_{ab}}{\sqrt{3}}\angle -30^\circ = \frac{173}{\sqrt{3}}\angle -30^\circ = 100\angle -30^\circ\,[V]$$

$$\dot{Z}_a = \dot{Z}_Y = \dot{Z}_\Delta/3 = \frac{3 + j9}{3} = 1 + j3\,[\Omega]$$

이를 그림으로 나타내면 다음과 같다. 부하가 평형이므로 $\dot{V}_{Nn} = 0[V]$이다.

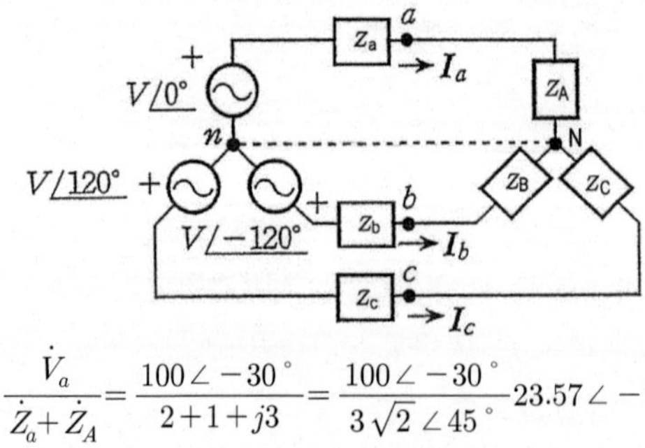

선전류: $\dot{I}_a = \frac{\dot{V}_a}{\dot{Z}_a + \dot{Z}_A} = \frac{100\angle -30^\circ}{2 + 1 + j3} = \frac{100\angle -30^\circ}{3\sqrt{2}\angle 45^\circ} 23.57\angle -75^\circ\,[A]$

상전류: $\dot{I}_{ab} = \frac{\dot{I}_a}{\sqrt{3}}\angle 30^\circ = \frac{23.57}{\sqrt{3}}\angle -45^\circ = 13.6\angle -45^\circ\,[A]$

4> 변압기의 $\Delta - Y$결선

$\Delta - Y$결선은 발전소에서 전력을 높이는 주된 방식이다. 통상 동기발전기는 Y결선으로 하여 전력을 발생시킨다. 또한, 중성점 접지로 인해 상전압이 상대적으로 적어서 절연 비용을 절감할 수 있다. 이 결선 방법 및 특성을 요약해 보자.

<1> 결선 형태

그림 9-13은 변압기 $\Delta - Y$결선에 대해 실제적 연결 및 해석을 위해 다시 그린 것이다.

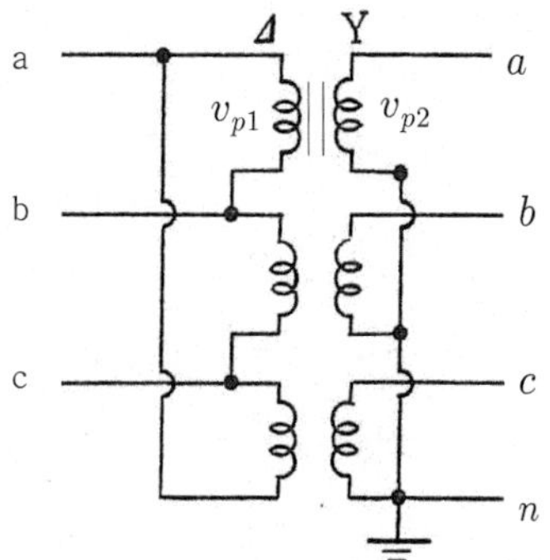

(a) 실제적 △-Y결선

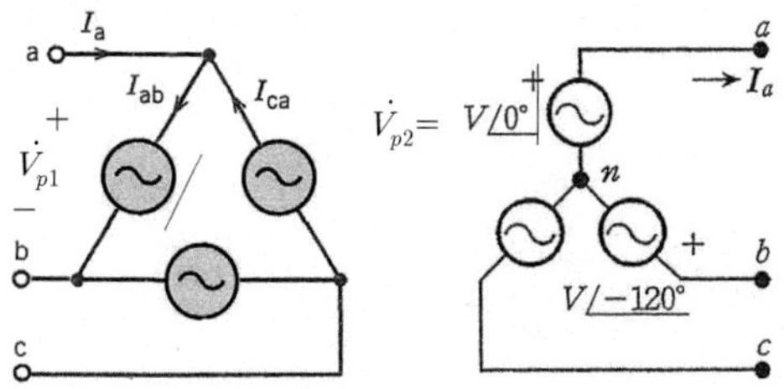

(b) 관계 해석을 위한 결선 배치

[그림 9-13] 변압기에서 $\Delta - Y$결선

<2> 권선비(n 또는 a)를 고려한 전압 및 전류 관계

우리는 변압기에서 상전압과 권선비(turn-ratio)의 관계를 학습하였다. $\Delta - Y$결선에서도 상(phase)으로 생각해야 한다.

$$\frac{v_1}{v_2} = \frac{N_1}{N_2} = n = \frac{i_2}{i_1}\text{에서} \qquad v_2 = \frac{v_1}{n}, \quad i_2 = n \times i_1 \tag{9-27}$$

1차인 Δ결선의 상전압(phase voltage)은 v_{p1}이고 2차인 Y결선의 상전압은 v_{p2}이므로 이들의 관계는 다음과 같다.

$$v_{p2} = \frac{v_{p1}}{n}, \quad i_{p2} = n \times i_{p1} \tag{9-28}$$

1차인 Δ결선에서 상전압(v_p)과 선간전압($v_l = v_{ab}$)은 그림 9-12(a)에 나타낸 바와 같이 동일하다. 반면 2차인 Y결선에서는 $v_{l2} = \sqrt{3}\,v_{p2}$ 관계를 가진다. 여기서 위상 관계는 생략하였다.

따라서 2차의 선간전압은 상전압의 $\sqrt{3}$배로 된 $v_{l2} = \sqrt{3}\,v_{p2} = \sqrt{3}\,(v_{p1}/n)$가 된다. 즉 먼저 2차에서 상전압을 구하고 이것은 해당 부분에 권선비를 적용하면 된다는 것이다.

5> 변압기의 $Y-\Delta$결선

$Y-\Delta$결선은 일반적으로 고전압을 저전압으로 낮추는 데 이용된다. 대부분의 경우 고전압측의 중성점을 접지한다. 또한, $\Delta-\Delta$결선은 고장 수리를 위해 변압기 한 대를 제거할 수 있고 나머지 두 대는 출력의 정격을 57.7%로 감소시켜 3상 전력을 전달할 수 있는 이점이 있다. 이를 V결선(개방 델타결선)이라 부른다. 또한, $Y-\Delta$결선과 $\Delta-Y$결선은 1차와 2차 선간전압 사이에 위상차가 생긴다는 것을 염두해야 한다. 그러나 $Y-Y$결선은 여자전류와 유기기전력으로 인해 발생하는 문제로 거의 활용되지 않는다.

그림 9-14는 4가지 결선의 권선비(a), 상전압 및 선간전압의 관계를 나타낸 것이다. 항상 전체 결선을 그려서 분해하여 상전압을 구하고 이후 관계를 표기한다. 마지막으로 변압기의 권선비, 전압 및 전류와의 관계를 고려하여 그림에 표기하는 습관을 익힌다.

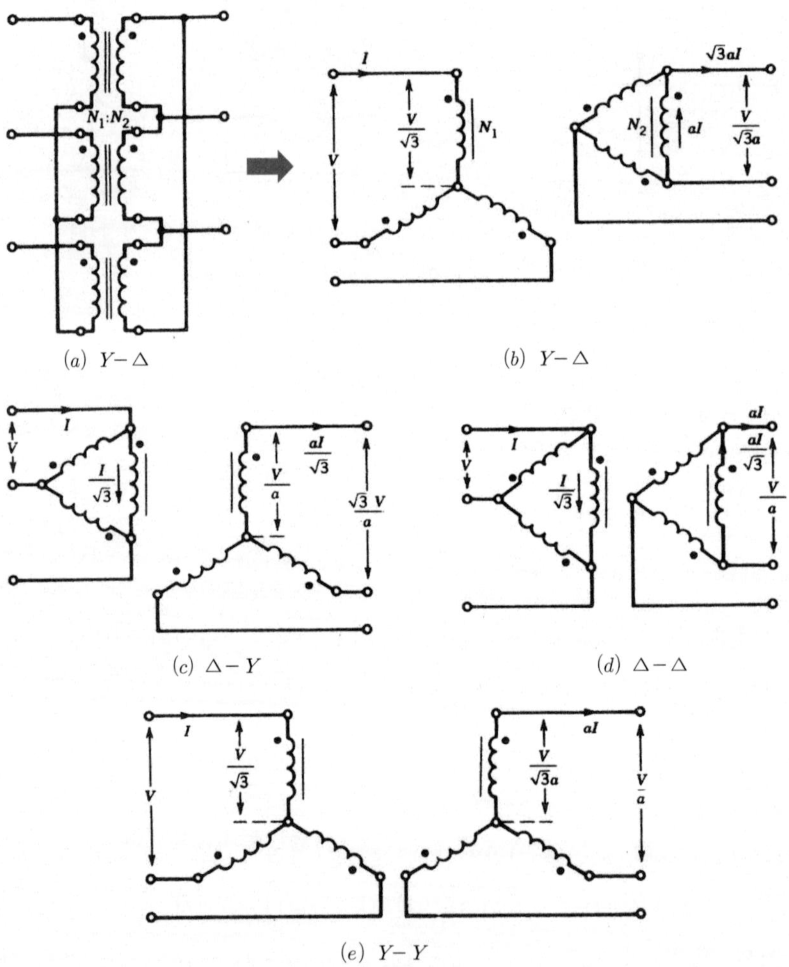

[그림 9-14] 결선에 따른 권선비(a), 상전압 및 선간전압의 관계

간단히 두 가지 경우에 대해 해석해 보자.

<1> 평형 3상 $Y-\Delta$시스템의 선전압이 $208\,V_{rms}$, 부하에서 소비된 총 유효전력이 $1{,}200\,W$, 그리고 부하의 지상 역률각이 20°이라면 선전류의 크기와 Δ결선의 각 상에서 부하 임피던스를 구해 보자.

먼저 Δ결선의 각 상에서 유효전력은 $400\,W$이므로 선전류는 다음과 같다.

$$P=\sqrt{3}\,V_l I_l \cos\theta$$

$$\frac{1{,}200}{3}=400=\frac{\sqrt{3}}{3}(208)(I_l)\cos 20^\circ\ ,\ \ I_l=3.54A_{rms}$$

또한, Δ결선의 각 가지에 흐르는 상전류는 다음과 같다.

$$I_p=\frac{I_l}{\sqrt{3}}=205A_{rms}$$

각 상에서 $V_p=V_l$이므로 부하 임피던스는 다음과 같다.

$$Z_\triangle=V_p/I_p=208/20.5=101.46\Omega,\qquad \dot{Z}_\triangle=101.46\angle 20^\circ\,\Omega=95.34+j34.70\Omega$$

<2> 진상역률 0.8을 가지는 평형 Y결선 부하에 $600\,W$를 공급하는 $300\,V$의 선전압을 가지는 시스템이 있다. 선전류와 부하 임피던스를 구해 보자.

먼저 Y결선의 각 상에서 유효전력은 $200\,W$이므로 선전류는 다음과 같다.

$$\frac{600}{3}=200=\frac{\sqrt{3}}{3}(300)(I_l)\cos\theta\ ,\ \ I_l=1.443A_{rms}$$

Y결선에서 선전류와 상전류는 같으므로 $I_p=1.443A_{rms}$, 또한, 선전압과 상전압의 관계는 상전압이 선전압의 $1/\sqrt{3}$이므로

$$V_p=\frac{300}{\sqrt{3}}$$

따라서 상 임피던스의 크기는 다음과 같다. 진상이므로 전류가 전압보다 앞선다.

$$Z_Y=V_p/I_p=(300/\sqrt{3})/1.443=120.03\Omega,$$

$-\cos\theta=0.8$ 에서 $\theta=-36.9^\circ$

$$\dot{Z}_Y=120.03\angle-36.9^\circ\,\Omega$$

9-3 전력 측정 및 2전력계 사용법

1> 일반적인 전력 측정

일반적으로 우리가 말하는 전력은 실제로 소비되는 유효전력(true power: P)이다. 유효전력이 중요한 것처럼 피상전력(apparent power: Sor P_a)도 중요하다. 피상전력은 회로에서 위상각과 관계없이 독립적으로 전압(Ⓥ)과 전류(Ⓐ)를 측정할 때 나타나는 전압이다. 피상전력은 전류계와 전압계의 값을 곱한 값이고, 유효전력은 전력계(Ⓦ)에 표시된 값이다. 저항과 리엑턴스를 포함하는 회로에서 피상전력은 항상 유효전력보다 크다. 즉 유효전력 1[W]는 1[J/sec] 비율로 열에너지로 변환되는 것이다. 따라서 피상전력 1[VA]는 1[J/sec]보다 작게 변환되며 그 소자의 양단전압과 흐르는 전류가 얼마나 위상차가 있는지에 따라 다르다.

$P = VI\cos\theta = S\cos\theta$ (∴ 유효전력 = 피상전력×역률)

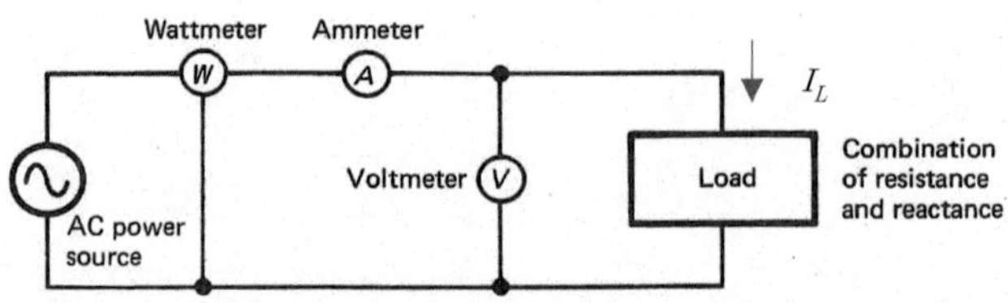

[그림 9-15] 피상전력과 유효전력 측정

2> 3전력계 및 2전력계 활용

다음은 3상에서 전력관계를 익히자. 각 상에서 전압 및 전류는 다음과 같이 표현된다.

$$v_a(t) = (\sqrt{2}\,V)\sin\omega t, \qquad i_a(t) = (\sqrt{2}\,I)\sin(\omega t - \theta)$$

$$v_b(t) = (\sqrt{2}\,V)\sin(\omega t - 120°) \qquad i_b(t) = (\sqrt{2}\,I)\sin(\omega t - 120° - \theta)$$

$$v_c(t) = (\sqrt{2}\,V)\sin(\omega t + 120°) \qquad i_c(t) = (\sqrt{2}\,I)\sin(\omega t + 120° - \theta)$$

여기서 I 및 V는 실효치이며 θ는 부하 $\dot{Z} = Z\angle\theta$의 위상각을 고려한 것이다.
3상 전력은 $p(t) = v_a i_a + v_b i_b + v_c i_c$ 이므로 이 삼각함수를 계산하면 다음과 같다.

$$P = 3V_p I_p \cos\theta \qquad (9\text{-}29)$$

시간과 관계없는 일정한 값이 되고 1상의 소비전력의 3배가 되는 평균 전력, 즉 유효전력 P가 된다. 우리에게 편리한 선전압(V_l)과 선전류(I_l)로 표시하면 다음과 같다.

Y결선:	$V_l = \sqrt{3}\,V_p$	$I_l = I_p$
△결선:	$V_l = V_p$	$I_l = \sqrt{3}\,I_p$

따라서 3상 회로가 Y결선이든 Δ결선이든 문제가 되질 않는다. 이를 유효전력(P), 무효전력(Q) 및 피상전력(S)으로 나누어 정리하면 다음과 같다.

$$P = 3V_pI_p\cos\theta = \sqrt{3}\,V_lI_l\cos\theta = 3I_p^2R[W] \quad (9\text{-}30)$$

$$Q = 3V_pI_p\sin\theta = \sqrt{3}\,V_lI_l\sin\theta = 3I_p^2X[VAR] \quad (9\text{-}31)$$

$$S = 3V_pI_p = \sqrt{3}\,V_lI_l[VA] \quad (9\text{-}32)$$

3> 역률(power factor) 및 복소전력(complex power)

$I = P/V\cos\theta$의 관계식에서 어떤 부하에 정해진 전력을 공급해야 할 때, 부하의 역률이 낮으면 동일 전압의 상황에서 큰 전류를 흘려야 한다. 전류가 크면 발전기, 송전선, 변압기 등을 포함한 송전 계통에서 열손실이 커지고 용량이 큰 것이 요구된다. 그뿐만 아니라 송전선에서 전압 강하가 증가하여 전압 변동률이 나빠진다. 그러므로 부하의 역률을 개선하여 이 값을 1에 가깝게 하는 것이 경제적으로 필요하다.

통상 공업용 부하는 전압이 전류보다 앞서는 유도성 부하이다. 이 경우 부하와 병렬로 커패시터를 연결함으로써 역률을 개선할 수 있다. 역률을 개선하다고 해서 부하 자신의 역률이 개선되는 것이 아니고 커패시터를 포함한 수전단 부하의 합성 역률이 개선되는 것이다. 즉 부하가 취하는 무효전력(Q)은 같으나 그 일부를 병렬 커패시터에서 발생되는 무효전력으로부터 얻음으로써 계통에 공급해야 할 무효전력이 감소되고 송전선에 흐르는 무효전력 성분이 감소되므로 전체 전류가 적어도 되는 것이다.

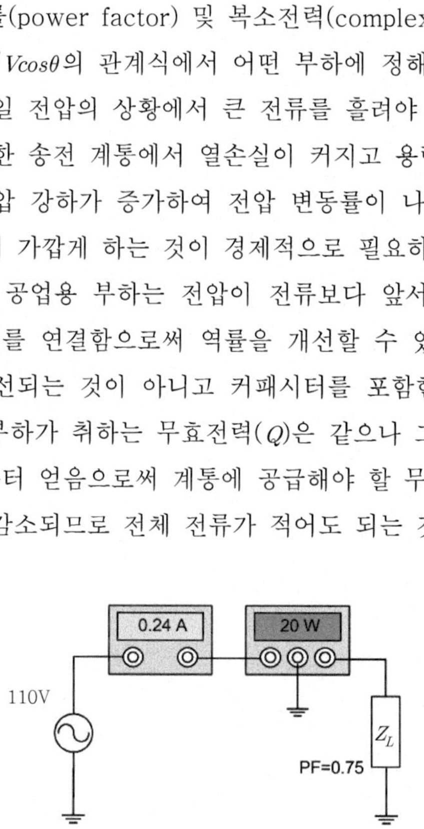

(a) 역률 개선 전

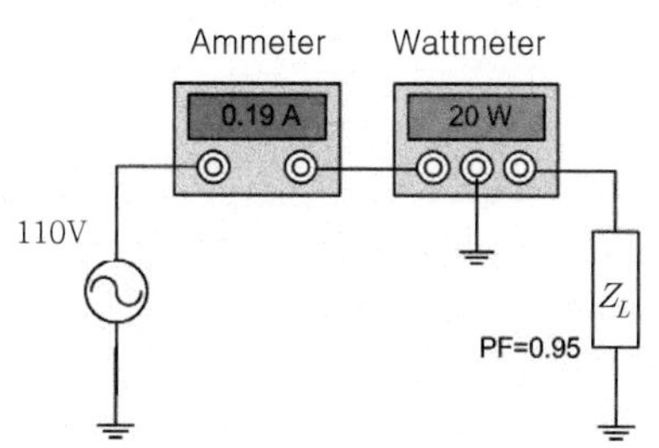

(b) 역률 개선 후

[그림 9-16] 역률 개선으로 전력 낭비를 줄인다.

일반적으로 전력 계산을 간편하게 하기 위해 전력 표 시방법으로 복소전력($\dot{S}$)을 도입한다. 이는 유효전력(P)과 무효전력(Q)으로 구분된다. 3상의 경우 위 식들을 적용하면 된다.

$$\dot{S} = P + jQ = \sqrt{3}\,V_lI_l\cos\theta + j\sqrt{3}\,V_lI_l\sin\theta = \sqrt{3}\,V_lI_l\angle\theta \quad (9\text{-}33)$$

$$= 3I_p^2(R_p + jX_p) = 3\dot{Z}_p\dot{I}_p\dot{I}_p^* = 3\dot{V}_p\dot{I}_p^*$$

이제 전력계(wattmeter)를 활용해 보자. 전력계는 각 상에서 개별 부하에 접속해야 한다. 그림 9-17과 같이 두 개의 전력계(W_1, W_2)가 연결되어 있다면 이 회로의 전류 및 전압의 페이저도를 그려서 이를 이용하면 쉽게 이해할 수 있다.

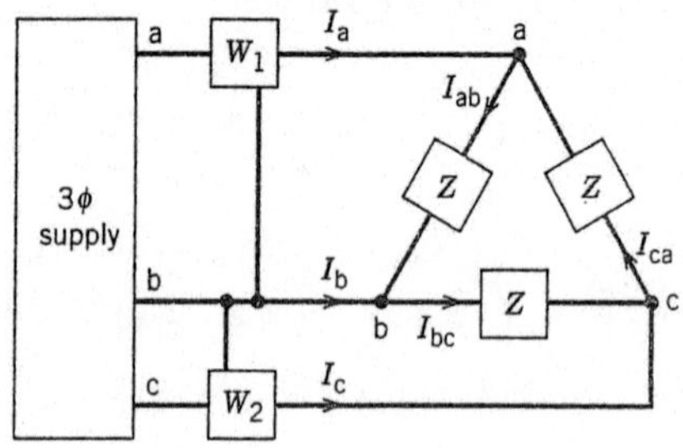

[그림 9-17] 3상 전력을 측정하기 위한 두 전력계의 배치

전력계 W_1에서의 전력을 구하기 위해 그림 9-18의 페이저도에서 전류($\dot{I}_a$)와 전압($\dot{V}_{ab}$)은 다음과 같다. 위상각 θ는 각 상전압과 상전류의 위상차이다. 즉 Δ결선의 부하에서 임피던스 $\dot{Z} = Z\angle\theta = \dot{V}_{ab}/\dot{I}_{ab}$로부터 $\dot{I}_{ab}$를 구하고, 선전류는 $\dot{I}_a = (\sqrt{3}\,\dot{I}_{ab})\angle -30^\circ$의 관계로부터 구한다.

$$W_1:\ P_1 = V_{ab}I_a\cos(\theta + 30^\circ)[W] \tag{9-34}$$

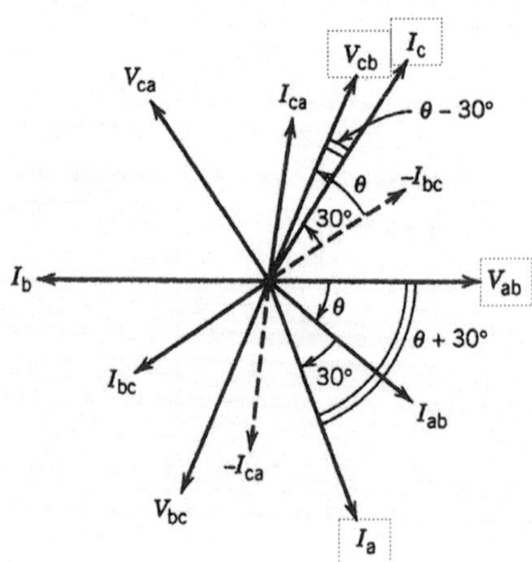

[그림 9-18] 전력계 W_1과 W_2에서 전압, 전류 및 전력 관계도

전력계 W_2에서의 전력을 구하기 위해 그림에서 전류($\dot{I}_c$)와 전압($\dot{V}_{cb}$)은 다음과 같다.

$$W_2:\ P_2 = V_{cb}I_c\cos(\theta - 30^\circ)[W] \tag{9-35}$$

이제 이러한 전력들로부터 우리가 원하는 3상 전력을 어떻게 연결할 것인가를 고민해 보자. 두 전력계들의 값을 더하거나 빼면 어떤 관계가 성립되는지 검토하자.

$$P_2 + P_1 = V_l I_l(\cos(\theta - 30°) + \cos(\theta + 30°)) \quad (9\text{-}36)$$

$$= 2\,V_l I_l \cos\theta \cos 30° = \sqrt{3}\,V_l I_l \cos\theta$$

$$P_2 - P_1 = V_l I_l(\cos(\theta - 30°) - \cos(\theta + 30°)) \quad (9\text{-}37)$$

$$= 2\,V_l I_l \sin\theta \sin 30° = V_l I_l \sin\theta$$

위의 두 식을 식 (9-30) 및 (9-31)과 비교하면 다음과 같은 관계를 발견할 수 있다. 두 값을 더하면 유효전력이 되고 두 값을 빼면 무효전력/$\sqrt{3}$이 된다.

$$P = P_2 + P_1 \quad [W] \quad (9\text{-}38)$$

$$Q = \sqrt{3}(P_2 - P_1) \quad [VAR] \quad (9\text{-}39)$$

다른 방식으로 표현하면 다음과 같다.

$$\tan\theta = \sqrt{3}\,\frac{(P_2 - P_1)}{(P_2 + P_1)} = \frac{Q}{P} \quad (9\text{-}40)$$

4> 전력계(wattmeter)를 어떻게 읽어야 하는가?

전력계의 바늘은 눈금이 0에서 양의 눈금 방향으로 회전하도록 되어 있다. 만약 전력계의 값이 음이면 반대 방향으로 움직이려고 한다. 이는 부하의 역률이 낮든지 혹은 비평형이 심하면 P_1과 P_2 중에 어느 한 값이 음으로 될 경우가 있다. 이 경우에 전압 코일 단자를 반대로 접속하고 측정하면 된다.

만약 P_1이 음(-100)이고 P_2가 양$(+250)$이면 어떻게 되나? P_1은 음이므로 반대로 하여 측정하면 되고 이 값은 $100\,W$를 가르킨다. P_2는 정상이므로, 유효전력(P)은 두 값을 더하면 된다. 측정 시에 P_1은 방향만 반대인 것을 유의하면 된다. $P = P_1 + P_2 = 150\,W$이다.

전력계는 3개를 이용할 수도 있으나 통상 위와 같이 두 개를 사용하는 2전력계법을 이용하는 것이 편리하고 더욱 경제적이다. 이는 평형과 비평형 회로에도 적용된다.

전력계를 정리하면 식 (9-40)에서 각도 θ에 따라 두 전력계들 중에서 하나의 전력계가 음수값을 가질 수 있다. 이 경우 전력계의 전압 코일의 방향을 반대로 연결해서 측정하고 측정된 값을 다른 전력계에서 측정된 값에서 빼야 한다.

상순에 따라 전력계의 값이 바뀐다. 따라서 측정에 앞서 상순지시기로 상순을 파악한다. 즉 위상을 파악해야 한다. 단 유효전력만을 측정할 경우에는 상순을 파악할 필요가 없다.

예제

다음 3상 회로의 측정에서 부하에 전달되는 전력계의 전력 및 회로의 역률을 구하시오. 선전압 $\dot{V}_l = \dot{V}_{ab} = 200\angle 0^\circ\,[V]$, 부하 임피던스 $\dot{Z} = 10\angle 45^\circ\,[\Omega]$이다.

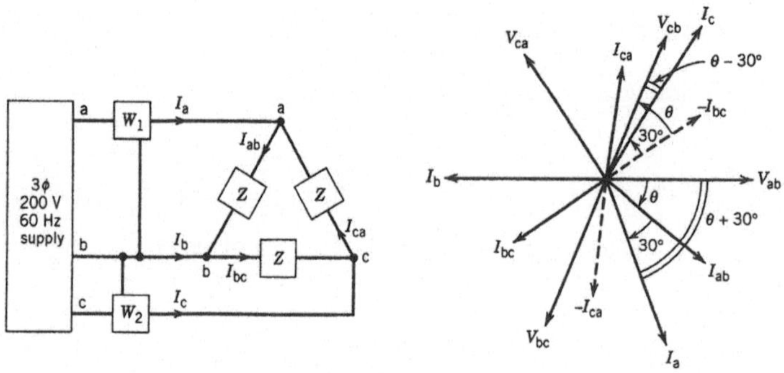

[해] 위의 Δ결선의 벡터도로부터 상전류 $\dot{I}_{ab}$과 선전류 $\dot{I}_a$를 구하자.

$$\dot{I}_{ab} = \frac{\dot{V}_{ab}}{\dot{Z}} = \frac{200\angle 0^\circ}{10\angle 45^\circ} = 20\angle -45^\circ\,[V],\quad \dot{I}_a = \sqrt{3}\,\dot{I}_{ab}\angle -30^\circ = 34.64\angle -75^\circ\,[A] = \dot{I}_{ab} + (-\dot{I}_{ca})$$

따라서 각 선전류는 $\dot{I}_b = 34.64\angle -195^\circ\,[A]$, $\dot{I}_c = 34.64\angle 45^\circ\,[A]$가 된다. 또한, 선전압(상전압)은 $\dot{V}_{bc} = 200\angle -120^\circ\,[V]$, $\dot{V}_{ca} = 200\angle +120^\circ\,[V]$ 상순 abc로 출력된다.

회로도에서 우리가 관심이 있는 전력계와 관련된 전압은 $\dot{V}_{ab}$, $\dot{V}_{cb}$이다.

$\dot{V}_{ab} = 200\angle 0^\circ\,[V]$

$\dot{V}_{cb} = -\dot{V}_{bc} = -200\angle -120^\circ = 200\angle(180^\circ - 120^\circ) = 200\angle 60^\circ\,[V]$이다.

그림과 같이 연결된 두 전력계들(W_1, W_2)에 측정된 전력은 다음과 같다.

W_1 : $P_1 = V_{ab} I_a \cos(\theta_v - \theta_i) = (34.64)(200)\cos(0^\circ + 75^\circ) = 1{,}793.09\,[W]$

W_2 : $P_2 = V_{cb} I_c \cos(\theta_v - \theta_i) = (34.64)(200)\cos(60^\circ - 45^\circ) = 6{,}691.93\,[W]$

따라서 유효전력은 $P = P_2 + P_1 = 6{,}691.93\,[W] + 1{,}793.09\,[W] \cong 8{,}485\,[W]$이고, 전체 3상 회로에 대해 계산하면 $P_{3\Phi} = 3V_p I_p \cos\theta = 3(200)(20)\cos(45^\circ) \cong 8{,}485\,[W]$ 이 되어 일치한다.
또한, 무효전력은 $Q = \sqrt{3}(P_2 - P_1) = \sqrt{3}(4{,}898.84) \cong 8{,}485\,[VAR]$이다.

위상각은 $\tan\theta = \sqrt{3}\dfrac{(P_2 - P_1)}{(P_2 + P_1)} = \dfrac{Q}{P}$로부터 구할 수 있다.

$\theta = \tan^{-1}\left(\dfrac{8{,}485}{8{,}485}\right) = 45^\circ$ 이므로 일치하고, 역률은 $\cos(45^\circ) = 0.707$ 이다.

9-4 대칭 좌표법

대칭 좌표법은 가장 빈번히 발생하는 1선 지락 사고(번개 등으로 전선이 대지에 접촉됨)와 같이 비평형 고장에서 전류 혹은 전압을 구하는 데 활용된다. 통상 평형 고장에서는 % 임피던스법을 활용하고, 비평형 회로에서는 대칭 좌표법을 선호한다. 물론 비평형 3상 회로에서도 전통적인 폐로법(mesh 또는 node 해석법)을 이용하여 구할 수 있으나 이 대칭 좌표법이 문제를 훨씬 더 간단히 처리할 수 있기 때문이다.

9-4-1 비대칭 성분을 대칭 성분으로 분리한다.

대칭 좌표법은 발전기, 전동기 등을 포함한 회전기, 선로 고장, 전화선에 대한 전력선의 유도장해 등의 문제에서는 간단하고 정확한 결과를 제공한다. 즉 대칭 좌표법은 비평형(비대칭) 전압 또는 전류를 평형(대칭)인 세 성분들로 분리하여 해석하는 것이다. 그림 9-19는 비평형 전압을 세 성분들로 분리하여 나타낸 것이다. 여기서 세 성분들은 영상분, 정상분 및 역상분을 의미하고, 상순은 *abc*로 한다.

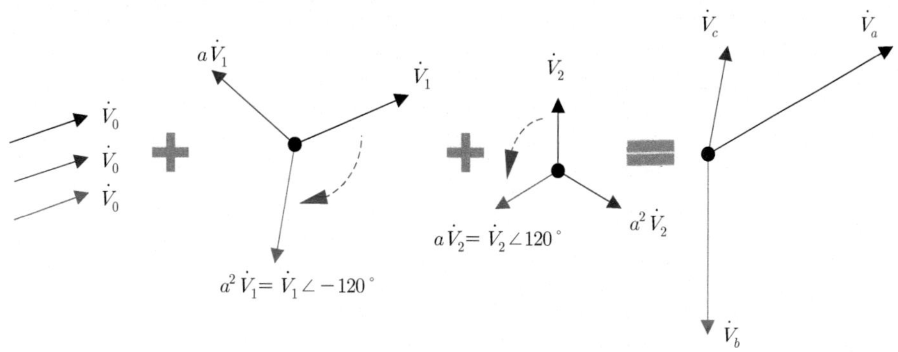

(a) 영상분, 정상분 및 역상분을 합성하면 비평형 전압이 된다.

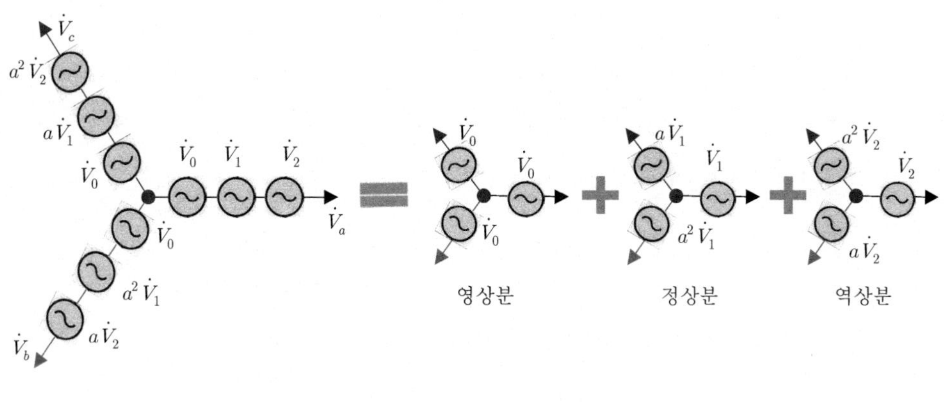

(b) 각 상(phase)으로 구분한 성분

[그림 9-19] 비평형(비대칭) 전압은 대칭의 세 성분들로 나눌 수 있다.

위의 페이저도로부터 다음과 같이 세 성분으로 구분한다.

- 영상(zero sequence) 전압 또는 전류
  같은 크기의 동일한 위상을 가지는 각 비평형 상전압의 공통 부분
- 정상(positive sequence) 전압 또는 전류
  전원과 동일한 회전 방향으로 120°의 위상을 가지는 각 상전압 또는 전류
- 역상(negative sequence) 전압 또는 전류
  전원과 반대 방향으로 회전하며 120°의 위상을 가지는 각 상전압 또는 전류

위의 비대칭 성분을 다음과 같이 식 또는 행렬 표현의 대칭 성분으로 나타낼 수 있다.

비대칭 성분(전류 또는 전압) = 영상분 + 정상분 + 역상분

$$\dot{V}_a = \dot{V}_0 + \dot{V}_1 + \dot{V}_2 \qquad \dot{I}_a = \dot{I}_0 + \dot{I}_1 + \dot{I}_2 \qquad (9\text{-}49)$$

$$\dot{V}_b = \dot{V}_0 + a^2\dot{V}_1 + a\dot{V}_2 \qquad \dot{I}_b = \dot{I}_0 + a^2\dot{I}_1 + a\dot{I}_2 \qquad (9\text{-}50)$$

$$\dot{V}_c = \dot{V}_0 + a\dot{V}_1 + a^2\dot{V}_2 \qquad \dot{I}_c = \dot{I}_0 + a\dot{I}_1 + a^2\dot{I}_2 \qquad (9\text{-}51)$$

이를 행렬로 나타내면 다음과 같다.

$$\begin{bmatrix} \dot{V}_a \\ \dot{V}_b \\ \dot{V}_c \end{bmatrix} = \begin{bmatrix} 1 & 1 & 1 \\ 1 & a^2 & a \\ 1 & a & a^2 \end{bmatrix} \begin{bmatrix} \dot{V}_0 \\ \dot{V}_1 \\ \dot{V}_2 \end{bmatrix} \qquad (9\text{-}52)$$

먼저 a상의 성분이 구성되면 b, c상의 성분도 결정된다. $a^2+a+1=0$, $a^3=1$의 관계를 상기하고 각 상의 비평형 값을 이용하여 대칭인 세 성분을 구해 보자.

1> 영상분($\dot{V}_0$)

식 (9-49), (9-50) 및 (9-51)을 더하면 영상전압을 구할 수 있다.

$$\dot{V}_a + \dot{V}_b + \dot{V}_c = 3\dot{V}_0 + \dot{V}_1(1+a^2+a) + \dot{V}_2(1+a+a^2)$$

$$\dot{V}_0 = \frac{1}{3}(\dot{V}_a + \dot{V}_b + \dot{V}_c) \qquad (9\text{-}53)$$

2> 정상분($\dot{V}_1$)

식 (9-49)+ 식 (9-50)×a + 식 (9-51)×a^2을 하면 정상전압을 얻는다.

$$\dot{V}_a + a\dot{V}_b + a^2\dot{V}_c = \dot{V}_0(1+a+a^2) + 3\dot{V}_1 + \dot{V}_2(1+a+a^2)$$

$$\dot{V}_1 = \frac{1}{3}(\dot{V}_a + a\dot{V}_b + a^2\dot{V}_c) \qquad (9\text{-}54)$$

3> 역상분($\dot{V}_2$)

식 (9-49) + 식 (9-50)×a^2 + 식 (9-51)×a을 하면 정상 전압을 얻는다.

$$\dot{V}_a + a^2\dot{V}_b + a\dot{V}_c = \dot{V}_0(1+a+a^2) + \dot{V}_1(1+a+a^2) + 3\dot{V}_2$$

$$\dot{V}_2 = \frac{1}{3}(\dot{V}_a + a^2\dot{V}_b + a\dot{V}_c) \qquad (9\text{-}55)$$

이를 행렬로 나타내면 다음과 같다.

$$\begin{bmatrix} \dot{V}_0 \\ \dot{V}_1 \\ \dot{V}_2 \end{bmatrix} = \begin{bmatrix} 1 & 1 & 1 \\ 1 & a & a^2 \\ 1 & a^2 & a \end{bmatrix} \begin{bmatrix} \dot{V}_a \\ \dot{V}_b \\ \dot{V}_c \end{bmatrix} \qquad (9\text{-}56)$$

만약 3상 평형이라면 영상분과 역상분은 존재하지 않는다. 마찬가지로 전류에 대해서도 앞항의 $\dot{V}$를 $\dot{I}$로 바꾸면 동일한 각 대칭분을 얻을 수 있다.

9-4-2 발전기 기본식

3상 발전기에서 임의의 비평형 전류가 흐를 경우 단자전압과 전류와의 관계를 구해 보자. 발전기는 대칭이고 각 상의 무부하(no load) 유도기전력($\dot{E}$)은 평형이다. 여기에 선로전압 강하($\dot{v}$)를 고려하였다.

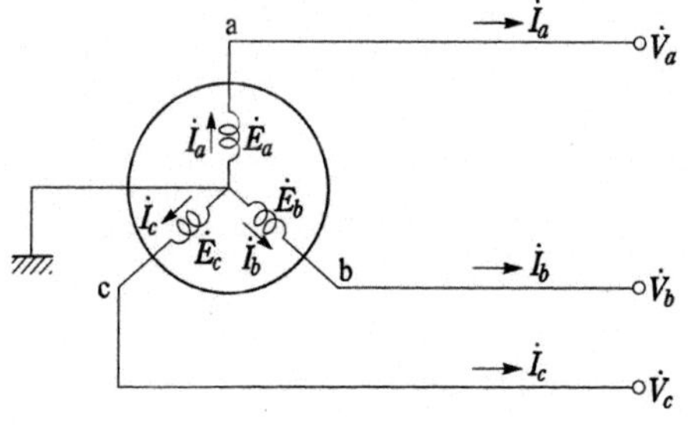

[그림 9-20] 발전기에 비평형 전류가 흐를 경우

$$\dot{V}_a = \dot{E}_a - \dot{v}_a \qquad (9\text{-}57)$$

$$\dot{V}_b = \dot{E}_b - \dot{v}_b = a^2\dot{E}_a - \dot{v}_b \qquad (9\text{-}58)$$

$$\dot{V}_c = \dot{E}_c - \dot{v}_c = a\dot{E}_a - \dot{v}_c \qquad (9\text{-}59)$$

이를 이용하여 다음과 같이 대칭분을 구한다.

$$\dot{V}_0 = \frac{1}{3}(\dot{V}_a + \dot{V}_b + \dot{V}_c) = -\frac{1}{3}(\dot{v}_a + \dot{v}_b + \dot{v}_c) \tag{9-60}$$

$$\dot{V}_1 = \frac{1}{3}(\dot{V}_a + a\dot{V}_b + a^2\dot{V}_c) = \dot{E}_a - \frac{1}{3}(\dot{v}_a + a\dot{v}_b + a^2\dot{v}_c) \tag{9-61}$$

$$\dot{V}_2 = \frac{1}{3}(\dot{V}_a + a^2\dot{V}_b + a\dot{V}_c) = -\frac{1}{3}(\dot{v}_a + a^2\dot{v}_b + a\dot{v}_c) \tag{9-62}$$

전압 강하를 구하기 위해 먼저 영상전류만 흘리면 각 상의 전압 강하는 동일하게 $\dot{Z}_0\dot{I}_0$로 된다. 이와 같이 $\dot{Z}_0$는 발전기에 $\dot{I}_0$인 동상전류가 각 상에 흐르는 경우의 임피던스로서 이를 발전기의 영상 임피던스라고 부른다. 다음으로 각 상에 정상 평형전류 $\dot{I}_1$, $a^2\dot{I}_1$, $a\dot{I}_1$가 흐르는 경우 전압 강하는 $\dot{Z}_1\dot{I}_1$, $a^2\dot{Z}_1\dot{I}_1$, $a\dot{Z}_1\dot{I}_1$으로 된다. 여기서 $\dot{Z}_1$은 정상분의 3상 전류를 흐르게 할 경우의 임피던스로서 발전기의 정상 임피던스라고 한다. 마지막으로 각 상에 역상 평형전류 $\dot{I}_1$, $a\dot{I}_1$, $a^2\dot{I}_1$가 흐르는 경우 전압 강하는 $\dot{Z}_2\dot{I}_2$, $a\dot{Z}_2\dot{I}_2$, $a^2\dot{Z}_2\dot{I}_2$으로 된다. 여기서 $\dot{Z}_2$은 역상분의 3상 전류를 흐르게 할 경우의 임피던스로서 발전기의 역상 임피던스라고 한다.

실제 전압 강하는 이들 각 대칭분 전류가 흐를 경우 각 상분의 전압 강하를 중첩시키면 다음과 같다.

$$\dot{v}_a = \dot{Z}_0\dot{I}_0 + \dot{Z}_1\dot{I}_1 + \dot{Z}_2\dot{I}_2 \tag{9-63}$$

$$\dot{v}_b = \dot{Z}_0\dot{I}_0 + a^2\dot{Z}_1\dot{I}_1 + a\dot{Z}_2\dot{I}_2 \tag{9-64}$$

$$\dot{v}_c = \dot{Z}_0\dot{I}_0 + a\dot{Z}_1\dot{I}_1 + a^2\dot{Z}_2\dot{I}_2 \tag{9-65}$$

의의 식들을 이용하여 다음 식을 얻는다.

$$\frac{1}{3}(\dot{v}_a + \dot{v}_b + \dot{v}_c) = \dot{Z}_0\dot{I}_0 \tag{9-66}$$

$$\frac{1}{3}(\dot{v}_a + a\dot{v}_b + a^2\dot{v}_c) = \dot{Z}_1\dot{I}_1 \tag{9-67}$$

$$\frac{1}{3}(\dot{v}_a + a^2\dot{v}_b + a\dot{v}_c) = \dot{Z}_2\dot{I}_2 \tag{9-68}$$

최종적으로 발전기의 각 대칭분을 구할 수 있다. 이를 발전기의 기본식이라고 한다.

$$\dot{V}_0 = \frac{1}{3}(\dot{V}_a + \dot{V}_b + \dot{V}_c) = -\frac{1}{3}(\dot{v}_a + \dot{v}_b + \dot{v}_c) = -\dot{Z}_0\dot{I}_0 \tag{9-69}$$

$$\dot{V}_1 = \frac{1}{3}(\dot{V}_a + a\dot{V}_b + a^2\dot{V}_c) = \dot{E}_a - \frac{1}{3}(\dot{v}_a + a\dot{v}_b + a^2\dot{v}_c) = \dot{E}_a - \dot{Z}_1\dot{I}_1 \tag{9-70}$$

$$\dot{V}_2 = \frac{1}{3}(\dot{V}_a + a^2\dot{V}_b + a\dot{V}_c) = -\frac{1}{3}(\dot{v}_a + a^2\dot{v}_b + a\dot{v}_c) = -\dot{Z}_2\dot{I}_2 \tag{9-71}$$

우리는 이 발전기의 기본식을 이용하여 어떤 비평형 전류가 주어진다 해도 쉽게 회로해석을 수행할 수 있다. 즉 고장 계산을 하는데 중요한 역할을 한다.

정리하면 만약 어떤 비평형 전류 $\dot{I}_a$, $\dot{I}_b$, $\dot{I}_c$가 주어지면 먼저 각 대칭분 $\dot{I}_0$, $\dot{I}_1$, $\dot{I}_2$을 만들 수 있으며, 이것을 위의 발전기의 기본식에 대입하여 발전기 단자에 나타나는 전압의 대칭분 $\dot{V}_0$, $\dot{V}_1$, $\dot{V}_2$을 구할 수 있다. 이렇게 대칭분 전압이 구해지면 실제로 알고자 하는 각 상의 단자전압 $\dot{V}_a$, $\dot{V}_b$, $\dot{V}_c$를 알 수 있다는 것이다. 이 중에서 영상전류 $\dot{I}_o$는 각 상별로 같은 크기와 같은 위상각을 가지는 단상전류이다. 이 전류는 통신선에 대해서는 전자유도장해를 일으키는 전류이며, 지락 고장 시에는 지락계전기를 동작시키는 작용을 한다.

복습문제

3상 전압이 비평형되어 다음과 같이 대칭분으로 구성되어 있다고 한다. 이 송전 계통의 각 상전압을 구하시오. $\dot{V}_0 = 10\angle 0^\circ$ [V], $\dot{V}_1 = 80\angle 30^\circ$ [V], $\dot{V}_2 = 40\angle -30^\circ$ [V]

[해] 답: $\dot{V}_a = 116\angle 9.9^\circ$ [V], $\dot{V}_b = 41.20\angle -76^\circ$ [V], $\dot{V}_c = 96.1\angle 168^\circ$ [V]

9-4-3 $V-V$결선 변압기의 출력

단상변압기 3대를 $\Delta-\Delta$결선으로 운전하고 있을 경우에 그중에서 1대를 들어내면 그림 9-21(b)와 같이 $V-V$결선으로 되어 정격 용량은 감소하지만 3상 전력을 계속적으로 출력하여 배전할 수 있다. 이것의 장점은 경우에 따라 변압기 2대만 가지고 V결선으로 사용하다가 부하가 늘어날 때, 1대 더 증설하여 Δ결선으로 사용할 수도 있다.

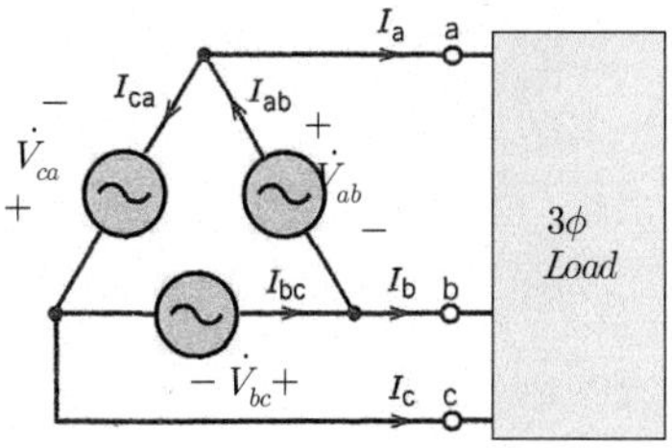

(a) Δ결선

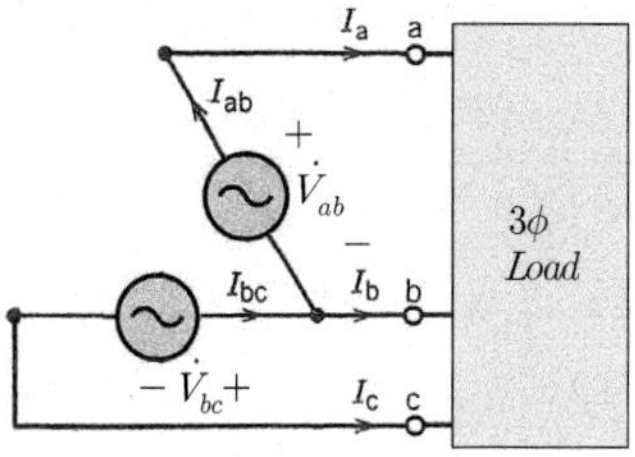

(b) V결선

[그림 9-21] Δ결선 및 V결선된 3상 전력회로

1> 어떻게 3상 전력을 공급할 수 있는가?

해석을 간단히 하기 위해 부하는 Y형이고 저항성($\cos\theta = 1$)이라 하자. 페이저도를 그리면 다음과 같다. 여기서 $\theta = 0$으로 생각한다.

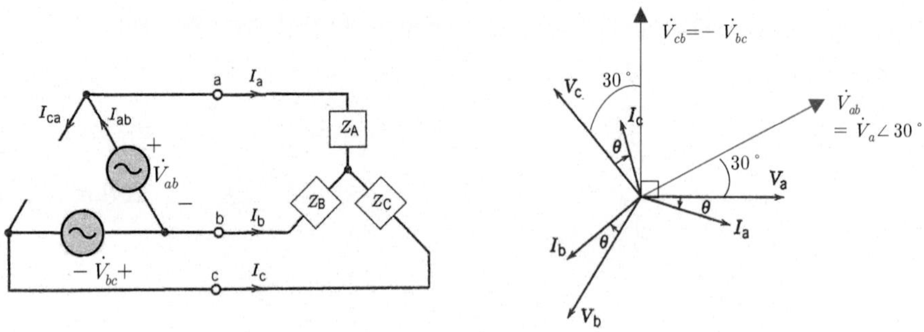

[그림 9-22] V결선 및 페이저도

$$P_{ab} = V_{ab}I_a\cos(30° + \theta) = V_{ab}I_a\cos 30°$$

$$P_{cb} = V_{cb}I_c\cos(30° - \theta) = V_{cb}I_c\cos 30°$$

$$P_V = P_{ab} + P_{cb} = 2VI\cos 30° = \sqrt{3}\,VI = \sqrt{3}\,K \qquad (9\text{-}80)$$

이와 같이 2대의 변압기를 사용하여 3상 전력을 공급할 수 있다. 그러나 정격전력의 감소는 어쩔 수 없다. 여기서 V와 I는 상전압과 상전류이므로 K는 변압기 1대의 출력이다.

이용률 및 출력비를 정의하고 그 값을 구해 보자. 이용률은 변압기 2대를 이용하여 3상 출력을 내는 비를 나타내고 출력비는 기존의 Δ결선에서 1상이 없어진 것이므로 각각 다음과 같이 정의한다.

$$\text{이용률: } \frac{\sqrt{3}\,K}{2K} \times 100\% = 86.6\% \qquad (9\text{-}81)$$

$$\text{출력비: } \frac{\sqrt{3}\,K}{3K} \times 100\% = 57.7\% \qquad (9\text{-}82)$$

2> Δ결선과 비교하여 흐르는 전류로 생기는 전력손실(P_l) 문제는 어떻게 처리하는가?

2대가 만드는 출력이 $P_V = \sqrt{3}\,VI$이므로 이 값으로 부하에 전력을 공급할 경우에 수요 전력보다 공급 용량이 적으면 V결선은 과부하될 수 있다. 즉 적은 용량으로 큰 용량의 부하를 동작해야 하기 때문이다. 따라서 수명이 작아지고 사고를 유발하는 원인이 된다. 변압기에서 동손은 흐르는 전류로 생긴다. 따라서 동손은 부하율의 제곱에 비례하며 두 결선의 손실비는 $P_{l(\Delta)}/P_{l(V)} = 1/2$이 된다. 이 손실비는 문제로 남긴다.

제10장 Laplace 변환

10-1 Fourier 변환 및 Laplace 변환
10-2 Laplace 역변환
10-3 RL, RC 회로의 Laplace 해석
10-4 RLC 회로의 Laplace 해석
10-5 Laplace 변환을 활용한 기타 회로해석
10-6 전달함수 및 안정도
10-7 컨벌루션 해석 및 Laplace 해석의 비교

회로해석에서는 Fourier 변환으로 표현할 수 있는 함수가 정현파, 즉 순수 교류회로를 가지는 교류 전원뿐이므로 다양한 형태의 입력 전원을 표현하는 데는 한계가 있다. 범위를 넓혀 회로해석을 수행할 때, 복소수 평면상에서 함수를 표현할 수 있는 Laplace 변환을 활용한다. 이 변환이 제어 분야를 비롯하여 많이 활용되므로 관련 지식을 학습할 필요가 있다.

Pierre-Simon, Laplace(1749~1827):

He was an influential French scholar whose work was important to the development of mathematics, statistics, physics, and astronomy. He summarized and extended the work of his predecessors in his five-volume Celestial Mechanics. Laplace formulated Laplace's equation, and pioneered the Laplace transform which appears in many branches of mathematical physics, a field that he took a leading role in forming. The Laplacian differential operator, widely used in mathematics, is also named after him.

According to his great-great-grandson, Once Laplace's teacher d'Alembert received him rather poorly, and to get rid of him gave him a thick mathematics book, saying to come back when he had read it. When Laplace came back a few days later, his teacher was even less friendly and did not hide his opinion that it was impossible that Laplace could have read and understood the book. But upon questioning him, he realized that it was true, and from that time he took Laplace under his care.

Laplace is remembered as one of the greatest scientists of all time. Sometimes referred to as the French Newton, he possessed a phenomenal natural mathematical faculty superior to that of any of his contemporaries.

On the Eiffel Tower, seventy-two names of French scientists, engineers, and mathematicians including Laplace are engraved in recognition of their contributions. The letters were originally painted in gold and are about 60 cm high.

$$\nabla^2 V = \frac{1}{r}\frac{\partial}{\partial r}\left(r\frac{\partial V}{\partial r}\right) + \frac{1}{r}\frac{\partial}{\partial \phi}\left(\frac{1}{r}\frac{\partial V}{\partial \phi}\right) + \frac{1}{r}\frac{\partial}{\partial z}\left(r\frac{\partial V}{\partial z}\right) = 0$$

Laplace's differential equation for cylindrical coordinate

10-1 Fourier 변환 및 Laplace 변환

인간이 도구를 사용하며 현대에 제작되어 사용하는 자동차, 배, 항공기, 우주선, 로봇 등은 다양해지고 복잡해지고 있다. 이들은 단순한 도구와는 달리 많은 기계적 및 전기적 요소들이 복합적으로 구성되어 있으므로 우리는 이를 시스템이라고 부른다. 시스템은 하나의 고유한 기능을 수행하며 이 기능이 원하는 수준이 되도록 조치하는 것을 제어라고 한다.

산업화는 공장에서 생산공정 시스템을 제어하기 위한 정보를 이용하면서 발전하여 왔다. 1908년 Henry Ford는 자신의 작업 라인을 발전시켜 많은 차량을 생산했다. 자동화라는 용어는 처음 자동차 공장에서 생겨났다. 자동화 이론과 수행에 동기가 된 자동제어는 제2차 세계대전 중에 생겨났으며 이 시기는 자동 비행, 포탄 제어장치 및 레이더 안테나 위치 시스템을 설계하고 제작이 필요한 상황이었다. 이후 새로운 기술들이 공장으로 이전되었다.

10-1-1 Laplace 변환 개요

시스템 해석을 위해 시간 영역에서 정의된 시간함수 $f(t)$를 주파수 영역으로 변환하여 해석하고 분석할 필요가 있다. 주파수영역에서는 두 가지 특성들, 즉 크기 함수(magnitude function)와 위상각 함수(phase function)로 나눈다. 이 크기 함수와 위상각 함수를 합쳐 주파수 응답(frequency response)이라 부른다. 우리는 제7장에서 극좌표로 표시한 *RL*, *RC* 및 *RLC* 회로에 대해 페이저로 표시하고 회로해석을 하는 방법을 학습하였다. 예를 들면 어떤 한 정현파 함수 $f(t)=A_m\sin(\omega t+\theta)$가 있다. 이 파형은 다음과 같다.

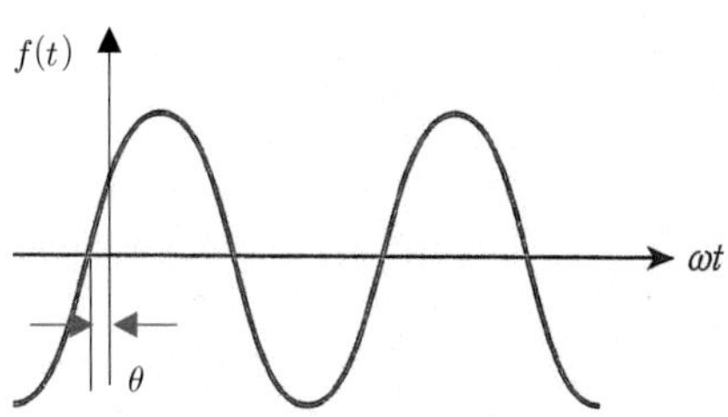

페이저

- $f(t)=A_m\sin(\omega t+\theta)$
  $=\sqrt{2}A_{rms}\sin(\omega t+\theta)$
- $\dot{F}=A_m\angle\theta$ 또는 $A_{rms}\angle\theta$

[그림 10-1] 정상 상태($-\infty<t<+\infty$) 해석은 페이저를 활용한다.

이와 같이 시간 영역 함수를 주파수 영역 함수로 변환하여 주파수 응답을 구할 수 있도록 만드는 변환을 Fourier 변환이라 한다. 즉 Fourier 변환은 임의의 함수를 시간 영역(t)에서 주파수 영역(f 또는 ω)으로 매핑(mapping)시키는 것이다. 이러한 신호의 주파수 응답은 신호왜곡을 없애는 필터 설계 등의 신호처리 및 통신 분야에 아주 중요한 개념이다. 그러나 회로해석에서는 이러한 Fourier 변환으로 표현할 수 있는 함수가 정현파, 즉 순수 교류회로를 가지는 교류 전원뿐이므로 다양한 형태의 입력 전원을 표현하는 데는 한계가 있다.

시간 영역에서 발생하는 복잡한 수식적인 관계를 표현하고 해석하는 것이 시스템해석의 기본이며 특히 선형 시스템의 경우에 입력(input)과 출력(output)과의 관계는 선형 미분방정식(differential equation)으로 표현된다. 시간 영역(time domain)에서 이러한 한계를 다른 영역으로 옮기면 매우 간단하게 표현되고 해석될 수 있으며 이를 변환 영역(transformed domain)이라 부른다. 이 변환 영역으로 옮기는 대표적인 방법이 Laplace 변환과 Fourier 변환이 있다. 특히 Laplace 변환은 시간 영역과 변환 영역으로의 이동이 편리할 뿐 아니라 시간 영역에서의 미분방정식이 단순한 대수방정식으로 전환되는 큰 매력이 있다. 따라서 시스템을 표현하고 나아가 해석하는 데는 Laplace 변환이 가장 중요한 수단이 된다.

이 장에서는 회로에서 나타나는 여러 미분방정식을 복소수 형태의 주파수 영역으로 바꾸어 주는 Laplace 변환을 다룬다. 복소 주파수 영역에서는 원하는 응답을 구하기 위해 필요한 대수적 계산을 쉽게 처리할 수 있다. 이를 역변환하면 시간 영역에서 응답을 구할 수 있다.

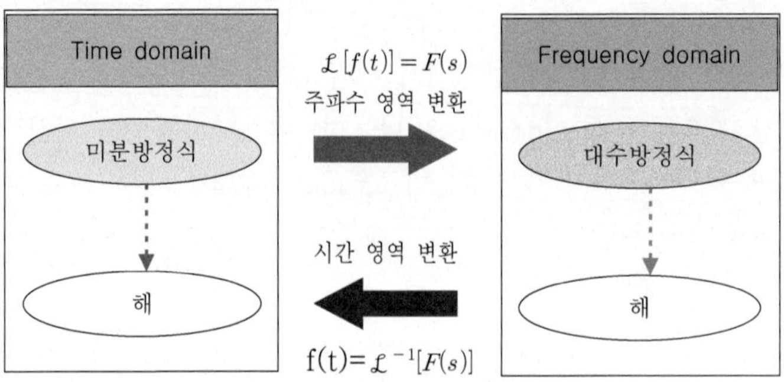

[그림 10-2] 시간 영역과 주파수 영역의 상호변환 관계

즉 주파수 영역뿐만 아니라, 범위를 넓혀 회로해석에서는 복소수 평면상에서 함수를 표현할 수 있는 Laplace 변환을 활용한다.

$$\int_0^\infty f(t)e^{-st}dt = F(s) \tag{10-1}$$

여기서 복소주파수(complex frequency)는 $s=\sigma \pm j\omega$를 나타낸다. 적분구간을 0에서 시작하는 이유는 시스템의 동작 시발점을 $t=0$으로 하는 것이 통상적이기 때문이다.

지금까지 알려진 여러 가지 변환들은 모두 지수함수를 이용해 정의하며 그 이유는 지수함수의 유용성 때문이다. 임의의 복소 지수함수는 $f(t)=e^{st}$이며 지수는 $s=\sigma \pm j\omega$로서 일반적인 복소수이다. 무엇보다도 지수함수는 미분과 적분연산에서도 함수 형태가 불변이란 점이다.

$$\frac{d}{dt}e^{st} = se^{st}, \quad \int e^{st}dt = \frac{1}{s}e^{st}$$

따라서 미분방정식의 강제 함수가 지수함수이면 미분과 적분연산은 변수 s의 곱셈과 나눗셈으로 대체될 수 있다는 사실이다. 나아가 지수신호는 신호 및 시스템의 해석에 필요한 여러 가지 신호를 포괄한다.

그림 10-3은 여러 가지 함수파형을 나타낸다. 회로이론에서 아주 중요한 위치를 차지하는 지수함수 e^{st}(s는 일반적으로 복소수이다)에서 s를 복소주파수(complex frequency)라 한다. s의 실수부 및 허수부의 값에 따라 e^{st}는 직류, 사인파, 지수적으로 변하는 파, 진폭이 지수적으로 변하는 진동파 등 여러 가지 파형을 대표한다. 따라서 모든 파형을 따로따로 취급할 필요 없이 e^{st}로 대표시켜 취급할 수 있다. 선형회로가 e^{st}로 구동될 때, 응답도 역시 e^{st}의 형식을 가진다. 즉 지수함수 $g(t)=e^{st}$에서 $s=0$이면 상수(일정) 형태로서 직류신호를 나타낸다. 반면에 $s=j\omega$와 같이 허수이면 Euler 정리로부터 삼각함수 $\sin\omega t$, $\cos\omega t$를 나타낼 수 있다. 또한, $s=\sigma$로 실수이면 (c), (d)와 같이 단순 감소, 단순 증가로 된다.

$$e^{st} = e^{(\sigma + j\omega)t} = e^{\sigma t}(\cos\omega t + j sin\omega t)$$

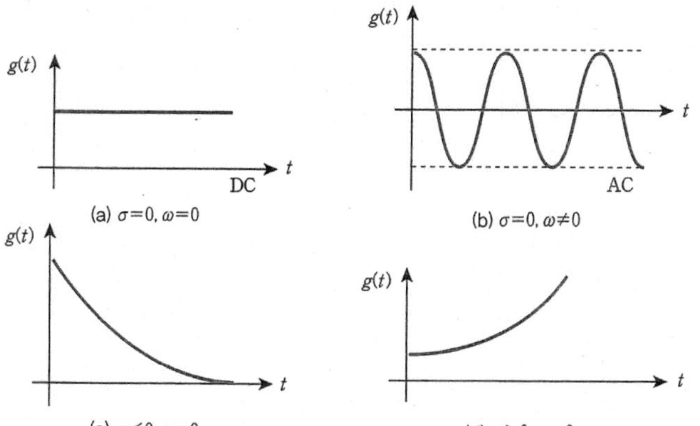

[그림 10-3] 복소주파수 s값에 따른 여러 가지 함수 파형

통상 출력/입력의 비를 회로망 함수라고 부른다. 교류회로 이론에서와 비슷하게 $j\omega$ 대신에 s로 바꾸어 $R \to R$, $L \to sL$, $C \to 1/sC$로 바꾸고 앞서 학습한 임피던스 개념을 확장하면 쉽게 구할 수 있다. 이렇게 구한 회로망 함수는 s의 유리함수가 되며 그 분모=0의 근을 극점(pole), 분자=0의 근을 영점(zero)이라 한다. 이는 앞에서 학습한 분모에서 자연주파수(특성근)와 일치하므로 극점을 알면 회로의 자연 응답(natural response)을 구할 수 있다.

영점과 극점은 회로망 함수를 특징짓는 방정식으로서, 복소 평면상에서 극점과 영점의 위치로부터 회로망 함수의 주파수 응답 곡선의 개형을 도식적으로 쉽게 구할 수 있다.

우리는 정상 상태의 교류신호에 대해 지금까지 극좌표를 이용하여 회로방정식을 시간 영역에서 주파수 영역으로 변환(페이저)하여 분석한 다음에 다시 시간 영역으로 문제의 해를 역변환하는 것을 학습해 왔다. 이처럼 페이저 변환은 회로방정식을 복소수의 대수방정식으로 바꾸어 준다. 그러나 초기 조건(동작 전의 초깃값)이 있으면 이 방식으로는 해석이 어려워진다.

Laplace 변환은 이들 초기 조건 및 정상 상태의 문제를 동시에 해결하는 일반적이고 강력한 방식을 제공한다. 그러나 무조건 Laplace 변환 기법을 작용하는 것은 현명하지 못하다. 종종 Laplace 변환법을 익힌 후에 회로계산을 포함한 해석을 잘 못 하게 된다고들 한다.

미분방정식을 푸는 Laplace 변환법은 수학적 근거를 가진 조직적인 방법이지만 초기에 혼란이 동반되고 회로 내에서 일어나는 물리적 현상에 대한 통찰력을 간과할 수 있다. 다음 두 경우들을 살펴보자.

[1] 정현파의 정상 상태 응답

가능하면 페이저 방식을 이용하는 것이 좋다. 단, 정현파신호가 갑자기 인가된 경우는 과도 상태이므로 페이저 기법을 적용해선 되지 않는다는 것을 명심해야 한다.

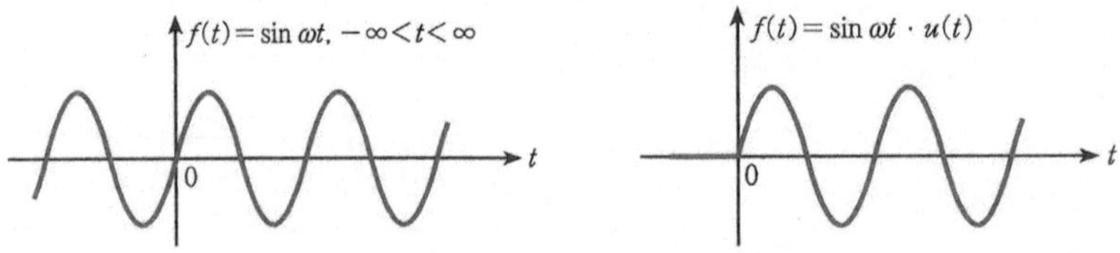

(a) 정상 상태 (b) 과도 상태

[그림 10-4] 페이저는 정상 상태의 정현파에 적용한다.

통상 페이저를 사용할 수 있는 경우가 훨씬 많으므로 페이저 활용에 익숙해야 한다. 그림 10-4(b)의 경우에 Laplace 변환을 적용하면 훨씬 유용하다는 것이다.

[2] 계단파, 지수함수, 정현파

1차 또는 2차 회로에서 위와 같은 매우 간단한 경우에는 고전적인 시간함수 해석법으로 활용하길 바란다. 특히 1차 회로에서 계단파의 응답은 초기치, 최종치, 시상수(τ: 시정수)로써 지수함수적으로 해결하는 간단한 방법을 활용토록 한다. 2차 회로에서 과도감쇠(overdamping), 부족 감쇠(underdamping), 임계 감쇠(critical damping), 비 감쇠(undamping)를 충분히 활용하길 바란다.

10-1-2 회로에서 필요한 여러 가지 소자별 변환

지금부터 우리는 회로해석의 강력한 도구인 Laplace 변환을 회로에 접목하기 전에 무엇을 익혀야 하는지를 살펴보자. 그림 10-5는 제7장에서 회로해석을 페이저로 학습한 회로이다. 통상 정상 상태 해석은 페이저를 이용하면 충분하지만, 인덕터 전류의 초깃값 $i(t=0^-)$와 커패시터 전압은 초깃값 $v(t=0^-)$을 가질 수 있으므로 초기 조건 해석은 어렵다. 또한, 교류신호인 전압원도 $t=0$에서 동작한다는 점이 다르다.

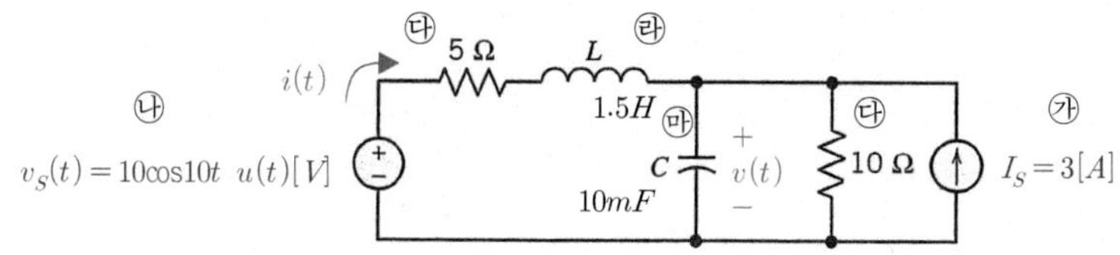

[그림 10-5] 어떤 회로에서 Laplace 변환에 필요한 요소 분석

그러나 초기 조건(동작 시작 전의 값)까지도 고려하여 위 회로에서 전압 및 전류를 해석하려면 먼저 Laplace 변환을 활용하여 전원 및 각 소자들의 처리 기법을 익혀야 한다.

1> 상수(constant): 직류 전압원(V_{dc}) 또는 직류 전류원(I_{dc})

$f(t) = I_S = 3[A]$인 상수에 대해 $\int_0^\infty f(t)e^{-st}dt = F(s)$이므로

$$F(s) = \int_0^\infty 3e^{-st}dt = 3\left(\frac{1}{-s}\right)e^{-st}\Big|_0^\infty = \frac{3}{s} \qquad (10\text{-}2)$$

즉 상수 k의 Laplace 변환은 k/s 값을 가진다.

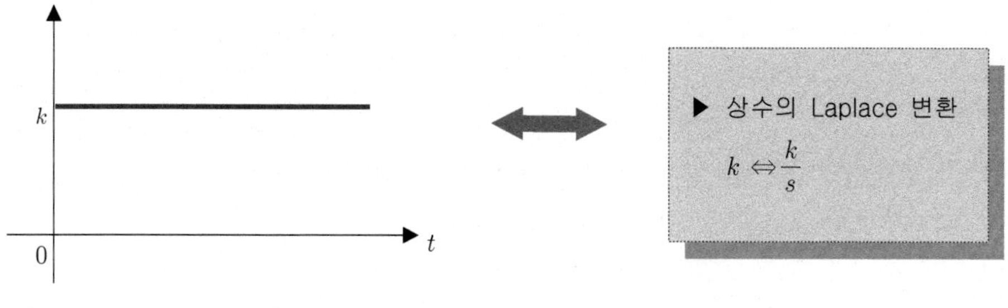

통상 그림과 같이 $u(t)$는 $u(t-0)$와 동일이므로 시간 $t=0$에서 크기 1로 되는 단위 계단 함수(unit step function)를 나타낸다. 따라서 이것의 Laplace 변환은 $1/s$이 된다.

2> 삼각함수: 정현파 전압 또는 전류(v_{ac})

<1> $\cos\omega t$

위의 회로에서 전압원 $v_S(t)=10\cos 10t$ 이므로 이를 변환해 보자. 제4장에서 학습한 Euler 정리인 $e^{j\theta}=\cos\theta+j\sin\theta$ 의 관계를 이용하면 다음과 같다.

$$\cos\theta=\frac{e^{j\theta}+e^{-j\theta}}{2}=\frac{e^{j\omega t}+e^{-j\omega t}}{2} \qquad (10\text{-}3)$$

여기서 우선 지수함수의 Laplace 변환을 알 필요가 있다.

$f(t)=e^{j\omega t}$에 대해 $\int_0^\infty f(t)e^{-st}dt=F(s)$ 이므로

$$F(s)=\int_0^\infty e^{j\omega t}e^{-st}dt=\int_0^\infty e^{-(s-j\omega)t}dt=\frac{1}{s-j\omega}$$

또한, $f(t)=e^{-j\omega t}$는 $F(s)=\frac{1}{s+j\omega}$로 된다.

따라서 함수 $f(t)=\cos\omega t$ 는 다음과 같이 변환된다.

$$F(s)=\mathcal{L}(\cos\omega t)=\frac{1}{2}\left(\frac{1}{s-j\omega}+\frac{1}{s+j\omega}\right)=\frac{s}{s^2+\omega^2}$$

▶ 지수함수 Laplace 변환

$$e^{-at}\Leftrightarrow\frac{1}{s+a}$$

<2> $\sin\omega t$

Euler 정리인 $e^{j\theta}=\cos\theta+j\sin\theta$ 의 관계를 이용하면 다음과 같다.

$$\sin\theta=\frac{e^{j\theta}-e^{-j\theta}}{j2}=\frac{e^{j\omega t}-e^{-j\omega t}}{j2} \qquad (10\text{-}4)$$

$$F(s)=\mathcal{L}(\sin\omega t)=\frac{1}{j2}\left(\frac{1}{s-j\omega}-\frac{1}{s+j\omega}\right)=\frac{\omega}{s^2+\omega^2}$$

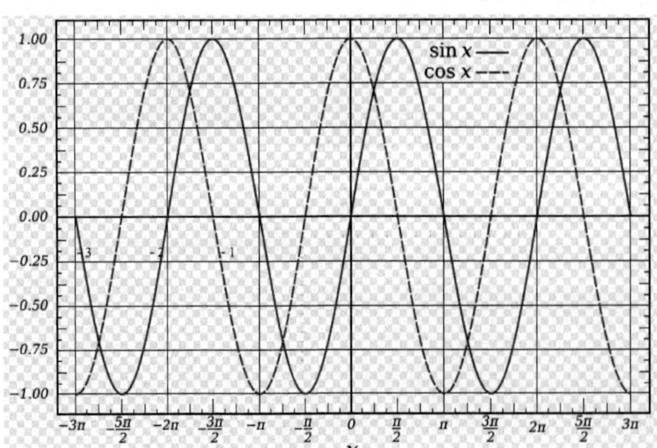

▶ $\cos\omega t$ 의 Laplace 변환

$$\cos\omega t\Leftrightarrow\frac{s}{s^2+\omega^2}$$

▶ $\sin\omega t$의 Laplace 변환

$$\sin\omega t\Leftrightarrow\frac{\omega}{s^2+\omega^2}$$

다음으로 수동 소자인 저항, 인덕터 및 커패시터의 전압과 전류 관계를 나타내 보자.

3> 저항(R)

Ohm 법칙에 의거하여 $v(t)=Ri(t)$이므로 복소주파수 영역(s영역)으로 바꾸면 간단히 $V(s)=RI(s)$로 된다.

4> 인덕터(L)

앞에서 학습한 것과 같이 인덕터에서 전압과 전류와의 관계는 다음과 같다.

$$v=L\frac{di}{dt} \tag{10-5}$$

우리는 부분 분수(partial fraction)의 미분 형태를 기억하고 있다.

$(fg)'=f'g+fg'$로부터　$fg'=(fg)'-f'g$　(10-6)

이를 활용하여 미분 형태를 Laplace 변환으로 변환을 시행해 보자.

$$F(s)=\int_0^\infty f(t)e^{-st}dt=\left[f(t)(\frac{e^{-st}}{-s})\right]_0^\infty-\int_0^\infty f'(t)(\frac{e^{-st}}{-s})dt$$
$$=\left[\frac{f(0)}{s}\right]+\frac{1}{s}\int_0^\infty f'(t)e^{-st}dt$$

정리하면 다음과 같다.

$$\mathcal{L}[f'(t)]=\int_0^\infty f'(t)e^{-st}dt=sF(s)-f(0)$$

▶ 1차 미분의 Laplace 변환
$f'(t)\Leftrightarrow sF(s)-f(0)$

좀 더 확장하여 2차 미분 형태를 Laplace 변환하면 다음과 같다.

$$\mathcal{L}[f''(t)]=\int_0^\infty f''(t)e^{-st}dt=s\{sF(s)-f(0)\}-f'(0)=s^2F(s)-sf(0)-f'(0)$$

시간 영역의 미분방정식을 통해 회로를 표현하고, Laplace 변환을 이용하여 미분방정식을 대수방정식으로 변환할 수 있다. 이 변환을 이용하여 회로를 주파수 영역에서 표현하고 대수방정식으로 쉽게 해석할 수 있다는 것을 알 수 있다. 즉 이 방법을 이용하면 회로를 표현하기 위해 미분방정식을 사용할 필요가 없게 된다.

$$V(s)=L\{sI(s)-i(0)\}\ =sLI(s)-Li(0) \tag{10-7}$$

위의 식을 전류로 변환해 보자.

$$I(s)=\frac{1}{sL}V(s)+\frac{1}{s}i(0) \tag{10-8}$$

따라서 회로해석에 인덕터에서 전압-전류 관계를 다음 회로로 대치할 수 있다.

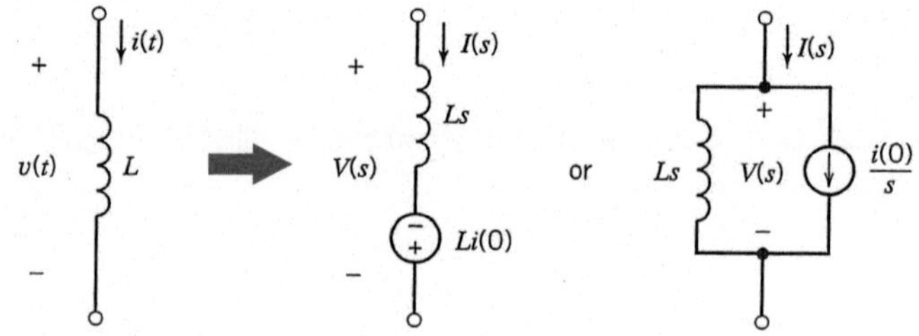

(a) 인덕터 변환 (b) 전압 기준 변환 (c) 전류 기준 변환

[그림 10-6] 인덕터의 초기 조건을 고려한 Laplace 변환

5> 커패시터(C)

앞에서 학습한 것과 같이 커패시터에서 전압과 전류와의 관계는 다음과 같다.

$$i=C\frac{dv}{dt} \tag{10-9}$$

전압을 구하기 위해 변형하면 다음과 같은 적분 형태가 된다.

$$v(t)=\frac{1}{C}\int_0^t i(x)dx+v(0) \tag{10-10}$$

여기서 적분 형에 대해 Laplace 변환을 구하자. 부분 분수 적분을 이용하여

$fg'=(fg)'-f'g$에서 $f=\int_0^t i(x)dx$이고 $g'=dg=e^{-st}dt$라 하면

$$\int_0^\infty [\int_0^t i(x)dx]e^{-st}dt=\left[\int_0^t i(x)dx(\frac{e^{-st}}{-s})\right]_0^\infty-\int_0^\infty i(t)(\frac{e^{-st}}{-s})dt$$

$$=0+\frac{1}{s}\int_0^\infty i(t)e^{-st}dt=\frac{I(s)}{s}$$

$$V(s)=\frac{1}{sC}I(s)+\frac{1}{s}v(0)$$

▶ 1차 적분의 Laplace 변환

$$\int_0^t f(t)dt \Leftrightarrow \frac{1}{s}F(s)$$

위의 미분식을 이용해 보자.

$I(s) = C\{sV(s) - v(0)\}$에서 전압에 대해 정리하면 같은 결과가 나온다.

$$V(s) = \frac{1}{sC}I(s) + \frac{1}{s}v(0) \qquad (10\text{-}11)$$

이와 같이 시간함수인 적분도 Laplace 변환으로 대수 방정식으로 간략히 표현할 수 있다. 커패시터에 대한 전압-전류 관계를 다음과 같은 회로로 대치할 수 있다.

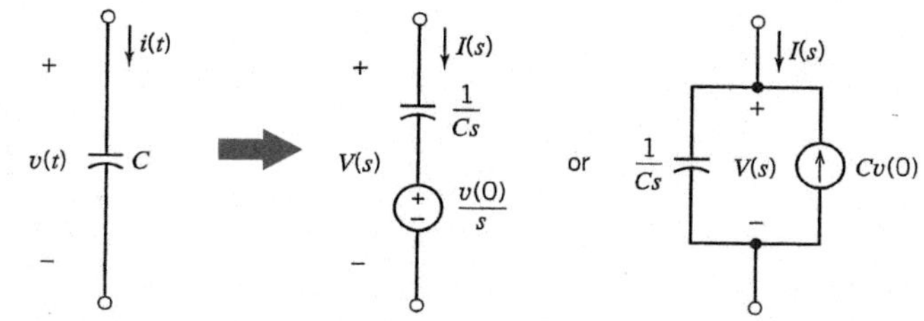

(a) 커패시터 변환 (b) 전압 기준 변환 (c) 전류 기준 변환

[그림 10-7] 커패시터의 초기 조건을 고려한 Laplace 변환

예제1

함수 $f(t) = \cos\omega t$에 대해 2차 미분의 Laplace 변환이 성립함을 확인하시오.

[해]

1> 먼저 주어진 함수 $f(t) = \cos\omega t$를 1차 미분하면 $f'(t) = -\omega\sin\omega t$이고 2차 미분하면 $f''(t) = -\omega^2\cos\omega t$이 된다.

이를 Laplace 변환하면 다음과 같다.

$$\mathcal{L}[f''(t)] = \mathcal{L}[-\omega^2\cos\omega t] = (-\omega^2)\frac{s}{s^2+\omega^2} = \frac{-\omega^2 s}{s^2+\omega^2}$$

2> 어떤 함수의 2차 미분에 대한 Laplace 변환은 다음과 같다.

$$\int_0^\infty f''(t)e^{-st}dt = s\{sF(s) - f(0)\} - f'(0) = s^2F(s) - sf(0) - f'(0)$$

여기서 $f(0) = 1$, $f'(0) = 0$이므로

$$\mathcal{L}[f''(t)] = \frac{s^3}{s^2+\omega^2} - s(1) + 0 = \frac{-\omega^2 s}{s^2+\omega^2}$$

10-1-3 기타 유용한 변환

Laplace 변환과 관련된 몇 가지 유용한 변환 기법을 익혀 보자.

1> t와 $tf(t)$

Laplace 변환의 정의로부터 $\int_0^{\infty} f(t)e^{-st}dt = F(s)$를 변수 s에 대해 1차 미분을 시행하면 다음과 같은 결과가 된다.

$$\frac{dF(s)}{ds} = \frac{d}{ds}\int_0^{\infty} f(t)e^{-st}dt = \int_0^{\infty} -tf(t)e^{-st}dt \tag{10-12}$$

즉 1차 시간함수 t와 어떤 함수의 곱의 Laplace 변환은 Laplace 변환된 함수 F(s)를 주파수에 대한 1차 미분한 것에 -1를 곱한 것과 같다는 것이다. 이를 이용하여 많은 경우에 대해 Laplace 변환이 가능하다.

▶ 시간과 함수의 곱

$$\int_0^{\infty} [tf(t)]e^{-st}dt \Leftrightarrow -\frac{dF(s)}{ds}$$

이 특성을 활용하여 많은 Laplace 변환을 처리할 수 있다.

예제2

$f(t) = t^2u(t)$의 Laplace 변환은?

[해]

$f(t) = t \times tu(t)$이므로

먼저 $f_1(t) = u(t)$를 Laplace 변환하면 $\frac{1}{s} = F_1(s)$이다.

$tu(t)$를 Laplace 변환하면 $-\frac{dF_1(s)}{ds}$이므로 이를 적용하면 다음과 같다.

$$-\frac{dF_1(s)}{ds} = \frac{1}{s^2} = F_2(s)$$

마지막으로 $tf_2(t) = t[tu(t)]$를 Laplace 변환하면

$$-\frac{dF_2(s)}{ds} = \frac{2}{s^3}$$

2>시간 이동(시간 지연): $f(t-\tau)$, $g(t-T)$

먼저 어떤 함수가 시간적으로 τ만큼 지연된 경우를 그림으로 나타내보자.

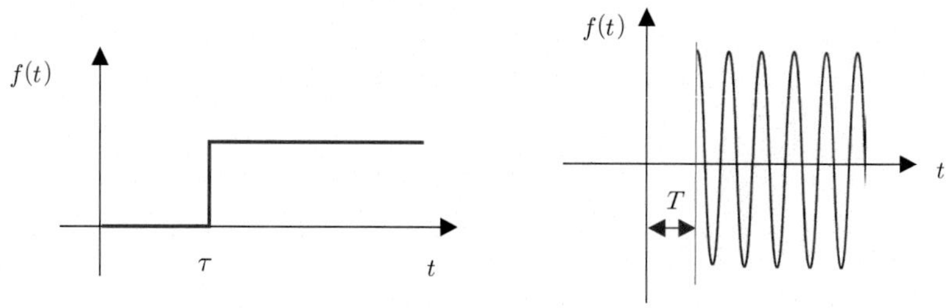

(a) τ만큼 지연 (b) T만큼 지연

[그림 10-8] 시간적으로 지연된 함수

그림 10-9는 시간 τ와 T만큼 지연된 파형을 나타내며 각각 다음과 같이 표현한다.

$$f(t-\tau)u(t-\tau) \text{ and } g(t-T)u(t-T)$$

이 함수에 대해 Laplace 변환을 수행하자.

$$L[f(t-\tau)u(t-\tau)] = \int_0^\infty f(t-\tau)u(t-\tau)e^{-st}dt$$

여기서 $t-\tau=x$라 하면 $dt=dx$이므로 다음과 같이 변경할 수 있다.

$$L[f(t-\tau)u(t-\tau)] = \int_0^\infty f(x)u(x)e^{-s(\tau+x)}dx$$

$$= e^{-s\tau}\int_0^\infty f(x)e^{-sx}dx = e^{-s\tau}F(s) \qquad (10\text{-}13)$$

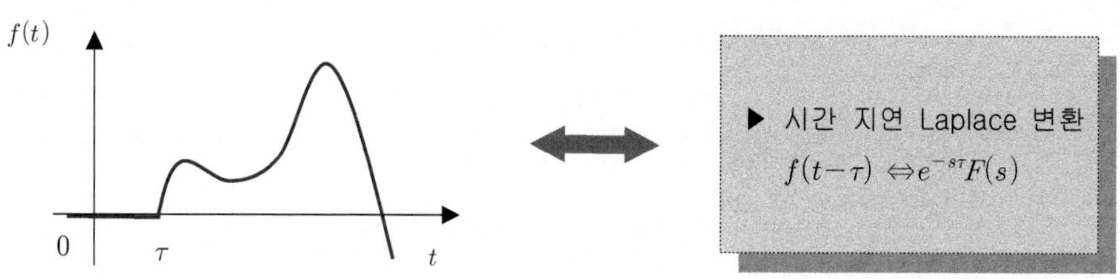

[그림 10-9] 시간적으로 지연된 함수 $f(t)$는 $e^{-s\tau}F(s)$로 된다.

복습문제

$f(t) = \cos\omega(t-T)u(t-T)$ 와 $g(t) = \cos(\omega t+\theta)u(t)$ 를 각각 Laplace 변환하시오.

[해] $F(s) = e^{-Ts}\left(\dfrac{s}{s^2+\omega^2}\right)$, $G(s) = \dfrac{s\cos\theta - \omega\sin\theta}{s^2+\omega^2}$

예제3

다음 그래프에 나타낸 함수를 Laplace 변환하시오.

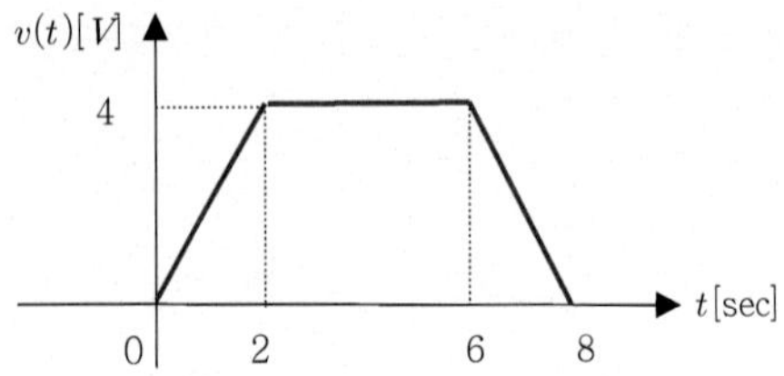

[해]

위 시간 영역 그래프를 각 구간별로 분리하여 변환한다. 그림으로 확인하기 바란다.

1> 위 함수는 시간 0에서 2초까지는 기울기가 2이다.

$f_1(t) = 2tu(t)$

2> 시간 2에서 6까지 구간은 위 함수에서 같은 기울기로 빼면 수평을 유지한다.

$f_2(t) = -2(t-2)u(t-2)$

3> 시간 6에서 8까지 구간은 위 함수에서 같은 기울기로 빼면 하향 곡선을 유지한다.

$f_3(t) = -2(t-6)u(t-6)$

4> 시간 8에서 그 뒤의 구간은 위 함수에서 같은 기울기로 더하면 수평을 유지한다.

$f_4(t) = 2(t-8)u(t-8)$

따라서 위 그래프는 이들 함수의 합이므로 Laplace 변환은 다음과 같다.

$$F(s) = \frac{2}{s^2} - \frac{2e^{-2s}}{s^2} - \frac{2e^{-6s}}{s^2} + \frac{2e^{-8s}}{s^2}$$

3> $\dfrac{f(t)}{t}$

정의에 의해 다음을 처리해 보자.

$$\int_s^\infty F(s)ds = \int_s^\infty \left(\int_0^\infty f(t)e^{-st}dt\right)ds = \int_0^\infty \left(\int_s^\infty f(t)e^{-st}ds\right)dt$$

$$= \int_0^\infty f(t)\left[\frac{1}{-t}e^{-st}\Big|_s^\infty RIGHT\right]dt = \int_0^\infty f(t)\frac{1}{(-t)}(e^{-\infty t} - e^{-st})dt$$

$$= \int_0^\infty \left[\frac{f(t)}{t}e^{-st}\right]dt = \mathcal{L}\left[\frac{f(t)}{t}\right] \qquad (10\text{-}14)$$

[표 10-1] Laplace 변환 테이블

함수	변환	함수	변환
♣ 단위 임펄스함수 $\delta(t)$	1	♣ 시간 1차 미분함수 $f'(t) = \frac{d}{dt}f(t)$	$sF(s) - f(0)$
♣ 단위 계단함수 $u(t)$	$\frac{1}{s}$	♣ 시간 1차 적분함수 $\int_0^t f(t)dt$	$\frac{1}{s}F(s)$
♣ t^n시간함수 t^n	$\frac{n!}{s^{n+1}}$	♣ 시간축 scaling함수 $f(at)$	$\frac{1}{a}F(\frac{s}{a})$
♣ 지수함수 e^{-at}, e^{at}	$\frac{1}{s+a}$, $\frac{1}{s-a}$	$tf(t)$	♣ 주파수 1차 미분함수 $\frac{-dF(s)}{ds}$
♣ 삼각함수 $\cos\omega t$, $\sin\omega t$	$\frac{s}{s^2+\omega^2}$, $\frac{\omega}{s^2+\omega^2}$	$\frac{f(t)}{t}$	♣ 주파수 1차 적분함수 $\int_s^\infty F(s)ds$
♣ 시간축 이동함수 $u(t-T)$	$\frac{1}{s}e^{-Ts}$	$e^{\mp at}f(t)$	♣ 주파수축 이동함수 $F(s \pm a)$

4> 주기함수

$t \geq 0$에 대해 주기(period)가 T인 어떤 함수 $f(t)$는 다음과 같이 표기한다.

$$f(t) = f(t+nT) \qquad n = 0,\ \pm 1,\ \pm 2,\ \ldots \tag{10-15}$$

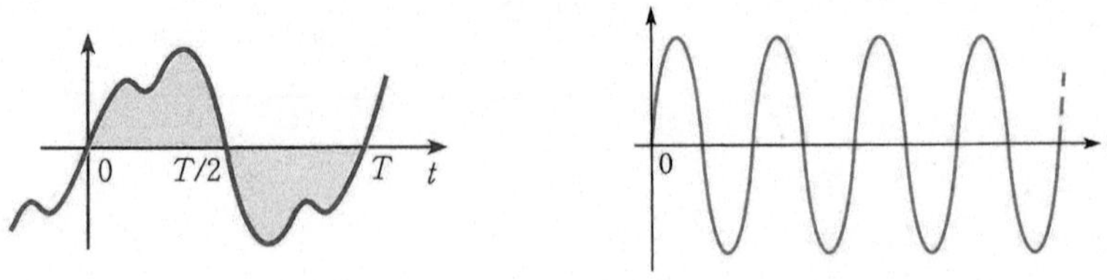

(a) 주기함수 (b) 정현파

[그림 10-13] 주기함수의 정의 및 대표적 파형

만약 함수 $f(t)$가 구간 [0, INF에서 부분 연속이고, 주기가 T인 경우 Laplace 변환을 구하자.

$$F(s) = \mathcal{L}[f(t)] = \int_0^\infty f(t)e^{-st}dt = \int_0^T f(t)e^{-st}dt + \int_T^\infty f(t)e^{-st}dt \tag{10-16}$$

여기서 $t = k + T$라고 하면 $dt = dk + 0$이 되어 두 번째 항을 다음과 같이 바꿀 수 있다.

$$\int_T^\infty f(t)e^{-st}dt = \int_0^\infty f(k)e^{-s(t+T)}dt = (e^{-sT})\int_0^\infty f(k)e^{-st}dt$$
$$= e^{-sT}F(s) \tag{10-17}$$

이를 대입하여 정리하면 다음과 같이 1주기에 대해 적분하고 $1 - e^{-sT}$로 나누면 된다.

$$F(s) = \frac{1}{1 - e^{-sT}}\int_0^T f(t)e^{-st}dt \tag{10-18}$$

복습문제

다음 주기가 T인 전류함수 $i(t)$의 Laplace 변환을 구하시오.

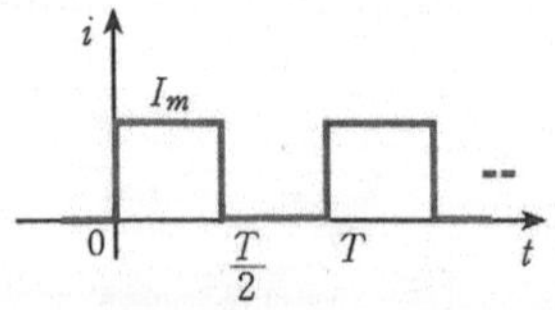

10-2 Laplace 역변환

역변환(inverse transform)이란 주파수 영역 함수에서 시간 영역 함수로 되돌리는 것을 말한다. 역변환은 다음과 같이 표기한다.

$$f(t) = \mathcal{L}^{-1}[F(s)] \qquad (10\text{-}19)$$

통상 $F(s)$로부터 역변환을 구하고자 할 때, $F(s)$를 부분분수로 확장(partial fraction expansion)시켜 다항식을 얻어, 각각의 항에 대해 역변환을 한다. 이렇게 하는 목적은 Laplace 변환과 짝을 맞추어 역변환을 쉽게 처리할 수 있기 때문이다.

10-2-1 부분분수(partial fraction) 전개

함수 $F(s)$는 s에 관한 다항식의 비를 나타내므로 유리함수(proper rational function)이다. 여기서 차수 $m<n$이다.

$$F(s) = \frac{N(s)}{D(s)} = k\frac{(s+z_1)(s+z_2)(s+z_3)\dots(s+z_m)}{(s+p_1)(s+p_2)(s+p_3)\dots(s+p_n)}$$

$$= \frac{k_1}{s+p_1} + \frac{k_2}{s+p_2} + \dots + \frac{k_m}{s+p_n} \qquad (10\text{-}20)$$

분모 다항식 $D(s)$의 해는 방정식 $D(s)=0$의 해이므로, 이들 근들을 $F(s)$의 극점(poles)이라 한다. 반면 분자 다항식 $N(s)=0$의 해인, 이들 근들을 $F(s)$의 영점(zeros)이라 한다.

1> 서로 다른 실근

$$F(s) = \frac{24(s+5)(s+12)}{s(s+8)(s+6)}$$

분모를 인수 분해하여 부분분수로 처리하자.

$$F(s) = \frac{24(s+5)(s+12)}{s(s+8)(s+6)} = \frac{A}{s} + \frac{B}{s+8} + \frac{C}{s+6}$$

위 식으로부터 부분분수 전개에서 세 개의 계수를 구한다.

$$A = sF(s)|_{s=0} = \left.\frac{24(s+5)(s+12)}{(s+8)(s+6)}\right|_{s=0} = 30$$

$$B = (s+8)F(s)|_{s=-8} = \left.\frac{24(s+5)(s+12)}{s(s+6)}\right|_{s=-8} = -18$$

$$C = (s+6)F(s)|_{s=-6} = \left.\frac{24(s+5)(s+12)}{s(s+8)}\right|_{s=-6} = 12$$

이로부터 역변환을 수행하자.

$$F(s)=\frac{24(s+5)(s+12)}{s(s+8)(s+6)}=\frac{30}{s}+\frac{-18}{s+8}+\frac{12}{s+6}$$

$$f(t)=\mathcal{L}^{-1}[F(s)]$$

최종적인 시간함수는 다음과 같다.

$$f(t)=(30-18e^{-8t}+12e^{-6t})u(t)$$

2> 중복 실근

$$I(s)=\frac{4s^2}{(s+3)^3}$$

분모를 인수분해하여 부분분수로 처리하자. 이 함수는 중복(3중근 극점) 실근을 가진다는 것이다.

$$I(s)=\frac{4s^2}{(s+3)^3}=\frac{A}{(s+3)^3}+\frac{B}{(s+3)^2}+\frac{C}{(s+3)} \qquad (10\text{-}21)$$

위 식으로부터 부분분수 전개에서 세 개의 계수를 구한다. 첫 번째 계수 A는 쉽게 구할 수 있으나 다른 두 계수들인 B, C는 앞의 방법으로 구할 수 없다. 그러면 어떻게 구해야 하는가? 위의 계수는 식 (10-21)을 통분하여 구하여도 동일하다. 또 하나의 방법으로 1차 미분과 2차 미분으로 구할 수 있다. 이것의 원리를 확인해 보기 바란다.

$$A=sF(s)|_{s=-3}=4s^2\big|_{s=-3}=36$$

$$B=\frac{1}{1!}\frac{d}{ds}((s+3)^3F(s))\bigg|_{s=-3}=\frac{d}{ds}(4s^2)|_{s=-3}=-24$$

$$C=\frac{1}{2!}\frac{d^2}{ds^2}((s+3)^3F(s))\bigg|_{s=-3}=\frac{1}{2!}\frac{d}{ds}(8s)\bigg|_{s=-3}=\frac{1}{2!}(8)\bigg|_{s=-3}=4$$

계수를 정리하면 다음과 같다.

$$I(s)=\frac{4s^2}{(s+3)^3}=\frac{36}{(s+3)^3}+\frac{-24}{(s+3)^2}+\frac{4}{(s+3)}$$

최종적으로 Laplace 역변환 $i(t)=\mathcal{L}^{-1}[I(s)]$을 수행한다.

$$i(t)=(36\times\frac{1}{2}t^2e^{-3t}-24te^{-3t}+4e^{-3t})u(t)=(18t^2e^{-3t}-24te^{-3t}+4e^{-3t})u(t)$$

3> 서로 다른 복소근

$$F(s)=\frac{4s+1}{(s+1)(s^2+4s+13)}$$

분모를 인수분해하여 부분분수로 처리하자.

$s^2+4s+13=0$은 $(s+2-j3)(s+2+j3)=0$이므로 이를 이용하면 다음과 같다.

$$F(s)=\frac{4s+1}{(s+1)(s^2+4s+13)}=\frac{A}{s+1}+\frac{B_1}{s+2-j3}+\frac{B_2}{s+2+j3} \qquad (10\text{-}22)$$

위 식으로부터 부분분수 전개에서 세 개의 계수를 구한다.

$$A=(s+1)F(s)|_{s=-1}=\left.\frac{4s+1}{s^2+4s+13}\right|_{s=-1}=-0.3$$

$$B_1=(s+2-j3)F(s)|_{s=-2+j3}=\left.\frac{4s+1}{(s+1)(s+2+j3)}\right|_{s=-2+j3}=\frac{-7+j12}{-18-j6}=0.73e^{-j78.2}$$

$$B_2=(s+2+j3)F(s)|_{s=-2-j3}=\left.\frac{4s+1}{(s+1)(s+2-j3)}\right|_{s=-2-j3}=0.73e^{j78.2}$$

위의 결과에서 복소근의 계수 B_1과 B_2는 서로 복소공액(complex conjugate)이다. 물론 위의 계수는 식 (10-22)를 통분하여 계수 비교법으로 구할 수 있다.

이로부터 Laplace 역변환을 수행하자.

$$\begin{aligned}
f(t)&=\mathcal{L}^{-1}[F(s)]\\
&=\mathcal{L}^{-1}[\frac{-0.3}{s+1}]+\mathcal{L}^{-1}[\frac{0.73e^{-j78.2}}{s+2-j3}]+\mathcal{L}^{-1}[\frac{0.73e^{j78.2}}{s+2+j3}]\\
&=0.3e^{-t}u(t)+0.73e^{-2t}[e^{j(3t-78.2^\circ)}+e^{-j(3t-78.2^\circ)}]u(t)\\
&=0.3e^{-t}u(t)+0.73e^{-2t}\cdot 2[\frac{e^{j(3t-78.2^\circ)}+e^{-j(3t-78.2^\circ)}}{2}]u(t)\\
&=0.3e^{-t}u(t)+0.73e^{-2t}\cdot 2\cos(3t-78.2^\circ)u(t)\\
&=0.3e^{-t}u(t)+1.46e^{-2t}\cos(3t-78.2^\circ)u(t)
\end{aligned}$$

서로 다른 복소근일 경우에 별로 문제가 되지 않는다. 단지 계수에서 복소공액의 특징을 살려 Euler 공식을 활용하여 삼각함수로 처리하면 된다.

4> 중복 복소근

$$F(s)=\frac{128}{(s^2+6s+25)^2}$$

역변환을 수행하기 위해 먼저 부분분수를 전개하자.

$$F(s)=\frac{128}{(s^2+6s+25)^2}=\frac{128}{(s+3-j4)^2(s+3+j4)^2}$$

$$=\frac{A_1}{(s+3-j4)^2}+\frac{A_2}{(s+3+j4)^2}+\frac{B_1}{(s+3-j4)}+\frac{B_2}{(s+3+j4)} \tag{10-23}$$

계수를 구해 보자.

$$A_1=(s+3-j4)^2F(s)\Big|_{s=-3+j4}=-12$$

$$A_2=(s+3+j4)^2F(s)\Big|_{s=-3-j4}=-12$$

$$B_1=\frac{d}{ds}(s+3-j4)^2F(s)\Big|_{s=-3+j4}=-j3=3\angle-90^\circ$$

$$B_2=\frac{d}{ds}(s+3+j4)^2F(s)\Big|_{s=-3-j4}=j3=3\angle 90^\circ$$

정리하면 다음과 같다.

$$F(s)=\frac{-12}{(s+3-j4)^2}+\frac{-12}{(s+3+j4)^2}+\frac{3\angle-90^\circ}{(s+3-j4)}+\frac{3\angle 90^\circ}{(s+3+j4)}$$

부분분수로 간략화된 함수에 대해 Laplace 역변환을 수행하자.

$$\mathcal{L}^{-1}[F(s)]=f(t)$$

$$=-12t(e^{-(3-j4)t})-12t(e^{-(3+j4)t})$$
$$+(3\angle-90^\circ)(e^{-(3-j4)t})+(3\angle 90^\circ)(e^{-(3+j4)t})$$

$$=-12te^{-3t}e^{-j4t}-12te^{-3t}e^{j4t}+3e^{-j90^\circ}e^{-3t}e^{-j4t}+3e^{j90^\circ}e^{-3t}e^{j4t}$$

$$=-12te^{-3t}(e^{-j4t}+e^{j4t})+3e^{-3t}(e^{-j4t}e^{-j90^\circ}+e^{j4t}e^{j90^\circ})$$

$$=-12te^{-3t}(e^{-j4t}+e^{j4t})+3e^{-3t}(e^{-j(4t+90^\circ)}+e^{j(4t+j90^\circ)})$$

$$=-12te^{-3t}(2)\left(\frac{e^{-j4t}+e^{j4t}}{2}\right)+3e^{-3t}(2)\left(\frac{e^{-j(4t+90^\circ)}+e^{j(4t+j90^\circ)}}{2}\right)$$

$$=-24te^{-3t}\cos 4t+6e^{-3t}\cos(4t-90^\circ)$$

$$=(-24te^{-3t}\cos 4t+6e^{-3t}\sin 4t)u(t)$$

10-2-2 컨벌루션(convolution)

$G(s)=\int_0^\infty g(t)e^{-st}dt=\int_0^\infty g(\tau)e^{-s\tau}d\tau$에 $F(s)$를 곱하면 어떤 결과 나오는가?

$G(s)F(s)=\int_0^\infty g(\tau)e^{-s\tau}F(s)d\tau$이 되며 시간 이동(시간 지연) 특성에서 다음 관계를 이용한다.

$$L[f(t-\tau)]=e^{-s\tau}F(s)$$

$$G(s)F(s)=\int_0^\infty g(\tau)L[f(t-\tau)]d\tau$$

$$=\int_0^\infty g(\tau)\left[\int_0^\infty f(t-\tau)e^{-st}dt\right]d\tau$$

적분 순서를 다시 배열하여 정리하면 다음과 같다.

$$G(s)F(s)=\int_0^\infty e^{-st}\left[\int_0^t g(\tau)f(t-\tau)d\tau\right]dt \qquad (10\text{-}24)$$

이는 [ ]를 Laplace 변환한 것과 같다. 이를 컨벌루션이라 하며 그 의미를 살펴보자.

$$f(t)*g(t)=\int_0^t f(\tau)g(t-\tau)d\tau=F(s)G(s)$$

주파수 영역에서는 $G(s)F(s)$이지만 시간 영역에서는 단순히 $g(t)f(t)$가 아니라는 것이다. 이를 관계를 표시하기 위해 기호 * 를 도입하지만 곱셈 연산을 의미하지 않는다.

The convolution of f and g is written f∗g, using an asterisk or star. It is defined as the integral of the product of the two functions after one is reversed and shifted.

Step 1: $f(t)$와 $g(t)$ 함수를 그린다.

Step 2: $f(\tau)$와 $g(t-\tau)$를 그려보자.

모든 그림에서 $f(\tau)$는 변하지 않는다.

$g(t-\tau)$를 그리기 위해서, 먼저 $g(\tau)$를 수직축(y축)을 기준으로 대칭 이동하여 $g(-\tau)$을 구하고 $g(-\tau)$를 τ축을 따라서 t만큼 평행 이동한다.

Step 3: 출력은 $f(\tau)$와 $g(t-\tau)$의 곱의 적분값이다.

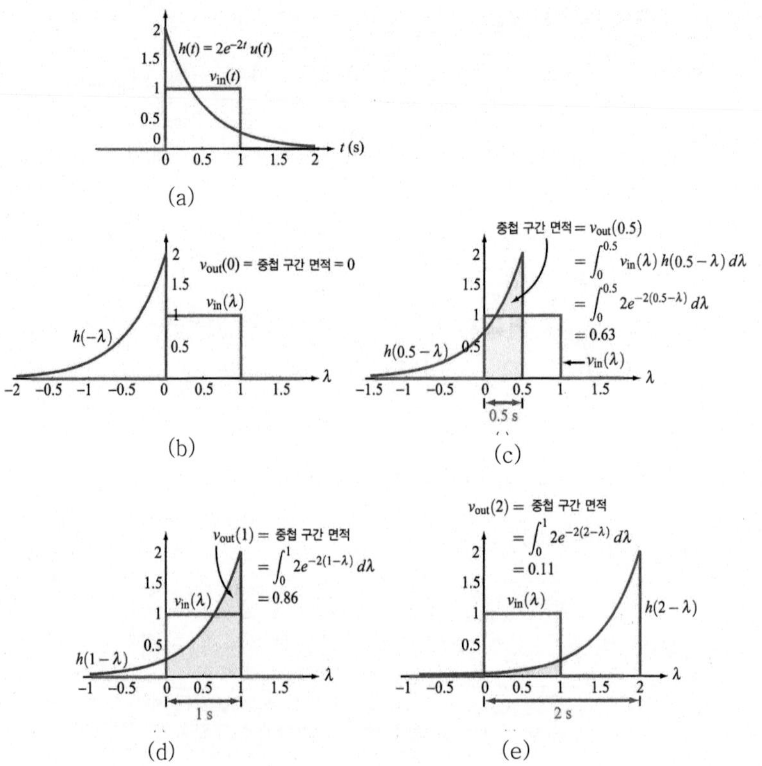

[그림 10-10] 컨벌루션의 단계별 의미

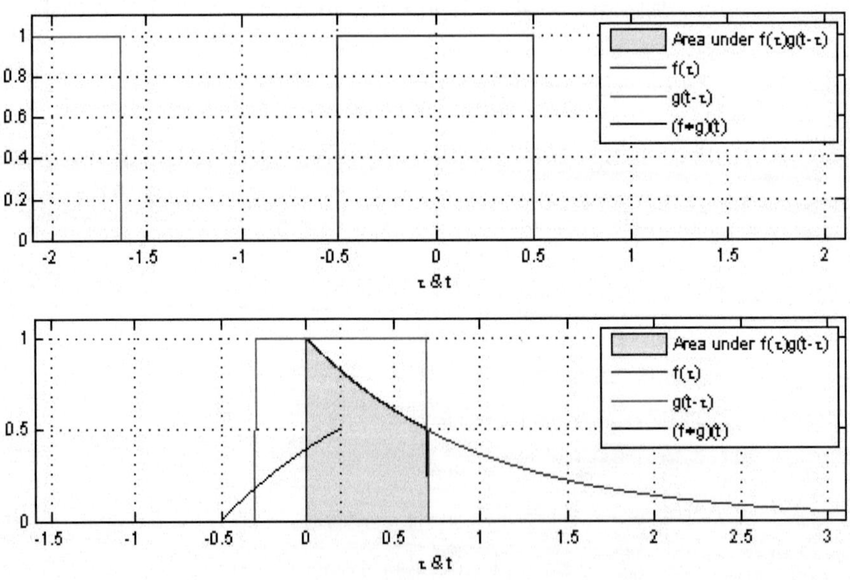

[그림 10-11] 두 종류의 컨벌루션에 대한 그래픽 과정 분석

다음 그림 10-12를 이용하여 시간 영역과 주파수 영역에서 상관관계를 살펴보자. 표 10-1에서 임펄스 신호의 주파수 응답은 1이라고 하였다.

선형회로는 입력신호 $x(t)$와 출력신호 $y(t)$가 있는 선형 시스템이라 볼 수 있다. 일반적으로 $x(t)$는 전류 또는 전압 입력이고, $y(t)$는 구하려는 전류 또는 전압이다. 시간 영역에서 회로는 회로의 단위 임펄스 응답, 또는 임펄스 응답이라 불리는 $h(t)$에 의해 특징지어진다. 주파수 영역에서는 출력 $Y(s)$와 입력 $X(s)$의 비로 정의되는 전달함수 $H(s)$로 특징지어진다. 이 때 회로에서 전류와 전압에 관련된 모든 초기 조건은 $t=0^-$에서 0이라고 가정한다.

$$H(s)=\frac{Y(s)}{X(s)} \tag{10-25}$$

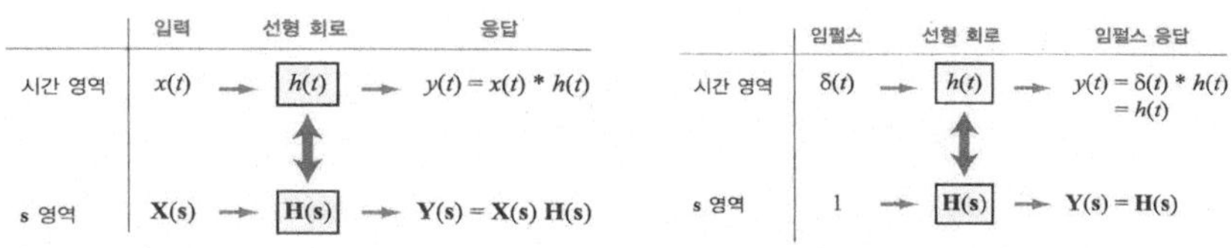

(a) 일반적 응답 (b) 임펄스 응답

[그림 10-12] 시간 영역과 주파수 영역에서 상관관계

이와 같이 입력에 따른 응답을 얻기 위해 시간 영역에서 컨벌루션 기법을 사용할 수도 있지만 주파수 영역에서는 $Y(s)=X(s)H(s)$로 간략히 처리할 수 있다는 사실을 염두하기 바란다. 특히 임펄스 함수를 사용하여 출력 응답을 구하면 출력이 시스템 함수를 나타내므로 선형회로로 나타낸 함수 특성을 파악할 수 있다는 것이다.

복습문제

$t=0$에서 단위계단 함수가 입력된 시스템의 출력 응답이 다음과 같다.

$$y(t)=(2+12e^{-3t}-6\cos 2t)u(t)$$

1> 시스템의 전달함수(transfer function)를 구하시오. 답: $H(s)=\frac{2}{s^2}+\frac{12}{s(s+3)}-\frac{6}{s^2+4}$

2> 시스템의 임펄스 응답(impulse response)을 구하시오.

답: $h(t)=(2t+4-4e^{-3t}-3\sin 2t)\ u(t)$

10-2-3 초기치 정리 및 최종치 정리

초기치 정리와 최종치 정리는 함수 $f(t)$가 시간 영역의 $t=0$과 $t=\infty$에서 값이 s 영역의 $F(s)$와 어떤 관계를 가지며 어떻게 표현되는 지를 제시한다.

1> 초기치 정리

$f(t)$와 $F(s)$ 관계로부터, $f(t)$의 초기치 $f(0)$과 최종치 $f(\infty)$는 특정 조건이 만족될 경우에 다음과 같이 구할 수 있다. 우리는 미분에서 다음 사항을 이미 학습하였다.

$$\mathcal{L}[\frac{df}{dt}]=\mathcal{L}[f']=\int_0^\infty f'(t)e^{-st}dt=sF(s)-f(0^-) \qquad (10\text{-}26)$$

부분적분 $(fg)'=f'g+fg'$을 이용한다.

$$\mathcal{L}[\frac{df}{dt}]=\mathcal{L}[f']=\int_0^\infty f'(t)e^{-st}dt=f(t)e^{-st}\Big|_0^\infty+s\int_0^\infty f(t)e^{-st}dt \qquad (10\text{-}27)$$

$s\to\infty$의 극한값은 구하면 다음과 같다.

$$\lim_{s\to\infty}\int_{0^-}^\infty f'(t)e^{-st}dt=0, \quad \lim_{s\to\infty}[sF(s)-f(0^-)]=0$$

다음과 같이 구할 수도 있다. 이때 좌변의 적분은 다음과 같이 $e^{-st}=1$인 $(0^-,0^+)$ 구간과 $(0^+,\infty)$의 두 구간들로 나눌 수 있다.

$$\lim_{s\to\infty}\left[\int_{0^-}^\infty f'(t)e^{-st}dt\right]=\lim_{s\to\infty}\left[\int_{0^-}^{0^+} f'(t)dt+\int_{0^+}^\infty f'(t)e^{-st}dt\right]$$
$$=f(0^+)-f(0^-)$$

위 식에서 $s\to\infty$일 경우, e^{-st}함수를 이용하여 피적분 함수의 마지막 항을 없앤다. 이를 이용한 초기치 정리를 얻을 수 있다.

$$f(0^+)=\lim_{s\to\infty}sF(s) \qquad (10\text{-}28)$$

2> 최종치 정리

마찬가지로 $s\to 0$일 경우, 다음과 같은 최종치 정리를 구할 수 있다.

$$\lim_{s\to 0}\left[\int_0^\infty \frac{df(t)}{dt}e^{-st}dt\right]=\lim_{s\to 0}\int_0^\infty df(t)e^{-st}=\int_0^\infty df(t)=f(\infty)-f(0$$

$$f(\infty)=\lim_{s\to 0} sF(s) \tag{10-29}$$

위 식을 보면 $f(\infty)$가 존재할 경우는 최종치을 구하기가 편리하지만 $f(\infty)$가 존재하지 않을 경우는 잘못된 결과를 얻는다. 예를 들면 유일한 값을 갖지 않는 $f(t)=\cos\omega t$의 경우를 살펴보자. 이를 Laplace 변환하면 다음과 같다.

$$F(s)=\frac{s}{s^2+\omega^2}$$

식에 최종치 정리를 적용하면 $f(\infty)=0$ 이라는 잘못된 결과를 가진다. 그러면 어떻게 적용해야 하는가? 반드시 특성방정식의 근이 복소평면의 좌측에 있을 경우에 적용된다.

복습문제

어떤 시스템 함수 $f(t)$의 Laplace 변환식이 다음과 같다면 초기치 $f(0)$과 최종치 $f(\infty)$을 구하고, 타당성을 검토하시오. 또한, 복소평면에 극점(pole)을 구하여 표기하시오.

[1] $F(s)=\dfrac{6s+5}{s^2+2s+1}$ 답: $f(0)=6$, $f(\infty)=0$

[2] $F(s)=\dfrac{6}{s^2-2s+1}$ 답: $f(0)=0$, 최종치 없음

[3] $F(s)=\dfrac{\omega}{s^2+\omega^2}$ 답: $f(0)=0$, 최종치 없음

10-3 RL, RC 회로의 1차 미분방정식에 대한 Laplace 변환의 활용해석

주파수 영역에서 회로를 표현하기 위해서는 각 회로 소자의 시간 영역 표현을 주파수 영역으로 바꾸어야 한다. 선형회로의 완전 응답을 찾으려면 먼저 Laplace 변환을 이용하여 회로를 주파수 영역 표현으로 나타낸 다음, 메시(mesh) 또는 노드(node)방정식을 이용하여 회로를 처리한 후 마지막으로 Laplace 역변환을 이용하여 시간 영역으로 표현한다.

10-3-1 간단한 RC 및 RL 회로의 1차 시스템

우리는 제5장과 제6장에서 1차 미분방정식을 이용하여 과도 상태 해석을 익혔으며, 그리고 제7장에서 페이저를 이용한 정상 상태 해석을 학습하였다. 여기서는 Laplace 변환을 활용하여 앞에서 익힌 사항들과 어떠한 관계를 가지는지를 익혀 보자.

1> RC 회로

다음과 같이 간단한 RC 회로에 대해 먼저 학습해 보자.

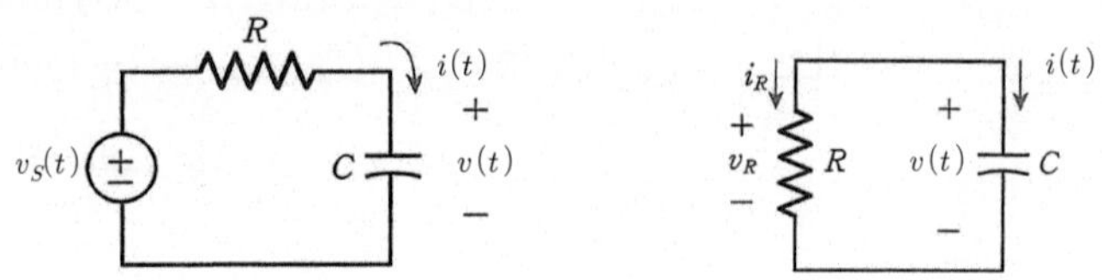

(a) 전원 응답 (b) 무전원 응답

[그림 10-14] RC 회로의 전원 응답 및 무전원 응답

위 회로에서 커패시터를 흐르는 전류는 저항을 흐르는 전류와 동일하므로 Ohm 법칙으로 나타내면 다음과 같다. 여기서 $v_S(t)$는 외부에서 가해진 전압이다.

$$i(t) = \frac{v_S(t) - v(t)}{R} \tag{10-30}$$

커패시터를 흐르는 전류와 전압 관계는 다음과 같다.

$$i(t) = C\frac{dv(t)}{dt} \tag{10-31}$$

이를 이용하여 대입하면 다음과 같다.

$$C\frac{dv(t)}{dt} = \frac{v_S(t)}{R} - \frac{v(t)}{R} \tag{10-32}$$

위 식을 정리하면 다음과 같은 1차 미분방정식을 얻는다.

$$C\frac{dv(t)}{dt}+\frac{v(t)}{R}=\frac{v_S(t)}{R} \qquad (10\text{-}33)$$

최종적으로 커패시터의 전압을 미지수로 하는 1차 미분방정식을 구현할 수 있다.

$$\frac{dv(t)}{dt}+\frac{1}{RC}v(t)=\frac{v_S(t)}{RC} \qquad (10\text{-}34)$$

위 식에서 $\tau=RC$로서 시정수이다. 이에 대해 Laplace 변환을 수행해 보자. 먼저 그림 10-14(a)와 같이 외부 전원으로 직류전압 $v_S(t)=V_{dc}$를 고려하자.

$$sV(s)-v(0)+\frac{1}{\tau}V(s)=\frac{1}{\tau}\left(\frac{V_{dc}}{s}\right)$$

커패시터의 초기 전압값은 $v(0)$라 하고 $V(s)$에 대해 정리하면 다음과 같다.

$$V(s)\left(s+\frac{1}{\tau}\right)=\frac{V_{dc}}{\tau s}+v(0)$$

$$V(s)=\frac{V_{dc}}{\tau s}\frac{1}{\left(s+\frac{1}{\tau}\right)}+\frac{v(0)}{\left(s+\frac{1}{\tau}\right)}=\frac{V_{dc}/\tau}{s}\frac{1}{\left(s+\frac{1}{\tau}\right)}+\frac{v(0)}{\left(s+\frac{1}{\tau}\right)}$$

부분분수를 확장하고 두 계수들을 구한다.

$$V(s)=\frac{V_{dc}/\tau}{s}\frac{1}{\left(s+\frac{1}{\tau}\right)}+\frac{v(0)}{\left(s+\frac{1}{\tau}\right)}=\frac{A}{s}+\frac{B}{s+\frac{1}{\tau}}+\frac{v(0)}{\left(s+\frac{1}{\tau}\right)}$$

- $A=sV(s)|_{s=0}=V_{dc}$
- $B=(s+1/\tau)V(s)|_{s=-1/\tau}=-V_{dc}$

마지막으로 Laplace 역변환 $f(t)=\mathcal{L}^{-1}[V(s)]$을 수행하여 완전 응답을 구하면 다음과 같다.

$$v(t)=V_{dc}-V_{dc}e^{-t/\tau}+v(0)e^{-t/\tau}=V_{dc}+\{v(0)-V_{dc}\}e^{-t/\tau}$$

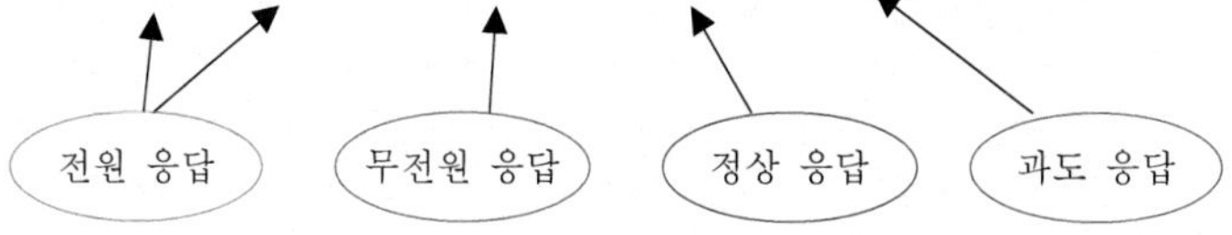

이는 제5장의 결과와 동일하다. 커패시터 양단의 최종값은 V_{dc}이고 초깃값은 $v(0)$이다.

과도 상태는 시간이 지남에 따라 소멸한다. 특히 학생들이 혼동하는 경우가 있다. 과도 상태해석을 무전원 응답으로 종종 오류를 범한다. 무전원 응답은 인가 전원이 없는 경우이므로 표시하였으며 시간이 지남에 따라 소멸하는 과도 응답과는 다른 것이다.

두 번째로 $v_S(t)=\cos 4t$와 같이 교류전원인 경우를 고려해 보자. 편의를 위해 $R=1[M\Omega]$, $C=1[\mu F]$이면 시정수 $\tau=RC$이다. 식 (10-25)로부터 정리하면 다음과 같다.

$$\frac{dv(t)}{dt}+\frac{1}{RC}v(t)=\frac{v_S(t)}{RC} \tag{10-35}$$

$v_S(t)=\cos 4t$를 Laplace 변환하여 대입하면 다음과 같이 된다.

$$sV(s)-v(0)+\frac{1}{\tau}V(s)=\frac{1}{\tau}\left(\frac{s}{s^2+4^2}\right)$$

$$sV(s)-v(0)+V(s)=\left(\frac{s}{s^2+4^2}\right)$$

$$V(s)(s+1)=v(0)+\left(\frac{s}{s^2+4^2}\right)$$

$$V(s)=\frac{v(0)}{s+1}+\frac{s}{(s+1)(s^2+4^2)}$$

부분분수로 확장하여 계수를 구하자.

$$V(s)=\frac{v(0)}{s+1}+\frac{A}{s+1}+\frac{B}{s+j4}+\frac{B^*}{s-j4}$$

$$=\frac{v(0)}{s+1}-\frac{1/17}{s+1}+\frac{(1/2\sqrt{17})\angle 76^\circ}{s+j4}+\frac{(1/2\sqrt{17})\angle -76^\circ}{s-j4}$$

Laplace 역변환하고 Euler 정리를 활용하여 시간함수로 바꾸자.

$$v(t)=v_0e^{-t}-\frac{1}{17}e^{-t}+\frac{1}{2\sqrt{17}}e^{j76^\circ}e^{-j4t}+\frac{1}{2\sqrt{17}}e^{-j76^\circ}e^{j4t}$$

$$v(t)=v_0e^{-t}-\frac{1}{17}e^{-t}+\frac{1}{\sqrt{17}}\cos(4t-76^\circ)=v_0e^{-t}-\frac{1}{17}e^{-t}+\frac{1}{\sqrt{17}}\cos(4t-76^\circ)$$

무전원 응답 전원 응답 과도 응답 정상 응답

즉 완전 응답은 과도 상태 응답과 정상 상태 응답으로 구분되어 출력된다. 정상 상태의 해인 정상응답은 페이저 해석과 일치한다.

2> RL 회로

다음 RL 회로에 외부 전원이 가해진 경우와 무전원 응답에 대해 고려해 보자.

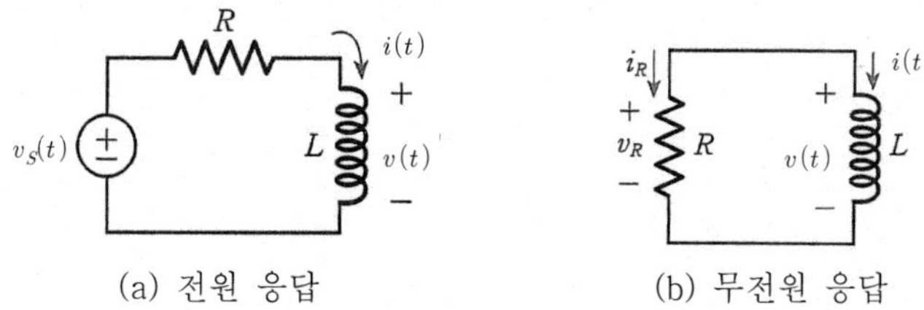

[그림 10-15] RL 회로의 전원 응답 및 무전원 응답

위 회로에서 인덕터를 흐르는 전류는 저항을 흐르는 전류와 동일하므로 식으로 Ohm 법칙으로 나타내면 다음과 같다. 여기서 $v_S(t)$는 외부에서 가해진 전압이고 $v(t)=v_L$는 인덕터 양단전압이다.

$$i(t)=\frac{v_S(t)-v(t)}{R}=\frac{v_R(t)}{R} \tag{10-36}$$

인덕터를 흐르는 전류와 전압 관계는 다음과 같다.

$$v(t)=L\frac{di(t)}{dt} \tag{10-37}$$

이를 이용하여 대입하고 정리하면 다음과 같다.

$$i(t)=\frac{v_S(t)}{R}-\frac{1}{R}(L\frac{di(t)}{dt}), \qquad \frac{di(t)}{dt}+\frac{R}{L}i(t)=\frac{v_S(t)}{L} \tag{10-38}$$

RL 직렬회로에서 시정수 $\tau=L/R$ 이므로 다음과 같은 미분방정식을 갖는다.

$$\frac{di(t)}{dt}+\frac{1}{\tau}i(t)=\frac{v_S(t)}{L} \tag{10-39}$$

먼저 인가 전압이 있는 경우를 고려하자. 위 식에서 $\tau=L/R$는 시정수로서 응답 속도를 나타낸다. 이에 대해 Laplace 변환을 수행해 보자. 먼저 그림 10-15(a)와 같이 외부 전원으로 직류전압 $v_S(t)=V_{dc}$인 경우 다음과 같다.

$$sI(s)-i(0)+\frac{1}{\tau}I(s)=\frac{1}{L}(\frac{V_{dc}}{s})$$

인덕터의 초기 전류값 $i(0)$은 0이라 하고 $I(s)$에 대해 정리하면 다음과 같다.

$$I(s)(s+\frac{1}{\tau})=\frac{V_{dc}}{sL}+i(0)$$

$$I(s)=\frac{V_{dc}}{sL}\frac{1}{(s+\frac{1}{\tau})}+\frac{i(0)}{(s+\frac{1}{\tau})}=\frac{V_{dc}/L}{s}\frac{1}{(s+\frac{1}{\tau})}+\frac{i(0)}{(s+\frac{1}{\tau})}$$

부분분수를 확장하고 두 계수들을 구한다.

$$I(s)=\frac{V_{dc}/L}{s}\frac{1}{(s+\frac{1}{\tau})}+\frac{i(0)}{(s+\frac{1}{\tau})}=\frac{A}{s}+\frac{B}{s+\frac{1}{\tau}}+\frac{i(0)}{(s+\frac{1}{\tau})}$$

- $A=sI(s)|_{s=0}=V_{dc}/R$
- $B=(s+1/\tau)I(s)|_{s=-1/\tau}=-V_{dc}/R$

마지막으로 Laplace 역변환을 수행한다.

$$i(t)=\frac{V_{dc}}{R}-(\frac{V_{dc}}{R})e^{-t/\tau}+i(0)e^{-t/\tau}=\frac{V_{dc}}{R}+\left(i(0)-\frac{V_{dc}}{R}\right)e^{-t/\tau}$$

전원 응답 무전원 응답 정상 응답 과도 응답

이는 제6장의 RL 회로의 시간 응답에 대한 결과와 동일하다. 인덕터를 흐르는 전류의 최종값은 $I_{dc}=V_{dc}/R$이고 초깃값은 $i(0)$이다. 과도 상태는 시간이 지남에 따라 소멸한다.

복습문제

RC 및 RL 직렬회로의 미분방정식으로부터 분모가 0이 되는 값을 구하고 이들을 복소평면(s-plane)에 나타내시오. 단 $R=10\Omega$, $C=100\mu F$, $L=4mH$ 이다.

[해]

[1] RC 직렬회로

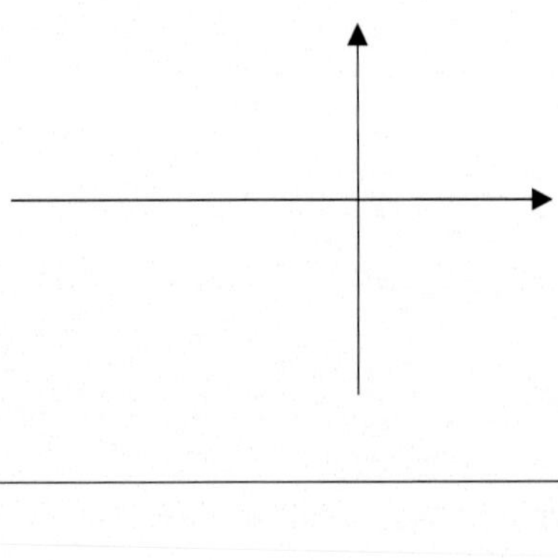

[2] RL 직렬회로

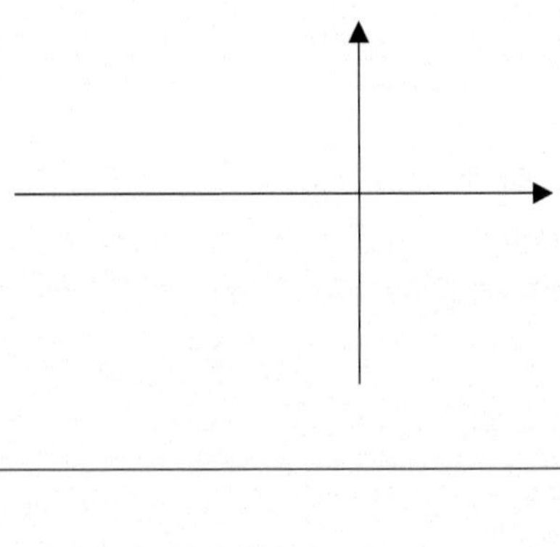

두 번째로 $v_S(t)=\sin 4t$와 같이 교류전원인 경우를 고려해 보자. 편의를 위해 $R=1[\Omega]$, $L=1[H]$이면 시정수 $\tau=L/R$이다. 식 (10-39)로부터 정리하면 다음과 같다.

$$\frac{di(t)}{dt}+\frac{1}{\tau}i(t)=\frac{v_S(t)}{L} \qquad (10\text{-}40)$$

$v_S(t)=\sin 4t$를 Laplace 변환하여 해당 소자값을 대입하면 다음과 같이 된다.

$$sI(s)-i(0)+\frac{1}{\tau}I(s)=\frac{1}{L}\left(\frac{\omega}{s^2+\omega^2}\right), \qquad sI(s)-i(0)+I(s)=\left(\frac{4}{s^2+4^2}\right)$$

$$, \quad I(s)(s+1)=i(0)+\left(\frac{4}{s^2+4^2}\right), \qquad I(s)=\frac{i(0)}{s+1}+\frac{4}{(s+1)(s^2+4^2)}$$

부분분수로 확장하여 계수를 구하자. 위상각의 처리에 유념한다.

$$I(s)=\frac{v(0)}{s+1}+\frac{A}{s+1}+\frac{B}{s+j4}+\frac{B^*}{s-j4}$$

$$=\frac{v(0)}{s+1}+\frac{4/17}{s+1}+\frac{(1/2\sqrt{17})\angle 166^\circ}{s+j4}+\frac{(1/2\sqrt{17})\angle -166^\circ}{s-j4}$$

$$A=I(s)(s+1)|_{s=-1}=4/17 ,$$

$$B=I(s)(s+j4)|_{s=-j4}=\frac{1}{2(-4-j2)}=\frac{1}{2\sqrt{17}}\angle 166^\circ ,$$

$$B^*=I(s)(s-j4)|_{s=j4}=\frac{1}{2\sqrt{17}}\angle -166^\circ$$

Laplace 역변환하고 Euler 정리를 활용하여 시간함수 $i(t)$로 바꾸자.

$$i(t)=i_0e^{-t}+\frac{4}{17}e^{-t}+\frac{1}{2\sqrt{17}}e^{j166^\circ}e^{-j4t}+\frac{1}{2\sqrt{17}}e^{-j166^\circ}e^{j4t}$$

$$i(t)=i_0e^{-t}+\frac{4}{17}e^{-t}+\frac{1}{\sqrt{17}}cos(4t-166^\circ)=i_0e^{-t}+\frac{4}{17}e^{-t}+\frac{1}{\sqrt{17}}cos(4t-166^\circ)$$

$$=i_0e^{-t}+\frac{4}{17}e^{-t}+\frac{1}{\sqrt{17}}cos(4t-166^\circ)=i_0e^{-t}+\frac{4}{17}e^{-t}+\frac{1}{\sqrt{17}}sin(4t-76^\circ)$$

과도 응답 정상 응답

즉 완전 응답은 과도 상태 응답과 정상 상태 응답으로 구분되어 출력된다. 정상 상태의 해는 정상 응답은 페이저 해석과 일치한다.

10-4 RLC 회로의 2차 미분방정식에 대한 Laplace 변환을 활용 해석

여기서는 2차 미분방정식이 적용되는 RLC 회로에서 Laplace 변환 $\mathcal{L}[f(t)]$과 Laplace 역변환 $\mathcal{L}^{-1}[F(s)]$을 활용한 완전 응답(complete response)을 구하는 방법을 익힌다. 우리는 1차 미분방정식에서 완전 응답을 자연 응답과 강제 응답의 합으로 표현하였다. 자연 응답(natural response)이란 회로 시스템 자체에서 발생하는 응답이고, 강제 응답(forced response)이란 외부적으로 인가한 신호에 대한 응답이다.

또한, 2차 방정식으로 표현되는 특성 방정식에 대해서 근에 따른 특성을 학습한다.

10-4-1 RLC 직렬회로

먼저 2차 미분방정식이 나오는 RLC 직렬회로에 대해 학습해 보자. 1차 미분방정식은 상대적으로 쉽게 처리할 수 있지만 2차 미분방정식은 조금 더 복잡하다.

1> RLC 직렬회로

Laplace 변환으로 회로해석을 하려면 먼저 주어진 시간 영역의 회로를 Laplace 영역으로 변환한 회로를 구성해야 한다. 먼저 우리는 표준 RLC 직렬회로에 대해 분석해 보자.

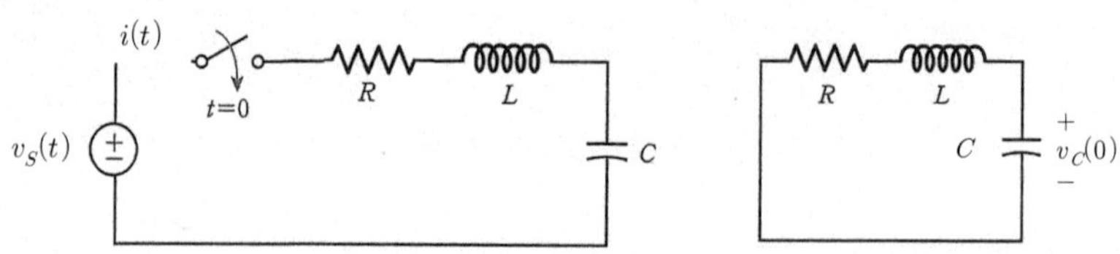

(a) 전원 응답　　　　(b) 무전원 응답

[그림 10-16] RLC 직렬회로의 Laplace 변환 활용

전원 응답은 외부 전원(전압원, 전류원)이 인가되었을 때, 출력 응답을 나타내며, 무전원 응답은 외부 전원이 없이 초깃값으로 동작되는 회로응답이다.
위 회로에 대해 KVL 또는 메시 해석법을 적용하기 위해 저항, 인덕터 및 커패시터를 흐르는 전류와 전압 관계를 이용하여 미분방정식을 구해보자. 여기서 주의할 사항은 커패시터 전압이 초깃값을 가질 수 있다는 것이다. 따라서 $t<0$의 값 $v_C(0^-)$을 포함해야 한다.

$$v_S(t)=v_R+v_L+v_C$$

$$v_S(t)=Ri(t)+L\frac{di(t)}{dt}+\frac{1}{C}\int_0^t i(\tau)d\tau+v_C(0) \qquad (10\text{-}41)$$

양변에 Laplace 변환을 수행하면 다음과 같이 된다.

$$V_S(s) = RI(s) + L[sI(s) - i(0)] + \frac{1}{sC}I(s) + \frac{v_C(0)}{s}$$
$$= I(s)(R + sL + \frac{1}{sC}) - Li(0) + \frac{v_C(0)}{s}$$

흐르는 전류 $I(s)$에 대해 정리하면 다음과 같이 된다.

$$I(s) = \underbrace{\frac{V_S(s)}{R + sL + \frac{1}{sC}}}_{\text{정상상태}} + \underbrace{\frac{Li(0) - v_C(0)/s}{R + sL + \frac{1}{sC}}}_{\text{과도상태}} \qquad (10\text{-}42)$$

이 식을 Laplace 역변환하여 원하는 시간 영역 $i(t)$를 구하면 된다. Laplace 변환에 의한 계산은 과도 응답과 정상 응답을 동시에 해결하는 완전 응답을 구하는 방법이다. 특히 인덕터 전류와 커패시터 전압은 항상 초기 조건이 존재할 수 있으므로 반드시 점검해야 한다.

만약 초기 조건이 $i(0) = 0, v_C(0) = 0$ 일 경우에 대해 학습해 보자.

$$I(s) = \frac{V_S(s)}{R + sL + \frac{1}{sC}} = V_S(s) \times \frac{\frac{s}{L}}{s^2 + s(\frac{R}{L}) + \frac{1}{LC}} = V_S(s) \times \frac{\frac{s}{L}}{s^2 + \frac{1}{\tau}s + \omega_o^2} \qquad (10\text{-}43)$$

우리는 분모항을 특성방정식(characteristic equation)이라 부르며 2차 방정식이므로 근은 두 개다. 2차 방정식의 근의 값에 따라 자연 응답은 서로 다른 특성을 가진다.

$$\text{특성방정식: } s^2 + s(\frac{R}{L}) + \frac{1}{LC} = s^2 + \frac{1}{\tau}s + \omega_o^2 = 0 \qquad (10\text{-}44)$$

$$s_{1,2} = -\frac{1}{2\tau} \pm \sqrt{(\frac{1}{2\tau})^2 - \omega_o^2} = -\sigma \pm \sqrt{\sigma^2 - \omega_o^2}$$

여기서 σ는 제동상수(damping constant), ω_o는 공진 각주파수라 한다.

먼저 그림 10-19와 같은 간단히 RLC 직렬회로를 해석해 보자. 커패시터의 초기 전압은 $v_C(0) = 10V$이고 인덕터의 초기 전류는 $i(0) = 0A$이라 하자.

두 변수 $i(t)$와 $v_C(t)$를 활용하고 루프를 따라 KVL을 적용한다.

$$L\frac{di}{dt} + v_C + Ri = v_S \qquad (10\text{-}45)$$

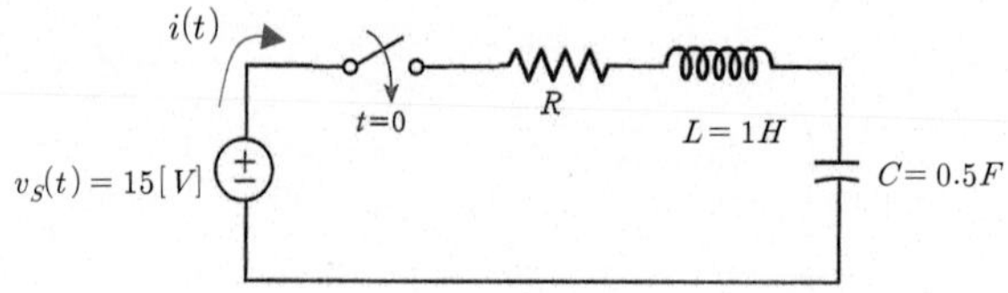

[그림 10-17] RLC 직렬회로의 해석

또한, 커패시터를 흐르는 전류는 다음과 같다.

$$i = C\frac{dv_C}{dt}$$

각 미분방정식을 Laplace 변환하면 다음과 같다.

$$L[sI(s) - i(0)] + V_C(s) + RI(s) = V_S(s)$$

$$I(s) = C[sV_C(s) - v_C(0)]$$

초기 조건을 대입하고 변수를 정리하여 Cramer의 규칙을 적용한다.

$$(R+s)I(s) + V_C(s) = V_S(s)$$

$$-I(s) + \frac{1}{2}sV_C(s) = 5$$

외부 인가 전압 $v_S(t) = 15[V]$이므로 변환하면 $V_S(s) = 15/s$이다. 구하고자 하는 변수인 전류에 대해 정리하면 다음과 같다.

$$I(s) = \frac{\begin{vmatrix} V_s(s) & 1 \\ 5 & 0.5s \end{vmatrix}}{\begin{vmatrix} (R+s) & (1) \\ (-1) & (0.5s) \end{vmatrix}} = \frac{\begin{vmatrix} 15/s & 1 \\ 5 & 0.5s \end{vmatrix}}{\begin{vmatrix} (R+s) & (1) \\ (-1) & (0.5s) \end{vmatrix}} = \frac{5}{s^2 + Rs + 2}$$

전류 $I(s)$의 역변환은 저항값 R에 달려 있다. $R = 2\sqrt{2}$를 기준으로 특성을 가진다. 편의를 위해 우리는 서로 다른 두 실근을 가지는 $R = 3$의 경우를 고려하자.

$$I(s) = \frac{5}{s^2 + 3s + 2} = \frac{5}{(s+1)(s+2)} = \frac{A}{s+1} + \frac{B}{s+2}$$

계수를 구하면 $A = 5$, $B = -5$이다. 이를 바탕으로 역변환 $\mathcal{L}^{-1}[I(s)] = i(t)$을 수행한다.

$$i(t) = 5e^{-t} - 5e^{-2t}[A]$$

다음으로 Cramer의 규칙을 사용하여 커패시터 전압을 해석해 보자.

$$V_C(s)=\frac{\begin{vmatrix}(s+R) & (15/s)\\ (-1) & 5\end{vmatrix}}{\begin{vmatrix}(R+s) & (1)\\ (-1) & (0.5s)\end{vmatrix}}=\frac{10(s^2+3s+30)}{s(s^2+3s+2)}=\frac{A}{s}+\frac{B}{s+1}+\frac{C}{s+2}$$

계수를 구하면 $A=15$, $B=-10$, $C=5$이다. 이를 바탕으로 역변환을 수행한다.

$$v_C(t)=15-10e^{-t}+5e^{-2t}[V]$$

결과를 검토해 보자. 먼저 전류 $i(t)=0$인 초기 조건은 $i(0)=5-5=0[A]$로 성립하고 전압 $v_C(t)$에서 $v_C(0)=10[V]$인 초기 조건은 $v_C(0)=15-10+5=10[V]$로 일치한다.

복습문제

그림 10-17에서 $R=2$인 경우 Laplace 변환을 이용하여 흐르는 전류를 구하시오.

[힌트] 이 경우 근이 복소수이다.

[해]

10-4-2 RLC 병렬회로

RLC 병렬회로에서 2차 미분방정식의 일반적이고 기본적인 사항들을 학습하고 한 번에 완전 응답을 구하기 위해 Laplace 변환을 활용하여 처리해 보자.

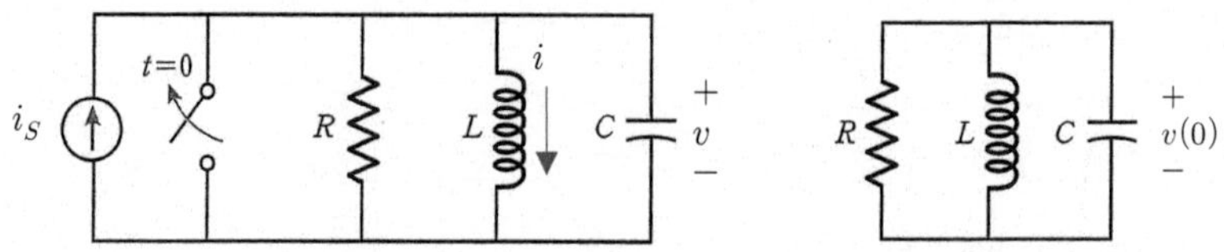

(a) 전원 응답 (b) 무전원 응답

[그림 10-18] RLC 병렬회로에 대한 Laplace 변환 활용

위의 회로에 대해 KCL 또는 노드 해석법을 적용하기 위해 각 소자의 전류와 전압 관계를 활용하여 미분방정식을 구한다.

$$i_S(t) = i_R + i_L + i_C \tag{10-46}$$

$$i_S(t) = \frac{v}{R} + \frac{1}{L}\int_0^t v(\tau)d\tau + i(0) + C\frac{dv}{dt} \tag{10-47}$$

양변에 Laplace 변환을 수행하면 다음과 같이 된다.

$$I_S(s) = \frac{V(s)}{R} + \frac{1}{L}(\frac{V(s)}{s}) + \frac{i(0)}{s} + C[sV(s) - v(0)]$$

$$= V(s)(\frac{1}{R} + \frac{1}{sL} + sC) + \frac{i(0)}{s} - Cv(0)$$

전압 $V(s)$에 대해 정리하면 다음과 같다.

$$V(s) = \frac{I_S(s)}{(\frac{1}{R} + \frac{1}{sL} + sC)} + \frac{Cv(0) - i(0)/s}{(\frac{1}{R} + \frac{1}{sL} + sC)}$$

만약 초기 조건이 $i(0) = 0$, $v_C(0) = 0$일 경우에 대해 학습해 보자.

$$V(s) = \frac{I_s(s)}{(\frac{1}{R} + \frac{1}{sL} + sC)} = I_s(s) \times \frac{\frac{s}{C}}{s^2 + s(\frac{1}{RC}) + \frac{1}{LC}} = I_s(s) \times \frac{\frac{s}{C}}{s^2 + \frac{1}{\tau}s + \omega_o^2}$$

다음과 같은 RLC 병렬회로에 대한 예제로서 인덕터를 흐르는 전류 $i_L(t) = i(t)$를 구해보

자. 교류 전류원은 $i_S(t) = I_m \cos\omega t = 24\cos 4000t[mA]$ 이다.

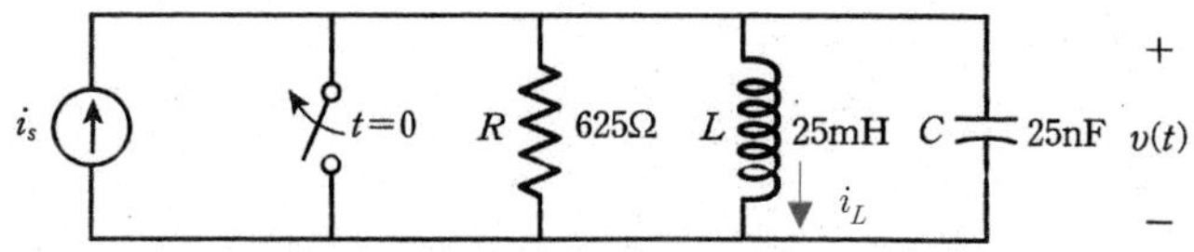

[그림 10-19] RLC 병렬회로

그림에서 초기 조건은 모두 0이다. 따라서 인덕터와 커패시터에 대한 부가적인 전원은 없다.

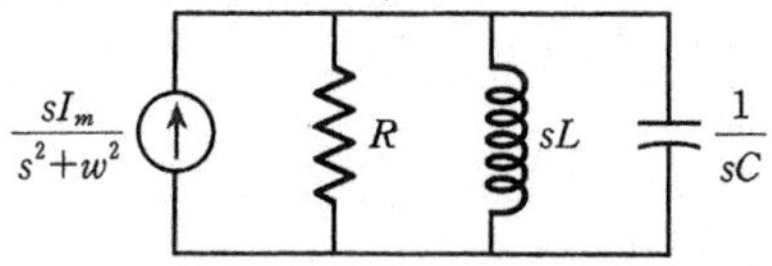

[그림 10-20] RLC 병렬회로에 대한 Laplace 변환회로

인덕터를 흐르는 전류는 복소주파수로 나타내기 위해 출력전압을 구하자.

$$V(s) = I_S(s)Z(s) = \left(\frac{sI_m}{s^2+\omega^2}\right) \times \left(R \parallel sL \parallel \frac{1}{sC}\right)$$

$$I_L(s) = V(s)/sL$$

인덕터를 흐르는 전류를 구하기 위해 값을 대입하고 인수분해한다.

$$I_L(s) = V(s)/sL = \frac{\frac{I_m}{LC}}{(s^2-\omega^2)\left(s^2+\frac{1}{RC}s+\frac{1}{LC}\right)}$$

$$= \frac{384\times 10^5 s}{(s^2+16\times 10^8)(s^2+64\times 10^3 s+16\times 10^8)}$$

$$= \frac{384\times 10^5 s}{(s-j40000)(s+j40000)(s+32000-j24000)(s+32000+j24000)}$$

마지막으로 부분분수 전개를 수행하고 각 계수를 구하면 다음과 같다.

$$I_L(s) = \frac{K_1}{(s-j40000)} + \frac{K_1^*}{(s+j40000)} + \frac{K_2}{(s+32000-j24000)} + \frac{K_2^*}{(s+32000+j24000)}$$

$K_1 = 7.5\times 10^{-3}\angle -90^\circ$, $K_1^* = 7.5\times 10^{-3}\angle 90^\circ$

$K_2 = 12.5\times 10^{-3}\angle 90^\circ$, $K_2^* = 12.5\times 10^{-3}\angle -90^\circ$

Laplace 역변환을 수행하면 응답은 다음과 같다.

$$i_L(t) = (15\cos 40000t \; - \; 25e^{-32000t}\cos 24000t)u(t)$$

출력을 살펴보면 각주파수가 $\omega = 40{,}000$인 정현파함수는 주어진 입력신호와 같은 주파수를 가지는 함수이므로 정현파 입력에 대한 정상 상태 응답이다. 또한, 각주파수가 $\omega = 24{,}000$인 지수적으로 결합된 정현파함수는 과도 응답을 나타낸다.

이와 같이 Laplace 변환회로에 의한 회로해석은 한 번에 시스템의 완전 응답(=자연 응답 + 강제 응답)을 구할 수 있는 회로해석 방식이다.

10-4-3 표준형 2차 시스템의 Laplace 변환

통상적으로 2차 시스템에서 전달함수(= 출력함수/입력함수)는 다음과 같이 표준형으로 나타낼 수 있다.

$$G(s) = \frac{C(s)}{R(s)} = \frac{\omega_o^2}{s^2 + 2\zeta\omega_o s + \omega_o^2} \qquad (10\text{-}48)$$

우리는 전달함수의 분모($D(s)$: denominator)를 특성방정식이라 부른다. 이 방정식의 근들이 극점(poles)이 된다. 즉 이 제동비 ζ 값에 따라 극점이 서로 다른 두 실근, 중근 또는 서로 다른 두 개의 공액 복소근이 될 수 있다. 이에 따라 시스템 응답에 차이가 발생한다.

즉 분모는 특성방정식으로 근의 형식에 따라 여러 가지 해를 가질 수 있다. 근의 위치에 따라 우리는 부족제동(UDD: underdamped), 임계제동(CD: critically damped), 과제동(OD: overdamped), 비제동(UD: undamped)로 나눈다.

1> 과제동(overdamping: $\zeta > 1$)

이 경우에 전달 함수의 극점은 두 개의 서로 다른 실수를 가진다. 두 극점을 σ_1, σ_2라 하면 Laplace 변환은 다음과 같다.

$$C(s) = R(s)G(s) = \frac{1}{s} \times \frac{\omega_o^2}{s^2 + 2\zeta\omega_o s + \omega_o^2} = \frac{1}{s} \times \frac{\omega_o^2}{(s+\sigma_1)(s+\sigma_2)} = \frac{A}{s} + \frac{B}{s+\sigma_1} + \frac{C}{s+\sigma_2}$$

시간함수로 역변환하면 출력신호는 다음과 같다.

$$c(t) = [A + Be^{-\sigma_1 t} + Ce^{-\sigma_2 t}]u(t)$$

2> 임계제동(critical damping: $\zeta=1$)

두 극점들이 같은 실수이므로 이 값을 σ라면 Laplace 변환은 다음과 같이 부분분수로 전개한다.

$$C(s)=R(s)G(s)=\frac{1}{s}\times\frac{\omega_o^2}{s^2+2\zeta\omega_o s+\omega_o^2}=\frac{1}{s}\times\frac{\omega_o^2}{(s+\sigma)^2}=\frac{A}{s}+\frac{B}{s+\sigma}+\frac{C}{(s+\sigma)^2}$$

시간함수로 역변환하면 출력신호는 다음과 같다.

$$c(t)=(A+Be^{-\sigma t}+Cte^{-\sigma t})u(t)$$

3> 부족제동(underdamping: $0<\zeta<1$)

두 극점들이 복소공액(complex conjugate)이므로 계단 응답에 따른 출력신호의 Laplace 변환은 다음과 같이 부분분수로 전개한다.

$$C(s)=R(s)G(s)=\frac{1}{s}\times\frac{\omega_o^2}{s^2+2\zeta\omega_o s+\omega_o^2}=\frac{1}{s}\times\frac{\omega_o^2}{(s+\sigma+j\omega_d)(s+\sigma-j\omega_d)} \quad (10\text{-}49)$$

$$=\frac{A}{s}+\frac{B}{s+\sigma+j\omega_d}+\frac{B^*}{s+\sigma-j\omega_d}$$

$$s_{1,2}=-\zeta\omega_o\pm j\omega_o\sqrt{1-\zeta^2}=-\sigma\pm j\omega_d \quad (10\text{-}50)$$

위의 식에서 ζ는 제동비, ω_o는 공진주파수 또는 고유주파수, σ는 제동계수라 한다.

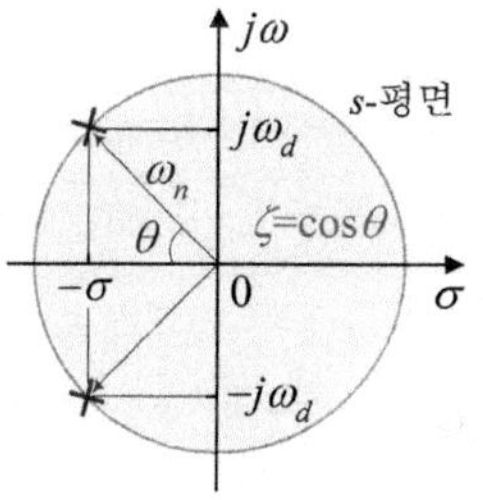

[그림 10-21] 부족제동의 경우 복소평면에서 영점과 극점 분포

시간함수로 역변환하면 출력신호는 다음과 같다.

$$c(t)=1-\frac{1}{\sqrt{1-\zeta^2}}e^{-\zeta\omega_o}\sin(\omega_o\sqrt{1-\zeta^2}t+\theta), \quad \theta=\cos^{-1}\zeta \quad (10\text{-}51)$$

또는 $\theta+\phi=90^\circ$인 관계를 이용하여 다음과 같이 나타낼 수 있다.

$$c(t) = 1 - \frac{1}{\sqrt{1-\zeta^2}} e^{-\zeta\omega_o} \cos(\omega_o \sqrt{1-\zeta^2}\, t - \phi), \quad \phi = \tan^{-1}\frac{\zeta}{\sqrt{1-\zeta^2}}$$

그림 10-22에서 부족제동의 경우 특정주파수를 중심으로 봉우리 특성을 나타낸다. 따라서 시간 응답에서도 이 주파수 $\omega_d = \omega_o\sqrt{1-\zeta^2}$를 중심으로 하는 성분들이 다른 성분에 비해 특히 강조되어 나타나므로 고유한 감쇠 진동 특성을 보인다. 그러나 극점이 허수이면 주파수 응답은 중심 주파수에서 크기가 무한대가 되어 다른 모든 주파수 성분들은 제거된다. 따라서 계단응답은 순수한 정현파(ω_o)가 나타나며 이를 발진 또는 공진이라 한다.

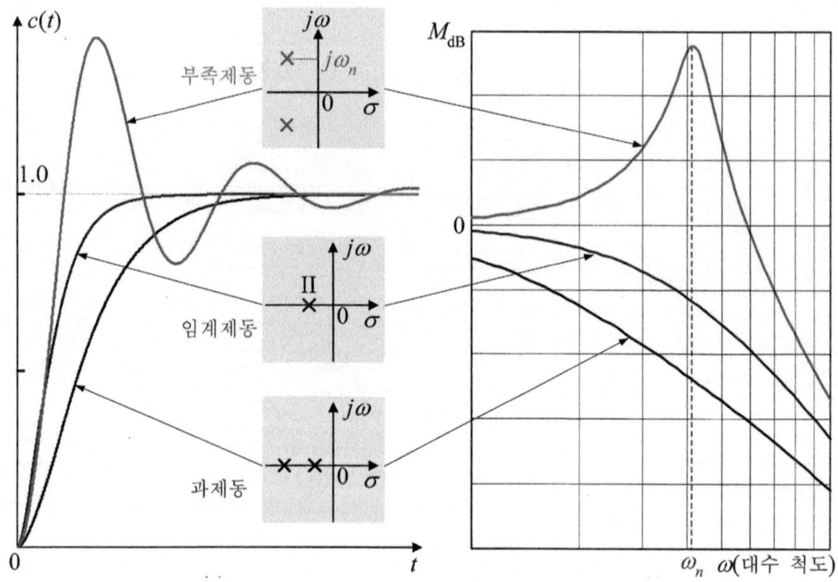

[그림 10-22] 복소평면에 있는 특성방정식의 근의 위치에 따른 동작특성

그림 10-23은 부족제동($0 < \zeta < 1$)의 경우에 좀 더 상세하게 분석하기 위해 출력을 도식화한 것이다. 위에서 언급한 제동비 ζ, 공진주파수 ω_o 외에 다음과 같이 네 가지의 피크 시간, 정착 시간, 상승 시간 및 % 오버슛(overshoot)을 정의한다.

- 피크 시간(t_p: peak time): 계단 응답의 첫 번째 최대치에 도달하는 시간
- 정착 시간(t_s: settling time): 과도 상태에서 감쇠진동이 정상 상태의 값과 2% 오차 이내로 들어오는 진입시간
- 상승 시간(t_r: rise time): 정상 상태의 10%에서 90%에 도달하는 시간
- 퍼센트 오버슛(% OS): 피크 시간에서 정상 상태 값을 넘어서는 양으로 정상 상태 값에 대한 퍼센트로 표현한다.

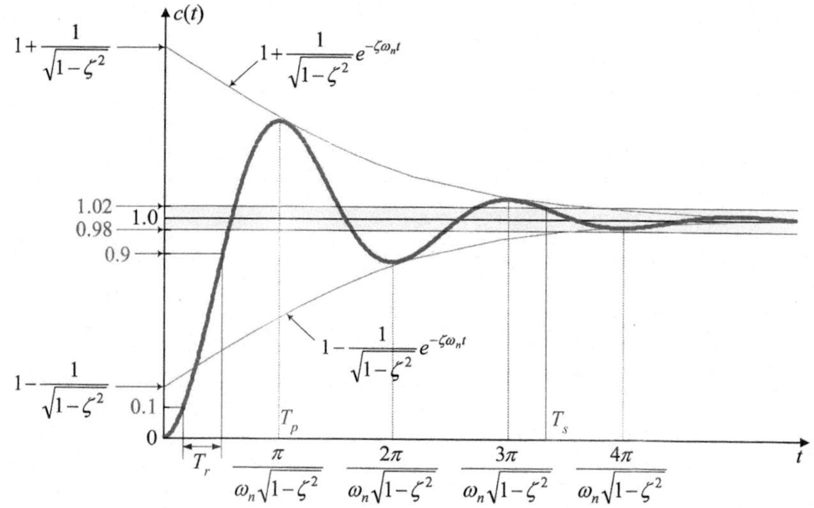

[그림 10-23] 부족제동에서 이차 시스템의 계단 응답

복습문제

RLC 병렬회로에서 $L=0.1H$이고 $C=0.1\mu F$이다. 다음 각 경우에 특성방정식의 근을 각각 구하고 복소평면에서 근을 나타내시오.

1> $R=0.4\Omega$

2> $R=1\Omega$

지금까지 RLC 회로에서 동작조건과 관련된 학습을 요약해 보자.

$$\text{특성방정식: } s^2 + \frac{1}{\tau}s + \omega_o^2 = 0$$

$$\text{또는 } s^2 + \frac{\omega_o}{Q}s + \omega_o^2 = 0$$

$$\text{또는 } s^2 + 2\zeta\omega_o s + \omega_o^2 = 0 \text{ 에서}$$

$$s_{1,2} = -\frac{1}{2\tau} \pm \sqrt{\left(\frac{1}{2\tau}\right)^2 - \omega_o^2} = -\sigma \pm \sqrt{\sigma^2 - \omega_o^2} = -\sigma \pm j\omega_d$$

$$\omega_d = \sqrt{\omega^{2}_{o} - \sigma^2}, \quad \zeta = \frac{1}{2Q}$$

여기서 σ는 제동상수, ω_o는 공진 각주파수, Q는 선택도, ζ는 제동비라 한다.

간단히 특성방정식의 근으로 표시되는 것으로부터 위의 네 개의 용어를 정리하였다.

- 과제동(overdamped): 시스템은 진동없이 지수함수적으로 줄어들어 평형상태로 간다.
- 임계제동(critically damped): 시스템은 진동없이 가능한 빨리 평형상태로 돌아간다.
- 비제동(undamped): 시스템은 자연진동 주파수(ω_o)에서 진동한다.
- 부족제동(underdamped): 시스템은 비제동(감쇠없음)과 비교하여 줄어든 주파수에서 진동하며 진폭은 점차적으로 줄어들어 0으로 감소한다.

그림 10-24에서 ω_0를 일정하게 할 때, Q의 증가에 따른 자연주파수가 복소평면에서 위치변화를 나타낸다. $Q=1/2$이면 두 근이 같은 임계제동을 나타내며 $Q>1/2$이면 실수축을 벗어나 복소영역으로 들어가서 반지름 ω_0인 원주상을 이동한다는 것이다.

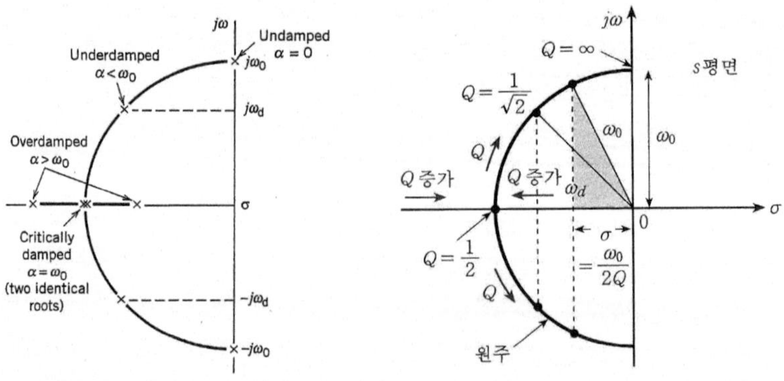

(a) 특성근의 위치에 따른 동작구분 (b) 선택도 Q로 표현한 동작구분

[그림 10-24] 복소평면 상에서 특성방정식의 근(×로 표기됨)의 위치에 따른 분류

먼저 복소평면 상에서 시작점을 과제동(overdamped)인 어느 한 극점(×표시)으로 두고 Q값을 증가시키면 제동비 ζ가 감소하여 점차적으로 임계제동점으로 이동한다. 이 경우 2차 방정식에서 두 근은 같은 근들(××표시)을 가진다. 점점 Q가 증가하면 σ가 감소하므로 제동은 줄어들고 근들은 허수가 생긴다. 이것이 부족제동(underdamped)이다.

그림 10-25는 RLC 회로의 시간응답을 비교하기 위해 정규화된 전류특성을 나타낸 것이다. 부족제동(UDD)의 경우, 비제동(UD)일 경우의 주파수인 ω_0와 다른 주파수 ω_d로 진동하면서 감쇠한다. 또한 임계제동(CD)의 경우, 가장 빠른 평형상태에 도달한다.

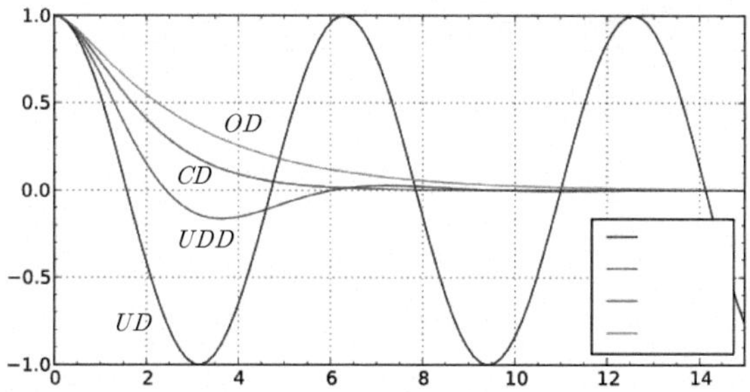

[그림 10-25] 특성방정식의 근의 조건에 따른 전압응답특성

응답속도를 빠르게 하기 위해 약간의 오버슈트(overshoot)를 감수해야 한다. 오버슈트는 계단파를 입력할 경우 처음에 진동하면서 안정상태를 가는 도중에 과도기적으로 생기는 파이다. 임계감쇠(CD)의 경우에는 오버슈트는 일어나지 않지만 상승시간이 길므로 약간 진동하도록 하는 것이 보통이다. 그러나 공진시스템에서는 주파수 선택성을 높이기 위해 손실을 줄여야 하므로 선택도 Q를 크게 한다.

그림 10-24(b)에서 $Q=\infty$이면 특성근들이 허수축에 있으므로 비제동(비감쇠)을 나타내며 이는 그림 10-25의 비제동(UD)으로 표시된 정현파신호를 의미한다. 여기서 유념할 것은 특성방정식으로부터 특성근들이 복소평면에서 좌반부에 존재하면 시간이 지남에 따라 감쇠하여 최종적으로 0이 되므로 안정한 특성을 나타낸다. 반면 특성근들이 우반부에 존재하면 시간이 지남에 따라 크기가 증가하여 수렴하지 않으므로 불안정한 특성을 가진다는 것이다. 한 예로 어떤 지수함수 $f(t)=e^{-at}$의 주파수변환은 $1/(s+a)$이므로 쉽게 이해할 수 있다.

	[시간함수] $f(t)$	[주파수 함수] $F(s)$
안 정:	e^{-3t}	$\frac{1}{s+3}$
불안정:	e^{3t}	$\frac{1}{s-3}$

10-5 Laplace 변환을 활용한 기타 회로 해석

우리는 지금부터 앞에서 배운 지식을 동원하여 몇 개의 예제를 풀이하는 데 있어서 Laplace 변환을 활용하는 회로해석 방법을 익혀 보자.

1> 스위칭되는 RLC 회로

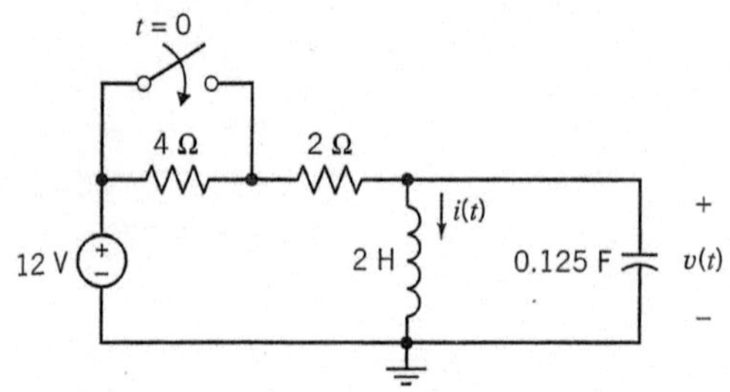

[그림 10-26] 스위칭되는 RLC 회로의 완전 응답

노드해석으로 해결해 보자. 인덕터의 전류와 커패시터의 전압은 초기 조건에서 아주 중요하다. 또한, 초기 조건을 회로화하는 데 있어서 전압으로 나타낼 것인지 전류로 나타낼 것인지를 정해야 편리하다. 먼저 초기 조건을 찾아보자. $t<0$에서 스위치가 열려 있었으므로 등가회로는 그림 (a)와 같다.

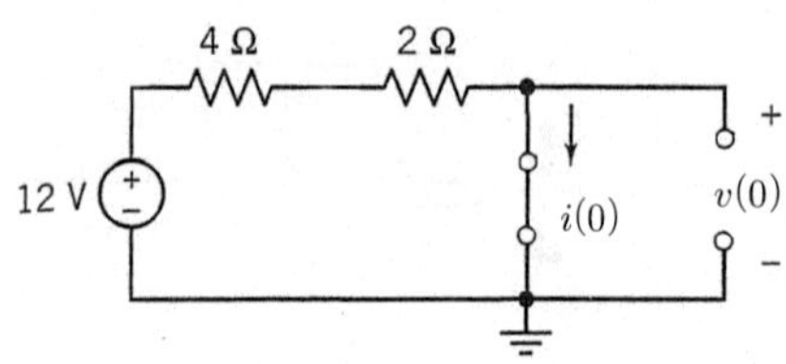

(a) 초기 조건 구하기

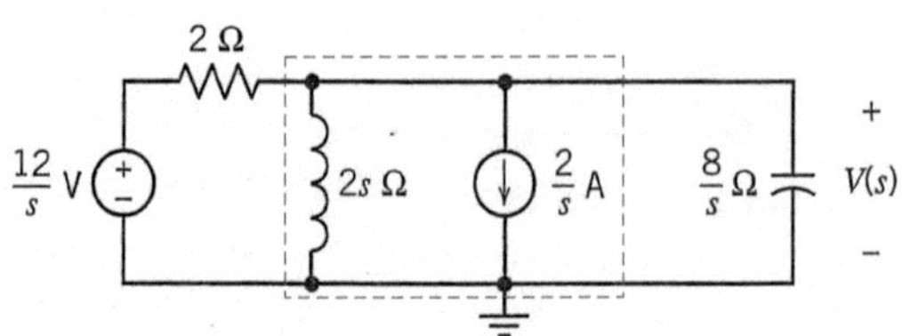

(b) 스위칭 후의 주파수 영역 해석

[그림 10-27] 초기 조건 및 이를 기반으로 한 주파수 영역 변환

그림 (a)에서 인덕터를 흐르는 전류는 급격히 변하지 않으므로 $i(0^+)=i(0^-)$이고, 커패시터에 걸리는 전압은 급격히 변하지 않으므로 $v(0^+)=v(0^-)$이다.

$$i(0)=\frac{12V}{4\Omega+2\Omega}=2A, \quad v(0)=0V$$

노드해석을 하므로 Laplace 변환 시에 인덕터나 커패시터에 전류원이 포함하는 것이 편리하다. 노드의 미지값을 전압으로 한다. 이를 고려하여 $t>0$에서 변환된 회로가 그림 (b)이다. 위 그림 (b)회로에서 KVL을 적용하자.

인덕터에서 전압과 전류 관계 $v_L(t)=L\frac{di}{dt}$로부터 $V_L(s)=sLI(s)-Li(0)$이므로

$I(s)=\frac{V(s)}{sL}+\frac{i(0)}{s}$로 되어 병렬로 나타낼 수 있다. 이를 바탕으로 다음 관계가 성립한다.

$$\frac{(12/s)-V(s)}{2}=\frac{V(s)}{2s}+\frac{2}{s}+\frac{V(s)}{8/s}$$

$V(s)$에 대해 정리하면 다음과 같다.

$$V(s)=\frac{32}{s^2+4s+4}=\frac{32}{(s+2)^2}$$

Laplace 역변환을 수행한 시간함수는 다음과 같다.

$$v(t)=\mathcal{L}^{-1}[V(s)]=32te^{-2t}u(t)$$

다음으로 두 전류들인 커패시터를 흐르는 전류와 인덕터를 흐르는 전류를 구해 보자.

커패시터를 흐르는 전류는 $i_C(t)=C\frac{dv}{dt}$를 이용하면

$$i_C(t)=C\frac{dv}{dt}=(32)(0.025)\frac{d(te^{-2t})}{dt}=(0.8e^{-2t}-1.6te^{-2t})u(t)$$

그러나 인덕터를 흐르는 전류 $i(t)$는 어떻게 구할까? 그림 10-27(b)에서

$$\begin{aligned}I(s)&=\frac{V(s)}{2s}+\frac{2}{s}=\frac{16}{s(s+2)^2}+\frac{2}{s}=\frac{16+2(s+2)^2}{s(s+2)^2}\\&=\frac{A}{s}+\frac{B}{(s+2)^2}+\frac{C}{s+2}\end{aligned}$$

부분분수 전개된 함수로부터 각 계수를 구한다.

$$A=sI(s)|_{s=0}=\left.\frac{2(s+2)^2+16}{(s+2)^2}\right|_{s=0}=6$$

$$B=(s+2)^2I(s)|_{s=-2}=\left.\frac{16}{s}\right|_{s=-2}=16$$

$$C=\left.\frac{d}{ds}((s+2)^2I(s))\right|_{s=-2}=\left.\frac{d}{ds}\left(\frac{16+(s+2)^2}{s}\right)\right|_{s=-2}=\left.\frac{-16}{s^2}\right|_{s=-2}=-4$$

역변환하면 $i(t)=\mathcal{L}^{-1}[I(s)]$다음과 같다.

$$i(t) = (6 - 16te^{-2t} - 4e^{-2t})u(t)$$

최종 전류를 검토해보면 $i(\infty) = 6A$, 초기 전류는 $i(0) = 2A$이므로 맞다.

최종 전압은 $v(\infty) = 0\,V$이고, 초기 전압은 $v(0) = 0\,V$이므로 일치한다.

다음 예제는 $t > 0$에서 인덕터를 흐르는 전류과 커패시터 양단전압을 구해보자.

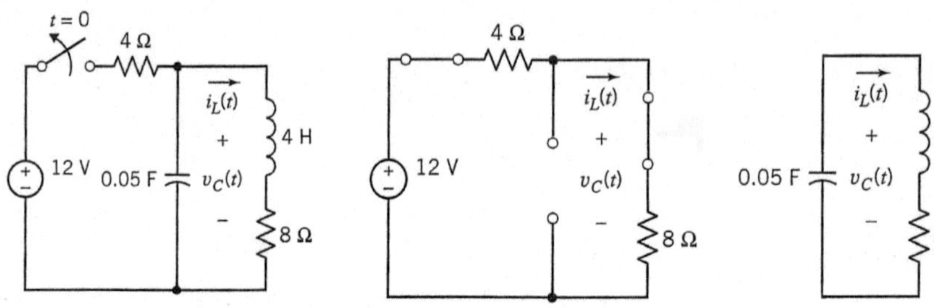

(a) 원 회로 (b) 초기 조건 해석회로 (c) 스위치 개방 후 회로

[그림 10-28] 스위칭에 따른 회로 해석

먼저 $t < 0$에서 초기 조건인 인덕터 전류 및 커패시터 전압을 구한다. 이의 조건에 부합하는 회로는 다음 그림 (a)와 같다.

$$i_L(0) = \frac{12\,V}{4\Omega + 8\Omega} = 1A, \qquad v_C(0) = 12 \times \frac{8\Omega}{4\Omega + 8\Omega} = 8\,V$$

이를 바탕으로 $t > 0$인 경우 회로해석을 수행한다. 여기서 메시방정식과 노드방정식을 사용할 것인가의 선택 문제가 발생한다. 통상 메시방정식은 전압원을 활용하고 노드방정식은 전류원을 사용한다.

초기 조건을 고려하여 그림 (b)를 다시 그리면 다음과 같다. 여기서는 메시방정식을 활용하므로 인덕터와 커패시터의 초기 조건에 전압원을 포함하도록 하자.

인덕터에서 전압과 전류관계 $v_L(t) = L\dfrac{di}{dt}$로부터 $V_L(s) = sLI(s) - Li(0)$이고,

커패시터에서 전압과 전류관계 $i_C(t) = C\dfrac{dv}{dt}$로부터 $I_C(s) = sCV(s) - Cv(0)$이다.

$$V_L(s) = sLI(s) - Li(0) = 4sI(s) - 4(1)$$

$\dfrac{1}{sC}I(s) + \dfrac{v(0)}{s} = V(s)$에서 $\dfrac{20}{s}I_C(s) + \dfrac{8}{s} = V(s)$

따라서 그림 (c)에서 초기 조건을 고려하여 다시 그림 10-29로 바꾸어 동일한 전류로 메시(mesh)방정식을 구성하자.

$$V(s)=RI(s)+V_L(s)=8I(s)+4sI(s)-4(1)=(4s+8)I(s)-4$$

$$V(s)=\frac{-20}{s}I(s)+\frac{8}{s}$$

두 미지수(변수)에 대해 정리하면 다음과 같다.

$$(4s+8)I(s)-V(s)=4$$

$$\frac{20}{s}I(s)+V(s)=\frac{8}{s}$$

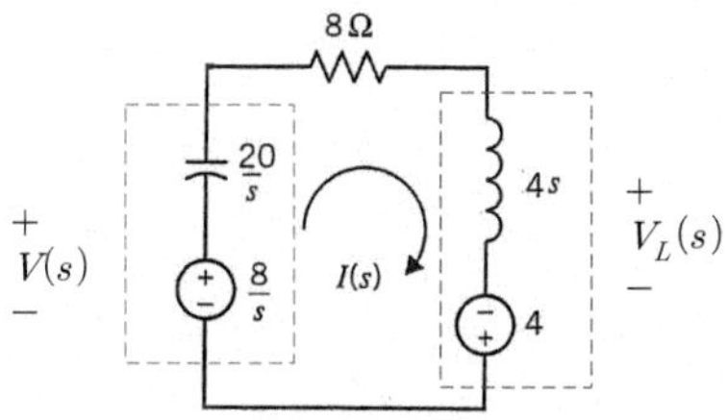

[그림 10-29] 초기 조건이 포함된 완전 응답 회로

두 방정식들로부터 Cramer의 규칙을 활용하여 흐르는 전류를 구해 보자.

$$I(s)=\frac{\begin{vmatrix} 4 & (-1) \\ 8/s & 1 \end{vmatrix}}{\begin{vmatrix} (4s+8) & (-1) \\ 20/s & 1 \end{vmatrix}}=\frac{s+2}{s^2+2s+5}$$

부분분수로 전개하면 다음과 같다.

$$I(s)=\frac{s+2}{(s+1+j2)(s+1-j2)}=\frac{A}{s+1+j2}+\frac{B}{s+1-j2}$$

다음으로 계수를 구하자.

$$A=(s+1+j2)I(s)|_{s=-1-j2}=\frac{1-j2}{-j4}=0.557\angle 27^\circ$$

$$B=A^*=0.557\angle -27^\circ$$

그₩다음으로 Laplace 역변환을 구한다.

$$i(t)=0.557e^{j27^\circ}(e^{-(1+j2)t})+0.557e^{-j27^\circ}(e^{-(1-j2)t})$$

$$=0.557e^{-t}e^{j27^\circ}e^{-j2t}+0.557e^{-t}e^{-j27^\circ}e^{j2t}$$

$$=0.557e^{-t}[e^{-j(2t-27^\circ)}+e^{j(2t-27^\circ)}]$$

$$=0.557e^{-t}\times 2\times\left[\frac{e^{-j(2t-27^\circ)}+e^{j(2t-27^\circ)}}{2}\right]$$

$$=0.557e^{-t}\times 2\cos(2t-27^\circ)=1.114e^{-t}\times 2\cos(2t-27^\circ)u(t)$$

이 그래프는 부족감쇠(underdamped) 특성을 나타낸다. 위의 결과를 풀이하지 않아도 우리는 미리 전달 함수를 이용하여 회로 특성을 예측할 수 있다.

$$I(s)=\frac{s+2}{s^2+2s+5}$$

$$D(s)=s^2+2s+5=s^2+2\zeta\omega_0 s+\omega_0^2$$

위의 관계에서 $\omega_0^2=5$이고 $2\zeta\omega_0=2$이므로 감쇠상수 $0<\zeta=1/\sqrt{5}<1$이므로 부족감쇠가 된다는 것을 안다.

다음으로 커패시터 양단전압 $V(s)$을 구해 보자.

$$V(s)=\frac{\begin{vmatrix}4s+8 & 4\\ 20/s & 8/s\end{vmatrix}}{\begin{vmatrix}4s+8 & -1\\ 20/s & 1\end{vmatrix}}=\frac{8s-4}{s^2+2s+5}$$

부분분수로 전개하면 다음과 같다.

$$V(s)=\frac{8s-4}{(s+1+j2)(s+1-j2)}=\frac{A}{s+1+j2}+\frac{B}{s+1-j2}$$

다음으로 각 계수를 구하자.

$$A=(s+1+j2)V(s)|_{s=-1-j2}=\frac{3+j4}{j4}=\frac{5\angle 53^\circ}{4\angle 90^\circ}=1.25\angle 37^\circ$$

$$B=A^*=1.25\angle -37^\circ$$

역변환하면 전압은 다음과 같다.

$$v(t)=1.25e^{j37^\circ}(e^{-(1+j2)t})+1.25e^{-j37^\circ}(e^{-(1-j2)t})$$

$$=1.25e^{-t}e^{j37^\circ}e^{-j2t}+1.25e^{-t}e^{-j37^\circ}e^{j2t}$$

$$=1.25e^{-t}[e^{-j(2t-37^\circ)}+e^{j(2t-37^\circ)}]$$

$$=1.25e^{-t}\times 2\times\left[\frac{e^{-j(2t-37^\circ)}+e^{j(2t-37^\circ)}}{2}\right]$$

$$=1.25e^{-t}\times 2\cos(2t-37^\circ)=2.5e^{-t}\times 2\cos(2t-37^\circ)u(t)$$

세 번째로 다음 회로를 학습해 보자. 외부 입력신호는 $v_S(t)=u(t)$이며, 출력파형이 부족제동(underdamped)이므로 특성방정식의 근이 복소수 형태임을 알 수 있다. 전달함수와 계단함수 $u(t)$ 응답을 이용하여 저항 R을 구해 보자.

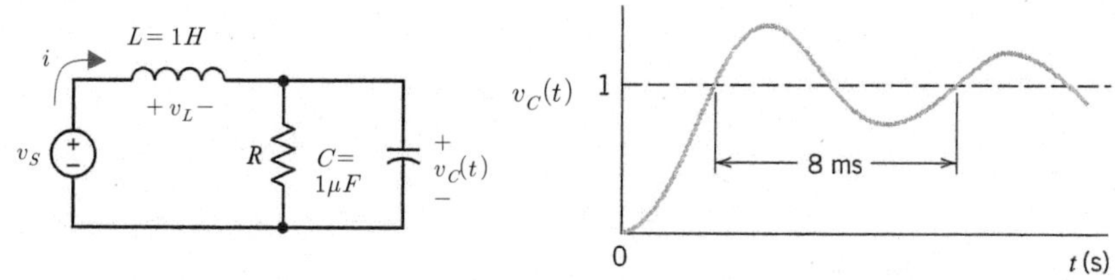

[그림 10-30] 회로에서 입력이 계단함수일 때 출력 특성

다음과 같이 변수인 인덕터 전류 $i(t)$와 커패시터 전압 $v_C(t)$을 정하고 회로에서 KVL과 KCL을 적용하여 미분방정식을 구한다.

$$\text{KVL: } -v_S+v_L+v_C=-v_S+L\frac{di}{dt}+v_C=0$$

$$\text{KCL: } i=\frac{1}{R}v_C+C\frac{dv_C}{dt}$$

위의 두 개의 미분방정식들에 대해 Laplace 변환을 수행한다.

$$-V_S(s)+L[sI(s)-i(0)]+V_C(s)=0$$

$$I(s)=\frac{1}{R}V_C(s)+C[sV_C(s)-v_C(0)]$$

두 변수 $I(s)$와 $V_c(s)$에 대해 정리하면 다음과 같다.

$$sLI(s)+V_C(s)=V_S(s)+Li(0)$$

$$I(s)-(\frac{1}{R}+sC)V_C(s)=-Cv_C(0)$$

회로로부터 초기 조건이 $i(0)=0$, $v_C(0)=0$이므로 다음과 같다.

$$sLI(s)+V_C(s)=V_S(s)$$

$$I(s)-(\frac{1}{R}+sC)V_C(s)=0$$

Cramer의 규칙을 사용하여 커패시터 양단의 전압을 구하자.

$$V_C(s) = \frac{\begin{vmatrix} sL & V_S(s) \\ 1 & 0 \end{vmatrix}}{\begin{vmatrix} sL & 1 \\ 1 & (-\frac{1}{R} - sC) \end{vmatrix}} = \frac{-V_S(s)}{-\frac{L}{R}s - LCs^2 - 1} = \frac{V_S(s)/LC}{s^2 + \frac{1}{RC}s + \frac{1}{LC}}$$

분모인 특성방정식을 살펴보자. 이 2차 방정식의 두 근들을 구하면 다음과 같다.

$$D(s) = s^2 + \frac{1}{RC}s + \frac{1}{LC} = s^2 + \frac{1}{\tau}s + \omega_o^2 = 0 \text{ 또는 } D = s^2 + 2\zeta\omega_o s + \omega_o^2 = 0$$

$$s_{1,2} = -\frac{1}{2\tau} \pm \sqrt{(\frac{1}{2\tau})^2 - \omega_o^2} = -\sigma \pm \sqrt{\sigma^2 - \omega_o^2} \text{ 또는 } s_{1,2} = -\zeta\omega_o \pm \sqrt{(\zeta\omega_o)^2 - \omega_o^2}$$

출력 특성이 부족제동(underdamped)이므로 $\sigma < \omega_o$이어야 한다.

$$s_{1,2} = -\sigma \pm j\sqrt{\omega_o^2 - \sigma^2} = -\sigma \pm j\omega_d, \quad \text{또는 } s_{1,2} = -\zeta\omega_o \pm j\omega_o\sqrt{1-\zeta^2}$$

회로에서 주어진 소자들의 값 $L = 1[H]$, $C = 1[\mu F]$을 적용하자.

$$D(s) = s^2 + \frac{1}{R(10^{-6})}s + 10^6 = 0$$

특성방정식으로부터 $\sigma = \frac{1}{2\tau} = \frac{10^6}{2R}$, $\omega_o = \sqrt{10^6} = 1000$ 이므로 저항은 조건 $\sigma < \omega_o$에 부합하는 값은 $R > 500[\Omega]$이다.

구체적인 값을 구하기 위해 출력 파형에서 주기 $T = 8[ms]$이므로 동작주파수 $f = 125[Hz]$이다. $T = \frac{2\pi}{\omega_d}$를 이용하면 $\omega_d = 2\pi f = 785[rad/\text{sec}]$이다. 또한, $\omega_d = \sqrt{\omega_o^2 - \sigma^2}$를 이용하여 구한 $\sigma = 619.49$가 된다. 마지막으로 저항을 구하면 다음과 같다.

$$\sigma = \frac{1}{2\tau} = \frac{10^6}{2R}, \qquad R = 807[\Omega]$$

확인을 위해 계산하면 계단 응답은 $v_o(t) = 1 - \frac{1}{\sqrt{1-\zeta^2}}e^{-\zeta\omega_o}\sin(\omega_o\sqrt{1-\zeta^2}t + \theta)$, $\theta = \cos^{-1}\zeta$ 이다.

출력과 같이 1인 두 지점 간의 시간을 구하면 $\sin(\omega_o\sqrt{1-\zeta^2}t + \theta) = 0, 2\pi, \ldots$ 에서 구한다.

$$T = t_2 - t_1 = \frac{2\pi}{\omega_d}$$

만약 출력이 임계제동을 가진다면 그 조건은 $R = 500[\Omega]$이 된다. 또한, 만약 저항이 아주 큰 값을 가진다면 $\sigma = 0$가 되며 감쇠가 발생하지 않으므로 비제동(undamped)이 된다. 이 경우에는 공진 특성을 가지는 LC 탱크회로가 된다.

2> 결합 인덕터 회로

그림 10-31의 변압기회로에 대해 Laplace 변환을 고려해 보자. 구동하는 전원는 크기 1인 계단파를 사용한다. 단 인덕터의 초깃값은 0이다.

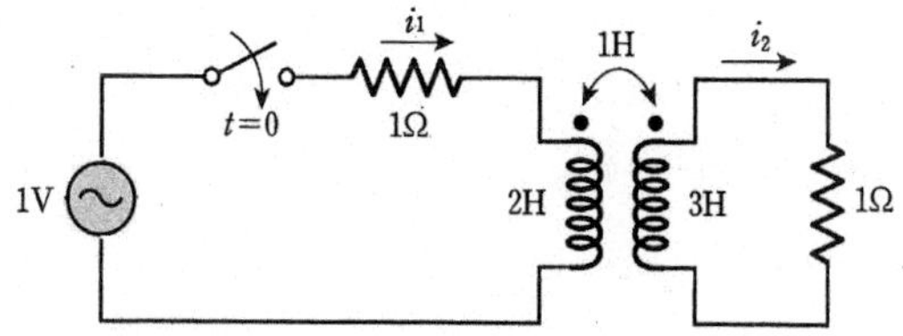

[그림 10-31] 결합 인덕터 회로

문제에 제시된 사항을 바탕으로 위의 회로를 Laplace 변환회로로 바꾸자.

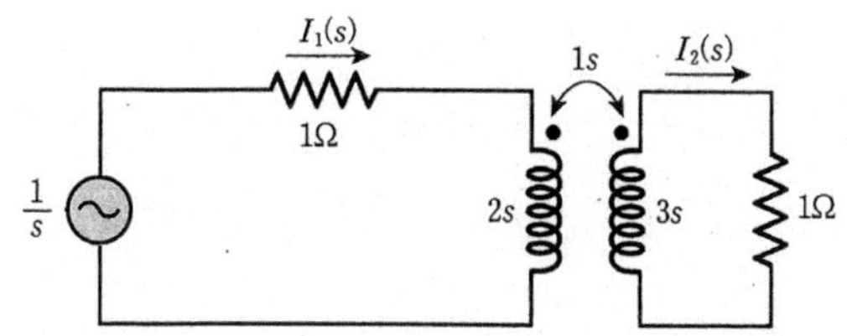

[그림 10-32] 결합 인덕터의 Laplace 변환회로

두 전류 $I_1(s)$, $I_2(s)$를 변수로 하고 mesh 해석법을 사용하여 연립방정식을 구한다.

$$I_1(s)+2sI_1(s)-sI_2(s)=1/s$$

$$3sI_2(s)+1I_2(s)-sI_1(s)=0$$

이를 행렬식으로 바꾼다.

$$\begin{bmatrix}(1+2s) & -s \\ -s & (1+3s)\end{bmatrix}\begin{bmatrix}I_1(s) \\ I_2(s)\end{bmatrix}=\begin{bmatrix}1/s \\ 0\end{bmatrix}$$

Cramer 법칙을 적용하여 각 값을 구하고 부분분수 전개를 활용하여 계수를 구한다. 전류 $I_1(s)$에 대해 적용하면 다음과 같다.

$$I_1(s)=\frac{\begin{vmatrix}(1/s) & -s \\ 0 & (1+3s)\end{vmatrix}}{\begin{vmatrix}(1+2s) & -s \\ -s & (1+3s)\end{vmatrix}}=\frac{\frac{1+3s}{s}}{5s^2+5s+1}=\frac{3s+1}{s(5s^2+5s+1)}$$

$$=\frac{0.6s+0.2}{s(s+0.73)(s+0.27)}=\frac{A}{s}+\frac{B}{s+0.73}+\frac{C}{s+0.27}$$

$$A = sI_2(s)|_{s=0} \simeq 1.01$$

$$B = (s+0.73)I_2(s)|_{s=-0.73} \simeq 0.06$$

$$C = (s+0.27)I_2(s)|_{s=-0.27} = -0.2$$

이를 바탕으로 Laplace 역변환을 수행한다.

$$i_1(t) = u(t) + 0.06e^{-0.73t}u(t) - 0.2e^{-0.27t}u(t)$$

전류 $I_2(s)$에 대해 적용하면 다음과 같다.

$$I_2(s) = \frac{\begin{vmatrix} (1+2s) & (1/s) \\ -s & 0 \end{vmatrix}}{\begin{vmatrix} (1+2s) & -s \\ -s & (1+3s) \end{vmatrix}} = \frac{0.2}{s^2+s+0.2}$$

$$= \frac{0.2}{(s+0.73)(s+0.27)} = \frac{D}{s+0.73} + \frac{E}{s+0.27}$$

$$D = (s+0.73)I_2(s)|_{s=-0.73} = -0.435$$

$$E = (s+0.27)I_2(s)|_{s=-0.27} = 0.435$$

마지막으로 Laplace 역변환을 수행한다.

$$i_2(t) = (-0.435e^{-0.73t} + 0.435^{-0.27t})u(t)$$

10-6 전달함수(transfer function) 및 안정도(stability)

제어공학에서 주로 다루는 것은 시스템 전달함수를 구하고 이 시스템의 안정도 여부를 판별하는 것이다. Routh-Hurwitz법, Nyquist법, Root-locus법 등이 활용된다.

1> 전달함수

회로의 전달함수는 모든 초기 조건을 0으로 했을 때, 입력 Laplace변환에 대한 출력(응답)의 Laplace 변환의 비로 정의한다.

$$H(s) = \frac{V_o(s)}{V_i(s)} \tag{10-35}$$

모든 초기 조건이 0이라는 조건을 만족하는 응답을 제로(0) 상태 응답이라고 학습하였다. 다음과 같이 두 가지 특별한 경우가 중요하다.

<1> 계단(step) 응답

입력이 계단파일 경우에 출력이 어떤 것인가를 살펴보자. 입력이 계단함수이므로

$$V_i(s) = \mathcal{L}[u(t)] = 1/s$$

따라서 출력은 다음과 같다.

$$V_o(s) = H(s)V_i(s) = H(s)(1/s)$$

역변환하여 출력을 시간함수로 구하면 다음과 같다.

$$v_o(t) = \mathcal{L}^{-1}[\frac{H(s)}{s}]$$

<2> 임펄스(impulse) 응답

입력이 임펄스일 경우에 출력이 어떤 것인가를 살펴보자. 입력이 임펄스 함수이므로

$$V_i(s) = \mathcal{L}[\delta(t)] = 1$$

따라서 출력은 다음과 같다.

$$V_o(s) = H(s)V_i(s) = H(s)(1) = H(s)$$

역변환하여 출력을 시간함수로 구하면 다음과 같다.

$$v_o(t) = \mathcal{L}^{-1}[H(s)]$$

2> 안정도(stability)

안정한 회로는 정상 상태 응답을 가진다. 반면 불안정한 회로는 그렇지 않다. 회로의 안정성 여부는 그 회로의 주파수 응답을 통하여 위상과 진폭을 검토하여 알 수 있다. 진폭이나 위상 중에 한 가지만으로는 안정성 여부를 판별할 수 없다. 간단한 예를 비교해 보자.

$$H_1(s) = \frac{1}{s+1}, \quad H_2(s) = \frac{1}{s-1}$$

두 함수는 같은 진폭을 가진다. 그러나 $H_1(s) = \frac{1}{s+1}$는 안정하지만 $H_2(s) = \frac{1}{s-1}$는 불안정하다. 이는 복소평면상의 우반부에 근을 가지기 때문에 시간이 경과함에 따라 값이 커져 안정성이 없다는 것이다.

통상적으로 2차(second-order) 회로의 전달함수는 다음과 같이 나타낼 수 있다.

$$H(s)=\frac{N(s)}{s^2+2\zeta\omega_0 s+\omega_0^2}=\frac{N(s)}{s^2+\dfrac{\omega_0}{Q}s+\omega_0^2} \tag{10-36}$$

만약 제동계수 $\zeta=0$이면, $H(s)=\dfrac{N(s)}{s^2+\omega_0^2}=\dfrac{N(s)}{(s+j\omega_0)(s-j\omega_0)}$의 응답은 정현파이므로 진동한다. 만약 전달함수가 $H(s)=\dfrac{100}{s^2+100}=\dfrac{(10)(10)}{s^2+10^2}$이면 이의 임펄스 응답은 $h(t)=10\sin 10t$이다.

복습문제

어떤 2차회로의 전달함수가 다음과 같다. 회로가 안정하게 동작하는 k의 범위를 구하시오. 또한, 부족감쇠(underdamping)를 나타내는 영역을 구하시오.

$$H(s)=\frac{25}{s^2+(8-k)s+100}$$

[해]

10-7 컨벌루션 해석 및 Laplace 해석의 비교

우리는 앞에서 컨벌루션을 다음과 같은 적분식으로 정의하였다.

$$y(t)=\int_0^t h(\tau)f(t-\tau)d\tau=h(t)*f(t) \tag{10-45}$$

$$Y(s)=H(s)F(s)\text{에서 } y(t)=\mathcal{L}^{-1}[Y(s)]=\mathcal{L}^{-1}[H(s)F(s)] \tag{10-46}$$

다음과 같은 회로에서 컨벌루션 적분과 Laplace 변환을 사용하여 회로의 출력을 구해 보자. 회로의 전달함수는 다음과 같다.

$$H(s)=\frac{V_o(s)}{V_i(s)}=\frac{1/sC}{R+1/sC}=\frac{1}{sRC+1}=\frac{100}{s+100}$$

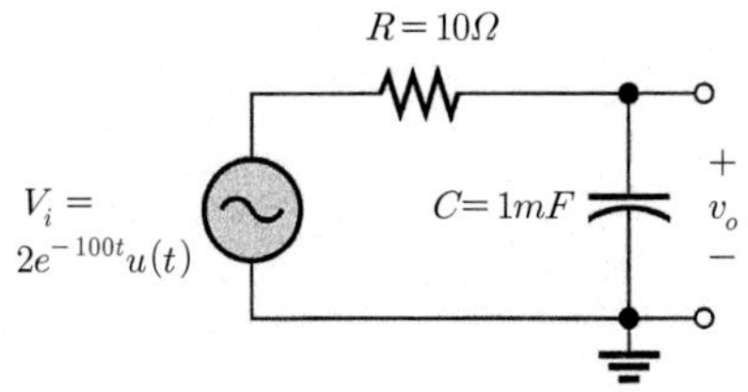

[그림 10-33] RC 저역 통과 필터

따라서 임펄스 응답은 다음과 같다.

$$h(t) = 100e^{-100t}u(t)$$

먼저 컨벌루션 적분을 이용하여 출력을 구한다.

$$v_o(t) = h(t)*v_i(t) = 200\int_0^t e^{-100\tau}u(\tau)e^{-100(t-\tau)}u(t-\tau)d\tau$$

$$= 200e^{-100t}\int_0^t d\tau = 200te^{-100t}$$

다음으로 RC 저역 통과 필터에 대해 Laplace 변환을 이용하여 출력을 구해 보자.

$$V_i(s) = \mathcal{L}[2e^{-100t}u(t)] = \frac{2}{s+100}$$

출력을 구하면 다음과 같다.

$$V_o(s) = H(s)V_i(s) = \left(\frac{2}{s+100}\right)\left(\frac{2}{s+100}\right) = \frac{200}{(s+100)^2}$$

역변환하면 응답은 다음과 같다.

$$v_o(t) = 200te^{-100t}$$

어느 방법을 사용하든지 간에 동일한 출력을 얻는다. 어느 것이 좋다고 말하기 전해 중요한 것은 본인 취향에 잘 맞는 기법을 사용하면 된다.

제11장 4단자 회로망

11-1 4단자 회로망이란?

11-2 임피던스 및 어드미턴스 파라미터

11-3 하이브리드 파라미터와 전송 파라미터

11-4 2포트 회로망의 연결

전기전자공학에서는 트랜지스터, 연산증폭기, 변압기 및 전송선을 모형화할 때 2포트(two-port) 회로망을 사용한다. 많은 실제적인 회로에는 입력 포트 및 출력 포트라고 부르는 두 개의 포트에 접근 가능한 4개의 단자들이 있다.

James Clerk Maxwell(1831-1879): He was a Scottish scientist in the field of mathematical physics. In 1865, Maxwell demonstrated that electric and magnetic fields travel through space as waves moving at the speed of light.

The unification of light and electrical phenomena led to the prediction of the existence of radio waves. In the millennium poll - a survey of the 100 most prominent physicists - Maxwell was voted the third greatest physicist of all time, behind only Newton and Einstein.

He had maintained an unquenchable curiosity from an early age. Recognizing the potential of the young boy, Maxwell's mother Frances took responsibility for James's early education. His mother was taken ill with abdominal cancer and died when he was eight years old. His formal schooling began unsuccessfully. After considerable thought, his father sent James to the prestigious Edinburgh Academy. He lodged during term times.

During his early years he was scorned and called “daffy” by his classmates. He never seemed to resent the epithet, bearing it without complaint for many years. Social isolation at the Academy ended when he met Lewis Campbell and Peter Guthrie Tait, two boys of a similar age who were to become notable scholars later in life. They remained lifelong friends.

In spite of these, he went on to state that Maxwell's equations - profound relation unifying electricity and magnetism. Maxwell's equations are essential for microwave analysis and other electromagnetic phenomena.

Maxwell died in Cambridge of abdominal cancer at the age of 48. His mother had died at the same age of the same type of cancer.

$$\nabla \times \vec{E} = -\frac{\partial \vec{B}}{\partial t} \qquad \nabla \times \vec{H} = \vec{J} + \frac{\partial \vec{D}}{\partial t}$$

Maxwell's equations

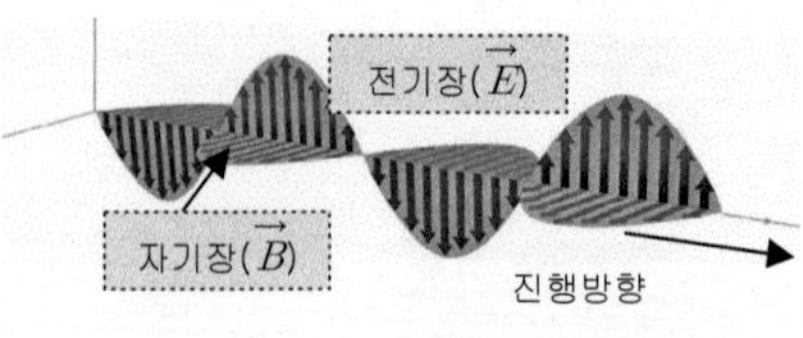

11-1 4단자 회로망(4-terminal network)이란?

통상 어떤 회로에 외부 소자가 접속되는 부분을 단자(terminal)라고 하며, 같은 기능을 하는 2개의 단자들로 이루어진 한 단자쌍을 포트(port)라고 한다. 전류 I_1이 한 단자로 흘러 들어가면, Kirchhoff 전류 법칙에 의해 동일한 전류가 다른 단자로 흘러나오는 것으로 생각한다.

1> 정의

특히 회로를 해석할 때, 통신회로와 제어회로에서는 그림 11-1과 같이 입력 단자쌍과 출력 단자쌍 사이에 어떤 회로 구성을 가지는 회로망을 많이 경험한다. 이때 이러한 단자쌍을 포트(port)라고 부르며, 입력 포트와 출력 포트로 구성된 2개의 포트를 2포트 회로망 또는 4단자망이라고 부른다. 전기전자공학에서는 트랜지스터, 연산증폭기, 변압기 및 전송선을 모형화하는 데 2포트(two-port) 회로망을 사용한다. 많은 실제적인 회로에는 입력 및 출력 포트라고 부르는 두 개의 접근 가능한 포트들이 있다.

여기서의 목적은 회로망 내부 구성에 신경을 쓰지 않고 그것의 단자 특성으로 해석하고자 하는 것이다. 즉 회로망을 포트에서 전압과 전류 사이의 관계를 나타고자 하는 것이다. 통상 그림 11-1(a)와 같이 전압 극성과 전류 방향을 잡는다.

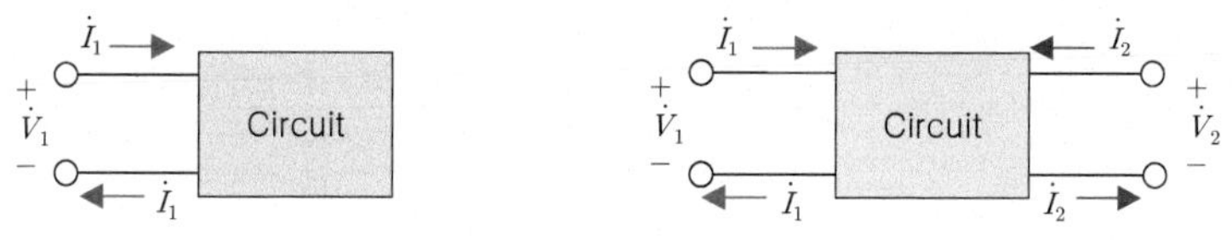

(a) 2단자 및 4단자 회로망의 전압극성 및 전류방향

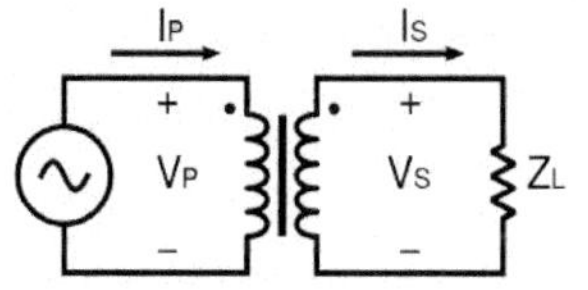

(b) 변압기(transformer)

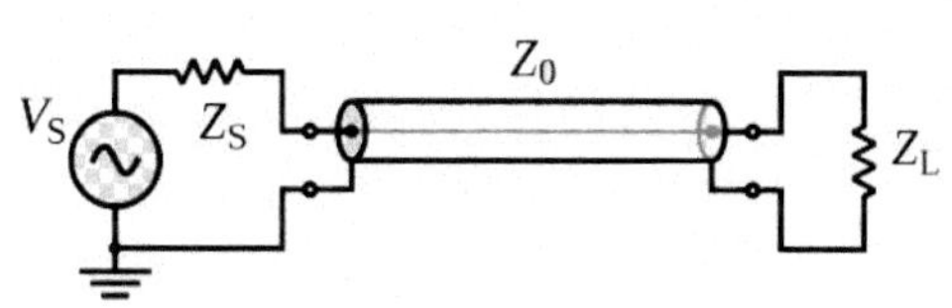

(c) 전송선로(transmission line)

(d) Y(T)결선과 △(Π)결선

[그림 11-1] 4단자 회로망의 개념 및 활용 사례

2단자망(1포트)에서는 입력 임피던스 또는 입력 어드미턴스 하나만으로써 그 단자에서의 특성을 규명하였으나, 4단자망에서는 두 쌍의 단자들에서 전류와 전압 관계를 규정할 필요성이 생긴다. 이 장에서는 2포트 회로망을 일반화하여, 출력 변수와 입력 변수의 관계를 행렬식으로 정의하고 연산을 수행함으로써 회로를 해석하는 기법을 익히고자 한다.

2> 단자 방정식

선형 4단자 회로망 안에 독립 전원은 없고 초기 조건은 0이라고 가정한다. 2포트 회로망은 순수한 저항일 수도 있으나, 일반적으로 s 변수 또는 $j\omega$ 변수를 이용하여 처리할 수도 있다. 통상 2포트 회로망에서 전압, 전류 및 각 파라미터를 페이저(phasor)로 나타낸다. 이후 표시를 하지 않더라도 페이저로 생각한다. 따라서 변수 4개 중에서 두 개를 독립변수로 잡으면 나머지 두 개는 종속변수가 되어 다음과 같이 여섯 개의 가능한 집합군을 만든다.

[표 11-1] 회로에서 매개변수 모형

종속변수(출력)	독립변수(입력)	파라미터
$\dot{V}_1$, $\dot{V}_2$	$\dot{I}_1$, $\dot{I}_2$	Impedance $\dot{Z}$
$\dot{I}_1$, $\dot{I}_2$	$\dot{V}_1$, $\dot{V}_2$	Admittance $\dot{Y}$
$\dot{I}_1$, $\dot{V}_2$	$\dot{V}_1$, $\dot{I}_2$	Reverse hybrid *
$\dot{V}_1$, $\dot{I}_2$	$\dot{I}_1$, $\dot{V}_2$	Hybrid $\dot{H}$
$\dot{V}_1$, $\dot{I}_1$	$\dot{V}_2$, $\dot{I}_2$	Transmission $\dot{T}$
$\dot{V}_1$, $\dot{I}_2$	$\dot{V}_1$, $\dot{I}_1$	Reverse transmission *

표 11-1에 나타낸 각 파라미터에 대해 방정식을 구해 보자. 임피던스(impedance) 파라미터에 대해 정리하면 독립변수는 I_1, I_2이고, 종속변수는 V_1, V_2이므로 다음과 같다.

$$\begin{aligned} V_1 &= z_{11}I_1 + z_{12}I_2 \\ V_2 &= z_{21}I_1 + z_{22}I_2 \end{aligned} \qquad (11\text{-}1)$$

어드미턴스(admittance) 파라미터에 대해 정리하면 다음과 같다.

$$\begin{aligned} I_1 &= y_{11}V_1 + y_{12}V_2 \\ I_2 &= y_{21}V_1 + y_{22}V_2 \end{aligned} \qquad (11\text{-}2)$$

하이브리드(hybrid) 파라미터에 대해 정리하면 다음과 같다.

$$\begin{aligned} V_1 &= h_{11}I_1 + h_{12}V_2 \\ I_2 &= h_{21}I_1 + h_{22}V_2 \end{aligned} \qquad (11\text{-}3)$$

전송(transmission) 파라미터에 대해 정리하면 다음과 같다.

$$V_1 = AV_2 - BI_2 \qquad (11\text{-}4)$$
$$I_1 = CV_2 - DI_2$$

3> 4단자(2포트)의 필요성

회로를 설계할 경우에 어느 설계자도 단번에 전체 회로를 정확하게 설계할 수 없다. 대부분의 경우에 여러 단계로 문제를 나누어서 작은 것부터 시작하여 발생하는 문제를 해결하고 점차 전체적인 회로를 완성한다. 그림 11-2와 같은 전기전자공학에서 많이 접하는 통신 시스템의 수신기를 살펴보자.

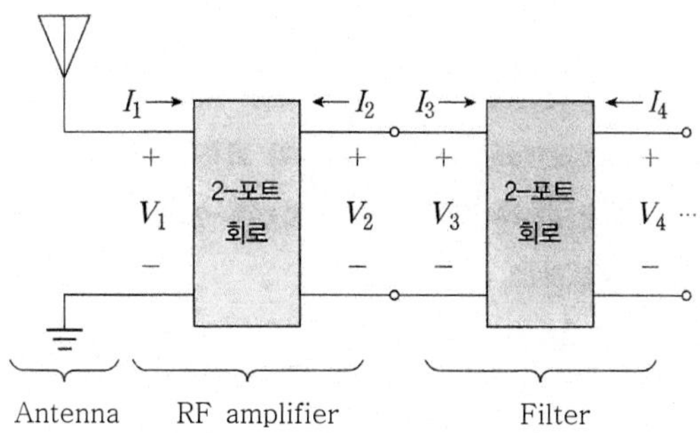

[그림 11-2] 수신기에 활용되는 2포트(4단자) 회로

첫 번째 단계로서 먼저 공중파의 무선신호를 감지하기 위한 안테나(antenna)를 설계하고, 안테나에서 나온 신호가 약하므로 이 신호를 크게 하기 위해 증폭기(amplifier)를 설계한다. 그 후 원하는 방송국의 신호를 선택하는 필터(filter)를 설계한다. 이런 과정을 거쳐 수신기 설계를 수행하며 각 단계별로 입출력의 관계를 나타내고 해석한다. 그림 11-3과 같이 각 단계별로 설계 과정에서 4단자(2포트) 회로가 사용되며 이를 바탕으로 해석을 하므로 반드시 이해해야 하는 내용이다.

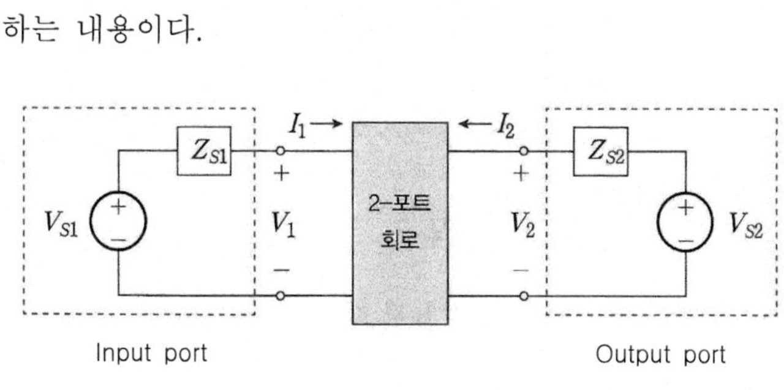

[그림 11-3] 외부 회로와 연결된 2포트(4단자) 회로

11-2 임피던스 및 어드미턴스 파라미터

임피던스 파라미터를 정의하고 지금까지 학습하여 온 익숙한 여러 가지 회로에 대해 각 파라미터를 적용해 보자.

11-2-1 임피던스(impedance: z) 파라미터

다음 회로망에 대해 전압 및 전류 관계를 구해 보자.

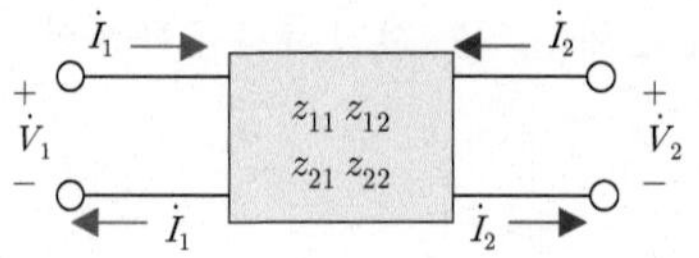

$$V_1 = z_{11}I_1 + z_{12}I_2$$
$$V_2 = z_{21}I_1 + z_{22}I_2$$

[그림 11-4] 임피던스 파라미터

위의 관계를 행렬형태로 나타내면 다음과 같다.

$$\begin{bmatrix} V_1 \\ V_2 \end{bmatrix} = \begin{bmatrix} z_{11} & z_{12} \\ z_{21} & z_{22} \end{bmatrix} \begin{bmatrix} I_1 \\ I_2 \end{bmatrix} = \dot{Z} \begin{bmatrix} I_1 \\ I_2 \end{bmatrix} \qquad (11\text{-}5)$$

1> z-파라미터 결정 방법

<1> z_{11}은 $V_1 = z_{11}I_1 + z_{12}I_2$에서 $I_2 = 0$(출력포트 개방)으로 하여 구한다.

$$z_{11} = \left.\frac{V_1}{I_1}\right|_{I_2=0} \qquad (11\text{-}6)$$

이를 입력 임피던스(input impedance)라고 부르며 단위는 [Ω]이다.

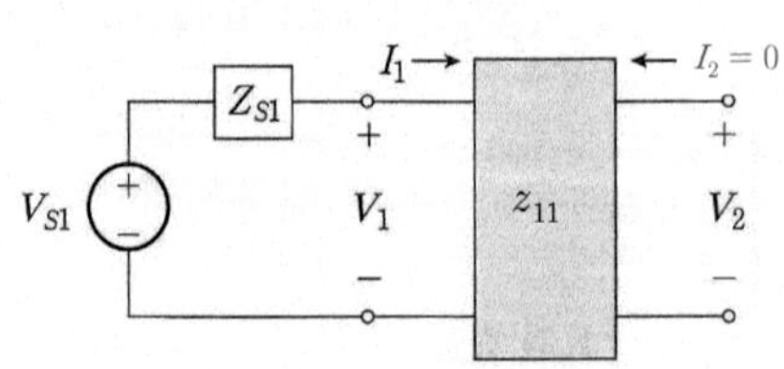

[그림 11-5] 출력 포트가 개방된 상태에서 V_1/I_1이 z_{11}이 된다.

<2> z_{12}는 $V_1 = z_{11}I_1 + z_{12}I_2$에서 $I_1 = 0$(입력 포트 개방)으로 하여 구한다.

$$z_{12} = \left.\frac{V_1}{I_2}\right|_{I_1=0} \qquad (11\text{-}7)$$

이를 역 전달 임피던스(reverse trans-impedance)라고 부르며 단위는 [Ω]이다.

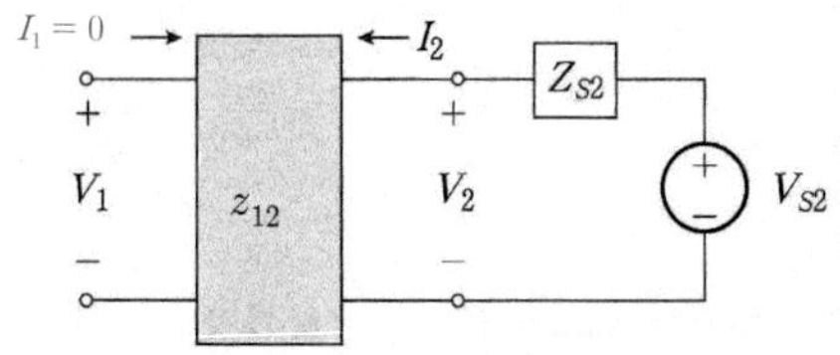

[그림 11-6] 입력 포트가 개방된 상태에서 V_1/I_2이 z_{12}이 된다.

<3> z_{21}은 $V_2 = z_{21}I_1 + z_{22}I_2$에서 $I_2 = 0$(출력 포트 개방)으로 하여 구한다.

$$z_{21} = \left.\frac{V_2}{I_1}\right|_{I_2=0} \tag{11-8}$$

이를 전달 임피던스(trans-impedance)라고 부르며 단위는 $[\Omega]$이다.

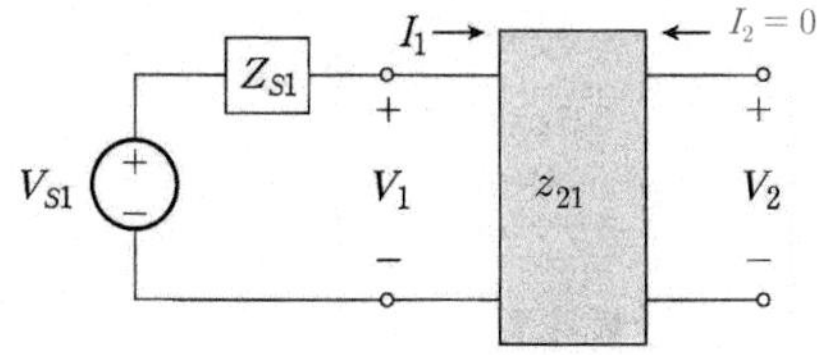

[그림 11-7] 출력 포트가 개방된 상태에서 V_2/I_1이 z_{21}이 된다.

<4> z_{22}는 $V_2 = z_{21}I_1 + z_{22}I_2$에서 $I_1 = 0$(입력 포트 개방)으로 하여 구한다.

$$z_{22} = \left.\frac{V_2}{I_2}\right|_{I_1=0} \tag{11-9}$$

이를 출력 임피던스(output impedance)라고 부르며 단위는 $[\Omega]$이다.

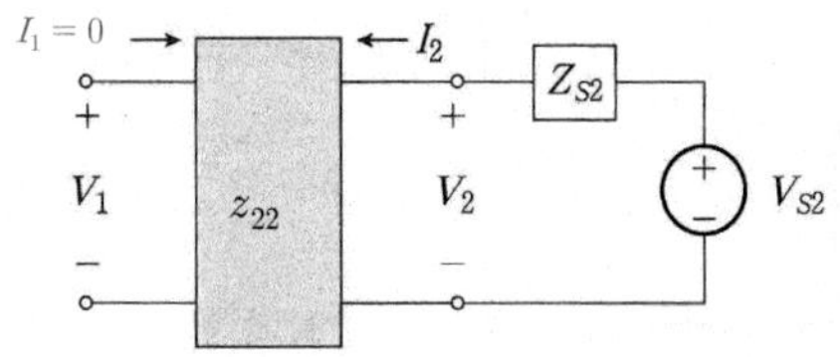

[그림 11-8] 입력 포트가 개방된 상태에서 V_2/I_2이 z_{22}이 된다.

지금까지 결정된 z-파라미터를 이용하여 2포트회로의 등가회로를 구하면 다음과 같다.

입력 포트는 직렬 임피던스 z_{11}과 종속 전압원 $z_{12}I_2$로 된 Thevenin 등가회로이며, 출력 포트는 직렬 임피던스 z_{22}와 종속 전압원 $z_{21}I_1$을 가지는 Thevenin 등가회로로 볼 수 있다.

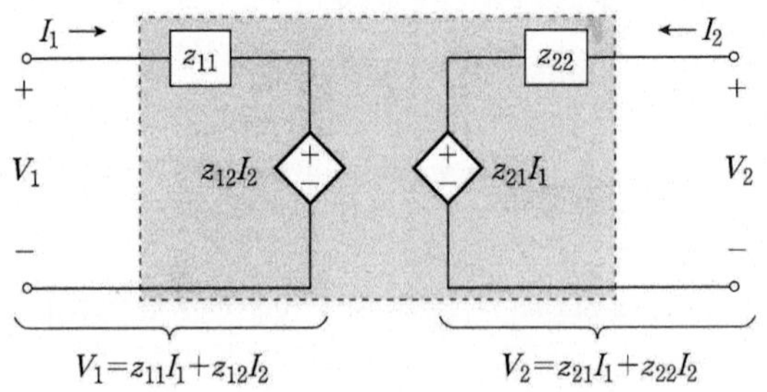

[그림 11-9] z-파라미터로 나타낸 2포트회로의 등가회로

등가회로는 회로를 간략히 표현해 주는 방식이므로 항상 회로가 나오면 적절한 등가회로로 변환하여 구하는 습관을 가져야 한다. 임피던스 파라미터를 이용하여 전기전자공학에서 많이 활용되는 Δ결선과 Y결선회로에 대해 문제를 해결해 보자.

2> Δ결선과 Y결선회로에 적용

우리는 Wheatstone 브리지회로와 3상 회로에서 $\Delta - Y$변환에 대해 학습하였다. 이 회로에 대해 임피던스 파라미터를 구하는 데 적용해 보자.

(a) Y(T)결선 (b) △(Π)결선

[그림 11-10] Y(T)결선과 △(Π)결선

먼저 그림 11-3의 Y(T)결선에 대해 임피던스 파라미터를 구해 보자.

- 출력 개방회로 입력 임피던스: $z_{11} = \left.\dfrac{V_1}{I_1}\right|_{I_2=0} = Z_1 + Z_3$

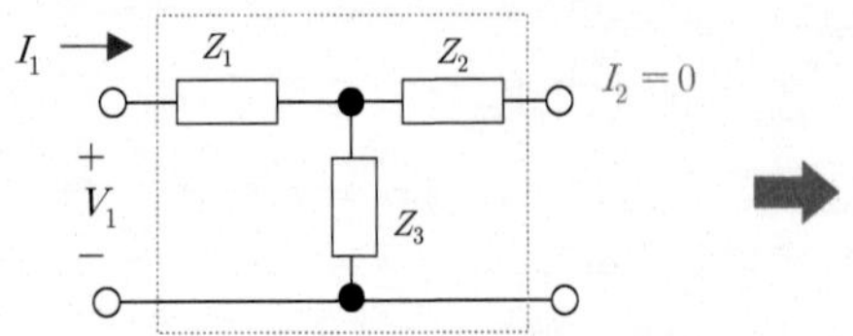

출력 포트를 개방한 상태에서
$V_1 = (Z_1 + Z_3)I_1$

- 출력 개방 순방향 전달 임피던스: $z_{21} = \left.\frac{V_2}{I_1}\right|_{I_2=0} = Z_3$

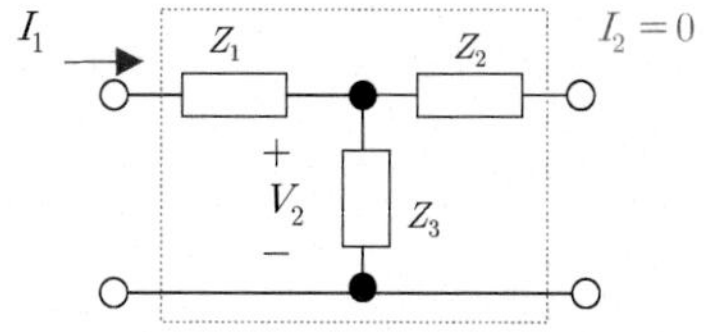

출력 포트를 개방한 상태에서
$V_2 = Z_3 I_1$

- 입력 개방 역방향 전달 임피던스: $z_{12} = \left.\frac{V_1}{I_2}\right|_{I_1=0} = Z_3$

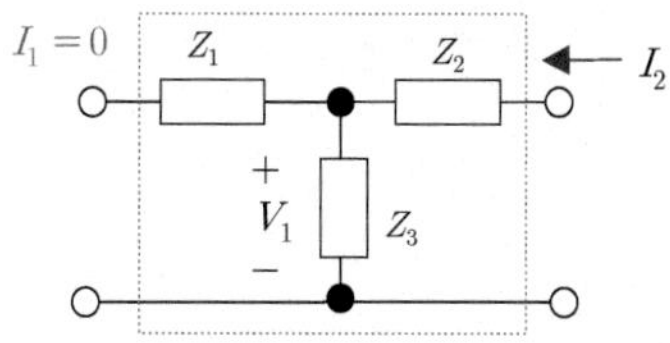

입력 포트를 개방한 상태에서
$V_1 = Z_3 I_2$

- 입력 개방 출력 임피던스: $z_{22} = \left.\frac{V_2}{I_2}\right|_{I_1=0} = Z_2 + Z_3$

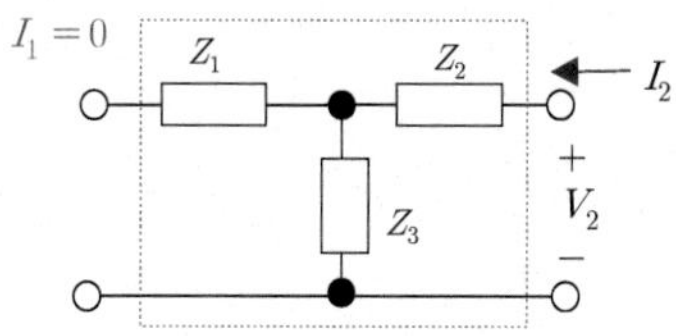

입력 포트를 개방한 상태에서
$V_2 = (Z_2 + Z_3) I_2$

[그림 11-11] Y(T)결선에 적용된 임피던스 파라미터

다음으로 △(Π)결선에 대해 임피던스 파라미터를 구해 보자.

- $z_{11} = \left.\frac{V_1}{I_1}\right|_{I_2=0} = Z_b \parallel (Z_a + Z_c) = \frac{Z_a Z_b + Z_b Z_c}{Z_a + Z_b + Z_c}$

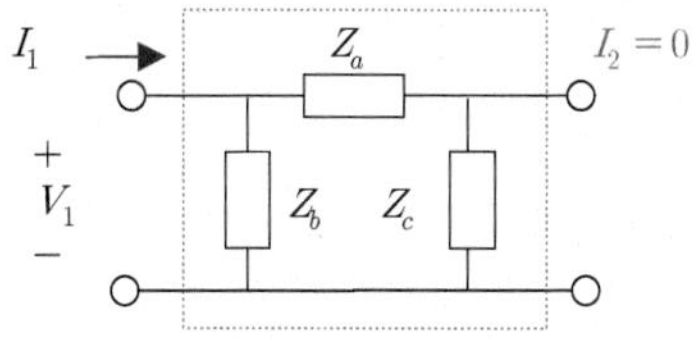

출력 포트를 개방한 상태에서
$z_{11} = Z_b \parallel (Z_a + Z_c)$
$V_1 = z_{11} I_1$

- $z_{21} = \left.\dfrac{V_2}{I_1}\right|_{I_2=0} = \dfrac{Z_b Z_c}{Z_a + Z_b + Z_c}$

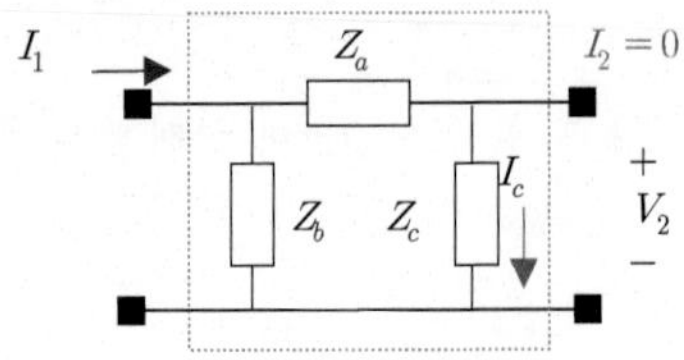

출력 포트를 개방한 상태에서

$I_c = I_1 \times \dfrac{Z_b}{(Z_a + Z_c) + Z_b}$

$V_2 = Z_c I_c$

- $z_{12} = \left.\dfrac{V_1}{I_2}\right|_{I_1=0} = \dfrac{Z_b Z_c}{Z_a + Z_b + Z_c}$

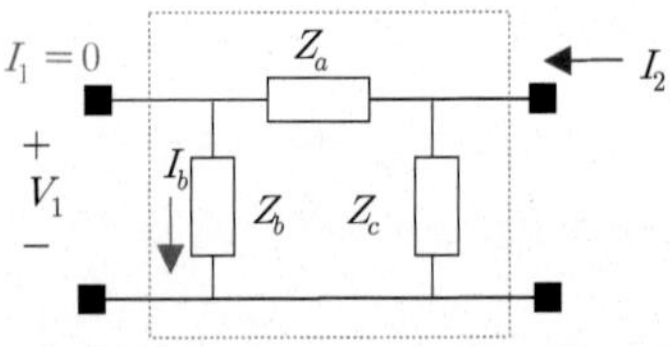

입력 포트를 개방한 상태에서

$I_b = I_2 \times \dfrac{Z_c}{(Z_a + Z_b) + Z_c}$

$V_1 = Z_b I_b$

- $z_{22} = \left.\dfrac{V_2}{I_2}\right|_{I_1=0} = Z_c \parallel (Z_a + Z_b) = \dfrac{Z_a Z_c + Z_b Z_c}{(Z_a + Z_b) + Z_c}$

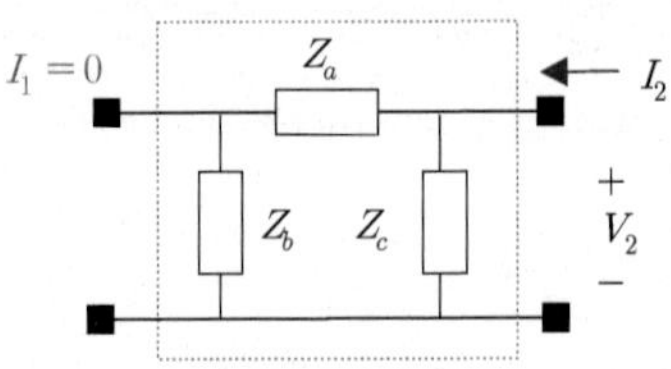

입력 포트를 개방한 상태에서

$z_{22} = Z_c \parallel (Z_a + Z_b)$

$V_2 = z_{22} I_2$

[그림 11-12] △(Π)결선에 적용된 임피던스 파라미터

이들 관계로부터 각 회로에 대한 파라미터를 비교하면 쉽게 $\Delta - Y$ 관계를 알 수 있다.

$$z_{12} = z_{21} = Z_3 = \frac{Z_b Z_c}{Z_a + Z_b + Z_c} \tag{11-10}$$

$$z_{11} = Z_1 + Z_3 = \frac{Z_a Z_b + Z_b Z_c}{Z_a + Z_b + Z_c} \tag{11-11}$$

$$z_{22} = Z_2 + Z_3 = \frac{Z_a Z_c + Z_b Z_c}{Z_a + Z_b + Z_c} \tag{11-12}$$

이로부터 $\Delta(\Pi)$결선의 Z_a, Z_b 및 Z_c값들과 $Y(T)$결선의 임피던스값 Z_1, Z_2 및 Z_3간의 상호변환은 위의 관계로부터 구할 수 있다. 이는 우리가 실험 및 이론 시간에 학습한 $\Delta - Y$변환에 대한 내용과 일치한다.

만약 저항이 같다면 다음 관계가 성립한다. Δ형 회로의 값 Z_a, Z_b, Z_c 값이 동일하면 Y형 회로의 각 저항값은 1/3로 감소한다는 것이다.

11-2-2 어드미턴스 파라미터

임피던스 파라미터와 반대로 입력전압 V_1과 출력전압 V_2을 독립변수로 선택한 후, 나머지 2개의 포트변수인 입력전류 I_1, 출력전류 I_2를 종속변수로 선정하여 이를 함수로 나타낸다.

어드미턴스(admittance: y) 파라미터에 대해 정리하면 다음과 같다.

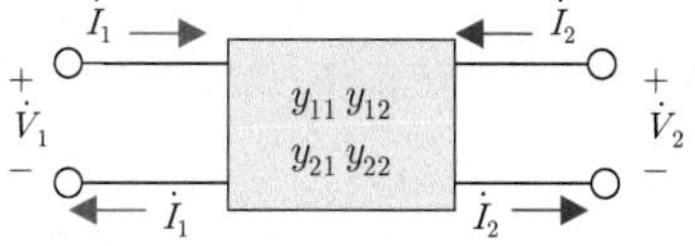

$I_1 = y_{11}V_1 + y_{12}V_2$
$I_2 = y_{21}V_1 + y_{22}V_2$

[그림 11-13] 어드미턴스 파라미터

위의 관계를 행렬 형태로 나타내면 다음과 같다.

$$\begin{bmatrix} I_1 \\ I_2 \end{bmatrix} = \begin{bmatrix} y_{11} & y_{12} \\ y_{21} & y_{22} \end{bmatrix} \begin{bmatrix} V_1 \\ V_2 \end{bmatrix} = \dot{Y} \begin{bmatrix} V_1 \\ V_2 \end{bmatrix} \tag{11-13}$$

1> y-파라미터의 결정

<1> y_{11}은 $I_1 = y_{11}V_1 + y_{12}V_2$에서 $V_2 = 0$(출력 포트 단락)으로 하여 구한다.

$$y_{11} = \left. \frac{I_1}{V_1} \right|_{V_2 = 0} \tag{11-14}$$

이를 입력 어드미턴스(input admittance)라고 부르며 단위는 $[S]$이다.

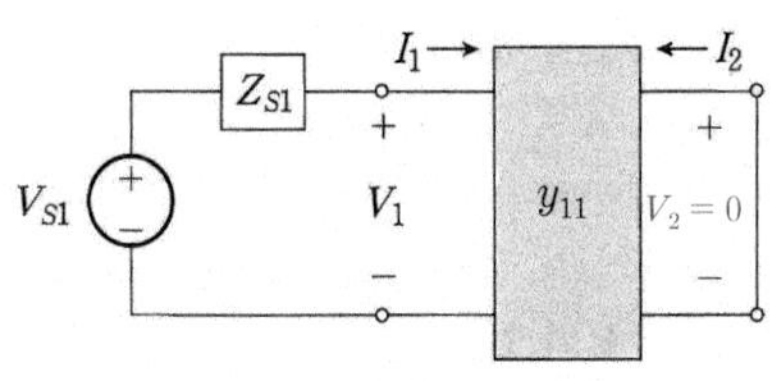

[그림 11-14] 출력 포트가 단락된 상태에서 I_1/V_1이 y_{11}이 된다.

<2> y_{12}는 $I_1 = y_{11}V_1 + y_{12}V_2$에서 $V_1 = 0$(입력 포트 단락)으로 하여 구한다.

$$y_{12} = \left. \frac{I_1}{V_2} \right|_{V_1 = 0} \tag{11-15}$$

이를 역 전달 어드미턴스(reverse trans-admittance)라고 부르며 단위는 [S]이다.

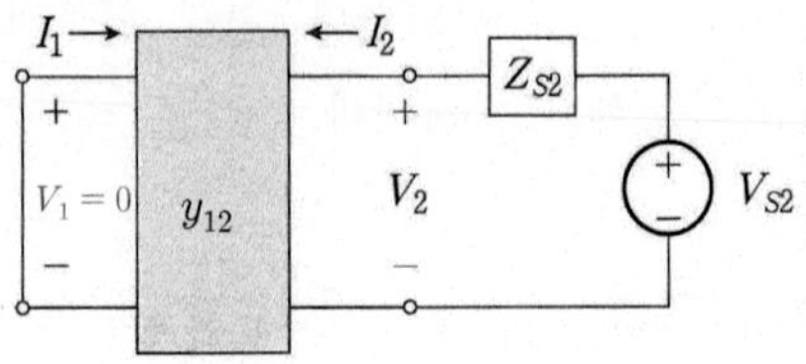

[그림 11-15] 입력 포트가 단락된 상태에서 I_1/V_2이 y_{12}이 된다.

<3> y_{21}은 $I_2=y_{21}V_1+y_{22}V_2$에서 $V_2=0$(출력 포트 단락)으로 하여 구한다.

$$y_{21}=\left.\frac{I_2}{V_1}\right|_{V_2=0} \tag{11-16}$$

이를 전달 어드미턴스(trans-admittance)라고 부르며 단위는 [S]이다.

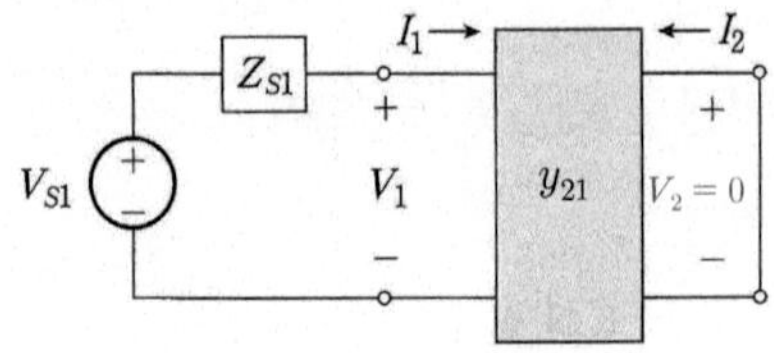

[그림 11-16] 출력 포트가 단락된 상태에서 I_2/V_1이 y_{21}이 된다.

<4> y_{22}는 $I_2=y_{21}V_1+y_{22}V_2$에서 $V_1=0$(입력 포트 단락)으로 하여 구한다.

$$y_{22}=\left.\frac{I_2}{V_2}\right|_{V_1=0} \tag{11-17}$$

이를 출력 어드미턴스(output admittance)라고 부르며 단위는 [S]이다.

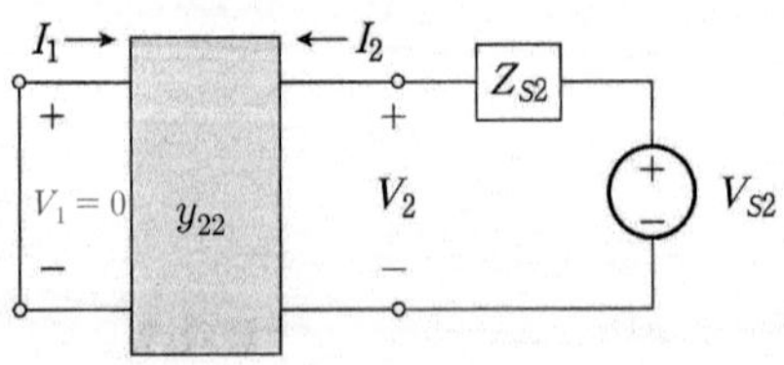

[그림 11-17] 입력 포트가 단락된 상태에서 I_2/V_2이 y_{22}이 된다.

지금까지 결정된 y-파라미터를 이용하여 2포트회로의 등가회로를 구하면 다음과 같다. 입력 포트는 병렬 어드미턴스 y_{11}과 종속 전류원 $y_{12}V_2$로 된 Norton 등가회로이며, 출력 포트는 병렬 어드미턴스 y_{22}와 종속 전류원 $y_{21}V_1$을 가지는 Norton 등가회로로 볼 수 있다.

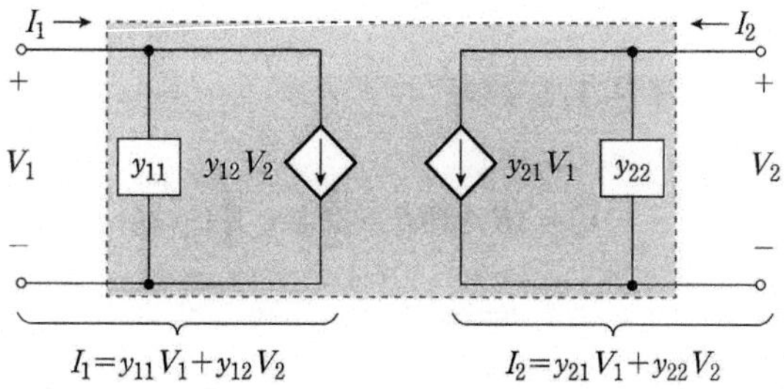

[그림 11-18] y-파라미터로 나타낸 2포트회로의 등가회로

2> Y결선된 회로에 어드미턴스 파라미터의 적용

다음으로 Y결선된 회로망에 대해 어드미턴스 파라미터를 구해 보자.

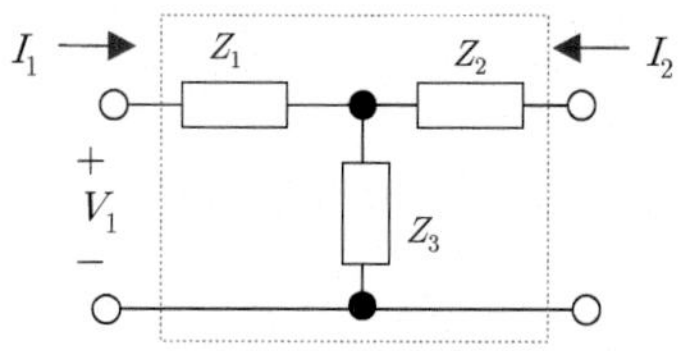

• 출력 단락 입력 어드미턴스: $y_{11}=\left.\dfrac{I_1}{V_1}\right|_{V_2=0}=1/(Z_1+(Z_2\parallel Z_3))$

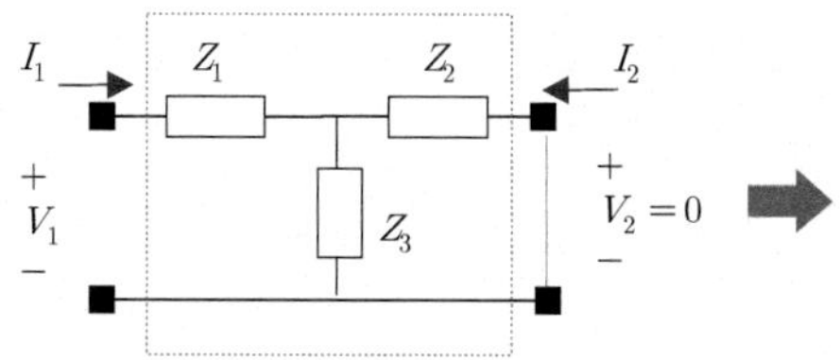

출력부 $V_2=0$가 단락이므로
Z_2와 Z_3가 병렬이다.
$V_1=(Z_1+(Z_2\parallel Z_3))I_1$

• 출력 단락 전달 어드미턴스: $y_{21}=\left.\dfrac{I_2}{V_1}\right|_{V_2=0}=-\dfrac{Z_1Z_2+Z_2Z_3+Z_3Z_1}{Z_3}$

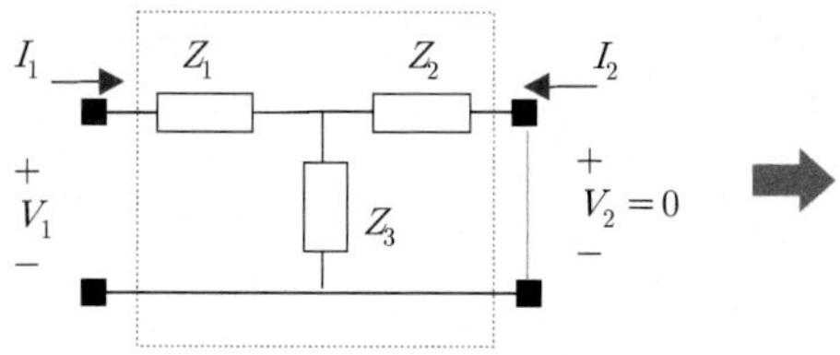

출력부 $V_2=0$가 단락이므로
$-I_2=I_1\times(Z_3/(Z_2+Z_3))$
$V_1=(Z_1+(Z_2\parallel Z_3))I_1$

- 입력 단락 전달 어드미턴스: $y_{12} = \left.\frac{I_1}{V_2}\right|_{V_1=0} = -\frac{Z_1Z_2+Z_2Z_3+Z_3Z_1}{Z_3}$

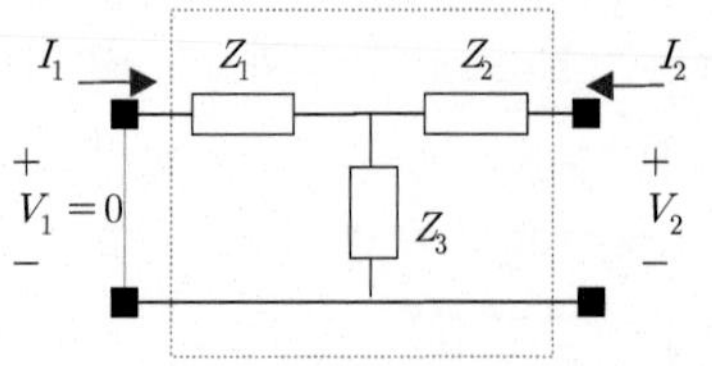

입력전압 $V_1=0$이 단락이므로
$-I_1 = I_2 \times (Z_3/(Z_1+Z_3))$
$V_2 = I_2(Z_2+(Z_1 \parallel Z_3))$

- 입력 단락 출력 어드미턴스: $y_{22} = \left.\frac{I_2}{V_2}\right|_{V_1=0} = \frac{1}{(Z_2+(Z_1 \parallel Z_3))}$

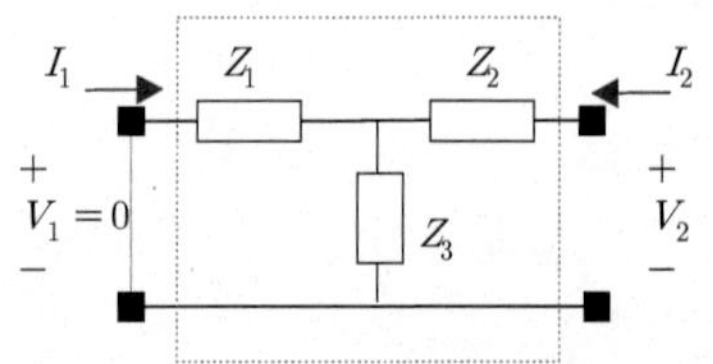

입력부 $V_1=0$이 단락이므로
Z_1과 Z_3가 병렬이다.
$V_2 = (Z_2+(Z_1 \parallel Z_3))I_2$

[그림 11-19] Y(T)결선에 적용된 어드미턴스 파라미터

11-2-3 임피던스 파라미터 Z와 어드미턴스 파라미터 Y의 관계

다음으로 임피던스 파라미터와 어드미턴스 파라미터의 관계를 익혀 보자. 이 관계를 행렬식(determinant)으로 정의하고 연산을 수행함으로써 회로를 해석한다.

$$V = ZI \qquad (11\text{-}18)$$

$$I = YV \qquad (11\text{-}19)$$

정리하면 다음과 같이 임피던스 파라미터의 역행렬(inverse matrix)이 어드미턴스 파라미터가 되며 그 역도 마찬가지이다. 만약 Δy 또는 Δz가 0이면 구할 수 없다.

$$V = ZYV \qquad (11\text{-}20)$$

$$Z = Y^{-1} = \frac{1}{y_{11}y_{22}-y_{12}y_{21}}\begin{bmatrix} y_{22} & -y_{12} \\ -y_{21} & y_{11} \end{bmatrix} = \frac{adj\ Y}{\Delta y} \qquad (11\text{-}21)$$

$$I = YZI \qquad (11\text{-}22)$$

$$Y = Z^{-1} = \frac{1}{z_{11}z_{22}-z_{12}z_{21}}\begin{bmatrix} z_{22} & -z_{12} \\ -z_{21} & z_{11} \end{bmatrix} = \frac{adj\ Z}{\Delta z} \qquad (11\text{-}23)$$

먼저 모든 저항이 1Ω인 Y형 회로에 두 파라미터 간의 관계를 살펴보자.

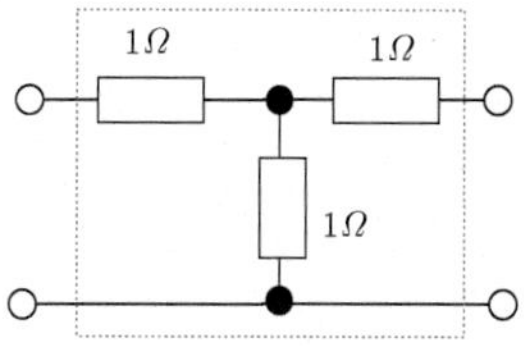

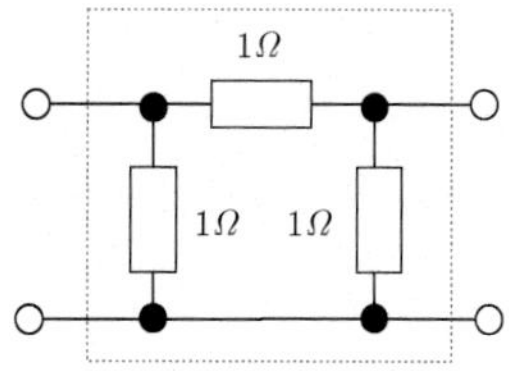

[그림11-20] 1Ω의 저항을 갖는 Y(T)결선과 △(Π)결선

$$Z=\begin{bmatrix}2&1\\1&2\end{bmatrix} \text{이므로} \quad Y=\frac{1}{\Delta z}\begin{bmatrix}2&-1\\-1&2\end{bmatrix}=\frac{1}{3}\begin{bmatrix}2&-1\\-1&2\end{bmatrix}=\begin{bmatrix}2/3&-1/3\\-1/3&2/3\end{bmatrix}$$

이 결과는 위의 학습 자료와 일치한다. 이미 언급하였지만 $\Delta z=0$이면 불가능이므로 해당값을 구할 수 없다는 것을 분명히 상기하길 바란다.

다음으로 모든 저항이 1Ω인 △형 회로에 두 파라미터 간의 관계를 살펴보자.

$$Z=\begin{bmatrix}2/3&1/3\\1/3&2/3\end{bmatrix} \text{이므로} \quad Y=\frac{1}{\Delta y}\begin{bmatrix}2/3&-1/3\\-1/3&2/3\end{bmatrix}=\frac{1}{3/9}\begin{bmatrix}2/3&-1/3\\-1/3&2/3\end{bmatrix}=\begin{bmatrix}2&-1\\-1&2\end{bmatrix}$$

만약 회로에 종속 전원이 없다면 $z_{12}=z_{21}$이고 $y_{12}=y_{21}$이 되며 이를 상반정리(reciprocity theorem)라 한다. 그러나 회로에 종속 전원이 있다면 $z_{12}\neq z_{21}$이고 $y_{12}\neq y_{21}$이 된다.

또 다른 방식으로 두 관계를 구하면 다음과 같다. 먼저 임피던스 파라미터를 나타내는 방정식으로부터 독립변수 I_1과 I_2를 구하면 된다. (연습문제)

복습문제

다음 회로에 대해 답하시오.

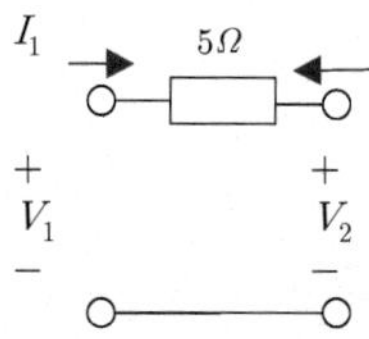

[1] y-파라미터를 구하시오.

[2] z-파라미터를 구하시오. 이 값이 존재하는가?

11-3 하이브리드 파라미터 및 전송 파라미터

11-3-1 하이브리드 파라미터(hybrid parameters: $h-parameter$)

앞에서 학습한 Z 파라미터의 차원은 $[\Omega]$이고 Y 파라미터의 차원은 $[S]$이다. 하이브리드 파라미터는 2가지 특성을 혼합한 것이다. 입력전류 I_1과 출력전압 V_2를 독립변수로 설정하고, 나머지 2개의 변수인 입력전압 V_1과 출력전류 I_2를 종속변수로 하여 함수로 나타낸 것이다.

그림 11-21은 어떤 트랜지스터회로의 소신호(small signal) 등가회로이다. 이 트랜지스터 데이터 명세서에 다음과 같은 파라미터(h_{ie}, h_{fe}, h_{oe}, h_{re})가 쓰여 있다. 하이브리드 파라미터는 트랜지스터를 모형화하여 등가회로를 구성할 때 자주 활용된다.

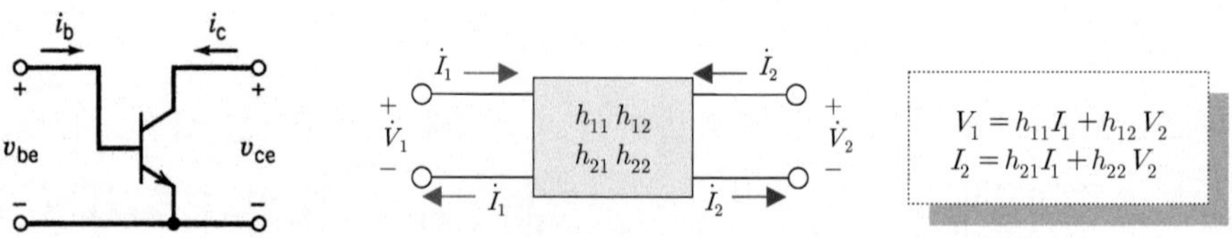

[그림 11-21] 하이브리드 파라미터 개념

$$\begin{bmatrix} V_1 \\ I_2 \end{bmatrix} = \begin{bmatrix} h_{11} & h_{12} \\ h_{21} & h_{22} \end{bmatrix} \begin{bmatrix} I_1 \\ V_2 \end{bmatrix} = \dot{H} \begin{bmatrix} I_1 \\ V_2 \end{bmatrix} \tag{11-24}$$

위의 식을 살펴보면 임피던스와 어드미턴스를 모두 포함하고 있어서 하이브리드 파라미터라고 부른다.

1> h-파라미터 결정 방법

각 파라미터의 조건은 다음과 같다.

<1> $$h_{11} = \left.\frac{V_1}{I_1}\right|_{V_2=0} \tag{11-25}$$

출력 단락 입력 임피던스라고 부르며 단위는 $[\Omega]$이다.

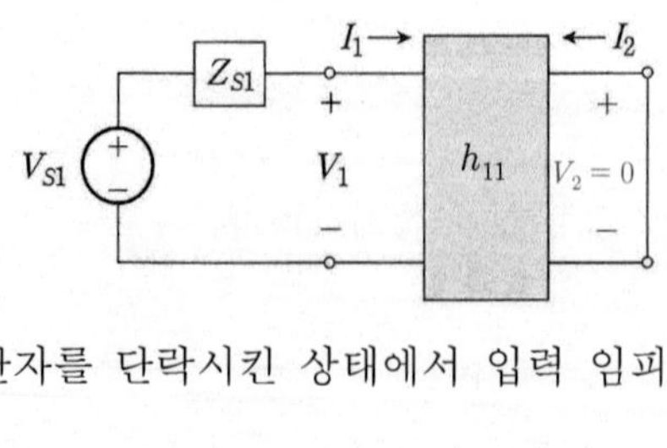

[그림 11-22] 출력 단자를 단락시킨 상태에서 입력 임피던스 V_1/I_1을 나타낸다.

<2> $h_{21} = \left.\dfrac{I_2}{I_1}\right|_{V_2=0}$ (11-26)

출력 단락 순방향 전류 이득이라 부르며 단위는 없다.

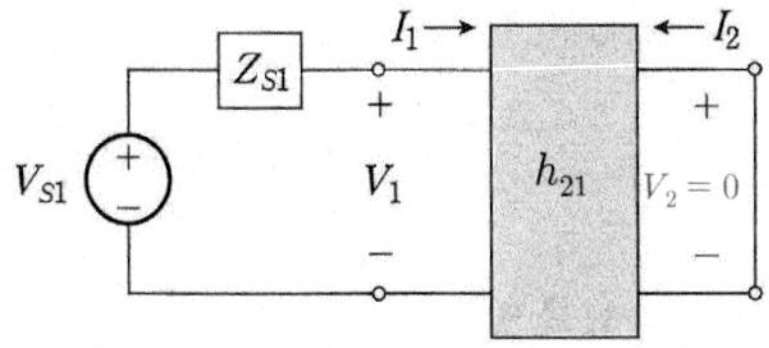

[그림 11-22] 출력 단자를 단락시킨 상태에서 I_2/I_1을 구한다.

<3> $h_{12} = \left.\dfrac{V_1}{V_2}\right|_{I_1=0}$ (11-27)

입력 개방 역방향 전압 이득이라 부르며 단위는 없다.

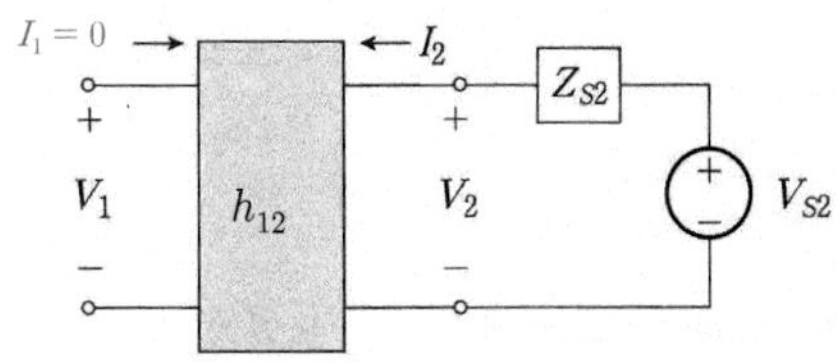

[그림 11-23] 입력 단자를 개방시킨 상태에서 V_1/V_2를 구한다.

<4> $h_{22} = \left.\dfrac{I_2}{V_2}\right|_{I_1=0}$ (11-28)

입력 개방 출력 어드미턴스라고 부르며 단위는 [S]이다.

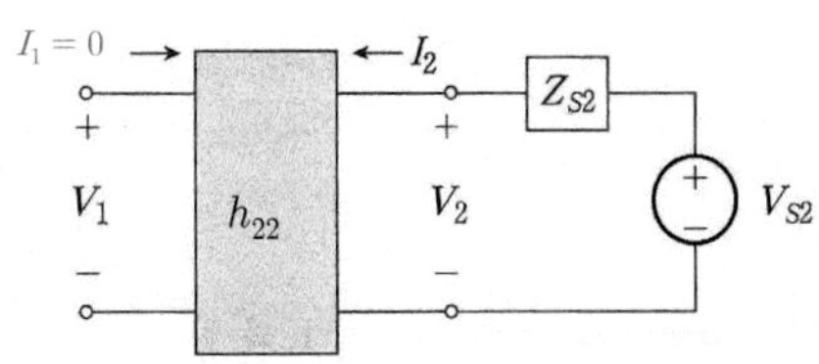

[그림 11-24] 입력 단자를 개방시킨 상태에서 I_2/V_2를 구한다.

그림 11-25는 하이브리드 파라미터에서 전압전류 관계를 등가회로로 나타낸 것이다. 입력포트는 종속 전압원 $h_{12}V_2$과 직렬 임피던스를 가지는 Thevenin 등가회로이고, 출력 포트는 종속 전류원 $h_{21}I_1$와 병렬 임피던스를 가지는 Norton 등가회로로 표현할 수 있다.

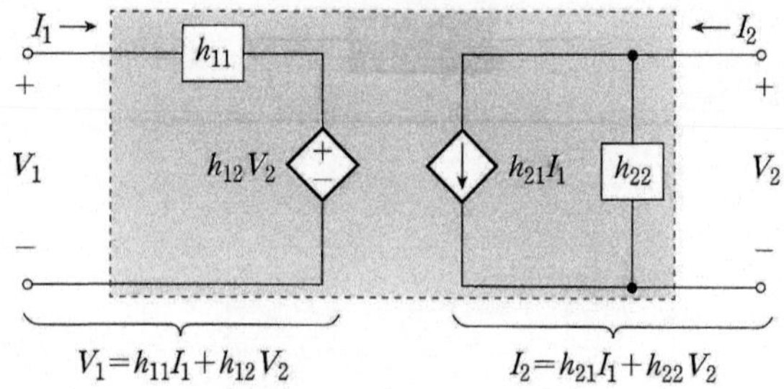

[그림 11-25] 하이브리드 파라미터로 나타낸 등가회로

3> Δ형 회로에 적용

Δ결선된 회로에 하이브리드 파라미터를 구해 보자.

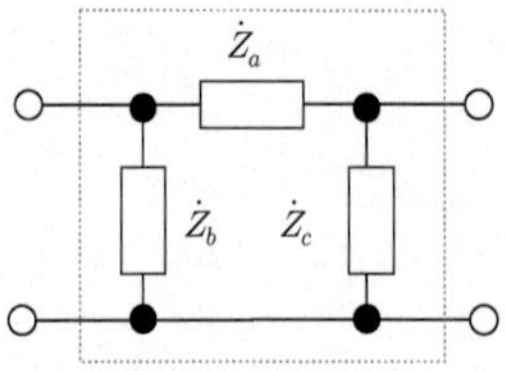

- $h_{11} = \left.\frac{V_1}{I_1}\right|_{V_2=0} = Z_a + Z_b$

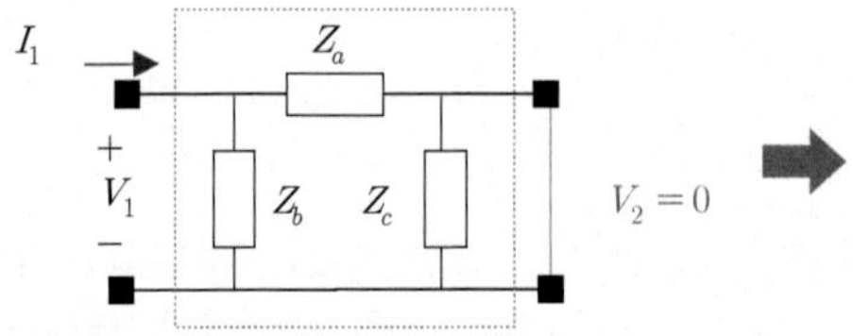

출력 포트를 단락한 상태에서

$$Z = \frac{Z_b(Z_a + Z_c)}{(Z_a + Z_c) + Z_b}$$

$$V_1 = ZI_1$$

- $h_{21} = \left.\frac{I_2}{I_1}\right|_{V_2=0} = -\frac{Z_b}{Z_a + Z_b}$

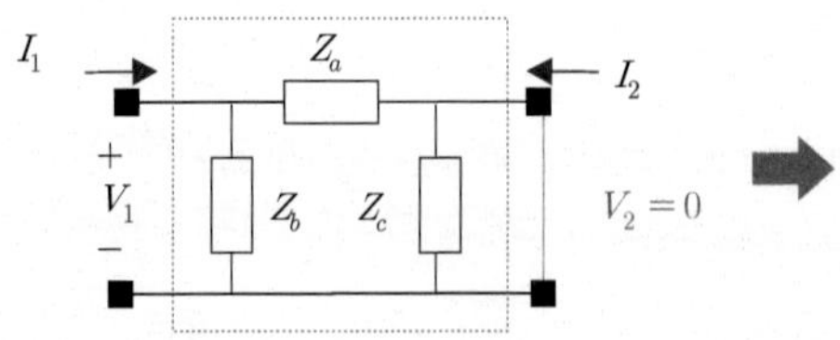

출력 포트를 단락한 상태에서

$$-I_2 = I_1 \times \frac{Z_b}{Z_a + Z_b}$$

- $h_{12} = \left.\frac{V_1}{V_2}\right|_{I_1=0} = \frac{Z_b}{Z_a + Z_b}$

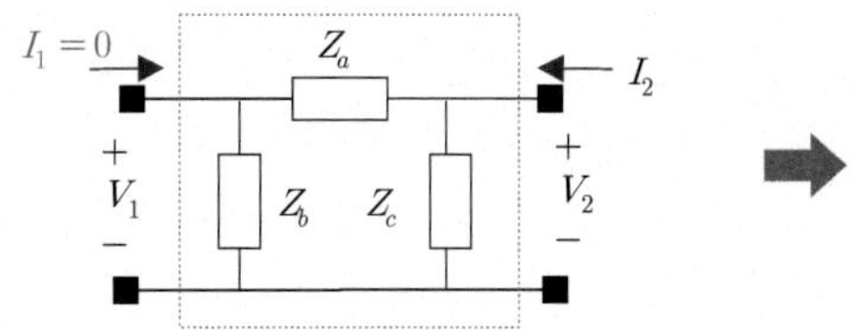

입력 포트를 개방한 상태에서

$$V_1 = V_2 \times \frac{Z_b}{Z_a + Z_b}$$

- $h_{22} = \left.\frac{I_2}{V_2}\right|_{I_1=0} = \frac{1}{(Z_a + Z_b) \parallel Z_c}$

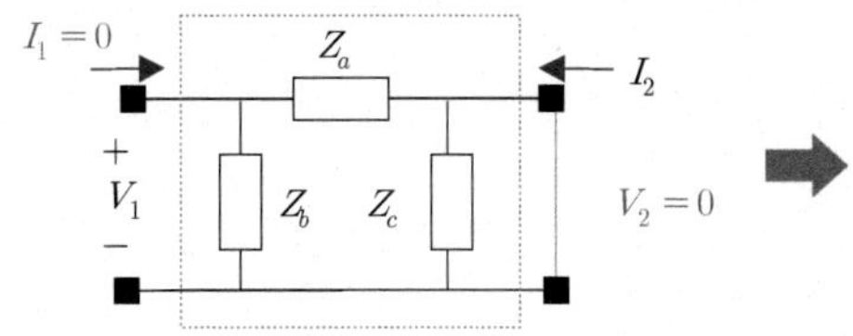

입력 포트를 개방한 상태에서

$Z = (Z_a + Z_b) \parallel Z_c$

$V_2 = ZI_2$

[그림 11-26] Δ결선된 회로에 하이브리드 파라미터 구하기

11-3-2 전송 파라미터(transmission parameter: $t-parameter$)

전송 파라미터는 케이블(cable), 광섬유(optical fiber) 및 구리선을 통한 신호 전송을 표현하는 데 활용되며, 입력전류와 입력전압, 출력전류와 출력전압과의 관계를 나타낸다. 실제로 흐르는 출력전류 I_2의 방향은 회로망으로부터 나가는 방향이다. 따라서 이러한 실제적 특성을 나타내려면 2포트 회로망의 출력전류의 방향을 다른 일반적인 2포트 회로망과 반대로 취하고, 이를 나타내기 위하여 그 값을 음수로 한다. $ABCD$ 파라미터라고도 부른다.

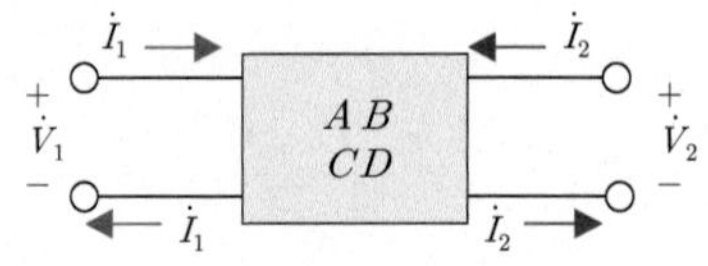

$V_1 = AV_2 - BI_2$
$I_1 = CV_2 - DI_2$

[그림 11-27] ABCD 파라미터는 전송 선로에 잘 적용된다.

어드미턴스 파라미터에서 다음과 같이 나타낼 수 있다.

$$I_1 = y_{11}V_1 + y_{12}V_2 \qquad (11\text{-}29)$$

$$I_2 = y_{21}V_1 + y_{22}V_2$$

위 식을 V_1과 I_1에 대해서 풀면 다음과 같다.

$$V_1 = AV_2 + B(-I_2) = AV_2 - BI_2 \qquad (11\text{-}30)$$

$$I_1 = CV_2 + D(-I_2) = CV_2 - DI_2 \qquad (11\text{-}31)$$

여기서 각 파라미터 A와 D는 차원이 없으며 B는 임피던스, C는 어드미턴스 차원을 가진다. 위의 관계를 행렬 형태로 나타내면 다음과 같다.

$$\begin{bmatrix} V_1 \\ I_1 \end{bmatrix} = \begin{bmatrix} A & B \\ C & D \end{bmatrix} \begin{bmatrix} V_2 \\ -I_2 \end{bmatrix} = T \begin{bmatrix} V_2 \\ -I_2 \end{bmatrix} \qquad (11\text{-}32)$$

수동 4단자망에서는 $\begin{bmatrix} A & B \\ C & D \end{bmatrix} = T$의 행렬값(determinant)은 다음 관계를 만족한다.

$$AD - BC = 1 \qquad (11\text{-}33)$$

1> $ABCD$ 파라미터의 결정

<1> $A = \left.\dfrac{V_1}{V_2}\right|_{I_2=0}$

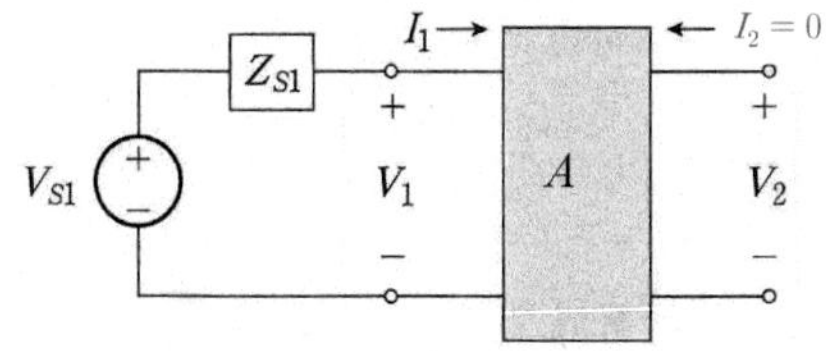

[그림 11-28] 출력 단자를 개방시킨 상태에서 V_1/V_2를 구한다.

〈2〉 $B = \left.\dfrac{V_1}{-I_2}\right|_{V_2=0}$

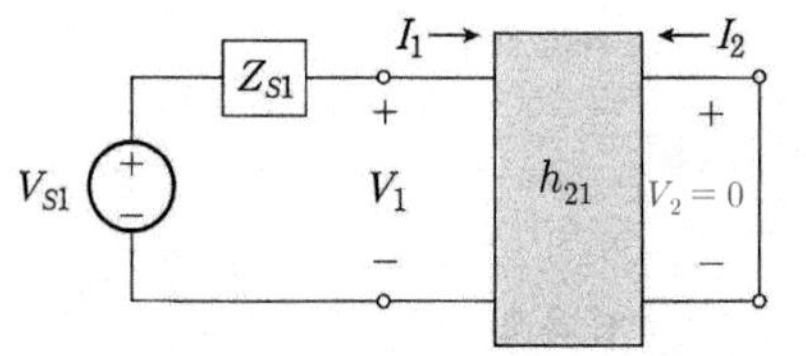

[그림 11-29] 출력 단자를 단락시킨 상태에서 $V_1/(-I_2)$를 구한다.

〈3〉 $C = \left.\dfrac{I_1}{V_2}\right|_{I_2=0}$

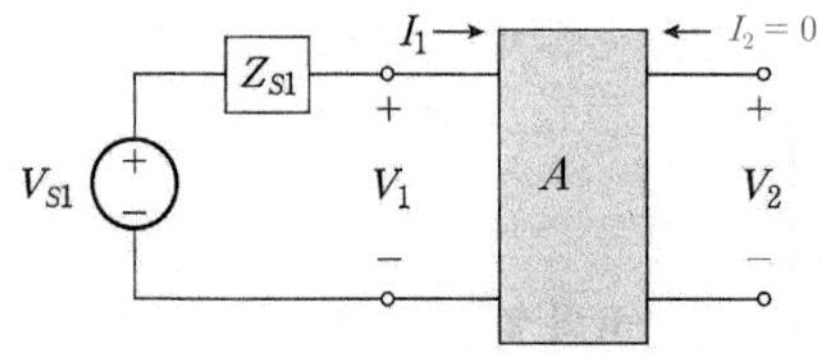

[그림 11-30] 출력 단자를 개방시킨 상태에서 I_1/V_2를 구한다.

〈4〉 $D = \left.\dfrac{I_1}{-I_2}\right|_{V_2=0}$

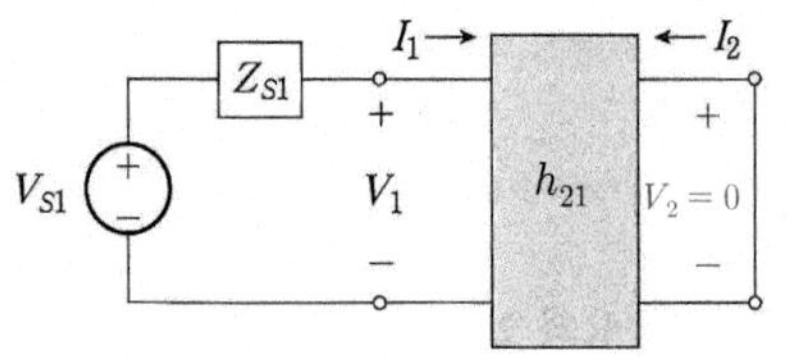

[그림 11-31] 출력 단자를 단락시킨 상태에서 $I_1/(-I_2)$를 구한다.

2> $T(Y)$결선된 회로에 전송 파라미터의 적용

앞서 익힌 $T(Y)$형 회로망에 대해 전송 파라미터를 구해 보자.

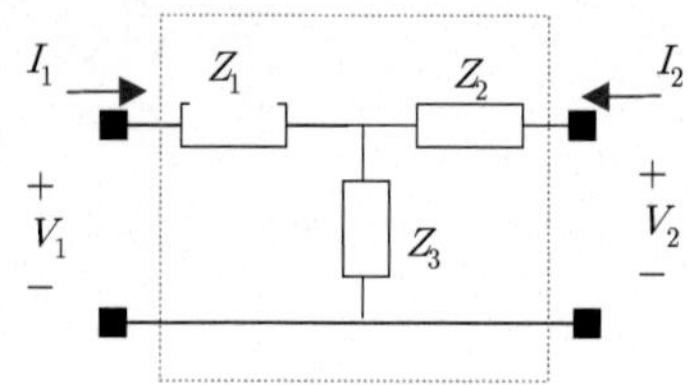

• 출력 개방 역방향 전압 이득: $A=\left.\frac{V_1}{V_2}\right|_{I_2=0}=\frac{Z_1+Z_3}{Z_3}=1+\frac{Z_1}{Z_3}$

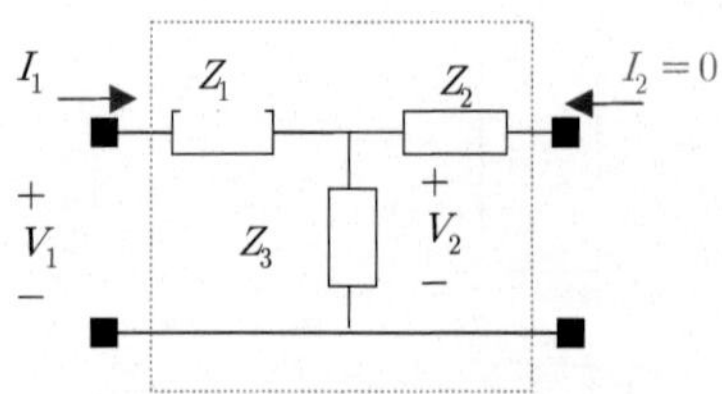

출력 개방($I_2=0$)이면
Z_1과 Z_3가 직렬 연결이므로
$V_2=V_1\frac{Z_3}{Z_1+Z_3}$

• 출력 개방 역방향 전달 어드미턴스: $C=\left.\frac{I_1}{V_2}\right|_{I_2=0}=\frac{1}{Z_3}$

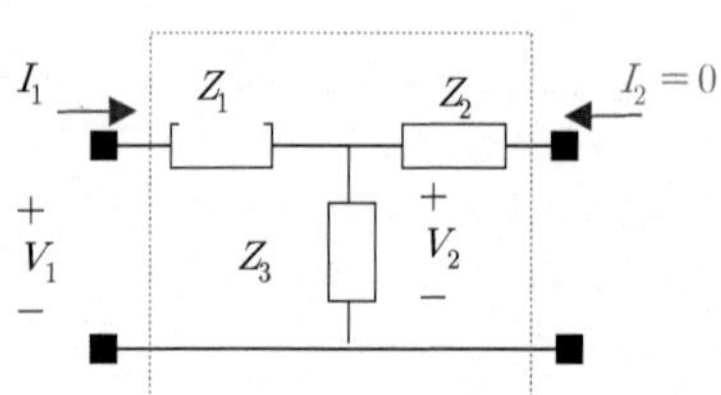

Ohm 법칙으로부터
$V_2=I_1Z_3$

• 출력 단락 역방향 전달 어드미턴스: $B=\left.\frac{V_1}{-I_2}\right|_{V_2=0}=Z_1+Z_2+\frac{Z_1Z_2}{Z_3}$

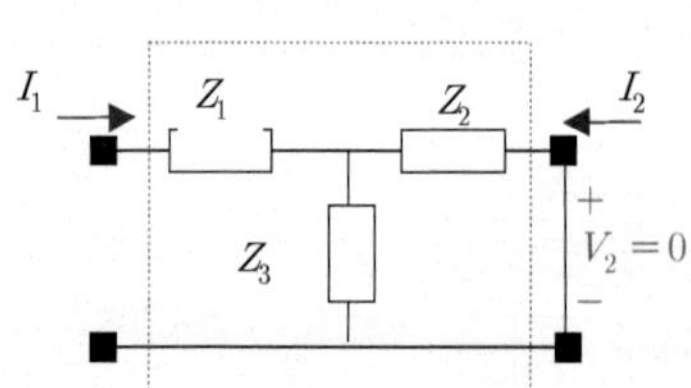

Z_2와 Z_3는 병렬이므로
$V_1=I_1(Z_1+Z_2 \parallel Z_3)$,
$-I_2=I_1\frac{Z_3}{Z_2+Z_3}$

• 출력 단락 역방향 전류 이득: $D=\left.\frac{I_1}{-I_2}\right|_{V_2=0}=\frac{Z_2+Z_3}{Z_3}=1+\frac{Z_2}{Z_3}$

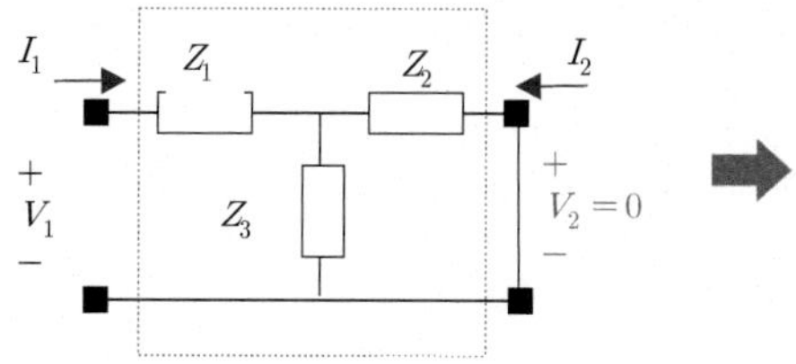

Z_2와 Z_3는 병렬이므로
전류분배법칙으로
$-I_2 = I_1 \frac{Z_3}{Z_2+Z_3}$

[그림 11-32] Y결선으로부터 ABCD 파라미터 구하기

3> ABCD 파라미터와 어드미턴스(Y) 파라미터 및 임피던스(Z) 파라미터와의 관계

<1> ABCD 파라미터와 어드미턴스(Y) 파라미터 관계

Y 파라미터를 알고 있을 때, $ABCD$ 파라미터를 구하고자 하면 식 (11-2)를 V_1과 I_1에 대해 풀어서 정리하면 다음과 같이 된다.

$$A = \left.\frac{V_1}{V_2}\right|_{I_2=0} = -\frac{y_{22}}{y_{21}}, \tag{11-30}$$

$$B = \left.\frac{V_1}{-I_2}\right|_{V_2=0} = -\frac{1}{y_{21}}, \tag{11-31}$$

$$C = \left.\frac{I_1}{V_2}\right|_{I_2=0} = -\frac{\Delta y}{y_{21}} \tag{11-32}$$

$$D = \left.\frac{I_1}{-I_2}\right|_{V_2=0} = -\frac{y_{11}}{y_{21}} \tag{11-33}$$

<2> ABCD 파라미터와 임피던스(Z) 파라미터와의 관계

Z 파라미터를 알고 있을 때, $ABCD$ 파라미터를 구하고자 하면 식 (11-5)를 V_1과 I_1에 대해 풀어서 정리하면 다음과 같이 된다.

$$A = \left.\frac{V_1}{V_2}\right|_{I_2=0} = \frac{z_{11}}{z_{21}}, \tag{11-34}$$

$$B = \left.\frac{V_1}{I_2}\right|_{V_2=0} = \frac{\Delta z}{z_{21}}, \tag{11-35}$$

$$C = \left.\frac{I_1}{V_2}\right|_{I_2=0} = \frac{1}{z_{21}} \tag{11-36}$$

$$D = \left.\frac{I_1}{I_2}\right|_{V_2=0} = \frac{z_{22}}{z_{21}} \tag{11-37}$$

2> 전기전자공학에서 많이 활용되는 입력 임피던스와 출력 임피던스를 *ABCD* 파라미터를 연관시켜 보자. ABCD 파라미터를 활용한 입력 및 출력에 대한 개방 임피던스와 단락 임피던스는 먼저 4가지 임피던스를 정리한다.

$$Z_{o1} = \left.\frac{V_1}{I_1}\right|_{I_2=0}$$: 출력 단자를 개방하고 입력 단자에서 본 임피던스 (11-38)

$$Z_{s1} = \left.\frac{V_1}{I_1}\right|_{V_2=0}$$: 출력 단자를 단락하고 입력 단자에서 본 임피던스 (11-39)

$$Z_{o2} = \left.\frac{V_2}{I_2}\right|_{I_1=0}$$: 입력 단자를 개방하고 출력 단자에서 본 임피던스 (11-40)

$$Z_{s2} = \left.\frac{V_2}{I_2}\right|_{V_1=0}$$: 출력 단자를 단락하고 입력 단자에서 본 임피던스 (11-41)

위의 관계를 이용하여 어드미턴스 및 임피던스 파라미터를 적용하면 다음과 같다.

$$Z_{o1} = \left.\frac{V_1}{I_1}\right|_{I_2=0} = z_{11} = \frac{A}{C} \qquad (11\text{-}42)$$

$$Z_{s1} = \left.\frac{V_1}{I_1}\right|_{V_2=0} = \frac{1}{y_{11}} = \frac{B}{D} \qquad (11\text{-}43)$$

$$Z_{o2} = \left.\frac{V_2}{I_2}\right|_{I_1=0} = z_{22} = \frac{D}{C} \qquad (11\text{-}44)$$

$$Z_{s2} = \left.\frac{V_2}{I_2}\right|_{V_1=0} = \frac{1}{y_{22}} = \frac{B}{A} \qquad (11\text{-}45)$$

왜 많은 단자방정식을 학습하는가?

파라미터(parameter) 간에 상호 변환이 가능하므로 단자방정식이 하나만 있어도 필요한 정보를 얻을 수 있다고 생각할 수 있다. 그러면 '왜 6가지나 되는 파라미터 행렬기법이 필요한가?'라는 대한 의문이 생긴다.

사실 모든 2포트회로가 6개의 단자방정식을 가지는 것이 아니므로 어떤 회로는 특정한 파라미터로 나타낼 수 없다. 즉 2포트 회로 구성에 따라 어떤 하나의 파라미터를 구한 것이 다른 파라미터로 구하는 것보다 훨씬 쉬운 경우가 있어서 필요에 따라 맞는 하나의 단자방정식이 있기 때문이다.

11-4 4단자(2포트) 회로망의 연결

복잡한 회로를 해석할 경우에는 여러 개의 2포트 회로망이 직렬, 병렬 혹은 연속하여 연결되어 있는 것으로 해석한다. 실제로 많은 회로에서 여러 개의 2포트 회로망들이 직렬(in series), 병렬(in parallel) 또는 종속(in cascade)으로 연결되어 있다. 각각의 2포트 회로망의 변숫값을 계산하고 이들을 결합하여 전체 회로망을 해석하는 것이다. 이들을 간단히 분석해 보자.

11-4-1 4단자망의 직렬연결

먼저 그림 11-33과 같이 직렬연결된 회로망에서 입력전류 I_1과 출력전류 I_2는 각각의 2포트 회로망의 전류값과 같다. 또한, 전체 입력전압 V_1과 출력전압 V_2는 각각 2포트 회로망의 입력전압 V_{1a}, V_{1b}의 합과 같으며 전체 출력전압도 V_{2a}, V_{2b}의 합과 같다.

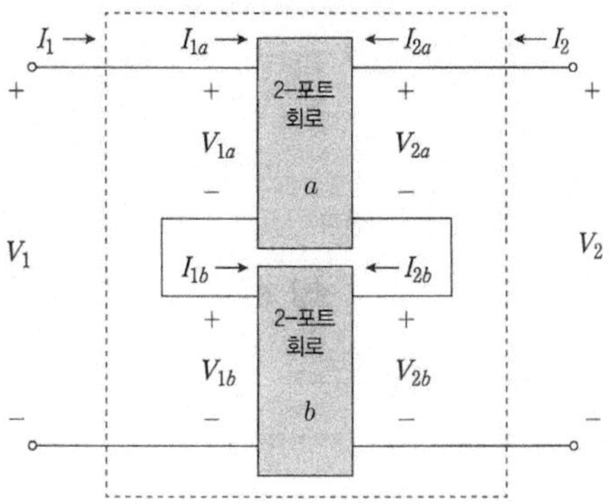

[그림 11-33] 4단자망의 직렬연결

위의 과정을 식으로 나타내면 다음과 같다.

$$V_a = Z_a I_a,\quad V_b = Z_b I_b \tag{11-46}$$

$$V = V_a + V_b = (Z_a + Z_b)I = Z_T I \tag{11-47}$$

직렬 접속된 2포트 회로의 전체 임피던스 파라미터 행렬은 각 2포트 회로의 임피던스 파라미터 행렬들의 합과 같다. 직렬접속회로에서는 임피던스 파라미터(Z_{ij})가 가장 적합하다.

11-4-2 4단자망의 병렬연결

다음으로 그림 11-34와 같은 병렬연결에 대해 살펴보자. 전체 입력전류 I_1은 각 2포트 회로망의 입력전류 I_{1a}, I_{1b}의 합이 되며, 전체 출력전류 I_2은 각 2포트 회로망의 출력전류

I_{2a}, I_{2b}의 합이 된다.

위의 과정을 식으로 나타내면 다음과 같다.

$$I_a = Y_a V_a, \ I_b = Y_b V_b \tag{11-48}$$

$$I = I_a + I_b = (Y_a + Y_b) V = Y_T V \tag{11-49}$$

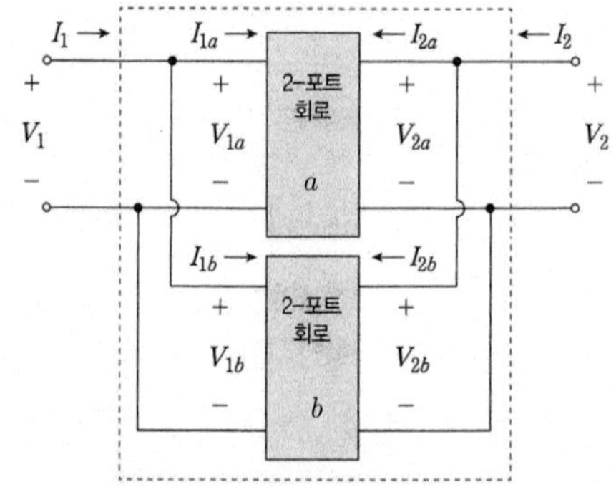

[그림 11-34] 4단자망의 병렬연결

앞에서 임피던스 파라미터가 직렬접속된 회로에 적합하다는 것을 이미 학습했다. 그러나 병렬접속된 회로의 경우에는 어드미턴스 파라미터가 가장 적합하다. 즉 전체 어드미턴스 파라미터는 각 2포트 회로의 어드미턴스 파라미터 행렬(Y_{ij})을 모두 합하면 된다.

11-4-3 4단자망의 종속연결

그림 11-35와 같이 한 회로망의 출력이 다음 회로망의 입력 포트에 연결될 때, 이 회로망은 종속연결(in cascade, or in tandem)되어 있다고 한다. 첫 번째 회로망의 출력변수가 두 번째 회로망의 입력변수가 되므로 전송 파라미터가 사용된다.

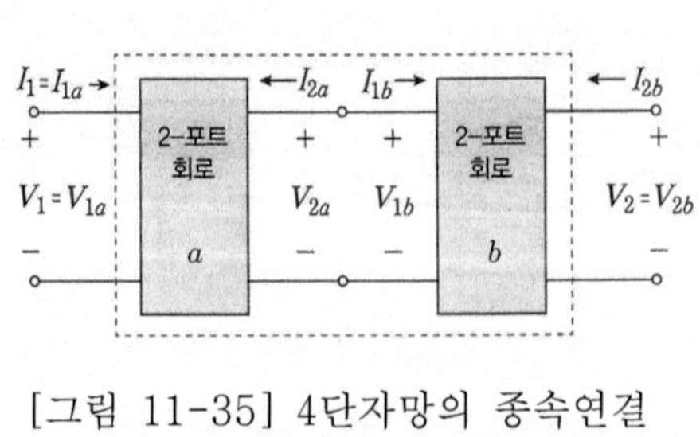

[그림 11-35] 4단자망의 종속연결

이를 각각의 행렬로 나타내면 다음과 같다.

$$\begin{bmatrix} V_{1a} \\ I_{1a} \end{bmatrix} = T_a \begin{bmatrix} V_{2a} \\ -I_{2a} \end{bmatrix}, \quad \begin{bmatrix} V_{1b} \\ I_{1b} \end{bmatrix} = T_b \begin{bmatrix} V_{2b} \\ -I_{2b} \end{bmatrix} \tag{11-50}$$

입력과 출력의 관계로부터 다음을 구할 수 있다.

$$\begin{bmatrix} V_1 \\ I_1 \end{bmatrix} = \begin{bmatrix} V_{1a} \\ I_{1a} \end{bmatrix} \text{ 그리고 } \begin{bmatrix} V_{2b} \\ -I_{2b} \end{bmatrix} = \begin{bmatrix} V_2 \\ -I_2 \end{bmatrix} \tag{11-51}$$

중간의 연결부에서는 다음이 성립한다.

$$\begin{bmatrix} V_{2a} \\ -I_{2a} \end{bmatrix} = \begin{bmatrix} V_{1b} \\ I_{1b} \end{bmatrix} \tag{11-52}$$

전체 파라미터는 다음과 같이 각 행렬의 곱으로 나타낼 수 있다.

$$\begin{bmatrix} V_1 \\ I_1 \end{bmatrix} = T_a T_b \begin{bmatrix} V_2 \\ -I_2 \end{bmatrix} = T \begin{bmatrix} V_2 \\ -I_2 \end{bmatrix} \tag{11-53}$$

한 가지 주의할 점은 행렬 곱셈은 교환 법칙이 성립하지 않으므로, 각 전송 파라미터 행렬(T_{ij})은 접속된 순서에 따라 차례로 곱해야 한다. 또한, 종속접속된 전송 파라미터는 위와 같이 구할 수 있지만, 다른 파라미터들에 대해서는 이런 관계가 성립하지 않는다. 따라서 종속접속된 2포트 회로망을 취급할 경우에 먼저 회로의 단자방정식을 전송 파라미터로 변환하는 것이 편리하다.

앞에서 배운 Y결선회로를 종속연결법을 사용하여 전송 파라미터를 구해 보자. 편의를 위해 그림 11-36과 같이 세 부분으로 나누었다.

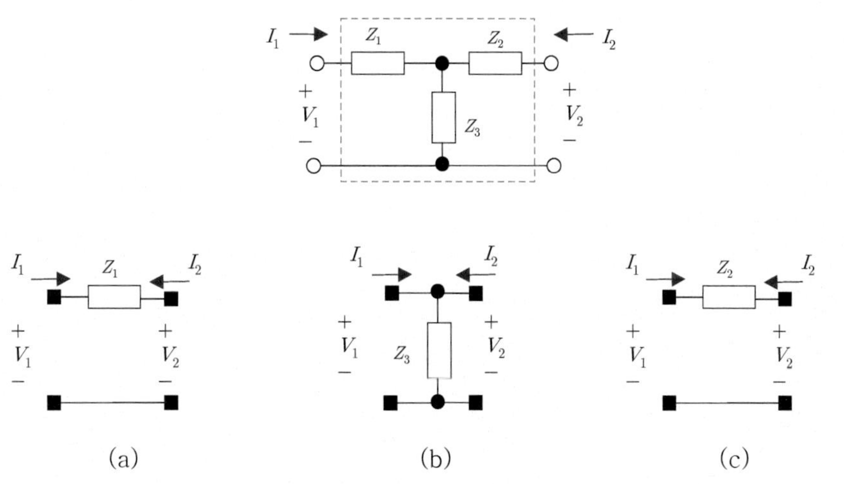

[그림 11-36] Y결선회로에서 종속연결 방식의 적용

먼저 (a)에 대해 전송 파라미터를 구하자.

$$A=\frac{V_1}{V_2}\bigg|_{I_2=0}=1\ ,\quad B=\frac{V_1}{-I_2}\bigg|_{V_2=0}=Z_1\ ,$$

$$C=\frac{I_1}{V_2}\bigg|_{I_2=0}=0\ ,\quad D=\frac{I_1}{-I_2}\bigg|_{V_2=0}=1$$

다음 (b)에 대해 전송파라미터를 구하자.

$$A=\frac{V_1}{V_2}\bigg|_{I_2=0}=1\ ,\quad B=\frac{V_1}{-I_2}\bigg|_{V_2=0}=0\ ,$$

$$C=\frac{I_1}{V_2}\bigg|_{I_2=0}=\frac{1}{Z_3}\ ,\quad D=\frac{I_1}{-I_2}\bigg|_{V_2=0}=1$$

마지막으로 (c)에 대해 전송 파라미터를 구하자.

$$A=\frac{V_1}{V_2}\bigg|_{I_2=0}=1\ ,\quad B=\frac{V_1}{-I_2}\bigg|_{V_2=0}=Z_2\ ,$$

$$C=\frac{I_1}{V_2}\bigg|_{I_2=0}=0\ ,\quad D=\frac{I_1}{-I_2}\bigg|_{V_2=0}=1$$

종속연결이므로 전체적인 전송 파라미터는 다음과 같이 구할 수 있다.

$$\begin{bmatrix} V_1 \\ I_1 \end{bmatrix}=T_aT_bT_c\begin{bmatrix} V_3 \\ -I_3 \end{bmatrix}=T\begin{bmatrix} V_3 \\ -I_3 \end{bmatrix}$$

$$T=\begin{bmatrix} 1 & Z_1 \\ 0 & 1 \end{bmatrix}\begin{bmatrix} 1 & 0 \\ \frac{1}{Z_3} & 1 \end{bmatrix}\begin{bmatrix} 1 & Z_2 \\ 0 & 1 \end{bmatrix}=\begin{bmatrix} 1+\frac{Z_1}{Z_3} & Z_1+Z_2+\frac{Z_1Z_2}{Z_3} \\ \frac{1}{Z_3} & 1+\frac{Z_2}{Z_3} \end{bmatrix}$$

위의 결과는 그림 11-32에서 구한 방법과 동일함을 알 수 있다.

찾아보기
Index

■ 참고 문헌

다음과 같이 자료를 참고하였습니다.

[1] Richard C. Dorf and James A. Svoboda, Introduction to Electric Circuits, 5th edition, Wiley, 2001

[2] Paresh C. Sen, Principles of Electric Machines 2nd Edition, Wiley, 1997

[3] Floyd, Principles of Electric Circuits 8th Edition, Prentice Hall, 2007.

[4] Charles M. Gilmore, Instruments and Measurements, McGraw Hill.

[5] William H. Hayt, Jr., Engineering Circuit Analysis, McGraw-Hill, 2007

[6] James W. Nilson, Electric Circuits, Pearson Education, 2007

[7] William H. Hayt, Jr., Engineering Electromagnetics, McGraw-Hill, 1992

[8] Richard J. Fowler, Electricity 4th edition, McGraw Hill.

[9] Harry Foster Jr., Mathematics for Electronics, McGraw Hill.

[10] 교재편찬위원회, 물리학, 청문각, 2004

[11] Wikipedia: www.wikipedia.com

[12] Daniel W. Hart, Power Electronics, McGraw-Hill, 2011

회로이론

2020년 3월 2일 1판 1쇄 인 쇄
2020년 3월 10일 1판 1쇄 발 행

지은이 : 김종겸, 오상광, 조정호, 김명생

펴낸이 : 박 정 태

펴낸곳 : **광 문 각**

10881
파주시 파주출판문화도시 광인사길 161
광문각 B/D 4층
등 록 : 1991. 5. 31 제12-484호
전화(代) : 031) 955-8787
팩 스 : 031) 955-3730
E-mail : kwangmk7@hanmail.net
홈페이지 : www.kwangmoonkag.co.kr

• ISBN : 978-89-7093-982-7 93560

값 27,000원

※ 각 장별 [연습문제]는 광문각 홈페이지(http://www.kwangmoonkag.co.kr) 자료실에서 다운로드 할 수 있습니다.